实用流体瞬变流

杨建东　著

科学出版社
北　京

内 容 简 介

本书全面系统地介绍管网系统(包括有压流和无压流)流体瞬变流的基本理论和实用方法,其中涉及管网系统有关的动力装置,如泵、水轮机、空压机等。全书分为12章,从流体瞬变流基本理论,较特殊、较复杂管网系统流体瞬变流的工程应用,以及瞬变流控制、闭环系统稳定性、瞬变流多维模拟等专题共三个方面进行深入浅出的论述。本书绝大多数内容是武汉大学"水电站过渡过程与控制"课题组近20年的研究成果,为解决管网系统瞬变流设计和运行面临的主要难题提供理论依据、分析手段和工程措施。

本书可供从事水利、水电、市政、石油、天然气、流体机械、液压系统等工程领域运行、科研和技术管理等方面的专业人员使用,也可以作为高等学校相关专业研究生和本科生的参考书。

图书在版编目(CIP)数据

实用流体瞬变流/杨建东著. —北京:科学出版社,2018.6

ISBN 978-7-03-058108-2

Ⅰ.①实… Ⅱ.①杨… Ⅲ.①管道流动-水力学 Ⅳ.①TV134

中国版本图书馆CIP数据核字(2018)第134309号

责任编辑:杨光华/责任校对:谌 莉

责任印制:彭 超/封面设计:苏 波

科学出版社 出版

北京东黄城根北街16号

邮政编码:100717

http://www.sciencep.com

武汉精一佳印刷有限公司印刷

科学出版社发行 各地新华书店经销

*

开本:787×1092 1/16

2018年6月第 一 版 印张:21 1/4

2018年6月第一次印刷 字数:503 800

定价:258.00元

(如有印装质量问题,我社负责调换)

前 言

1993 年，美国密歇根大学怀利(E. Benjamin Wylie)教授和斯特里特(Victor L. Streeter)教授出版了专著 *Fluid Transients in Systems*，是继 *Hydraulic Transients*(1967 年)和*Fluid Transients*(1978 年)之后的第三版。该专著一直是流体瞬变流研究领域的经典之作，是相关行业实际应用的基础，为培育一批又一批从事流体瞬变流的学者和工程师起到了启蒙、授业和解惑的作用。另外，美国南卡罗来纳大学乔杜里(M. Hanif Chaudhry)教授的专著 *Applied Hydraulic Transients*(2014 年第三版)、英国伦敦城市大学索利(A. R. David Thorley)教授的专著 *Fluid Transients in Pipeline Systems*(2004 年第二版)也是流体瞬变流领域有重要影响的经典著作，涉及面广，既包含瞬变过程基本理论，也包含大量应用实例和丰富数据资料。上述专著可供水力发电、抽水蓄能、供水系统、输油管线、冷却水以及工业管网系统等领域的工程师或研究人员参考，亦可作为高年级本科生或研究生教材之用。

然而当今世界科技发展之迅猛，流体输送应用行业之广泛，输送流体管网系统之复杂，必然给流体瞬变流的研究和应用带来冲击、带来发展。但近二十年来，未见一本教材或专著系统地讲授流体瞬变流领域新的研究方向和新的进展，更新其内容。为此，笔者自告奋勇地尝试编著《实用流体瞬变流》一书，以满足相关专业的研究生课程学习和工程师进修的需要。

本书是在武汉大学水利水电学院讲授了 20 年的《流体瞬变流》讲义基础上改编、充实形成的。除了系统地阐述流体瞬变流基本理论和基本方法、夯实其力学和数学基础外，还十分注重站在应用基础层面上，讲解管网系统恒定流——有限单元法，管网系统非恒定流时域分析——广义特征线法等新的进展；讲解瞬变流控制、闭环系统稳定性、瞬变流多维模拟等新的研究方向。在此由衷地感谢我的历届研究生，你们辛勤的努力和丰富的成果为本书的撰写提供大量的珍贵的素材，也让我们共同参与并见证了我国管网系统流体瞬变流领域的发展进程。

本书分为 12 章：第 1～5 章侧重点是管网系统流体瞬变流的基本理论和基本方法，分别讲述流体瞬变流基本概念和基本方程、管网系统恒定流分析——有限单元法、非恒定流时域分析——广义特征线法、动力装置瞬态分析——广义能量守恒、振荡流频域分析——阻抗与状态矩阵法；第 6～9 章侧重点是较特殊、较复杂管网系统流体瞬变流的部分工程应用(主要受笔者研究领域的局限)，分别讲述气体瞬变流、液柱分离及含气型气液两相瞬变流、明满混合瞬变流、内流管道系统的流固耦合；第 10～12 章侧重点是讲解瞬变流控制、闭环系统稳定性、瞬变流多维模拟等专题和新的研究方向(同样受笔者研究领域的局限)。

力求便于读者的阅读和参考。

对本书中可能存在的笔误、缺陷和问题，敬请读者们指正。

杨建东
2017-12-21
于武汉大学水利水电学院

目　　录

第1章 流体瞬变流的基本概念和基本方程

1.1 流体瞬变流的基本概念

流体是液体和气体的总称。液体可压缩性小，可采用管道输送，也可采用明渠输送；而气体可压缩性大，只能采用管道输送。流体在输送的过程中，由于输送系统的运行条件发生变化，包括正常的变化、偶然的事故以及外部的干扰，引起流经各断面流体的流速、流量、压强、压力、水深等宏观物理量发生变化，从某一定常状态转换成另一定常状态，这种随时间变化的过程称为流体瞬变流[1,2]，也常称为非恒定流。

定常流或恒定流是相对于流体瞬变流而言的，即流经各断面流体的流速、流量、压强、压力、水深等宏观物理量不随时间变化。两者的差别在于时间偏导数是否为零，即$\frac{\partial}{\partial t}=0$或$\frac{\partial}{\partial t}\neq 0$。但严格地讲，恒定流上述物理量的瞬时值仍随时间呈现随机性变化，但任何时段的平均值却不随时间变化。该现象反映了流体流动过程中紊动的内在本质。由此可见，恒定流是流体瞬变流的基础，也是流体瞬变流的特例。

恒定流通常按其流动的特点划分为均匀流和非均匀流[3]。断面流速的平均值不随空间位置变化的流动称为均匀流，其流线为相互平行的直线；而断面流速的平均值随空间位置变化的流动称为非均匀流，与均匀流的差别在于当地偏导数是否为零，即$\frac{\partial}{\partial x}=0$或$\frac{\partial}{\partial x}\neq 0$。非均匀流可进一步划分为渐变流和急变流。流线之间夹角很小、流线的曲率半径很大的流动称为渐变流，其特点是断面上任何点的势能相等，即势能中压能沿断面垂线呈三角形分布；流线之间夹角较大、流线的曲率半径较小的流动称为急变流，其特点是断面上任何点的势能不相等，受到离心惯性力的作用(图1.1)。

非恒定流分为有压管道非恒定流和无压明渠非恒定流[3]。有压管道非恒定流也称为管道瞬变流，可区分为水击现象和涌浪现象两类。水击通常指水体在管道流动中发生的瞬变流，其特点是流速随时间变化较快，使得流体的压缩性甚至管壁的弹性不可忽略，瞬变过程以弹性波的形式出现；若流速随时间变化较缓，流体和管壁的压缩性可以忽略，则瞬变过程以质量波的形式出现，于是通常将其称为涌波。如U型管内水柱来回振荡的现象；又如水电站调压室水位波动现象。若管道中的流体以某一固定的时间间隔来回振荡，则称为振荡流或周期流。当流体的振荡频率与管道系统固有频率一致时，将发生共振。明渠非恒定流与管道非恒定流之间最大的差别在于：前者的波动过程是重力波的传播，而后者的波动是弹性波或质量波动的传播。其次，呈自由水面的明渠流动，在非恒定流过程中其断面流速仍然是断面水深的函数，相比管道的有压流动要复杂，即流速和水深两个因变量之间存在相互制约的关联。

气体瞬变流是流体瞬变流的分支之一[1]。与液体瞬变流相比，其特点是密度小，惯性力不起主导作用，而沿管线压强变化主要受管壁摩阻和边界条件引起的体积变化的影响，其瞬变过程较为缓慢。其中，泄漏和堵塞是气体管网系统中常见的两种事故工况。利用瞬变流分析即可以确定管网系统是否发生堵塞或泄漏现象，以及确定堵塞或泄漏的具体位置。

瞬变气液两相流也是流体瞬变流的重要分支。当液体中含有少量的气体并足以影响瞬变过程的波速和断面压强大小时，则称为均匀气液两相瞬变流；随着气体含量增大，在垂直管道中将形成泡状流、段塞流、团状流、环状流，在水平管道中形成泡状流、段塞流、分层流、环状流等不同的流态(图 1.2)[4]。其瞬变过程更为复杂，三维流动现象更为明显。因此，有必要发展三维瞬变流分析的理论与方法。

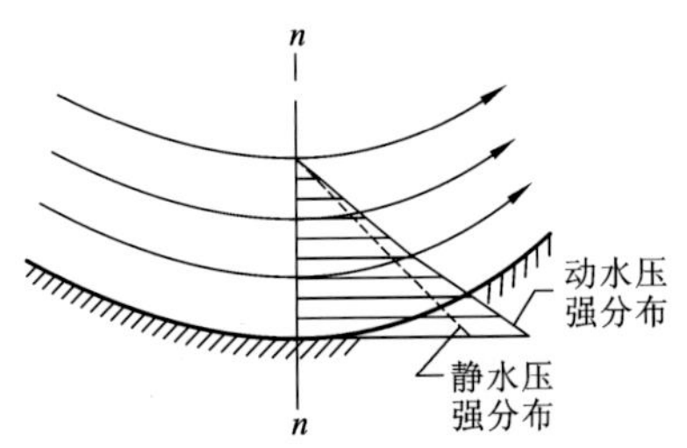

图 1.1　急变流动水压强分布示意图

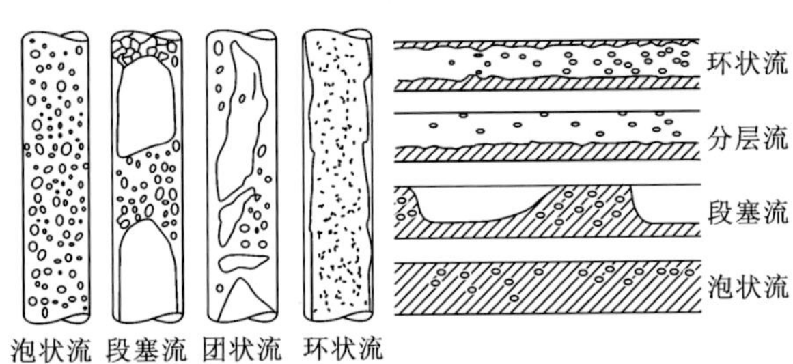

图 1.2　气液两相流流态示意图

在管道系统采用刚性支撑、无大变形条件下，瞬变过程中流体和管壁的相互作用可以忽略，即可按传统的非恒定流理论进行分析。但在管道系统采用柔性支撑、有大变形条件下，瞬变过程中流体和管道系统的相互作用必须考虑，于是形成了流体瞬变流的重要分支，即瞬变过程中的流体固体耦合问题。

流体瞬变过程是由输送系统的运行条件变化而产生的，因此各种边界条件，尤其是动力转换设备运行条件将是流体瞬变流研究的重要内容。泵和压缩机是流体输送系统中最常见的动力输送设备，其动力转换特性对输送系统瞬变过程及安全运行有着重要的影响。同样，作为水力发电输水系统中动力转换设备——水轮机，对水电站安全运行起着重要的作用。另外，输送系统中闸阀的启闭，过流面积的调节，各种平压设施、蓄容装置的投入，均对输送系统瞬变过程产生重要的作用。

针对设定目标进行调节的输送系统，从控制理论角度来看，称其为闭环系统。有调节、有反馈，就必然存在稳定性的问题。所以，输送系统稳定运行也是流体瞬变流关注的重要课题。

1.2　管道瞬变流的基本方程

管道瞬变流遵循流体力学的三个基本定律，即质量守恒、动量守恒和能量守恒定律，以及相关的本构关系(状态方程)。在不考虑热交换的前提下，可采用动量方程和连续性方程进行描述。

1.2.1 动量方程

动量方程，即牛顿第二定律，是矢量方程，可在空间三维坐标系内分解。但对流体输送系统而言，管道系统轴线长度通常远远大于径向尺寸。故在此给出两点重要的假定：①一维流，以轴线长度方向为 x 坐标，垂直于该坐标任何分量均为零；②渐变流，断面的平均压强用断面中心的压强代替。若应用于急变流局部管段，必要时应对流速水头进行修正。

图 1.3 所示为截面面积为 A、厚度为 dx 圆台形的流体脱离体，面积 A 是 x 的函数，x 是从任意起点开始的沿管道轴线的坐标距离。管道与水平线呈 α 夹角，当高度沿 x 正方向增加时 α 为正。

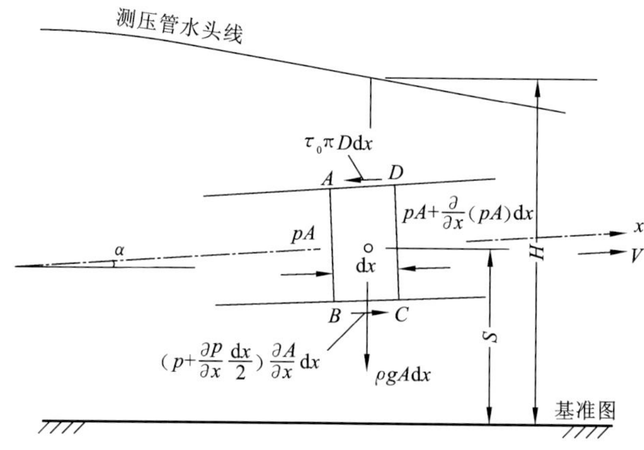

图 1.3　管中微分段流体受力分析示意图

施加于脱离体的作用力，可分为表面力、重力和惯性力。表面力又可分为压力和摩阻力。这些力平行 x 坐标轴的分量，共同构成了一维动量方程，即

$$pA-\left[pA+\frac{\partial(pA)}{\partial x}\mathrm{d}x\right]+\left(p+\frac{1}{2}\frac{\partial p}{\partial x}\mathrm{d}x\right)\frac{\partial A}{\partial x}\mathrm{d}x-\tau_0\pi D\mathrm{d}x-\rho gA\mathrm{d}x\sin\alpha=\rho A\mathrm{d}x\frac{\mathrm{d}V}{\mathrm{d}t}$$

式中：p 为断面压强；τ_0 为切应力；D 为断面内径；ρ 为流体密度；g 为重力加速度；V 为断面流速。该式两边除以 $\mathrm{d}x$，并忽略二阶微量，整理可得

$$\frac{\partial p}{\partial x}A+\tau_0\pi D+\rho gA\sin\alpha+\rho A\frac{\mathrm{d}V}{\mathrm{d}t}=0 \tag{1.1}$$

对大多数实际应用而言，瞬变流计算中可以将恒定流的切应力代替非恒定流的切应力，其误差是有限的[5]。因此，根据达西-魏斯巴赫(Darcy-Weisbach)公式可知

$$\tau_0=\frac{\rho fV|V|}{8} \tag{1.2}$$

式中：f 为摩擦系数；绝对值符号是为了保证切应力方向始终与流速方向相反，以起到消耗动量的作用。

在瞬变过程中，任意截面的流速是时间 t 和位置 x 的函数，其微分表达式为

$$\frac{\mathrm{d}V}{\mathrm{d}t}=\frac{\partial V}{\partial t}+V\frac{\partial V}{\partial x} \tag{1.3}$$

将式(1.2)和式(1.3)代入式(1.1)，方程两边除以 ρA 得

$$\frac{1}{\rho}\frac{\partial p}{\partial x}+\frac{\partial V}{\partial t}+V\frac{\partial V}{\partial x}+g\sin\alpha+\frac{fV|V|}{2D}=0 \tag{1.4}$$

在输送液体的实际工程中，常用测压管水头 H 代替 p，$p=\rho g(H-Z)$，其中，Z 为断面中心线的高程。在此假定 ρ 与 H 和 Z 相比，基本不变。于是$\frac{\partial p}{\partial x}=\rho g\left(\frac{\partial H}{\partial x}-\sin\alpha\right)$，代入式(1.4)得出

$$g\frac{\partial H}{\partial x}+V\frac{\partial V}{\partial x}+\frac{\partial V}{\partial t}+\frac{fV|V|}{2D}=0 \tag{1.5}$$

若$\frac{\partial V}{\partial t}=0$，积分可得管道恒定流条件下的伯努利方程，即

$$\left(H+\frac{V^2}{2g}\right)_1=\left(H+\frac{V^2}{2g}\right)_2+\frac{\Delta x f\overline{V}|\overline{V}|}{2gD}=0 \tag{1.6}$$

式中：$\Delta x=x_2-x_1$。

若$\frac{\partial V}{\partial t}=0$ 且$\frac{\partial V}{\partial x}=0$，式(1.6)改写为

$$\Delta H=-\frac{\Delta x f\overline{V}|\overline{V}|}{2gD}=0 \tag{1.7}$$

式(1.7)就是达西-魏斯巴赫(Darcy-Weisbach)公式，其中，$\Delta H=H_2-H_1$。

1.2.2 连续性方程

如图 1.4 所示，在非棱柱体管道中取长为 δl 水流微段，密度为 ρ，质量为 m，横截面面积等于管道的横截面面积 A。则有 $m=\rho A\delta l$。

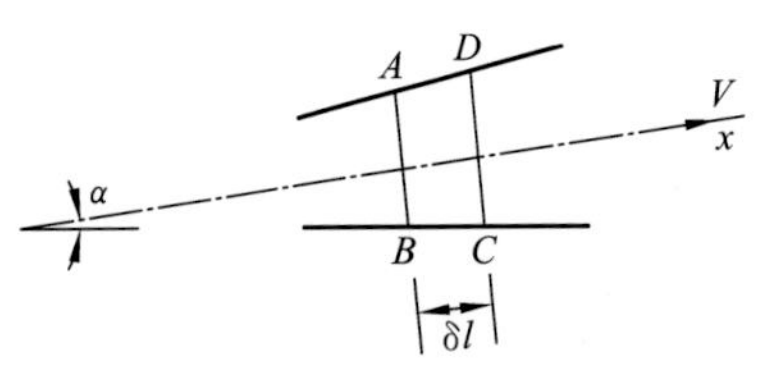

图 1.4 管中微分段流体连续性分析示意图

根据质量守恒定律$\frac{\mathrm{d}m}{\mathrm{d}t}=0$，得

$$\frac{\mathrm{d}\rho}{\rho\mathrm{d}t}+\frac{\mathrm{d}A}{A\mathrm{d}t}+\frac{\mathrm{d}(\delta l)}{\delta l\mathrm{d}t}=0 \tag{1.8}$$

由于液体的压缩性满足线弹性的本构关系：

$$\frac{\mathrm{d}\rho}{\rho}=\frac{\mathrm{d}p}{K} \tag{1.9}$$

式中：K 是液体的体积弹性模量。

在瞬变流过程中，非棱柱体管道横截面面积 A 与所在的位置 x 和所受的压强 p 有关，即 $A=f(x,p)$，则

$$\frac{\mathrm{d}A}{\mathrm{d}t}=\left(\frac{\partial A}{\partial x}\frac{\mathrm{d}x}{\mathrm{d}t}+\frac{\partial A}{\partial p}\frac{\mathrm{d}p}{\mathrm{d}t}\right) \tag{1.10}$$

而

$$\frac{1}{\delta l}\frac{\mathrm{d}\delta l}{\mathrm{d}t}=\frac{1}{\delta l}\frac{\delta\mathrm{d}l}{\mathrm{d}t}=\frac{\delta V}{\delta l}=\frac{\partial V}{\partial x} \tag{1.11}$$

将式(1.9)～式(1.11)代入式(1.8)，整理可得

$$\frac{1}{K}\frac{\mathrm{d}p}{\mathrm{d}t}+\frac{1}{A}\left(V\frac{\partial A}{\partial x}+\frac{\partial A}{\partial p}\frac{\mathrm{d}p}{\mathrm{d}t}\right)+\frac{\partial V}{\partial x}=0 \tag{1.12}$$

令波速为

$$a=\sqrt{\frac{K}{\rho\left(1+\frac{K}{A}\frac{\partial A}{\partial p}\right)}} \tag{1.13}$$

将式(1.13)代入式(1.12)，整理可得

$$\frac{1}{\rho a^2}\frac{\mathrm{d}p}{\mathrm{d}t}+\frac{\partial V}{\partial x}+\frac{1}{A}\frac{\partial A}{\partial x}V=0 \tag{1.14}$$

同样以测压管水头 H 代替 p，则有

$$V\frac{\partial H}{\partial x}+\frac{\partial H}{\partial t}+\frac{a^2}{g}\frac{\partial V}{\partial x}+\frac{a^2}{gA}\frac{\partial A}{\partial x}V-V\sin\alpha=0 \tag{1.15}$$

式(1.15)是非棱柱体管道中水流的连续方程。若令$\frac{\partial A}{\partial x}=0$，即为棱柱体管道中的水流连续性方程。

1.2.3　波速公式

在波速公式(1.13)中[6]，主要的问题是如何求解$\frac{1}{A}\frac{\partial A}{\partial p}=\frac{1}{A}\frac{\mathrm{d}A}{\mathrm{d}p}$。

1. 薄壁弹性圆管

圆管断面面积 $A=\frac{\pi}{4}D^2$，其中，D 是圆管内径。$\frac{\mathrm{d}A}{A}=2\frac{\mathrm{d}(\pi D)}{\pi D}=2\mathrm{d}\varepsilon$；$\varepsilon$ 是管壁的环向应变。而产生环向应变的原因如下。

1）环向应力 σ_2 产生的环向应变分量 ε_2

如图1.5所示，作用于管壁的拉力 $T_f=\frac{pD}{2}$，由于薄壁管道，截面拉应力可视为均匀分布，$\sigma_2=\frac{T}{e}=\frac{Dp}{2e}$。根据胡克定律：$\varepsilon_2=\frac{\sigma_2}{E}=\frac{Dp}{2eE}$。

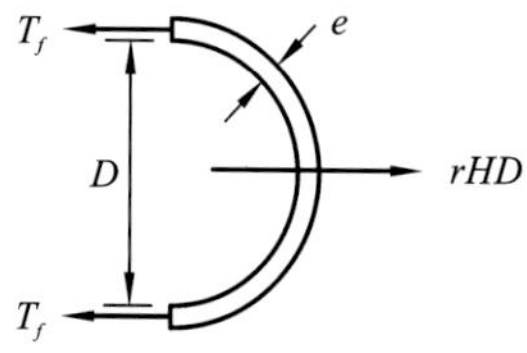

图1.5　薄壁弹性圆管受力分析示意图

2）由轴向应力 σ_1 产生的环向应变分量 ε'

与轴向应力对应的轴向应变 $\varepsilon_1=\frac{\sigma_1}{E}$；根据泊松(Poisson)定律：$\varepsilon'=-\mu\varepsilon_1=-\mu\frac{\sigma_1}{E}$。

总的环向应变 $\varepsilon=\varepsilon_2+\varepsilon'=\frac{1}{E}(\sigma_2-\mu\sigma_1)=\frac{1}{E}\left(\frac{Dp}{2e}-\mu\sigma_1\right)$，所以

$$\mathrm{d}\varepsilon=\frac{1}{2E}\left(\frac{D}{e}-2\mu\frac{\mathrm{d}\sigma_1}{\mathrm{d}p}\right)\mathrm{d}p \tag{1.16}$$

轴向应力 σ_1 依管道的支承方式不同有不同的表达式。

(1) 上端固定，但管道能沿纵向运动：

$$\mathrm{d}\sigma_1=\frac{A\mathrm{d}p}{\pi De},\quad \mathrm{d}\varepsilon=\frac{1}{2E}\left(\frac{D}{e}-2\mu\frac{A}{\pi De}\right)\mathrm{d}p=\frac{D}{2Ee}\left(1-\frac{\mu}{2}\right)\mathrm{d}p,\quad \frac{1}{A}\frac{\mathrm{d}A}{\mathrm{d}p}=\frac{D}{Ee}\left(1-\frac{\mu}{2}\right)$$

(2) 两端固定,管道没有纵向变形:

$$\varepsilon_1=0,\quad \sigma_1=\mu\sigma_2,\quad \mathrm{d}\sigma_1=\mu\frac{D}{2e}\mathrm{d}p$$

$$\mathrm{d}\varepsilon=\frac{1}{2E}\left(\frac{D}{e}-\mu^2\frac{D}{e}\right)\mathrm{d}p,\quad \frac{1}{A}\frac{\mathrm{d}A}{\mathrm{d}p}=\frac{D}{Ee}(1-\mu^2)$$

(3) 管道装有伸缩节,完全可以自由运动:

$$\sigma_1=0,\quad \frac{1}{A}\frac{\mathrm{d}A}{\mathrm{d}p}=\frac{D}{Ee}$$

综合以上各点,得出薄壁弹性圆管的波速公式,即

$$a=\sqrt{\frac{K/\rho}{1+\frac{KD}{Ee}C_1}}\tag{1.17}$$

式中 C_1 分三种情况:上端固定,$C_1=1-\frac{\mu}{2}$;两端固定,$C_1=1-\mu^2$;自由运动,$C_1=1$。

2. 厚壁弹性圆管

管壁较厚时,应力不再均匀分布。为此,可以按厚壁圆筒的应力理论计算。运用胡克定律和泊松(Poisson)定律,可以得出与式(1.16)形式相同的波速表达式,只是与支承方式有关的系数 C_1 不同。

上端固定:

$$C_1=\frac{2e}{D}(1+\mu)+\frac{D}{D+e}\left(1-\frac{\mu}{2}\right)$$

两端固定:

$$C_1=\frac{2e}{D}(1+\mu)+\frac{D}{D+e}(1-\mu^2)$$

自由运动:

$$C_1=\frac{2e}{D}(1+\mu)+\frac{D}{D+e}$$

从中可以看出,当 D 远大于 e 时,厚壁弹性圆管系数 C_1 的表达式就与薄壁弹性圆管的完全一致。通常认为 $D/e<25$ 为厚壁圆管。

3. 圆形隧洞

圆形隧洞可视为厚度极大的厚壁圆管,所以厚壁圆管系数 C_1 表达式中第二项可以忽略不计,故

$$a=\sqrt{\frac{K/\rho}{1+\frac{2K}{E_R}(1+\mu)}}\tag{1.18}$$

式中:E_R 是隧洞建筑材料的弹性模量。

有关参考书上还介绍了有衬砌的圆形隧洞、钢筋混凝土管、塑料管和矩形管。要精确计算管道波速并不容易。若水击现象属于末相水击,波速的大小对水击极值的影响不大。

1.3　明渠瞬变流的基本方程

在实际工程中，管道系统往往同明渠相连接，因此了解瞬变流如何通过明渠传递是一个非常重要的问题，为此本节将推导明渠瞬变流的基本方程。

明渠瞬变流同样遵循流体力学的三个基本定律，在不考虑热交换的前提下，可采用动量方程和连续性方程进行描述。

一般的明渠水流问题均符合浅水理论的假定，即压强在垂线上为静水压强分布和垂向加速度可忽略不计。浅水理论的速度场可以是一维、二维或三维的，但压强场只随水平尺度和时间变化。在此推导一维和二维的明渠瞬变流基本方程。

1.3.1　动量方程

图 1.6 表示明渠微段为 Δx 的液体脱离体，x 方向和渠道底坡平行，其数值表示从任意起点开始的沿渠道底坡的坐标距离。底坡与水平线呈 θ 夹角，当高度沿 x 正方向增加时 θ 为正。

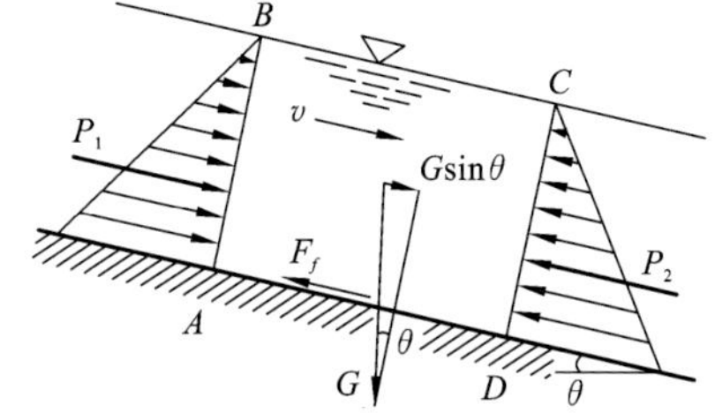

图 1.6　明渠微段 Δx 受力分析示意图

根据牛顿第二定律，进入脱离体的净动量率加上作用于脱离体上的诸力之和，等于脱离体动量变化率。

要考虑的作用力有重力、压力和摩阻力，这些力沿 x 方向的分力分别如下。

重力分力：

$$F_g=\rho gh\Delta x\sin\theta\approx\rho ghS_x\Delta x \tag{1.19}$$

式中：h 是水深，表示水面垂直于底坡的距离。通常底坡很小，可以取角的正弦等于角的正切或角的本身，因此用底坡 S_x 代替 $\sin\theta$。

压力分力：

$$F_p=\int_0^h p\mathrm{d}z=\rho g\int_0^h(h-z)\mathrm{d}z=\frac{1}{2}\rho gh^2 \tag{1.20}$$

式(1.20)体现了压强在垂线上为静水压强分布的假定，其中 z 表示垂线的坐标。

摩阻力分力：

$$F_s=\rho ghS_f\Delta x \tag{1.21}$$

式中：S_f 是摩阻坡降，可用曼宁公式计算：

$$U=\frac{1}{n}R^{\frac{2}{3}}S_f^{\frac{1}{2}} \tag{1.22}$$

其中：U 是断面沿 x 正方向的平均流速；n 是糙率系数；R 是水力半径。

有了上述的作用力的分量，不难得出明渠瞬变流动量方程，即

$$\frac{\partial}{\partial t}(Uh)+\frac{\partial}{\partial x}(U^2h)+\frac{g}{2}\frac{\partial}{\partial x}(h^2)=gh(S_x-S_f) \tag{1.23}$$

式(1.23)为守恒形式，可整理转化常见的形式，即

$$\frac{\partial U}{\partial t}+U\frac{\partial U}{\partial x}+g\frac{\partial h}{\partial x}=g(S_x-S_f) \tag{1.24}$$

需要指出的是，无论式(1.23)还是式(1.24)，对棱柱体渠道和非棱柱体渠道均适用。

1.3.2 连续性方程

明渠微段脱离体的质量守恒可表述为进入脱离体的净流量等于其体积的变化率。对于棱柱体渠道：

$$\left(U-\frac{\partial U}{\partial x}\frac{\Delta x}{2}\right)\left(h-\frac{\partial h}{\partial x}\frac{\Delta x}{2}\right)-\left(U+\frac{\partial U}{\partial x}\frac{\Delta x}{2}\right)\left(h+\frac{\partial h}{\partial x}\frac{\Delta x}{2}\right)=\frac{\partial h}{\partial t}\Delta x$$

整理得

$$\frac{\partial h}{\partial t}+\frac{\partial}{\partial x}(Uh)=0 \tag{1.25}$$

对于非棱柱体渠道：

$$B\frac{\partial h}{\partial t}+UB\frac{\partial h}{\partial x}+U\left(\frac{\partial A}{\partial x}\right)_h+A\frac{\partial U}{\partial x}=0 \tag{1.26}$$

式中：B 是水面宽度；A 是过水断面面积。对于棱柱体渠道，$\left(\frac{\partial A}{\partial x}\right)_h=0$，于是式(1.26)得以简化，与式(1.25)完全一致。

对于不规则断面，仅仅是连续方程中以过水断面面积 A 代替水深 h，而动量方程的形式不变。

$$\frac{\partial A}{\partial t}+\frac{\partial}{\partial x}(UA)=0 \tag{1.27}$$

1.3.3 有侧向入流的明渠瞬变流基本方程

令侧向入流的流量 q 和流速 u_q，流入为正，流出为负，其动量方程和连续性方程可扩充如下：

$$\frac{\partial A}{\partial t}+\frac{\partial}{\partial x}(UA)=q \tag{1.28}$$

$$\frac{\partial U}{\partial t}+U\frac{\partial U}{\partial x}+g\frac{\partial h}{\partial x}=g(S_x-S_f)+\frac{q}{A}(u_q-U) \tag{1.29}$$

1.3.4 二维的明渠瞬变流基本方程

增加一个与 x 轴呈直角的“水平”坐标 y，该方向的流速为 V，根据动量守恒定律和质量守恒定律，可得到二维的明渠瞬变流的连续性方程、x 方向的动量方程和 y 方向的动量方程，即

$$\frac{\partial h}{\partial t}+\frac{\partial}{\partial x}(Uh)+\frac{\partial}{\partial y}(Vh)=0 \tag{1.30}$$

$$\frac{\partial U}{\partial t}+U\frac{\partial U}{\partial x}+V\frac{\partial U}{\partial y}+g\frac{\partial h}{\partial x}=g(S_x-S_{fx}) \tag{1.31}$$

$$\frac{\partial V}{\partial t}+U\frac{\partial V}{\partial x}+V\frac{\partial V}{\partial y}+g\frac{\partial h}{\partial y}=g(S_y-S_{fy}) \tag{1.32}$$

式中：S_x、S_y、S_{fx}、S_{fy} 分别是 x 方向底坡、y 方向底坡、x 方向摩阻坡降和 y 方向摩阻坡降。

1.4 流体瞬变流的研究方法

与其他的流体力学分支一样，流体瞬变流的研究方法主要是理论分析（包括数值模拟）、模型试验和原型观测。显然理论分析需从动量方程、连续性方程、本构关系（必要时加上能量方程）着手，结合具体初始条件、边界条件联立求解。但由于流体瞬变流的基本方程是一组拟线性双曲型偏微分方程，难以得出明确的解析表达式，所以形成了如下几种常见的求解方法。

1.4.1 标准双曲型偏微分方程的解析法

忽略管道瞬变流基本方程(1.5)和(1.15)中非线性项和摩阻项，由此简化为标准双曲型偏微分方程如下：

$$gH_x+V_t=0 \tag{1.33}$$

$$H_t+\frac{a^2}{g}V_x=0 \tag{1.34}$$

式(1.33)和式(1.34)是线性偏微分方程，其通解为

$$\Delta H=H-H_0=F\left(t-\frac{x}{a}\right)+f\left(t+\frac{x}{a}\right) \tag{1.35}$$

$$\Delta V=V-V_0=-\frac{g}{a}\left[F\left(t-\frac{x}{a}\right)+f\left(t+\frac{x}{a}\right)\right] \tag{1.36}$$

式中：H_0、V_0分别是测压管水头和流速的初始值；F、f 称为波函数。尽管确定这两个波函数必须利用初始条件和边界条件，但它们独特的性质与初始条件和边界条件无关。该性质是 t 和 x 的组合不变，函数值不变。

例如 F：

$$t-\frac{x}{a}=t+\Delta t-\frac{x+\Delta x}{a},\quad \Delta t=\frac{\Delta x}{a}$$

$$F\left(t-\frac{x}{a}\right)=F\left(t+\Delta t-\frac{x+\Delta x}{a}\right)$$

所以 F 是一个波函数，并且是以 a 沿 x 轴正方向，向上游传播的水击波，称为正向波或逆流波；同理，f 也是一个波函数，并且是以 a 沿 x 轴反方向，向下游传播的水击波，称为反向波或顺流波。

式(1.35)和式(1.36)是有量纲的表达式。为了方便起见，将式(1.35)和式(1.36)转换为无量纲的形式。

令

$$\xi=\frac{H-H_0}{H_0},\quad \nu=\frac{V}{V_{\max}},\quad \Phi=\frac{F}{H_0},\quad \varphi=\frac{f}{H_0},\quad \rho_a=\frac{aV_{\max}}{2gH_0}$$

于是得出

$$\xi=\Phi+\varphi \tag{1.37}$$

$$2\rho_a(\nu_0-\nu)=\Phi-\varphi \tag{1.38}$$

在直接水击条件下，即阀门启闭时间 $T_s \leqslant 2L/a$，管道末端的水击压强只受到向上游传播的正向波的影响，波函数 $f=0$。所以在式(1.35)和式(1.36)中消去 F，可得计算直接水击的茹可夫斯基(Joukowski)公式：

$$\Delta H = H - H_0 = -\frac{a}{g}(V - V_0) = \frac{a}{g}(V_0 - V) \tag{1.39}$$

式(1.39)揭示了一条重要的自然规律：水击压强大小与流速变化量和水击波波速的乘积成正比，反映了水弹性能转换的物理实质。

在间接水击、简单管条件下，可得出阿列维(Allievi)的连锁方程：

$$\xi_i^A + \xi_{i+1}^A = 2\rho(\tau_i^A\sqrt{1+\xi_i^A} - \tau_{i+1}^A\sqrt{1+\xi_{i+1}^A}) \tag{1.40}$$

式(1.40)是计算间接水击的递推公式，只要给出了每相末的相对开度 $\tau_1, \tau_2, \cdots, \tau_n$，就可求出阀门处的相对测压管水头 $\xi_1, \xi_2, \cdots, \xi_n$，其初始条件为 $\xi_0 = 0$。该公式反映了管道瞬变流弹性波传播、反射和叠加的内在规律。

1.4.2 标准的非齐次双曲型偏微分方程的解析法

忽略管道瞬变流基本方程(1.5)和(1.15)中非线性项，假定管道是棱柱体水平放置，由此简化为

$$H_x + \frac{1}{gA}Q_t + \frac{fQ^n}{2gDA^n} = 0 \tag{1.41}$$

$$Q_x + \frac{gA}{a^2}H_t = 0 \tag{1.42}$$

在此基础上，对式(1.41)和式(1.42)进行线性化处理，使之成为标准的非齐次双曲型偏微分方程组，以便获得解析解。

为了研究管道输送系统瞬变流的频率响应，可利用线性振动理论或电流传输线理论的研究方法分析输送系统中的流体振荡。该方法可有效地处理强迫振荡运动，了解输送系统瞬变流的振荡特性。常用的分析方法有两种：阻抗法和矩阵法。这两种方法各有优点，常常也将两者结合应用。

在此需要指出的是，阻抗法和矩阵法均为频域分析方法，可分析管道输送系统瞬变流的振荡频率和振型，全面地把控管道输送系统瞬变流的振荡特性，以便优化输送系统的布置和各种平压设施，避免共振事故的发生，保证输送系统的安全运行。而水击计算方法和后面将介绍的数值计算方法均为时域分析方法，可分析输送系统运行条件发生变化时，系统各断面各种宏观物理量随时间的变化过程，直接判断波动过程是否衰减，宏观物理量的极值是否满足系统设计的限制等。所以，频域分析方法和时域分析方法相辅相成，在流体瞬变流分析中均不可偏废。

1.4.3 数值计算方法

无论管道瞬变流还是明渠瞬变流，其基本方程均为拟线性双曲型偏微分方程组。为了避免方程简化带来的影响，通常采取数值计算方法。数值计算方法可分为显式差分法和隐式差分法。

1. 显式差分法——特征线法

特征线法是显式差分法中最常用的方法，该方法在求得偏微分方程组的特征值的基础上，先将偏微分方程组转换成常微分方程组（方程个数扩大一倍）。后通过精确积分和数值积分，将常微分方程组转换成有限差分方程。采用等时段网格或特征线网格，编程求解。

特征线方法的优点是方便边界条件的处理，适用于非常复杂的管网系统，计算速度快。但网格划分必须满足稳定性准则，并带来插值问题。对激波现象处理十分困难，甚至计算不收敛。

2. 隐式差分法

隐式差分法通过前差、后差、中心差、方向交替等处理方式，直接将偏微分方程转换成差分方程。在流体瞬变流应用中常见的隐式差分有 Preissmann 四点隐格式、Lax 隐格式、Lax-Wendroff 隐格式等。

隐式差分法的优点是绝对稳定的差分格式，不受时间步长和空间步长的制约。但求解烦琐，每条管线形成矩阵，边界条件不易处理，计算速度慢。

3. 广义特征线法

鉴于显式差分法和隐式差分法的优缺点及互补性，在第 3 章将详细讲述广义特征线法。该方法的核心思想是：对棱柱体管道采用显式差分法——特征线法；剩余的短管以及非棱柱体管道、渠道均采用隐式差分法形成相应管线的矩阵，对管线矩阵采用追赶法递推到首端和末端形成广义的特征线，结合边界条件联立求解。通过迭代计算，满足整个管网输送系统瞬变流数值模拟的计算精度和收敛性的要求。

1.4.4　模型试验和原型观测

模型试验可分成机理试验和应用型试验。机理试验是探索流体瞬变流的物理现象，揭示其内在的规律，为建立精确的数学模型、验证理论分析和数值计算结果、促进基本理论的发展服务的。应用型试验是针对具体的工程问题进行缩尺的模型试验，其优点是能固定某些参数和边界条件对某一变量进行系统性研究和敏感性分析，对各种控制工况进行试验。该试验能较大程度反映原型现象和规律，但必须严格遵循相似律的要求。

模型试验的缺点是存在比尺效应的问题，所以原型观测更为直接。在流体瞬变流研究中应注重原型观测，从而修正和完善基本理论、数学模型、计算方法，并对比和指导模型试验。

1.5　流体瞬变流的主要应用领域

流体瞬变流的应用领域非常广泛，归纳起来，主要有以下几个方面。

1.5.1　流体输送

1. 跨流域调水

随着国民经济的发展，人类对生活质量日益增长的需求，水资源将成为全球生存、发展最重要的资源。由于我国水资源在时空上分配不均，所以跨流域调水势在必行。南水北调工程是最大的跨流域调水工程。无论东线、中线还是西线方案，都面临大流量、长距离的水体输送问题。输送方式有明渠、有管道，甚至在同一输送线路上既有明渠又有管道。

中线方案中的穿黄隧洞为双洞平行布置(图 1.7)，设计流量为 256 m^3/s，加大流量为 320 m^3/s。单洞长 4 250 m，包括 3 450 m 过河隧洞和 800 m 邙山隧洞，成洞内径为 7.0 m。隧洞最大埋深 35 m，最小埋深 23 m，断面最大水压为 4.5 MPa。隧洞本身是有压流动，两岸明渠是无压流动。为了满足不同时间段各用水点的需求，就必须对长达上千千米的输水系统实行实时调度，闸阀的启闭、水泵的开停将改变输送系统的运行条件，产生相应的瞬变过程。对于穿黄隧洞而言，两岸明渠产生涌浪，隧洞内产生水击压力。

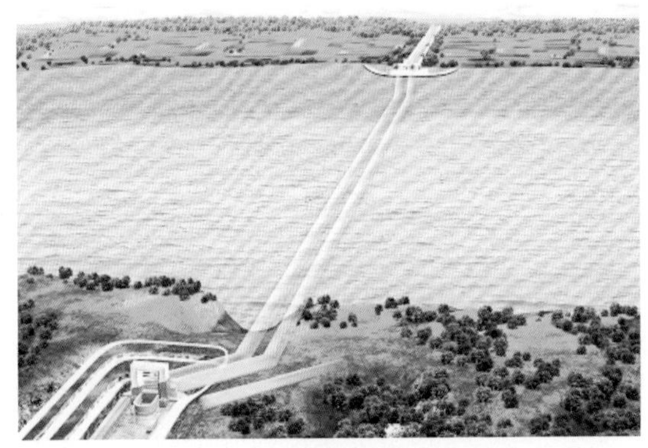

图 1.7 穿黄隧洞工程示意图

中线工程北京段是采用泵站加压、管涵输水的地段，其地形和管涵高程见图 1.8。工程总体布置分两段，第一段为渠首—大宁调压池，该段为长约 57 km 的预应力钢管混凝土管有压管段。第二段为大宁调压池—终点团城湖，长约 21 km，采用低压暗涵输水方式。惠南庄一级泵站内安装 8 台大型卧式离心泵机组，机组总装机容量为 5.6 万 kW，其中 6 台工作，2 台备用。单泵设计流量为 10 m^3/s，设计扬程为 58.2 m，额定转速 375 r/min，电机功率 7 000 kW。

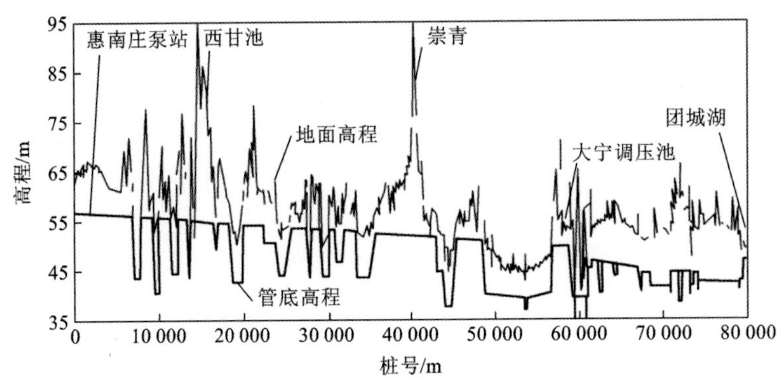

图 1.8 中线工程北京段地形和管涵高程示意图

由于输水规模、PCCP管道直径和有压输水管长度均比较大，整个系统瞬变流控制方法和措施的选择不仅对运行安全影响很大，而且对工程投资的影响也很大[7]。当水泵事故断电且蝶阀拒动时，随水泵转速的下降及反转，管线某些位置压强将下降到水体汽化压强以下(图1.9)，有可能出现水柱分离，导致管道破坏。设计中沿管线间隔一定的距离设置单向调压井，较好地避免了液柱分离的危害。由图1.10可知，所有调压井的水深在瞬变过程中始终大于零，且沿线管道顶部最小压强不小于－1.5 m水头。

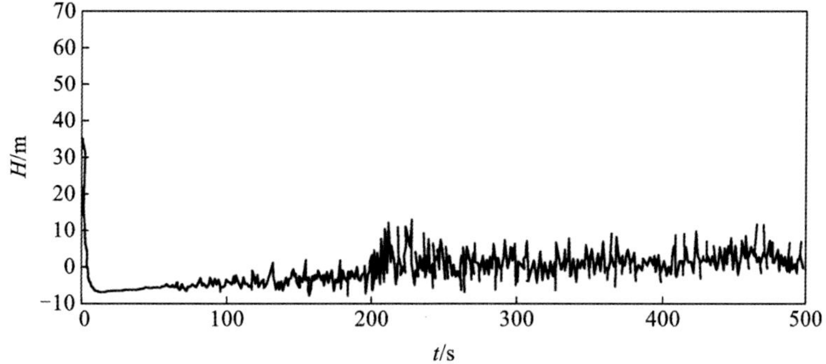

图1.9　六台泵同时断电泵出口处压强变化过程

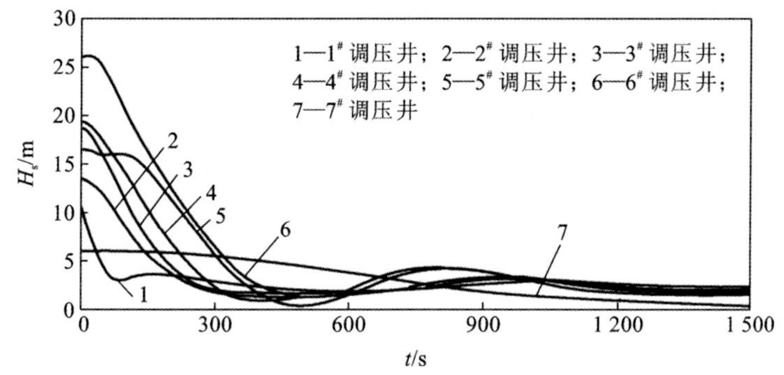

图1.10　水泵断电蝶阀拒动的调压井水深变化过程

2. 输油管道系统

石油和石油产品的输送同样面临瞬变流的问题，石油泄漏不仅会造成能源的浪费，而且会严重地污染环境。输油管道系统主要由输油管线、输油站及其他辅助相关设备(如油泵机组)组成，与其他运输方式相比，管道输油具有运量大、密闭性好、成本低和安全系数高等特点。但对长距离输油管道来说，由于油泵机组及阀门众多，存在油泵事故断电或者阀门之间启闭不协调等可能性，这将产生复杂的流体瞬变流，从而在管路中产生油击压强，危害管道的安全运行，甚至发生泄漏，更严重的会引起爆炸与火灾(图1.11)。

鉴于石油泄漏、管道爆炸与火灾的严重后果，必然要求加强对输油过程瞬变流的认识，并采取相应技术措施避免可能发生的事故。因此，输油管道系统在线监测与检漏一直是流体瞬变流重要的应用研究方向之一。

(a) 输油管道阀门

(b) 海上输油管道

(c) 尼日利亚的输油管道爆炸场景

(d) 输油管道泄漏引起的污染

图 1.11 输油管道系统

3. 城市自来水系统

城市自来水供给系统是生活中必不可少的水体输送系统(图 1.12)。它由纵横交错、管径不一的管道、岔管、阀门、水泵站和增压站组成复杂的管网,向千家万户、工厂、学校、各部门输水。用户取水随时随地,所以整个管网经常处在瞬变过程之中。由于各种原因,包括供水压力持续高压或压力的骤变、管道老化及质量不合格等,尤其在阀门快速启闭、水泵开停机等瞬变过程中极易发生管道破裂。据统计报道,我国城市自来水系统的漏水量为供水量的 15%左右,有些城市甚至高达 23%,不仅造成了极大的水资源浪费和能源的浪费,而且有可能影响市民的正常工作和生活。

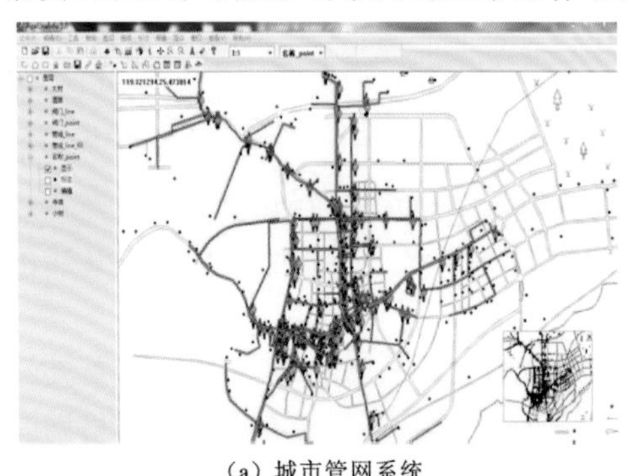
(a) 城市管网系统

(b) 管道破裂产生的"瀑布"

图 1.12 城市管网系统及其事故图

表 1.1 是焦作市某水务有限公司 2004 年维修管道及附属设施按漏水部位的统计结果[8]，从中可以看出：城市自来水系统中的阀门和接头等管道连接处最容易发生漏水事故，这是因为连接处相对脆弱，更易受水击压力的破坏。

表 1.1　按漏水部位分类统计结果

漏水部位	漏水次数	占总修漏次百分比/%
阀门	1 733	60.53
接头	597	20.85
三通	228	7.96
管裂	159	5.55
马鞍	98	3.42
消火栓	36	1.26
套筒	12	0.42
合计	2 863	100

1.5.2　能源工业

电能是最清洁的能源，也是使用最广泛的能源。而电能的生产绝大部分来自于水力发电、火力发电和核能发电。水力发电是通过挡河筑坝，集中能量，由管道系统引水，推动水轮发电机组发电。火力发电是通过锅炉，燃烧煤或油，产生高温高压的蒸汽，经压力管道输送，推动汽轮发电机组发电。而核能发电是通过核反应堆燃烧，产生高温高压的蒸汽，其他过程与火力发电相同。无论水力发电、火力发电还是核能发电，机组开停、负荷调节必然产生相应的流体瞬变过程，产生沿管线压强的急剧的周期性变化，并有可能伴随管壁的扩张和收缩，发出强烈的振动和噪声。该过程直接影响上述各种电站的设计和安全稳定运行。另外，火力发电、核能发电的二次冷却水系统的瞬变过程也是电站设计和安全运行的关键技术问题。

1. 水力发电

水力发电机组在运行过程中（图 1.13），其出力与负荷需要保持平衡，机组转速才能维持额定转速不变，即维持电网频率的稳定，输出高质量的电能。但由于负荷是经常变化的，水轮机也需要相应地改变引用流量，使得机组出力与外界负荷相平衡。引用流量的改变，尤其在机组启动、快速增至全负荷、事故甩负荷等工况，水体流速突然增大或突然减小，导致管道内水压强急剧降低或急剧升高，并且压强的升高（或降低）将以压力波的形式在压力管道中往复传播，形成压强交替升降的波动，并伴随有锤击的响声和振动。

若水击压强升高过大，可能超出压力管道强度而导致管道爆裂；若尾水管进口处水击压强下降过低，低于水体的汽化压强，有可能出现水柱分离现象，其弥合带来的反水击将机组转动部分抬起，造成抬机事故，甚至会水淹厂房，后果极其严重。因此，为了保障水力发电安全稳定运行、输送高质量电能，水电站过渡过程与控制一直是流体瞬变流重要的应用研究方向之一。

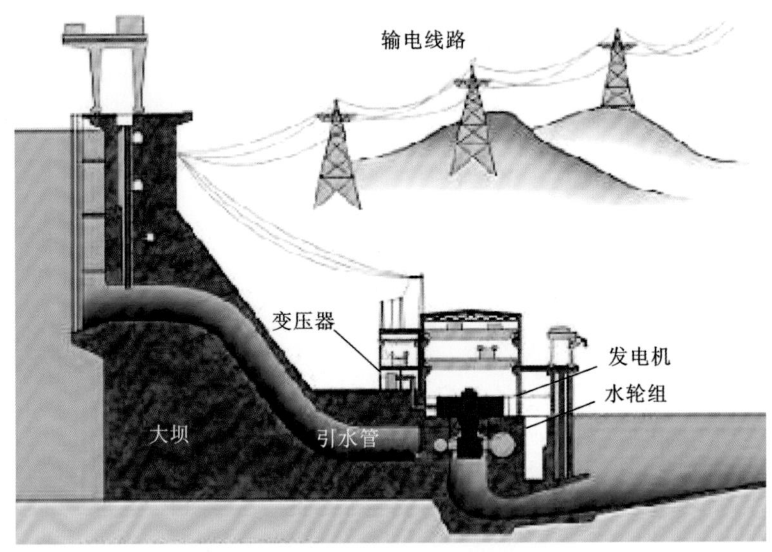

图 1.13　水力发电示意图

2. 火力发电和核能发电

火力发电和核能发电(图 1.14 和图 1.15)均是通过燃烧产生高温高压的蒸汽，经压力管道输送，推动汽轮发电机组发电。所以，蒸汽动力循环系统是火力发电和核能发电的关键系统之一。该系统流动特点是高温高压的蒸汽与散热冷却的凝结水共存，容易发生蒸汽管道水击。

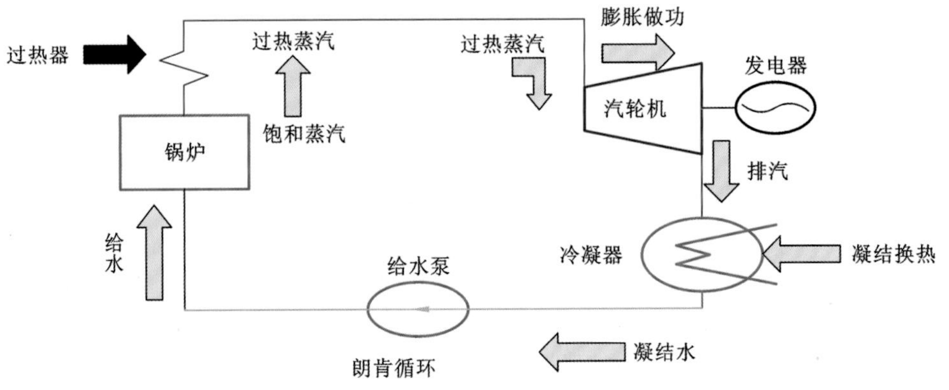

图 1.14　火力发电蒸汽动力循环示意图

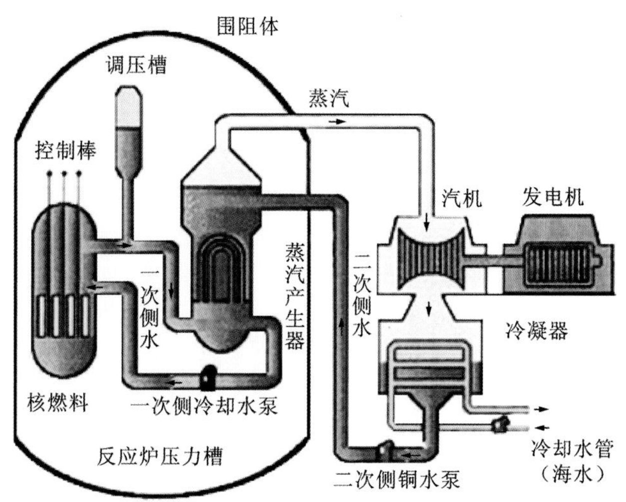

图 1.15 核能发电示意图

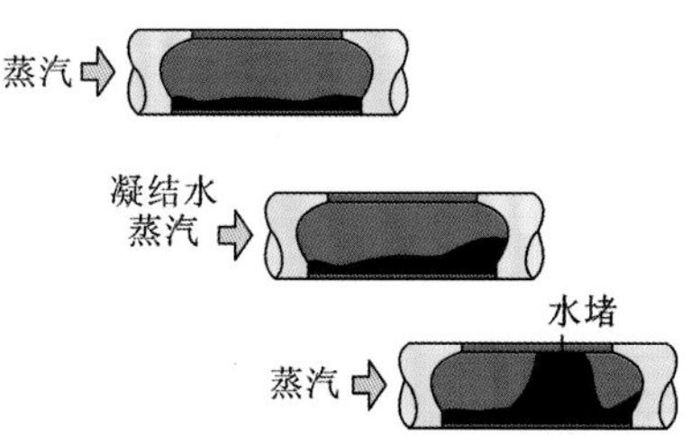

图 1.16 蒸汽管道内水堵示意图

蒸汽管道水击发生过程[9]如图 1.16 所示。当管道内高压蒸汽和凝结水两相混合流动时，如同在管道内形成“风浪”一样，蒸汽推动凝结水向前流动，造成管道内水位逐渐升高，最终可能形成管道内水堵。此时，管道内形成的水堵相当于管道上一台瞬间关闭的阀门，阻碍了蒸汽向前流动。在管道水击过程中，整个管道颤抖，管壁发生轴向弹性膨胀，管道向蒸汽流动方向产生了位移。轴向膨胀复位时产生的作用力，作用在管道内水堵上，进一步挤压了管道内水堵。

因此，蒸汽管道发生水击时，管道内蒸汽被压缩，凝结水被挤压，同时在管壁弹性力的作用下，管道内发生反复的急剧的压力波动，连续产生剧烈的管道振动和像被锤击一样的“咚咚”声响。蒸汽管道水击压强，可能远远超出管道的额定工作压强。并且当管道水击产生的振动与管道结构系统的固有频率相同或接近时，就会形成机械共振，导致管道及其附件的破坏。此时管道水击破坏力最大，可能造成严重破坏。由此可见，蒸汽管道的水击现象呈现流固耦合、气液两相瞬变流的复杂特性，也是流体瞬变流重要的应用研究方向之一。

1.5.3 运载工业

飞机、火箭的升空，以及汽车、火车、轮船的行驶都离不开液体燃料的输送和喷射。这些运载工具的起停、变速直接引起发动机燃油系统的输送管道瞬变过程。若该过程设计不当，则会造成燃料供应不足、怠速、熄火甚至管道破裂等问题，其后果十分严重。另外刹车系统是上述运载工具的关键系统，该系统同样存在流体瞬变流的问题。

1. 发动机燃油系统

燃油系统的功用是根据发动机运转工况的需要，向发动机供给一定数量的、清洁的、雾化良好的液体燃料，以便与一定数量的空气混合形成可燃混合气。可燃混合气进入发动机气缸内被压缩，在接近压缩终了时点火燃烧而膨胀做功。燃烧做功后将废气排出。

发动机燃油系统中最重要的部件是化油器，它是实现燃油系统功用、完成可燃混合气配制的主要装置。此外，燃油系统还包括液体燃料箱、液体燃料滤清器、电动燃料泵、油气分离器、油管、安全阀、单向阀、燃油表等辅助装置，如图 1.17 所示。其中，安全阀的功能是避免燃油管路阻塞时压力过分升高，而造成油管破裂或油泵损坏的现象发生；而单向阀功能是在燃油泵停止工作时封闭油路，使燃油管路内保持一定残压，以便发动机下次启动容易。

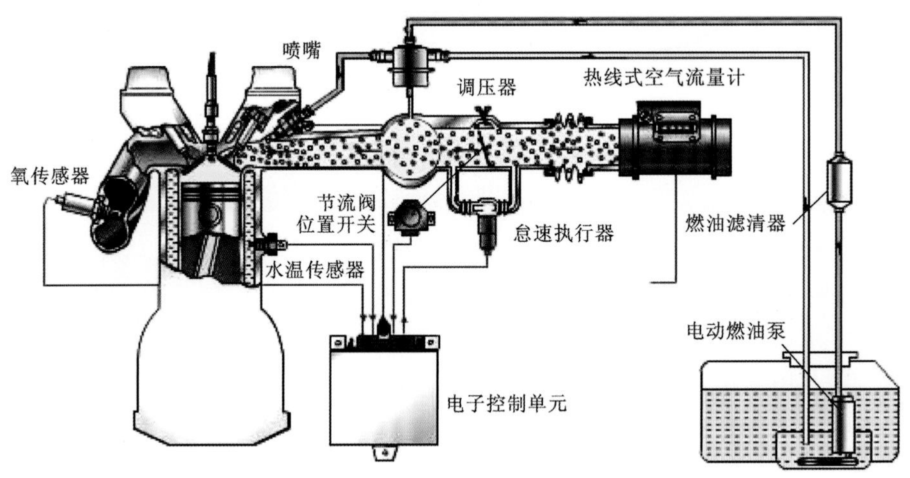

图 1.17 发动机燃油系统示意图

发动机燃油系统易发故障有冷起动、怠速和加速熄火。冷起动是因温度低，液体燃料不易蒸发汽化，致使进入气缸的混合气太稀，无法着火燃烧。怠速是指发动机对外无功率输出的工况。此时可燃混合气燃烧后对活塞所做的功全部用来克服发动机内部的阻力，导致发动机以低转速运转。加速熄火是指节气门突然开大时，将会出现混合气瞬时变稀的现象，不仅不能使发动机功率增加、运载装置加速，反而有可能造成发动机熄火。上述故障均与发动机燃油系统瞬变过程有关。因此，控制发动机燃油系统的瞬变流动对提高运载装置的安全性、可靠性是至关重要的。

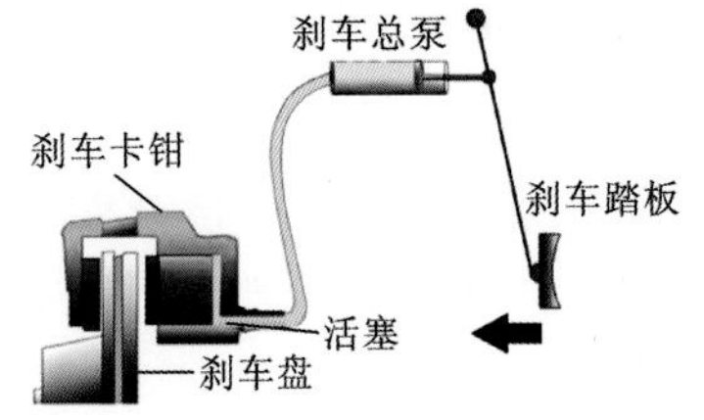

图 1.18 刹车系统原理图

2. 刹车系统

运载装置在停止运行或者遇到紧急情况紧急制动时，驾驶员将踩下刹车踏板，利用杠杆原理驱动刹车总泵将高压液体作用于刹车盘上，产生巨大的摩擦力，使与刹车盘同轴连接的车轮制动，将动能转化为热能释放掉，从而产生刹车效果。由图 1.18 所示的刹车系统原理可知，在踩下刹车踏板瞬间，刹车总泵便会迅速排出高压液体，这一过程属于瞬变流。所以要产生安全有效的制动效果，刹车总泵功率要够大，且要求管路能够承受瞬变流产生的水击压强。

1.5.4 自激振荡、射流、检测技术的应用

流体瞬变流在工业上的应用更为广泛。油制品加工厂、化工厂管道林立，各种蒸发皿、反应堆、增压泵、阀门构成复杂的管网系统。制暖制冷系统、液压控制、水压控制、喷漆、喷墨打印等都存在瞬变流问题，其后果直接影响上述工业产品的质量。而这些系统与流体输送系统、刹车系统有许多共同之处，不必赘述。在此仅介绍流体自激振荡的应用、射流技术以及管道局部阻塞的检测技术。

1. 自激振荡机理与应用

流体自激振荡是自然界的一个普遍现象，许多情况下流体自激振荡会产生破坏作用。如飞机机翼出现的紊流振动，输油管线及输气管的阀门因流体自激振荡而导致破裂等。流体自激振荡之所以造成危害，主要原因在于它产生强烈的周期性压力振荡。另外，在采矿、石油钻井与开采工业中应用自激振荡脉冲射流来破坏岩石等，以便矿物、石油、页岩气的开采。自激振荡脉冲射流发生机理[10]如图1.19所示，即当一股射流或剪切流向下游流动时，射流中一定频率范围内的涡量扰动得到放大。在剪切层中形成一连串离散涡环，当其到达碰撞壁并与之相互作用时，在碰撞区产生压力振荡波，该波以声速向上游传播，又诱发新的涡量脉动。若分离区与碰撞区的压力脉动互为反相，就会形成涡量扰动—放大—新的涡量脉动产生的循环过程。该过程不断重复，就会形成强烈的自激振荡脉冲射流。

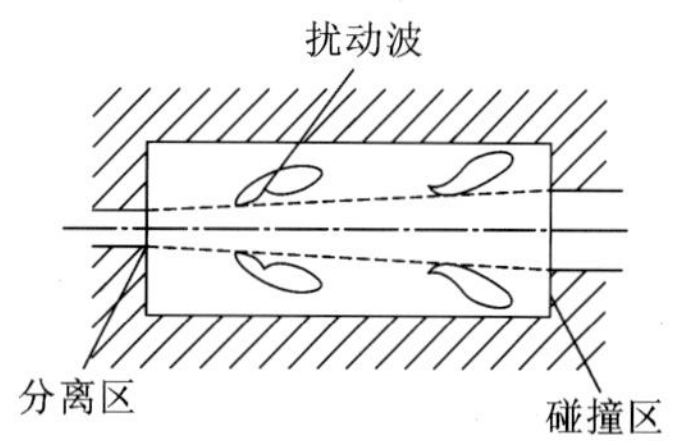

图1.19 自激振荡脉冲射流喷嘴工作原理图

2. 射流技术与应用

水力挤注式磨料水射流装备不仅可以应用于灾后救援工作中，而且在油气输送管网系统和通信网络系统的偏远设施维护、矿井拆破作业、路桥维修等领域均具有广阔的应用前景。

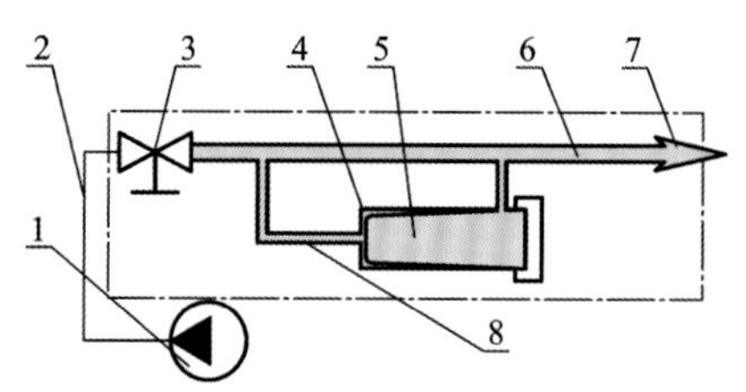

图1.20 水力挤注式磨料水射流装置工作原理

1-水泵；2-高压软管；3-控制阀门；4-水力挤注式磨料腔室；5-磨料袋；6-刚性高压主管；7-喷嘴；8-刚性高压支管

水力挤注式磨料水射流装置工作原理如图1.20所示，即将细小的磨料颗粒混合到射流中以提高射流的切割能力。磨料水射流的切割机理与纯水射流不同，因为岩石颗粒是被磨料颗粒冲击和碰撞而剥离岩体的，所以需要的时间比纯水射流要短。岩石颗粒通常是被“切掉”而不是“打掉”的。磨料水射流形成

的切缝中存在两种不同的破坏形式。首先磨料的切割冲蚀作用形成切缝，然后射流发生弯曲，形变磨损作用继续加深切槽。显然，切割效率同时随磨料颗粒动能的增加而增加。射流中的水流被认为主要起到加速磨料颗粒并防止磨料颗粒在岩石材料表面反弹的作用[11]。

3. 管道的局部阻塞检测技术

局部阻塞造成管道局部过流面积减小，产生额外的局部水力损失，不仅造成能量浪费和系统输送能力下降，而且使系统首部加压泵偏离高效工作区域，出现憋压现象，同时，系统首部至阻塞点之间管段内的压力上升，给首部设备和上游管段的安全带来威胁。因此，对管道中的局部阻塞进行检测和及时处理是十分必要的。

基于流体瞬变流分析的非侵入式检测方法成为管道故障检测领域的研究热点之一，包括负压波法、瞬变流时域反问题分析法、瞬变衰减法、时域反射法和瞬变流频率响应分析法等。瞬变流频率响应分析法认为瞬变过程中管道的作用相当于“滤波器”，它使输入管道系统的信号在某些频率处得到加强和传播，而在某些频率处被吸收和衰减。因此，可通过管道对输入信号的频率响应分析来进行管道泄漏的检测和定位。该思路同样可用于管道阻塞的检测与定位。

1.5.5 心血管系统

人类心血管系统也是一种复杂的管网系统。心血管疾病常表现为血管硬化、管壁增厚、过流面积减少、形成血栓，导致血管破裂、脑溢血等严重后果。所以，流体瞬变流的研究成果对心血管疾病的医治也有指导性的作用。

人体心脏射血具有强烈的间歇性，因此，平均血流速度也具有很强的脉动性。人体内的心血管系统异常复杂，动脉血管的几何形态多种多样(图 1.21)，因而人体内的血液流动可以说时刻处于非定常流动的状态。研究心血管系统内的血液流动状况，尤其是非恒定流动，对于心血管疾病的预防、诊断和治疗具有重大意义。

不同几何形态的动脉血管包括弯曲动脉血管、分叉动脉血管、锥缩动脉血管、局部狭窄动脉血管等，这几类血管的几何形态决定了其内部的流动处在非恒定的状态，因而，血管内的压力、流速状态在发生变化，进而影响到血管的正常功能。

如图 1.22 所示，在靠近狭窄口处，血液流速急剧变化，出现了速度的极大值和极小值，同时血压分布也明显改变，狭窄口前的整体血压压强均较大，狭窄部位与其他部位相比压强最低，其原因是：当血管发生狭窄时流阻增大，在狭窄管的收缩段产生很大的压强降，流速增大时，在狭窄段中心的出口处产生极大的流速，使得该区域的压强减小，流速的剧烈变化也会引起剪切力变化，进而导致血管内皮受损，引起血管病变，诱发心血管疾病[12]。同理，血管中血栓密度越大，血管阻塞率越大，对壁面压力和剪切力就越大，加剧血管内皮损伤，甚至会导致缺血性中风或急性心肌梗死，其后果极其严重。

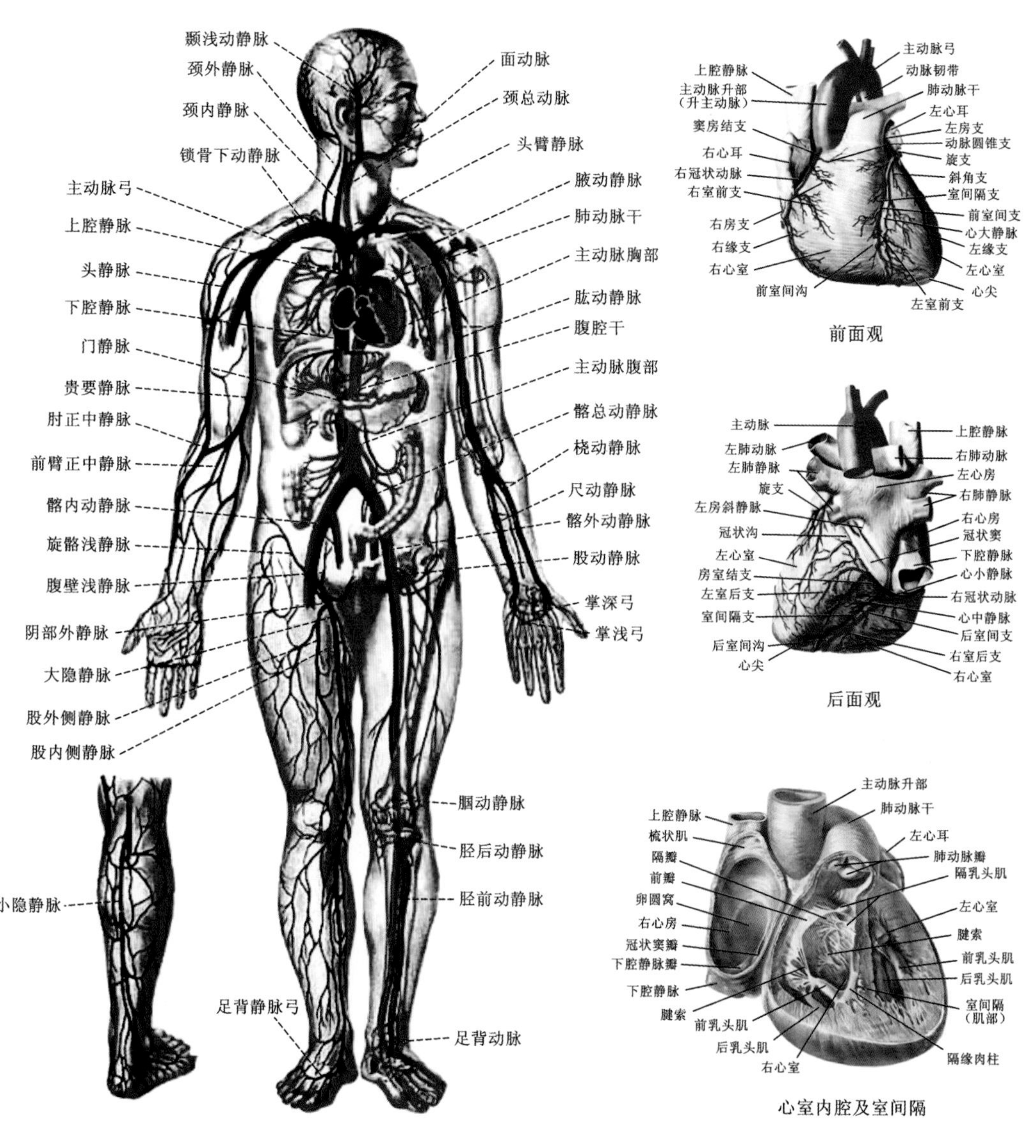

图 1.21　人体心血管系统解剖图

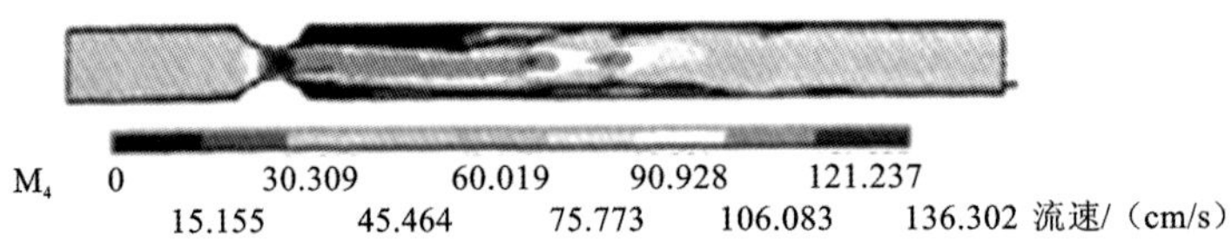

图 1.22 动脉血管

参 考 文 献

[1] WYLIE E B,STREETER V L. Fluid Transients in Systems[M]. 3rd ed. Englewood Cliffs:Prentice Hall,1993.

[2] 吴荣樵,陈鉴治. 水电站水力过渡过程[M]. 北京:中国水利水电出版社,1997.

[3] 成都科学技术大学水力学教研室. 水力学[M]. 北京:人民教育出版社,1979.

[4] 王经. 气液两相流动态特性的研究[M]. 上海:上海交通大学出版社,2012.

[5] EICHMGER P,LEIN G. The Influence of Friction on Unsteady Pipe Flow[C]. Proc. of the Inter. Conf. on Unsteady Flow and Fluid Transients,Durham,1992.

[6] YANG J,WU R. On the basic equations of water hammer[J]. Journal of Hydrodynamics,1996,8(2):62-71.

[7] 杨开林. 南水北调北京段输水系统水力瞬变的控制[J]. 水利学报,2005,36(10):1176-1182.

[8] 涂轶炜,赵华玮,王芳. 城市供水管道漏水成因及对策[J]. 焦作大学学报,2005(4):59-60.

[9] 金永秀. 蒸汽管道产生水击的机理与防治[J]. 化工设备与管道,2013,50(6):75-78.

[10] 廖振方,唐川林. 自激振荡脉冲射流喷嘴的理论分析[J]. 重庆大学学报(自然科学版),2002,25(2):24-27.

[11] 赵健新. 水力挤注式磨料水射流形成机理及装备的研究[D]. 重庆:重庆大学,2010.

[12] 赵一博,王礼广,胡伟. 弹性动脉狭窄血管内血液流动的 ALE 方法分析[J]. 生物医学工程研究,2010,29(3):156-160.

第 2 章　管网系统恒定流分析——有限单元法

2.1　管网系统基本特征与恒定流基本方程

2.1.1　管网系统基本特征

尽管运用于不同领域的管网输送系统，其输送的任务不一致，规模相差悬殊，管线布置千差万别，动力转换装置、调节设备、平压设施、蓄容装置也不尽相同，但任何管网输送系统均具有如下四点基本特征。

(1) 管网输送系统的流体流动是有方向性的，将需要计算分析的管网输送系统作为脱离体取出，流体在该脱离体内从上游进口流向下游出口。对于不同的管网输送系统，上游进口和下游出口的数量及类型也不尽相同，而在本章中均称为上游边界节点和下游边界节点(图 2.1)。

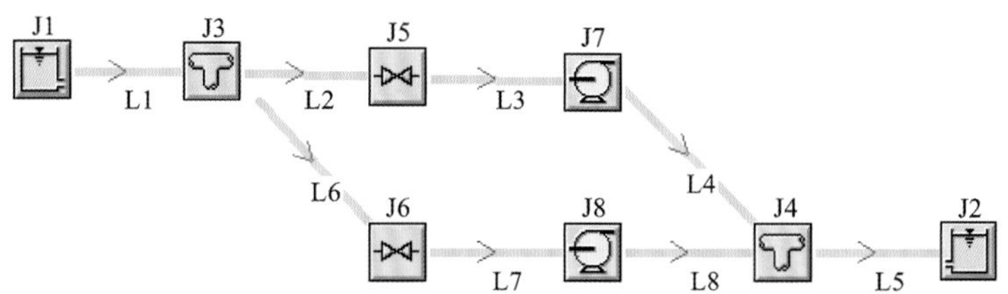

图 2.1　管网输送系统脱离体

(2) 管网输送系统布置可划分为树状布置、环状布置、树状与环状混合布置三种形式，分别如图 2.2(a)～(c)所示。但无论哪一种布置形式，管网输送系统均由管道(包括渠道，下同)单元和节点单元组成。节点单元又细分为边界节点和内部节点。

(3) 内部节点分为流量守恒节点和能量守恒节点。

串点、叉点、设有平压设施或蓄容装置的节点均归结为流量守恒节点，满足连续性方程，即

$$\sum_{k=1}^{N} Q_{ij,k} = C_i \tag{2.1}$$

式中：i 表示节点单元的编号；k 表示与该节点单元相连的管道(图 2.2)；$Q_{ij,k}$ 表示 k 管道的流量，j 表示流动去向；C_i 为外界输入该节点单元的流量。

该节点若不计入局部水头损失，则有

$$E_{i1} = E_{i2} = \cdots = E_{iN-1} \tag{2.2}$$

式中：E_{ik} 表示 k 管道在 i 节点的能量($k=1\sim N-1$)。

若计入局部水头损失，则有

$$E_{il} - E_{ik} = \Delta h_{l-k,i}, \quad l=1\sim N-1 \tag{2.3}$$

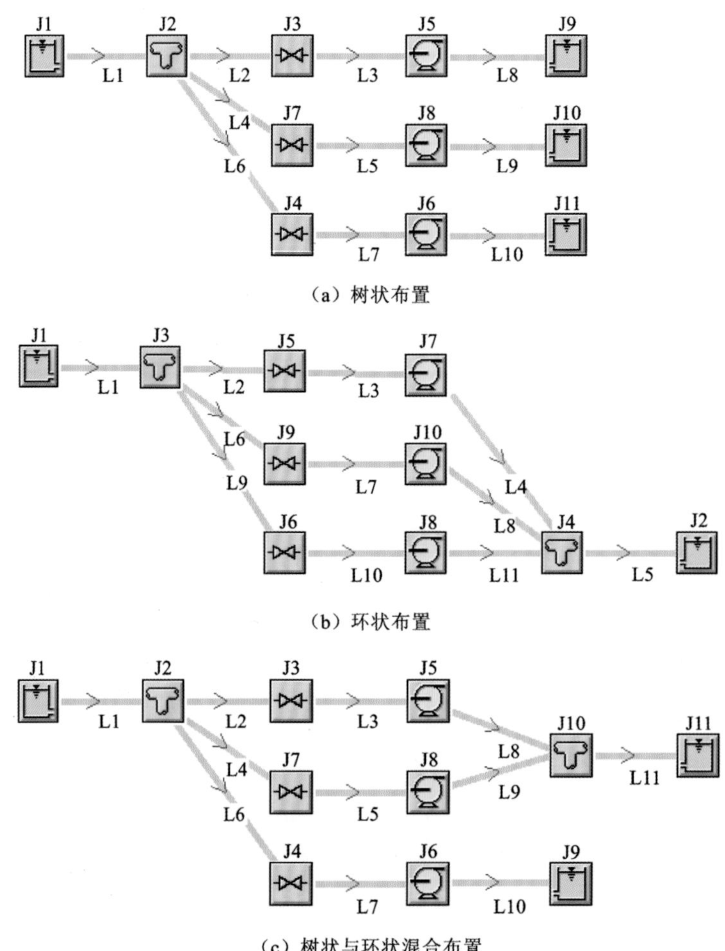

(a) 树状布置

(b) 环状布置

(c) 树状与环状混合布置

图 2.2 管网输送系统布置形式

为上游进口；为下游出口；为岔点；为阀门；为机组；绿色为管道；红色箭头为管道内流体流动方向

式中：$\Delta h_{l-k,i}$表示 i 节点处管道 l 与管道 k 之间的水头损失。

设有动力转换装置或调节设备的节点均可归结为能量守恒节点，满足能量守恒方程，即

$$E_{il}-E_{ik}=H_i \tag{2.4}$$

式中：i 同样表示节点单元的编号；l 和 k 均表示与该节点单元相连的管道；E_{il} 表示 l 管道在 i 节点的能量；E_{ik} 表示 k 管道在 i 节点的能量；H_i 表示在 i 节点转换或消耗的能量。并且，该节点应满足流量的连续性，即

$$Q_{ji,l}=-Q_{ij,l}=Q_{iq,k} \tag{2.5}$$

(4) 若脱离体内有 N 个管道，则每条管道有 3 个变量，即 $Q_{ij,k}$、E_{ik} 和 E_{jk}。共计 $3N$ 个变量。无论管网如何布置，即节点数的多少，但总的变量数是不变的。

2.1.2　恒定流动量方程

1. 不可压缩流体的管道恒定流

不可压缩流体的管道恒定流可依据伯努利方程计算：

$$\frac{p_1}{\gamma}+Z_1+\frac{V_1^2}{2g}=\frac{p_2}{\gamma}+Z_2+\frac{V_2^2}{2g}+\Delta h_{1-2} \tag{2.6}$$

伯努利方程是能量方程，断面总能量由三部分组成，即压能$\frac{p}{\gamma}$、位能 Z 和动能$\frac{V^2}{2g}$，这三部分能量相互转换，某一部分能量增大，必然导致另一部分或两部分能量的减小。整个方程表示 1、2 断面之间的能量差等于其间的水头损失，包括沿程损失和局部损失。该方程只能用于渐变流，若用于急变流，其动能项需要乘以动能系数予以修正。

伯努利方程可以由动量方程和不可压缩流的连续性方程得出，不是独立于这两个基本方程之外的另一个基本方程。在时间偏导数项为零和 $\rho=\text{const}$ 条件下，直接对式(1.4)积分，就可以得出式(2.6)所示的伯努利方程(Bernouli)。

改写式(2.6)得

$$E_{1j}-E_{2j}=\Delta h_{1-2,j} \tag{2.7}$$

式中：$E_{1j}=\frac{p_1}{\gamma}+Z_1+\frac{V_1^2}{2g}$为 j 管道在 1 断面的能量；$E_{2j}=\frac{p_2}{\gamma}+Z_2+\frac{V_2^2}{2g}$为 j 管道在 2 断面的能量；$\Delta h_{1-2,j}$ 为 j 管道的沿程水头损失和局部水头损失，但不包含该管道首端和末端的局部水头损失。若包含首末端的局部水头损失，应注明，否则有重复计入的可能。

2. 可压缩流体的管道恒定流

在时间偏导数项为零时，改写式(1.14)得

$$\frac{p_x}{\rho}=-\frac{a^2V_x+\frac{a^2V}{A}A_x}{V} \tag{2.8}$$

合并式(1.4)和式(2.8)，整理得

$$VV_x+g\sin\alpha+\frac{fV|V|}{2D}=a^2\frac{V_x}{V}+\frac{a^2}{A}A_x \tag{2.9}$$

对式(2.9)积分得

$$\frac{a^2}{g}\ln(VA)_2+Z_2+\frac{V_2^2}{2g}=\frac{a^2}{g}\ln(VA)_1+Z_1+\frac{V_1^2}{2g}+\Delta h_{1-2} \tag{2.10}$$

或者

$$\frac{a^2}{g}\ln\frac{(VA)_2}{(VA)_1}+Z_2+\frac{V_2^2}{2g}=Z_1+\frac{V_1^2}{2g}+\Delta h_{1-2} \tag{2.11}$$

此外，直接合并式(1.4)和式(1.14)，消去 VV_x，整理得

$$\left(1-\frac{V^2}{a^2}\right)\frac{p_x}{\rho}-\frac{V^2}{A}A_x+g\sin\alpha+\frac{fV|V|}{2D}=0 \tag{2.12}$$

联立流体状态方程，消去 ρ，对式(2.12)积分就可得到沿管轴线的压强分布。

3. 明渠恒定流

对于明渠恒定渐变流，由于断面平均流速 V 与断面面积 A 的大小有关，即与水深 h

有关，所以计算只能采用其微分方程式：

$$\frac{\mathrm{d}h}{\mathrm{d}x}=\frac{S_x-\dfrac{Q^2}{K_m^2}+(\zeta_f+\zeta_j)\dfrac{Q^2}{gA^3}\left(\dfrac{\partial A}{\partial B}-\dfrac{\mathrm{d}B}{\mathrm{d}x}\right)}{1-(\zeta_f+\zeta_j)\dfrac{Q^2B}{gA^3}} \tag{2.13}$$

式中：S_x 表示渠道的底坡；Q 表示流量；K_m 表示流量模数；ζ_f 和 ζ_j 分别表示渠道的沿程水头损失系数和局部水头损失系数；B 为水面宽度。

当$\frac{\mathrm{d}h}{\mathrm{d}x}>0$ 时，水深沿流程增加，水面呈现壅水形式；当$\frac{\mathrm{d}h}{\mathrm{d}x}<0$ 时，水深沿流程减小，水面呈现降水形式；当$\frac{\mathrm{d}h}{\mathrm{d}x}=0$ 时，水深沿流程不改变，水面线平行于底坡，对于棱柱体明渠水流则为均匀流。

以明渠的水位为变量，式(2.13)改写为

$$-\frac{\mathrm{d}z}{\mathrm{d}x}=(\zeta_f+\zeta_j)\frac{\mathrm{d}}{\mathrm{d}x}\left(\frac{V^2}{2g}\right)+\frac{Q^2}{K_m^2} \tag{2.14}$$

明渠水流是无压流，与有压流相比较也有极为相似的一面，独特的流态有三种：缓流、临界流和急流。其判别条件是流速小于、等于、大于重力波速，或者用弗劳德数(Froude number)来判别，即

$$Fr=\frac{V}{\sqrt{gh}} \tag{2.15}$$

当 $Fr<1$ 时，水流为缓流；当 $Fr=1$ 时，水流为临界流；当 $Fr>1$ 时，水流为急流。

2.1.3 管网系统恒定流计算方法

管网系统恒定流的计算方法主要有三种：流量平差法、节点压力法和有限单元法。

流量平差法的基本思路是：在管网系统中先初设各管道的流量，使得每个节点处的流量满足水量连续性方程，然后再逐步地调整各管道的流量，使得动量分布在管网系统的各个回路内都连续。该方法计算简单，涉及的理论易于理解，应用很普遍，但由于其主要适合于环状管网的计算，计算通用性不强，且对于复杂的系统，必须输入大量的参数，以便计算机判别系统中各个管道、节点、回路的连接方式，计算烦琐，编制程序困难。

节点压力法是用节点的压力作为未知变量，通过调整节点的压力，使得各个管道满足伯努利方程，各个节点满足水流连续性方程。该方法适用于各种布置形式的管网输送系统的流动分析，但对于复杂的输水系统，系统方程的系数矩阵为大型稀疏矩阵，计算速度慢，舍入误差大。

上述两种方法主要是针对有压流动系统而言的，处理边界条件比较困难，不适合既有有压流动又有无压流动的复杂管网输水系统的恒定流计算。为此，在节点压力法基础上，文献[1]和文献[2]提出了恒定流分析的有限单元法，本章做了进一步补充与完善。

有限单元法是基于对管网系统四点基本特征认识的基础上建立的。有限单元法基本思路如下。首先，将脱离体中管网输送系统划分为若干条管道单元和节点单元，其中，管道或渠道单元具有一定长度，又称为线单元；节点单元均视为长度为零的单元，又称为点单元；点单元又分为边界点单元(上游边界点单元和下游边界点单元)和内部点单元(流量

守恒点单元和能量守恒点单元)。其次,列出所有管道(包括渠道)恒定流动量方程和所有节点的流量守恒方程和能量守恒方程,共计 $3N$ 个方程;由于上述方程中的动能项和水头损失项均为流量平方项,为了简化计算,需对线单元方程和各种点单元进行相应的线性化处理。最后,根据管网输送系统拓扑结构,构成总体方程,并进行迭代求解,完成管网输送系统恒定流的计算分析。

在此值得指出的是:①总体方程的系数矩阵也是大型稀疏矩阵,所以需要选取适宜的计算方法,提高计算速度,减小计算误差;②复杂的管网输送系统恒定流计算分析由计算机来完成,为了程序的通用性,需要解决管网输送系统拓扑结构自动编码的问题。为此,本章对上述两方面问题做必要的讲解。

2.2　单元线性化方程

设系统中某一线单元 k 前后节点的编号分别为 i 和 j,规定单元的流向为 $i\rightarrow j$。令 E_{ik}、E_{jk} 分别为节点 i、j 的总能量,$Q_{ij,k}$ 为线单元 k 从节点 i 流向节点 j 的流量,$Q_{ji,k}$ 为线单元 k 从节点 j 流向节点 i 的流量,有 $Q_{ji,k}=-Q_{ij,k}$。

2.2.1　管道的单元方程

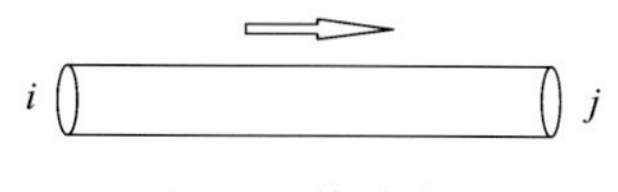

图 2.3　管道单元

如图 2.3 所示,管道的能量方程,即伯努利方程为

$$E_{ik}-E_{jk}=S_{ij,k}Q_{ij,k}\left|Q_{ij,k}^{n-1}\right| \tag{2.16}$$

式中:$S_{ij,k}$ 为 k 管道的阻力系数,包括管道的沿程阻力系数和局部阻力系数以及 i、j 节点的局部阻力系数(其流量与管道流量一致);n 为指数,由不同计算公式确定。

将式 (2.16) 线性化,整理得

$$\Delta Q_{ij,k}^{(m+1)}=p_{ij}\Delta E_{ik}^{(m+1)}+q_{ij}\Delta E_{jk}^{(m+1)}+r_{ij} \tag{2.17}$$

式中:m 为迭代次数;$\Delta Q_{ij,k}^{(m+1)}$ 是第 $m+1$ 次 $Q_{ij,k}$ 的修正量;$\Delta E_{ik}^{(m+1)}$、$\Delta E_{jk}^{(m+1)}$ 分别是第 $m+1$ 次 E_{ik}、E_{jk} 的修正量

$$p_{ij}=1/(nS_{ij,k}\left|Q_{ij,k}^{(m)}\right|^{n-1})=-q_{ij}$$

$$r_{ij}=(E_{ik}^{(m)}-E_{jk}^{(m)}-S_{ij,k}Q_{ij,k}^{(m)}\left|Q_{ij,k}^{(m)}\right|^{n-1})/(nS_{ij,k}\left|Q_{ij,k}^{(m)}\right|^{n-1})$$

通过修正节点的压强,就可以调整管道的流量。

2.2.2　渠道的单元方程

1. 渠道微段的数学方程

如图 2.4 所示,k 渠道划分为 n 个微段,内节点编号从 1 到 $n+1$。明渠恒定流方程可以离散为

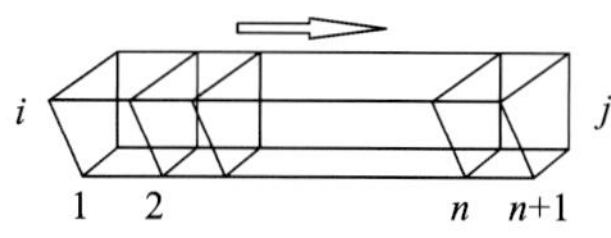

图 2.4　渠道单元

$$H_r+\frac{Q_{ij,k}^2}{2gA_r^2}=H_{r+1}+\frac{Q_{ij,k}^2}{2gA_{r+1}^2}+\Delta X\frac{Q_{ij,k}^2}{\overline{A}^2\ \overline{C}^2\ \overline{R}} \tag{2.18}$$

式中:下标 r 和 $r+1$ 为内节点编号;上标横杠表示平均值;H 为测压管水头;A 为面积;C 为谢才(Chézy)系数;R 为水力半径;ΔX 为微段的长度。

将式(2.18)线性化,整理得

$$\Delta Q_{ij,k}^{(m+1)}=a_c\Delta H_r^{(m+1)}+b_c\Delta H_{r+1}^{(m+1)}+c_c \tag{2.19}$$

式中

$$a_c=-FH_r/FQ,\quad b_c=-FH_{r+1}/FQ,\quad c_c=-F_c/FQ$$

$$F_c=H_r-H_{r+1}+\frac{Q_{ij,k}^2}{2gA_r^2}-\frac{Q_{ij,k}^2}{2gA_{r+1}^2}-4n^2\Delta XQ_{ij,k}^2\frac{(S_r+S_{r+1})^{4/3}}{(A_r+A_{r+1})^{10/3}}$$

$$FQ=\frac{Q_{ij,k}}{gA_r^2}-\frac{Q_{ij,k}}{gA_{r+1}^2}-8n^2\Delta XQ_{ij,k}\frac{(S_r+S_{r+1})^{4/3}}{(A_r+A_{r+1})^{10/3}}$$

$$FH_r=1-\frac{B_rQ_{ij,k}^2}{gA_r^3}-\frac{16}{3}n^2\Delta XQ_{ij,k}^2\left[(S_r+S_{r+1})^{1/3}(A_r+A_{r+1})^{-10/3}\frac{\mathrm{d}S_r}{\mathrm{d}H_r}\right]$$

$$+\frac{40}{3}n^2\Delta XQ_{ij,k}^2[B_r\ (A_r+A_{r+1})^{-13/3}(S_r+S_{r+1})^{4/3}]$$

$$FH_{r+1}=-1+\frac{B_{r+1}Q_{ij,k}^2}{gA_{r+1}^3}-\frac{16}{3}n^2\Delta XQ_{ij,k}^2[(S_r+S_{r+1})^{1/3}(A_r+A_{r+1})^{-10/3}$$

$$\cdot\frac{\mathrm{d}S_{r+1}}{\mathrm{d}H_r+1}\Big]+\frac{40}{3}n^2\Delta XQ_{ij,k}^2[B_{r+1}(A_r+A_{r+1})^{-13/3}(S_r+S_{r+1})^{4/3}]$$

式中:B 为水面宽度;S 为湿周。其中,$Q_{ij,k}$、A、B、S 均取第 m 次的迭代值,为书写方便,略去了上标 (m)。

2. 外节点的数学方程

$$H_1+\frac{Q_{ij,k}^2}{2gA_1^2}+\zeta_1\frac{Q_{ij,k}|Q_{ij,k}|}{2gA_1^2}=E_{ik} \tag{2.20}$$

$$H_{n+1}+\frac{Q_{ij,k}^2}{2gA_{n+1}^2}-\zeta_2\frac{Q_{ij,k}|Q_{ij,k}|}{2gA_{n+1}^2}=E_{jk} \tag{2.21}$$

式中:ζ_1、ζ_2 分别为渠道前、后节点的局部阻力系数。将以上两式线性化,整理得

$$\Delta H_1^{(m+1)}=L_1\Delta Q_{ij,k}^{(m+1)}+M_1\Delta E_{ik}^{(m+1)}+N_1 \tag{2.22}$$

$$\Delta H_{n+1}^{(m+1)}=L_2\Delta Q_{ij,k}^{(m+1)}+M_2\Delta E_{jk}^{(m+1)}+N_2 \tag{2.23}$$

其中

$$L_1=\frac{A_1^{(m)}(Q_{ij,k}^{(m)}+\zeta_1|Q_{ij,k}^{(m)}|)}{B_1^{(m)}(Q_{ij}^{(m)2}+\zeta_1Q_{ij,k}^{(m)}|Q_{ij,k}^{(m)}|)-gA_1^{(m)3}}$$

$$L_2=\frac{A_{n+1}^{(m)}(-Q_{ij,k}^{(m)}+\zeta_2|Q_{ij,k}^{(m)}|)}{B_{n+1}^{(m)}(Q_{ij,k}^{(m)2}-\zeta_2Q_{ij,k}^{(m)}|Q_{ij,k}^{(m)}|)+gA_{n+1}^{(m)3}}$$

$$M_1=\frac{-gA_1^{(m)3}}{B_1^{(m)}(Q_{ij,k}^{(m)2}+\zeta_1Q_{ij,k}^{(m)}|Q_{ij,k}^{(m)}|)-gA_1^{(m)3}}$$

$$M_2=\frac{gA_{n+1}^{(m)3}}{B_{n+1}^{(m)}(Q_{ij,k}^{(m)2}-\zeta_2Q_{ij,k}^{(m)}|Q_{ij,k}^{(m)}|)+gA_{n+1}^{(m)3}}$$

$$N_1=\frac{gA_1^{(m)3}(H_1^{(m)}-E_{ik}^{(m)})+\frac{1}{2}A_1^{(m)}(Q_{ij,k}^{(m)2}+\zeta_1Q_{ik,k}^{(m)}|Q_{ij,k}^{(m)}|)}{B_1^{(m)}(Q_{ij,k}^{(m)2}+\zeta_1Q_{ij,k}^{(m)}|Q_{ij,k}^{(m)}|)-gA_1^{(m)3}}$$

$$N_2=\frac{gA_{n+1}^{(m)3}(E_{jk}^{(m)}-H_{n+1}^{(m)})-\frac{1}{2}A_{n+1}^{(m)}(Q_{ij,k}^{(m)2}-\zeta_2Q_{ij,k}^{(m)}|Q_{ij,k}^{(m)}|)}{B_{n+1}^{(m)}(Q_{ij,k}^{(m)2}-\zeta_2Q_{ij,k}^{(m)}|Q_{ij,k}^{(m)}|)+gA_{n+1}^{(m)3}}$$

若渠道线单元方程中不计入渠道前、后节点的局部水头损失，将该局部水头损失放在节点能量守恒方程，即式(2.3)也是可行的，但不能重复计入。

3. 渠道单元方程的形成

为了形成渠道的单元方程，需要寻找单元流量和单元前后节点水头之间的关系式，为此将渠道第一微段的数学方程写为

$$\Delta Q_{ij,k}^{(m+1)}=a_1\Delta H_1^{(m+1)}+b_1\Delta H_2^{(m+1)}+c_1=u_1\Delta H_1^{(m+1)}+v_1\Delta H_2^{(m+1)}+w_1$$

式中：$u_1=a_1$；$v_1=b_1$；$w_1=c_1$。

设第 $r-1$ 微段的数学方程可以写为

$$\Delta Q_{ij,k}^{(m+1)}=u_{r-1}\Delta H_1^{(m+1)}+v_{r-1}\Delta H_r^{(r+1)}+w_{r-1}$$

变换得

$$\Delta H_r^{(m+1)}=(\Delta Q_{ij,k}^{(m+1)}-u_{r-1}\Delta H_1^{(m+1)}-w_{r-1})/v_{r-1} \tag{2.24}$$

将式(2.24)代入第 r 微段的数学方程

$$\Delta Q_{ij,k}^{(m+1)}=a_r(\Delta Q_{ij,k}^{(m+1)}-u_{r-1}\Delta H_1^{(m+1)}-w_{r-1})/v_{r-1}+b_r\Delta H_{r+1}^{(m+1)}+c_r$$

整理成如下形式：

$$\Delta Q_{ij,k}^{(m+1)}=u_r\Delta H_1^{(m+1)}+v_r\Delta H_{r+1}^{(m+1)}+w_r \tag{2.25}$$

由此得到系数 u_m、v_m、w_m 的递推公式为

$$u_r=a_ru_{r-1}/(a_r-v_{r-1})$$

$$v_r=-b_rv_{r-1}/(a_r-v_{r-1})$$

$$w_r=(a_rw_{r-1}-c_rv_{r-1})/(a_r-v_{r-1})$$

则渠道第 n 微段的数学方程可以写成

$$\Delta Q_{ij,k}^{(m+1)}=u_n\Delta H_1^{(m+1)}+v_n\Delta H_{n+1}^{(m+1)}+w_n \tag{2.26}$$

式(2.26)联合式(2.19)、式(2.22)和式(2.23)可以得

$$\Delta Q_{ij,k}^{(m+1)}=p_{ij}\Delta E_{ik}^{(m+1)}+q_{ij}\Delta E_{jk}^{(m+1)}+r_{ij} \tag{2.27}$$

式中

$$p_{ij}=(u_nM_1)/(1-u_nL_1-v_nL_2)$$

$$q_{ij}=(v_nM_2)/(1-u_nL_1-v_nL_2)$$

$$r_{ij}=(u_nN_1+v_nN_2+w_n)/(1-u_nL_1-v_nL_2)$$

式(2.27)和式(2.17)形式上是一致的，统称为线单元的线性化方程。

2.2.3　边界节点的点单元方程

每个边界节点只需要补充一个边界条件，对于上游边界节点，节点的边界条件为

$$E_{ui}=E_{ui0} \tag{2.28}$$

对于下游边界节点，节点的边界条件为

$$E_{dj}=E_{dj0} \tag{2.29}$$

无论 E_{ui0} 还是 E_{dj0} 均以计算管网输送系统恒定流的测压管水头基准面为基础，给定相应的以能量形式表达的边界条件，具体表达式可参见本书第 3 章的基本边界条件。

将式(2.28)和式(2.29)代入相应的管道或渠道进行线性化处理即可，对总体方程而言，并不增加未知数的数量。

2.2.4 内节点的点单元方程

内节点若是串点，包括动力转换装置或调节设备的节点，仅需要补充两个边界条件，其中，一个边界条件为流量守恒方程，另一个是能量守恒方程；内节点若是三岔点，仅需要补充三个边界条件，其中，一个边界条件为流量守恒方程，另两个是能量守恒方程；内节点若是四岔点，仅需要补充四个边界条件，其中，一个边界条件为流量守恒方程，另三个是能量守恒方程。以此类推。所以，内节点的点单元方程可归纳为流量守恒方程和能量守恒方程。

（1）流量守恒方程：

$$\sum_{k=1}^{N} Q_{ij,k} = C_i \tag{2.30}$$

式中：k 表示与点单元 i 有联系的线单元；C_i 为外界输入点单元 i 的流量。

将式(2.30)线性化处理，可得

$$\sum_{k=1}^{N} \Delta Q_{ij,k}^{(m+1)} = C_i - \sum_{k=1}^{N} Q_{ij,k}^{(m)} \tag{2.31}$$

式中：上标 m 表示迭代次数。

（2）动力转换装置或调节设备节点的能量守恒方程：

$$E_{ik} - E_{iq} = H_i \tag{2.32}$$

式中：i 是节点号；k 与点单元 i 上游侧联系的线单元；q 与点单元 i 下游侧联系的线单元；H_i 为输出到外界的能量或损失的能量或外界输入的能量。

将式(2.32)线性化处理，可得

$$\Delta E_{ik}^{(m+1)} - \Delta E_{iq}^{(m+1)} = E_{iq}^{(m)} - E_{ik}^{(m)} + H_i \tag{2.33}$$

（3）计入水头损失岔点的能量守恒方程：

$$E_{ik} - E_{iq} = \Delta h_{k-q,i} \tag{2.34}$$

式中：$\Delta h_{k-q,i}$是 k 管道与 q 管道在点单元 i 的局部水头损失，其大小与分流主管道的流量平方或合流主管道的流量平方有关，具体表达式可参见相关的设计手册。

将式(2.34)线性化处理，可得

$$\Delta E_{ik}^{(m+1)} - \Delta E_{iq}^{(m+1)} = E_{iq}^{(m)} - E_{ik}^{(m)} + \Delta h_{k-q,i} \tag{2.35}$$

2.3 总体方程及求解

2.3.1 总体方程的矩阵表达式

设脱离体内有 N 条线单元，则未知数为 $3N$ 个。将 $3N$ 个线性化的方程有序放在一起，就形成了 $3N\times3N$ 的总体矩阵方程，即

$$\overline{\boldsymbol{A}_z} \cdot \Delta\overline{\boldsymbol{U}_z} = \overline{\boldsymbol{B}_z} \tag{2.36}$$

式中：$\overline{\boldsymbol{A}_z}$为管网的特性矩阵，是由 p_{ij} 和 q_{ij} 构成的稀疏矩阵。对于线单元，i 和 j 代表与该线单元首末两端分别连接的点节点编号；对于点单元，i 和 j 代表与该点节点分别连接的线单元编号。$\Delta\overline{\boldsymbol{U}_z}=(\Delta Q_{ud,1}, \Delta Q_{ud,2}, \cdots, \Delta Q_{ud,N}, \Delta E_{u1}, \Delta E_{u2}, \cdots, \Delta E_{uN}, \Delta E_{d1}, \Delta E_{d2}, \cdots,$

$\Delta E_{dN})^{\mathrm{T}}$，是待求的列向量，包含每条管道的流量修正量、管道首末两端能量的修正量，其中 u 和 d 代表与线单元首末两端分别连接的点节点编号。非齐次列向量$\overline{\boldsymbol{B}_z}=(B_{ud,1}, B_{ud,2},\cdots,B_{ud,N},B_{u1},B_{u2},\cdots,B_{uN},B_{d1},B_{d2},\cdots,B_{dN})^{\mathrm{T}}$。

在此值得指出的是，点单元数＝线单元数＋2－环路数；边界点单元数≥2；内点单元数＝点单元数－边界点单元数。由图 2.5 所示的管网系统可知，线单元数为 28，环路数为 3，故点单元数为 27。边界点单元数为 2，内点单元数为 2。

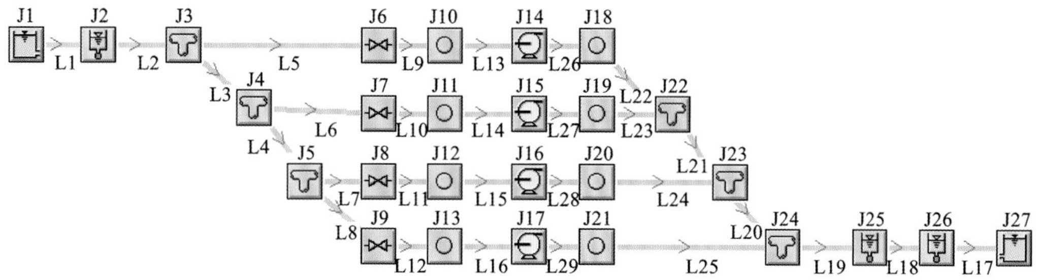

图 2.5　某抽水蓄能电站输水管道系统计算简图

为了便于计算程序的编写，简化总体方程的矩阵表达方式，可进行如下三点预先处理：

（1）将边界点单元的边界条件并入与之连接的线单元方程，进行统一的线性化处理。

（2）将与流量守恒点单元（节点 i）连接的 N 条管道的能量守恒边界条件并入相应的线单元方程中，进行统一的线性化处理；或者忽略该节点的局部水头损失，得

$$E_{i1}=E_{i2}=\cdots=E_{iN}=E_i \tag{2.37}$$

将处理后线单元线性化方程式(2.17)或式(2.27)代入式(2.31)，可得

$$\sum_{j=1}^{N} p_{ij}\,\Delta E_i^{(m+1)}+\sum_{j=1}^{N} q_{ij}\,\Delta E_j^{(m+1)}=C_i-\sum_{j=1}^{N} Q_{ij}^{(m)}-\sum_{j=1}^{N} r_{ij} \tag{2.38}$$

式中：$Q_{ij}=Q_{ij,k}$表示 k 管道从 i 节点流向 j 节点的流量。

（3）将与能量守恒点单元（采用双节点 i、j 表示）连接的两个线单元线性化方程式(2.17)或式(2.27)代入式(2.31)，可得

$$p_{li}\,\Delta E_l^{(m+1)}+q_{li}\,\Delta E_i^{(m+1)}-p_{jk}\,\Delta E_j^{(m+1)}-q_{jk}\,\Delta E_k^{(m+1)}=r_{jk}-r_{li}+Q_{jk}^{(m)}-Q_{li}^{(m)} \tag{2.39}$$

并且

$$\Delta E_i^{(m+1)}-\Delta E_j^{(m+1)}=E_j^{(m)}-E_i^{(m)}+H_{ij} \tag{2.40}$$

设管网输送系统中有 m 个流量守恒点单元、l 个能量守恒点单元，即内部单元数为 $m+2l$。由式(2.38)、式(2.39)和式(2.40)构成方程数量为 $m+2l$ 的总体方程。其矩阵形式如下：

$$\overline{\mathbf{A}_z}\cdot\Delta\overline{\mathbf{E}_z}=\overline{\boldsymbol{B}_z} \tag{2.41}$$

式中：$\overline{\mathbf{A}_z}$为管网的特性矩阵，维数为 $(m+2l)\times(m+2l)$，是由 p_{ij} 和 q_{ij} 构成的稀疏矩阵；$\Delta\overline{\mathbf{E}_z}=(\Delta E_1,\Delta E_2,\cdots,\Delta E_i,\cdots,\Delta E_m,\cdots,\Delta E_{m+2l})^{\mathrm{T}}$，均为内部单元能量的增量；$\overline{\boldsymbol{B}_z}=(B_1,$

$B_2,\cdots,B_i,\cdots,B_m,\cdots,B_{m+2l})^{\mathrm{T}}$，对于流量守恒点单元：$B_i=C_i-\sum_{j=1}^{N}Q_{ij}^{(m)}-\sum_{j=1}^{N}r_{ij}$，对于能量守恒点单元：$B_i=r_{jk}-r_{li}+Q_{jk}^{(m)}-Q_{li}^{(m)}$，$B_{i+1}=E_j^{(m)}-E_i^{(m)}+H_{ij}$。

2.3.2 求解的步骤与方法

第一步：假定每条管道的流量 $Q_{ij}^{(0)}$，计算相应的 p_{ij}、q_{ij} 和 r_{ij}。对于能量守恒点单元，还需要假定 B_{i+1}，但通常 $H_{ij}=f(Q_{jk})$，所以只需要假定 $E_j^{(0)}$，根据式(2.4)，得出 $E_j^{(0)}$。关于泵、水轮机、空压机、阀门、闸门等动力边界数学描述将在本书第 4 章详细讲解。由此，构建 $\overline{\boldsymbol{A}_z}$ 和 $\overline{\boldsymbol{B}_z}$。

第二步：求解式(2.41)，得出 $\Delta\overline{E}^{(1)}$，将 $\Delta E_i^{(1)}$ 和 $\Delta E_j^{(1)}$ 代入相应管道的线单元线性化方程式(2.17)或式(2.27)，得到每条管道的流量 $\Delta Q_{ij}^{(1)}$，且 $Q_{ij}^{(1)}=Q_{ij}^{(0)}+\Delta Q_{ij}^{(1)}$。

第三步：由上游点单元边界条件式(2.28)和下游点单元边界条件式(2.29)，依据管道的伯努利方程(2.6)和明渠水面线的递推方程式(2.18)、式(2.20)、式(2.21)，逐条得到每条管道的首末两端的断面能量 $E_i^{(1)}$ 和 $E_j^{(1)}$。由 $H_{ij}^{(1)}=f(Q_{jk}^{(1)})$ 得到每个动力点单元的转换或消耗的能量。

第四步：比较每个连接的 N 条管流量守恒点单元(节点 i)断面能量 $E_{il}^{(1)}$ $(l=1,2,\cdots,N)$ 是否相等或者小于误差允许值 ξ(见式(2.42)和式(2.43))，比较每个动力节点是否满足方程式(2.32) 或者小于误差允许值 ξ(见式(2.44))。上述两方面若不能同时得到满足，就返回到第一步进行迭代计算，直到满足要求结束。

算术平均值：

$$\overline{\boldsymbol{E}}_{zi}^{(1)}=\frac{1}{N}\sum E_{il}^{(1)} \tag{2.42}$$

标准差：

$$\sqrt{\frac{\sum_{l=1}^{N}(E_{il}^{(1)}-\overline{\boldsymbol{E}}_i^{(1)})^2}{N}}\leqslant\xi \tag{2.43}$$

$$|E_i^{(1)}-E_j^{(1)}-H_{ij}^{(1)}|\leqslant\xi \tag{2.44}$$

最后应指出的是，上述介绍了总体方程形成和求解步骤，但在可视化计算中应用该方法还需要解决以下两个方面的问题。一是求解矩阵方程式(2.41)，对于一个有 $m+2l$ 个节点的管网输送系统，必须首先对这 $m+2l$ 个节点从 1 到 $m+2l$ 进行编号并建立系数矩阵 $\overline{\boldsymbol{A}_z}$ 和 $\overline{\boldsymbol{B}_z}$。编号工作应该在图形建模完成后由计算机自动完成。二是 $\overline{\boldsymbol{A}_z}$ 为大型稀疏矩阵，直接对其求逆，不仅计算量及储存量很大，而且计算精度也难以得到保证，所以必须找到一种合适的存储以及计算方法，节约存储空间，提高计算的速度和精度。该问题是纯数学问题，在本书中不予介绍。

2.3.3 实例验证

东深供水工程是管网布置较为复杂的大流量、高扬程、长管道(含隧洞、箱涵、明渠)提水工程，设有 2 个取水口，3 个泵站，共计 9 台机组。3 个水库水位分别为 10.96 m、8.36 m 和

68.0 m。图 2.6 为该供水工程的计算简图，划分了 25 条管道。其中管道 9 为明渠，矩形截面，底宽 4.1 m，底坡为 $i=0.05\%$，入口底部高程为 25.3 m。

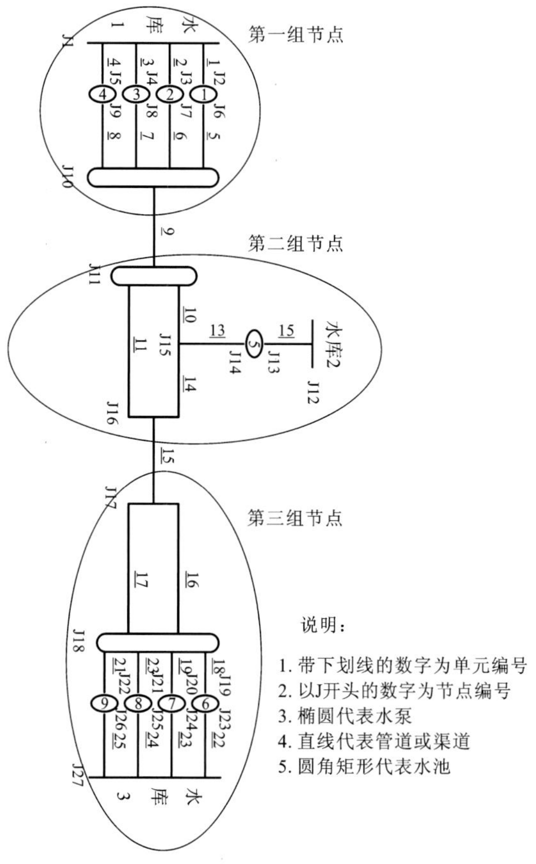

图 2.6　东深供水工程的恒定流计算简图

表 2.1 为 25 条管道阻力系数表，表 2.2 为 9 台水泵参数表，表 2.3 为水泵的工作参数表。为了验证本章所介绍的管网系统恒定流分析方法——有限单元法的正确性，对图 2.6 所示的管网输水系统进行了恒定流计算，结果如表 2.4～表 2.5 及图 2.7 所示。

表 2.1　管道阻力系数表

序号	1	2	3	4	5	6	7
阻力系数	0.0059	0.0247	0.0059	0.0059	0.0959	0.0959	0.0959
序号	8	9	10	11	12	13	14
阻力系数	0.0959	明渠	0.0065	0.0161	0.0060	0.0004	0.0097
序号	15	16	17	18	19	20	21
阻力系数	0.0006	0.0039	0.0039	0.0060	0.0060	0.0060	0.0060
序号	22	23	24	25			
阻力系数	0.0035	0.0035	0.0035	0.0035			

表 2.2 9 台水泵参数表

序号	1	2	3	4	5	6	7	8	9
转速/(r/min)	490	490	500	500	490	750	750	750	750
扬程/m	23.3	23.3	25.9	25.9	18.2	50.7	50.7	50.7	50.7
流量/(m^3/s)	7.5	3.75	7.5	7.5	3.75	7.5	7.5	7.5	7.5

表 2.3 水泵的工作参数表

序号	1	2	3	4	5	6	7	8	9
扬程/m	24.02	20.71	25.16	25.16	16.42	49.09	49.09	49.09	49.09
流量/(m^3/s)	7.15	4.34	7.82	7.82	4.28	7.85	7.85	7.85	7.85

表 2.4 管道的流量 单位:m^3/s

序号	1	2	3	4	5	6	7
流量	7.15	4.34	7.82	7.82	7.15	4.34	7.82
序号	8	9	10	11	12	13	14
流量	7.82	27.13	12.18	14.95	4.28	4.28	16.46
序号	15	16	17	18	19	20	21
流量	31.41	15.71	15.71	7.85	7.85	7.85	7.85
序号	22	23	24	25			
流量	7.85	7.85	7.85	7.85			

表 2.5 节点的水头 单位:m

序号	1	2	3	4	5	6	7	8	9
水头	10.96	10.66	10.50	10.60	10.60	34.06	30.96	35.03	35.03
序号	10	11	12	13	14	15	16	17	18
水头	29.16	25.39	8.36	8.25	24.44	24.43	21.80	21.21	20.25
序号	19	20	21	22	23	24	25	26	27
水头	19.88	19.88	19.88	19.88	68.22	68.22	68.22	68.22	68.00

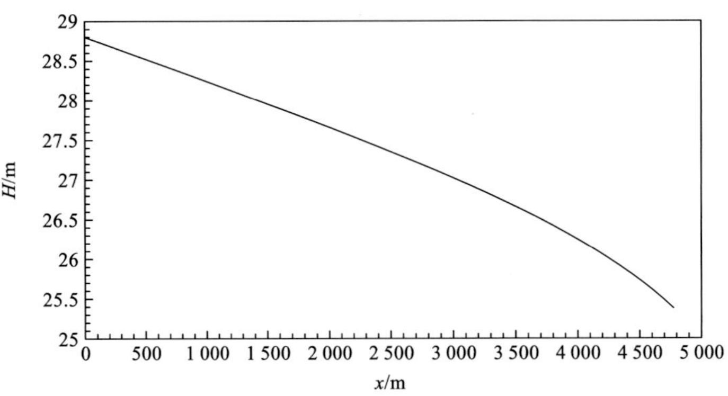

图 2.7 管道 9 明渠的水面线

由计算结果可知：①各节点满足水量连续性方程(表 2.4)；②各管道单元满足伯努利方程；③各机组满足水头平衡方程；④明渠水面线类型正确(图 2.7)。满足实例验证的要求，说明管网系统恒定流分析——有限单元法是可靠的。

2.4　管网系统拓扑结构——基于图形系统的自动编码

管网输送系统的布置非常复杂，局部改动不仅在优化设计过程中经常发生，而且在输送系统运行后也有可能发生。所以管网输送系统恒定流、瞬变流的数值模拟分析必须采用人机对话的图形系统，否则编写的计算程序缺乏通用性，导致计算分析效率低。

所谓的"图形系统"是采取直观的图形方式模拟管网输送系统的布置，描述各条管道(包括渠道，下同)与各个节点(包括边界节点和内部节点，下同)之间的连接关系以及流动的方向性(流速和波的传播都具有方向性)。在数值计算时，上述的连接关系和方向性必须以一定的数据结构输入计算机，这也就是所谓的编码问题。编写管网输送系统恒定流、瞬变流计算程序，节点的编码原则非常重要。可以说，编码原则决定了整个程序的框架。

面向对象的编程方法为自动编码的实现提供了基础，自动编码是指把原来由用户完成的编码问题交由计算机自动处理，即将图形描述的拓扑结构转换为数据描述。

2.4.1　图形建模

图形建模是实现自动编码的基础，即用户首先以比较直观的图形方式模拟管网输送系统的布置，然后计算机根据图形系统中各种图形对象的连接关系，自动提取管网输送系统抽象的拓扑数据结构，从而实现了让用户从抽象、烦琐的数据编码到直观、方便的图形编码的飞跃，大大减少了用户的工作量。所以图形建模的关键问题就是如何让计算机"懂得"图形系统中各对象的连接关系以及流动的方向性[3]。

管网输送系统流动的方向性是通过各条管道流动的方向性来实现的。在绘制管道时，以起点表示其上游端，终点表示其下游端，与管道上游端相连的节点即为该管道的上游节点，与管道下游端相连的节点即为该管道的下游节点。对于节点，如果有 n 条管道与其相连，其中与 k 条管道的下游端相连，则该边界节点共有 k 条并行的上游管道，$n-k$ 条并行的下游管道。这样，整个图形系统流动的方向性就在管道的流动方向性基础上建立起来了。

为了反映管道与节点之间的连接关系，需要为节点设置"捕捉"功能，使其在"捕捉范围"内能自动明确与其相连接的管道，由此实现管网输送系统的图形建模。

2.4.2　自动编码

自动编码分为自动编号和自动寻线两个部分[4]。根据上述的管网输送系统图形模拟的内容，自动编码应具有以下功能：

(1) 编码的数据均由计算机自动生成；

(2) 能够描述任意复杂的管网输送系统；

(3) 能根据图形系统中图元的增删做出动态的响应；

(4) 管道和节点的编码数据结构与管道和节点的其他几何物理性质的数据结构相互独立，发生变化时互不影响。

2.4.3 动态编号方法

自动编号功能是指由计算机自动实现对节点的编号并以某种数据方式建立节点之间的关联。在面向对象的编程方法中，自动编号功能的实现原理相对简单，只要为每个对象(图元)增加三个数据成员——在此称为编号数据成员，第一个编号数据成员表示该节点的编号，第二个编号数据成员表示该节点的上游关联关系，即存储该节点上游节点的编号，第三个编号数据成员表示该节点的下游关联关系，即存储该节点下游节点的编号。由于无论管道对象还是节点对象都具有这三个数据成员，所以可以把这三个数据成员定义在基类(CEntity)里面，通过类的继承性，每个对象都将拥有这三个数据成员。编号数据成员在程序中的定义如下所示。

```
class CEntity : public CObject
        {
        public:
            int     NO;                          //记录对象编号
            int     m_nEntity1,m_nEntity2;       //上下游对象数
            int     *Entity1,*Entity2;           //记录上下游的对象
        }
```

实现对节点的编号可以采用两种方式。一是静态编号方法，该方法是指图形系统建立过程中，每增加一个对象即为该对象分配一个编号，该编号不随图形系统的改变而改变。二是动态编号方法，该方法是将某个对象在数组中的序列号作为该对象的编号，由于图形系统是可以根据需要随时修改的，对象的增删使得所有对象在数组中的序列号发生动态的变化。

静态编号方法，其优点是每个对象的编号是固定不变的，当图形系统增删某个对象时，只影响该对象的上下游关联关系，所涉及的只是该对象上下游节点表示关联关系的数据被修改，对其他对象无任何影响。而用动态编号方法在图形系统的对象增删时，需要修改所有对象的编号以及表示其关联关系的数据成员。所以，单从实现自动编号这一功能来看，静态编号方法要优于动态编号方法。但是，静态编号方法的缺点是拥有某个对象的编号以后，如果想访问该对象的数据成员，还必须遍历所有对象，直到找到一个对象的编号与被访问对象编号相同时才结束。而在动态编号方法中，对象的编号即是该对象在数组中的序列号，拥有该对象的编号就可以直接从数组中找到该对象，不必对所有对象进行遍历。在进行瞬变流计算中，上下游对象之间需要不停地进行数据交换，如果采用静态编码方法，则一个对象与其上游或下游节点每进行一次数据交换就要对系统中的所有对象进行一次遍历来确定所要访问的对象，这样将浪费大量的计算时间。所以从计算速度考虑，动态编号方法具有较明显的优越性。

2.4.4　子管线组合自动寻线方法

自动编号建立了节点之间的上下游关联关系，自动寻线是在此基础上再将管道节点按上下游顺序排列成一条条管线。如果系统中所有的边界节点的上游和下游都只有一根管道，则管线的排列是非常容易的，只需要从上游边界节点（该节点仅连接下游管道）开始向下游边界节点（该节点仅连接上游管道）搜索，将所有的管道依次排列即得到管线。但是，系统中存在叉点，常出现上游或下游有多根管道与叉点相连的情况，即搜索一次可能得到具有并行关系的两根或者多根管道，如何处理这种情况就成为实现自动寻线的关键。

子管线搜寻是指从所有的上游边界节点和多出节点即下游有两根或多根管道相连的节点开始向下游搜索，直到找到一个下游边界节点或者多出节点，这样就把整个管道系统离散为若干条子管线，每条子管线中的所有管道之间只有上下游关系，不再存在并行关系。图2.8中的管道系统可以离散为A、B、C、D、E、F六条子管线，各子管线具体为A：16，17；B：25，26；C：18，19，20；D：27，28，29；E：21，22；F：23，24。因为搜索指针可以动态地分配存储空间，所以可以用指针来存储子管线中各管道的编号。

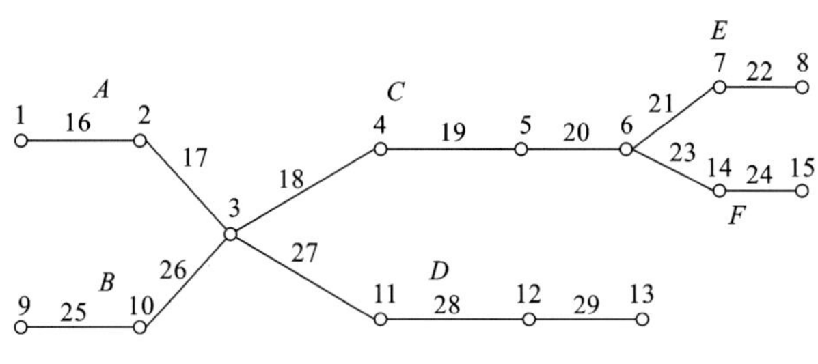

图2.8　管道关系图

子管线组合是指将各子管线按照上下游关联关系组合成所有可能的完整管线。令总的管线条数为N，如果从所有的上游边界节点引出的子管线一共有k条，则以这k条子管线为基础向下游查找，即先设$N=k$，循环访问该N条子管线的最后一个节点，如果某条子管线L最后一个节点为下游边界节点，则该子管线即为一条完整的管线；如果最后一个节点为多出节点，即该节点下游连接了m条子管线，则把这m条子管线分别连接到L下游，形成m条新的子管线，记为$L_1, L_2, \cdots, L_m$，总的管线条数也就变为$N=N+m-1$。然后重新循环N条子管线，直到所有的子管线最后一个节点均为下游边界节点。如图2.8所示，最开始假设管线为A、B，A查询多出节点3后，管线变为AC、AD、B。然后重新从AC开始向下游查询，直到最后找到所有六条完整管线。

2.4.5　工程实例

图2.9为某水电站输水发电系统的平面布置示意图。由于该电站三个下游调压室在顶部连通，所以九台机组及所有的管道只能作为一个整体的管网系统来考虑。

运用本节提出的思想编制的水电站过渡过程计算的可视化软件——TOPSYS如图2.10所示，用户只要在界面上建立输水发电系统模拟图形，后台程序即以自动编码方

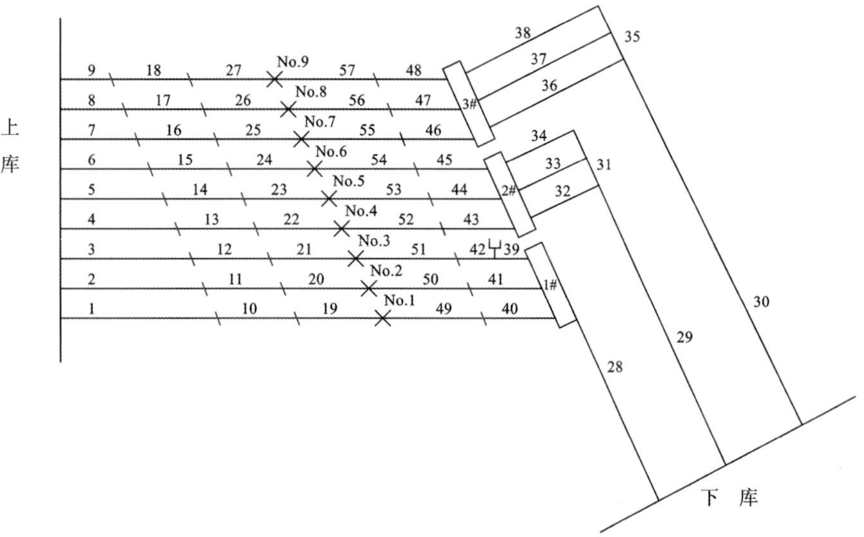

图 2.9　某水电站输水发电系统的平面布置示意图

式为每个对象明确其编码参数，并自动寻找出所有可能的管道路线，如图 2.11 所示。各对象的绘图顺序没有任何限制，而且各对象的编码参数可以随图形系统的修改而自动地动态变化，即实现了真正的自动编码。

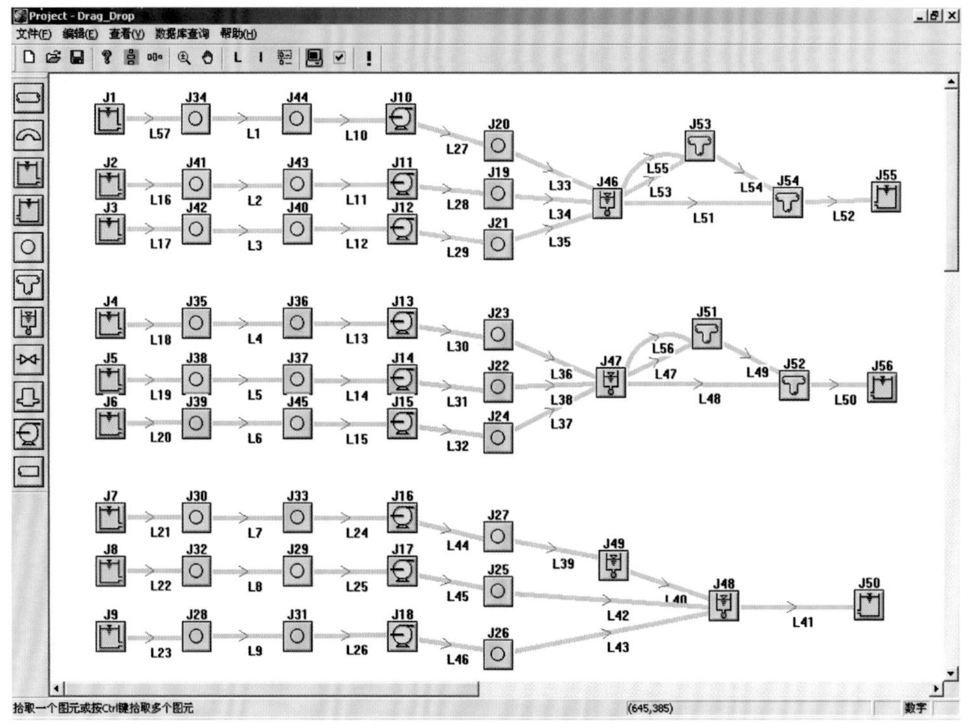

图 2.10　某水电站图形模拟

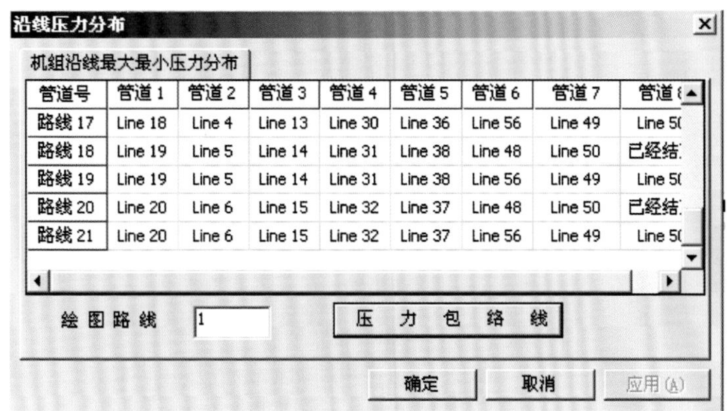

图 2.11　自动寻线结果

参考文献

[1] 朱承军，杨建东. 复杂输水系统中恒定流的数学模拟[J]. 水利学报，1998(12)：60-65.

[2] 朱承军. 复杂输水系统水力过渡过程的计算及分析[D]. 武汉：武汉大学，1998.

[3] 唐岳灏，杨建东. 面向图形系统的水电站过渡过程程序编码问题的研究[J]. 水力发电学报，2002(4)：93-99.

[4] 莫剑，杨建东，赵桂连. 引水发电系统的图形模拟及参数设计[J]. 水力发电学报，2005(6)：83-88.

第3章　非恒定流时域分析——广义特征线法

3.1　显式有限差分法——特征线方程

3.1.1　有压管道的特征线方程及求解

第1章中推导了有压管道一维的动量方程和连续性方程，如式(1.5)和式(1.15)所示。该方程组为以x和t为自变量、以V和H为因变量的拟线性双曲型偏微分方程组。尽管该方程组的一般解不存在，但可以采用特征线方法将偏微分方程转换成特殊的常微分方程，然后对常微分方程积分而得到便于数值处理的有限差分方程。

1. 偏微分方程转换为常微分方程

令L_1等于式(1.5)，L_2等于式(1.15)，得出

$$L_1:\quad g\frac{\partial H}{\partial x}+V\frac{\partial V}{\partial x}+\frac{\partial V}{\partial t}+\frac{fV|V|}{2D}=0 \tag{3.1}$$

$$L_2:\ V\frac{\partial H}{\partial x}+\frac{\partial H}{\partial t}+\frac{a^2}{g}\frac{\partial V}{\partial x}+\frac{a^2}{gA}\frac{\partial A}{\partial x}V-V\sin\alpha=0 \tag{3.2}$$

为了将式(3.1)和式(3.2)表征的偏微分方程转换为常微分方程，在式(3.2)两边乘以待定系数λ，然后与式(3.1)相加[1]，得到

$$L_1+\lambda L_2=\lambda\left[\frac{\partial H}{\partial t}+\left(V+\frac{g}{\lambda}\right)\frac{\partial H}{\partial x}\right]+\left[\frac{\partial V}{\partial t}+\left(V+\lambda\frac{a^2}{g}\right)\frac{\partial V}{\partial x}\right]-\lambda V\sin\alpha+\lambda\frac{a^2}{gA}\frac{\partial A}{\partial x}V+\frac{fV|V|}{2D}=0$$

令

$$V+\frac{g}{\lambda}=V+\lambda\frac{a^2}{g}=\frac{dx}{dt}$$

则

$$\lambda=\pm\frac{g}{a},\quad \frac{dx}{dt}=V\pm a$$

于是得到两簇在特征线上的常微分方程(图3.1)：

$$C^+:\begin{cases}\dfrac{dH}{dt}+\dfrac{a}{g}\dfrac{dV}{dt}+\dfrac{a^2}{gA}\dfrac{\partial A}{\partial x}V-V\sin\alpha+\dfrac{aS}{8gA}fV|V|=0\\ \dfrac{dx}{dt}=V+a\end{cases} \tag{3.3}$$

$$C^-:\begin{cases}\dfrac{dH}{dt}-\dfrac{a}{g}\dfrac{dV}{dt}+\dfrac{a^2}{gA}\dfrac{\partial A}{\partial x}V-V\sin\alpha-\dfrac{aS}{8gA}fV|V|=0\\ \dfrac{dx}{dt}=V-a\end{cases} \tag{3.4}$$

式中：S为湿周。

在此应该指出三点：

(1) 两个偏微分方程通过变换得出四个常微分方程；

(2) $V \pm a$ 在 $x\text{-}t$ 平面上代表着两簇特征线；

(3) 偏微分方程与常微分方程的对等关系只是在 C^+、C^- 代表的特征线上才有效，偏离了特征线，常微分方程的解就不是原偏微分方程的解。

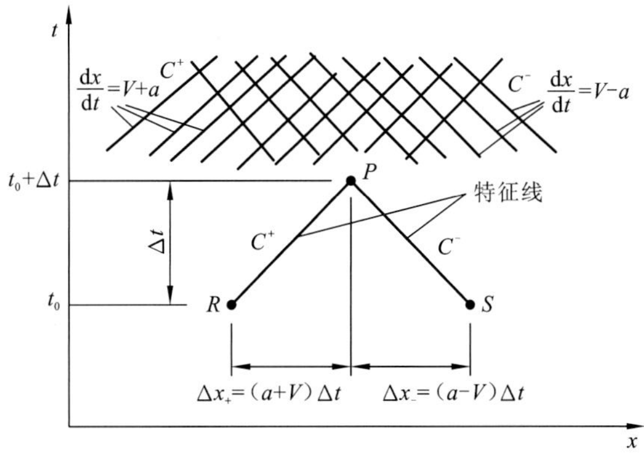

图 3.1　特征线示意图

若管道为棱柱体，则$\dfrac{\partial A}{\partial x}=0$，式(3.3)和式(3.4)简化为

$$C^+:\begin{cases}\dfrac{g}{a}\dfrac{\mathrm{d}H}{\mathrm{d}t}+\dfrac{\mathrm{d}V}{\mathrm{d}t}-\dfrac{g}{a}V\sin\alpha+\dfrac{Sf}{8A}V|V|=0\\[2mm] \dfrac{\mathrm{d}x}{\mathrm{d}t}=V+a\end{cases}\tag{3.5}$$

$$C^-:\begin{cases}-\dfrac{g}{a}\dfrac{\mathrm{d}H}{\mathrm{d}t}+\dfrac{\mathrm{d}V}{\mathrm{d}t}+\dfrac{g}{a}V\sin\alpha+\dfrac{Sf}{8A}V|V|=0\\[2mm] \dfrac{\mathrm{d}x}{\mathrm{d}t}=V-a\end{cases}\tag{3.6}$$

若对流项 $V\dfrac{\partial V}{\partial x}$，$V\dfrac{\partial H}{\partial x}$可以忽略，则特征方程形式不变，而特征线方程改写为

$$\frac{\mathrm{d}x}{\mathrm{d}t}=\pm a$$

其物理实质是流速远小于波速，对流项的影响可忽略不计。

2. 常微分方程转换为有限差分方程

在实际应用中，常用流量代替断面平均流速，并将式(3.3)和式(3.4)乘以 $\mathrm{d}t$，沿特征线 C^+ 和 C^- 积分。

沿特征线 C^+ 积分(图 3.1)，可得

$$\int_{H_R}^{H_P}\mathrm{d}H+\int_{Q_R}^{Q_P}\frac{a}{gA}\mathrm{d}Q+\int_{t_R}^{t_P}\frac{a^2}{gA^2}\frac{\partial A}{\partial x}Q\,\mathrm{d}t-\int_{t_R}^{t_P}\frac{Q}{A}\sin\alpha\,\mathrm{d}t+\int_{t_R}^{t_P}\frac{aSfQ|Q|}{8gA^3}\mathrm{d}t=0$$

$$\begin{aligned}&H_P-H_R+\frac{a}{gA_P}(Q_P-Q_R)+\frac{a^2(A_P-A_R)(Q_P+Q_R)}{2gA_PA_R(x_P-x_R)}(t_P-t_R)\\&-\frac{Q_P+Q_R}{2A_P}\sin\alpha(t_P-t_R)+\frac{aS_Pf}{8gA_RA_P^2}Q_P|Q_R|(t_P-t_R)=0\end{aligned}\tag{3.7}$$

$$x_P - x_R = \left(\frac{Q_R}{A_R} + a_R\right)(t_P - t_R) \tag{3.8}$$

将式(3.8)代入式(3.7),整理得

$$H_P - H_R + \frac{a}{gA_P}(Q_P - Q_R) + \frac{a^2(A_P - A_R)(Q_P + Q_R)}{2gA_P(Q_R + aA_R)}$$
$$-\frac{Q_P + Q_R}{2A_P}\sin\alpha\Delta t + \frac{aS_P f}{8gA_R A_P^2}Q_P|Q_R|\Delta t = 0 \tag{3.9}$$

同样,沿特征线 C^- 积分(图 3.1),可得

$$H_P - H_S - \frac{a}{gA_P}(Q_P - Q_S) + \frac{a^2(A_P - A_S)(Q_P + Q_S)}{2gA_P(Q_S - aA_S)}$$
$$-\frac{Q_P + Q_S}{2A_P}\sin\alpha\Delta t - \frac{aS_P f}{8gA_S A_P^2}Q_P|Q_S|\Delta t = 0 \tag{3.10}$$

$$x_P - x_S = \left(\frac{Q_S}{A_S} - a_S\right)(t_P - t_S) \tag{3.11}$$

整理式(3.9)和式(3.10),可得

$$C^+: Q_P = Q_{CP} - C_{QP}H_P \tag{3.12}$$

$$C^-: Q_P = Q_{CM} + C_{QM}H_P \tag{3.13}$$

式中

$$C_{QP} = \frac{1}{(C_t - C_{t3})/A_P + C_t(C_{t1} + C_{t2})}, \quad C_{QM} = \frac{1}{(C_t + C_{t3})/A_P + C_t(C_{t4} + C_{t5})}$$

$$Q_{CP} = C_{QP}\left[Q_R\left(\frac{C_t + C_{t3}}{A_P} - C_t C_{t1}\right) + H_R\right], \quad Q_{CM} = C_{QM}\left[Q_S\left(\frac{C_t - C_{t3}}{A_P} - C_t C_{t4}\right) - H_S\right]$$

$$C_t = \frac{a}{g}, \quad C_{t1} = \frac{a(A_P - A_R)}{2A_P(aA_R + Q_R)}, \quad C_{t2} = \frac{\Delta t S_P|Q_R|}{8A_R A_P^2}f, \quad C_{t3} = \frac{1}{2}\Delta t\sin\alpha$$

$$C_{t4} = \frac{a(A_P - A_S)}{2A_P(aA_S - Q_S)}, \quad C_{t5} = \frac{\Delta t S_P|Q_S|}{8A_S A_P^2}f$$

下面将采用分部积分方法来证明摩阻项数值积分为二阶精度[2]:

$$\int_{t_R}^{t_P} Q^2\,\mathrm{d}t = Q^2 t\Big|_{t_R}^{t_P} - \int_{t_R}^{t_P} t\,\mathrm{d}Q^2 = Q_P^2 t_P - Q_R^2 t_R - 2\int_{t_R}^{t_P} tQ\,\mathrm{d}Q$$
$$= Q_P^2 t_P - Q_R^2 t_R - 2\left[\frac{Q_P t_P + Q_R t_R}{2}(Q_P - Q_R)\right]$$
$$= Q_P^2 t_P - Q_R^2 t_R - Q_P^2 t_P + Q_P Q_R t_P - Q_P Q_R t_R + Q_R^2 t_R = Q_P|Q_R|(t_P - t_R)$$

上述式(3.8)、式(3.11)、式(3.12)、式(3.13)四个代数方程有 12 个参数,分为三类:

(1) 时段末的参数 H_P、Q_P;

(2) 时段初的参数 H_R、Q_R、H_S、Q_S;

(3) R、S 和 P 三点的空间与时间参数 x_R、t_R、x_S、t_S、x_P、t_P。

第一类参数无论采用什么计算网格都是未知的。第二类和第三类参数是否已知则与计算网格有关。

3. 等时段网格

等时段网格就是 Δt 在计算过程中保持不变(图 3.2)，但 Δt 的选取应满足库朗稳定条件，即

$$\Delta t \leqslant \frac{\Delta x}{a+|V|} \tag{3.14}$$

若在特征线方程中忽略 V，$\frac{\mathrm{d}x}{\mathrm{d}t}=\pm a$。$a$ 是常数，于是式(3.14)可以取等号，R 和 S 就落在网格点上。这时第二类和第三类参数都是已知的。只须利用特征方程 C^{+}、C^{-} 即可求出 H_P 和 Q_P。式(3.12)和式(3.13)构成二元一次方程组，很容易求解。

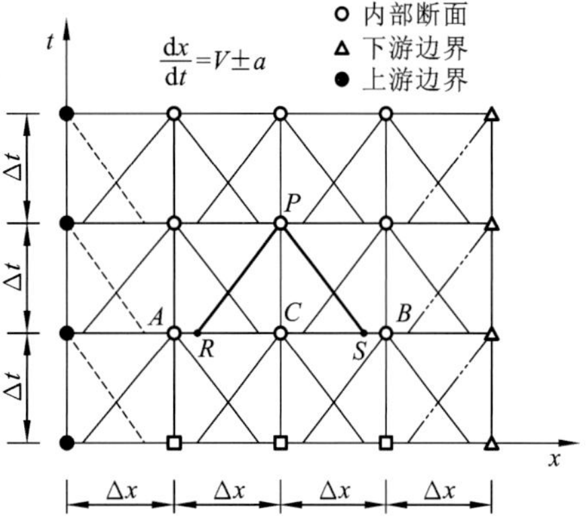

图 3.2　等时段计算网格示意图

但对于更一般的情况 $\frac{\mathrm{d}x}{\mathrm{d}t}=V\pm a$，$R$ 和 S 就不落在网格点上。这时第三类参数中 t_R、t_S、x_P、t_P 是已知的，x_R 和 x_S 以及第二类参数必须利用插值公式和特征线方程预先求出。

补充线性插值方程如下：

$$(x_C-x_R)/(x_C-x_A)=(H_C-H_R)/(H_C-H_A) \tag{3.15}$$

$$(x_C-x_R)/(x_C-x_A)=(Q_C-Q_R)/(Q_C-Q_A) \tag{3.16}$$

$$(x_C-x_R)/(x_C-x_A)=(A_C-A_R)/(A_C-A_A) \tag{3.17}$$

$$(x_C-x_S)/(x_C-x_B)=(H_C-H_S)/(H_C-H_B) \tag{3.18}$$

$$(x_C-x_S)/(x_C-x_B)=(Q_C-Q_S)/(Q_C-Q_B) \tag{3.19}$$

$$(x_C-x_S)/(x_C-x_B)=(A_C-A_S)/(A_C-A_B) \tag{3.20}$$

式(3.8)改写为

$$(x_C-x_R)/\Delta t=Q_R/A_R+a \tag{3.21}$$

式(3.11)改写为

$$(x_C-x_S)/\Delta t=Q_S/A_S-a \tag{3.22}$$

求解方法：先用式(3.15)～式(3.22)求出 H_R、Q_R、x_R、A_R、H_S、Q_S、x_S 和 A_S，然后再用式(3.12)和式(3.13)即可求出 H_P 和 Q_P。

上述方法是利用线性插值关系给出了 H_R、Q_R、x_R、A_R、H_S、Q_S、x_S 和 A_S 的表达式。在此有两点需要说明：①插值方式有多种，如空间插值、时间插值、串行插值、样条函数插值等，它们不仅精度不一样，而且有的是显格式，有的是隐格式；②无论哪一种插值都会带来误差，R 和 S 越是远离网格点 A 和 B，误差越大。

下面介绍网格划分。

首先选择计算时段 Δt。根据库朗稳定条件式(3.14)选取，如果 $V\ll a$，$\Delta t\leqslant\frac{\Delta x}{a}$，通常 $\Delta t=0.01\ \mathrm{s}$ 左右。

空间间距 Δx 的选择：

$$\frac{\Delta x_1}{a_1}=\frac{\Delta x_2}{a_2}=\cdots=\frac{\Delta x_n}{a_n}=\Delta t$$

$$\frac{L_i}{\Delta x_i}=\text{int}\ (\text{整数})$$

各段的划分均为整数在实际计算中往往难以满足，于是出现所谓短管问题。

短管的处理方式如下。

(1) 调整波速：

$$\Delta t=\frac{L_i}{a_i(1\pm\psi_i)N_i}$$

式中：ψ_i 是 i 段管道波速的允许偏差，一般不超过 10%；N_i 是 i 段管道的分段数。

(2) 刚化短管。将短管中的水体和管壁当作刚体看待，但可以考虑水体的惯性和沿程损失，见图 3.3。

$$Q_n=Q_{n+1},\quad \frac{\Delta L}{gA}\frac{(Q_n-Q_{n-\Delta t})}{\Delta t}=H_n-H_{n+1}-\Delta h_{n\sim n+1}$$

式中：ΔL 是短管的长度；$\Delta h_{n\sim n+1}$ 是该短管的水头损失。

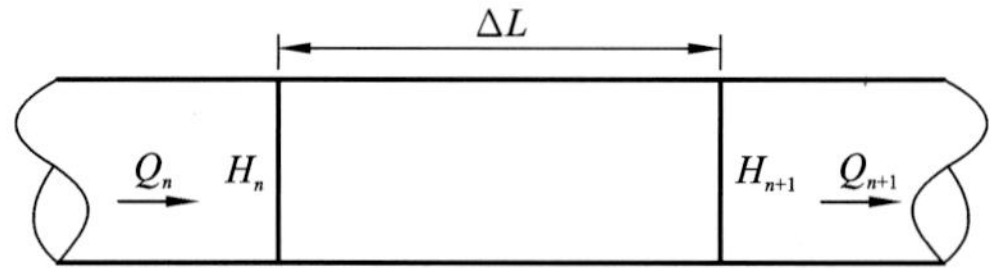

图 3.3 刚化短管计算示意图

(3) 用差商代替微商：

$$\frac{\partial H}{\partial x}=\frac{H_P+H_B-H_S-H_A}{2\Delta L},\quad \frac{\partial Q}{\partial x}=\frac{Q_P+Q_B-Q_S-Q_A}{2\Delta L}$$

$$\frac{\partial H}{\partial t}=\frac{H_P+H_S-H_A-H_B}{2\Delta t},\quad \frac{\partial Q}{\partial t}=\frac{Q_P+Q_S-Q_A-Q_B}{2\Delta t}$$

将以上四式直接代入偏微分方程组，整理后得出两个方程，与 $C^+_{1,n}$、$C^-_{2,1}$ 一起求解 H_n、H_{n+1}、Q_n 和 Q_{n+1} 四个未知数，见图 3.4。

4. 特征线网格

在波速变化很大或者流速与波速同一量级的流体瞬变分析中，采用等时段网格，其插值将带来较大的计算误差。为克服该缺陷，计算分析中可采用特征线网格法。

特征线网格法直接解方程式(3.8)～式(3.11)，求出四个未知数 H_P、Q_P、x_P 和 t_P，避免了插值误差的可能性。因为特征线的交点位置不再确定，所以，出现一种自由浮动的网格，见图 3.5。

联立解方程式(3.8)和式(3.11)，得到内部点的 x_P 和 t_P：

$$t_P=\frac{x_R-x_S-\left(\frac{Q}{A}+a\right)_R t_R+\left(\frac{Q}{A}-a\right)_S t_S}{\left(\frac{Q}{A}-a\right)_S-\left(\frac{Q}{A}+a\right)_R}\tag{3.23}$$

$$x_P=x_R+\left(\frac{Q_R}{A_R}+a_R\right)(t_P-t_R)\tag{3.24}$$

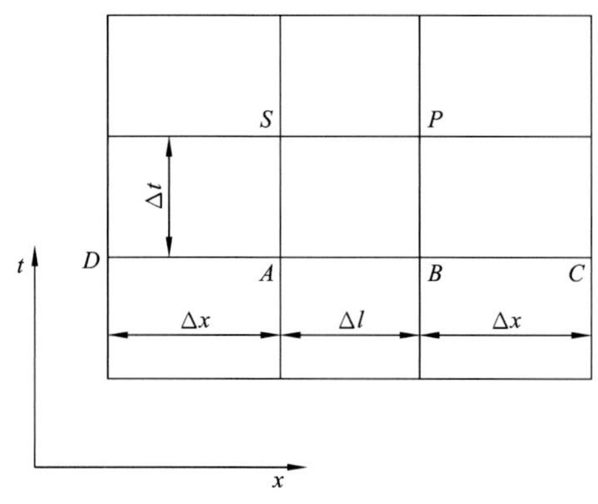

图 3.4　短管的差商代替微商处理

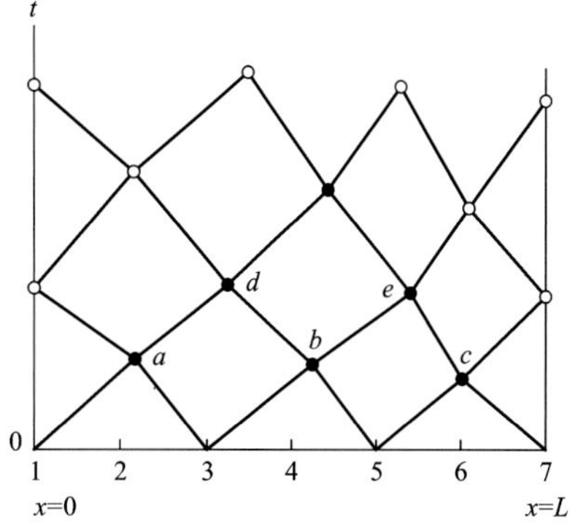

图 3.5　特征线网格

然后联立解方程式(3.12)和式(3.13)，得到内部点的 H_P 和 Q_P：

$$H_P=\frac{Q_{CP}-Q_{CM}}{C_{QM}+C_{QP}} \tag{3.25}$$

$$Q_P=Q_{CM}+C_{QM}H_P \tag{3.26}$$

特征线网格法与等时段网格法比较，也有难以克服的缺陷。主要表现为：①特征线网格法所得结果既不能直接得出某一特定时刻沿管线各点的变化，又不能直接得出某一特定断面变量随时间的变化。当需要上述结果时，需采取插值的方法获得，也同样带来误差。②特征线网格法无法控制 x-t 平面里网格交点的位置，交点可能跑出管线区域之外，失去物理意义。为了克服特征线网格法在极端条件下网格的歪曲，在一定量的时步之后，用调整网格的方法将网格纠直。这也需要插值，也会带来插值误差。③在特征线网格法中，使用者无法直接控制边界上输入变量的时间，使得复杂系统的求解更加困难。

3.1.2　明渠的特征线方程及求解

第 1 章中也推导了明渠一维的动量方程和连续性方程，如式(1.28)和式(1.29)所示。该方程组以 x 和 t 为自变量、以 U 和 h 为因变量的拟线性双曲型偏微分方程组，尽管一般解不存在，同样可以采用特征线方法将偏微分方程转换成特殊的常微分方程，然后对常微分方程积分而得到便于数值处理的有限差分方程[3]。

1. 偏微分方程转换为常微分方程

令 L_1 等于式(1.28)，L_2 等于式(1.29)，得出

$$L_1:\quad \frac{\partial U}{\partial t}+U\frac{\partial U}{\partial x}+g\frac{\partial h}{\partial x}=g(S_x-S_f)+\frac{q}{A}(u_q-U) \tag{3.27}$$

$$L_2:\quad \frac{\partial A}{\partial t}+\frac{\partial}{\partial x}(UA)=q \tag{3.28}$$

为了将式(3.27)和式(3.28)表征的偏微分方程转换为常微分方程，在式(3.28)两边乘以待定系数 λ，然后与式(3.27)相加，得

$$[U_t+U_x(U+\lambda A)]+\lambda B\left[h_t+h_x\left(U+\frac{g}{\lambda B}\right)\right]+g(S_f-S_x)+q\left(\frac{U-u_q}{A}-\lambda\right)=0$$

式中：$A=Bh$。

令 $\frac{\mathrm{d}x}{\mathrm{d}t}=U+\lambda A=U+\frac{g}{\lambda B}$，则 $\lambda=\pm\sqrt{\frac{g}{BA}}$，$\frac{\mathrm{d}x}{\mathrm{d}t}=U\pm\sqrt{\frac{gA}{B}}=U\pm c$。

对于矩形截面：

$$\frac{\mathrm{d}x}{\mathrm{d}t}=U\pm\sqrt{gh}$$

$$\frac{\mathrm{d}U}{\mathrm{d}t}\pm\frac{g}{c}\frac{\mathrm{d}h}{\mathrm{d}t}+g(S_f-S_x)+\frac{q}{A}[(U-u_q)\mp c]=0 \tag{3.29}$$

$$\frac{\mathrm{d}x}{\mathrm{d}t}=U\pm c \tag{3.30}$$

2. 常微分方程转换为有限差分方程

假定因变量 U 和 h 在 R 和 S 点已知，则可通过对式(3.27)和式(3.28)积分写出用四个未知数 U_P、h_P、x_P 和 t_P 表示的四个方程，即

$$c^+:\begin{cases}U_P-U_R+g\int_{h_R}^{h_P}\frac{1}{c}\mathrm{d}h+\int_{t_R}^{t_P}\{g(S_f-S_x)+\frac{q}{A}[(U-u_q)-c]\}\mathrm{d}t=0\\ x_P-x_R=\int_{t_R}^{t_P}(U+c)\mathrm{d}t\end{cases} \tag{3.31}$$

$$c^-:\begin{cases}U_P-U_S-g\int_{h_S}^{h_P}\frac{1}{c}\mathrm{d}h+\int_{t_S}^{t_P}\{g(S_f-S_x)+\frac{q}{A}[(U-u_q)+c]\}\mathrm{d}t=0\\ x_P-x_S=\int_{t_S}^{t_P}(U-c)\mathrm{d}t\end{cases} \tag{3.32}$$

采用一阶精度积分，可得

$$U_P-U_R+\frac{g}{c_R}(h_P-h_R)+\{g(S_{f,R}-S_x)+\frac{q}{A_R}[(U_R-u_q)-c_R]\}(t_P-t_R)=0 \tag{3.33}$$

$$x_P-x_R=(U_R+c_R)(t_P-t_R) \tag{3.34}$$

$$U_P-U_S-\frac{g}{c_S}(h_P-h_S)+\{g(S_{f,S}-S_x)+\frac{q}{A_S}[(U_S-u_q)+c_S]\}(t_P-t_S)=0 \tag{3.35}$$

$$x_P-x_S=(U_S-c_S)(t_P-t_S) \tag{3.36}$$

3. 特征线网格与等时段网格

由于在明渠非恒定流中，流速 U 和重力波波速 c 通常在同一量级，故采用特征线网格对式(3.33)～式(3.36)直接求解较为方便，即可得到 U_P、h_P、x_P 和 t_P。但采用特征线网格同样存在前面讲述的三方面缺陷。

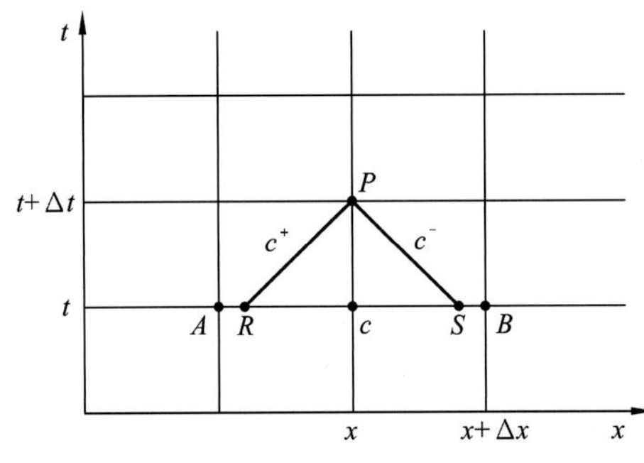

图 3.6 R、S 不落在网格点

采用等时段网格，一是要满足库朗条件，时间步长受到限制，对于缓慢的明渠瞬变流计算很不经济；二是流速 U 和重力波波速 c 通常在同一量级，R 点和 S 点通常不落在网格点上，见图 3.6，需要插值。插值误差难以避免，尤其是瞬变过程较激烈时，使用该计算方法要特别小心，误差有时会湮没实际的结果。

3.2　基本边界条件

管网输送系统应用领域十分广泛，连接边界节点和内部节点的部件种类较多，在此不可能一一列举，只能简要地讲解动力转换装置或调节设备（包括管道中间的阀门和渠道中间的闸门）之外的基本边界条件。

3.2.1　边界节点

边界节点可区分为上游边界节点和下游边界节点，几种常见的边界条件如下。

1. 上游边界节点为水库或者水池（开敞式）

假定水库水位在瞬变过程中保持不变，$H_u=\text{const}$，H_u 是水库水面距离参考基准面的高度，见图 3.7。于是得到相应的边界条件为

$$H_{P,1}=H_u\mp\frac{Q_{P,1}^2}{2gA_1^2}-\zeta\frac{Q_{P,1}\left|Q_{P,1}\right|}{2gA_1^2}\qquad(3.37)$$

式中：当 $Q_{P,1}\geqslant0$ 时，取“$-$”；当 $Q_{P,1}<0$ 时，取“$+$”。

$$C^-:H_{P,1}=C_M+B_SQ_{P,1}\qquad(3.38)$$

式中：$C_M=-Q_{CM}/C_{QM}$；$B_S=1/C_{QM}$。

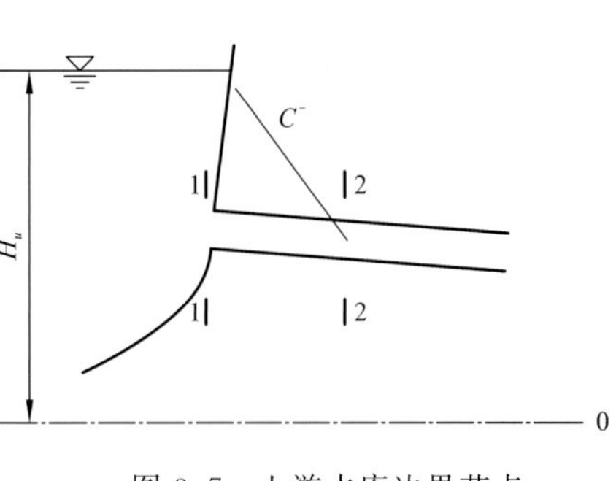

图 3.7　上游水库边界节点

式(3.37)与特征方程式(3.38)联立求解，即可得到 $H_{P,1}$ 和 $Q_{P,1}$。

(1) 若可以忽略该节点的流速头和局部水头损失，则 $H_{P,1}=H_u$，计算将进一步简化。

(2) 若水库水位已按某种规律变化，如正弦波

$$H_u=H_{u0}+\Delta H\sin\omega t\qquad(3.39)$$

式中：H_{u0} 是水库水位初始值或均值；ΔH 是波幅；ω 是圆频率。对于计算时步，H_u 是已知的，式(3.37)和式(3.38)联立求解，就可求得 $H_{P,1}$ 和 $Q_{P,1}$。

(3) 若水池容积是有限的，即水池水位在瞬变过程中是变化的，需补充方程如下：

$$H_u=H_{u0}+\frac{1}{F_k}\int_t^{t+\Delta t}(q-Q_{P,1})\mathrm{d}t\qquad(3.40)$$

式中：F_k 是水池的横截面面积；q 是流入水池的来流量。将式(3.40)改写为差分方程，即可联立式(3.37)、式(3.38)和式(3.40)，求得 $H_{P,1}$、$Q_{P,1}$ 和 H_u。

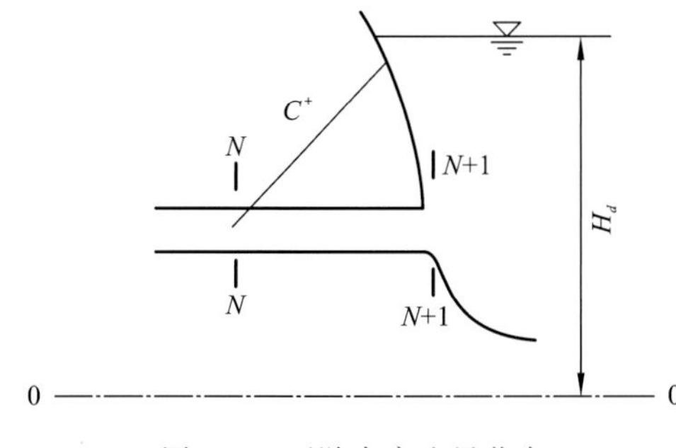

图 3.8　下游水库边界节点

2. 下游边界节点的边界条件

(1) 下游边界节点为水库，假定水库水位在瞬变过程中保持不变，$H_d=\text{const}$，H_d 是水库水面距离参考基准面的高度，见图 3.8。于是得到相应的边界条件为

$$H_{P,n+1}=H_d\pm\frac{Q_{P,n+1}^{\ 2}}{2gA_{n+1}^{\ 2}}-\zeta\frac{Q_{P,n+1}\left|Q_{P,n+1}\right|}{2gA_{n+1}^{\ 2}}\qquad(3.41)$$

式中：当 $Q_{P,n+1}\geqslant 0$ 时，取“+”；当 $Q_{P,n+1}<0$ 时，取“−”。

$$C^+: H_{P,n+1}=C_P-B_R Q_{P,n+1} \tag{3.42}$$

式中：$C_P=Q_{CP}/C_{QP}$；$B_R=1/C_{QP}$。

式(3.41)与特征方程式(3.42)联立求解，即可得到 $H_{P,n+1}$ 和 $Q_{P,n+1}$。

若已知下游边界节点的水位与流量之间规律，即

$$H_d=f(Q_{P,n+1}) \tag{3.43}$$

将式(3.43)代入式(3.41)，再与特征方程式(3.42)联立求解，即可得到 $H_{P,n+1}$ 和 $Q_{P,n+1}$。

(2) 下游边界节点为管道末端装有阀门，见图 3.9。假定阀门的安装高程与参考基准面同高，在定常流条件下，通过阀门的孔口方程为

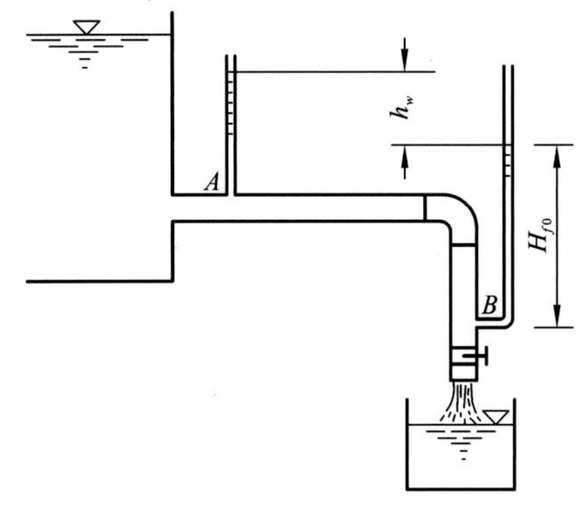

图 3.9 管道末端的阀门

$$Q_{f0}=(\mu_f A_f)_0\sqrt{2gH_{f0}} \tag{3.44}$$

式中：Q_{f0}、H_{f0} 分别是阀门在定常状态下通过的流量和相应的水头损失；$(\mu_f A_f)_0$ 是阀门流量系数乘以阀门开口面积。

假设式(3.44)可适用于非恒定流，任何阀门开口面积的孔口方程为

$$Q_{P,n+1}=(\mu_f A_f)\sqrt{2gH_{P,n+1}} \tag{3.45}$$

令 $\tau_f=\dfrac{(\mu_f A_f)}{(\mu_f A_f)_0}$，且式(3.45)除以式(3.44)可得

$$Q_{P,n+1}=Q_{f0}\tau_f\sqrt{\frac{H_{P,n+1}}{H_{f0}}} \tag{3.46}$$

联立式(3.46)和 C^+ 特征方程式(3.12)求解，即可得到 $H_{P,n+1}$ 和 $Q_{P,n+1}$。

若是固定孔口的自由出流，则 $\tau_f=1$，其他同上。

若阀门全关或者管道末端为盲端，则 $\tau_f=0$，$Q_{P,n+1}=0$，$H_{P,n+1}$ 直接由式(3.42)求解。

(3) 下游渠道边界节点按堰流及闸孔出流计算。堰流计算的基本公式如下：

$$Q=m_y b\sqrt{2g}H_{y0}^{3/2} \tag{3.47}$$

式中：m_y 是堰的流量系数；b 是渠道宽度；$H_{y0}=H_y+\dfrac{\alpha_0 V_0^2}{2g}$称为堰顶全水头，其中 H_y 为堰前水头(图 3.10)。

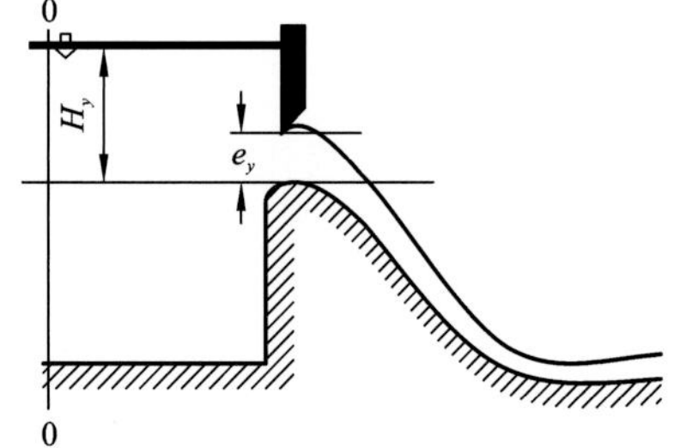

图 3.10 堰流及闸孔出流

假定堰顶与参考基准面同高，则式(3.47)改写为

$$Q_{P,n+1}=m_y b\sqrt{2g}\left[H_{P,n+1}+\frac{\alpha_0(Q_{P,n+1})^2}{2g(bH_{P,n+1})^2}\right]^{3/2} \tag{3.48}$$

闸孔出流计算的基本公式如下：

$$Q=\mu_y b e_y\sqrt{2gH_{y0}} \tag{3.49}$$

式中：μ_y 为宽顶堰型闸孔自由出流的流量系数；b 为渠道宽度；e_y 为闸孔开度；$H_{y0}=H_y+\frac{\alpha_0 V_0^2}{2g}$称为闸孔全水头，其中 H 为闸前水头(图 3.11)。

假定堰顶与参考基准面同高，则式(3.49)改写为

$$Q_{P,n+1}=\mu_y b e_y \sqrt{2g\left[H_{P,n+1}+\frac{\alpha_0 \ (Q_{P,n+1})^2}{2g \ (bH_{P,n+1})^2}\right]} \tag{3.50}$$

式(3.48)或式(3.50)与渠道末端的 C^+ 方程联立，即可求解得到 $H_{P,n+1}$ 和 $Q_{P,n+1}$。

3.2.2　内部节点

1. 串联节点

由图 3.11 可知，连接管道 1 末端和管道 2 首端的串联节点，共有 4 个未知数，即 $H_{P,n+1}^1$、$Q_{P,n+1}^1$、$H_{P,1}^2$ 和 $Q_{P,1}^2$(上标表示管道号)。可列举的方程是管道 1 末端的 C^+ 特征方程和管道 2 首端的 C^- 特征方程。另外，补充该节点的连续性方程和能量方程如下：

$$Q_{P,n+1}^1=Q_{P,1}^2 \tag{3.51}$$

$$H_{P,n+1}^1+\frac{(Q_{P,n+1}^1)^2}{2g \ (A_{n+1}^1)^2}=H_{P,1}^2+\frac{(Q_{P,1}^2)^2}{2g \ (A_1^2)^2}+\zeta\frac{Q_{P,n+1}^1 \left|Q_{P,n+1}^1\right|}{2g \ (A_{n+1}^1)^2} \tag{3.52}$$

联立上述 4 个方程，即可求解。

若流速头和局部水头损失可忽略不计，则 4 个方程的求解将会大大地简化。

2. 岔管节点

由图 3.12 可知，若岔管节点连接 n 条管道，其中有 m 条管道流入该节点，$n-m$ 条管道流出该节点，共有 $2n$ 个未知数，即 $H_{P,n+1}^1, Q_{P,n+1}^1, \cdots, H_{P,n+1}^m, Q_{P,n+1}^m, H_{P,1}^{m+1}, Q_{P,1}^{m+1}, \cdots, H_{P,1}^{n-m}, Q_{P,1}^{n-m}$(上标表示管道号)。可列举的方程是 m 条管道末端的 C^+ 特征方程和 $n-m$ 条管道首端的 C^- 特征方程。另外，补充该节点的连续性方程和 $n-1$ 个能量方程：

$$\sum_{i=1}^{n} Q_{P,n+1/P,1}^i = 0 \tag{3.53}$$

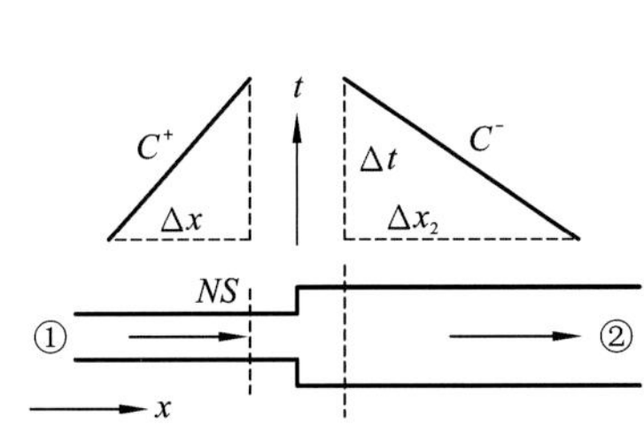

图 3.11　串联管道

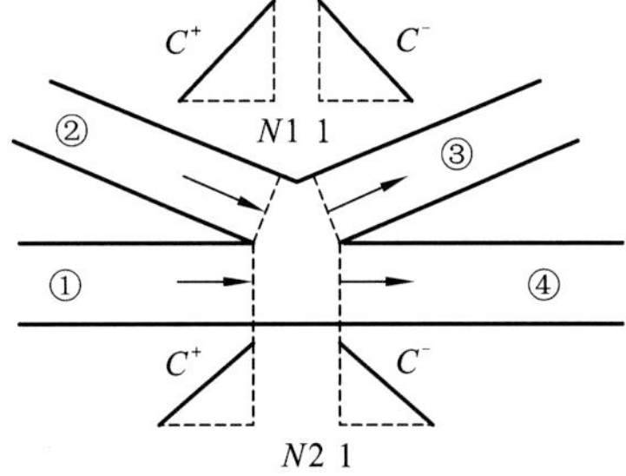

图 3.12　分岔管道

若流速水头和局部水头损失可忽略不计，则

$$H_{P,n+1}^1=H_{P,n+1}^2=\cdots=H_{P,n+1}^m=H_{P,1}^{m+1}=\cdots=H_{P,1}^{n-m} \tag{3.54}$$

若计入流速水头和局部水头损失，可补充 $n-1$ 个与式(3.52)类似的能量方程，但方程组的求解比较复杂。

3. 气垫式调压室

图 3.13 为具有较长连接管的气垫式调压室示意图。共有 9 个未知数，即 $H_{P,n+1}^{1}$、$Q_{P,n+1}^{1}$、$H_{P,1}^{2}$、$Q_{P,1}^{2}$、H_{P}^{T}(连接管底部的测压管水头)、Q_{P}^{T}(流入调压室的流量)、Z(以海拔高程表示的调压室水位(与参考基准面高度相差 $ZZ2$))、$\forall$(气室体积)、H_{a}(以测压管水头表示的气体的相对压强)。可列举的方程是管道 1 末端的 C^{+} 特征方程和管道 2 首端的 C^{-} 特征方程，需要补充的 7 个方程如下：

$$Q_{P,n+1}^{1}=Q_{P,1}^{2}+Q_{P}^{T} \tag{3.55}$$

$$H_{P,n+1}^{1}+\frac{(Q_{P,n+1}^{1})^{2}}{2g\,(A_{n+1}^{1})^{2}}=H_{P,1}^{2}+\frac{(Q_{P,1}^{2})^{2}}{2g\,(A_{1}^{2})^{2}}+\zeta_{1\sim 2}\frac{Q_{P,n+1}^{1}\left|Q_{P,n+1}^{1}\right|}{2g\,(A_{n+1}^{1})^{2}} \tag{3.56}$$

$$H_{P,n+1}^{1}+\frac{(Q_{P,n+1}^{1})^{2}}{2g\,(A_{n+1}^{1})^{2}}=H_{P}^{T}+\frac{(Q_{P}^{T})^{2}}{2g\,(A^{T})^{2}}+\zeta_{1\sim T}\frac{Q_{P,n+1}^{1}\left|Q_{P,n+1}^{1}\right|}{2g\,(A_{n+1}^{1})^{2}} \tag{3.57}$$

$$\frac{L^{T}}{gA^{T}}\frac{\mathrm{d}Q_{P}^{T}}{\mathrm{d}t}=H_{P}^{T}-H_{a}-\zeta\frac{Q_{P}^{T}\left|Q_{P}^{T}\right|}{2g\,(A^{T})^{2}} \tag{3.58}$$

$$Z=Z_{0}+\frac{1}{F}\int_{t}^{t+\Delta t}Q_{P}^{T}\mathrm{d}t \tag{3.59}$$

$$\forall=\forall_{0}-\int_{t}^{t+\Delta t}Q_{P}^{T}\mathrm{d}t \tag{3.60}$$

$$(H_{a}+\overline{H}+ZZ2-Z)\,\forall^{n_{g}}=\mathrm{const} \tag{3.61}$$

式中：L^{T}、A^{T} 分别是连接管长度和横截面面积；$\overline{H}$是以测压管水头表示的大气压强；n_{g} 是气体的多方系数。将式(3.59)和式(3.60)改写为差分方程，联立其他 7 个方程，即可求解。

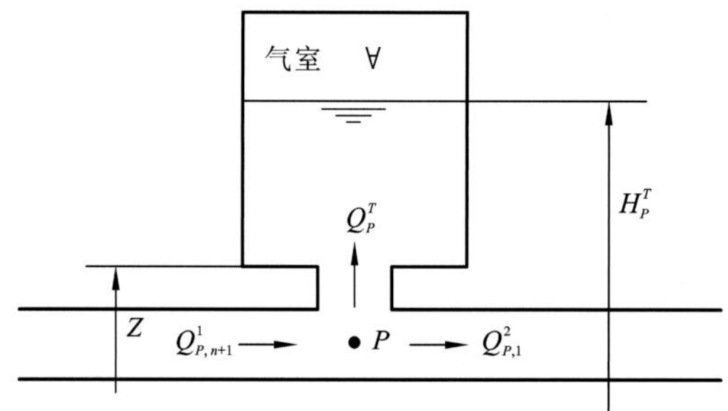

图 3.13 气垫式调压室示意图

4. 阻抗式调压室

图 3.14 为阻抗式调压室示意图。共有 5 个未知数 H_{P}、$Q_{P,n+1}^{1}$、$Q_{P,1}^{2}$、Q_{P}^{T} 和 Z。可列举的方程是管道 1 末端的 C^{+} 特征方程和管道 2 首端的 C^{-} 特征方程。在忽略调压室内水体惯性和沿程损失前提下，可补充如下的方程：

$$Q_{P,n+1}^{1}=Q_{P,1}^{2}+Q_{P}^{T} \tag{3.62}$$

$$Z=Z_{0}+\frac{1}{F}\int_{t}^{t+\Delta t}Q_{P}^{T}\mathrm{d}t \tag{3.63}$$

$$Z = H_P + ZZ2 - \zeta_T Q_P^T \left| Q_P^T \right| \tag{3.64}$$

式中：ζ_T 为阻抗损失系数。

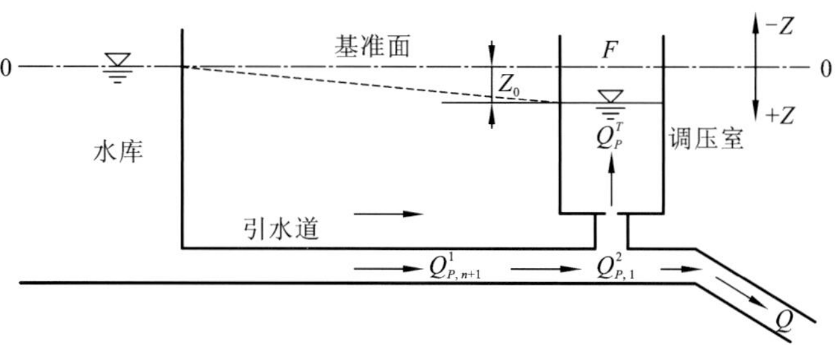

图 3.14　阻抗式调压室示意图

若在阻抗式调压室底部设有逆止阀，如图 3.15 所示，就称为单向调压室(单向调压水箱)。当 $Z \leqslant H_P + ZZ2$ 时，逆止阀关闭，此时，该节点按串联节点计算；当 $Z > H_P + ZZ2$ 时，逆止阀全开，此时，该节点按阻抗式调压室计算。所以单向调压室可以视为流量只流出不流进的调压室。

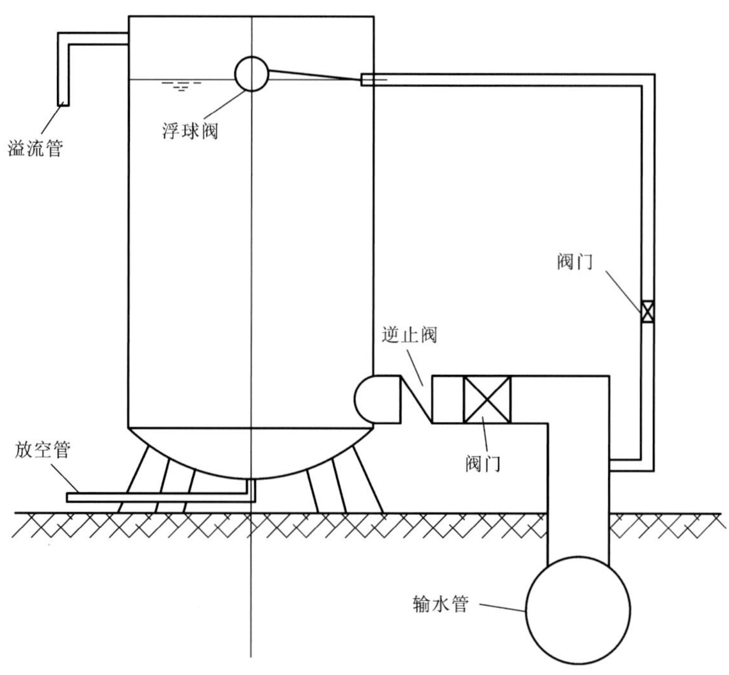

图 3.15　单向调压水箱示意图

5. 集中流容

集中流容的示意图如图 3.16 所示，其中容积内流体的惯性比起流体和容器的弹性小得多，可采用有效弹性体积模量 K' 来表示流体和容器的弹性作用，即

$$K' = \forall \frac{\mathrm{d}p}{\mathrm{d}\forall} \tag{3.65}$$

该节点共有 5 个未知数 H_P、$Q^1_{P,n+1}$、$Q^2_{P,1}$、Q^T_P 和 $\forall$。可列举的方程是管道 1 末端的 C^+ 特征方程和管道 2 首端的 C^- 特征方程，补充如下的方程：

$$Q^1_{P,n+1}=Q^2_{P,1}+Q^T_P \tag{3.66}$$

$$\forall = \forall_0+\int_t^{t+\Delta t} Q^T_P \mathrm{d}t \tag{3.67}$$

$p=\rho g H_P$，代入式(3.65)可得

$$K'=\rho g \forall \frac{\mathrm{d}H_P}{\mathrm{d}\forall} \tag{3.68}$$

将式(3.67)和式(3.68)改写为差分方程，联立其他 3 个方程，即可求解。

图 3.17 所示的冷凝器水箱可当作集中流容处理。

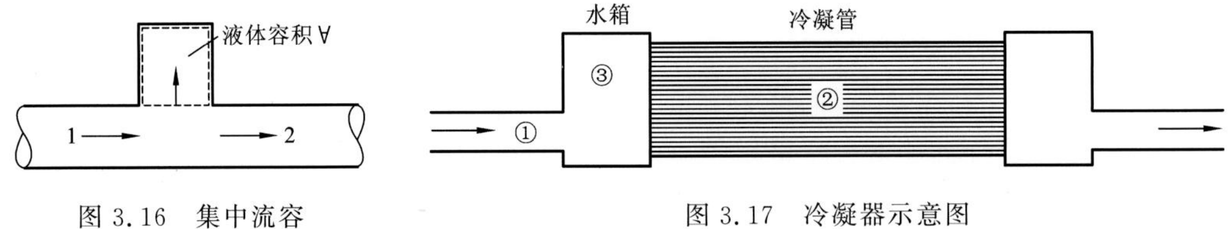

图 3.16 集中流容　　图 3.17 冷凝器示意图

6. 空气阀

为了破除管线的真空，保护管道安全，沿管线高点处安装空气阀。当空气阀处的管内压强低于大气压，空气阀打开，让空气进入管内；当该处管内压强大于大气压，空气以较慢的速度泄出，但不允许液体泄出。为了描述空气流入流出空气阀和管道的过程，建立相应的数学模型，需要做出如下假设：

(1) 空气等熵地流入流出阀门；

(2) 管内空气温度接近于液体温度，遵循等温变化规律；

(3) 管内空气滞留在阀门附近，能全部排出；

(4) 管内空气体积变化仅取决于该节点液体流量之差。

当管内有空气流入或流出时，由图 3.18 可知，未知数是 p(气腔的绝对压强)、$Q^1_{P,n+1}$、$Q^2_{P,1}$、$\forall$(气腔的体积)。可列举的方程是管道 1 末端的 C^+ 特征方程和管道 2 首端的 C^- 特征方程。需要补充的方程如下。

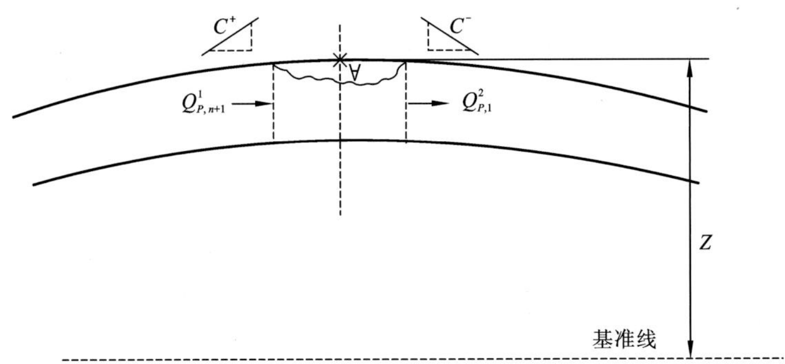

图 3.18 空气阀空气流动示意图

$$\frac{\mathrm{d}\forall}{\mathrm{d}t}=Q_{P,n+1}^{1}-Q_{P,1}^{2} \tag{3.69}$$

$$p\forall=m_{g}RT \tag{3.70}$$

式中：$\forall$ 为气腔体积；R 为气体常数；T 为绝对温度；m_g 为气体质量；m_{g0} 为前一时刻气体质量。

流过阀门的空气质量流量$\left(\text{空气质量变化速率}\frac{\mathrm{d}m_g}{\mathrm{d}t}\right)$取决于管外大气的绝对压强 p_0、绝对温度 T_0，以及管内的绝对温度 T 和绝对压强 p。需要考虑如下 4 种情况[4]。

（1）以亚声速流入空气：

$$\frac{\mathrm{d}m_g}{\mathrm{d}t}=C_{\mathrm{in}}A_{\mathrm{in}}\sqrt{7p_0\rho_0\left[\left(\frac{p}{p_0}\right)^{1.4286}-\left(\frac{p}{p_0}\right)^{1.714}\right]},\quad p_0>p>0.53p_0 \tag{3.71}$$

式中：C_{in} 为空气流入时阀门的流量系数；A_{in} 为阀门的开启面积；R 为气体常数；$\rho_0=p_0/(RT)$ 为大气密度。

（2）以临界流速流入：

$$\frac{\mathrm{d}m_g}{\mathrm{d}t}=C_{\mathrm{in}}A_{\mathrm{in}}\frac{0.686}{\sqrt{RT_0}}p,\quad p<0.53p_0 \tag{3.72}$$

（3）以亚声速流出空气：

$$\frac{\mathrm{d}m_g}{\mathrm{d}t}=-C_{\mathrm{out}}A_{\mathrm{out}}p\sqrt{\frac{7}{RT}\left[\left(\frac{p_0}{p}\right)^{1.4286}-\left(\frac{p_0}{p}\right)^{1.714}\right]},\quad \frac{p_0}{0.53}>p>p_0 \tag{3.73}$$

式中：C_{out} 为空气流出时阀门的流量系数；A_{out} 为阀门的开启面积。

（4）以临界流速流出：

$$\frac{\mathrm{d}m_g}{\mathrm{d}t}=-C_{\mathrm{out}}A_{\mathrm{out}}\frac{0.686}{\sqrt{RT}}p,\quad p>\frac{p_0}{0.53} \tag{3.74}$$

当上述 4 种情况均不存在时，$\frac{\mathrm{d}m_g}{\mathrm{d}t}=0$，即 $m_g=m_{g0}$。

计算时，p 可以由 H_P 代替，两者之间存在如下关系式：

$$H_P+\overline{H}+ZZ2-Z=p/\gamma \tag{3.75}$$

式中：$\overline{H}$ 为测压管水头表示的大气压强；Z 为海拔高程表示的空气阀安装高程（与参考基准面高度相差 $ZZ2$）；γ 为液体容重。

当 $\forall=0$ 时，该节点将作为串联节点计算。

3.3　隐式有限差分方程——Preissmann 差分格式

3.3.1　管道非恒定流隐式差分方程

有压非棱柱体管道非恒定流基本方程的守恒形式如下。

连续性方程：

$$\frac{Q}{A}\frac{\partial H}{\partial x}+\frac{\partial H}{\partial t}+\frac{a^2}{g}\frac{\partial}{\partial x}\left(\frac{Q}{A}\right)+\frac{a^2Q}{gA^2}\frac{\partial A}{\partial x}-\frac{Q}{A}\sin\alpha=0 \tag{3.76}$$

动量方程：

$$g\frac{\partial H}{\partial x}+\frac{Q}{A}\frac{\partial}{\partial x}\left(\frac{Q}{A}\right)+\frac{\partial}{\partial t}\left(\frac{Q}{A}\right)+g\frac{Q|Q|}{A^2C^2R}=0 \tag{3.77}$$

采用 Preissmann 四点空间中心差分格式将管道非恒定流的连续方程和动量方程离散化，差分格式如下[5]（图 3.19）：

$$\begin{cases}f(x,t)=\dfrac{\theta}{2}(f_{i+1}^{n+1}+f_i^{n+1})+\dfrac{1-\theta}{2}(f_{i+1}^n+f_i^n)=\dfrac{\theta}{2}(\Delta f_{i+1}+\Delta f_i)+\dfrac{1}{2}(f_{i+1}^n+f_i^n)\\ \dfrac{\partial f}{\partial x}=\theta\dfrac{f_{i+1}^{n+1}-f_i^{n+1}}{\Delta x}+(1-\theta)\dfrac{f_{i+1}^n-f_i^n}{\Delta x}=\theta\dfrac{\Delta f_{i+1}-\Delta f_i}{\Delta x}+\dfrac{f_{i+1}^n-f_i^n}{\Delta x}\\ \dfrac{\partial f}{\partial t}=\dfrac{f_{i+1}^{n+1}-f_{i+1}^n+f_i^{n+1}-f_i^n}{2\Delta t}=\dfrac{\Delta f_{i+1}+\Delta f_i}{2\Delta t}\end{cases} \tag{3.78}$$

式中：θ 为隐式加权系数。

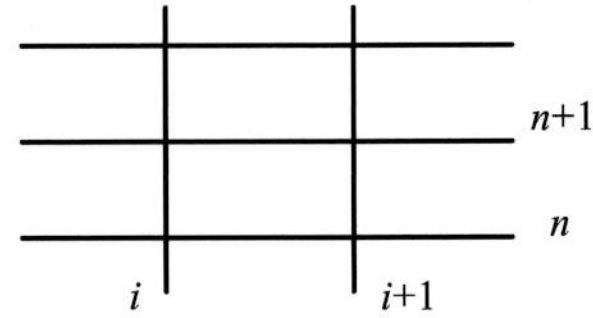

图 3.19　Preissmann 四点中心差分格式示意图

将式(3.76)离散可得

$$\frac{1}{2}\left(\frac{Q_{i+1}}{A_{i+1}}+\frac{Q_i}{A_i}\right)\left(\theta\frac{\Delta H_{i+1}-\Delta H_i}{\Delta x}+\frac{H_{i+1}-H_i}{\Delta x}\right)+\frac{\Delta H_{i+1}+\Delta H_i}{2\Delta t}$$

$$+\frac{a^2}{g}\left(\theta\frac{\dfrac{\Delta Q_{i+1}}{A_{i+1}}-\dfrac{\Delta Q_i}{A_i}}{\Delta x}+\frac{\dfrac{Q_{i+1}}{A_{i+1}}-\dfrac{Q_i}{A_i}}{\Delta x}\right)+\frac{a^2}{g}\frac{\dfrac{Q_{i+1}}{A_{i+1}^2}+\dfrac{Q_i}{A_i^2}}{2}\frac{A_{i+1}-A_i}{\Delta x}-\frac{1}{2}\left(\frac{Q_{i+1}}{A_{i+1}}+\frac{Q_i}{A_i}\right)\sin\alpha=0$$

整理上式得到如下形式：

$$A_{i1}\Delta H_i+B_{i1}\Delta H_{i+1}+C_{i1}\Delta Q_i+D_{i1}\Delta Q_{i+1}+E_{i1}=0 \tag{3.79}$$

式中

$$A_{i1}=1-\theta\frac{\Delta t}{\Delta x}\left(\frac{Q_{i+1}}{A_{i+1}}+\frac{Q_i}{A_i}\right),\quad B_{i1}=1+\theta\frac{\Delta t}{\Delta x}\left(\frac{Q_{i+1}}{A_{i+1}}+\frac{Q_i}{A_i}\right)$$

$$C_{i1}=-\frac{a^2}{gA_i}\frac{2\theta\Delta t}{\Delta x},\quad D_{i1}=\frac{a^2}{gA_{i+1}}\frac{2\theta\Delta t}{\Delta x}$$

$$E_{i1}=\frac{\Delta t}{\Delta x}\left(\frac{Q_{i+1}}{A_{i+1}}+\frac{Q_i}{A_i}\right)(H_{i+1}-H_i)+\frac{a^2}{g}\frac{2\Delta t}{\Delta x}\left(\frac{Q_{i+1}}{A_{i+1}}-\frac{Q_i}{A_i}\right)$$

$$+\frac{a^2}{g}\frac{\Delta t}{\Delta x}\left(\frac{Q_{i+1}}{A_{i+1}^2}+\frac{Q_i}{A_i^2}\right)(A_{i+1}-A_i)-\Delta t\left(\frac{Q_{i+1}}{A_{i+1}}+\frac{Q_i}{A_i}\right)\sin\alpha$$

同样，将式(3.77)离散可得

$$g\left(\theta\frac{\Delta H_{i+1}-\Delta H_i}{\Delta x}+\frac{H_{i+1}-H_i}{\Delta x}\right)+\frac{1}{2}\left(\frac{Q_{i+1}}{A_{i+1}}+\frac{Q_i}{A_i}\right)\left(\theta\frac{\dfrac{\Delta Q_{i+1}}{A_{i+1}}-\dfrac{\Delta Q_i}{A_i}}{\Delta x}+\frac{\dfrac{Q_{i+1}}{A_{i+1}}-\dfrac{Q_i}{A_i}}{\Delta x}\right)$$

$$+\frac{1}{2\Delta t}\left(\frac{\Delta Q_{i+1}}{A_{i+1}}+\frac{\Delta Q_i}{A_i}\right)+\frac{g}{2}\left(\frac{Q_i|Q_i|}{K_i^2}+\frac{Q_{i+1}|Q_{i+1}|}{K_{i+1}^2}\right)=0$$

式中：$K_i = A_i C_i \sqrt{R_i} = \dfrac{1}{n}\dfrac{A_i^{5/3}}{S_i^{2/3}}$。

整理上式得到如下形式：

$$A_{i2}\Delta H_i + B_{i2}\Delta H_{i+1} + C_{i2}\Delta Q_i + D_{i2}\Delta Q_{i+1} + E_{i2} = 0 \tag{3.80}$$

式中

$$A_{i2} = -g\frac{\theta\Delta t}{\Delta x},\quad B_{i2} = g\frac{\theta\Delta t}{\Delta x}$$

$$C_{i2} = \frac{1}{2A_i}\left[1 - \frac{\theta\Delta t}{\Delta x}\left(\frac{Q_{i+1}}{A_{i+1}} + \frac{Q_i}{A_i}\right)\right],\quad D_{i2} = \frac{1}{2A_{i+1}}\left[1 + \frac{\theta\Delta t}{\Delta x}\left(\frac{Q_{i+1}}{A_{i+1}} + \frac{Q_i}{A_i}\right)\right]$$

$$E_{i2} = \frac{\Delta t}{2\Delta x}\left(\frac{Q_{i+1}^2}{A_{i+1}^2} - \frac{Q_i^2}{A_i^2}\right) + g\frac{\Delta t}{\Delta x}(H_{i+1} - H_i) + \frac{g\Delta t}{2}\left(\frac{Q_i|Q_i|}{K_i^2} + \frac{Q_{i+1}|Q_{i+1}|}{K_{i+1}^2}\right)$$

3.3.2　明渠非恒定流的隐格式差分方程

明渠非恒定流基本方程的守恒形式如下。

连续性方程：

$$B\frac{\partial H}{\partial t} + B\frac{Q}{A}\frac{\partial H}{\partial x} + \frac{Q}{A}\left(\frac{\partial A}{\partial x}\right)_h + A\frac{\partial}{\partial x}\left(\frac{Q}{A}\right) = 0 \tag{3.81}$$

动量方程：

$$\frac{\partial}{\partial t}\left(\frac{Q}{A}\right) + \frac{Q}{A}\frac{\partial}{\partial x}\left(\frac{Q}{A}\right) + g\frac{\partial H}{\partial x} = gS_x - g\frac{Q|Q|}{A^2C^2R} \tag{3.82}$$

式中：H 为水位；Q 为流量；A 为过水断面面积；B 为水面宽度；R 为水力半径；C 为谢才系数；$\left(\dfrac{\partial A}{\partial x}\right)_h$ 表示水深不变时，过水断面面积 A 随沿渠长的水平距离 x 的变化率。对于棱柱形河槽，它等于零。

对于连续方程(3.81)采用 Preissmann 四点中心差分格式进行离散化，得

$$\left(\frac{B_i + B_{i+1}}{2}\right)\left(\frac{\Delta H_{i+1} + \Delta H_i}{2\Delta t}\right) + \frac{1}{2}\left(\frac{B_i + B_{i+1}}{2}\right)\left(\frac{Q_{i+1}}{A_{i+1}} + \frac{Q_i}{A_i}\right)\left(\theta\frac{\Delta H_{i+1} - \Delta H_i}{\Delta x} + \frac{H_{i+1} - H_i}{\Delta x}\right)$$
$$+ \frac{A_{i+1} - A_i}{2\Delta x}\left(\frac{Q_{i+1}}{A_{i+1}} + \frac{Q_i}{A_i}\right) + \frac{A_{i+1} + A_i}{2}\left(\theta\frac{\dfrac{\Delta Q_{i+1}}{A_{i+1}} - \dfrac{\Delta Q_i}{A_i}}{\Delta x} + \frac{\dfrac{Q_{i+1}}{A_{i+1}} - \dfrac{Q_i}{A_i}}{\Delta x}\right) = 0$$

式中：θ 为隐格式加权系数。

整理上式得到如下形式：

$$A_{i1}\Delta H_i + B_{i1}\Delta H_{i+1} + C_{i1}\Delta Q_i + D_{i1}\Delta Q_{i+1} + E_{i1} = 0 \tag{3.83}$$

式中

$$A_{i1} = \frac{B_i + B_{i+1}}{4}\left[1 - \theta\frac{\Delta t}{\Delta x}\left(\frac{Q_{i+1}}{A_{i+1}} + \frac{Q_i}{A_i}\right)\right],\quad B_{i1} = \frac{B_i + B_{i+1}}{4}\left[1 + \theta\frac{\Delta t}{\Delta x}\left(\frac{Q_{i+1}}{A_{i+1}} + \frac{Q_i}{A_i}\right)\right]$$

$$C_{i1} = -\theta\frac{\Delta t}{\Delta x}\left(\frac{A_{i+1} + A_i}{2A_i}\right),\quad D_{i1} = \theta\frac{\Delta t}{\Delta x}\left(\frac{A_{i+1} + A_i}{2A_{i+1}}\right)$$

$$E_{i1} = \frac{\Delta t}{\Delta x}\frac{B_i + B_{i+1}}{4}(H_{i+1} - H_i)\left(\frac{Q_{i+1}}{A_{i+1}} + \frac{Q_i}{A_i}\right) + \frac{\Delta t}{\Delta x}\frac{A_{i+1} - A_i}{2}\left(\frac{Q_{i+1}}{A_{i+1}} + \frac{Q_i}{A_i}\right) +$$
$$\frac{\Delta t}{\Delta x}\frac{A_{i+1} + A_i}{2}\left(\frac{Q_{i+1}}{A_{i+1}} + \frac{Q_i}{A_i}\right)$$

同样，将动量方程式(3.82)离散可得

$$\frac{1}{2\Delta t}\left(\frac{\Delta Q_{i+1}}{A_{i+1}}+\frac{\Delta Q_i}{A_i}\right)+\frac{1}{2}\left(\frac{Q_{i+1}}{A_{i+1}}+\frac{Q_i}{A_i}\right)\left(\theta\frac{\frac{\Delta Q_{i+1}}{A_{i+1}}-\frac{\Delta Q_i}{A_i}}{\Delta x}+\frac{\frac{Q_{i+1}}{A_{i+1}}-\frac{Q_i}{A_i}}{\Delta x}\right)$$

$$+g\left(\theta\frac{\Delta H_{i+1}-\Delta H_i}{\Delta x}+\frac{H_{i+1}-H_i}{\Delta x}\right)=gS_x-\frac{g}{2}\left(\frac{Q_i|Q_i|}{K_i^2}+\frac{Q_{i+1}|Q_{i+1}|}{K_{i+1}^2}\right)$$

式中：$K_i=A_iC_i\sqrt{R_i}=\frac{1}{n}\frac{A_i^{5/3}}{S_i^{2/3}}$。

整理上式，得到如下形式：

$$A_{i2}\Delta H_i+B_{i2}\Delta H_{i+1}+C_{i2}\Delta Q_i+D_{i2}\Delta Q_{i+1}+E_{i2}=0 \tag{3.84}$$

式中

$$A_{i2}=-g\frac{\theta\Delta t}{\Delta x},\quad B_{i2}=g\frac{\theta\Delta t}{\Delta x}$$

$$C_{i2}=\frac{1}{2A_i}\left[1-\frac{\theta\Delta t}{\Delta x}\left(\frac{Q_{i+1}}{A_{i+1}}+\frac{Q_i}{A_i}\right)\right],\quad D_{i2}=\frac{1}{2A_{i+1}}\left[1+\frac{\theta\Delta t}{\Delta x}\left(\frac{Q_{i+1}}{A_{i+1}}+\frac{Q_i}{A_i}\right)\right]$$

$$E_{i2}=\frac{\Delta t}{2\Delta x}\left(\frac{Q_{i+1}^2}{A_{i+1}^2}-\frac{Q_i^2}{A_i^2}\right)+g\frac{\Delta t}{\Delta x}(H_{i+1}-H_i)-g\Delta tS_x+\frac{g\Delta t}{2}\left(\frac{Q_i|Q_i|}{K_i^2}+\frac{Q_{i+1}|Q_{i+1}|}{K_{i+1}^2}\right)$$

3.3.3 求解隐式差分方程(包括管道和明渠非恒定流)的追赶法

将方程式(3.79)或式(3.83)和式(3.80)或式(3.84)改写为

$$A_1\Delta H_{i+1}+B_1\Delta Q_{i+1}=C_1\Delta H_i+D_1\Delta Q_i+F_1 \tag{3.85}$$

$$A_2\Delta H_{i+1}+B_2\Delta Q_{i+1}=C_2\Delta H_i+D_2\Delta Q_i+F_2 \tag{3.86}$$

式(3.85)和式(3.86)中有4个待求未知增量 ΔH_i、ΔQ_i、ΔH_{i+1}、ΔQ_{i+1}，对于1个计算网格段，方程是不封闭的，但就全管段而言，$n+1$ 个断面共有 $2(n+1)$ 个未知数，n 个网格段共有 $2n$ 个方程，再由上下游边界条件补充2个方程，共有 $2(n+1)$ 个方程，联立求解就可得出全管段的测压管水头或者水位和过流流量的增量。

由追赶法可知，对于采用隐式差分方法求解的管段而言，其内部各计算断面存在如下递推关系：

$$\Delta Q_i=EE_i\Delta H_i+FF_i \tag{3.87}$$

$$\Delta H_i=L_i\Delta H_{i+1}+M_i\Delta Q_{i+1}+N_i \tag{3.88}$$

式中

$$L_i=A_1/(C_1+D_1EE_i)$$

$$M_i=B_1/(C_1+D_1EE_i)$$

$$N_i=-(D_1FF_i+F_1)/(C_1+D_1EE_i)$$

$$EE_i=\frac{-A_1(C_2+D_2EE_{i-1})+A_2(C_1+D_1EE_{i-1})}{B_1(C_2+D_2EE_{i-1})-B_2(C_1+D_1EE_{i-1})}$$

$$FF_i=\frac{(D_1FF_{i-1}+F_1)(C_2+D_2EE_{i-1})-(D_2FF_{i-1}+F_2)(C_1+D_1EE_{i-1})}{B_1(C_2+D_2EE_{i-1})-B_2(C_1+D_1EE_{i-1})}$$

式(3.87)和式(3.88)中各系数只与前时刻的各节点的函数值 H_i、Q_i 有关，是已知的。

这样，断面 i 上的 EE_i、FF_i 仅依赖于前断面的 EE_{i-1}、FF_{i-1}，如果上游边界 $i=1$ 上的 EE_1、FF_1 已知，就可以计算出 EE_2、FF_2，然后依次推算出所有的 EE_i、FF_i。另外，L_i、M_i、N_i 取决于 EE_i 和 FF_i，这样，一旦 EE_i 和 FF_i 计算出来，就可以计算出各断面的 L_i、M_i、N_i。整个计算过程是先利用上游边界确定 EE_1、FF_1，然后依次推算出各断面的 EE_i、FF_i、L_i、M_i、N_i，这样可以得出最后一个断面的 EE_{n+1}、FF_{n+1}，这一过程称为追赶法中的前扫描。

由式(3.87)得到如下关系式：

$$\Delta Q_{n+1}=EE_{n+1}\Delta H_{n+1}+FF_{n+1} \tag{3.89}$$

联立下游边界的方程 $f(\Delta Q,\Delta H)=0$ 可以求出最后一个断面的 ΔQ_{n+1}、ΔH_{n+1}。然后可以利用式(3.88)求出 ΔH_n，再由式(3.87)求出 ΔQ_n，以此递推，便可以求解所有断面的 ΔQ_i 和 ΔH_i，这一过程从下游向上游进行，称为后扫描。

3.4　显式与隐式有限差分法联合求解——广义特征线法

显式有限差分法求解简单，便于处理非线性的边界条件，但必须满足库朗稳定条件，适用于处理长棱柱体有压管道非恒定流。而隐式有限差分法无条件收敛，适用于处理非棱柱体管道、短管、明渠、涵洞等非恒定流的模拟，但求解复杂，不易处理非线性的边界条件。为此，综合显式与隐式有限差分法的优点，建立广义特征线法。广义特征线法基本思路是：由显式管道(简称显管道)末断面 C^+ 方程或者首断面 C^- 方程作为隐式管道(简称隐管道)首断面或者末断面的补充边界条件，采用追赶法前扫描将隐式管道的矩阵方程(递推方程)转换为广义的特征方程 C^- 或 C^+，然后与其相邻的显管道(C^+)或隐管道(C^-)方程联立求解，并通过后扫描得到隐管道内各个断面的待求量[6]。

以追赶法为基础，提出基本解法、局部迭代解法、分层求解三种方法满足不同管道系统的布置形式及显隐格式管道的划分特性，用简单的方法实现了隐格式管网矩阵方程求解[7,8]。

3.4.1　基本解法

首先考虑最简单的情况，图 3.20 为显管道 1 和显管道 3 之间存在隐管道 2，假设显管道与隐管道交接断面的水头和流量相等，于是在显管道 1 与隐管道 2 的节点处可列出显管道 1 末断面 C^+ 方程，连续性方程和能量方程如式(3.90)～式(3.92)所示。

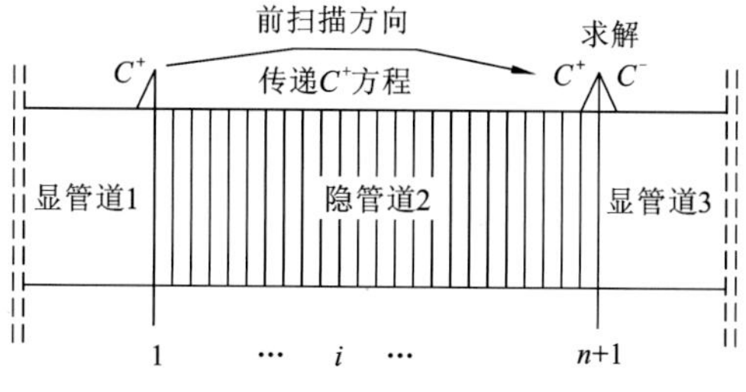

图 3.20　显隐格式计算边界

$$Q_{1,n+1}=Q_{CP}-C_{QP}H_{1,n+1} \tag{3.90}$$

$$Q_{1,n+1}=Q_{2,1} \tag{3.91}$$

$$H_{1,n+1}=H_{2,1} \tag{3.92}$$

式中：Q 表示流量；H 表示水头；下标$(1,n+1)$和$(2,1)$表示显管道1末断面和隐管道2首断面；ζ为局部水头损失系数，流量为正时取正，反之取负。

将流量和水头改写成增量形式，联立式(3.90)～式(3.92)可得到隐管道2首断面的流量和水头增量关系式：

$$\Delta Q_{2,1}=EE_{2,1}\Delta H_{2,1}+FF_{2,1} \tag{3.93}$$

式中：系数 $EE_{2,1}$ 和 $FF_{2,1}$ 为与前一时刻流量、水头、断面尺寸等有关的量，为已知值。式(3.93)即为隐管道2首断面的边界条件，将其代入方程(3.87)，最终得到隐管道2末断面的水头和流量的关系式：

$$\Delta Q_{2,n+1}=EE_{2,n+1}\Delta H_{2,n+1}+FF_{2,n+1} \tag{3.94}$$

将式(3.94)写成以全量表示的形式：

$$Q_{2,n+1}=Q_{CP}-C_{QP}H_{2,n+1} \tag{3.95}$$

式中

$$Q_{CP}=Q_{2,n+1}^{0}+FF_{2,n+1}-EE_{2,n+1}H_{2,n+1}^{0}$$

$$C_{QP}=-EE_{2,n+1}$$

上标“0”表示上一时刻的量。

对于管道3的首断面，存在式(3.96)所示的 C^{-} 方程：

$$Q_{3,1}=Q_{CM}+C_{QM}H_{3,1} \tag{3.96}$$

联立式(3.95)与式(3.96)可以求得管道2末断面的水头和流量，再通过后扫描的过程可以得到所有断面的水头和流量。

通过追赶法前扫描将隐管道首断面的边界条件(C^{+}方程)传递到了末断面，形成广义的特征方程。联立式(3.96)与隐管道末断面的边界条件(C^{-}方程)可求得末断面的 $\Delta H_{2,n+1}$ 和 $\Delta Q_{2,n+1}$，通过后扫描过程可以得到所有断面的水头和流量。

前扫描和后扫描与水流的方向无关。因此，对于图3.21所示的调压室或机组，前后管道均为隐格式的情况，由调压室或机组上游侧管道自上游向下游进行前扫描，形成广义的特征方程 C^{+}；同理，下游侧管道自下游往上游进行前扫描，形成广义的特征方程 C^{-}；联立 C^{+}、C^{-} 和调压室或机组节点的其他方程求解，然后通过后扫描过程得到隐管道各个断面的流量和水头。

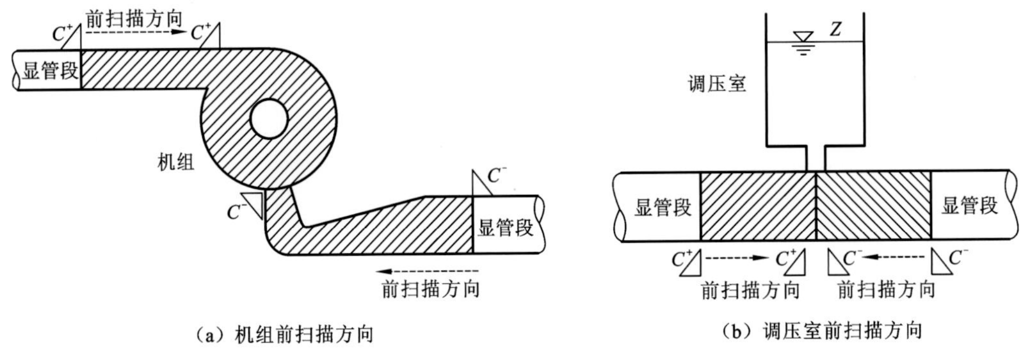

图3.21 机组与调压室的前扫描方向

当前扫描的过程从管道的末断面向首断面进行时，其内部各计算断面的递推关系如下：

$$\Delta Q_i = EE_{i+1}\Delta H_i + FF_i \tag{3.97}$$

$$\Delta H_{i+1} = L_{i+1}\Delta H_i + M_{i+1}\Delta Q_i + N_{i+1} \tag{3.98}$$

式中

$$EE_{i+1} = \frac{C_2(A_1 + B_1 EE_{i+2}) - C_1(A_2 + B_2 EE_{i+2})}{D_1(A_2 + B_2 EE_{i+2}) - D_2(A_1 + B_1 EE_{i+2})}$$

$$FF_{i+1} = \frac{(-F_1 + B_1 FF_{i+2})(A_2 + B_2 EE_{i+2}) + (F_2 - B_2 FF_{i+2})(A_1 + B_1 EE_{i+2})}{D_1(A_2 + B_2 EE_{i+2}) - D_2(A_1 + B_1 EE_{i+2})}$$

$$L_{i+1} = \frac{C_1}{A_1 + B_1 EE_{i+1}}$$

$$M_{i+1} = \frac{D_1}{A_1 + B_1 EE_{i+1}}$$

$$N_{i+1} = \frac{F_1 - B_1 FF_{i+1}}{A_1 + B_1 EE_{i+1}}$$

当隐格式管道的上游或者下游是显格式计算管道时，可以将特征线法的 C^+ 或 C^- 方程转换为隐格式首断面或末断面的前扫描方程，当隐格式管道与其他边界连接时，同样可以得到首断面或末断面的前扫描方程。

如当隐格式管道与上游水库或者水池相连时，隐格式首断面的流量与水位存在如下表达关系式：

$$H_{P,1} = H_u \mp \frac{Q_{P,1}^2}{2gA_1^2} - \zeta \frac{Q_{P,1}|Q_{P,1}|}{2gA_1^2} \tag{3.99}$$

采用泰勒级数将式(3.99)做一阶近似，可得到以增量形式的表达式：

$$\Delta Q_1 = \frac{gA_1^2}{\mp Q_{0,1} - \zeta|Q_{0,1}|}\Delta H_1 + \frac{\zeta Q_{0,1}|Q_{0,1}| \pm Q_{0,1}^2 - 2gA_1^2 H_u}{\mp 2Q_{0,1} - 2\zeta|Q_{0,1}|} \tag{3.100}$$

式(3.100)即为隐格式首断面的前扫描方程，值得注意的一种情况是，当可以忽略节点的流速水头和局部水头损失，式(3.100)右边第一项的系数无法得出，即不能得到首断面的前扫描方程，此时，联立 $H_{P,1} = H_u$ 与式(3.85)和式(3.86)，可以得到隐格式管道第二个断面的水头和流量的线性关系式，即为前扫描方程。

3.4.2　迭代解法

上述的显格式与隐格式联立求解的基本方法，其前提条件是：隐管道必须与显管道相间隔。但水电站管道系统布置有时无法形成相间隔的显管道，如图 3.22 所示，即两个节点之间的管道很短或为非棱柱体，只能定义为隐管道。为此，本书提出局部迭代求解法，即对两个节点中非管道上的任一待求量进行假定，并通过该节点的其他边界条件，推导跨越该节点的广义特征方程 C^+ 或者 C^-。然后运用显格式与隐格式联立求解的基本方法求解另一个节点。通过后扫描求得各个断面的水头、流量及节点待求量，通过与假设值对比迭代直至满足精度要求。

以图 3.22(c)为例说明局部迭代求解的过程。

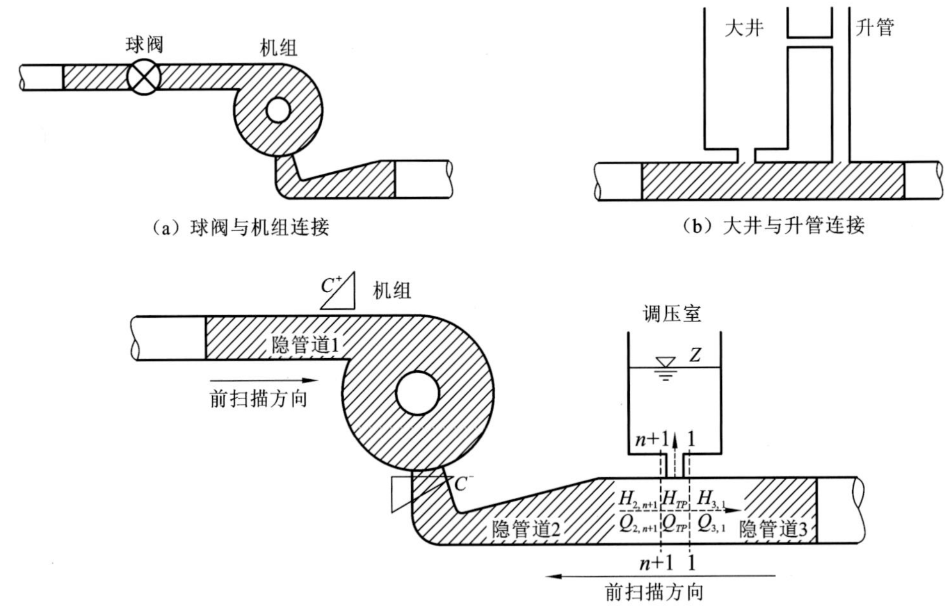

(a) 球阀与机组连接　　(b) 大井与升管连接

(c) 机组与调压室连接

图 3.22　隐管段连接两个含有待求量节点

由于调压室的边界条件比机组边界条件相对简单，因此将非管道上的流入调压室的流量 Q_{TP} 作为迭代对象。忽略管道及调压室中的流速水头和水头损失，调压室边界条件为

$$Q_{2,n}=Q_{3,1}+Q_{TP} \tag{3.101}$$

$$H_{2,n}=H_{3,1}+H_{TP} \tag{3.102}$$

$$H_{TP}=Z-ZZ2+\zeta_T Q_{TP}\left|Q_{TP}\right| \tag{3.103}$$

$$Z=Z_{-\Delta t}+\left(Q_{TP-\Delta t}+\frac{\Delta Q_{TP}}{2}\right)\frac{\Delta t}{F} \tag{3.104}$$

式中：F、Z、ζ_T 分别为调压室面积、水位和阻抗损失系数；Q 和 H 为各个断面的水头和流量；$ZZ2$ 为测压管基准高程；ΔQ_{TP} 为流入调压室流量的增量；脚标 $-\Delta t$ 表示前一时刻的量。

设自下游往上游进行前扫描得到的 1—1 断面的广义特征方程如下：

$$\Delta Q_{3,1}=EE_{3,1}\Delta H_{3,1}+FF_{3,1} \tag{3.105}$$

将式(3.101)和式(3.102)代入式(3.105)，可得到隐管道 2 末断面广义特征方程：

$$\Delta Q_{2,n}=EE_{3,1}\Delta H_{2,n}+FF_{3,1}+\Delta Q_{TP} \tag{3.106}$$

由式(3.106)可以看出，$n-n$ 断面的 $EE_{2,n}=EE_{3,1}$，$FF_{2,n}=FF_{3,1}+\Delta Q_{TP}$。因此，需要假定流入调压室流量的增量 ΔQ_{TP} 为已知值，才能继续向上游前扫描，得到机组后断面等价的 C^- 方程。机组前的管道由上游往下游前扫描得到机组前断面的等价的 C^+，联立 C^+/C^- 方程与机组内部边界条件可求得机组参数及其前后断面的水头和流量，通过后扫描过程可求得所有管道及节点的待求量。

计由追赶法求得的 $n+1$ 断面的水头为 $S-H_{2,n+1}$（符号 S 表示由扫描法求得的结果），同时把假设的 ΔQ_{TP} 代入调压室边界条件，亦可求得调压室岔管处的水头，记为 $T-H_{TP}$（符号 T 表示由调压室内边界求得的结果），如果 ΔQ_{TP} 假设正确，则 $S-H_{2,n+1}=T-H_{TP}$，如不等，则需要通过求解调压室边界条件重新修正迭代值 ΔQ_{TP} 进行计算，直到满足精度要求，图 3.23 为程序框图。

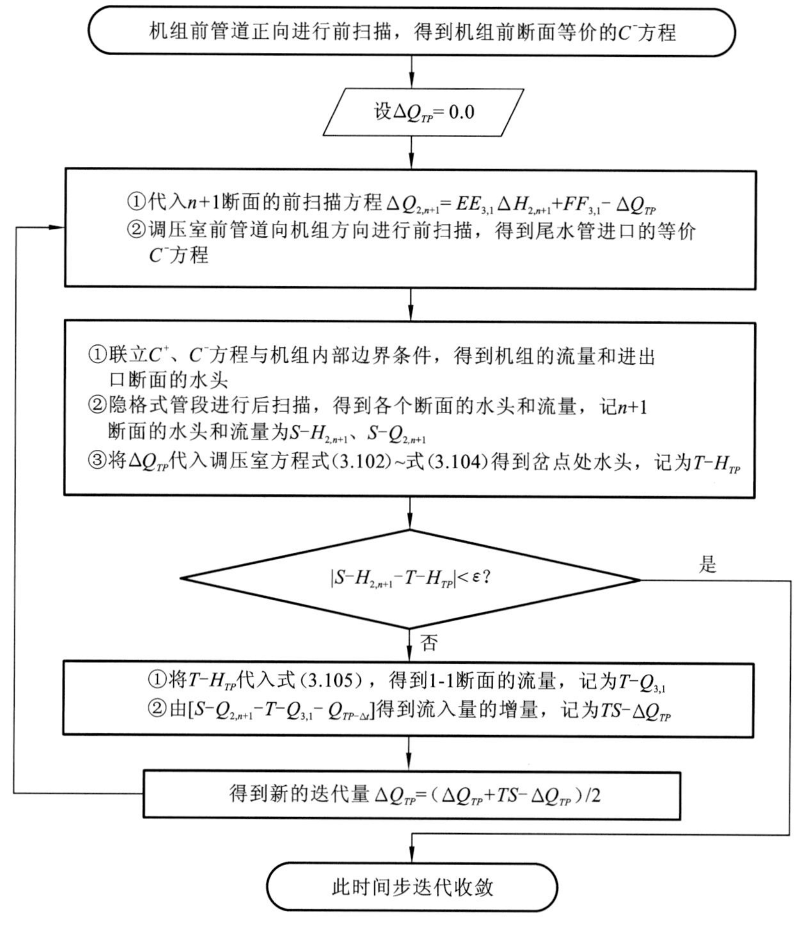

图 3.23　局部迭代法程序框图

3.4.3　管网的分层求解法

在管网一维非恒定流有限差分离散的线性方程组的解法中，追赶法具有存储空间小、计算收敛速度快等优点。但其具有很强的全局有向性，在管道系统较为复杂时，其编码困难。“分层并行解法”根据管道的拓扑关系，确定追赶法中前扫描管道的顺序和方向，将复杂的隐管道组成的管网矩阵方程的求解化简为按特定顺序采用基本方法的求解。

分层并行解法根据追赶法中前后扫描的特点，把整个隐格式计算的管网分为若干计算层，前扫描按层号从小到大的顺序进行（层号大的前扫描依赖于层号小的前扫描结果），后扫描按层号从大到小的顺序进行（层号小的后扫描依赖于层号大的后扫描结果），同层号管道的计算不分顺序并列进行。

如图 3.24 所示的岔管，由于各管道均较短，所以 A、B、C、D、E、F、G 段均采用隐格式求解。在含有岔点管道的前扫描过程中，前扫描的过程不能由一向多管道传递，只能由多向一方向推进。如岔点Ⅰ连接了 A、B、C 三管道，前扫描过程不能从 A 同时扫描到 B 和 E，因为此时岔点处隐含 B、E 管道的流量分配关系，但可由管道 A 和 E（或 A 和 B 或 B 和 E）共同向管道 B（或 E 或 A）方向进行前扫描。对于图 3.24 所示的隐格式管道系统，采用追赶法进行求解时，采用不同的前扫描方向可将前扫描的结果集中在 8 个节点中（3 个岔点：Ⅰ、Ⅱ、Ⅲ；5 个串点：①、②、③、④、⑤）的任意一个求解。

对于岔管，本书采用的分层规则为前扫描方向都由支管逐步汇聚向上一层主管，等同分叉树的形状，如图 3.25 所示，树根处层号最大，连接同一树杈的支管层号相同，前扫描方向由树叶到树根，后扫描方向由树根到树叶。

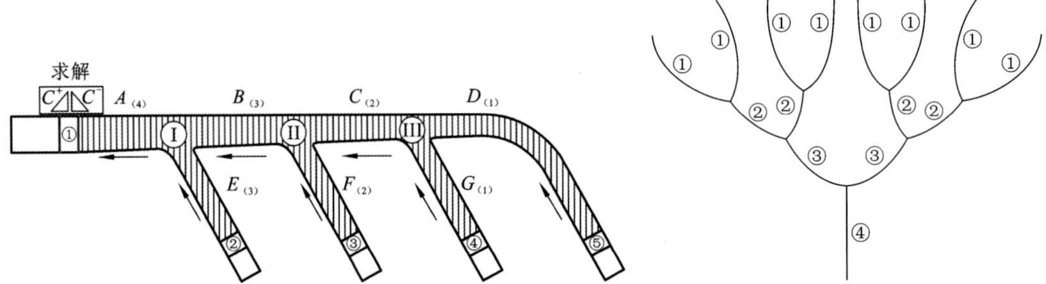

图 3.24 管道分层及求解顺序

图 3.25 管道分层规则

根据图 3.25 所示的分层规则，以上岔管的分层及前扫描顺序如图 3.24（括号内数字表示各管道的计算层号，箭头表示各管道前扫描的方向）。在前扫描过程中，先计算第一层管道 D、G 各断面的 EE、FF、L、M、N 值，第二层管道 C 的末断面的 EE、FF 值就可以根据管道 D、G 的前扫描结果及岔点边界条件计算得出，依次逐层扫描，最终的前扫描结果为在节点①处 A 管道首断面等价的 C^- 方程，再联立显管段末断面的 C^+ 方程，可解得节点①处的水头和流量，然后再按号从大到小的顺序进行后扫描，可求得所有管道各个断面的水头和流量，平行管道（层号相等）的后扫描过程不相互影响，可同时进行。

3.4.4 广义特征线法的运用

1. 短管

特征线法为了满足库朗稳定条件，时间步长的选取受到限制，如当要求空间步长很小时，时间步长只能取得很小，增加计算时间；当时间步长稍微取大时，容易产生短管问题，短管一方面来源于较长管道划分整数网格后剩下的管道，另一方面由于引水发电系统中有些水力机械节点之间的管道本身就很短，如蜗壳前阀门至蜗壳的管道，差动式调压室大井与升管之间的连接管道等，对于图 3.26 所示的管道②为一短管，利用隐格式空间与时间步长独立的特点对短管划分网格计算，其他较长的管道采用显格式进行计算。

2. 非棱柱体管道

对于变截面的管道，为了使基于特征线法的计算简化，常常采用当量管道来代替非棱柱体管道，但当量后改变了管道内水体的惯性分布，对于计算结果产生影响。例如，对于一个锥形的管道，无论渐缩的还是渐扩的，当量以后的尺寸都是一样的，因此无论按照动量相等还是质量相等的等价方法都不能在计算时反映出管道的渐变特性。

利用隐格式在不减短时间步长的前提下加密网格，而且在水击方程中考虑管道面积随轴线的变化率，便于处理非棱柱体管道。因此，对于图3.27所示的管道中含有短管的情况，采用广义特征线法对其计算，短管部分采用隐格式计算，其他部分采用显格式计算。

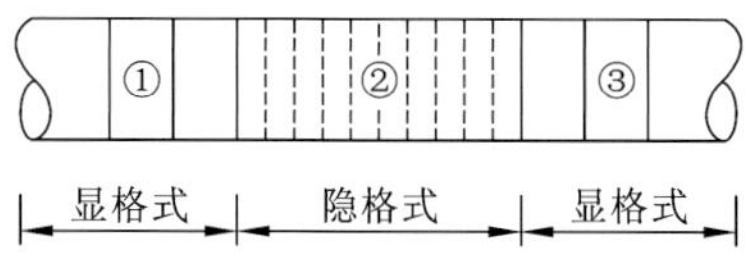

图3.26　广义特征线法用于短管的计算

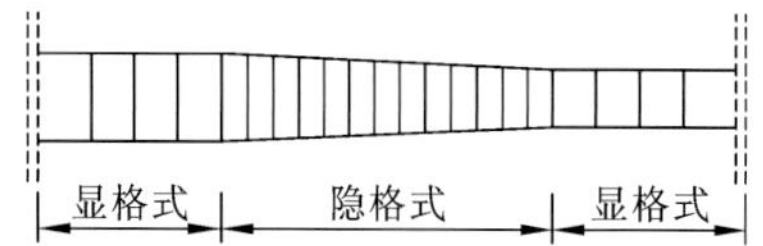

图3.27　广义特征线法用于非棱柱体的计算

3. 计及水流惯性的调压室水位波动

在水电站过渡过程的一维计算中，往往不考虑调压室内的水流惯性，这是由于当调压室面积较大时，调压室内垂直方向的速度不大，水流惯性影响很小，简化处理后便于计算。而对于一些高水头电站和抽水蓄能电站，调压室面积较小或者需要很长的面积较小的连接管连接压力管道和调压室大井，调压室内水流惯性就不能不考虑。

如图3.28所示的调压室及管道，上下游管道采用特征线法求解，将调压室管道化，采用隐格式离散后求解。当不考虑调压室内水流的弹性和惯性时，假定室内水压符合静水压力分布，不需要划分网格和跟踪水位波动面。而管道化后的调压室由网格计算各个断面的水头和流量，需要根据调压室水位波动调整网格的数量和大小，以此来实现对水位波动面的动态追踪。

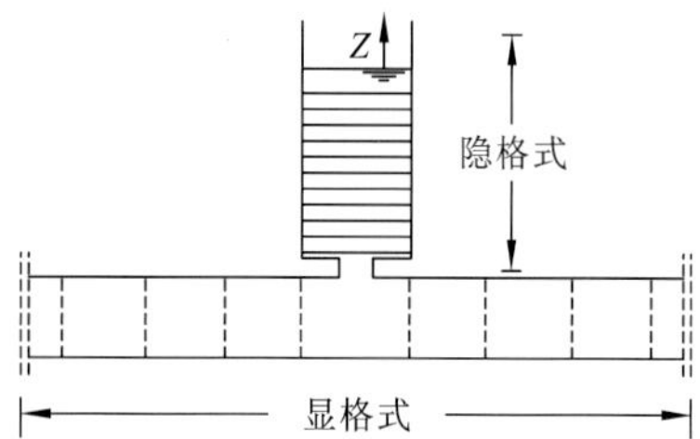

图3.28　广义特征线法用于调压室水位波动的计算

4. 明满流尾水系统

对于图3.29所示的含有导流洞结合尾水洞或含有变顶高尾水洞的水电站，当下游尾水位低于尾水洞出口洞顶高程时，洞内将会出现明满交替流的状态，为了能够在每个计算时刻都能够精确地捕捉到明流与满流的分界面，需要将尾水隧洞的网格划分得很小，因此可以在不减小时间步长的情况下，明满流尾水隧洞采用隐格式差分法求解，划分空间步长较密的网格采用虚拟狭缝法精确捕捉明满流分界面，而其他棱柱体有压管道采用显格式差分法。

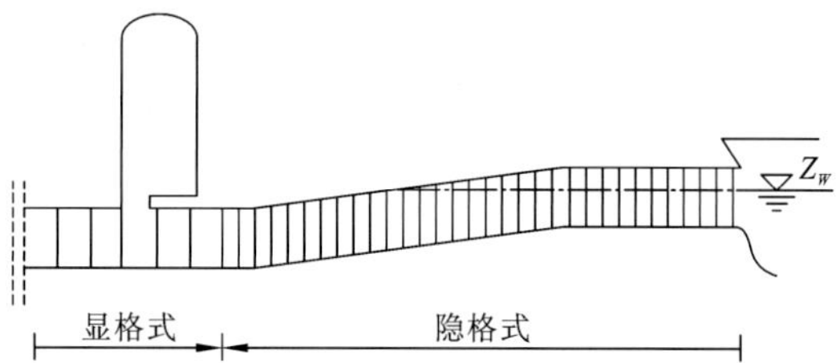

图3.29　广义特征线法用于明满流尾水系统的计算

以上所述的广义特征线法综合了显格式计算速度快、边界条件处理简单和隐格式适于短管及非棱柱体管道的优点，根据隐格式管网的布置特点，从三个层次处理了显隐格式联合时节点及管道内部面的求解。

(1) 基本的求解方法以特征线法思想为基础，将边界条件通过隐格式管传递，集中在某一节点处求解，其局限性为隐格式单管道与显格式管道交替连接。

(2) 局部迭代法适用于隐格式管道中含有多个带未知参数的节点，通过假设未知量，延扩了追赶法的适用范围。

(3) 分层求解法针对复杂的隐格式管网，通过自动分层求解的方法避免了求解非线性矩阵方程。

三种方法相互补充，对于管网输送系统过渡过程和大型河网系统非恒定流计算都具有实用意义。

参考文献

[1] 吴荣樵，陈鉴治. 水电站水力过渡过程[M]. 北京：中国水利水电出版社，1997.

[2] WYLIE E B. Advances in Use of MOC in Unsteady Pipeline Flow[C]. 4th Int. Conf. Pressure Surges, Bath, 1983.

[3] 麦赫默德 K，叶夫耶维奇 V. 明渠不恒定流（第一卷）[M]. 林秉南，等，译. 北京：水利电力出版社，1987.

[4] STREETER V L. Fluid Mechanics[M]. 2nd ed. New York：McGraw-Hill Book Co. Inc.，1958.

[5] ABBOT M B. Computational Hydraulics[M]. London：Pit man Publishing Ltd.，1979.

[6] WANG C，YANG J D. Water hammer simulation using explicit-implicit coupling methods[J]. ASCE J. Hydraul. Eng.，2015，141(4)：1-13.

[7] 王超，杨建东. 基于图形界面的管网非恒定流显-隐格式联合求解[J]. 水力发电学报，2014，33(4)：269-276.

[8] 王超，杨建东. 基于显格式与隐格式联合求解的管道系统非恒定流模拟[J]. 水动力学研究与进展，2013，28(6)：701-707.

第 4 章　动力装置瞬态分析——广义能量守恒

4.1　泵及输送系统的瞬态分析

4.1.1　泵的分类

泵是输送液体或使液体增压的流体机械。它将原动机的机械能或其他外部能量传送给液体，使液体能量增加。泵及输送系统主要用于输送水、油、酸碱液、乳化液、悬乳液和液态金属等液体，也可输送液、气混合物及含悬浮固体物的液体。

泵通常可按工作原理（或者对液体施加压力的方式）分为容积泵、叶片泵和其他类型泵三类。

容积泵：靠工作部件的运动造成工作容积周期性地增大和缩小而吸排液体，通过工作部件的挤压直接增加液体的压能。并且可根据工作部件运动方式的不同细分为往复泵和回转泵（也称为转子泵）两类。其输送类型为高压小流量。

叶片泵：靠叶轮带动液体高速旋转，将机械能传递给所输送的液体，增加液体的压能。并且可根据叶轮和流道结构特点的不同细分为离心泵、轴流泵、混流泵、旋涡泵等。其输送类型为低压大流量。

其他类型泵：如喷射式泵，靠工作液体产生的高速射流引射液体，然后再通过动量交换而使被引射液体的能量增加。电磁泵，利用磁场和导电流体中电流的相互作用，使流体受电磁力作用而产生压力梯度，从而推动流体运动的一种装置。实用中通常用于输送液态金属，所以又称液态金属电磁泵。

除按工作原理分类外，还可按其他方法分类和命名。例如，按驱动方法可分为电动泵、柴油机泵、水轮泵和气动隔膜泵等；按结构可分为单级泵和多级泵；按用途可分为增压泵、计量泵和真空泵等；按输送液体的性质可分为水泵、油泵和泥浆泵等。

对于输送系统瞬变过程，容积式泵工作方法使得整个系统产生周期流动或振荡流动，假如周期流的频率与输送系统结构的固有频率相同，将产生共振现象，危及输送系统的安全运行。因此，周期流得到了工程设计和瞬变流理论分析的极大关注，在第 5 章中将详细讲解周期流以及相应的分析方法。

电动机驱动的叶片泵，由于功率大、流量大、效率高，在工农业有关领域有着广泛的应用。且装配电动叶片泵的输送系统，其管线通常较长，液体流动的惯性较大，水击现象突出，同样危及输送系统的安全运行。因此，本节将重点讲解叶片泵的能量特性、相似律，泵机组的基本方程，泵及输送系统，泵启动、断电等引起的瞬变过程。

4.1.2　叶片泵的能量特性及相似律

1. 叶片泵的工作参数

叶片泵的能量特性通常由流量 Q、扬程 H、轴功率 N（轴转矩 M）、效率 $\eta_{泵}$ 和转速 n

等 5 个工作参数表示。工作参数之间函数表达式如下：

$$N=\frac{\gamma HQ}{\eta_{泵}} \tag{4.1}$$

式中：$\gamma=\rho g$ 称为液体的容重，即液体的密度 ρ 与重力加速度 g 的乘积。

若电动机的效率为 $\eta_{电动机}$，则电动机输入功率为

$$N_{电动机}=\frac{\gamma HQ}{\eta_{泵}\eta_{电动机}} \tag{4.2}$$

$$N=\omega M=\frac{2\pi n}{60}M \tag{4.3}$$

式中：ω 是角速度，rad/s；对于大中型电动叶片泵，泵主轴与电动机主轴是直接连接的，所以它们的转速是相同的，并需满足同步转速的要求，即 $f=pn/60$。其中，f 是电流频率 50 Hz，p 是电动机的磁极对数。

对于叶片泵，尽管可依据动量矩定律从理论上推导其基本方程（式(4.4)），但液体在有限个叶片转轮内流动状态（如转轮进口和出口的绝对速度 V_1、V_2 的大小与方向）、沿程及局部能量损失（η_h 叶片泵水力效率）是难以确定的。

$$\frac{H}{\eta_h}=\frac{1}{g}(V_1U_1\cos\alpha_1-V_2U_2\cos\alpha_2) \tag{4.4}$$

式中：$U_1=\frac{\pi nD_1}{60}$，$U_2=\frac{\pi nD_2}{60}$ 分别是转轮进口和出口的牵连速度；α 是绝对速度与牵连速度之间的夹角；D_1、D_2 分别是转轮进口和出口直径。

因此，至今为止，叶片泵的能量性能只能通过模型试验最终获取，以表征叶片泵 5 个工作参数之间的关系和变化规律。

2. 叶片泵的能量特性曲线

图 4.1、图 4.2 分别为离心泵和轴流泵的能量性能曲线图[1]，每幅图中均有 3 条性能曲线，它们分别是 $Q\sim H$ 特性曲线、$Q\sim\eta_{泵}$ 特性曲线和 $Q\sim N$ 特性曲线。分析上述特性曲线，可以得到以下结论。

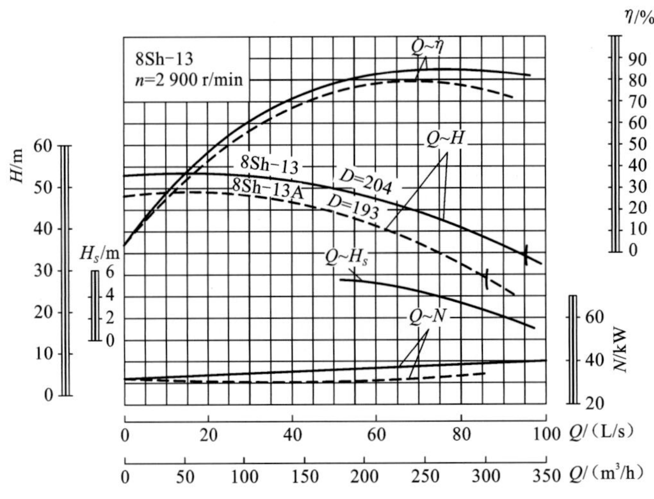

图 4.1 离心泵的能量性能曲线

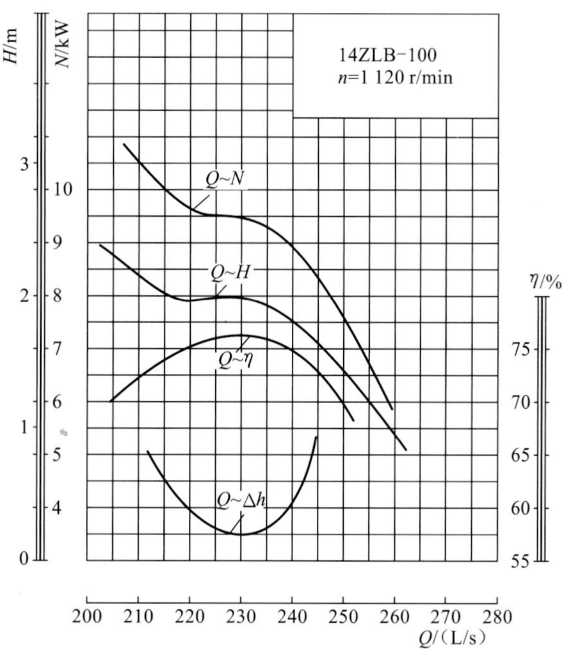

图 4.2　轴流泵的能量性能曲线

(1) 叶片泵的扬程曲线均为下降曲线,而离心泵下降较缓,轴流泵下降较陡。并且大多数轴流泵在流量为设计流量的 40%～60%时,下降规律从上凹曲线转变为下凹曲线,即同一扬程对应多个流量。为了防止轴流泵运行不稳定,要求工况点避开该转变区域,即驼峰区。混流泵扬程曲线的陡缓程度介于轴流泵和离心泵之间。

(2) 离心泵的功率曲线随着流量的增加而上升,零流量的功率比设计流量的功率(高效率区的功率)小很多;轴流泵的功率曲线与离心泵相反,功率随流量的减小而增加,零流量时功率到达最大值,是额定功率的 2 倍左右;混流泵的功率曲线平坦,流量变化时功率几乎不变,零流量时功率增加也很少。

(3) 叶片泵的效率曲线变化趋势为:流量由小到大,效率由低到高再到低。离心泵、混流泵的效率曲线在最高效率点两侧变化平缓,高效率范围较宽,有利于进行流量调节;而轴流泵的效率曲线在最高效率点两侧下降较陡,高效率范围较窄,不利于进行流量调节。

3. 叶片泵的全特性曲线

上述的叶片泵的能量特性是正常运转条件下的性能曲线,所谓正常是指:转速不变、转动方向不变,液体从泵的进口流向出口,出口侧能量大于进口侧能量,电动机向叶片泵主轴输入功率。

但在某些特殊情况下,如断电,叶片泵有可能在反常条件下运转,导致流量 Q、扬程 H、轴转矩 M 和转速 n 等 4 个工作参数中的一个或者几个的大小和方向发生改变。图 4.3 是以流量为横坐标、转速为纵坐标、等扬程线和等轴转矩线为参变量的双吸离心泵的全特性曲线[1]。其中纵横坐标将全特性曲线划分为 4 个象限,而 $H=0$ 和 $M=0$ 两条等值线又将 4 个象限划分为 8 个区域。从图中可以看出以下几点:

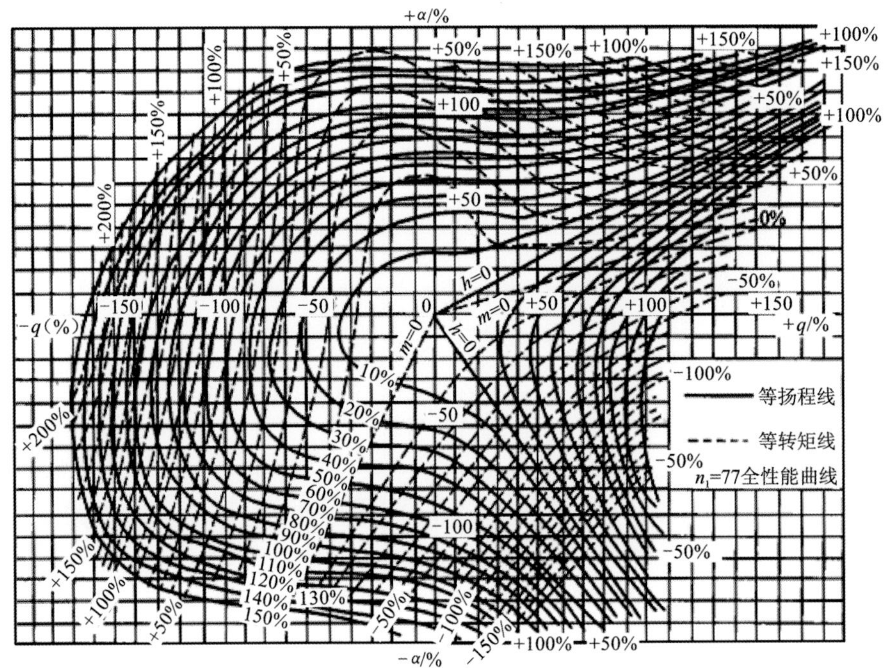

图 4.3 叶片泵的全特性曲线

+Q-水从吸水口流入；−Q-水从压水口流入；+n-水泵正转；−n-水轮机正转；+H-压水口的水头较高；−H-吸水口的水头较高；+N-向转轴输送的功率；−N-向转轴取出的功率；

$$+M=\frac{30}{\pi}\left(\frac{+N}{+n}\right)\text{或}\frac{30}{\pi}\left(\frac{-N}{-n}\right);-M=\frac{30}{\pi}\left(\frac{+N}{-n}\right)\text{或}\frac{30}{\pi}\left(\frac{-N}{+n}\right)$$

(1) 第一象限区域Ⅰ和第四象限区域Ⅴ，$H>0$，输出的功率 $\gamma(+Q)(+H)>0$，而吸收的功率在区域Ⅰ内是$\frac{\pi}{30}(+M)(+n)>0$，在区域Ⅴ内是$\frac{\pi}{30}(-M)(-n)>0$。所以，区域Ⅰ称为水泵工况区，区域Ⅴ称为反水泵工况区。

(2) 第三象限区域Ⅲ和第一象限区域Ⅶ，输出的功率在区域Ⅲ内是 $\gamma(-Q)(+H)<0$，在区域Ⅶ内是 $\gamma(+Q)(-H)<0$；而吸收的功率在区域Ⅲ内是$\frac{\pi}{30}(+M)(-n)<0$，在区域Ⅶ内是$\frac{\pi}{30}(-M)(+n)<0$。所以，区域Ⅲ称为水轮机工况区，区域Ⅶ称为反水轮机工况区。

(3) 在水泵工况和水轮机工况之间均存在某一制动工况：制动工况特征是输出的功率小于零，吸收的功率大于零，意味着叶片泵像制动器那样旋转，消耗着来自水流和来自转子的能量。

在第一象限区域Ⅷ内，$\gamma(+Q)(-H)<0$，$\frac{\pi}{30}(+M)(+n)>0$，称为反水轮机制动工况区。

在第二象限区域Ⅱ内，$\gamma(-Q)(+H)<0$，$\frac{\pi}{30}(+M)(+n)>0$，称为水泵制动工况区。

在第三象限区域Ⅳ内，$\gamma(-Q)(+H)<0$，$\frac{\pi}{30}(-M)(-n)>0$，称为水轮机制动工况区。

在第四象限区域Ⅵ内，$\gamma(+Q)(-H)<0$，$\frac{\pi}{30}(-M)(-n)>0$，称为反水泵制动工况区。

4. 叶片泵的无量纲相似特性

由模型试验获取的叶片泵能量性能需要与原型之间建立对应的关系，为此研究叶片泵相似律的主要目的是解决两方面的问题：一是模型的能量性能与同一轮系的原型之间的换算；二是同一叶片泵不同工况之间的工作参数的换算。

前面已讲述，叶片泵的能量性能取决于 5 个工作参数，即流量 Q、扬程 H、轴功率 N（轴转矩 M）、效率 $\eta_{泵}$ 和转速 n。其中，效率通常按经验公式换算，如穆迪公式：

$$\frac{1-\eta}{1-\eta_M}=\left(\frac{D_M}{D}\right)^{\frac{1}{5}} \tag{4.5}$$

式中：下标 M 表示模型；D 是转轮直径。

如果原型与模型的几何尺寸之比不超过 3，则两者的水力效率、机械效率和容积效率可近似认为相等。

在效率相等、$\gamma=\gamma_M$ 的前提下，根据几何相似、运动相似和动力相似 3 个准则，可以得出如下相似律公式：

$$\frac{Q}{Q_M}=\left(\frac{D}{D_M}\right)^3\frac{n}{n_M} \tag{4.6}$$

$$\frac{H}{H_M}=\left(\frac{D}{D_M}\right)^2\left(\frac{n}{n_M}\right)^2 \tag{4.7}$$

$$\frac{N}{N_M}=\left(\frac{D}{D_M}\right)^5\left(\frac{n}{n_M}\right)^3 \tag{4.8}$$

将式(4.3)代入式(4.8)整理可得

$$\frac{M}{M_M}=\left(\frac{D}{D_M}\right)^5\left(\frac{n}{n_M}\right)^2 \tag{4.9}$$

若将相似律公式应用于不同转速的同一叶片泵，就可以得到如下比例律公式：

$$\frac{Q_1}{Q_2}=\frac{n_1}{n_2} \tag{4.10}$$

$$\frac{H_1}{H_2}=\left(\frac{n_1}{n_2}\right)^2 \tag{4.11}$$

$$\frac{N_1}{N_2}=\left(\frac{n_1}{n_2}\right)^3 \tag{4.12}$$

或

$$\frac{M_1}{M_2}=\left(\frac{n_1}{n_2}\right)^2 \tag{4.13}$$

比例律公式表明，当叶片泵的转速改变时，叶片泵的流量、扬程和轴功率也随之而变，即流量与转速成正比，扬程与转速平方成正比，轴功率与转速三次方成正比。

将式(4.10)分别代入式(4.11)和式(4.13)，整理可得到另一种组合的比例律公式，即

$$\frac{M_1}{n_1^2}=\frac{M_2}{n_2^2},\quad \frac{H_1}{Q_1^2}=\frac{H_2}{Q_2^2},\quad \frac{M_1}{Q_1^2}=\frac{M_2}{Q_2^2} \tag{4.14}$$

为了处理叶片泵能量特性曲线的方便，采用无量纲的形式。令

$$h=\frac{H}{H_R},\quad \beta=\frac{M}{M_R},\quad \upsilon=\frac{Q}{Q_R},\quad \alpha=\frac{n}{n_R} \tag{4.15}$$

式中：下标 R 代表额定值，即最高效率点的 H、Q、M 和 n。于是无量纲比例关系可以表示为

$$\frac{h}{\alpha^2}\propto\frac{\upsilon}{\alpha},\quad \frac{\beta}{\alpha^2}\propto\frac{\upsilon}{\alpha},\quad \frac{h}{\upsilon^2}\propto\frac{\alpha}{\upsilon},\quad \frac{\beta}{\upsilon^2}\propto\frac{\alpha}{\upsilon} \tag{4.16}$$

在整理模型叶片泵能量性能试验数据时，若以 h/α^2 作为纵坐标，υ/α 作为横坐标绘制曲线，那么根据相似理论，该曲线就是此模型泵在任何转速 α 下的扬程与流量的关系。同样，以 β/α^2 作为纵坐标、υ/α 作为横坐标绘制的曲线，表示此模型泵在任何转速 α 下的轴转矩与流量的关系。

从数值模拟的角度来看，上述的扬程与流量关系、轴转矩与流量关系是难以使用的。因为 h、β、υ 和 α 在瞬变过程中可能通过零点而变向。Suter 等利用下述的关系式克服该困难：

$$\frac{h}{\alpha^2+\upsilon^2}\propto\arctan\frac{\upsilon}{\alpha},\quad \frac{\beta}{\alpha^2+\upsilon^2}\propto\arctan\frac{\upsilon}{\alpha} \tag{4.17}$$

应该指出，对于给定的 υ/α，可以从 h/α^2 对 υ/α 曲线中得出 $h/(\alpha^2+\upsilon^2)$，所以式(4.17)仍然保存了无量纲比例关系。

如果有了模型叶片泵四象限的试验数据，那么以 $x=\pi+\arctan\upsilon/\alpha$ 作为横坐标，分别以 $WH(x)=\frac{h}{\alpha^2+\upsilon^2}$ 和 $WB(x)=\frac{\beta}{\alpha^2+\upsilon^2}$ 作为纵坐标，就可以绘出两条封闭曲线表示该叶片泵的全特性。

图 4.4 分别给出了比转速 $n_s=\frac{3.65n\sqrt{Q}}{H^{\frac{5}{4}}}=1\,270$、$7\,600$、$13\,500$(gpm 单位①)叶片泵的四象限全特性曲线[2]，x 从 0 到 2π，历经第一象限水轮机制动工况区和水轮机工况区，第二象限水泵制动工况区，第三象限水泵工况区，第四象限反水轮机制动工况区、反水轮机工况区、反水泵制动工况区和反水泵工况区。表 4.1 为相对应的数据(等间隔 $\Delta x=\pi/44$(rad))，以便输入程序计算。

文献[3]给出了 14 种水泵的全特性曲线，为工程应用提供了极大的方便。

在此应该指出，上述的四象限全特性曲线是在无量纲条件下得到的，所以对于比转速相同的叶片泵，可以采用。但在工程设计阶段，往往得不到所需的叶片泵全特性曲线，采用已知的比转速全特性曲线进行插值拟合，也是不得已采用的设计与计算分析途径。

① 1 gpm=0.2271 m^3/h。

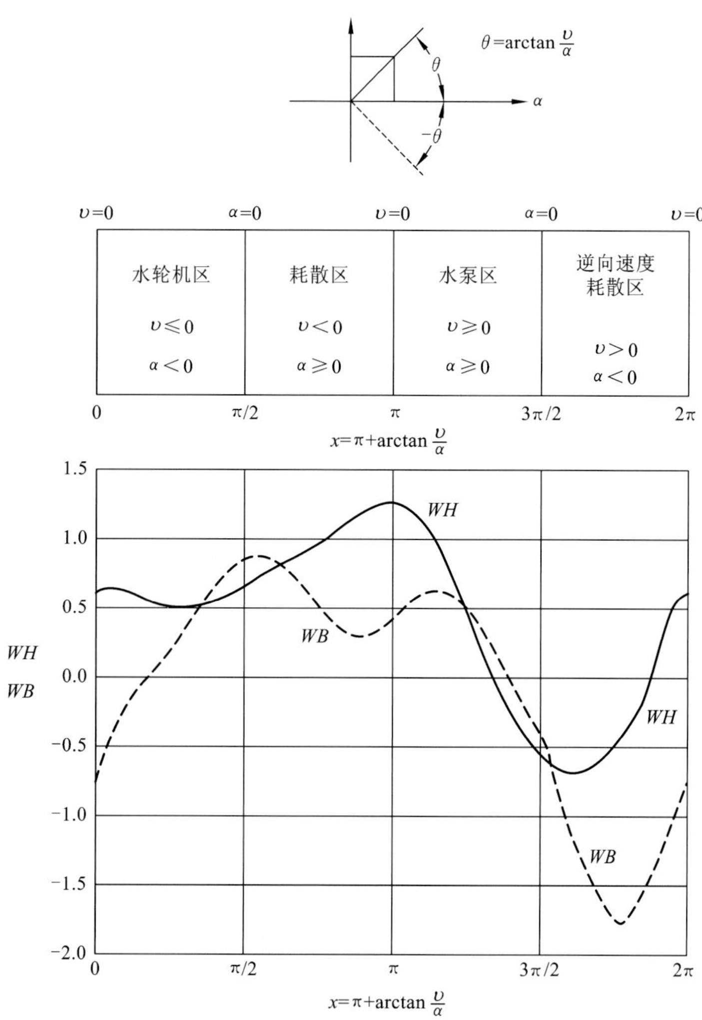

图 4.4　叶片泵全特性(双吸泵 n_s=1270 gpm)

表 4.1　全特性相对应的数据

三种比转速泵无量纲流量全特性 WH											
0.634	0.643	0.646	0.640	0.629	0.613	0.595	0.575	0.552	0.533	0.516	0.505
0.504	0.510	0.512	0.522	0.539	0.559	0.580	0.601	0.630	0.662	0.692	0.722
0.753	0.782	0.808	0.832	0.857	0.879	0.904	0.930	0.959	0.996	1.027	1.060
1.090	1.124	1.165	1.204	1.238	1.258	1.271	1.282	1.288	1.281	1.260	1.225
1.172	1.107	1.031	0.942	0.842	0.733	0.617	0.500	0.368	0.240	0.125	0.011
−0.102	−0.168	−0.255	−0.342	−0.423	−0.494	−0.556	−0.620	−0.655	−0.670	−0.670	−0.660
−0.655	−0.640	−0.600	−0.570	−0.520	−0.470	−0.430	−0.360	−0.275	−0.160	−0.40	0.130
0.295	0.430	0.550	0.620	0.634	−0.690	−0.599	−0.512	−0.418	−0.304	−0.181	−0.078
−0.011	0.032	0.074	0.130	0.190	0.265	0.363	0.461	0.553	0.674	0.848	1.075
1.337	1.629	1.929	2.180	2.334	2.518	2.726	2.863	2.948	3.026	3.015	2.927

续表

三种比转速泵无量纲流量全特性 WH											
2.873	2.771	2.640	2.497	2.441	2.378	2.336	2.288	2.209	2.162	2.140	2.109
2.054	1.970	1.860	1.735	1.571	1.357	1.157	1.106	0.927	0.846	0.744	0.640
0.500	0.374	0.191	0.001	−0.190	−0.384	−0.585	−0.786	−0.972	−1.185	−1.372	−1.500
−1.940	−2.160	−2.290	−2.350	−2.350	−2.230	−2.200	−2.130	−2.050	−1.970	−1.895	−1.810
−1.730	−1.600	−1.420	−1.130	−0.950	−0.930	−0.950	−1.000	−0.920	−0.690	−2.230	−2.000
−1.662	−1.314	−1.089	−0.914	−0.760	−0.601	−0.440	−0.284	−0.130	0.055	0.222	0.357
0.493	0.616	0.675	0.680	0.691	0.752	0.825	0.930	1.080	1.236	1.389	1.548
1.727	1.919	2.066	2.252	2.490	2.727	3.002	3.225	3.355	3.475	3.562	3.604
3.582	3.540	3.477	3.321	3.148	2.962	2.750	2.542	2.354	2.149	1.909	1.702
1.506	1.310	1.131	0.947	0.737	0.500	0.279	0.082	−0.112	−0.300	−0.505	−0.672
−0.797	−0.872	−0.920	−0.949	−0.960	−1.080	−1.300	−1.500	−1.700	−1.890	−2.080	−2.270
−2.470	−2.650	−2.810	−2.950	−3.040	−3.100	−3.150	−3.170	−3.170	−3.130	−3.070	−2.960
−2.820	−2.590	−2.230									
三种比转速泵无量纲流量全特性 WB											
−0.684	−0.547	0.414	−0.292	−0.187	−0.105	−0.053	−0.012	0.042	0.097	0.156	0.227
0.300	0.371	0.444	0.522	0.596	0.672	0.738	0.763	0.797	0.837	0.865	0.883
0.886	0.877	0.859	0.838	0.804	0.758	0.703	0.645	0.583	0.520	0.454	0.408
0.370	0.343	0.331	0.329	0.338	0.354	0.372	0.405	0.450	0.486	0.520	0.552
0.579	0.603	0.616	0.617	0.606	0.582	0.546	0.500	0.432	0.360	0.288	0.214
0.123	0.037	−0.053	−0.161	−0.248	−0.314	−0.372	−0.580	−0.740	−0.880	−1.000	−1.120
−1.250	−1.370	−1.490	−1.590	−1.660	−1.690	−1.770	−1.650	−1.590	−1.520	−1.420	−1.320
−1.230	−1.100	−0.980	−0.820	−0.684	−1.420	−1.328	−1.211	−1.056	−0.870	−0.677	−0.573
−0.518	−0.380	−0.232	−0.160	0.000	0.118	0.308	0.442	0.574	0.739	0.929	1.147
1.370	1.599	1.839	2.080	2.300	2.480	2.630	2.724	2.687	2.715	2.688	2.555
2.434	2.288	2.110	1.948	1.825	1.732	1.644	1.576	1.533	1.522	1.519	1.523
1.523	1.490	1.386	1.223	1.048	0.909	0.814	0.766	0.734	0.678	0.624	0.570
0.500	0.407	0.278	0.146	0.023	−0.175	−0.379	−0.585	−0.778	−1.008	−1.277	−1.560
−2.070	−2.480	−2.700	−2.770	−2.800	−2.800	−2.760	−2.710	−2.640	−2.540	−2.440	−2.340
−2.240	−2.120	−2.000	−1.940	−1.900	−1.900	−1.850	−1.750	−1.630	−1.420	−2.260	−2.061
−1.772	−1.465	−1.253	−1.088	−0.921	−0.789	−0.632	−0.457	−0.300	−0.075	0.052	0.234
0.425	0.558	0.630	0.621	0.546	0.525	0.488	0.512	0.660	0.850	1.014	1.162
1.334	1.512	1.683	1.886	2.105	2.325	2.580	2.770	2.886	2.959	2.979	2.962
2.877	2.713	2.556	2.403	2.237	2.080	1.950	1.826	1.681	1.503	1.301	1.115
0.960	0.840	0.750	0.677	0.604	0.500	0.352	0.161	−0.040	−0.225	−0.403	−0.545
−0.610	−0.662	−0.699	−0.719	−0.730	−0.810	−1.070	−1.360	−1.640	−1.880	−2.080	−2.270
−2.470	−2.650	−2.810	−2.950	−3.040	−3.100	−3.150	−3.170	−3.200	−3.160	−3.090	−2.990
−2.860	−2.660	−2.260									

4.1.3　泵及泵组合的数学模型

1. 单泵的数学模型及求解

图4.5为单泵数学模型的示意图。其中出水侧装有阀门，阀门的开度为τ_f。假设泵与阀门之间连接管较短，可忽略不计，泵与阀门作为整体考虑。于是，未知数为吸水侧测压管水头H_R、出水侧测压管水头H_S、阀门的水头损失ΔH_f、流量Q_P和转速n。可列出如下方程。

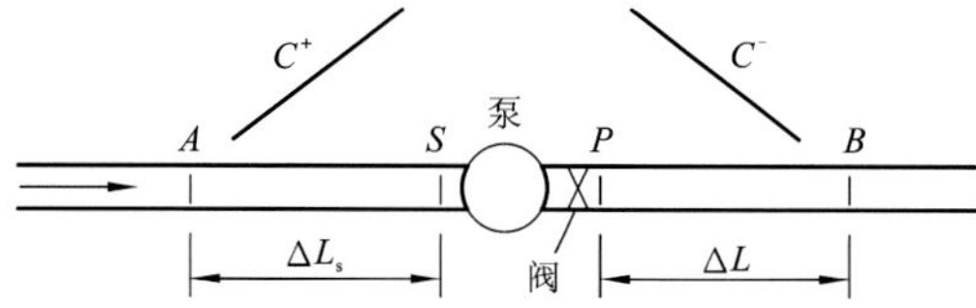

图4.5　单泵数学模型的示意图

吸水侧特性方程：

$$C^+:\quad H_R=C_P-B_RQ_P \tag{4.18}$$

出水侧特性方程：

$$C^-:\quad H_S=C_M+B_SQ_P \tag{4.19}$$

阀门的水头损失：

$$\Delta H_f=\frac{\Delta H\upsilon|\upsilon|}{\tau_f^2} \tag{4.20}$$

泵的能量守恒方程：

$$H_R+H-\Delta H_f=H_S \tag{4.21}$$

由于$H=H_Rh=H_R(\alpha^2+\upsilon^2)WH(\pi+\arctan\frac{\upsilon}{\alpha})$，与式(4.18)、式(4.19)和式(4.20)一起代入式(4.21)，整理可得

$$C_P-C_M-(B_R+B_S)Q_R\upsilon+H_R(\alpha^2+\upsilon^2)WH(\pi+\arctan\frac{\upsilon}{\alpha})-\frac{\Delta H\upsilon|\upsilon|}{\tau_f^2}=0 \tag{4.22}$$

令$HPM=C_P-C_M$，$BRS=(B_R+B_S)Q_R$，式(4.22)改写为

$$HPM-BRS\upsilon+H_R(\alpha^2+\upsilon^2)WH(\pi+\arctan\frac{\upsilon}{\alpha})-\frac{\Delta H\upsilon|\upsilon|}{\tau_f^2}=0 \tag{4.23}$$

根据动量矩定律

$$J\frac{\mathrm{d}\omega}{\mathrm{d}t}=M_{\mathrm{motor}}-M$$

式中：$J=GD^2/4$为泵机组转动惯量；M_{motor}为电动机转矩。

令$\omega=\frac{\pi}{30}n_R\alpha$，$M=\beta M_R=M_R(\alpha^2+\upsilon^2)WB(\pi+\arctan\frac{\upsilon}{\alpha})$，并积分：

$$\frac{GD^2}{4}\frac{\pi n_R}{30}(\alpha-\alpha_0)=\frac{M_{\mathrm{motor}}+M_{\mathrm{motor},0}}{2}\Delta t-M_R\frac{(\alpha^2+\upsilon^2)WB(\pi+\arctan\frac{\upsilon}{\alpha})+\beta_0}{2}\Delta t$$

令$C_{31}=\frac{\pi n_RGD^2}{60\Delta tM_R}$，$C_{41}=\frac{M_{\mathrm{motor}}+M_{\mathrm{motor},0}}{M_R}$，代入上式整理得到

$$(\alpha^2+\upsilon^2)WB\left(\pi+\arctan\frac{\upsilon}{\alpha}\right)+\beta_0-C_{31}(\alpha-\alpha_0)-C_{41}=0 \tag{4.24}$$

式(4.23)和式(4.24)中，未知数是 υ 和 α，联立两式即可求解。其中 M_{motor} 和 τ 为给定值。在此，采用牛顿-辛普森(Newton-Simpson)方法求解。

令 F_1 为式(4.23)，F_2 为式(4.24)，且采用若干间隔 Δx 的折线逼近叶片泵的流量特性曲线和转矩特性曲线，即

$$WH(x)=A'_0+A'_1x \tag{4.25}$$

$$WB(x)=B'_0+B'_1x \tag{4.26}$$

式中

$$A'_1=[WH(I+1)-WH(I)]/\Delta x,\quad A'_0=WH(I+1)-IA'_1\Delta x$$

$$B'_1=[WB(I+1)-WB(I)]/\Delta x,\quad B'_0=WB(I+1)-IB'_1\Delta x,\quad I=x/\Delta x+1$$

$$\begin{cases}F_1+F_{1\upsilon}\Delta\upsilon+F_{1\alpha}\Delta\alpha=0\\ F_2+F_{2\upsilon}\Delta\upsilon+F_{2\alpha}\Delta\alpha=0\end{cases} \tag{4.27}$$

其中：下标表示偏微分。

$$\begin{cases}F_{1\upsilon}=-BRS+H_R\left\{2\upsilon\left[A'_0+A'_1\left(\pi+\arctan\dfrac{\upsilon}{\alpha}\right)\right]+A'_1\alpha\right\}-\dfrac{2\Delta H|\upsilon|}{\tau_f^2}\\ F_{1\alpha}=H_R\left\{2\alpha\left[A'_0+A'_1\left(\pi+\arctan\dfrac{\upsilon}{\alpha}\right)\right]-A'_1\upsilon\right\}\\ F_{2\upsilon}=2\upsilon\left[B'_0+B'_1\left(\pi+\arctan\dfrac{\upsilon}{\alpha}\right)\right]+\alpha B'_1\\ F_{2\alpha}=2\alpha\left[B'_0+B'_1\left(\pi+\arctan\dfrac{\upsilon}{\alpha}\right)\right]-\upsilon B'_1+C_{31}\end{cases} \tag{4.28}$$

对于 t 时刻，迭代计算按如下步骤进行。

(1) 每个根据初始时刻或者 $t-\Delta t$ 时刻的工况点，假定 $I_t=I_{t-\Delta t}$，$\alpha|_t=2\alpha|_{t-\Delta t}-\alpha|_{t-2\Delta t}$，$\beta_t=2\beta|_{t-\Delta t}-\beta|_{t-2\Delta t}$。

(2) 计算 F_1、F_2、$F_{1\upsilon}$、$F_{1\alpha}$、$F_{2\upsilon}$、$F_{2\alpha}$、$\Delta\alpha$ 和 $\Delta\upsilon$：

$$\begin{cases}\Delta\alpha=\dfrac{F_2/F_{2\upsilon}-F_1/F_{1\upsilon}}{F_{1\alpha}/F_{1\upsilon}-F_{2\alpha}/F_{2\upsilon}}\\ \Delta\upsilon=-\dfrac{F_1}{F_{1\upsilon}}-\Delta\alpha\dfrac{F_{1\alpha}}{F_{1\upsilon}}\end{cases} \tag{4.29}$$

(3) 计算 $k+1$ 次的迭代值：

$$\begin{cases}\alpha|_t=\alpha|_t+\zeta_\alpha\Delta\alpha\\ \upsilon|_t=\upsilon_t+\zeta_\upsilon\Delta\upsilon\\ II=\left(\pi+\arctan\dfrac{\upsilon|_t}{\alpha|_t}\right)/\Delta x+1\cdots(\text{取整数})\end{cases} \tag{4.30}$$

式中：ζ_α 和 ζ_υ 均为小于 1 的折减系数，其目的是改善迭代的收敛性。

(4) 如果 $|\Delta\upsilon|+|\Delta\alpha|<$ TOL(TOL 为允许偏差，可取为 0.0002 左右)，并且 $II=I$，迭代结束；否则，令 $I=II$，代入步骤(2)进行再次的迭代计算。

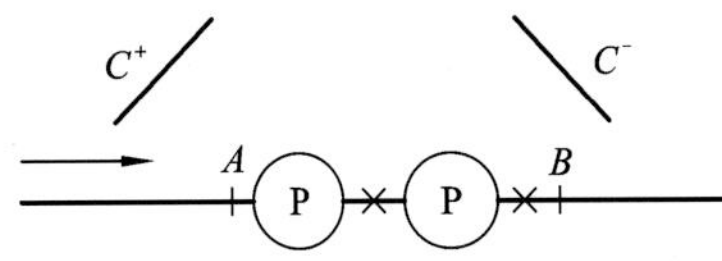

图 4.6 串联泵数学模型的示意图

2. 串联泵的数学模型及求解

为了提高扬程，可以采用图 4.6 所示的串联泵的

布置。假设泵与泵之间的连接管较短，可忽略不计，两台泵及阀门将作为整体考虑，阀门开度分别为 τ_{f1} 和 τ_{f2}。于是，未知数为吸水侧测压管水头 H_R、出水侧测压管水头 H_S、流量 Q_P、1 号泵的转速 n_1 及阀门的水头损失 $\Delta H_{f,1}$、2 号泵的转速 n_2 及阀门的水头损失 $\Delta H_{f,2}$。

由连续性原理可得到串联泵无量纲流量之间关系如下：

$$Q_P = \upsilon Q_{R,1} = \upsilon_2 Q_{R,2} \tag{4.31}$$

令 $C_1 = Q_{R,1}/Q_{R,2}$，则有

$$\upsilon_2 = C_1 \upsilon$$

串联泵的能量守恒方程：

$$H_R + H_1 + H_2 - \Delta H_{f,1} - \Delta H_{f,2} = H_S \tag{4.32}$$

改写式(4.32)可得

F_1：

$$\begin{aligned} & HPM - BRS\upsilon + H_{R,1}\left[(\alpha_1^2+\upsilon^2)WH_1\left(\pi+\arctan\frac{\upsilon}{\alpha_1}\right)\right] \\ & + H_{R,2}\left[(\alpha_2^2+C_1^2\upsilon^2)WH_2\left(\pi+\arctan\frac{C_1\upsilon}{\alpha_2}\right)\right] - \frac{\Delta H_1 \upsilon|\upsilon|}{\tau_{f1}^2} - \frac{\Delta H_2 C_1^2 \upsilon|\upsilon|}{\tau_{f2}^2} = 0 \end{aligned} \tag{4.33}$$

泵的转速方程：

F_2：

$$(\alpha_1^2+\upsilon^2)WB_1'(\pi+\arctan\frac{\upsilon}{\alpha_1}) + \beta_{0,1} - C_{31,1}(\alpha_1 - \alpha_{0,1}) - C_{41,1} = 0 \tag{4.34}$$

F_3：

$$(\alpha_2^2+C_1^2\upsilon^2)WB_2'\left(\pi+\arctan\frac{C_1\upsilon}{\alpha_2}\right) + \beta_{0,2} - C_{31,2}(\alpha_2 - \alpha_{0,2}) - C_{41,2} = 0 \tag{4.35}$$

对于超过两个以上的变量，用矩阵形式求解牛顿-辛普森线性化方程比较方便，对于 $\Delta\upsilon$、$\Delta\alpha_1$ 和 $\Delta\alpha_2$ 三个变量，矩阵方程如下：

$$\begin{bmatrix} F_{1\upsilon} & F_{1\alpha1} & F_{1\alpha2} \\ F_{2\upsilon} & F_{2\alpha1} & F_{2\alpha2} \\ F_{3\upsilon} & F_{3\alpha1} & F_{3\alpha2} \end{bmatrix} \begin{bmatrix} \Delta\upsilon \\ \Delta\alpha_1 \\ \Delta\alpha_2 \end{bmatrix} = \begin{bmatrix} -F_1 \\ -F_2 \\ -F_3 \end{bmatrix} \tag{4.36}$$

式中：字母下标表示偏微分；数字下标表示泵的编号。

串联泵迭代求解的过程与单泵相同，在此不必重复。

对于三泵串联，就要增加一个变量 α_3，矩阵的阶是 4。该方法可以推广到任意数目的泵串联。每台泵都有自身的泵特性、τ 的变化规律以及 M_{motor} 的变化规律。若串联布置中各台泵的性能相同，τ_f 的变化规律以及 M_{motor} 的变化规律也相同，可以只用一台泵模拟串联泵，而将 H_R 和 ΔH 都乘以泵的台数。

3. 并联泵的数学模型及求解

为了增加流量，可以采用图 4.7 所示的并联泵的布置。同样假设并联泵环路的连接管较短，可忽略不计，两台泵及阀门将作为整体考虑。于是，未知数为吸水侧测压管水头 H_R、出水侧测压管水头 H_S、1 号泵的流量 $Q_{P,1}$ 和转速 n_1 及阀门的水头损失 $\Delta H_{f,1}$、2 号泵的流量 $Q_{P,2}$ 和转速 n_2 及阀门的水头损失 $\Delta H_{f,2}$。

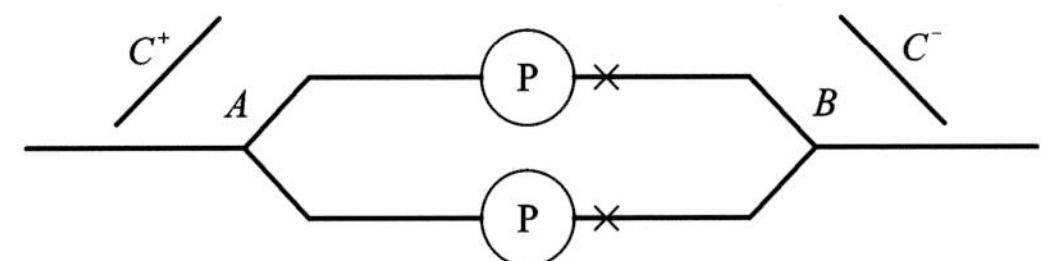

图 4.7 并联泵数学模型的示意图

由连续性原理可得到并联泵流量之间关系如下：

$$Q_{P,R}=Q_{P,S}=\upsilon_1 Q_{R,1}+\upsilon_2 Q_{R,2} \tag{4.37}$$

将式(4.37)与 C^+、C^- 方程以及阀门的水头损失方程并在一起，就可以得到以 υ_1、υ_2、α_1 和 α_2 4 个变量表示的 2 个能量守恒方程和 2 个转速方程，即

F_1：

$$HPM-BRSY(\upsilon_1 Q_{R,1}+\upsilon_2 Q_{R,2})+H_{R,1}(\alpha_1^2+\upsilon_1^2)WH_1\left(\pi+\arctan\frac{\upsilon_1}{\alpha_1}\right)-\frac{\Delta H_1\upsilon_1|\upsilon_1|}{\tau_{f1}^2}=0 \tag{4.38}$$

F_2：

$$HPM-BRSY(\upsilon_1 Q_{R,1}+\upsilon_2 Q_{R,2})+H_{R,2}(\alpha_2^2+\upsilon_2^2)WH_2\left(\pi+\arctan\frac{\upsilon_2}{\alpha_2}\right)-\frac{\Delta H_2\upsilon_2|\upsilon_2|}{\tau_{f2}^2}=0 \tag{4.39}$$

F_3：

$$(\alpha_1^2+\upsilon_1^2)WB_1\left(\pi+\arctan\frac{\upsilon_1}{\alpha_1}\right)+\beta_{0,1}-C_{31,1}(\alpha_1-\alpha_{0,1})-C_{41,1}=0 \tag{4.40}$$

F_4：

$$(\alpha_2^2+\upsilon_2^2)WB_2\left(\pi+\arctan\frac{\upsilon_2}{\alpha_2}\right)+\beta_{0,2}-C_{31,2}(\alpha_2-\alpha_{0,2})-C_{41,2}=0 \tag{4.41}$$

式中

$$BRSY=B_R+B_S$$

$$\begin{bmatrix} F_{1\upsilon1} & F_{1\upsilon2} & F_{1\alpha1} & F_{1\alpha2} \\ F_{2\upsilon1} & F_{2\upsilon2} & F_{2\alpha1} & F_{2\alpha2} \\ F_{3\upsilon1} & F_{3\upsilon2} & F_{3\alpha1} & F_{3\alpha2} \\ F_{4\upsilon1} & F_{4\upsilon2} & F_{4\alpha1} & F_{4\alpha2} \end{bmatrix}\begin{bmatrix}\Delta\upsilon_1\\ \Delta\upsilon_2\\ \Delta\alpha_1\\ \Delta\alpha_2\end{bmatrix}=\begin{bmatrix}-F_1\\ -F_2\\ -F_3\\ -F_4\end{bmatrix} \tag{4.42}$$

式中：字母下标表示偏微分；数字下标表示泵的编号。

对于 n 台并联的泵，若各台泵的性能相同，τ_f 的变化规律以及 M_{motor} 的变化规律也相同，可以只用一台泵模拟并联泵，而将单个泵的 Q_R 乘以 n。

在此还应该指出，并联泵中若某台泵停运，则该泵必须从方程组中删去，矩阵下降 2 阶。

4. 复杂的泵系统及管道之间的阀门

图 4.8 所示的输送系统为复杂的泵系统。包括各种类型的泵、阀门和旁通管道。严格地说，任何复杂的泵系统都是由线单元的管道和点单元的单泵、阀门组成，可以由图形建模、自动编号建立相应数学模型，进行恒定流和非恒定流的计算分析。其中泵的模拟，

完全可以按照上述单泵的数学模型及求解方法处理,不需要引入新的理论。而布置在管道之间的阀门,作为广义能量守恒的点单元之一,需要建立相应的数学模型。

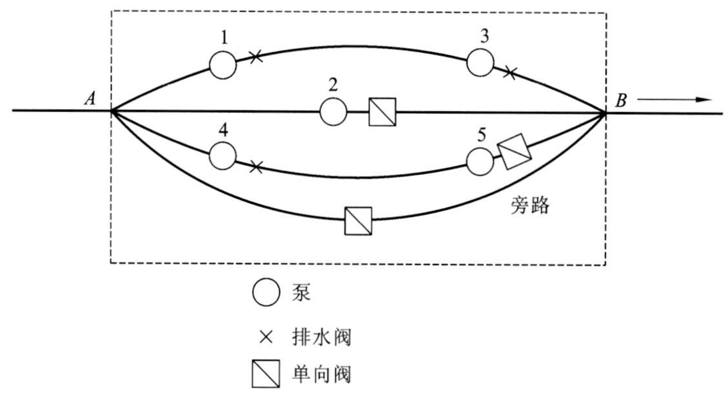

图 4.8　复杂的泵系统示意图

图 4.9 为阀门数学模型的示意图。未知数为管道 1 末端的测压管水头 $H_{P1,n+1}$、管道 2 首端的测压管水头 $H_{P2,1}$、流量 Q_P。可列出方程如下。

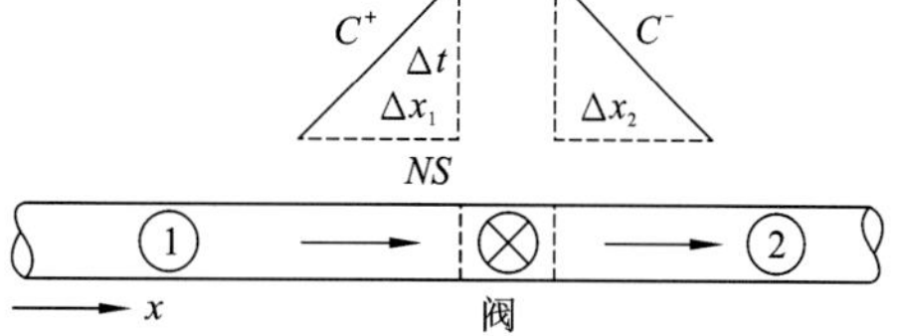

图 4.9　管线中阀门的示意图

阀门的孔口方程:

$$Q_P=\frac{\tau_f Q_0}{\sqrt{H_0}}\sqrt{H_{P1,n+1}-H_{P2,1}}\quad（正向流动）\tag{4.43}$$

$$Q_P=-\frac{\tau_f Q_0}{\sqrt{H_0}}\sqrt{H_{P2,1}-H_{P1,n+1}}\quad（反向流动）\tag{4.44}$$

$$C^+:\quad H_{P1,n+1}=C_P-B_R\cdot Q_P\tag{4.45}$$

$$C^-:\quad H_{P2,1}=C_M+B_S\cdot Q_P\tag{4.46}$$

式中:H_0 是当 $\tau_f=1$ 时,以 Q_0 流经阀门的能量损失。

将式(4.45)和式(4.46)分别代入式(4.43)和式(4.44),且令 $C_v=\frac{\tau_f^2Q_0^2}{2H_0}$,得到

$$Q_P=-C_v(B_R+B_S)+\sqrt{C_v^2\,(B_R+B_S)^2+2C_v(C_P-C_M)}\quad（正向流动）\tag{4.47}$$

$$Q_P=C_v(B_R+B_S)-\sqrt{C_v^2\,(B_R+B_S)^2-2C_v(C_P-C_M)}\quad（反向流动）\tag{4.48}$$

比较式(4.47)和式(4.48)可知,只有当 $C_P-C_M<0$ 时才有可能出现负向流动。所以,当 $C_P-C_M\geqslant 0$ 时采用式(4.47),当 $C_P-C_M<0$ 时采用式(4.48)。

阀门瞬变过程的计算,其关键在于阀门的流量系数随开度的变化,文献[3]给出了各种阀门的特性曲线,也为工程应用提供了极大的方便。

4.1.4　泵启动、断电等引起的瞬变过程

1. 离心泵的启动与正常停机

离心泵的功率曲线具有随流量的增加而上升的特点,为了减小泵机组的启动负荷,离

心泵应关阀启动，待泵机组转速正常后，才能逐步打开出口阀，调整到所需工况。但关阀空转的时间不宜超过 3 min。

另外，由于离心泵是靠叶轮离心力形成真空的吸力把液体提起的，所以，离心泵启动时，必须先关闭阀门灌液。当测压管水头超过叶轮部位以上，排出离心泵中的空气，才可启动。启动后，叶轮周围形成真空，把液体向上吸，其阀门可逐步打开。

综上可知，离心泵的启动是在系统流量为零的前提下，泵机组先到达死扬程及额定转速，然后逐步打开出口阀，调整到所需工况。因此，离心泵启动可以分成两个阶段。

(1) 泵机组转速从零到额定转速，即 $\alpha=0\rightarrow1$。该过程可以直接采用式(4.24)求解，其中 $\upsilon=0$，即

$$\alpha^2WB(\pi)+\beta_0-C_{31}(\alpha-\alpha_0)-C_{41}=0 \tag{4.49}$$

(2) 逐渐打开出口阀引起的瞬变过程，其数学模拟可以不考虑转速的变化，令 $\alpha=1$，直接采用式(4.23)求解 υ，即

$$HPM-BRS\upsilon+H_R(1+\upsilon^2)WH(\pi+\arctan\upsilon)-\frac{\Delta H\upsilon|\upsilon|}{\tau_f^2}=0 \tag{4.50}$$

$$Q_P=\upsilon Q_R \tag{4.51}$$

另外，离心泵的能量特性曲线可以用抛物线形式来描述，即

$$H=H_J+a'_1Q_P+a'_2Q_P^2 \tag{4.52}$$

式中：H_J 是死扬程；a'_1 和 a'_2 是特性曲线的两个常数。

式(4.52)与 C^+ 方程、C^- 方程以及阀门水头损失方程联立得到

$$C_P-C_M-(B_R+B_S)Q_P+H_S+a'_1Q_P+a'_2Q_P^2-\frac{\Delta HQ_P|Q_P|}{\tau_f^2Q_R^2}=0 \tag{4.53}$$

一旦求得 Q_P，就可得到吸水侧测压管水头 H_R、出水侧测压管水头 H_S。

若离心泵直接从水库中吸水，且水库水面作为测压管水头的参考基准面，则有

$$H_{P1}=H_J+a'_1Q_{P1}+a'_2Q_{P1}^2 \tag{4.54}$$

与 C^- 方程联立，得出

$$Q_{P1}=\frac{1}{2a'_2}\left[B_S-a'_1-\sqrt{(B_S-a'_1)^2+4a'_2(C_M-H_J)}\right] \tag{4.55}$$

同理，离心泵的正常停机过程是：先较缓关闭阀门至空转，泵系统流量为零。该过程同样可以采用式(4.50)或式(4.53)模拟，得到 H_R、H_S、Q_P 等变量随时间的波动过程。然后，断电停机，采用式(4.49)模拟，得到转速 n 随时间的波动过程。

2. 轴流泵的启动

轴流泵的功率曲线具有随流量的减小而上升的特点，所以，轴流泵通常在出口阀全开状态下启动，以减小启动功率。在启动过程中，泵机组的扬程、流量和转速均随时间变化，因此其数学模拟应采用单泵的能量守恒方程和动量矩方程联立求解。在此不予重复。

由于泵机组启动时，转速从零到额定转速的上升时间很短，通常可假定为直线上升。当选定了合理的上升时间 T_S 之后，α 就是已知值，即

$$\begin{cases}\alpha=T/T_S, & T\leqslant T_S\\ \alpha=1, & T>T_S\end{cases} \tag{4.56}$$

于是，轴流泵的启动过程仅采用单泵的能量守恒方程求解。

在此应指出，混流泵的功率曲线平坦，所以，既可如离心泵采用关阀启动，也可如轴流泵和旋涡泵采用开阀启动，而不需要引入新的理论与方法。

3. 无逆止阀泵系统断电的瞬变过程

泵系统正常运行时，遭遇电力供应突然中断原因主要来自两方面：一是由于不可抗拒外因或人为错误导致电力系统或者电气设备突然发生故障；二是泵机组自身突然发生故障，导致保护装置将电动机切除。

泵机组断电的瞬变过程仍然采用式(4.23)和式(4.24)进行模拟，仅仅为

$$C_{41}=\frac{M_{\text{motor}}+M_{\text{motor},0}}{M_R}=0 \tag{4.57}$$

对于无逆止阀泵系统，断电之后的工况轨迹线将遵循叶片泵的四象限全特性曲线，历经水泵工况区、水泵制动工况区、水轮机工况区、水轮机制动工况区。各工况区工作参数、输出功率、吸收功率变化规律如表 4.2 所示，对比图 4.10 可以得到如下结论。

(1) 无逆止阀泵系统断电瞬变过程中，扬程 H 始终为正；流量 Q 先正后负，在进入水泵制动工况区时发生逆向流动；转速 n 也是先正后负，在进入水轮机工况区时发生反向转动；轴转矩 M 也是先正后负，在进入水轮机制动工况区时发生反向。由此可见，流量反向在前，转速反向在后，轴转矩反向最后。

(2) 扬程、反向流量、反向转速以及轴转矩通常在水轮机工况区到达最大值，其主要原因是叶片泵在水轮机工况区的效率较高，其次与泵系统断电瞬变过程中水击压强变化规律和大小有关。

(3) 连接泵机组的吸水侧管道和出水侧管道的水击压强变化规律和大小，主要取决于过泵流量的速率及流动方向。在水泵工况区正向流动的流量迅速减小，所以在吸水侧管道产生较大的正水击，在出水侧管道产生较大的负水击；在水泵制动工况区逆向流动的流量逐渐增加，所以依然在吸水侧管道产生正水击，在出水侧管道产生负水击；在水轮机工况区当逆向流动的流量仍然逐渐增加时，水击现象同前，当逆向流动的流量仍然逐渐减小时，水击现象相反，即在吸水侧管道产生正水击，在出水侧管道产生负水击；在水轮机制动工况区，逆向流动的流量变化不大，所以水击压强变化主要受泵系统上下游边界条件的影响，即正向水击波和逆向水击波叠加的影响。

表 4.2　泵机组断电之后历经的工况区

工况区	输出功率	吸收功率
水泵工况区	$\gamma(+Q)(+H)>0$	$\frac{\pi}{30}(+M)(+n)>0$
水泵制动工况区	$\gamma(-Q)(+H)<0$	$\frac{\pi}{30}(+M)(+n)>0$
水轮机工况区	$\gamma(-Q)(+H)<0$	$\frac{\pi}{30}(+M)(-n)<0$
水轮机制动工况区	$\gamma(-Q)(+H)<0$	$\frac{\pi}{30}(-M)(-n)>0$

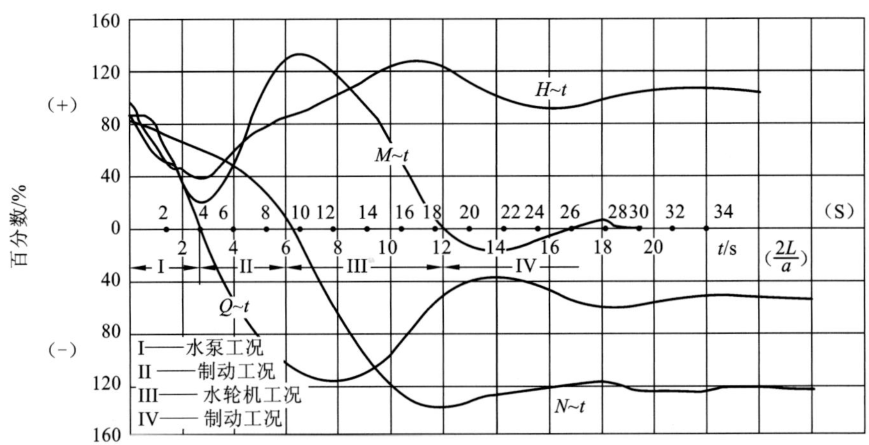

图 4.10 无逆止阀泵系统断电瞬变过程

$H\sim t$ 为 H 随 t 的变化曲线；$M\sim t$ 为 M 随 t 的变化曲线；$Q\sim t$ 为 Q 随 t 的变化曲线；$N\sim t$ 为 N 随 t 的变化曲线

4. 有逆止阀泵系统断电的瞬变过程

有逆止阀泵系统，断电之后不可能长时间地进入水泵制动工况区，因为当管道中逆向流动的水流到达一定程度时，逆止阀很快关闭，流速骤然降到零，在阻止了液体的逆向流动，所以瞬变过程的工况轨迹线仅局限于水泵工况区和水泵制动工况区，并且在逆止阀之后的出水侧管道中产生巨大的正水击，在吸水侧管道产生负水击。巨大的正水击和反射的负水击有可能危及出水侧管道的安全，所以大中型泵系统通常不设置逆止阀，而是遭遇断电时较缓慢地关闭出水侧阀门，截止液体的逆向流动。

因此，无论泵系统是否设置逆止阀，断电之后的瞬变过程仍可以由式(4.23)和式(4.24)模拟，只需要给定 τ 随时间的变化规律。

4.2 水轮机及系统瞬态分析

4.2.1 单位参数与水轮机模型综合特性曲线

反击式水轮机与叶片泵结构上大体相同，也可划分为混流式水轮机、轴流式水轮机和贯流式水轮机，也遵循式(4.6)～式(4.8)表征的流体机械的相似准则[4]。两者的不同之处如下。

(1) 水轮机是原动机，是将水流的能量转换为旋转的机械能。所以输出的轴功率和水轮机基本方程分别为

$$N=\gamma HQ\eta \tag{4.58}$$

$$H\eta_h=\frac{1}{g}(V_1U_1\cos\alpha_1-V_2U_2\cos\alpha_2) \tag{4.59}$$

式中：H 是水轮机工作水头；Q 是流量；η 是水轮机效率；η_h 是水轮机水力效率。

(2) 水轮机在转轮进口侧装有导水机构，所以水轮机能量特性由流量 Q、水头 H、轴功率 N(轴转矩 M)、效率 η、转速 n 和导叶开度 τ 等 6 个工作参数来表示。

增加了导叶开度，能量特性曲线若以工作参数来表征，则十分繁杂，不方便运用。故需要采用单位参数，即

$$Q_1'=\frac{Q}{D_1^2\ \sqrt{H}}\quad (\mathrm{m^3/s}) \tag{4.60}$$

$$n_1'=\frac{nD_1}{\sqrt{H}}\quad (\mathrm{r/min}) \tag{4.61}$$

$$N_1'=\frac{N}{D_1^2 H^{\frac{3}{2}}}\quad (\mathrm{kW}) \tag{4.62}$$

或者

$$M_1'=\frac{M}{D_1^3 H}\quad (\mathrm{N\cdot m}) \tag{4.63}$$

显然，对于同一轮系的水轮机在相似工况下，单位参数的数值不变。

图 4.11 和图 4.12 是以单位流量 Q_1' 为横坐标、n_1' 为纵坐标表示的水轮机模型综合特性曲线和飞逸特性曲线。在图 4.11 中绘制了等效率线和等开度线。飞逸特性曲线就是效率等于零的曲线，其左上方为水轮机制动工况区，右下方为水轮机工况区。

单位力矩 M_1' 和效率 η 之间存在如下的换算关系，即

$$M_1'=\frac{30\times 1000}{\pi}g\eta\frac{Q_1'}{n_1'} \tag{4.64}$$

或者直接绘制出水轮机的流量特性曲线和力矩特性曲线，如图 4.13 所示$\left(1\ \mathrm{kg\cdot m}=\frac{1}{9.81}\ \mathrm{N\cdot m}\right)$。

也可以依据水轮机飞逸特性曲线和模型综合特性曲线，经插值等数学处理，可以转换成图 4.14 所示的流量特性曲线及力矩特性曲线，以方便瞬变过程计算运用。

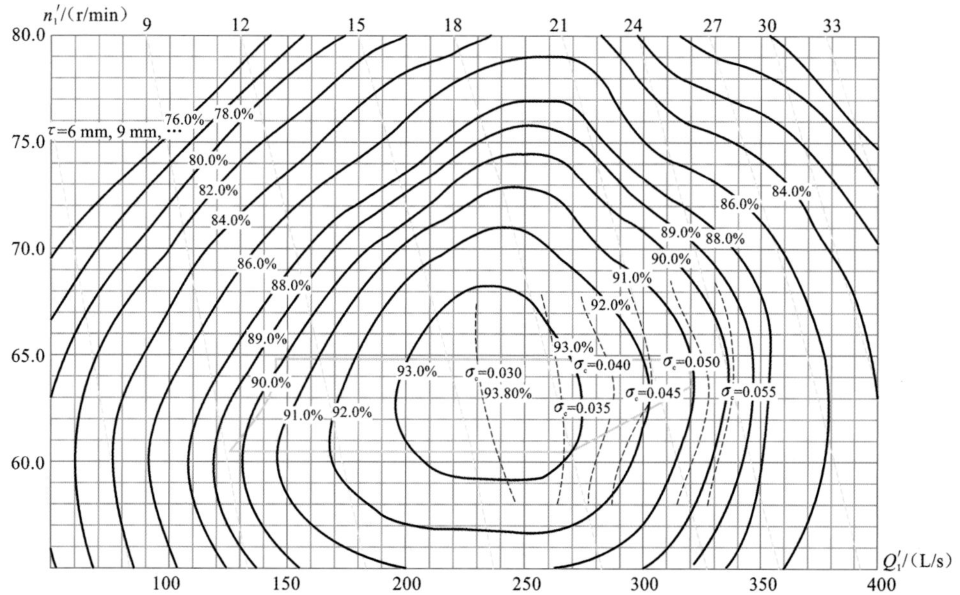

图 4.11　水轮机模型综合特性曲线

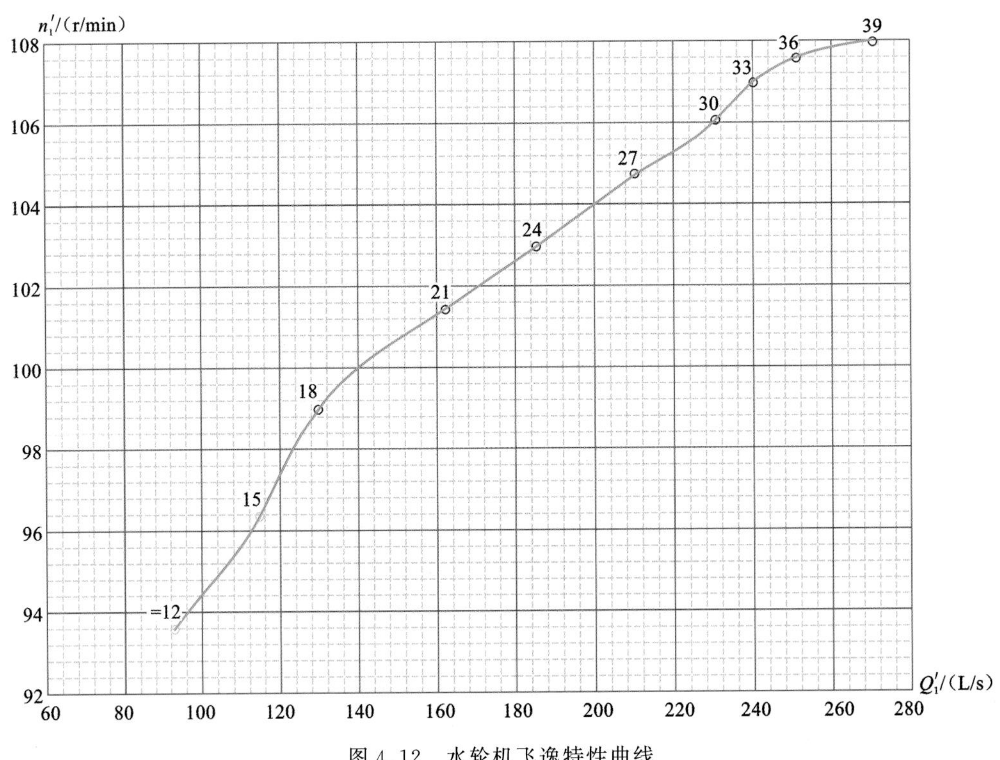

图 4.12 水轮机飞逸特性曲线

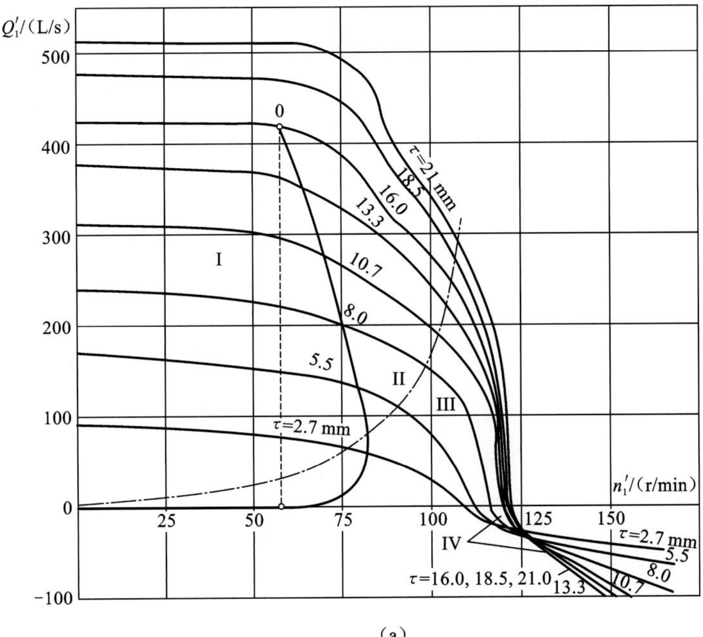

(a)

图 4.13 根据模型试验绘制的水轮机流量特性曲线和力矩特性曲线

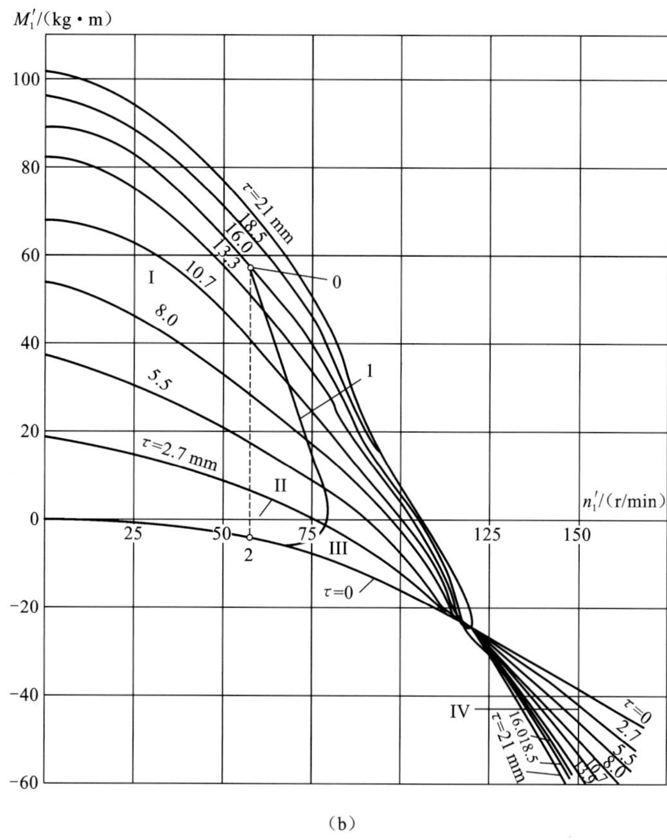

(b)

图 4.13　根据模型试验绘制的水轮机流量特性曲线和力矩特性曲线(续)

4.2.2　稳态条件下水轮机工作参数

对于任何瞬变过程,稳态是瞬态的初始条件。水轮机发电应满足电网对出力的要求,必须调节导叶开度,进而调节流量。流量变化又引起水轮机工作水头的变化。所以水轮机稳态计算是较为复杂的迭代计算。

图 4.15 为单管单机的水力发电系统。设上下游水位差为 H_0,机组引用水头为 H,该管道流量为 Q,机组上下游侧水头损失系数分别为 α_u、α_d,上下游水头损失分别为 Δh_1、Δh_2,则可得到

$$\begin{cases}\Delta h_1 = \alpha_u Q^2 \\ \Delta h_2 = \alpha_d Q^2 \\ H = H_0 - \Delta h_1 - \Delta h_2\end{cases} \tag{4.65}$$

对于一台特定的机组,转速 n 是已知的,并且

$$Q = f_1(H, \tau) \tag{4.66}$$

$$N = f(H, \tau) \tag{4.67}$$

以上 5 个方程中有 6 个未知数,即 Δh_1、Δh_2、Q、τ、N、H,所以只要已知 Q、τ、N、H 任一项,就可以得出稳态条件下水轮机各个工作参数的解。

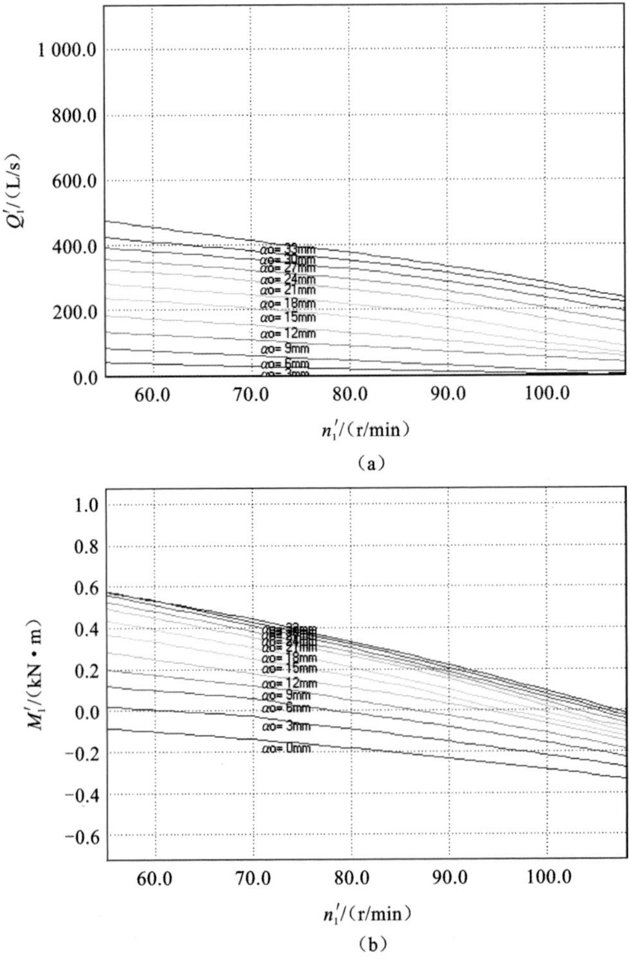

图 4.14　根据数学处理及转换的水轮机流量特性曲线和力矩特性曲线

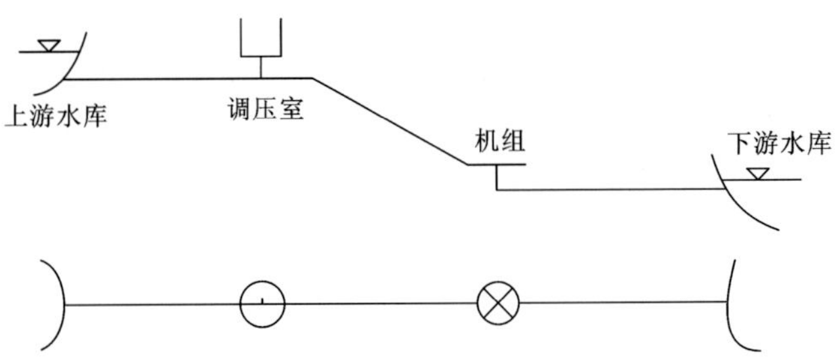

图 4.15　单管单机的水力发电系统

1. 已知上下游水位差 H_0 和水头 H

(1) 由式(4.65)得到机组流量：

$$Q=\sqrt{\frac{H_0-H}{\alpha_u+\alpha_d}}$$

(2) 计算单位参数：

$$n_1'=\frac{nD_1}{\sqrt{H}},\quad Q_1'=\frac{Q}{D_1^2\sqrt{H}}$$

(3) 依据水轮机模型综合特性曲线，由 n_1' 和 Q_1' 插值得 τ 和 η；

(4) 由式(4.64)得到单位力矩 M_1'；

(5) $M=M_1'D^3H, N=\frac{\pi n}{30}M$。

2. 已知上下游水位差 H_0 和初始流量 Q

(1) 由式(4.65)得到机组工作水头：

$$H=H_0-(\alpha_u+\alpha_d)Q^2$$

(2) 计算单位参数：

$$n_1'=\frac{nD}{\sqrt{H}},\quad Q_1'=\frac{Q}{D^2\sqrt{H}}$$

(3) 依据水轮机模型综合特性曲线，由 n_1' 和 Q_1' 插值得 τ 和 η；

(4) 由式(4.64)得到单位力矩：M_1'；

(5) $M=M_1'D^3H, N=\frac{\pi n}{30}M$。

3. 已知上下游水位差 H_0 和机组初始出力 N，即已知 $M=\frac{30}{\pi n}N$

(1) 假定工作水头 $H=H_0, \eta=\eta_0$；

(2) $Q_1^{(k)}=\frac{N}{\gamma H\eta}$，给定机组迭代流量 Q；

(3) 计算单位参数：$n_1'=\frac{nD}{\sqrt{H}}, Q_1'=\frac{Q}{D^2\sqrt{H}}$；

(4) 依据水轮机模型综合特性曲线，由 n_1' 和 Q_1' 插值得 τ 和 η；

(5) 由式(4.64)得到单位力矩：M_1'，且 $H^{(k)}=H_0-(\alpha_u+\alpha_d)Q^2$；

(6) $M^{(k)}=M_1'D_1^3H^{(k)}$，检验 $|M^{(k)}-M|<\delta$ 是否成立，若不成立，则 $H=\frac{H^{(k)}+H^{(k-1)}}{2}, \eta=\frac{\eta^{(k)}+\eta^{(k-1)}}{2}$，并返回步骤(2)，反复迭代计算直到满足精度要求。

4. 已知上下游水位差 H_0 和导叶初始开度 τ

(1) 假定工作水头 $H=H_0$；

(2) $n_1'=\frac{nD}{\sqrt{H}}$，依据水轮机模型综合特性曲线，由 τ、n_1' 插值得 η、Q_1'；

(3) $M_1'=\frac{30\times1000}{\pi}g\eta\frac{Q_1'}{n_1'}, M=M_1'D^3H, N=\frac{\pi n}{30}M$；

(4) $Q_i^{(k)}=Q_1'D^2\sqrt{H}$，得到机组流量 Q；

(5) $H^{(k)}=H_0-(\alpha_u+\alpha_d)Q^2$，检验 $|H^{(k)}-H|<\delta$ 是否成立，若不成立，则 $H=\frac{H^{(k)}+H^{(k-1)}}{2}$，并返回步骤(2)，反复迭代计算直到满足精度要求。

4.2.3 水轮发电机组的数学模型

如图 4.16 所示，在导叶相对开度 τ_P、发电机阻力矩 $M_g(t)$ 已知的前提下，瞬变过程中的水轮发电机组，有 8 个未知数，即机组引用流量 Q_P、蜗壳末端的测压管水头 H_P、尾水管进口的测压管水头 H_S、单位流量 Q_1'、单位转速 n_1'、单位力矩 M_1'、机组转速 n、水轮机动力矩 M_t。

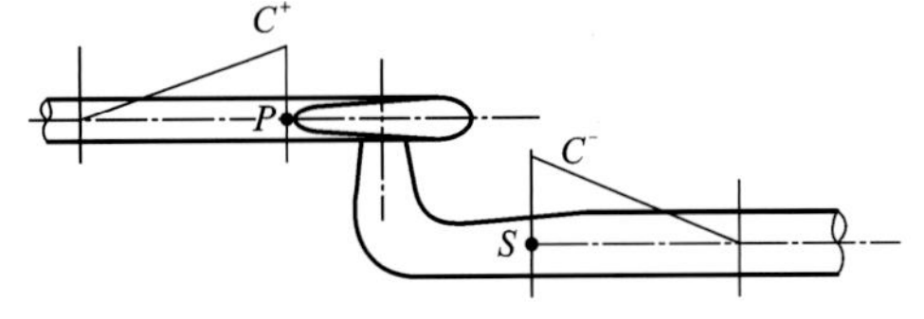

图 4.16 水轮发电机组数学模型示意图

可列出的方程如下。

C^+ 特征方程：

$$Q_P = Q_{CP} - C_{QP} H_P \tag{4.68}$$

C^- 特征方程：

$$Q_P = Q_{CM} + C_{QM} H_S \tag{4.69}$$

单位流量：

$$Q_P = Q_1' D_1^2 \sqrt{(H_P - H_S) + \Delta H} \tag{4.70}$$

单位转速：

$$n_1' = n D_1 / \sqrt{(H_P - H_S) + \Delta H} \tag{4.71}$$

单位力矩：

$$M_t = M_1' D_1^3 (H_P - H_S + \Delta H) \tag{4.72}$$

由动量矩方程可得

$$n = n_0 + 0.1875(M_t + M_{t0} - M_g - M_{g0}) \frac{\Delta t}{GD^2} \tag{4.73}$$

水轮机流量特性曲线：

$$Q_1' = f_Q(\tau_P, n_1') \tag{4.74}$$

水轮机力矩特性曲线：

$$M_1' = f_M(\tau_P, n_1') \tag{4.75}$$

式中：下标 0 表示 $t-\Delta t$ 时刻的已知值；$\Delta H = \left(\frac{\alpha_P}{2gA_P^2} - \frac{\alpha_S}{2gA_S^2}\right) Q_P^2$。

上述 8 个方程，8 个未知数，方程组是封闭的。为了求解的方便，用若干条折线逼近水轮机的流量特性曲线和转矩特性曲线，即式(4.73)和式(4.74)改写为

$$Q_1' = A_1^L + A_2^L n_1' \tag{4.76}$$

$$M_1' = B_1^L + B_2^L n_1' \tag{4.77}$$

对于每段折线，系数 A_1^L、A_2^L、B_1^L 和 B_2^L 均是已知值。

令 $X = \sqrt{(H_P - H_S) + \Delta H}$，$C_1^L = \frac{Q_{CP}}{C_{QP}} + \frac{Q_{CM}}{C_{QM}}$，$C_2^L = \frac{1}{C_{QP}} + \frac{1}{C_{QM}}$，$C_3^L = \frac{\alpha_P}{2gA_P^2} - \frac{\alpha_S}{2gA_S^2}$，联立式(4.68)、式(4.69)、式(4.70)、式(4.71)和式(4.76)等 5 个方程，可得 F_1 方程，即

$$(A_1^{L2} C_3^L D_1^4 - 1) X^2 + A_2^{L2} C_3^L D_1^6 n^2 + 2A_1^L A_2^L C_3^L D_1^5 n X - C_2^L A_1^L D_1^2 X - C_2^L A_2^L D_1^3 n + C_1^L = 0 \tag{4.78}$$

联立式(4.71)、式(4.72)、式(4.73)和式(4.77)等 4 个方程，可得 F_2 方程，即

$$B_1^L D_1^3 E X^2 + B_2^L D_1^4 n E X - n + E M_0 + n_0 = 0 \tag{4.79}$$

式中：$E=0.1875\Delta t/GD^2$；$M_0=M_{t0}-M_g-M_{g0}$。

F_1 方程和 F_2 方程均为二元二次方程，可采用牛顿-辛普森方法求解，在此不予重复。

若将二元二次方程组转化为一元四次方程，则有

$$X^4+a_0^LX^3+b_0^LX^2+c_0^LX+d_0^L=0 \tag{4.80}$$

式中

$$a_0^L=\frac{2A_1^LC_3^LD_1^8E(A_2^LB_1^L-A_1^LB_2^L)+B_2^LC_2^LD_1^{10}E^2(A_2^LB_1^L-A_1^LB_2^L)+2B_2^LED_1^4}{C_3^LD_1^{12}E(A_2^LB_1^L-A_1^LB_2^L)^2-B_2^{L2}E^2D_1^8}$$

$$b_0^L=\frac{2A_2^LC_3^LD_1^9E(n_0+EM_0)(A_2^LB_1^L-A_1^LB_2^L)+C_2^LD_1^6E(2A_1^LB_2^L-A_2^LB_1^L)+A_1^{L2}C_3^LD_1^4+B_2^{L2}C_1^LE^2D_1^8-1}{C_3^LD_1^{12}E(A_2^LB_1^L-A_1^LB_2^L)^2-B_2^{L2}E^2D_1^8}$$

$$c_0^L=\frac{2A_1^LA_2^LC_3^LD_1^5E(n_0+EM_0)-A_1^LC_2^LD_1^2+A_2^LB_2^LC_2^LED_1^7(n_0+EM_0)-2B_2^LC_1^LED_1^4}{C_3^LD_1^{12}E(A_2^LB_1^L-A_1^LB_2^L)^2-B_2^{L2}E^2D_1^8}$$

$$d_0^L=\frac{A_2^{L2}C_3^LD_1^6(n_0+EM_0)^2-A_2^LC_2^LD_1^3(n_0+EM_0)+C_1^L}{C_3^LD_1^{12}E(A_2^LB_1^L-A_1^LB_2^L)^2-B_2^{L2}E^2D_1^8}$$

一元四次方程的解析解如下：

$$X_{1,2}=-\frac{\dfrac{a_0^L+\sqrt{8y^L+a_0^{L2}-4b_0^{L2}}}{2}\pm\sqrt{\dfrac{a_0^{L2}-4y^L-2b_0^{L2}}{2}+\dfrac{a_0^{L3}-4a_0^Lb_0^{L2}+8c_0^L}{2\sqrt{8y^L+a_0^{L2}-4b_0^{L2}}}}}{2} \tag{4.81}$$

$$X_{3,4}=-\frac{\dfrac{a_0^L-\sqrt{8y^L+a_0^{L2}-4b_0^{L2}}}{2}\pm\sqrt{\dfrac{a_0^{L2}-4y^L-2b_0^{L2}}{2}-\dfrac{a_0^{L3}-4a_0^Lb_0^{L2}+8c_0^L}{2\sqrt{8y^L+a_0^{L2}-4b_0^{L2}}}}}{2} \tag{4.82}$$

式中

$$y^L=z^L+\frac{b_0^L}{6}$$

$$z^L=\sqrt[3]{-\frac{q^L}{2}+\sqrt{\left(\frac{q^L}{2}\right)^2+\left(\frac{p^L}{3}\right)^3}}+\sqrt[3]{-\frac{q^L}{2}-\sqrt{\left(\frac{q^L}{2}\right)^2+\left(\frac{p^L}{3}\right)^3}}$$

$$p^L=\frac{a_0^Lc_0^L}{4}-\frac{b_0^{L2}}{12}-d_0^L,\quad q^L=-\frac{b_0^{L3}}{108}+\frac{a_0^Lb_0^Lc_0^L+8b_0^Ld_0^L-3a_0^{L2}d_0^L-3c_0^{L2}}{24}$$

如果上述 4 个根均不是正实数，说明该折线段不存在式(4.80)的解，工况点应移至相邻折线段再进行求解。

4.2.4　水轮发电机组启动、甩负荷等引起的瞬变过程

水轮发电机组的运行可归结为启动至空载、机组增减负荷、停机、事故甩负荷、导叶拒动导致飞逸等 5 种工况[5]。在导叶相对开度 $\tau_p(t)$、发电机阻力矩 $M_g(t)$ 已知的前提下，上述 5 种工况均可按照 F_1 方程式(4.78)和 F_2 方程式(4.79)进行模拟。若导叶相对开度未知，则需要补充调速器方程。关于调速器参与调节以及引起的稳定性问题将在第 11 章中介绍。

1. 机组启动至空载

机组启动的初始条件是开度 $\tau_p(0)=0$、转速 $n(0)=0$。发电机阻力矩 $M_g(t)$ 始终等于 0，导叶开度随时间变化规律如图 4.17 所示。图中，τ_x 表示空载开度，即机组额定转速对应的单位转速 n'_{10} 与飞逸曲线 $\eta=0$ 交点所对应的导叶开度，见图 4.18。

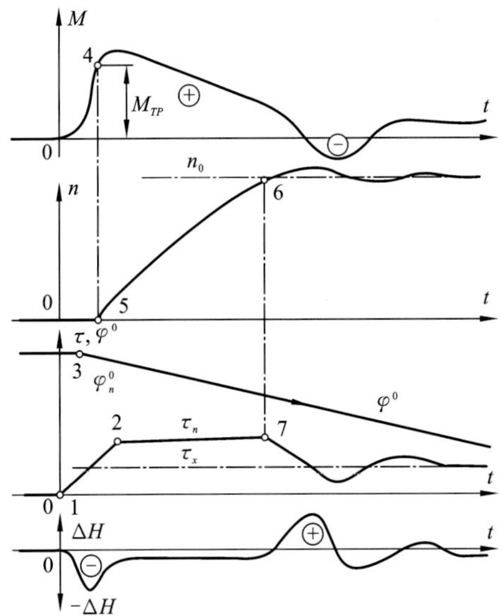

图 4.17 机组启动至空载的瞬变过程

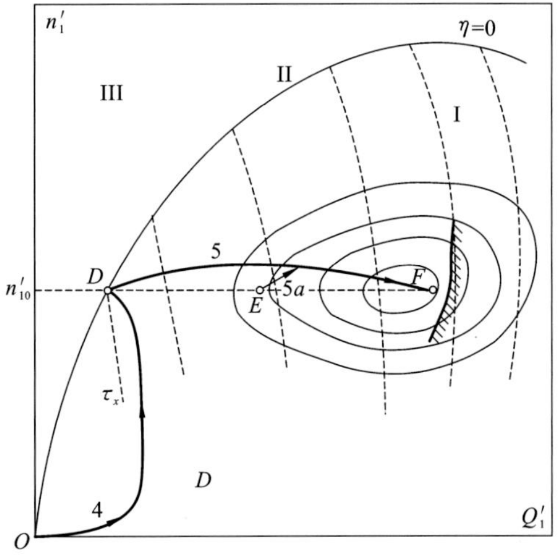

图 4.18 机组启动及增减负荷的工况点轨迹线

从图 4.17 可以看出，当机组接收到启动信号时，调速器主配阀向开启侧移动，按照事先给定的规律，接力器将导叶从 $\tau_p=0$ 打开到启动开度值 τ_n。$\tau_n>\tau_x$，其目的是让机组转速迅速上升，缩短启动时间。当转速到达额定转速 n_0 时，调速器以闭环方式运行，将导叶开度自动调整到空载开度 τ_x，并在此阶段中将发电机并入电网，完成机组启动至空载。图 4.18 给出了启动过程工况点移动的轨迹线。

在启动过程中，转速变化滞后于导叶开度，当轴力矩克服静摩擦力矩之后才开始上升，随着转速上升，轴力矩逐渐减小，其原因在导叶开度维持 τ_n 不变的阶段，$N=\gamma HQ\eta=\omega M$ 是基本不变的。另外，在导叶开度从 0 到 τ_n，机组引用流量不断增大，在蜗壳末端产生负水击，在尾水管进口产生正水击。若导叶的开启速率过快，有可能产生较大负水击。同理，当调速器以闭环方式将导叶开度减小到空载开度 τ_x 时，若导叶的关闭速率过快，有可能产生较大正水击。

2. 机组增减负荷

机组并入电网，转速基本是不变的，即 $\beta_T=\dfrac{n-n_0}{n_0}=0$。若采用开度调节方式，即给定导叶随时间变化过程，则机组的出力将不受限制。所以，机组增减负荷瞬变过程可以由式(4.78)进行模拟，其中 $n=n_0$，即

$$(A_1^{L2}C_3^LD_1^4-1)X^2+(2A_1^LA_2^LC_3^LD_1^5n_0-C_2^LA_1^LD_1^2)X+A_2^{L2}C_3^LD_1^6n_0^2-C_2^LA_2^LD_1^3n_0+C_1^L=0 \tag{4.83}$$

令 $a^L=A_1^{L2}C_3^LD_1^4-1$，$b^L=2A_1^LA_2^LC_3^LD_1^5n_0-C_2^LA_1^LD_1^2$，$c^L=A_2^{L2}C_3^LD_1^6n_0^2-C_2^LA_2^LD_1^3n_0+C_1^L$，方程(4.83)的解为

$$X=\frac{-b^L\pm\sqrt{b^{L2}-4a^Lc^L}}{2a^L} \tag{4.84}$$

由于 X 的物理意义决定了只能是正实数，若不能满足要求，说明该折线段不存在方程式(4.83)的解，工况点应移至相邻折线段再进行求解。

当忽略蜗壳末端与尾水管进口的流速头之差时，即 $C_3^L=0$，式(4.83)可简化为

$$X^2+C_2^LA_1^LD_1^2X+C_2^LA_2^LD_1^3n_0-C_1^L=0 \tag{4.85}$$

$$X=\frac{-C_2^LA_1^LD_1^2+\sqrt{C_2^{L2}A_1^{L2}D_1^4+4C_1^L-4C_2^LA_2^LD_1^3n_0}}{2} \tag{4.86}$$

并且，由式(4.79)得

$$M_0=B_1^LD_1^3X^2+B_2^Ln_0D_1^4X \tag{4.87}$$

此外，由于水击 ξ_T 和机组转速偏差 β_T 的不同，工况点的轨迹线相对于直线 $n'_1=n'_{10}$ 的位置与形状亦将不同。

$$n'_1=\frac{nD_1}{\sqrt{H}}=\frac{n_0(1+\beta_T)D_1}{\sqrt{H_0(1+\xi_T)}}=n'_{10}\frac{1+\beta_T}{\sqrt{1+\xi_T}} \tag{4.88}$$

机组增负荷时，机组引用流量增大，在蜗壳末端产生负水击，在尾水管进口产生正水击，所以 $\xi_T<0$，轨迹线在 n'_{10} 的上面经过。从 D 点到 F 点，或从 E 点到 F 点，见图 4.18。同理，机组减负荷时，机组引用流量减小，在蜗壳末端产生正水击，在尾水管进口产生负水击，所以 $\xi_T>0$，轨迹线在 n'_{10} 的下面经过。如果全部负荷都卸掉，则轨迹沿 $2a$ 到 B 点；如果只卸掉部分负荷，则沿 $2a$ 运动到新的工况点 C，见图 4.19。

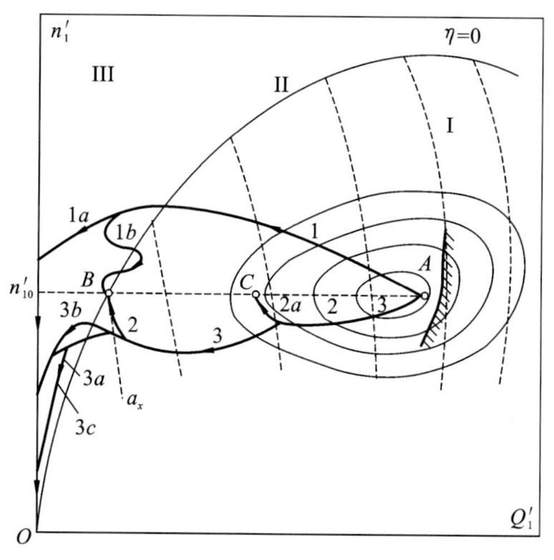

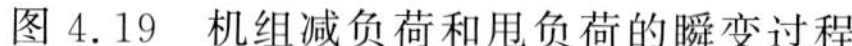
图 4.19　机组减负荷和甩负荷的瞬变过程

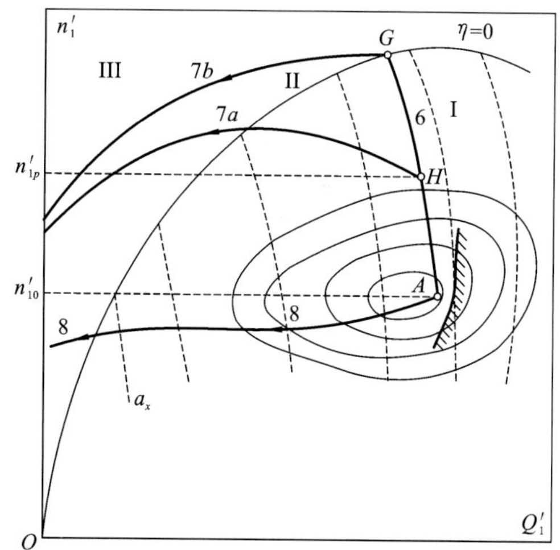

图 4.20　机组飞逸及脱离飞逸的瞬变过程

3. 事故甩负荷与正常停机

机组由于某种事故的发生脱离电网，在图 4.19 中工况点将随着导叶开度减小向左移动，越过飞逸线进入水轮机制动工况区。如果调节过程以导叶完全关闭而告终，则工况轨迹线 $1a$ 就一直留在水轮机制动工况区内；如果甩负荷后调速器把水轮机带回空载运行，那么轨迹将沿 $1b$ 线又回到水轮机工况区，经过往复几次摆动，停止在交点 B 上。

由式(4.88)可知，当 ξ_T 较小和 β_T 较大时，$n'_1>n'_{10}$，工况点轨迹线将从 n'_{10} 直线上面通过；当 ξ_T 较大和 β_T 较小时，$n'_1<n'_{10}$，工况点轨迹线将从 n'_{10} 直线下面通过。事故甩负荷机组转速往往较大，所以工况点轨迹线如图 4.19 中 1*a* 所示。

正常停机的轨迹的前一部分与减负荷相同。若空载开度后导叶继续关闭，工况点将越过飞逸线，进入水轮机制动区，最后终止在原点。图 4.19 中轨迹线 3 在越过空载开度之后的路径与机组从电网切除的时间有关。$M_t=0$ 时切除，3*a* 平顺到原点；提前切除，有多余的出力，转速略为升高，沿 3*b* 运动；迟后切除，由于电网负荷和水流本身的双重制约，沿 3*c* 急剧下降。

4. 飞逸及脱离飞逸

机组突然甩负荷，接力器拒动，开度不变，转速急剧上升到图 4.20 中 *G* 点。此时，机组转速达到最大值。

脱离飞逸：在一般情况下，机组是不允许飞逸到 *G* 点的，当机组开始飞逸 $n'_1=n'_{1p}$ 时，自动保护将操作事故配压阀强使导叶迅速关闭，从图 4.20 中 *H* 点沿 7*a* 运动。在特殊情况下，到 *G* 点沿 7*b* 运动。最终回到原点。

图 4.21～图 4.24 分别给出了机组增负荷、正常停机、甩负荷、飞逸及脱离飞逸瞬变过程中有关参数的变化，有利于对其变化规律或趋势的理解。

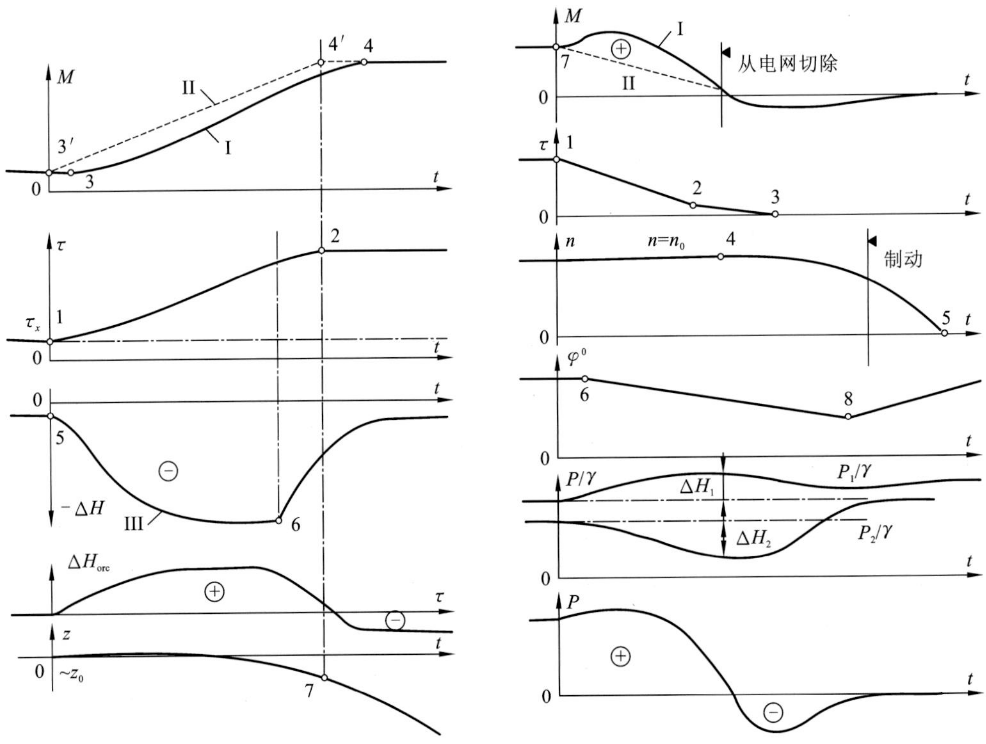

图 4.21 从 $N=0$ 增负荷瞬变过程中有关参数的变化　图 4.22 正常停机瞬变过程中有关参数的变化

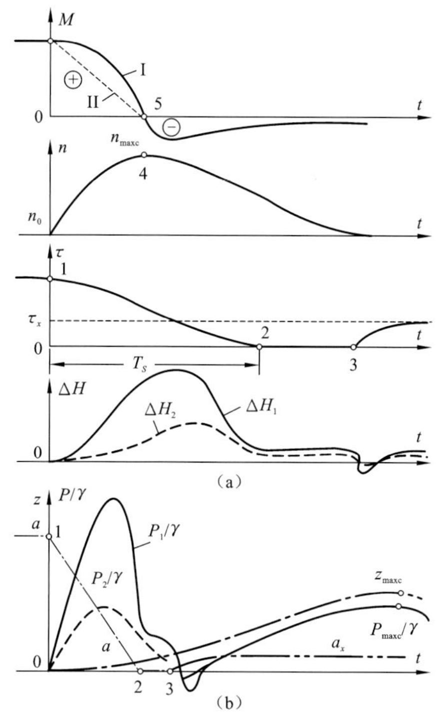

图 4.23　机组甩负荷瞬变过程中有关参数的变化

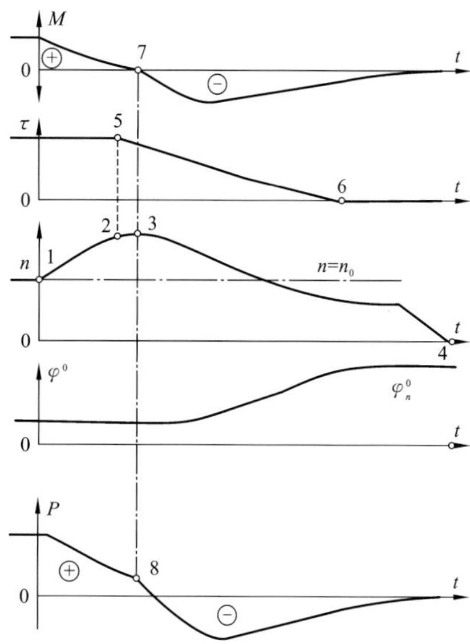

图 4.24　飞逸及脱离飞逸瞬变过程中有关参数的变化

4.3　空压机及系统瞬态分析

4.3.1　风机的分类

泵是用于输送液体的流体机械，风机是输送气体的流体机械，两者的工作原理、结构型式完全一致。所以风机也可以分为容积式风机和叶片式风机，前者简称为空压机，后者简称为风机。风机还可以按产生的全压（全压是指压能与动能之和）的高低分为通风机（全压小于 14.709 kPa）和鼓风机（全压在 14.709～241.6 kPa）。而空压机的全压大于 241.6 kPa。

叶片式风机同样遵循式(4.6)～式(4.8)表征的流体机械的相似准则。图 4.25 为某一型号风机的通用性能曲线。该曲线也是以工作参数来表征的，即以流量 Q 为横坐标、全风压 H 为纵坐标、等效率 η 和等转速 n 为参变量。该图表明叶片式风机的全风压与流量的性能曲线也是二次曲线，其数学回归及数学描述是很简单的；转速越大，全风压越高。

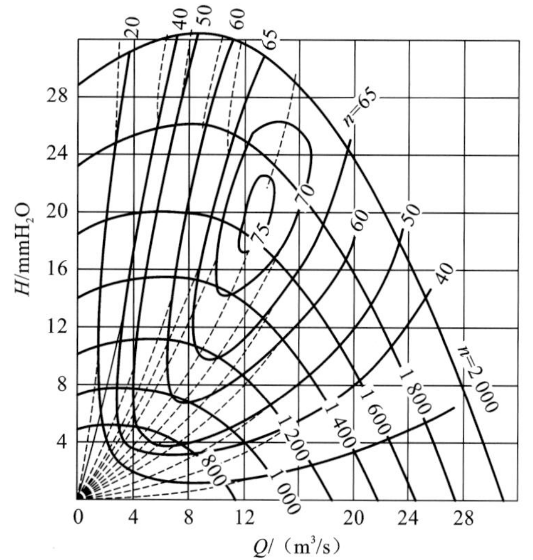

图 4.25　某一型号风机的通用性能曲线

对于叶片式风机,被输送气体的流速相对较高,以致速度头在总压头中占有相当的比重。为了反映该特点,某些风机性能曲线图上,还绘有流量与静压曲线、流量与静压效率曲线,见图 4.26。

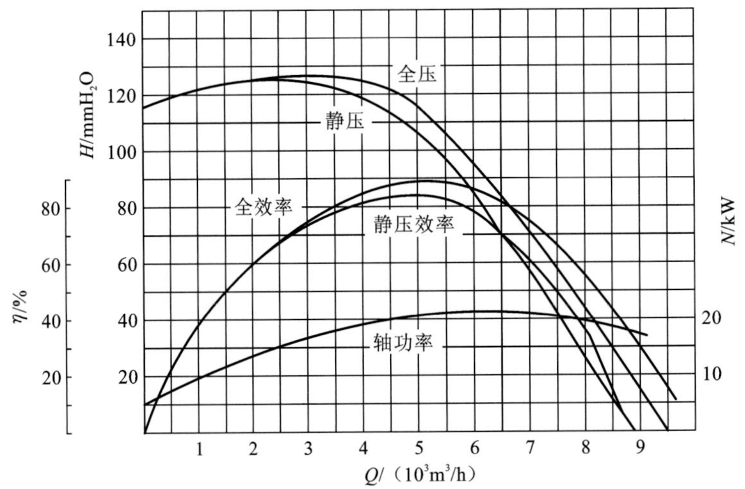

图 4.26 某一型号风机的能量性能曲线

从图 4.25 和图 4.26 可以看出,当风机全风压较低,被输送气体的压缩性可以忽略时,其性能曲线仍然可以采用工作参数——流量来表示,而不必像全风压较高的风机,需要采用质量的流量来表示。

4.3.2 往复式空压机工作原理及活塞的运动规律

在往复式空压机中,气体是靠在气缸内做往复运动的活塞(柱塞)进行加压。图 4.27 为单级单作用往复式空压机的示意图。当活塞向右移动时,气缸内压强降低,当该压强略小于作用在吸气管外压强时,单向吸气阀被打开,气体在 p_1 作用下进入气缸内,该过程称为吸气过程。当活塞反行时,吸气阀立刻关闭,气缸内气体被活塞挤压,这个过程称为压缩过程。当气缸内被压缩气体的压强略大于排气阀外压强 p_2 时,单向排气阀被打开,被压缩气体排入高压的排气管内,这个过程称为排气过程。至此,完成了一个工作循环。

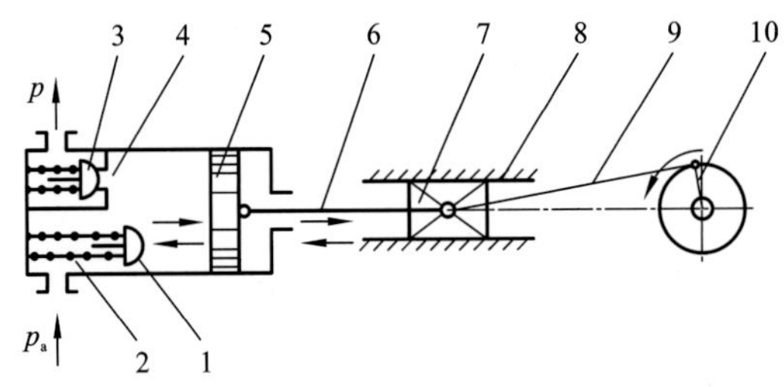

图 4.27 往复式空压机的示意图

为了研究气缸内活塞的运动规律，如图 4.28 所示，令曲柄旋转半径为 R_k，连杆长度为 S_k，从曲柄连杆完全伸直的位置作为原点起算的位移为 x_k，则有如下表达式[2]。

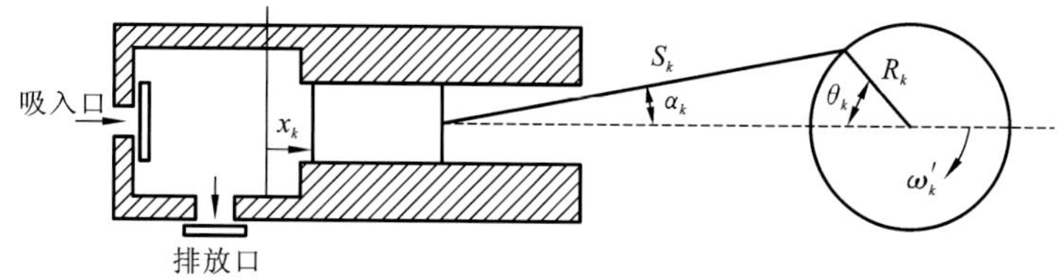

图 4.28　气缸内活塞运动规律的示意图

活塞的位移为

$$x_k = R_k(1-\cos\theta_k) + S_k(1-\cos\alpha_k) \tag{4.89}$$

由于 $R_k \sin\theta_k = S_k \sin\alpha_k$，所以有

$$x_k = R_k(1-\cos\theta_k) + S_k\left(1-\sqrt{1-\left(\frac{R_k}{S_k}\right)^2 \sin^2\theta_k}\right) \tag{4.90}$$

当 $\theta_k = 0 \to \pi$ 时，$x_k = 0 \to 2R_k$，为吸气冲程；当 $\theta_k = \pi \to 2\pi$ 时，$x_k = 2R_k \to 0$，为压气及排气冲程。

式(4.90)对时间 t 求导，得到活塞运动的速度 $\dot{x}_k$：

$$\dot{x}_k = \omega_k R_k \sin\theta_k \left(1-\frac{R_k\cos\theta_k}{\sqrt{S_k^2 - R_k^2 \sin^2\theta_k}}\right) \tag{4.91}$$

式中：$\omega_k = \dfrac{\mathrm{d}\theta_k}{\mathrm{d}t}$是曲柄运动的角速度。

显然，ω_k 越大，$\dot{x}_k$越快，空压机的排气压强越大。除此之外，通常采用多级压缩来增大排气压强，图 4.29 为两级压缩的空压机结构示意图。由于气体在压缩过程中要产生大量的热量，有必要在各级之间将气体引入中间冷凝器进行冷却。

多级压缩除了能降低排气温度、提高容积系数之外，还能节省功率的消耗和降低活塞上的气体作用力。空压机的级数越多，越接近等温过程，但结构越复杂，发生故障的可能性越大。表 4.3 是进气压为大气压，终了压与级数之间的统计值[6]，可供参考。

表 4.3　当进气压 p_1 为大气压，终了压 p_2 与级数 z 的关系

p_2(大气压)	5～6	6～30	14～150	36～400	150～1000
z	1	2	3	4	5

多级压缩所需的功率与中间压强的分配有关。显然，最有利的分配是使各级压缩所消耗的功率之和到达最小值。对于多级空压机，各级的压缩比 ε(每一级出口压强与进口压强之比)相等时，所消耗的总功率最小。

$$\varepsilon = \sqrt[z]{\frac{p_2}{p_1}} \tag{4.92}$$

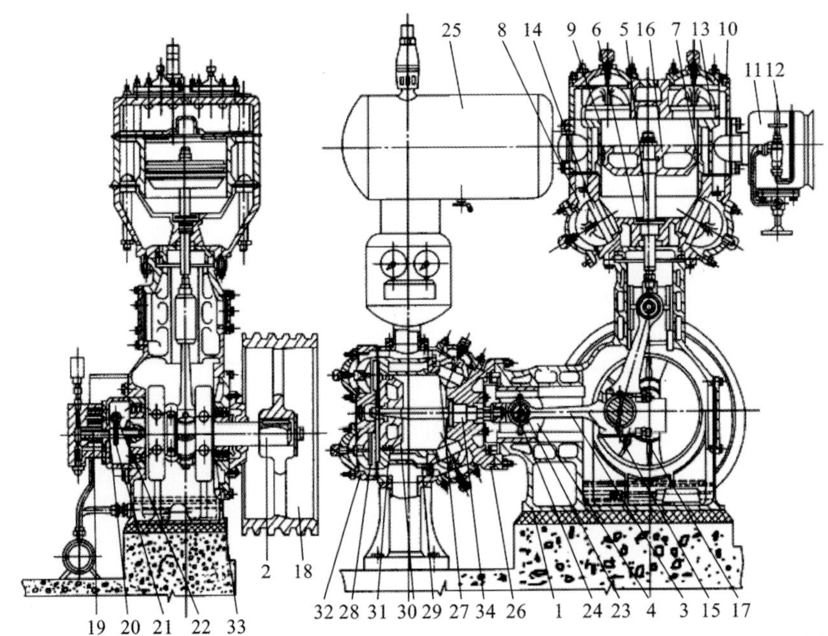

1—机身；2—曲轴；3—连杆；4—十字头；5—活塞杆；6—一级填料函；7—一级活塞环；8—一级气缸座；9—一级气缸；10—一级气缸盖；11—减荷阀组件；12—负荷调节器；13—一级吸气阀组；14—一级排气阀；15—连杆轴瓦；16—一级活塞；17—连杆螺杆；18—三角皮带轮；19—齿轮泵组件；20—注油器；21、22—蜗轮及蜗杆；23—十字头销铜套；24—十字头销；25—中间冷却器；26—二级气缸座；27—二级吸气阀组；28—二级排气阀组；29—二级气缸；30—二级活塞；31—二级活塞环；32—二级气缸盖；33—滚动轴承；34—二级填料函

(a)

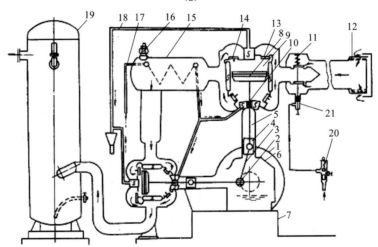

1—皮带轮；2—曲轴；3—连杆；4—十字头；5—活塞杆；6—机身；7—底座；8—活塞；9—气缸；10—填料箱；11—减荷阀；12—滤风器；13—吸气阀；14—排气阀；15—中间冷却器；16—安全阀；17—进水管；18—出水管；19—风包；20—压力调节器；21—减荷阀组件

(b)

图 4.29　L 型空压机的结构示意图

4.3.3　往复式空压机的排气量与流量脉动

空压机的排气量，通常是指单位时间内空压机最后一级排出的气体量换算到第一级进口状态时的气体体积，常用单位是 m^3/min 或者 m^3/h。

空压机的理论排气量如下。

单作用式空压机：

$$Q_l = A_p 2R_p n_p \tag{4.93}$$

双作用式空压机：

$$Q_l = (2A_p - f_p) 2R_p n_p \tag{4.94}$$

式中：A_p 是活塞的横截面面积；$2R_p$ 是活塞的行程；n_p 是单位时间内往复的次数；f_p 是一级活塞杆的横截面面积。

空压机的实际排气量

$$Q_s = \lambda_v \lambda_p \lambda_t \lambda_l Q_l = \lambda_0 Q_l \tag{4.95}$$

式中：λ_v 是考虑余隙容积影响的容积系数；λ_p 是考虑吸气阀的压强损失使排气量减小的压强系数；λ_t 是考虑气体被压缩时温度升高使吸气量减小的温度系数；λ_l 是考虑机器泄漏影响的泄漏系数；而上述 4 个系数的乘积 λ_0 称为排气系数。

下面仅分析余隙容积产生的原因以及可能存在的流量脉动[6]。

在空压机吸气过程中，由活塞位移产生的流量是$\dot{x}_p A_p$。由于吸入的气体具有可压缩性，活塞并不能在曲柄旋转整个 180°中都将气体吸入气缸。如在排气冲程的末尾，隔离在两个阀门之间的气体处于排气压强状态。要打开吸气阀，气缸中的气体必须先减压，这就需要相应的角位移 θ_{p0}。对应于角度 θ_{p0}，活塞已经具有速度$\dot{x}_p(\theta_{p0})$，该速度导致吸气压强在气体开始流入气缸时急速下降，并且产生流量的脉动。排气压强越大，θ_{p0} 和$\dot{x}_p(\theta_{p0})$就越大，从而流量脉动越剧烈。

θ_{p0}对应的体积$\forall(\theta_{p0})$可以用它对活塞全行程体积的比值 C_v 来表示，即

$$\forall(\theta_{p0}) = C_v 2R_p A_p \tag{4.96}$$

所以，可以得到 $\lambda_v = 1 - C_v$。

θ_{p0}的大小与平均的排气压强和吸气压强差值 $p_2 - p_1$ 以及气体的容积弹性模量 k_g 有关。对于吸气冲程，空压机开始吸气时刻，活塞的位置为

$$x_{p0} = C_v 2R_p \left(\frac{p_2 - p_1}{k_g}\right) \tag{4.97}$$

显然，对于排气冲程，由于气缸内气体要经历压缩过程从开始排气，所以对应的 θ'_{p0}大于 $\theta_{p0} + \pi$，导致排气时的流量突然跳动更加激烈，即流量脉动更大。

4.3.4　空压机的排气温度、功率计算

空压机的排气温度可按绝热压缩公式计算[6]：

$$T_2 = T_1 \varepsilon^{\frac{k-1}{k}} \tag{4.98}$$

式中：T_2 为排气温度，K；T_1 为吸气温度，K；ε 为压缩比；k 为绝热指数。

根据绝热压缩功公式，通过单位换算，对于有中间冷凝器的多级空压机，在假设各级进口温度相同、各级压缩比相同的前提下，其理论功率 N(kW)可按式(4.99)计算：

$$N=1.634Fzp_1Q_1\frac{k}{k-1}(\varepsilon^{\frac{k-1}{zk}}-1) \tag{4.99}$$

式中：F 为中间冷凝器压强损失校正系数（二级压缩 $F=1.08$，三级压缩 $F=1.10$）；p_1 和 Q_1 分别为第一级进口气体绝对大气压和气体流量（m^3/min）；ε 为实际总的压缩比；z 为压缩级数。

空压机实际功率消耗 N_s(kW)：

$$N_s=\frac{N}{\eta_j\eta_c} \tag{4.100}$$

式中：η_j 为机械效率，大中型空压机 $\eta_j=0.9\sim0.95$，小型空压机 $\eta_j=0.85\sim0.9$；η_c 为传动效率，皮带传动 $\eta_c=0.96\sim0.99$，齿轮传动 $\eta_c=0.97\sim0.99$，直联 $\eta_c=1.0$。

空压机的理论功率方程还可以简化为

$$N=\dot{m}\left[k_1\left(\frac{p_2}{p_1}\right)^{k_2}-k_3\right] \tag{4.101}$$

式中：$\dot{m}$ 是气体的质量流量；p_2 是排气压强；p_1 是吸气压强；k_1、k_2 和 k_3 是表征空压机特性的常数。

在亚声速流动状态下，流经阀门或调节器的气体质量流量可用式(4.102)表达：

$$\dot{m}=k_f\sqrt{(p_u-p_2)p_2} \tag{4.102}$$

在声速流动状态下，则有

$$\dot{m}=k_fp_u/2 \tag{4.103}$$

式中：$p_u>p_2$ 是气体流入阀门侧的压强；k_f 是阀门系数，取决于阀门过流面积、损失系数等。

此外，各种阀门可以用作流量控制、吸气或排气的压强控制。

4.3.5 气体输配系统的瞬变过程

气体输配系统运行时，用户对用气量的需求是经常变化的，这就要求空压机的排气量随之而变，即要求对空压机质量流量进行调节。

由式(4.101)可知，当空压机功率不变条件下，改变吸气压强或排气压强，气体质量流量将随之而变；同样，在吸气压强和排气压强不变条件下，改变空压机功率，气体质量流量也将随之而变。

(1) 改变吸气压强：降低吸气压强，活塞完成一个循环后所吸入的气体体积(折算为标准状态)就减少。此外，当吸气压强降低、排气压强不变时，压缩比升高，使容积系数 λ_v 下降，排气量降低。

(2) 改变排气压强：若吸气压强不变，增大排气压强，则压缩比升高，使容积系数 λ_v 下降，排气量减少。

(3) 改变空压机功率：改变空压机功率方法较多，最常用的方法之一是调节吸气阀的开度，其工作方式是气体被吸入气缸后，在压缩过程中又将部分已吸入气缸内的气体通过吸气阀推出气缸，通过改变推出的气体量实现空压机排气量的调节。方法之二是改变转数，显然降低转数，吸入气缸的气体速度和排除气缸的气体速度均下降，能满足调节气体质量流量的需要。该方法的优点是：气体在气缸停留时间增长，将获取较好的冷却效果，使空压机功率消耗降低。

此外，还有停转调节、停止吸入调节、旁路调节、连接补助容积调节等方法。在此不一一列举。总之，在实际应用中，应根据对空压机使用的要求、驱动方式、操作条件的不同，选择不同的调节方法，尽可能满足气体输配系统所要求的调节特性（间歇调节，分级或无级调节）、经济性以及可操作性。

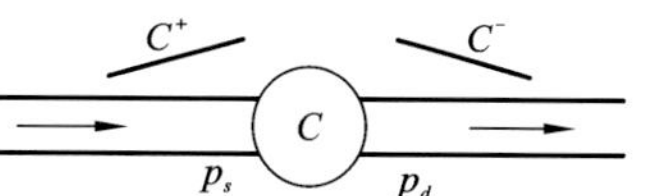

图 4.30　管道中装有空压机的气体输配系统示意图

图 4.30 和图 4.31 分别为管道中装有空压机的气体输配系统和具有较大容积储气罐的气体输配系统。

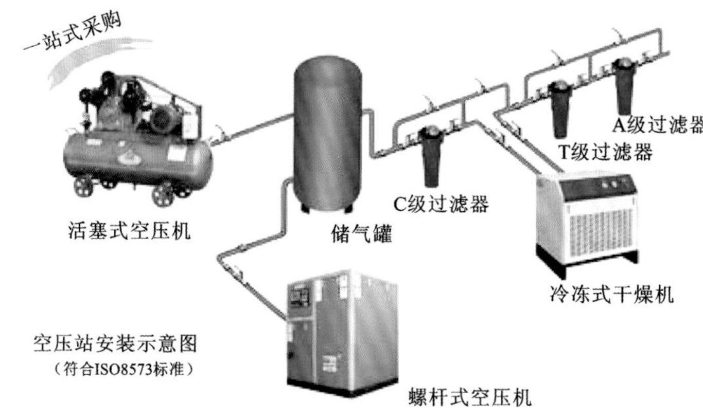

图 4.31　具有较大容积储气罐气体输配系统的示意图

若管道中间的空压机的功率随时间变化过程是已知的，即 $N=f_2(t)$，则有 3 个未知数（$\dot{m}$、p_1 和 p_2），方程为 C^+、C^- 和式(4.101)，联立求解就可以得到相应的瞬变过程。

储气罐是气体输配系统一个重要设备，设置储气罐通常有以下几个目的：①储存气量，一方面解决系统内短时间里可能出现的用气量的矛盾，另一方面可在空压机出现故障或其他突发性事件（如停电）时做临时急用；②消除或减弱活塞式空压机输出气流的脉动，稳定气源压力，保证输出气流连续平稳；③提供较大的气源容量，延长空压机“启动-停止”或“加载-卸载”的循环周期，减少电器设备和阀门的切换频度。

所以，具有较大容量储气罐的气体输配系统，其瞬变过程计算分析可以与空压机的瞬变过程分别处理。

参 考 文 献

[1] 武汉水利电力学院. 水泵及水泵站[M]. 北京：水利出版社，1981.

[2] WYLIE E B，STREETER V L. Fluid Transients in Systems[M]. 3rd ed. Englewood Cliffs：Prentice Hall，1993.

[3] THORLEY A R D. Fluid Transients in Pipeline Systems[M]. 2nd ed. Hoboken：John Wiley & Sons，2014.

[4] SUBRAMANYA K. Fluid Mechanics and Hydraulic Machines[M]. New Delhi：Mc Graw Hill(India) Private Limited，2008.

[5] Г. И. 克里夫琴科. 水电站动力装置中的过渡过程[M]. 常兆堂，周文通，吴培豪，译. 北京：水利出版社，1981.

[6] 蔡增基，龙天渝. 流体力学泵与风机[M]. 4 版. 北京：中国建筑工业出版社，1999.

第 5 章　频域法——阻抗法和状态矩阵法

5.1　管道瞬变流基本方程线性化

为了研究管道瞬变流的频率响应，需要将基本方程线性化，使之成为标准的非齐次双曲型偏微分方程组，以便获得解析解。忽略基本方程中所有的非线性项，并假定管道是棱柱体水平放置，则

$$H_X+\frac{1}{gA}Q_t+\frac{fQ^n}{2gDA^n}=0 \tag{5.1}$$

$$Q_X+\frac{gA}{a^2}H_t=0 \tag{5.2}$$

式中：H 为测压管水头；Q 为流量；A 为管道断面面积；D 为管道直径；f 为达西-魏斯巴赫摩阻系数；n 为摩阻损失项中的速度的指数；x 为对距离的偏导数；t 为对时间的偏导数。

将瞬时测压管水头 H 分为两部分，即平均或中值的测压管水头$\overline{H}$和振荡压力水头 h'。

$$H=\overline{H}+h'$$

同样，可以将流量分解成

$$Q=\overline{Q}+q'$$

而偏导数的表达式则写为

$$H_X=\overline{H}_X+h'_X,\quad Q_X=\overline{Q}_X+q'_X,\quad H_t=\overline{H}_t+h'_t,\quad Q_t=\overline{Q}_t+q'_t$$

定常条件下：

$$\overline{Q}_X=0,\quad \overline{Q}_t=0,\quad \overline{H}_t=0$$

$$\overline{H}_X=-\frac{f\overline{Q}^n}{2gDA^n}\quad（适用于紊流）$$

$$\overline{H}_X=-\frac{32\gamma\overline{Q}}{gD^2A}\quad（适用于层流）$$

将紊流摩阻项展开：

$$\frac{fQ^n}{2gDA^n}=\frac{f(\overline{Q}+q')^n}{2gDA^n}\cong\frac{f\overline{Q}^n}{2gDA^n}+\frac{nf\overline{Q}^{n-1}}{2gDA^n}q'+\cdots$$

如果 $q'<\overline{Q}$，则这个级数是收敛的。作为一阶近似，可取前两项代替。

将上述表达式代入式(5.1)和式(5.2)，整理得

$$h'_X+\frac{1}{gA}q'_t+Rq'=0 \tag{5.3}$$

$$q'_X+\frac{gA}{a^2}h'_t=0 \tag{5.4}$$

式中：R 是单位长度上线性化阻力，对于紊流 $R=\frac{nf\overline{Q}^{n-1}}{2gDA^n}$，对于层流 $R=\frac{32\gamma}{gD^2A}$，γ 为流体

的运动黏度。引入管道中流体的流感 L 和流容 C，即 $L=\dfrac{1}{gA}$，$C=\dfrac{gA}{a^2}$，可以将振荡流动的线性化方程式(5.3)和式(5.4)改写成

$$h'_X+Lq'_t+Rq'=0 \tag{5.5}$$

$$q'_X+Ch'_t=0 \tag{5.6}$$

在中频和高频振荡时，把壁面摩擦作为平均速度的静态函数处理将低估了波的衰减。由于壁面切应力和脉动流速的平均速度不相同，故通过一个系数修改流感项 $L=\dfrac{\zeta_L}{gA}$，系数 ζ_L 取决于雷诺数[1]，计算雷诺数时采用平均流量$\overline{Q}$。

采用分离变量法可以求解线性方程[2]。取式(5.5)和式(5.6)的偏导数并且联立这两个方程，首先消去 h'，然后消去 q'。最后得到两个形式上相同的方程：

$$q'_{XX}=CLq'_{tt}+RCq'_t \tag{5.7}$$

$$h'_{XX}=CLh'_{tt}+RCh'_t \tag{5.8}$$

假定 $h'=X(x)T(t)$，其中，X 仅仅是 x 的函数，而 T 仅仅是 t 的函数。代入式(5.8)整理得

$$\frac{1}{X}\frac{\mathrm{d}^2X}{\mathrm{d}x^2}=\frac{1}{T}\left(CL\frac{\mathrm{d}^2T}{\mathrm{d}t^2}+RC\frac{\mathrm{d}T}{\mathrm{d}t}\right)=\gamma^2 \tag{5.9}$$

式中：γ^2 是一个不依赖于 x 和 t 的复值常数。

式(5.9)的第一解 X 用 γ 和 x 表示为

$$X=A_1^*\mathrm{e}^{\gamma x}+A_2^*\mathrm{e}^{-\gamma x} \tag{5.10}$$

式中：A_1^* 和 A_2^* 是积分常数。

式(5.9)的第二解假设为谐和振荡，T 用 t 表示为

$$T=A_3^*\mathrm{e}^{St} \tag{5.11}$$

式中：S 是一个不依赖于 x 和 t 的复值常数。

将式(5.10)和式(5.11)代入式(5.9)得

$$\gamma^2=CS(LS+R) \tag{5.12}$$

于是，振荡压力水头的特解为

$$h'=\mathrm{e}^{St}(C_1\mathrm{e}^{\gamma x}+C_2\mathrm{e}^{-\gamma x}) \tag{5.13}$$

求出式(5.13)对时间的导数，再代入式(5.6)对 x 积分得

$$q'=-\frac{CS}{\gamma}\mathrm{e}^{St}(C_1\mathrm{e}^{\gamma x}-C_2\mathrm{e}^{-\gamma x}) \tag{5.14}$$

式中：常数 S 称为复频率或者拉普拉斯变量，它包含实部和虚部，$S=\sigma+\mathrm{i}\omega$；常数 γ 是 S 的函数，称为传播常数。

另一个重要的函数定义为特定管路中流体的特征阻抗 Z_c，它也是一个不依赖于 x 和 t 的复值函数，即

$$Z_c=\frac{\gamma}{CS} \tag{5.15}$$

令：$H(x)=\dfrac{h'(x,t)}{\mathrm{e}^{st}}$，$Q(x)=\dfrac{q'(x,t)}{\mathrm{e}^{st}}$　则式(5.13)和式(5.14)改写为

$$H(x)=C_1 e^{\gamma x}+C_2 e^{-\gamma x} \tag{5.16}$$

$$Q(x)=-\frac{1}{Z_c}(C_1 e^{\gamma x}-C_2 e^{-\gamma x}) \tag{5.17}$$

根据管道边界条件 $x=0$ 处的 H_U 和 Q_U，可以求得积分常数 $C_1=\frac{1}{2}(H_U-Z_C Q_U)$，$C_2=\frac{1}{2}(H_U+Z_C Q_U)$。将积分常数代入式(5.16)和式(5.17)，并引入双曲函数，便可得到以管道位置 x 为变量的复水头函数和复流量函数。

$$H(x)=H_U\cos h(\gamma x)-Z_c Q_U\sin h(\gamma x) \tag{5.18}$$

$$Q(x)=-\frac{H_U}{Z_c}\sin h(\gamma x)+Q_U\cos h(\gamma x) \tag{5.19}$$

5.2 阻 抗 法

5.2.1 管道线单元的阻抗表达式

将管道末端边界条件 $x=L$ 处的 H_D 和 Q_D 代入式(5.18)和式(5.19)得

$$H_D=H_U\cos h(\gamma l)-Z_c Q_U\sin h(\gamma l) \tag{5.20}$$

$$Q_D=-\frac{H_U}{Z_c}\sin h(\gamma l)+Q_U\cos h(\gamma l) \tag{5.21}$$

通过解这两个方程得到以管道末端边界条件 H_D 和 Q_D 表示的上游首端的复水头和复流量的传递函数：

$$H_U=H_D\cos h(\gamma l)+Q_D Z_c\sin h(\gamma l) \tag{5.22}$$

$$Q_U=\frac{H_D}{Z_c}\sin h(\gamma l)+Q_D\cos h(\gamma l) \tag{5.23}$$

定义流体系统中给定点的水力阻抗为该点的复水头和复流量之比：

$$Z(x)\equiv\frac{H(x)}{Q(x)} \tag{5.24}$$

它是管路中某一断面的不依赖于时间的复变函数。由此定义上游端和下游端的水力阻抗分别为

$$Z_U=\frac{Z_D+Z_C\tan h(\gamma l)}{1+(Z_D/Z_C)\tan h(\gamma l)} \tag{5.25}$$

$$Z_D=\frac{Z_U-Z_C\tan h(\gamma l)}{1-(Z_U/Z_C)\tan h(\gamma l)} \tag{5.26}$$

对于无限长的管道，反射波不能回到原扰动点，故有 $Z_U=Z_C$ 和 $Z_D=-Z_C$。

对于每个断面的复函数即复水头、复流量、水力阻抗，可以用复数的模以及复数的相角来表示，于是

$$H(x)=|H(x)|e^{i\phi_h},\quad Q(x)=|Q(x)|e^{i\phi_q},\quad Z(x)=|Z(x)|e^{i\phi_Z}$$

模之间的关系是 $|H(x)|=|Z(x)||Q(x)|$，相角之间的关系是 $\phi_h=\phi_Z+\phi_q$。

为了进行系统的频率响应分析，一般的顺序是从系统的某一端开始，该端复水头、复流量或者水力阻抗已知，然后沿着线路通过包括全部附件的系统，到达另一端，此端的变

量之一或者水力阻抗也是已知的。于是，系统内任何位置的变量特性均可以根据感兴趣的频率激励来确定。因此，下一步的工作是确定各种边界条件、各种附件的水力阻抗关系式，以及串联、并联、分岔管的水力阻抗传递方式。

5.2.2　各种点单元的水力阻抗表达式

1. 给定水头

可以将管道任何一端处的水头设为已知值，如由波浪引起的水库水位变化。假设管道起点处水头按正弦规律变化：

$$h = \Delta H \sin \omega t \tag{5.27}$$

令 $h = H_U e^{i\omega t}$，代入式(5.27)，并求解方程得

$$H_U = -i\Delta H \tag{5.28}$$

式(5.28)即为管道首端给定水头正弦变化时，管道首端复水头的表达式。若管道末端给定水头正弦变化，则管道末端复水头可以表示为

$$H_D = -i\Delta H \tag{5.29}$$

$|H| \equiv 0$ 是一个特例，表示恒压水库或者自由出流端。其水力阻抗 $Z_U = \dfrac{H_U}{Q_U} \equiv 0$ 或者 $Z_D = \dfrac{H_D}{Q_D} \equiv 0$。

2. 给定流量

可以将管道任何一端处的流量设为已知值。假定管道进口处的流量按余弦规律变化：

$$q = \Delta Q \cos\omega t \tag{5.30}$$

令 $q = Q_U e^{i\omega t}$，代入式(5.30)中，并求解方程，得

$$Q_U = i\Delta Q \tag{5.31}$$

式(5.31)即为管道首端给定流量余弦变化时，管道首端复流量的表达式。若在管道末端给定流量余弦变化，则管道末端复流量可以表示为

$$Q_D = i\Delta Q \tag{5.32}$$

对于封闭端或盲端，$Q_D = 0$，则 $Z_D = \dfrac{H_D}{Q_D} = \infty$。

3. 串联管

串联管是指两根首尾相连的管道，如图 5.1 所示。

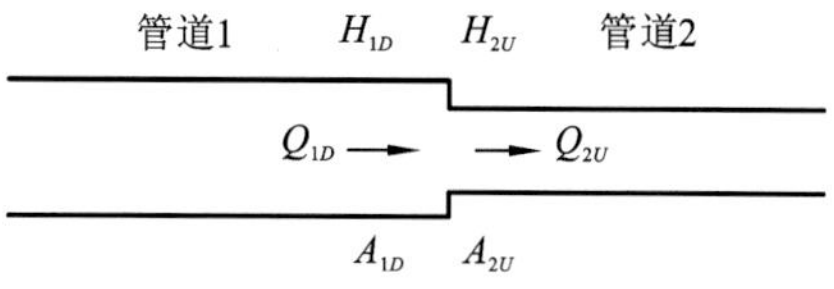

管道1　H_{1D}　H_{2U}　管道2
Q_{1D} →　→ Q_{2U}
A_{1D}　A_{2U}

图 5.1　串联管示意图

在两根管道的连接处，若不考虑该处流速头之差及局部水头损失，则前后断面的复水头和复流量满足：$H_{2U} = H_{1D}$，$Q_{2U} = Q_{1D}$，因此串联管的水力阻抗相等，即

$$Z_{2U} = Z_{1D} \tag{5.33}$$

如果考虑连接处流速头之差及局部水头损失，根据伯努利能量方程和连续性方程可得

$$\begin{cases}\overline{H}_{1D}+H_{1D}+\dfrac{(\overline{Q}_{1D}+Q_{1D})^2}{2gA_{1D}^2}=\overline{H}_{2U}+H_{2U}+\dfrac{(\overline{Q}_{2U}+Q_{2U})^2}{2gA_{2U}^2}+\dfrac{\zeta}{2g}\dfrac{(\overline{Q}_{2U}+Q_{2U})^2}{A_{2U}^2}\\ \overline{Q}_{1D}+Q_{1D}=\overline{Q}_{2U}+Q_{2U}\end{cases}\tag{5.34}$$

式中：$\overline{H}_{1D}$、$\overline{Q}_{1D}$分别为管道1末端面的平均水头和平均流量；$\overline{H}_{2U}$、$\overline{Q}_{2U}$分别为管道2首断面的平均水头和平均流量；A_{1D}为管道1末断面的断面积；A_{2U}为管道2首断面的断面积；ζ为连接处的局部水头损失系数。

在恒定流条件下，管道连接处前后断面的平均水头和平均流量应满足如下关系：

$$\begin{cases}\overline{H}_{1D}+\dfrac{\overline{Q}_{1D}^2}{2gA_1^2}=\overline{H}_{2U}+\dfrac{\overline{Q}_{2U}^2}{2gA_2^2}+\dfrac{\zeta\overline{Q}_{2U}^2}{2gA_2^2}\\ \overline{Q}_{1D}=\overline{Q}_{2U}\end{cases}\tag{5.35}$$

将瞬时流量的平方$(\overline{Q}_{1D}+Q_{1D})^2$进行展开，并略去高阶微量得

$$(\overline{Q}_{1D}+Q_{1D})^2=\overline{Q}_{1D}^2+2\overline{Q}_{1D}Q_{1D}\tag{5.36}$$

同理可得

$$(\overline{Q}_{2U}+Q_{2U})^2=\overline{Q}_{2U}^2+2\overline{Q}_{2U}Q_{2U}\tag{5.37}$$

将式(5.35)～式(5.37)代入方程组(5.34)中可得

$$\begin{cases}H_1D+\dfrac{\overline{Q}_{1D}Q_{1D}}{gA_1^2}=H_{2U}+\dfrac{(1+\zeta)\overline{Q}_{2U}Q_{2U}}{gA_2^2}\\ Q_{1D}=Q_{2U}\end{cases}\tag{5.38}$$

将式(5.38)表示为水力阻抗的形式：

$$Z_{2U}=Z_{1D}+\frac{\overline{Q}_{1D}}{gA_{1D}^2}-\frac{(1+\zeta)\overline{Q}_{2U}}{gA_{2U}^2}\tag{5.39}$$

4. 分岔管

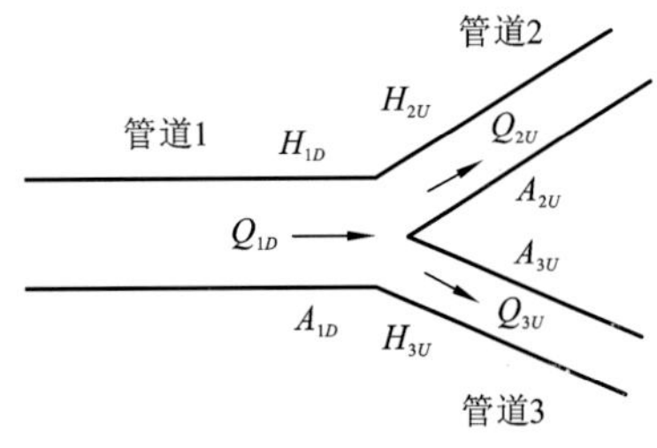

图 5.2 一进两出分岔管示意图

分岔管有一进两出、一进三出、两进一出、三进一出等多种型式。在此以一进两出分岔管为例(图5.2)，推导其水力阻抗的关系式。

根据连续性方程，该点单元的流量代数和为：$Q_{1D}=Q_{2U}+Q_{3U}$，若不考虑该点单元流速头之差及局部水头损失，即$H_{1D}=H_{2U}=H_{3U}$。故一进两出分岔管的水力阻抗关系式如下：

$$\frac{1}{Z_{1D}}=\frac{1}{Z_{2U}}+\frac{1}{Z_{3U}}\tag{5.40}$$

如果考虑该点单元流速头之差及局部水头损失，同样根据伯努利能量方程和连续性方程可得

$$\begin{cases}\overline{H}_{1D}+H_{1D}+\dfrac{(\overline{Q}_{1D}+Q_{1D})^2}{2gA_{1D}^2}-\dfrac{\zeta_{12}(\overline{Q}_{1D}+Q_{1D})^2}{2gA_{1D}^2}=\overline{H}_{2U}+H_{2U}+\dfrac{(\overline{Q}_{2U}+Q_{2U})^2}{2gA_{2U}^2}\\ \overline{H}_{1D}+H_{1D}+\dfrac{(\overline{Q}_{1D}+Q_{1D})^2}{2gA_{1D}^2}-\dfrac{\zeta_{13}(\overline{Q}_{1D}+Q_{1D})^2}{2gA_{1D}^2}=\overline{H}_{3U}+H_{3U}+\dfrac{(\overline{Q}_{3U}+Q_{3U})^2}{2gA_{3U}^2}\\ \overline{Q}_{1D}+Q_{1D}=\overline{Q}_{2U}+Q_{2U}+\overline{Q}_{3U}+Q_{3U}\end{cases}\tag{5.41}$$

式(5.41)中引入恒定流条件、略去高阶非线性项，并且令 $Z_{1D}=\dfrac{H_{1D}}{Q_{1D}}$，$Z_{2U}=\dfrac{H_{2U}}{Q_{2U}}$，$Z_{3U}=\dfrac{H_{3U}}{Q_{3U}}$，则有

$$\frac{Z_{1D}+\dfrac{(1-\zeta_{12})\overline{Q}_{1D}}{gA_{1D}^{2}}}{Z_{2U}+\dfrac{\overline{Q}_{2U}}{gA_{2U}^{2}}}+\frac{Z_{1D}+\dfrac{(1-\zeta_{13})\overline{Q}_{1D}}{gA_{1D}^{2}}}{Z_{3U}+\dfrac{\overline{Q}_{3U}}{gA_{3U}^{2}}}=1 \tag{5.42}$$

5. 并联环路

如图5.3所示的并联环路，可按分岔管给出每个接头处的水力阻抗关系式，并利用复水头差相等的关系式 $\dfrac{H_{D2}}{H_{U2}}=\dfrac{H_{D3}}{H_{U3}}$ 和每根并联管路的传递函数方程一起得到所需的水力阻抗关系式。

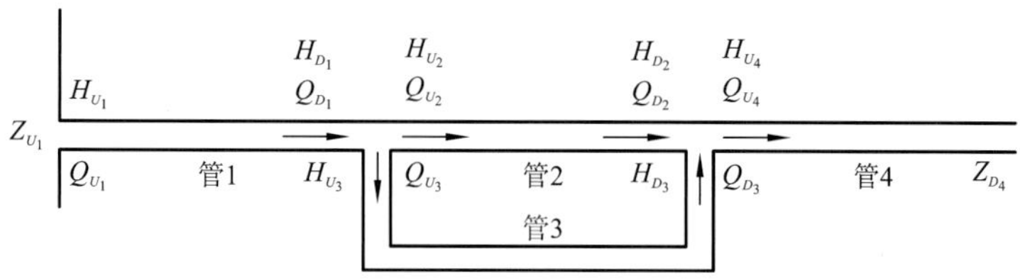

图5.3　并联环路示意图

6. 振荡阀和固定孔口

振荡阀是指在平衡位置附近做周期性振动的阀门，如图5.4所示，$\overline{\tau}_f$ 为阀门平均开度，τ_f 为阀门瞬时开度。

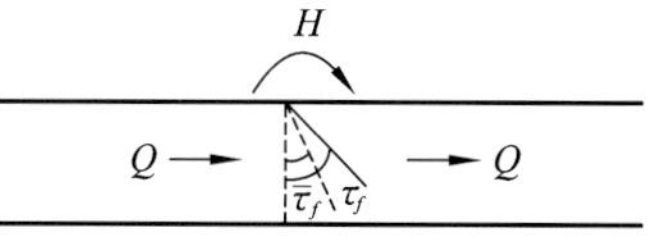

图5.4　振荡阀示意图

阀门任意位置时的过流量可以表示为

$$Q=\frac{Q_0}{\sqrt{H_0}}\tau_f\sqrt{H} \tag{5.43}$$

式中：H_0、Q 分别表示恒定流时阀门前后水头差和过流量。

将振荡阀瞬时开度 τ_f、瞬时过流量 Q 和瞬时水头 H 表示为平均值和振荡值之和，即 $\tau_f=\overline{\tau}_f+\tau_f'$，$Q=\overline{Q}+q'$，$H=\overline{H}+h'$，代入式(5.43)得

$$\overline{Q}+q'=\frac{Q_0}{\sqrt{H_0}}(\tau_f+\tau_f')\sqrt{\overline{H}+h'} \tag{5.44}$$

引入恒定流条件，并将 $\sqrt{\overline{H}+h'}$ 按泰勒公式展开，略去高阶微量，整理可得

$$q'=\overline{Q}\left(\frac{h'}{2\overline{H}}+\frac{\tau_f'}{\overline{\tau}_f}\right) \tag{5.45}$$

则有

$$h'=2\overline{H}\left(\frac{q'}{\overline{Q}}-\frac{\tau_f'}{\overline{\tau}_f}\right) \tag{5.46}$$

$$\frac{h'}{q'}=\frac{2\overline{H}}{\overline{Q}}-\frac{2\overline{H}\tau_f'}{\overline{\tau}_f q'} \tag{5.47}$$

令 $q'=Q_V e^{St}$，$h'=H_V e^{St}$，$\tau_f'=T_V e^{St}$，代入式(5.47)，即可得到振荡阀门水力阻抗：

$$Z_V=\frac{H_V}{Q_V}=\frac{2\overline{H}}{\overline{Q}}-\frac{2\overline{H}}{\overline{\tau}_f}\frac{T_V}{Q_V} \tag{5.48}$$

将式(5.48)中阀门振荡幅度 T_V 设为 0，则可以得到固定孔口的复流量和复水头之间的关系式：

$$Z_V=\frac{H_V}{Q_V}=\frac{2\overline{H}}{\overline{Q}} \tag{5.49}$$

7. 流体蓄能器

流体体积的弹性影响可以用集中参数近似地进行描述，如冷却水凝器中的水箱、旁路盲管中的流体。此时，可以忽略流体的黏性损失和惯性影响，并假设整个容器的压力是相同的。

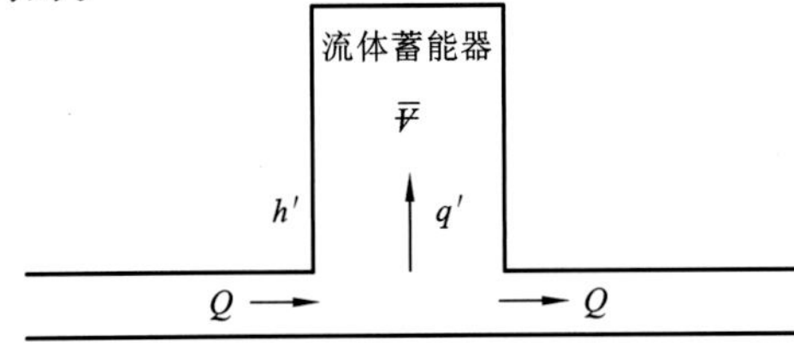

图 5.5 流体蓄能器示意图

如图 5.5 所示，令$\overline{\mathcal{V}}$为流体蓄能器的平均体积，υ' 为体积振荡变化值，并且 $\upsilon'=\mathcal{V}_A e^{i\omega t}$。振荡流量 q' 流出为正，它与 υ' 的关系如下：

$$q'=-\frac{d\upsilon'}{dt}=-i\omega\mathcal{V}_A e^{i\omega t} \tag{5.50}$$

根据流体体积弹性模量的本构关系$\frac{\upsilon'}{\overline{\mathcal{V}}}=\frac{\rho g h'}{K_e}$，得出

$$h'=\frac{\upsilon'}{\overline{\mathcal{V}}}\frac{K_e}{\rho g}=\frac{\mathcal{V}_A e^{i\omega t}}{\overline{\mathcal{V}}}\frac{K_e}{\rho g} \tag{5.51}$$

式中：K_e 为蓄能器的当量弹性容积模数。

联立式(5.50)和式(5.51)，得到蓄能器的水力阻抗：

$$Z_A=\frac{H_A}{Q_A}=\frac{h'}{q'}=\frac{iK_e}{\rho g\overline{\mathcal{V}}\omega} \tag{5.52}$$

式(5.52) 表明流体蓄能器的复水头超前复流量 $\pi/2$ 相位。

8. 空气室

空气室不考虑密封容器的弹性，并忽略液体和气体黏性的影响，如图 5.6 所示。令空气的平均体积为$\overline{\mathcal{V}}$，空气体积振荡值 $\upsilon'=\mathcal{V}_a e^{i\omega t}$，空气室内振荡流量为

$$q'=-\frac{d\upsilon'}{dt}=-i\omega\mathcal{V}_a e^{i\omega t} \tag{5.53}$$

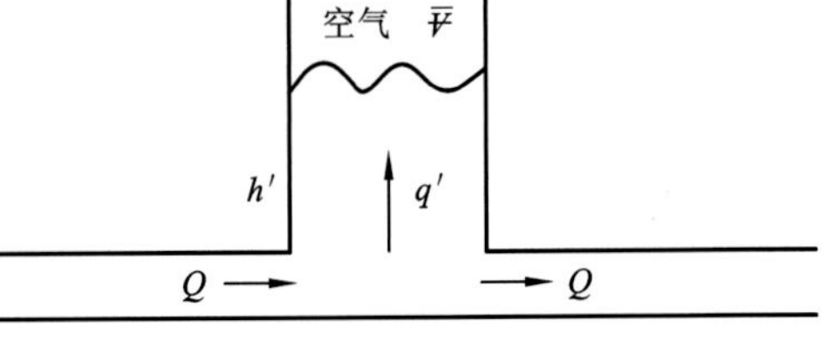

图 5.6 空气室示意图

由气体状态方程可知气体压强和体积满足如下关系

$$H\mathcal{V}^m=\text{const} \tag{5.54}$$

式中：m 为多变指数。当 $m=0$ 时为恒压过程；当 $m=1$ 时为恒温过程；当 $m=1.4$ 时为绝热过程。

将气体瞬时压力和瞬时体积表示为平均值和振荡值之和：$H=\overline{H}_A+h'$；$\mathcal{V}=\overline{\mathcal{V}}+\upsilon'$，

引入恒定流条件$\overline{H}\,\overline{\mathcal{V}}=\text{const}$，代入式(5.54)，并进行线性化处理得出

$$h'=-\frac{m\overline{H}}{\overline{\mathcal{V}}}\upsilon' \tag{5.55}$$

式(5.55)除以式(5.53)，可得出空气室的水力阻抗表达式：

$$Z_a=\frac{H_a}{Q_a}=\frac{h'}{q'}=\frac{m\overline{H}}{\mathrm{i}\omega\overline{\mathcal{V}}} \tag{5.56}$$

9. 集中惯量

如果管道的长度比较短，在低频振荡中满足如下关系：

$$\frac{\omega l}{a}<\frac{\pi}{12} \tag{5.57}$$

式中：ω为振荡频率；l为管道长度；a为水击波速。则可以将整个水柱看成一个集中惯量，例如调压室底部的连接管、蓄能器的狭窄通道等。

忽略管壁和水体的弹性，水柱的动量方程可简化如下：

$$g\frac{\partial H}{\partial x}+\frac{\partial V}{\partial t}+\frac{fV|V|}{2D}=0 \tag{5.58}$$

引入恒定流条件，并将摩阻项线性化，得

$$h'_U-h'_D-\frac{fl\overline{Q}}{gDA^2}q'=\frac{l}{gA}\frac{\mathrm{d}Q}{\mathrm{d}t} \tag{5.59}$$

引入流阻$R=\dfrac{f\overline{Q}}{gDA^2}$，流感$L=\dfrac{1}{gA}$，并令$h'_U=H_U\mathrm{e}^{\mathrm{i}\omega t}$，$h'_D=H_D\mathrm{e}^{\mathrm{i}\omega t}$，$q'=Q\mathrm{e}^{\mathrm{i}\omega t}$，于是，式(5.59)可化简为

$$H_U=H_D-(R+\mathrm{i}\omega L)lQ \tag{5.60}$$

因此，集中惯量的首、末端水力阻抗满足如下关系式：

$$Z_U=Z_D-(R+\mathrm{i}\omega L)l \tag{5.61}$$

10. 调压室

调压室面积为F，流进调压室流量为q，调压室底部测压管水头为h，调压室水位为y。令$h'=H_S\mathrm{e}^{\mathrm{i}\omega_S t}$，其中$\omega_S=\dfrac{2\pi}{T_S}=\sqrt{\dfrac{gA}{LF}}$是调压室水位波动圆频率，$T_S$是调压室水位波动理论周期。

$$q'=F\frac{\mathrm{d}y'}{\mathrm{d}t} \tag{5.62}$$

$$\frac{\mathrm{d}h'}{\mathrm{d}t}=\mathrm{i}\omega_S H_S\mathrm{e}^{\mathrm{i}\omega_S t} \tag{5.63}$$

对于简单式调压室(图5.7)：

$$y'=h' \tag{5.64}$$

所以

$$Z_S=\frac{H_S}{Q_S}=\frac{h'}{q'}=-\frac{\mathrm{i}}{\omega_S F} \tag{5.65}$$

对于阻抗式调压室[3](图5.8)：

$$y'=h'-\zeta_T q'|q| \tag{5.66}$$

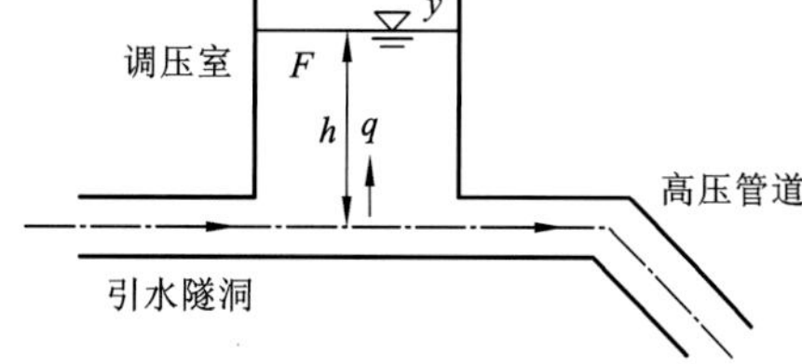

图5.7　简单式调压室示意图

式中：ζ_T 为调压室阻抗系数。

引入调压室流量时间常数 $T_q=\zeta_T F|q|$，式(5.66)改写为

$$y'=h'-\frac{T_q}{F}q' \tag{5.67}$$

$$\frac{h'}{q'}=\frac{T_q}{F}+\frac{y'}{q'} \tag{5.68}$$

令 $y'=Y_S\mathrm{e}^{\mathrm{i}\omega_S t}$，$q'=Q_S\mathrm{e}^{\mathrm{i}\omega_S t}$，$h'=H_S\mathrm{e}^{\mathrm{i}\omega_S t}$，并与式(5.62)一起代入式(5.68)，得

$$Z_S=\frac{H_S}{Q_S}=\frac{h'}{q'}=\frac{T_q}{F}-\frac{\mathrm{i}}{\omega_S F} \tag{5.69}$$

当 $T_q=0$ 时，式(5.69)即为简单式调压室水力阻抗公式。

对于气垫式调压室(图 5.9)，其大井可以视为空气室，水力阻抗由式(5.56)确定；连接大井与引水隧洞的竖管可视为集中惯量，其水力阻抗由式(5.61)确定。

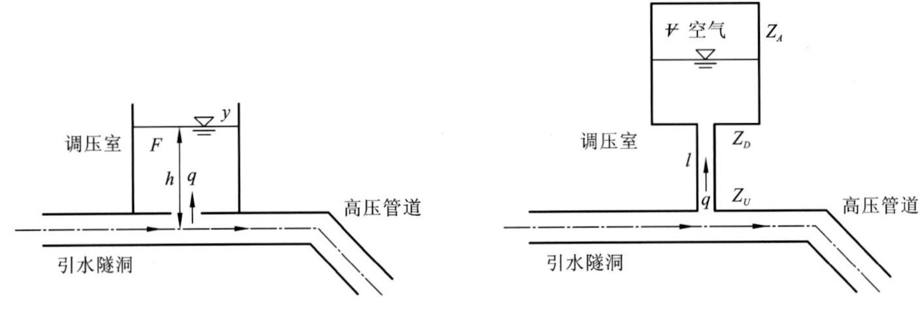

图 5.8 阻抗式调压室示意图　　图 5.9 气垫式调压室示意图

由于大井连接在竖管尾部，故大井水力阻抗与竖管末端阻抗相等：$Z_a=Z_D$。故竖管首端水力阻抗为

$$Z_U=\frac{m\overline{H}}{\mathrm{i}\omega\overline{V}}-(R+\mathrm{i}\omega L)l \tag{5.70}$$

由于竖管的平均流量 $\overline{Q}=0$，则竖管的流阻 $R=\dfrac{f\overline{Q}}{gDA^2}=0$，故气垫式调压室水力阻抗：

$$Z_U=\frac{m\overline{H}}{\mathrm{i}\omega\overline{V}}-\frac{\mathrm{i}\omega l}{gA} \tag{5.71}$$

式中：$\overline{V}$ 为气垫式调压室中的气体的平均体积；$\overline{H}$ 为气体的平均压力；l 为竖管的长度；A 为竖管的断面面积；ω 为强迫振动频率。

11. 离心泵

当离心泵的平均流量为 $\overline{Q}$ 时，泵的特性曲线对应的斜率为 M，通过泵的总水头增量为 $(\overline{H}_U+h'_U)-(\overline{H}_D+h'_D)$。振荡流量与振荡水头之间的关系是 $h'_U-h'_D=Mq'$，所以离心泵的水力阻抗传递方程是：

$$Z_U=Z_D+M \tag{5.72}$$

12. 水轮机

水轮机在开度不变、转速不变运行条件下，水轮机流量对水头的传递系数 e_{qh} 定义为

$$e_{qh}=\frac{\Delta Q/Q}{\Delta H/H}=\frac{H}{Q}\frac{\partial Q}{\partial H} \tag{5.73}$$

而机组水力阻抗[4]定义为 $Z_T=\dfrac{\partial H}{\partial Q}$，故

$$Z_T=\frac{H}{Q}\frac{1}{e_{qh}} \tag{5.74}$$

机组工作参数和单位参数之间满足下列关系：$Q=Q_1'D_1^2\sqrt{H}$，$n=\dfrac{n_1'\sqrt{H}}{D_1}$；故 $\sqrt{H}=\dfrac{nD_1}{n_1'}$，$Q=\dfrac{nQ_1'D_1^3}{n_1'}$，对之求偏导，代入式(5.73)得

$$e_{qh}=\frac{H}{Q}\frac{n_1'D_1\left(Q_1'-n_1'\dfrac{\partial Q_1'}{\partial n_1'}\right)}{2n} \tag{5.75}$$

将式(5.75)代入式(5.74)可得

$$Z_T=\frac{2n}{n_1'D_1\left(Q_1'-\dfrac{\partial Q_1'}{\partial n_1'}n_1'\right)} \tag{5.76}$$

水轮机在出力不变、转速不变运行条件下，机组水力阻抗关系式推导如下。

混流式水轮机动态特性表示为

$$m_t=e_y y+e_x x+e_h h \tag{5.77}$$

$$q=e_{qy}y+e_{qx}x+e_{qh}h \tag{5.78}$$

若调速方程采取水轮机出力相对变化率 p 等于力矩相对变化率 m_t 和转速相对变化率 x 之和的形式，即

$$p=m_t+x \tag{5.79}$$

将式(5.77)和式(5.78)代入式(5.79)，整理得

$$p=\frac{e_y}{e_{qy}}q+\left(1-\frac{e_y e_{qx}}{e_{qy}}+e_x\right)x+\left(e_h-\frac{e_y e_{qh}}{e_{qy}}\right)h \tag{5.80}$$

在机组出力不变、转速不变的前提下，式(5.80)化简得到

$$q=-\left(\frac{e_{qy}}{e_y}e_h-e_{qh}\right)h=-eh \tag{5.81}$$

式中：e_y、e_{qy}、e_x、e_{qx}、e_h、e_{qh} 为水轮机特性传递系数；e 为水轮机综合特性系数。

由于 $q=\dfrac{\Delta Q}{Q}$，$h=\dfrac{\Delta H}{H}$，机组水力阻抗 $Z_T'=\dfrac{\Delta H}{\Delta Q}$，故

$$Z_T'=-\frac{1}{e}\frac{H}{Q} \tag{5.82}$$

在水轮机模型综合特性曲线中，e 的表达式如下：

$$e=\frac{1-\dfrac{1}{2}\left(\dfrac{Q_{10}'}{\eta_0}\dfrac{\partial\eta}{\partial Q_1'}+\dfrac{n_{10}'}{\eta_0}\dfrac{\partial\eta}{\partial n_1'}\right)}{1+\dfrac{Q_{10}'}{\eta_0}\dfrac{\partial\eta}{\partial Q_1'}} \tag{5.83}$$

5.2.3　驻波、行波和反射系数

压力波动在沿管道系统传播时，遇边界变化就发生反射，于是定常振荡运动的解将是正向波和反射波的合成，其结果称为驻波。这种波表示能量存储在系统中，并在理想的无

摩擦的系统中纯驻波情况下没有能量传输。而行波表示能量在系统中传输。在任何实际的黏性系统中，在振荡运动情况下，必然出现行波，但它们多半是和驻波结合在一起出现。

如果系统中任一截面的水力阻抗含有实部，则系统存在着行波并且有能量的净传输，反射是可能存在的，并引起驻波的产生。在绝大多数的系统中定常振荡运动是一个有能量传输的行波与一个有能量存储的驻波的组合。

反射系数定义为入射复水头与反射复水头之比，用 H^+ 表示沿 $+X$ 方向传播的复水头，而 H^- 为沿 $-X$ 方向传播的复水头，于是反射系数

$$\Gamma(x)=\frac{H^+}{H^-} \tag{5.84}$$

Q^+ 和 Q^- 具有同振荡流量分量一样的含义。在任意位置 X 处，总的复水头和复流量为

$$\begin{cases} H(x)\mathrm{e}^{\mathrm{i}\omega t}=H^+ +H^- \\ Q(x)\mathrm{e}^{\mathrm{i}\omega t}=Q^+ +Q^- \end{cases} \tag{5.85}$$

而水力阻抗为

$$Z(x)=\frac{H(x)}{Q(x)}=\frac{H^+ +H^-}{Q^+ +Q^-} \tag{5.86}$$

在一根沿 $+X$ 方向延续无限长的管道中，复水头与复流量之比可视为正的特征阻抗，而在一根沿 $-X$ 方向延续无限长的管道中，复水头与复流量之比可视为负的特征阻抗，即

$$Z_U=Z_C=\frac{H^+}{Q^+},\quad Z_D=-Z_C=-\frac{H^-}{Q^-} \tag{5.87}$$

合并式(5.82)、式(5.83)和式(5.84)得

$$Z(x)=Z_C\,\frac{\Gamma(x)+1}{\Gamma(x)-1} \tag{5.88}$$

于是反射系数为

$$\Gamma(x)=\frac{Z(x)+Z_C}{Z(x)-Z_C} \tag{5.89}$$

注意：反射系数是一个模为 $|\Gamma(x)|$，而相角为 φ_R 的复数。

(1) 对于盲端，$Z(x)=Z_D=\infty$，$\Gamma_D=1$，为实数，表示相角为 0°，即等值同号反射；

(2) 对于水库，$Z(x)=Z_D=0$，$\Gamma_D=-1$，为实数，表示相角为 180°，即等值异号反射；

(3) 对于无限长管道，$Z(x)=Z_D=-Z_C$，$\Gamma_D=0$，表示不存在反射。

上述极端情况的纯实数终端水力阻抗，反射系数是一个相角为 0°或者 180°的实常数。而发生在串联节点、岔管为节点的反射系数，其模的大小在 0 到 1 之间，相角在 0°到 360°之间。

5.3 矩　阵　法

矩阵法是将各管道首断面、末断面的复水头和复流量作为状态向量，通过传递矩阵和其他管道以及流体元件的状态向量联系起来，并按照输送系统所有管道、所有元件布置的顺序，求得系统的总体传递矩阵，从而通过已知的状态向量得到系统中任意断面的频率响应。

因此，矩阵法中基本传递矩阵有两种：线单元的传递矩阵$[F]$，将同一管道首末两断面的状态向量联系在一起；节点单元的传递矩阵$[P]$，它将不连续的节点、阀门或者其他流体元件处的状态向量联系在一起。将所有线单元矩阵和节点单元矩阵组合在一起，则称为系统的总体传递矩阵$[U]$。

5.3.1　线单元传递矩阵

改写式(5.20)和式(5.21)，可以直接得出管道首末两断面的传递方程如下：

$$\begin{Bmatrix} H \\ Q \end{Bmatrix}_D = \begin{bmatrix} \cosh(\gamma l) & -Z_C \sinh(\gamma l) \\ -\dfrac{\sinh(\gamma l)}{Z_C} & \cosh(\gamma l) \end{bmatrix} \begin{Bmatrix} H \\ Q \end{Bmatrix}_U \tag{5.90}$$

或者

$$\{V\}_D = [F]\{V\}_U \tag{5.91}$$

式中，$[F]$是该特定管道的传递矩阵。

用下游状态向量表示上游状态向量的传递矩阵是矩阵$[F]$的逆阵，即

$$\{V\}_U = [F]^{-1}\{V\}_D \tag{5.92}$$

上述两个传递矩阵的行列式是 1。可以证明，对任何一个行列式是 1 的 2×2 矩阵，通过交换元素 f_{11} 和 f_{22} 的位置并取 f_{12} 和 f_{21} 元素的负值，就可以构成该矩阵的逆阵。

显然，对于图 5.10 所示的变特性的实际管道，可以用 n 条短管段来代替，其传递矩阵如下：

$$[F] = [F]_1 [F]_2 \cdots [F]_{n-1} [F]_n \tag{5.93}$$

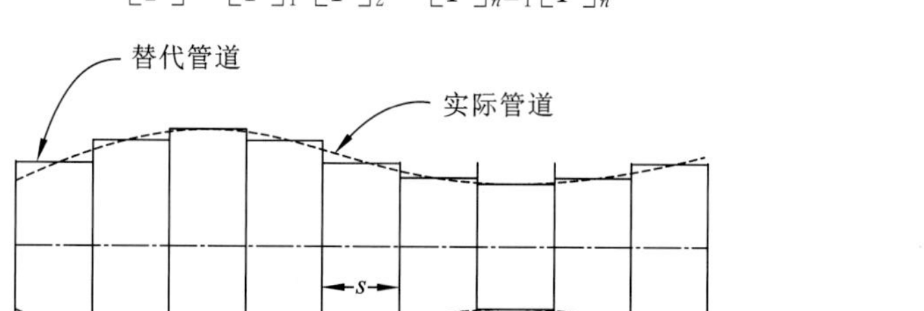

图 5.10　变特性管道的模拟示意图

对于图 5.11 的串联系统，在不考虑串联节点流速头之差及局部水头损失前提下，根据其边界条件：$Q_{D1}=Q_{U2}$，$H_{D1}=H_{U2}$，其传递矩阵为

$$[P] = \begin{bmatrix} 1 & 0 \\ 0 & 1 \end{bmatrix} \tag{5.94}$$

则断面 1 至断面 $n+1$ 之间的传递矩阵仍然是式(5.93)。

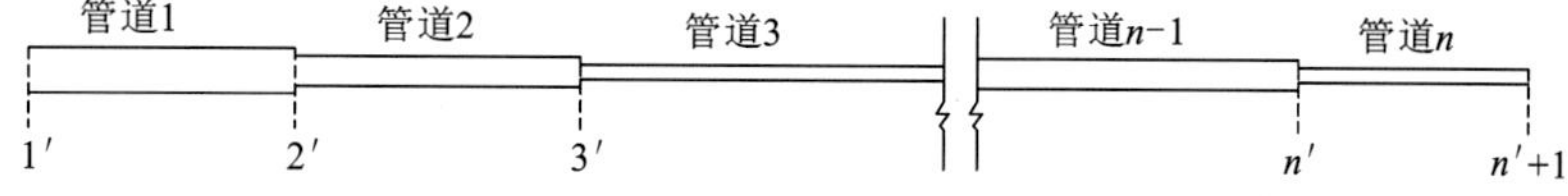

图 5.11　串联系统的模拟示意图

若考虑串联节点流速头之差及局部水头损失，根据式(5.38)可得该节点的传递矩阵如下：

$$[P]_i=\begin{bmatrix}1 & \dfrac{\overline{Q}_{i-1D}}{g}\left(\dfrac{1}{A_{i-1}^2}-\dfrac{1+\zeta_{i-1}}{A_i^2}\right)\\ 0 & 1\end{bmatrix}\quad i=2\sim n \tag{5.95}$$

于是，串联系统的传递矩阵如下：

$$[F]=[F]_1[P]_2[F]_2[P]_3\cdots[F]_{n-1}[P]_n[F]_n \tag{5.96}$$

5.3.2 节点单元传递矩阵

1. 管道中间的振荡阀门和固定孔口

由式(5.48)可知，阀门压力降和过流量满足如下关系：

$$H_V=\frac{2\overline{H}}{\overline{Q}}Q_V-\frac{2\overline{H}}{\bar{\tau}_f}T_V \tag{5.97}$$

考虑到 $H_V=H_{1D}-H_{2U}$，$Q_V=Q_{1D}-Q_{2U}$，阀门前后管道的复水头和复流量之间的关系可以用矩阵表示为

$$\begin{Bmatrix}H\\Q\end{Bmatrix}_{2U}=\begin{bmatrix}1 & -\dfrac{2\overline{H}}{\overline{Q}}\\ 0 & 1\end{bmatrix}\begin{Bmatrix}H\\Q\end{Bmatrix}_{1D}+\frac{2\overline{H}}{\bar{\tau}_f}T_V \tag{5.98}$$

式中：$\dfrac{2\overline{H}}{\bar{\tau}_f}T_V$ 为附加列向量，记为

$$\{C\}=\begin{Bmatrix}\dfrac{2\overline{H}}{\bar{\tau}_f}T_V\\ 0\end{Bmatrix}$$

$$\{V\}_{2U}=[P]_V\{V\}_{1D}+\{C\} \tag{5.99}$$

对于图5.12所示的固定孔口，附加列向量 C 为零。

对于图5.13所示的管道末端的阀门，不仅附加列向量 C 为零，而且得到如下矩阵方程：

$$\begin{Bmatrix}H\\Q\end{Bmatrix}_{n+1}^{R}=\begin{bmatrix}1 & -\dfrac{2\Delta H_0}{Q_0}\\ 0 & 1\end{bmatrix}\begin{Bmatrix}H\\Q\end{Bmatrix}_{n+1}^{L} \tag{5.100}$$

式中：ΔH_0 为相应于平均流量 Q_0 时经过阀门的平均水头损失。

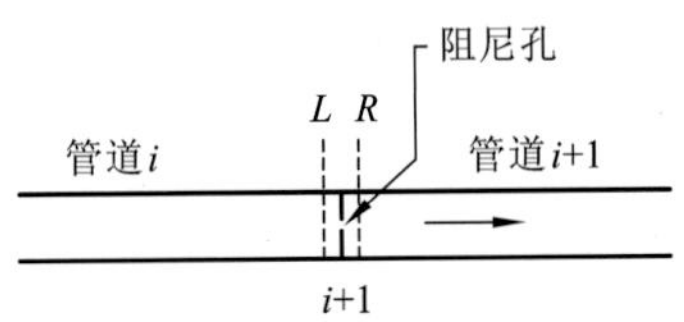

图5.12 管道中间截面上的阻尼孔

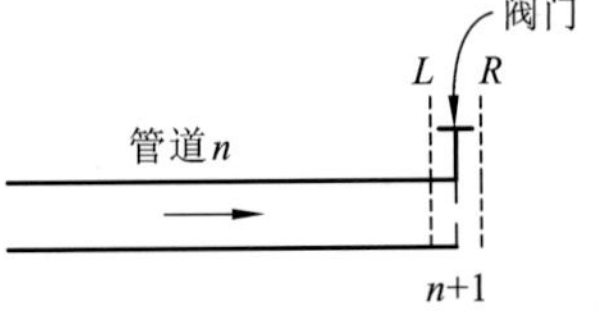

图5.13 管道末端的阀门

通过在列向量中附加元素1，式(5.98)可改写为

$$\begin{Bmatrix}H\\Q\\1\end{Bmatrix}_{2U}=\begin{bmatrix}1 & -\dfrac{2\overline{H}}{\overline{Q}} & \dfrac{2\overline{H}}{\bar{\tau}_f}T_V\\ 0 & 1 & 0\\ 0 & 0 & 1\end{bmatrix}\begin{Bmatrix}H\\Q\\1\end{Bmatrix}_{1D} \tag{5.101}$$

令 $[P]_V^* = \begin{bmatrix} 1 & -\dfrac{2\overline{H}}{\overline{Q}} & \dfrac{2\overline{H}}{\overline{\tau}_f}T_V \\ 0 & 1 & 0 \\ 0 & 0 & 1 \end{bmatrix}$，称为振荡阀的扩展点矩阵[5]，于是式(5.100) 可改写为

$$\{V\}_{2U} - [P]_V^* \{V\}_{1D} \tag{5.102}$$

2. 集中惯性

对于集中惯性处理的管道可以表示为线单元矩阵。根据式(5.60)，可以得出集中惯性的传递方程如下：

$$\begin{Bmatrix} H \\ Q \end{Bmatrix}_D = \begin{bmatrix} 1 & -(R+\mathrm{i}\omega L)l \\ 0 & 1 \end{bmatrix} \begin{Bmatrix} H \\ Q \end{Bmatrix}_U \tag{5.103}$$

3. 离心泵

在管道 1 和管道 2 之间的离心泵，根据式(5.72)，可以得出离心泵的传递方程如下：

$$\begin{Bmatrix} H \\ Q \end{Bmatrix}_{2U} = \begin{bmatrix} 1 & M \\ 0 & 1 \end{bmatrix} \begin{Bmatrix} H \\ Q \end{Bmatrix}_{1D} \tag{5.104}$$

4. 水轮机

如图 5.14 所示，在管道 1 和管道 2 之间的水轮机，水轮机前后管道的复水头和复流量之间满足如下关系：

$$\begin{cases} H_{1D} + \dfrac{Q_{1D}\overline{Q}_{1D}}{gA_{1D}^2} = H_T + H_{2U} + \dfrac{Q_{2U}\overline{Q}_{2U}}{gA_{2U}^2} \\ Q_{1D} = Q_{2U} = Q_T \end{cases} \tag{5.105}$$

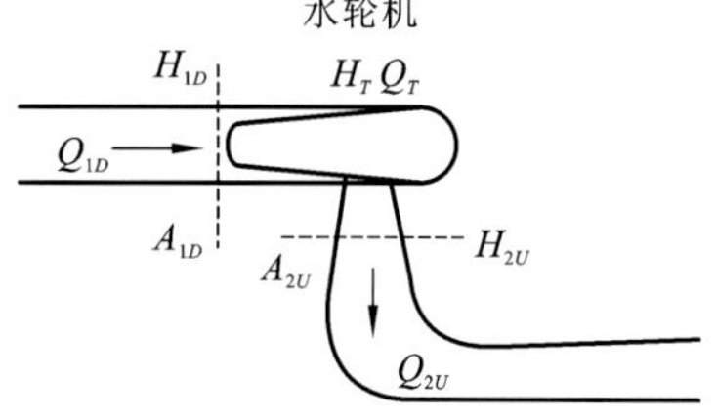

图 5.14　水轮机边界示意图

式中：A_{1D}、A_{2U} 分别为水轮机前、后断面面积；$\overline{Q}_{1D}$、$\overline{Q}_{2U}$ 分别为水轮机前后管道的平均流量。

将式(5.105)写成阻抗传递方程的形式，即

$$Z_{1D} = Z_T + Z_{2U} + \frac{\overline{Q}_{2U}}{gA_{2U}^2} - \frac{\overline{Q}_{1D}}{gA_{1D}^2} \tag{5.106}$$

根据式(5.106)，容易得出水轮机节点单元的传递矩阵，即

$$\begin{Bmatrix} H \\ Q \end{Bmatrix}_{2U} = \begin{bmatrix} 1 & Z_T + \dfrac{\overline{Q}_{1D}}{gA_{1D}^2} - \dfrac{\overline{Q}_{2U}}{gA_{2U}^2} \\ 0 & 1 \end{bmatrix} \begin{Bmatrix} H \\ Q \end{Bmatrix}_{1D} \tag{5.107}$$

5. 分岔管

以一进两出分岔管为例(图 5.2)，在 $Q_{1D} = Q_{2U} + Q_{3U}$，$Z_{1D} = \dfrac{H_{1D}}{Q_{1D}}$，$Z_{2U} = \dfrac{H_{2U}}{Q_{2U}}$，$Z_{3U} = \dfrac{H_{3U}}{Q_{3U}}$ 前提下，根据式(5.41)，可得到分岔管节点单元的传递矩阵如下：

$$\begin{Bmatrix} H \\ Q \end{Bmatrix}_{2U} = \begin{bmatrix} 1 & \dfrac{(1-\zeta_{12})\overline{Q}_{1D}}{gA_{1D}^2} - \dfrac{\overline{Q}_{2U}}{gA_{2U}^2} \\ -\dfrac{1}{Z_{3U}} & 1 \end{bmatrix} \begin{Bmatrix} H \\ Q \end{Bmatrix}_{1D} \tag{5.108}$$

$$\begin{Bmatrix} H \\ Q \end{Bmatrix}_{3U} = \begin{bmatrix} 1 & \dfrac{(1-\zeta_{13})\overline{Q}_{1D}}{gA_{1D}^2} - \dfrac{\overline{Q}_{3U}}{gA_{3U}^2} \\ -\dfrac{1}{Z_{2U}} & 1 \end{bmatrix} \begin{Bmatrix} H \\ Q \end{Bmatrix}_{1D} \tag{5.109}$$

在此应该指出的是，在含有分叉节点的系统中，要标定出贯穿整个系统的连续的主通道和沿着主通道所遇到的每一条分支支路。每一条分支支路的作用由相应的水力阻抗来反映（类似于截肢法），以便推导整个系统的总传递矩阵。于是，对于流体蓄能器、空气室、调压室等节点单元，都可以作为系统主通道的分支支路来处理，在此不一一重复了。由此可见，矩阵法和阻抗法相结合，有利于系统的频域分析。

6. 并联和环路系统

图 5.15 所示为有着 m 个独立通道的环路系统，每条通道可以包含一个以上管道或者串联其他元件，如阀门、泵等，或者每条通道也可以包含分叉管路或附属的内部环路。为了建立通道上游和下游状态向量之间的关系，可以写出每条通道的总传递矩阵如下：

$$\begin{Bmatrix} H \\ Q \end{Bmatrix}_{jD} = \begin{bmatrix} u_{11} & u_{12} \\ u_{21} & u_{22} \end{bmatrix}_j \begin{Bmatrix} H \\ Q \end{Bmatrix}_{jU} + \begin{Bmatrix} c_1 \\ c_2 \end{Bmatrix}_j, \quad j=1,2,\cdots,m \tag{5.110}$$

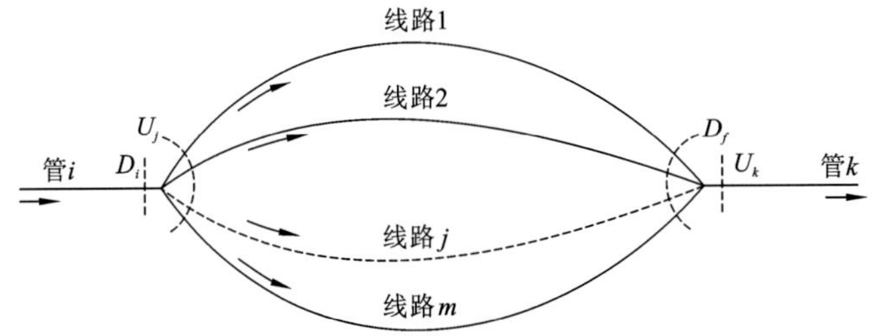

图 5.15　并联系统示意图

为了把每条通道编入环路系统的总传递矩阵中，需要采用 l 作标记来标明含有 m 个独立通道的并联环路的矩阵，该矩阵建立了管道 k 首端状态向量和管道 i 末端状态向量之间的关系，即

$$\{V\}_{kU} = [U]_l \{V\}_{iD} + \{C\}_l \tag{5.111}$$

下面将推导并联环路的总传递矩阵$[U]_l$：首先将式(5.110)中第一个方程改写为

$$\left(\frac{1}{u_{12}}\right)_j H_{jD} = \left(\frac{u_{11}}{u_{12}}\right)_j H_{jU} + Q_{jU} + \left(\frac{c_1}{u_{12}}\right)_j, \quad j=1,\cdots,m \tag{5.112}$$

在忽略次要因素，简化能量方程的前提下，得到 $H_{jD}=H_{kU}$，$H_{jU}=H_{iD}$。将并联环路系统中每条通道的第一个方程全部相加，得到

$$\sum_{j=1}^{m}\left(\frac{1}{u_{12}}\right)_j H_{kU} = \sum_{j=1}^{m}\left(\frac{u_{11}}{u_{12}}\right)_j H_{iD} + \sum_{j=1}^{m} Q_{jU} + \sum_{j=1}^{m}\left(\frac{c_1}{u_{12}}\right)_j \tag{5.113}$$

由于 $Q_{iD}=\sum Q_{jU}$，并且令 $\eta'=\sum(1/u_{12})$，$\zeta'=\sum(u_{11}/u_{12})$，$\mu'=\sum(c_1/u_{12})$，于是得到并联环路的总传递矩阵的第一个方程，即

$$H_{kU} = \frac{\zeta'}{\eta'} H_{iD} + \frac{1}{\eta'} Q_{iD} + \frac{\mu'}{\eta'} \tag{5.114}$$

其次，改写式(5.110)中第二个方程，联立式(5.112)以消去 Q_{jU}，并利用每条通道中

传递方程(5.110)的行列式等于 1 的事实,即 $u_{11}u_{22}-u_{12}u_{21}\equiv 1$,得出

$$Q_{jD}=-\left(\frac{1}{u_{12}}\right)_j H_{jU}+\left(\frac{u_{22}}{u_{12}}\right)_j H_{jD}-\left(\frac{u_{22}c_1}{u_{12}}\right)_j+(c_2)_j \tag{5.115}$$

将并联环路系统中每条通道的第二个方程全部相加,并且再次运用 $H_{jD}=H_{kU}$,$H_{jU}=H_{iD}$,得到

$$\sum Q_{jD}=-\eta H_{iD}+\sum\left(\frac{u_{22}}{u_{12}}\right)H_{kU}-\sum\left(\frac{u_{22}c_1}{u_{12}}\right)+\sum(c_2) \tag{5.116}$$

令 $\xi'=\sum(u_{22}/u_{12})$,$\psi'=\sum\left(\frac{u_{22}c_1}{u_{12}}\right)+\sum(c_2)$,并且 $Q_{kU}=\sum Q_{jD}$,得出

$$Q_{kU}=-\eta' H_{iD}+\xi' H_{kU}-\psi' \tag{5.117}$$

将式(5.114)代入式(5.117)得到

$$Q_{kU}=\left(\frac{\xi'\zeta'}{\eta'}-\eta'\right)H_{iD}+\frac{\xi'}{\eta'}Q_{iD}+\frac{\xi'\mu'}{\eta'}-\psi' \tag{5.118}$$

式(5.114)和式(5.118)组成了并联环路的总传递矩阵方程式(5.111),$[U]_l$ 的系数和附加列向量 $\{C\}_l$ 的系数如下

$$u_{11}=\frac{\zeta'}{\eta'},\qquad u_{12}=\frac{1}{\eta'},\quad c_1=\frac{\mu'}{\eta'}$$

$$u_{21}=\frac{\xi'\zeta'}{\eta'}-\eta',\quad u_{12}=\frac{\xi'}{\eta'},\quad c_2=\frac{\xi'\mu'}{\eta'}-\psi'$$

如果并联通道中不含有强迫函数,则附加列向量中的元素为零,式(5.111)将得以简化,即 $\{V\}_{kU}=[U]_l\{V\}_{iD}$(类似于合肢法),便于同上下游管道串联,形成整个系统的总体传递矩阵。

5.3.3　系统的总体传递矩阵

由上述的分析可知,形成系统的总体传递矩阵的困难在于:一是存在具有强迫函数的水力元件,如振荡阀门,附加列向量不等于零;二是存在分叉的支路,支路的作用由其水力阻抗来体现在相应的节点单元矩阵中,并且该节点单元矩阵的行列式不等于 1。此外,系统的总体传递方程的求解也是困难的,其原因如下:管道的传递方程是双曲函数方程,无法获得系统复频率的解析解,通常只能采用数值计算求得近似解。

为此,介绍基于总体传递矩阵法的复杂输送系统振荡流的数学模型[6],以及求解的方法和步骤。

1. 系统状态方程

将系统中所有管道首、末断面的复水头和复流量作为未知数,组成状态向量

$$\boldsymbol{X}=(H_{1U},Q_{1U},H_{1D},Q_{1D},\cdots,H_{iU},Q_{iU},H_{iD},Q_{iD},\cdots,H_{nU},Q_{nU},H_{nD},Q_{nD})^{\mathrm{T}} \tag{5.119}$$

式中:下标 i 表示管道编号;下标 U 表示管道首断面;下标 D 表示管道末断面。

系统状态方程可以表示为

$$[U]\boldsymbol{X}=[B] \tag{5.120}$$

式中:矩阵$[U]$为总体传递矩阵;矩阵 $[B]$ 由系统振荡流类型决定,若类型为自由振动,则 $[B]=0$;若类型为强迫振动,则 $[B]\neq 0$,其具体表达式需要根据振动源位置及振幅来确定。

由于每根管道有 4 个未知数,因此,对于一个由 n 条管道组成的输送系统,未知数向

量 $\boldsymbol{X}$ 的大小为 $4n\times1$；总体传递矩阵 $[U]$ 的大小为 $4n\times4n$，矩阵 $[B]$ 的大小为 $4n\times1$。

总体传递矩阵 $[U]$ 由两部分组成：

$$[U]=\begin{pmatrix}\text{管道内部关系}\\ \text{管道边界条件}\end{pmatrix} \tag{5.121}$$

管道内部关系是指管道首、末断面之间的复水头和复流量之间的关系，它只与当前管道参数有关，与其他管道参数无关，因此称为“内部关系”。由管道复水头和复流量的传递方程可知，每根管道的内部关系对应两个传递方程，占据总体传递矩阵的第 $2i-1$ 行和 $2i$ 行（i 为管道编号）。因此，总体传递矩阵的前 $2n$ 行均表示管道内部关系。

管道边界条件是指当前管道的首断面与其他管道的末断面或当前管道的末断面与其他管道的首断面的复水头和复流量之间的关系。管道边界条件有串联边界、分岔管边界、调压室边界、机组边界、阀门边界、上游水库、下游水库、孔口出流等。每根管道的首、末断面都对应一个管道边界方程，故每根管道的边界条件占据总体传递矩阵中的 2 行。总体传递矩阵的后 $2n$ 行表示管道边界条件。

2. 总体矩阵的生成方法

对于复杂输送系统的拓扑结构，前人做了很多研究，主要有以流动经过路线来描述的管线法和以节点为索引的单元法。但这两种方法均不适合构建总体传递矩阵，为此采用图 5.16 所示的输送系统拓扑结构编码方法。该方法为了避免采用管道编号作为索引产生的管道上游侧边界和下游侧边界重复使用，创建数组来记录管道端点边界的使用情况。具体的生成方法如下。

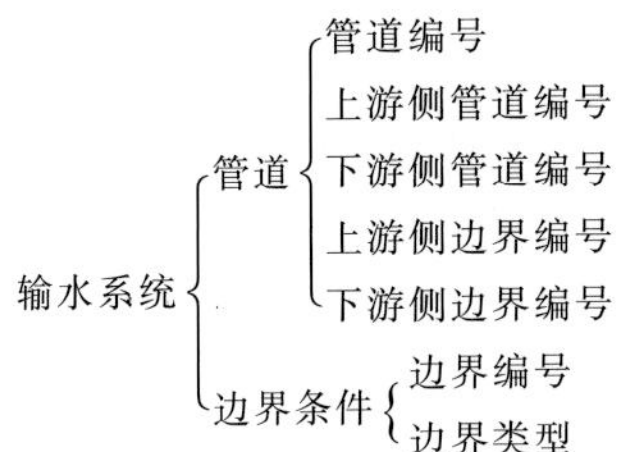

图 5.16 水力振动计算时输水系统拓扑结构编码方式

通过循环管道编号，创建总体传递矩阵 $[U]$ 的管道内部关系、上游侧边界条件和下游侧边界条件，最终生成系统总体传递矩阵 $[U]$，如图 5.17 所示。管道 i 的内部关系生成总体矩阵 $[U]$ 中的第 $2i-1$ 行和 $2i$ 行，管道 i 的上游侧边界生成总体矩阵 $[U]$ 的第 $2N+P+1$ 行至 $2N+P+m+1$ 行（m 为管道 i 的上游侧管道数目），管道 i 的下游侧边界生成总体矩阵 $[U]$ 的第 $2N+P+m+1$ 行至 $2N+P+m+n+1$ 行（n 为管道 i 的下游侧管道数目）。为了避免管道边界被重复使用，采用二维数组 P_b 来记录管道边界的使用情况。$P_b(i,1)$ 记录管道 i 上游侧边界的使用情况，若 $P_b(i,1)=0$，表示上游侧边界还没有被使用过，可以用来创建总体传递矩阵 $[U]$ 中管道 i 的上游侧边界条件对应的行；若 $P_b(i,1)=1$，表示上游侧边界已在其他管道的边界条件中使用过，不能重复创建总体传递矩阵 $[U]$ 中对应的行。P 表示管道 i 的边界条件在总体传递矩阵 $[U]$ 中的位置，即行序号。P 的初始值为 0，若 $P_b(i,1)=0$，且管道 i 的上游侧管道数目为 m，则 P 增加 $m+1$，若 $P_b(i,2)=0$，且管道 i 的下游侧管道数目为 n，则 P 再增加 $n+1$。

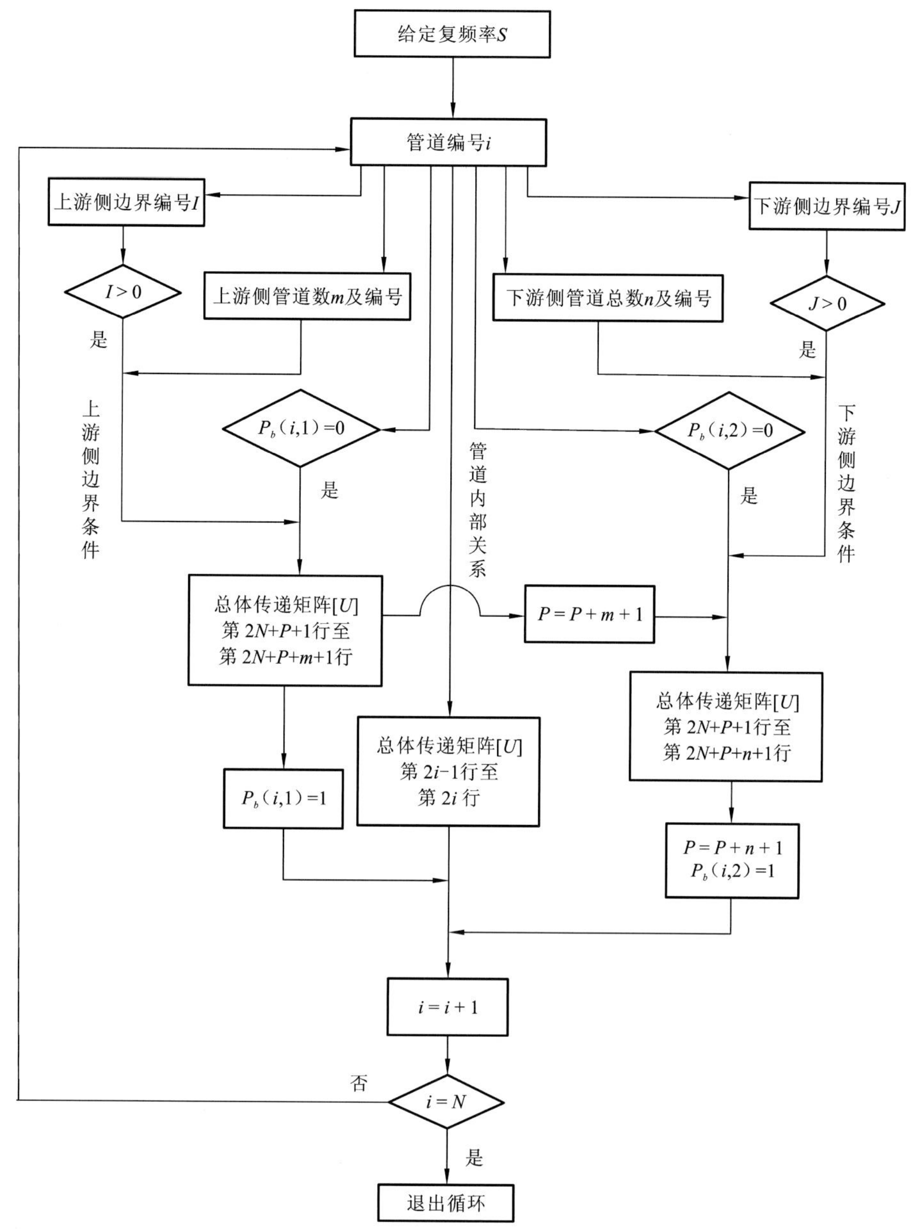

图 5.17　生成总体传递矩阵 [U] 的流程图

3. 管道内部关系

根据管道复水头和复流量的传递方程(5.90)，管道内部关系可以表示为

$$\begin{pmatrix} 1 & 0 & -\cosh(\gamma_i l_i) & -Z_{Ci}\sinh(\gamma_i l_i) \\ 0 & 1 & -\sinh(\gamma_i l_i)/Z_{Ci} & -\cosh(\gamma_i l_i) \end{pmatrix} \begin{pmatrix} H_{iU} \\ Q_{iU} \\ H_{iD} \\ Q_{iD} \end{pmatrix} = \begin{pmatrix} 0 \\ 0 \end{pmatrix} \tag{5.122}$$

式中：i 为管道编号；l_i 为管道长度；Z_{Ci} 为管道特征阻抗；γ_i 为管道传播常数。

考虑到系统状态向量 $\boldsymbol{X}$ 的表达式，将式(5.122)改写成系统状态方程的形式：

$$\begin{matrix} 2i-1\text{行} \\ 2i\text{行} \\ \\ \end{matrix}\begin{pmatrix} & & & \vdots & & \\ \cdots & 1 & 0 & -\cosh(\gamma_i l_i) & -Z_{Ci}\sinh(\gamma_i l_i) & \cdots \\ \cdots & 0 & 1 & -\sinh(\gamma_i l_i)/Z_{Ci} & -\cosh(\gamma_i l_i) & \cdots \\ & & & \vdots & & \\ & 4i-3\text{列} & 4i-2\text{列} & 4i-1\text{列} & 4i\text{列} & \end{pmatrix} \cdot \boldsymbol{X} = \begin{pmatrix} \vdots \\ 0 \\ 0 \\ \vdots \end{pmatrix} \tag{5.123}$$

在式(5.123)的状态矩阵中，在前 $2n$ 行的管道内部关系中与管道 i 有关的项都分布在第 $2i-1$ 和第 $2i$ 行中，其余行都与管道 i 无关。在第 $2i-1$ 和第 $2i$ 行中，只有第 $4i-3$、$4i-2$、$4i-1$ 和 $4i$ 列上的项不为 0，其余项均为 0。

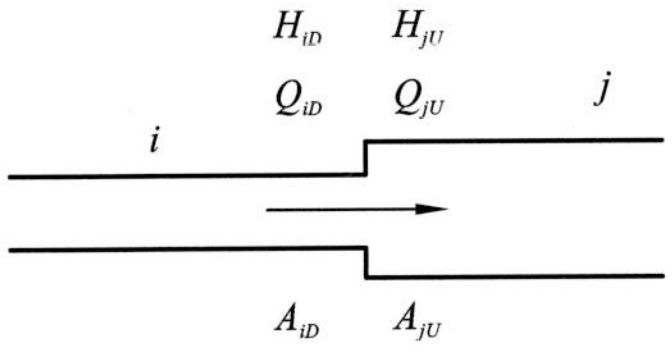

图 5.18 管道串联边界示意图

4. 串联边界

管道串联边界是指两根管道前后首尾相连的连结点，如图 5.18 所示。管道编号分别为 i、j，水流方向以从管道 i 流向管道 j 为正方向。管道 i 末断面面积为 A_{iD}，管道 j 首断面面积为 A_{jU}，管道间的局部水头损失系数为 ζ。

考虑管道水体动能及局部损失的串联管前后管道复水头和复流量的传递方程可以表示为

$$\begin{pmatrix} 1 & \dfrac{\overline{Q}_{iD}}{gA_{iD}^2} & -1 & -\dfrac{(1+\zeta)\overline{Q}_{jU}}{gA_{jU}^2} \\ 0 & 1 & 0 & -1 \end{pmatrix}\begin{pmatrix} H_{iD} \\ Q_{iD} \\ H_{jU} \\ Q_{jU} \end{pmatrix} = \begin{pmatrix} 0 \\ 0 \end{pmatrix} \tag{5.124}$$

式中：$\overline{Q}_{iD}$、$\overline{Q}_{jU}$ 分别为管道 i 和管道 j 的平均流量，即恒定流流量。

将式(5.124)改写成系统状态方程的形式：

$$\begin{matrix} \\ P_i+1\text{行} \\ P_i+2\text{行} \\ \\ \end{matrix}\begin{pmatrix} & & & \vdots & & & \\ \cdots & 1 & \dfrac{\overline{Q}_{iD}}{gA_{iD}^2} & \cdots & -1 & -\dfrac{(1+\zeta)\overline{Q}_{jU}}{gA_{jU}^2} & \cdots \\ \cdots & 0 & 1 & \cdots & 0 & -1 & \cdots \\ & & & \vdots & & & \\ & 4i-1\text{列} & 4i\text{列} & & 4i-3\text{列} & 4i-2\text{列} & \end{pmatrix} \cdot \boldsymbol{X} = \begin{pmatrix} \vdots \\ 0 \\ 0 \\ \vdots \end{pmatrix} \tag{5.125}$$

式(5.125)的状态矩阵中，第 P_i+1 和第 P_i+2 行上被省略的项均为 0。P_i 表示管道 i 的边界条件对应的方程组在系统总体传递矩阵中的位置，即行次序。P_i 的数值与系统的拓扑关系和管道编号有关，其后一并说明。串联边界涉及 2 条管道，对应系统总体传递矩阵中的两行。

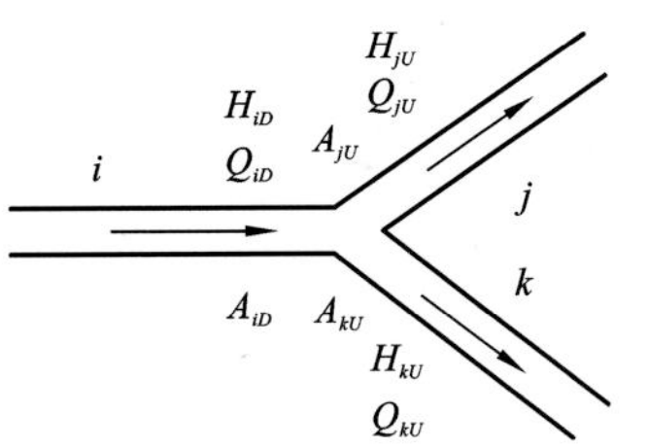

图 5.19 岔管边界示意图

5. 分岔管

常见的岔管形式有一进两出、一进三出、一进四出、两进一出、三进一出、四进一出等。在此以一进两出岔管为例，研究岔管边界条件的数学模型，如图 5.19 所示。A_{iD} 为管道 i 末断面面积，A_{jU}、A_{kU} 分别为管道 j 和 k 首断面面积；ζ_{ij}、ζ_{ik} 分别为管道 i 到 j 和管道 i 到 k 的岔管水头损失系数。

考虑管道水体动能及局部损失的岔管前后管道复水头和复流量的传递方程可以表示为

$$\begin{pmatrix} 1 & \dfrac{(1-\zeta_{ij})\overline{Q}_{iD}}{gA_{iD}^2} & -1 & -\dfrac{\overline{Q}_{jU}}{gA_{jU}^2} & 0 & 0 \\ 1 & \dfrac{(1-\zeta_{ik})\overline{Q}_{iD}}{gA_{iD}^2} & 0 & 0 & -1 & -\dfrac{\overline{Q}_{kU}}{gA_{kU}^2} \\ 0 & 1 & 0 & -1 & 0 & -1 \end{pmatrix} \cdot \begin{pmatrix} H_{iD} \\ Q_{iD} \\ H_{jU} \\ Q_{jU} \\ H_{kU} \\ Q_{kU} \end{pmatrix} = \begin{pmatrix} 0 \\ 0 \\ 0 \end{pmatrix} \tag{5.126}$$

将式(5.126)改写成系统状态方程的形式：

$$\begin{array}{l} \\ P_i+1\text{行} \\ P_i+2\text{行} \\ P_i+3\text{行} \\ \\ \end{array} \begin{pmatrix} & & & & & \vdots & & & & \\ \cdots & 1 & \dfrac{(1-\zeta_{ij})\overline{Q}_{iD}}{gA_{iD}^2} & \cdots & -1 & -\dfrac{\overline{Q}_{jU}}{gA_{jU}^2} & \cdots & 0 & 0 & \cdots \\ \cdots & 1 & \dfrac{(1-\zeta_{ik})\overline{Q}_{iD}}{gA_{iD}^2} & \cdots & 0 & 0 & \cdots & -1 & -\dfrac{\overline{Q}_{kU}}{gA_{kU}^2} & \cdots \\ \cdots & 0 & 1 & \cdots & 0 & -1 & \cdots & 0 & -1 & \cdots \\ & & & & & \vdots & & & & \\ & 4i-1\text{列} & 4i\text{列} & & 4i-3\text{列} & 4i-2\text{列} & & 4k-3\text{列} & 4k-2\text{列} & \end{pmatrix} \cdot \boldsymbol{X} = \begin{pmatrix} \vdots \\ 0 \\ 0 \\ 0 \\ \vdots \end{pmatrix} \tag{5.127}$$

式中：第 P_i+1、P_i+2 和 P_i+3 行中被省略的项均为 0。一进两出岔管边界涉及 3 条管道，对应系统总体传递矩阵中的三行。

6. 机组边界

水轮机有反击式和冲击式两种类型。反击式水轮机，如混流式、轴流式、可逆式水轮机，其出水边往往都安装有尾水管，故机组前后均有有压管道，如图 5.20 所示。对于冲击式水轮机，如水斗式水轮机，其出水边往往没有尾水管，故机组只存在上游侧的有压管道，如图 5.21 所示。

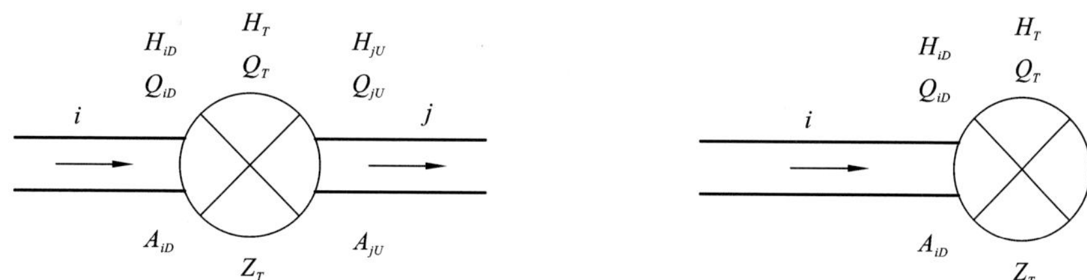

图 5.20　反击式水轮机示意图　　图 5.21　冲击式水轮机示意图

考虑管道水体动能的反击式水轮机边界前后管道复水头和复流量的传递方程可以表示为

$$\begin{pmatrix} 1 & \dfrac{\overline{Q}_{iD}}{gA_{iD}^2}-Z_T & -1 & \dfrac{-\overline{Q}_{jU}}{gA_{jU}^2} \\ 0 & 1 & 0 & -1 \end{pmatrix} \cdot \begin{pmatrix} H_{iD} \\ Q_{iD} \\ H_{jU} \\ Q_{jU} \end{pmatrix} = \begin{pmatrix} 0 \\ 0 \end{pmatrix} \tag{5.128}$$

将式(5.128)改写成系统状态方程的形式：

$$\begin{array}{r}P_i+1\text{ 行}\\P_i+2\text{ 行}\\ \\ \end{array}\left(\begin{array}{cccccccc} & & & \vdots & & & \\ \cdots & 1 & \dfrac{\overline{Q}_{iD}}{gA_{iD}^2}-Z_T & \cdots & -1 & -\dfrac{\overline{Q}_{jU}}{gA_{jU}^2} & \cdots \\ \cdots & 0 & 1 & \cdots & 0 & -1 & \cdots \\ & & & \vdots & & & \\ & 4i-1\text{ 列} & 4i\text{ 列} & & 4i-3\text{ 列} & 4i-2\text{ 列} & \end{array}\right)\cdot \boldsymbol{X}=\begin{pmatrix}\vdots\\0\\0\\\vdots\end{pmatrix} \tag{5.129}$$

式中：Z_T 为机组水力阻抗。第 P_i+1、P_i+2 行中被省略的项均为 0。反击式水轮机边界涉及 2 条管道，对应系统总体传递矩阵中的两行。

对于冲击式水轮机，由于没有尾水道，考虑管道水体动能的冲击式水轮机边界管道末断面复水头和复流量的传递方程为

$$\begin{pmatrix}1 & \dfrac{\overline{Q}_{iD}}{gA_{iD}^2}-Z_T\end{pmatrix}\cdot\begin{pmatrix}H_{iD}\\Q_{iD}\end{pmatrix}=0 \tag{5.130}$$

将式(5.130)改写成系统状态方程的形式：

$$P_i+1\text{ 行}\left(\begin{array}{cccc} & & \vdots & \\ \cdots & 1 & \dfrac{\overline{Q}_{iD}}{gA_{iD}^2}-Z_T & \cdots \\ & & \vdots & \\ & 4i-1\text{ 列} & 4i\text{ 列} & \end{array}\right)\cdot \boldsymbol{X}=\begin{pmatrix}\vdots\\0\\\vdots\end{pmatrix} \tag{5.131}$$

式中：第 P_i+1 行中被省略的项均为 0。冲击式水轮机边界涉及 1 条管道，对应系统总体传递矩阵中的一行。

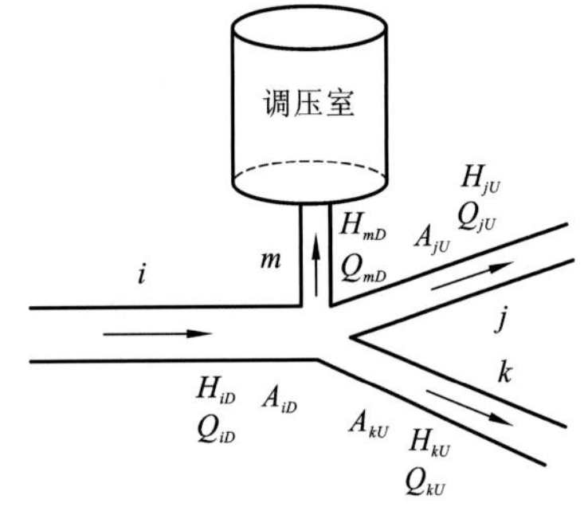

图 5.22 调压室示意图

7. 调压室

调压室底部若有分岔管，分岔管形式也可分为一进两出、一进三出、两进一出、三进一出等。无论调压室底部有无分岔管及分岔管形式如何，其数学模型都基本一致。在此以调压室底部有一进两出岔管为例予以阐明，如图 5.22 所示。

当调压室与压力管道之间的连接管长度较短或没有连接管时，如简单式和阻抗式调压室，可以忽略连接管的影响。调压室前后管道复水头和复流量的传递方程可以表示为

$$\begin{pmatrix} 1 & \dfrac{(1-\zeta_{ij})\overline{Q}_{iD}}{gA_{iD}^2} & -1 & -\dfrac{\overline{Q}_{jU}}{gA_{jU}^2} & 0 & 0 \\ 1 & \dfrac{(1-\zeta_{ik})\overline{Q}_{iD}}{gA_{iD}^2} & 0 & 0 & -1 & -\dfrac{\overline{Q}_{kU}}{gA_{kU}^2} \\ -1/Z_S & 1 & 0 & -1 & 0 & -1 \end{pmatrix}\cdot\begin{pmatrix}H_{iD}\\Q_{iD}\\H_{jU}\\Q_{jU}\\H_{kU}\\Q_{kU}\end{pmatrix}=\begin{pmatrix}0\\0\\0\end{pmatrix} \tag{5.132}$$

式中：Z_S 为调压室水力阻抗。

将式(5.132)改写成系统状态方程的形式：

$$\begin{pmatrix} & & & & \vdots & & & \\ P_i+1\text{行} & \cdots & 1 & \dfrac{(1-\zeta_{ij})\overline{Q}_{iD}}{gA_{iD}^2} & \cdots & -1 & -\dfrac{\overline{Q}_{jU}}{gA_{jU}^2} & \cdots & 0 & 0 & \cdots \\ P_i+2\text{行} & \cdots & 1 & \dfrac{(1-\zeta_{ik})\overline{Q}_{iD}}{gA_{iD}^2} & \cdots & 0 & 0 & \cdots & -1 & -\dfrac{\overline{Q}_{kU}}{gA_{kU}^2} & \cdots \\ P_i+3\text{行} & \cdots & -1/Z_S & 1 & \cdots & 0 & -1 & \cdots & 0 & -1 & \cdots \\ & & & & \vdots & & & \\ & & 4i-1\text{列} & 4i\text{列} & & 4i-3\text{列} & 4i-2\text{列} & & 4k-3\text{列} & 4k-2\text{列} \end{pmatrix} \cdot \boldsymbol{X} = \begin{pmatrix} \vdots \\ 0 \\ 0 \\ 0 \\ \vdots \end{pmatrix} \tag{5.133}$$

式中：第 P_i+1、P_i+2 和 P_i+3 行中被省略的项均为 0。调压室底部一进两出岔管边界涉及 3 条管道，对应系统总体传递矩阵中的三行。

当调压室与压力管道的连接管长度较长时，不可忽略其影响，一般将其视为无水体弹性和管壁弹性的集中惯量。调压室前后管道复水头和复流量的传递方程可以表示为

$$\begin{pmatrix} 1 & \dfrac{(1-\zeta_{ij})\overline{Q}_{iD}}{gA_{iD}^2} & -1 & -\dfrac{\overline{Q}_{jU}}{gA_{jU}^2} & 0 & 0 \\ 1 & \dfrac{(1-\zeta_{ik})\overline{Q}_{iD}}{gA_{iD}^2} & 0 & 0 & -1 & -\dfrac{\overline{Q}_{kU}}{gA_{kU}^2} \\ \dfrac{-1}{Z_S+(R_m+\mathrm{i}\omega)L_m} & 1 & 0 & -1 & 0 & -1 \end{pmatrix} \cdot \begin{pmatrix} H_{iD} \\ Q_{iD} \\ H_{jU} \\ Q_{jU} \\ H_{kU} \\ Q_{kU} \end{pmatrix} = \begin{pmatrix} 0 \\ 0 \\ 0 \end{pmatrix} \tag{5.134}$$

将式(5.134)改写成系统状态方程的形式：

$$\begin{pmatrix} & & & & \vdots & & & \\ P_i+1\text{行} & \cdots & 1 & \dfrac{(1-\zeta_{ij})\overline{Q}_{iD}}{gA_{iD}^2} & \cdots & -1 & -\dfrac{\overline{Q}_{jU}}{gA_{jU}^2} & \cdots & 0 & 0 & \cdots \\ P_i+2\text{行} & \cdots & 1 & \dfrac{(1-\zeta_{ik})\overline{Q}_{iD}}{gA_{iD}^2} & \cdots & 0 & 0 & \cdots & -1 & -\dfrac{\overline{Q}_{kU}}{gA_{kU}^2} & \cdots \\ P_i+3\text{行} & \cdots & \dfrac{-1}{Z_S+(R_m+\mathrm{i}\omega)L_m} & 1 & \cdots & 0 & -1 & \cdots & 0 & -1 & \cdots \\ & & & & \vdots & & & \\ & & 4i-1\text{列} & 4i\text{列} & & 4i-3\text{列} & 4i-2\text{列} & & 4k-3\text{列} & 4k-2\text{列} \end{pmatrix} \cdot \boldsymbol{X} = \begin{pmatrix} \vdots \\ 0 \\ 0 \\ \vdots \end{pmatrix} \tag{5.135}$$

8. 水库边界

水库边界条件有上游水库边界和下游水库边界两种，如图 5.23 和图 5.24 所示。一般认为水库水位保持恒定不变，即水库与管道连接处的复水头为 0，$H_{iU}\equiv 0$ 或 $H_{iD}\equiv 0$。

对于上游水库边界，考虑管道水体动能和局部水头损失的管道首端面复水头和复流量的传递方程为

$$\begin{pmatrix} 1 & \dfrac{(1+\zeta_U)\overline{Q}_{iU}}{gA_{iU}^2} \end{pmatrix} \begin{pmatrix} H_{iU} \\ Q_{iU} \end{pmatrix} = 0 \tag{5.136}$$

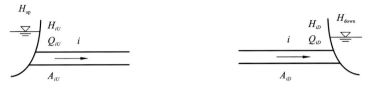

图 5.23　上游水库示意图　　　　图 5.24　下游水库示意图

将式(5.136)改写成系统状态方程的形式：

$$P_i+1\text{ 行}\begin{pmatrix} & & \vdots & \\ \cdots & 1 & \dfrac{(1+\zeta_U)\overline{Q}_{iU}}{gA_{iU}^2} & \cdots \\ & & \vdots & \\ & 4i-3\text{ 列} & 4i-2\text{ 列} & \end{pmatrix}\cdot \boldsymbol{X}=\begin{pmatrix}\vdots\\0\\\vdots\end{pmatrix} \tag{5.137}$$

式中：第 P_i+1 中被省略的项均为 0。上游水库边界涉及 1 条管道，对应系统总体传递矩阵中的一行。

对于下游水库边界，考虑管道水体动能和局部水头损失的管道首端面复水头和复流量的传递方程为

$$\begin{pmatrix}1 & \dfrac{(1+\zeta_D)\overline{Q}_{iD}}{gA_{iD}^2}\end{pmatrix}\begin{pmatrix}H_{iD}\\Q_{iD}\end{pmatrix}=0 \tag{5.138}$$

将式(5.138)改写成系统状态方程的形式：

$$P_i+1\text{ 行}\begin{pmatrix} & & \vdots & \\ \cdots & 1 & \dfrac{(1+\zeta_D)\overline{Q}_{iD}}{gA_{iD}^2} & \cdots \\ & & \vdots & \\ & 4i-3\text{ 列} & 4i\text{ 列} & \end{pmatrix}\cdot \boldsymbol{X}=\begin{pmatrix}\vdots\\0\\\vdots\end{pmatrix} \tag{5.139}$$

式中：第 P_i+1 中被省略的项均为 0。下游水库边界涉及 1 条管道，对应系统总体传递矩阵中的一行。

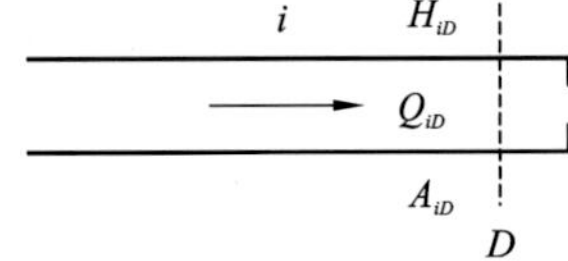

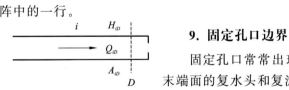

图 5.25　固定孔口示意图

9. 固定孔口边界

固定孔口常常出现在管道末端，如图 5.25 所示。管道末端面的复水头和复流量之间的传递方程可以表示为

$$\begin{pmatrix}1 & \dfrac{2\overline{H}_{iD}}{\overline{Q}_{iD}}\end{pmatrix}\begin{pmatrix}H_{iD}\\Q_{iD}\end{pmatrix}=0 \tag{5.140}$$

式中：$\overline{H}_{iD}$ 和 $\overline{Q}_{iD}$ 分别为管道 i 末端面的平均水头和流量，即恒定流水头和流量。

将式(5.140)改写成系统状态方程的形式：

$$P_i+1\text{ 行}\begin{pmatrix} & & \vdots & \\ \cdots & 1 & \dfrac{2\overline{H}_{iD}}{\overline{Q}_{iD}} & \cdots \\ & & \vdots & \\ & 4i-1\text{ 列} & 4i\text{ 列} & \end{pmatrix}\cdot \boldsymbol{X}=\begin{pmatrix}\vdots\\0\\\vdots\end{pmatrix} \tag{5.141}$$

式中:第 P_i+1 中被省略的项均为 0。固定孔口边界涉及 1 条管道,对应系统总体传递矩阵中的一行。

10. 给定水头或流量

在进行水力系统强迫振动分析时,常常在管道首端或末端设定扰动源,分析系统在强迫振动下的响应。扰动源一般有两种:水头扰动和流量扰动,如图 5.26 和图 5.27 所示。

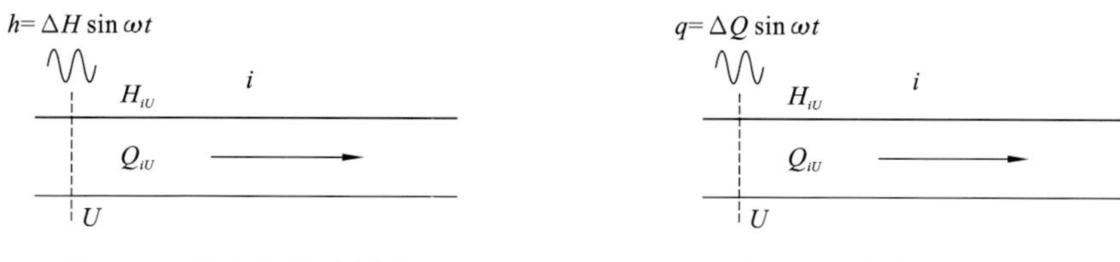

图 5.26　给定水头示意图　　图 5.27　给定流量示意图

当管道 i 首端存在水头扰动时,管道首端复水头和复流量之间的传递方程可以表示为

$$(1\quad 0)\begin{pmatrix} H_{iU} \\ Q_{iU} \end{pmatrix}=-\mathrm{i}\Delta H \tag{5.142}$$

将式(5.142)改写成系统状态方程的形式:

$$P_i+1\text{ 行}\begin{pmatrix} & & \vdots & \\ \cdots & 1 & 0 & \cdots \\ & & \vdots & \\ & 4i-1\text{ 列} & 4i\text{ 列} & \end{pmatrix}\cdot \boldsymbol{X}=\begin{pmatrix} \vdots \\ -\mathrm{i}\Delta H \\ \vdots \end{pmatrix} \tag{5.143}$$

式中:第 P_i+1 中被省略的项均为 0。给定水头边界涉及 1 条管道,对应系统总体传递矩阵中的一行。

当管道 i 首端存在流量扰动时,管道首端复水头和复流量之间的传递方程可以表示为

$$(0\quad 1)\begin{pmatrix} H_{iU} \\ Q_{iU} \end{pmatrix}=-\mathrm{i}\Delta Q \tag{5.144}$$

将式(5.144)改写成系统状态方程的形式:

$$P_i+1\text{ 行}\begin{pmatrix} & & \vdots & \\ \cdots & 0 & 1 & \cdots \\ & & \vdots & \\ & 4i-1\text{ 列} & 4i\text{ 列} & \end{pmatrix}\cdot \boldsymbol{X}=\begin{pmatrix} \vdots \\ -\mathrm{i}\Delta Q \\ \vdots \end{pmatrix} \tag{5.145}$$

式中:第 P_i+1 中被省略的项均为 0。给定流量边界涉及 1 条管道,对应系统总体传递矩阵中的一行。

5.3.4　基于总体传递矩阵法的求解方法

输送系统振荡流求解流程见图 5.28,该流程图包括三部分内容,即输送系统恒定流计算、自由振动分析和强迫振动分析。

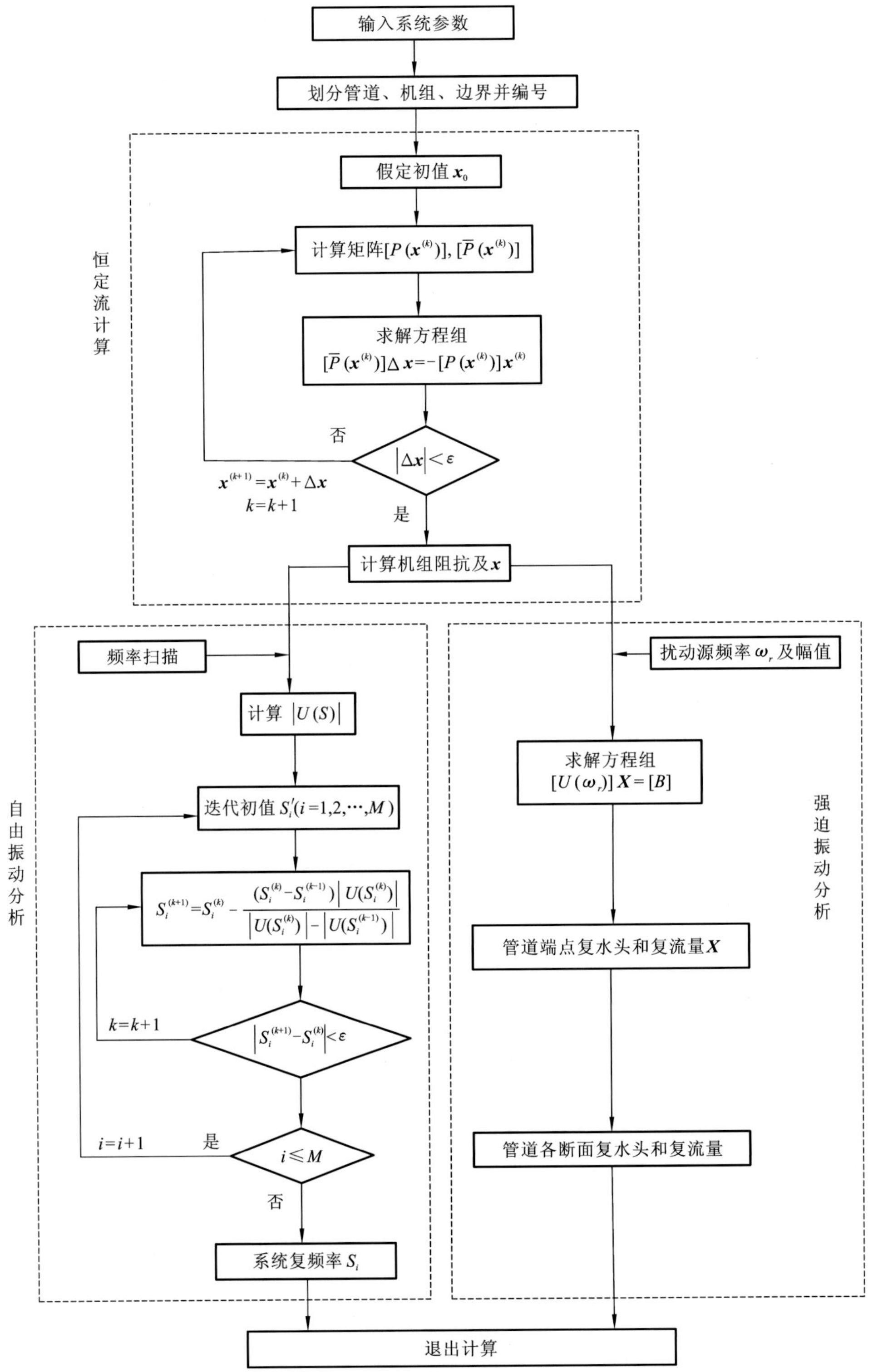

图 5.28 振荡流数值模拟流程图

1. 自由振荡数值解法

输送系统振荡流自由振荡分析的主要任务是计算系统流动的固有频率，以便同系统结构的固有频率或者强迫振动频率相比较，避免共振现象的发生。输送系统做自由振荡时，系统状态方程(5.120)中的矩阵$[B]=0$，系统状态方程为：

$$[U]\boldsymbol{X}=0 \tag{5.146}$$

总体传递矩阵$[U]$的行列式$Z(S)$是关于复频率S的多项式。式(5.146)具有非零解的条件是总体传递矩阵等于零，即

$$[U(S)]=0 \tag{5.147}$$

或者

$$Z(S)=0 \tag{5.148}$$

采用牛顿迭代法求解方程$|U(S)|=0$或$Z(S)=0$十分有效。由于被分析的系统是连续系统，因此存在无穷多个解，但只有代表基本模式和较低次谐振的少数根才具有实际意义。利用牛顿迭代法进行求解时，首先要在每个复根附近合理地估算S，这可以通过对$Z(S)$或$|U(S)|$做频率扫描来完成，即假定合理的衰减因子σ、频率间隔$\Delta\omega$及扫描次数N，计算$S_k=\sigma+\mathrm{i}k\Delta\omega\ (k=1,2,3,\cdots,N)$时的$|Z(S_k)|$或$|U(S_k)|$，找出其极小值对应的复频率即为牛顿迭代法的初值$S_i'\ (i=1,2,3,\cdots,M)$（$M$为扫描频率范围的牛顿迭代法初值的个数）。对于每个初值S_i'可以按照下列迭代格式求解方程(5.148)数值解：

$$S_i^{(k+1)}=S_i^{(k)}-\frac{(S_i^{(k)}-S_i^{(k-1)})Z(S_i^{(k)})}{Z(S_i^{(k)})-Z(S_i^{(k-1)})},\quad k=1,2,\cdots,N;i=1,2,\cdots,M \tag{5.149}$$

式中：$S_i^{(k)}$表示第k次迭代后的复频率；$Z(S_i^{(k)})$表示根据$S_i^{(k)}$计算得出的行列Z值。当$\varepsilon=|S^{(k+1)}-S^{(k)}|$满足精度时退出迭代。

式(5.147)的迭代格式为

$$S_i^{(k+1)}=S_i^{(k)}-\frac{(S_i^{(k)}-S_i^{(k-1)})|U(S_i^{(k)})|}{|U(S_i^{(k)})|-|U(S_i^{(k-1)})|},\quad k=1,2,\cdots,N;i=1,2,\cdots,M \tag{5.150}$$

2. 强迫振荡数值解法

输送系统振荡流强迫振动分析的主要任务是计算系统在扰动源作用下产生的沿管线复水头和复流量的分布。输送系统做强迫振荡时，系统状态方程(5.120)中的矩阵$[B]\neq 0$，总体传递矩阵$[U]$可以根据扰动源频率ω计算得出，系统状态方程(5.120)转化为由$4N$个未知数、$4N$个方程组成的线性方程组。方程组(5.120)有唯一解的条件是系数矩阵$[U(\omega)]\neq 0$。此时，可以通过列主元素高斯消去法将系数矩阵$[U(\omega)]$化简为上三角阵，然后进行求解，得出系统中每根管道首、末端的复水头和复流量。然后可根据复水头和复流量的传递方程式(5.18)和式(5.19)求出管道任意一点的复水头和复流量。

若管线上某断面复水头的模或复流量的模为零，该断面称为驻断面；若管线上某断面复水头的模或复流量的模为两个驻断面之间的极值，则该断面称为腹断面，如图 5.28 所示。

3. 具有动力装置输送系统的恒定流

具有动力装置的输送系统的恒定流迭代计算比较复杂，故根据振荡流数值模拟对恒定流计算的要求，结合总体传递矩阵法的特点，建立基于总体传递矩阵法的输送系统恒定

流数学模型和计算方法。

以水轮发电机组为例，通常给定开度 α 和模型综合特性曲线，待求量有工作水头 $\overline{H}$、引用流量 $\overline{Q}$、出力 N、力矩 M、转速 n、效率 η、单位转速 n_1'、单位流量 Q_1'、单位力矩 M_1' 共 9 个未知量。将 $\overline{H}$、$\overline{Q}$、Q_1' 和 n_1' 作为未知数，根据流量特性曲线和力矩特性曲线、3 个单位参数表达式，就能求出其他 5 个未知量。因此，对于一个由 N 根管道和 K 台机组组成的水力发电输送系统，一共有 $4(N+K)$ 个未知数，故状态向量的维数为 $4(N+K)$，其具体表达式为

$$\boldsymbol{x}=(\overline{H}_{1U},\overline{Q}_{1U},\overline{H}_{1D},\overline{Q}_{1D},\cdots,\overline{H}_{iU},\overline{Q}_{iU},\overline{H}_{iD},\overline{Q}_{iD},\cdots,\overline{H}_{NU},\overline{Q}_{NU},\overline{H}_{ND},\overline{Q}_{ND},$$
$$n_{11}',\overline{H}_1,\overline{Q}_1,Q_{11}',\cdots,n_{1j}',\overline{H}_j,\overline{Q}_j,Q_{1j}',\cdots,n_{1K}',\overline{H}_K,\overline{Q}_{1K},Q_{1K}')^{\mathrm{T}} \tag{5.151}$$

式中：下标 i 表示管道编号；j 表示机组编号。

该系统恒定流计算所需方程组可以表示为：

$$\begin{cases} f_1(x_1,x_2,\cdots,x_{4(n+k)})=0 \\ f_2(x_1,x_2,\cdots,x_{4(n+k)})=0 \\ \vdots \\ f_{4(n+k)}(x_1,x_2,\cdots,x_{4(n+k)})=0 \end{cases} \tag{5.152}$$

式中：$x_1,x_2,\cdots,x_{4(n+k)}$ 表示系统恒定流状态的未知数。

令 $\boldsymbol{x}=(x_1,x_2,\cdots,x_{4(n+k)})^{\mathrm{T}}$，$\boldsymbol{F}(\boldsymbol{x})=(f_1(\boldsymbol{x}),f_2(\boldsymbol{x}),\cdots f_{4(n+k)}(\boldsymbol{x}))^{\mathrm{T}}$，则方程组(5.152)可表示为向量的形式：

$$\boldsymbol{F}(\boldsymbol{x})=0 \tag{5.153}$$

方程组(5.153)为非线性方程组，可以采用牛顿迭代法进行求解，迭代格式为

$$\begin{cases} \boldsymbol{F}'(\boldsymbol{x}^{(k)})\Delta\boldsymbol{x}=-\boldsymbol{F}(\boldsymbol{x}^{(k)}) \\ \boldsymbol{x}^{(k+1)}=\boldsymbol{x}^{(k)}+\Delta\boldsymbol{x} \end{cases} \tag{5.154}$$

式中：F 是 $4(n+k)$ 维向量 $\boldsymbol{x}$ 的向量值函数；$\boldsymbol{F}'$ 为 $\boldsymbol{F}(\boldsymbol{x})$ 的 Jacobi 矩阵；$\boldsymbol{x}^{(k)}$ 为 $\boldsymbol{x}$ 的第 k 次迭代值。

Jacobi 矩阵 $\boldsymbol{F}'(\boldsymbol{x})$ 可以表示为

$$\boldsymbol{F}'(\boldsymbol{x})=[\overline{P}(\boldsymbol{x})] \tag{5.155}$$

式中：矩阵 $[\overline{P}]$ 也是状态向量 $\boldsymbol{x}$ 的函数，可以由矩阵 $[P]$ 经过变换得到。而恒定流总体传递矩阵 $[P]$ 的构成与总体传递矩阵 $[U]$（图 5.17）的构成方法相似，在此不重复。

5.4 频率响应分析

无论阻抗法还是矩阵法，它们仅仅提供了振荡流的波动沿复杂管道系统传播的途经，而不涉及振源。振源的性质通常分为两类，即强迫振荡和自由振荡。所谓的强迫振荡是振源通过强迫函数来保持其恒定振幅和频率。在强迫振荡中，流体系统的每一点都存在着谐振，其频率为强迫函数的频率，从系统的一点传播到另一点，变量的振幅和相位关系是变化的。所谓的自由振荡，是某些初始的暂时的激励引起的，当消除该激励时，系统中固有实际阻尼使振荡发生随时间作指数函数的衰减。通过对不同自然频率时的模的形式的研究可以判断输送系统的动态性能。

5.4.1 强迫振荡

在完全发展的定常强迫振荡中，系统中每一点的正弦波既不随时间衰减，也不随时间增幅。要得到如此的结果，振荡变量的复函数的实部必须为零，即

$$\begin{cases} h' = \mathrm{Re}[H(x)\mathrm{e}^{st}] = \mathrm{Re}[H(x)\mathrm{e}^{\sigma t}\mathrm{e}^{\mathrm{i}\omega t}] \\ q' = \mathrm{Re}[Q(x)\mathrm{e}^{st}] = \mathrm{Re}[Q(x)\mathrm{e}^{\sigma t}\mathrm{e}^{\mathrm{i}\omega t}] \end{cases} \tag{5.156}$$

如果在任意位置 x 处振荡保持恒定振幅，则 $\sigma=0$。采用 $\mathrm{i}\omega$ 代替 S，ω 是强迫函数的圆频率。于是，对于强迫振荡

$$\begin{cases} h' = H(x)\mathrm{e}^{\mathrm{i}\omega t} \\ q' = Q(x)\mathrm{e}^{\mathrm{i}\omega t} \end{cases} \tag{5.157}$$

并且传播常数变为

$$\gamma = \sqrt{C\omega(-\omega L + \mathrm{i}R)} \tag{5.158}$$

而特征阻抗变为

$$Z_c = -\frac{\mathrm{i}\gamma}{C\omega} \tag{5.159}$$

在流体系统中通常存在一个以上的强迫函数，并且每一个函数都可能是非正弦的周期性函数。于是，按其问题的性质分成三种不同类型：①有共同频率与一般相位关系的多个强迫函数；②不同频率的多个强迫函数；③非正弦周期性强迫函数。

1. 共同频率

如果在系统中存在一个以上的强迫函数，并且它们有相同的频率，那么可直接处理整个系统的频率响应。

2. 不同频率

当系统中存在两个和两个以上强迫函数，并且它们具有不同的频率，就需要对问题进行独立的分析。即每次的分析仅对某一频率的强迫函数，其他频率的强迫函数的振源用无激振边界条件代替，如振荡阀可以用固定孔口来代替。

由于整个流体系统是作为线性系统处理的，所以满足线性叠加的原理。因此，叠加单独分析的结果就可以求得所有谐振而产生的整个系统的响应。系统所形成的拍的周期，是所有强迫周期的合成。例如，如果包含两个频率 ω_1 和 ω_2，则当同相时，两个振幅相加；不同相时，两个振幅相减。这些振幅的包络线称为拍。拍的频率是两强迫频率之差 $\omega_1-\omega_2$，而周期是 $T_b=T_1T_2/(T_2-T_1)$。振荡运动将根据拍的周期反复振荡。在拍的周期里，振荡运动将有一个等于两强迫运动的平均频率 $\omega=(\omega_1+\omega_2)/2$ 相应的周期是 $T=2T_1T_2/(T_2+T_1)$。如果激振频率彼此非常接近，则拍的特性便特别明显。

3. 非谐和运动

当系统中有非正弦型周期强迫函数时，可以利用傅里叶级数展开该函数，做近似处理。展开函数时，需用到最小二乘法。假如在周期 T 有 $2n+1$ 个描写实际强迫函数的变量 y 的等距值$[\Delta t=T/(2n+1)]$，则函数 $y(t)$ 可以分解为 $M(M\leqslant n)$ 个谐和函数。

$$y'(t)=\frac{a_0}{2}+\sum_{m=1}^{M}(a_m\cos m\omega t+b_m\sin m\omega t) \tag{5.160}$$

式中：$\omega=2\pi/T$。

有了强迫函数的每一个谐和函数的振幅和相角，可以把每个谐和函数当做一个在它自己的强迫频率和相角处的单独的强迫函数。叠加各个频率分量的计算结果就可以求得作用在系统上的实际强迫函数。

5.4.2 共振和自由振荡

1. 共振

共振的定义是：引起系统中某些点压力增幅的振动，这些点称为压力腹点，出现在基本谐波和较高次的奇次谐波处。对于简单管，其理论周期是$\frac{4L}{a}$，而各谐振周期是基本周期的分数。即基本谐波可以$\frac{1}{4}$波长代表，第二谐波可以$\frac{1}{2}$波长代表，第三谐波可以$\frac{3}{4}$波长代表，第四谐波可以整波长代表，等等。在复杂系统中，有可能存在高频的共振条件，即较高次的谐振。一般而言，复杂系统的谐振周期并不像单管与理论周期呈整数关系，与基本周期也不是整数关系。

从能量观点考察，在一个全循环过程中，只有能量的净流入超过在该系统的能量耗散，而且继之而来的周期内也是如此，才会发生共振。这种能量的积累就表现在压力和流量的振幅不断增长。

激发共振的类型可分为强迫振动和自激振动。在流体系统中可能发生自激振荡的元件有阀门密封垫圈失灵、有空穴的泵、调速器、尾水管中涡带、阀门或其他水力机构部件上的脱流涡、结构与流体的相互作用等。

2. 自然频率和模式形态

自由振动所关注的问题是在一时性的激励产生振动之后系统中的响应。显然，在某一特定位置 x，正弦波运动是否衰减或放大，取决于 σ 的符号。

$$\begin{cases}h'(x,t)=H(x)\mathrm{e}^{\sigma t}\mathrm{e}^{\mathrm{i}\omega t}\\ q'(x,t)=Q(x)\mathrm{e}^{\sigma t}\mathrm{e}^{\mathrm{i}\omega t}\end{cases} \tag{5.161}$$

在稳定的输送系统中，σ 是负的，振动按指数规律随时间衰减。σ 是整个线性化系统的特性之一(不只是单根管道)，且与位置和时间无关。因为只研究线性化系统，因此 σ 也和振幅无关。但一般说，σ 是频率的函数，因为系统的耗散特性取决于系统中各种阻力元件的相对振幅。

5.4.3 实例

1. 带有孔口端的单管

带有孔口的简单管，可用如下方程和边界条件描述其自由振动的特性：

$$\begin{cases} H_D = H_U \cos h(\gamma l) - Z_c Q_U \sin h(\gamma l) \\ Q_D = -\dfrac{H_U}{Z_c} \sin h(\gamma l) + Q_U \cos h(\gamma l) \\ Z_V = \dfrac{H_V}{Q_V} = \dfrac{H_D}{Q_D} = \dfrac{2\overline{H}}{\overline{Q}} \\ H_U = 0 \\ Q_U [Z_V \cos h(\gamma l) + Z_c \sin h(\gamma l)] = 0 \end{cases} \tag{5.162}$$

如果系统中存在振动流，则式(5.162)括号中的量必须是 0，因为 $Q_U \neq 0$，于是

$$e^{2\gamma l}(Z_c + Z_V) + (Z_c - Z_V) = 0 \tag{5.163}$$

在无摩擦系统中

$$\gamma^2 = CLS^2 = \frac{gA}{a^2}\frac{1}{gA}S^2 = \frac{S^2}{a^2}, \quad \gamma = \frac{S}{a} = \frac{\sigma}{a} + \frac{\mathrm{i}\omega}{a}$$

$Z_c = \dfrac{a}{gA}$是一个实数。当上述复数方程的虚部为零时，得

$$\omega = \frac{n\pi}{2}\frac{a}{l}, \quad n = 1, 2, 3, \cdots \tag{5.164}$$

而实部为零时，得

$$\sigma = \frac{a}{2l}\ln\left[(-1)^n \frac{Z_c - Z_V}{Z_c + Z_V}\right] \tag{5.165}$$

因为参数 Z_c和 Z_V是正实数，而中括号内的量必须为正，所以存在两种自由振动情况：

若 $Z_c > Z_V$：

$$\sigma = \frac{a}{2l}\ln\left(\frac{Z_V - Z_c}{Z_c + Z_V}\right), \quad \omega = \frac{n\pi}{2}\frac{a}{l}, \quad n = 1, 3, 5, \cdots \tag{5.166}$$

若 $Z_c < Z_V$：

$$\sigma = \frac{a}{2l}\ln\left(\frac{Z_c - Z_V}{Z_c + Z_V}\right), \quad \omega = \frac{n\pi}{2}\frac{a}{l}, \quad n = 2, 4, 6, \cdots \tag{5.167}$$

第一种情况下，自由振动频率是奇次谐振，意味着孔口给出了类似于盲端的响应。

第二种情况下，自由振动频率是偶次谐振，表示孔口属于类似于水库的反射。当 Z_c和 Z_V越来越接近时，σ 变成一个较大的负数。

2. 水轮机为反击式的情况

装有反击式水轮机的水力发电系统如图 5.29 所示。

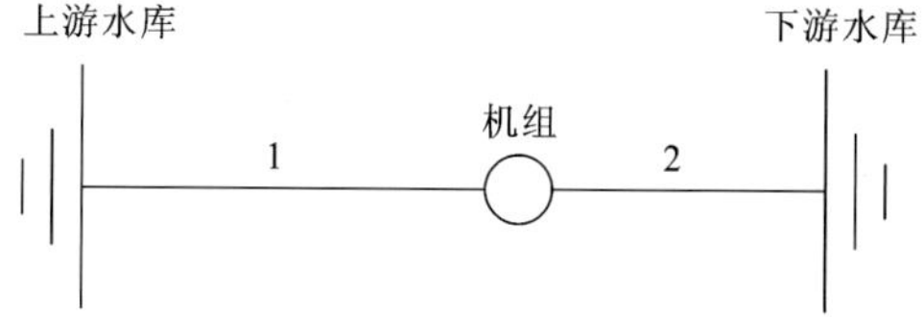

图 5.29　装有反击式水轮机的水力发电系统的示意图

由水力阻抗法的阻抗传递方程可知，管道 1 上游端和下游端的阻抗传递方程为

$$Z_{D1}=\frac{Z_{U1}-Z_{c1}\tanh(\gamma_1 l_1)}{1-(Z_{U1}/Z_{c1})\tanh(\gamma_1 l_1)} \tag{5.168}$$

管道 2 上游端和下游端的阻抗传递方程为

$$Z_{U2}=\frac{Z_{D2}+Z_{c2}\tanh(\gamma_2 l_2)}{1+(Z_{D_2}/Z_{c2})\tanh(\gamma_2 l_2)} \tag{5.169}$$

式中：l_i 为对应管道的长度；γ_i 为传播常数；Z_{Ci} 为特征阻抗；Z_{Ui} 为上游端阻抗；Z_{Di} 为下游端阻抗。

上游水库和下游水库处振动水头为 0，即

$$\begin{cases} Z_{U1}=0 \\ Z_{D1}=0 \end{cases} \tag{5.170}$$

在机组处管道 1 和管道 2 的端部水力阻抗满足

$$Z_{D1}=Z_{U2}+Z_T \tag{5.171}$$

忽略摩阻损失，联立式(5.168)～式(5.171)得

$$\begin{aligned}&(Z_{c1}+Z_{c2}+Z_T)e^{2\sigma\left(\frac{l_1}{a_1}+\frac{l_2}{a_2}\right)+2\omega\left(\frac{l_1}{a_1}+\frac{l_2}{a_2}\right)i}+(Z_{c1}-Z_{c2}+Z_T)e^{\frac{2\sigma l_1}{a_1}+\frac{2\omega l_1}{a_1}i}\\&+(-Z_{c1}+Z_{c2}+Z_T)e^{\frac{2\sigma l_2}{a_2}+\frac{2\omega l_2}{a_2}i}-Z_{c1}-Z_{c2}+Z_T=0\end{aligned} \tag{5.172}$$

式中：Z_{c1}、Z_{c2}、Z_T 均为实数，且 Z_{c1}、Z_{c2} 均大于 0。

直接求解式(5.172)是十分困难的，但可以对其特性进行分析。将 $Z_T=-Z_T$ 和 $\sigma=-\sigma$ 代入式(5.72)，并将方程两边都乘以 $e^{2\sigma\left(\frac{l_1}{a_1}+\frac{l_2}{a_2}\right)-2\omega\left(\frac{l_1}{a_1}+\frac{l_2}{a_2}\right)i}$，整理得

$$\begin{aligned}&(Z_{c1}+Z_{c2}+Z_T)e^{2\sigma\left(\frac{l_1}{a_1}+\frac{l_2}{a_2}\right)-2\omega\left(\frac{l_1}{a_1}+\frac{l_2}{a_2}\right)i}+(Z_{c1}-Z_{c2}+Z_T)e^{\frac{2\sigma l_1}{a_1}-\frac{2\omega l_1}{a_1}i}\\&+(-Z_{c1}+Z_{c2}+Z_T)e^{\frac{2\sigma l_2}{a_2}-\frac{2\omega l_2}{a_2}i}-Z_{c1}-Z_{c2}+Z_T=0\end{aligned} \tag{5.173}$$

易知式(5.173)和式(5.172)同解。

若对调式(5.172)中下标 1 和 2 的位置，式(5.172)保持不变。因此，对于图 5.30 所示的装有反击式水轮机的水力发电系统，其自由振动复频率具有如下性质：

(1) 改变机组水力阻抗 Z_T 的正负号，系统自由振动的衰减因子 σ 也改变正负号，但绝对值不变，频率 ω 也不变。

(2) 交换机组上下游管道的位置，系统自由振动的衰减因子和频率不变。

对于图 5.29 所示的水力发电系统，假设管道参数如表 5.1 所示。

表 5.1 水力发电系统管道参数

管道	长度/m	直径/m	波速/(m/s)	特征阻抗/(s/m²)	自振频率基频/(rad/s)
1	1000.0	8.0	1100.0	2.2308	1.7279
2	100.0	10.0	1000.0	1.2979	15.7080

用式(5.174)作为衡量系统自振频率的奇偶性：

$$Y_k=\frac{\omega_k-k\omega_{1(1)}}{\omega_{1(1)}} \tag{5.174}$$

式中：ω_k 为系统第 k 阶自振频率；$\omega_{1(1)}$ 为管道 1 的基振频率。若 $Y_k=k-1$，则系统第 k 阶

频率与管道 1 的第 k 阶奇次频率相同，系统该阶频率为奇次的；若 $Y_k=k$，则系统第 k 阶频率与管道 1 的第 k 阶偶次频率相同，系统该阶频率为偶次的。

该系统自由振动频率和衰减因子随机组水力阻抗的变化如图 5.30 和图 5.31 所示。

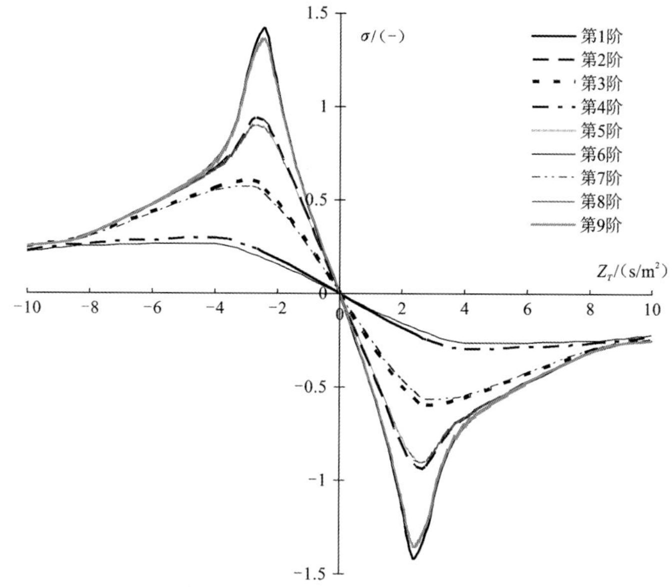

图 5.30　衰减因子随机组水力阻抗变化图

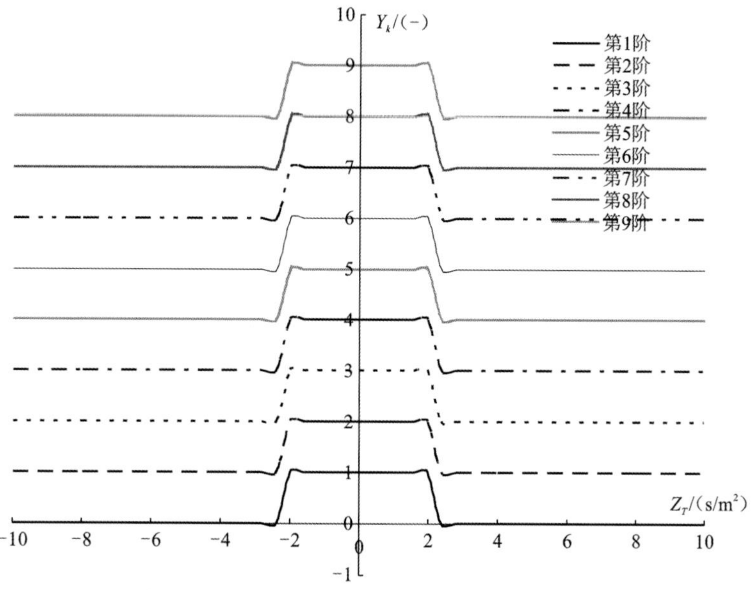

图 5.31　自由振动频率随机组水力阻抗变化图

从图中可以看出以下几个方面：

(1) 系统自由振动的衰减因子的变化曲线是奇对称的：当机组水力阻抗 $Z_T>0$ 时，衰

减因子 $\sigma<0$；当 $Z_T<0$ 时，$\sigma>0$。

（2）当机组水力阻抗 Z_T 接近管道特征阻抗 Z_c 时，系统自由振动衰减因子 σ 达到极大值（$Z_T>0$ 时）或极小值（$Z_T<0$）；当机组水力阻抗 Z_T 远离管道特征阻抗 Z_c 时，系统自由振动衰减因子的绝对值 $|\sigma|$ 越来越小。

（3）系统自振频率的变化曲线是偶对称的，当 $|Z_T|<Z_c$ 时，$Y_k=k-1$，系统自振频率的阶次是奇次的；当 $|Z_T|>Z_c$ 时，$Y_k=k$ 系统自振频率的阶次是偶次的。

参考文献

[1] WYLIE E B, STREETER V L. Fluid Transients in Systems[M]. 3rd ed. Englewood Cliffs: Prentice Hall, 1993.

[2] 谷超豪，李大潜，陈恕行. 数学物理方程[M]. 3 版. 北京：高等教育出版社，2012.

[3] 冯文涛. 水电站复杂有压输水系统水力振动特性研究[D]. 武汉：武汉大学，2012.

[4] 冯文涛，杨建东，段炼. 水轮机水力阻抗特性研究[J]. 武汉大学学报（工学版），2012，45(2)：177-181.

[5] CHAUDHRY M H. Applied Hydraulic Transients[M]. 3rd ed. Berlin: Springer, 2014.

[6] 段炼，杨建东，冯文涛. 总体矩阵法在水电站水力振动研究中的应用[J]. 水电能源科学，2011，29(12)：74-77.

第6章 气体管道瞬变流及液体垂直波动与气体耦合的瞬变流

6.1 管道中气体流动的基本方程

气体是流体的一种类型，其基本方程式和计算分析方法与液体是类似的。由于在气体流动中，惯性力的作用是次要的，瞬变过程比较缓慢，所以有必要对基本方程进行简化，在动量方程中引入“惯性因子”，增大计算的时间步长，以满足计算模拟长达数天的瞬变过程。

在建立气体管道流动的理论中，做了如下假设：

(1) 流动是等温的；

(2) 管壁的膨胀可以忽略；

(3) 状态方程由公式 $p=z\rho RT$ 给出，其中，p 为气体压强，z 为压缩性系数，ρ 为气体密度，R 为气体常数，T 为绝对温度，在单一问题范围内，视为常数；

(4) 一维流；

(5) 摩阻系数是壁面糙率及雷诺数的函数，在瞬变流计算中采用定常运动的摩阻系数；

(6) 沿管道的动量变化是次要的，可以忽略。

6.1.1 连续性方程

流进长度为 δx 的管段内质量流量 M，应等于该管段内单位时间的质量增量，即

$$-\frac{\partial M}{\partial x}\delta x=\frac{\partial}{\partial t}(\rho A\delta x) \tag{6.1}$$

利用气体状态方程 $\mathrm{d}\rho=\frac{\mathrm{d}p}{zRT}=\frac{\mathrm{d}p}{B^2}$，其中，$B$ 是波速，$B=\sqrt{\frac{p}{\rho}}=\sqrt{zRT}$，则连续性方程改写为

$$\frac{B^2}{A}\frac{\partial M}{\partial x}+\frac{\partial p}{\partial t}=0 \tag{6.2}$$

6.1.2 动量方程

引入惯性因子 α，动量方程如下：

$$A\frac{\partial p}{\partial x}+\tau_0\pi D+\rho gA\sin\beta+\alpha^2\rho A\frac{\mathrm{d}V}{\mathrm{d}t}=0 \tag{6.3}$$

式中：A 为管道面积；D 为管道直径；τ_0 为切应力；ρ 为气体密度；β 为管道与水平线夹角；V 为气体流速。

由于速度头沿管道变化可以忽略，则有

$$\frac{\mathrm{d}V}{\mathrm{d}t}\approx\frac{\partial V}{\partial t}=\frac{1}{A}\frac{\partial}{\partial t}\left(\frac{M}{\rho}\right)=\frac{B^2}{A}\frac{\partial}{\partial t}\left(\frac{M}{p}\right)=\frac{B^2}{Ap}\left(\frac{\partial M}{\partial t}-\frac{M}{p}\frac{\partial p}{\partial t}\right) \tag{6.4}$$

$$V=\frac{B^2 M}{Ap} \tag{6.5}$$

将剪切应力 $\tau_0=\frac{\rho f V^2}{8}=\frac{\rho f}{8}\frac{B^4 M^2}{A^2 p^2}$ 和式(6.4)代入动量方程式(6.3)得

$$\frac{\partial p}{\partial x}+\frac{fB^2M^2}{2DA^2 p}+\frac{pg}{B^2}\sin\beta+\frac{\alpha^2}{A}\left(\frac{\partial M}{\partial t}-\frac{M}{p}\frac{\partial p}{\partial t}\right)=0 \tag{6.6}$$

利用连续性方程，可得 $-\frac{M}{p}\frac{\partial p}{\partial t}=\frac{MB^2}{pA}\frac{\partial M}{\partial x}=V\frac{\partial M}{\partial x}\approx\frac{V}{B}\frac{\partial M}{\partial t}$。通常 $\frac{V}{B}\ll 1$，于是式(6.6)简化成

$$\frac{\partial p}{\partial x}+\frac{\alpha^2}{A}\frac{\partial M}{\partial t}+\frac{pg}{B^2}\sin\beta+\frac{fB^2M^2}{2DA^2 p}=0 \tag{6.7}$$

6.1.3 惯性因子物理意义与计算

引入惯性因子实际上是增大了动量方程中的惯性力项。在输送气体的管道中，瞬变过程通常持续时间较长，变化比较缓慢，流动中起主要作用的是压力项和摩阻项，惯性力项与其相比是次要的。因此，在一定条件下增大惯性力项的作用只会对系统的动量守恒和质量守恒产生很小的影响，却能在数值计算中选取较大的时间步长，提高计算效率。

惯性因子的计算公式如下[1]：

$$\alpha^2=1-\frac{(\sigma m h)^2}{3p_{\mathrm{d}}}+\psi\frac{\sqrt{p_d[1+(\sigma m\omega^*)^2]}}{m\omega^*\Delta q} \tag{6.8}$$

式中：ψ 为压力的无量纲误差界限，$\psi=\frac{\Delta p_{\text{误差}}}{p_1}$。无量纲参数的定义如下：

$$\begin{cases} m=\frac{V_0}{B}, \quad \sigma=\frac{fL}{2D}, \quad p_d=\sqrt{1-2\sigma m^2} \\ \omega^*=\frac{\omega L}{B}, \quad \Delta q=\frac{\Delta M}{M_0}, \quad h=\frac{\Delta x}{L} \end{cases} \tag{6.9}$$

式中：V_0 为上游的定常速度分量；ΔM 为振动的半幅值；L 为管道长度；D 为管道内径；Δx 为计算采用的空间步长；ω^* 为流动的振荡圆频率。

虽然引入惯性因子是为了计算变化缓慢的瞬变流，但是对于变化比较迅速的瞬变流，该方法也是同样适用的。瞬变过程时间长，变化缓慢时选取较大的惯性因子，而对于变化快速的瞬变惯性因子则取得很小，直至等于1。

6.1.4 定常流方程

对于定常等温的流动，M 为常数，$\frac{\partial M}{\partial t}=0$。由于 M 是常数，所以雷诺数是常数，使得摩阻系数 f 也是一个常数，x 是唯一的自变量，因此式(6.7)变为

$$\mathrm{d}p+\left(\frac{pg}{B^2}\sin\beta+\frac{fB^2M^2}{2DA^2 p}\right)\mathrm{d}x=0 \tag{6.10}$$

对式(6.10)进行积分，积分限从 $x=0, p=p_1$ 到 $x=\Delta x, p=p_2$，即

$$p_2^2=\left(p_1^2-\frac{fB^2M^2}{DA^2}\Delta x\,\frac{\mathrm{e}^s-1}{s}\right)/\mathrm{e}^s \tag{6.11}$$

式(6.11)为定常状态下的抛物线压力梯度表达式，其中 $s=(2g\Delta x\sin\theta)_i/B^2$。

对于水平管线，$s=0$，$\dfrac{e^s-1}{s}=1$，所以式(6.11)改写为

$$p_2^2=p_1^2-\frac{fB^2M^2}{DA^2}\Delta x \tag{6.12}$$

在天然气工业中，广泛应用的经验方程通常为如下形式[2]：

$$p_2^2=p_1^2-\text{const}\,\frac{M^n}{D^m}\Delta x \tag{6.13}$$

式中：const、n、m 将根据粗糙度和雷诺数的适用范围而取不同的值。

上述定常流计算方程的应用是有限制的，因为管道下游端有可能发生壅塞现象(壅塞是管道中某一截面处的流速达到声速时所发生的一种流动现象，其表现为：无论该截面下游侧压强如何降低，声速截面前的流速、压强等都不再发生变化，相应地流量也保持不变)。

对于水平管道，最低的下游压强 p_2^*(壅塞压强)由式(6.14)计算：

$$p_2^*=\frac{p_1V_1}{B}=\frac{MB}{A} \tag{6.14}$$

6.2　管道中气体瞬变流的计算方法

6.2.1　特征线解法

在管道气体瞬变流的计算中，以质量 M 和压强 p 为因变量，以 x 和 t 为自变量。采用求特征根的方法，可将式(6.1)和式(6.7)组成的偏微分方程组转换成常微分方程组：

$$C^+:\begin{cases}\dfrac{\alpha^2}{A}\dfrac{\mathrm{d}M}{\mathrm{d}t}+\dfrac{\alpha}{B}\dfrac{\mathrm{d}p}{\mathrm{d}t}+\dfrac{pg}{B^2}\sin\beta+\dfrac{fB^2M|M|}{2DA^2p}=0\\[2mm]\dfrac{\mathrm{d}x}{\mathrm{d}t}=\dfrac{B}{\alpha}\end{cases} \tag{6.15}$$

$$C^-:\begin{cases}\dfrac{\alpha^2}{A}\dfrac{\mathrm{d}M}{\mathrm{d}t}-\dfrac{\alpha}{B}\dfrac{\mathrm{d}p}{\mathrm{d}t}+\dfrac{pg}{B^2}\sin\beta+\dfrac{fB^2M|M|}{2DA^2p}=0\\[2mm]\dfrac{\mathrm{d}x}{\mathrm{d}t}=-\dfrac{B}{\alpha}\end{cases} \tag{6.16}$$

采用等时段网格，沿特征线积分，并利用数值积分，得到如下有限差分方程：

$$C^+:\frac{\alpha B}{A}(M_P-M_A)+p_P-p_A\ \frac{fB^2\Delta x}{(p_P+p_A)DA^2}\frac{e^s-1}{s}\left(\frac{M_P+M_A}{2}\left|\frac{M_P+M_A}{2}\right|\right)+\frac{p_P^2}{p_P+p_A}(e^s-1)=0 \tag{6.17}$$

$$C^-:\frac{\alpha B}{A}(M_P-M_B)-p_P+p_B\ \frac{fB^2\Delta x}{(p_P+p_B)DA^2}\frac{e^s-1}{s}\left(\frac{M_P+M_B}{2}\left|\frac{M_P+M_B}{2}\right|\right)+\frac{p_P^2}{p_P+p_B}(e^s-1)=0 \tag{6.18}$$

应该指出的是，惯性因子在瞬变过程中可以变化。事实上，如果允许调整时间增量，则可预先设立不同的时间步长，而无需插值。因此，对于每一个空间长度 Δx_i，均有 $\alpha_i=\dfrac{B\Delta t}{\Delta x_i}$。

对于瞬变流，计算惯性因子的圆频率 ω 可近似表示为

$$\omega=\frac{\pi}{2}\frac{\frac{\mathrm{d}p}{\mathrm{d}t}}{\Delta p},\quad \Delta q=\frac{A}{B}\frac{\Delta p}{M_0}$$

式中：Δp 是边界的压强变化。如果 M 作为时间的函数在边界上已给出，则有

$$\omega=\frac{\pi}{2}\frac{\frac{\mathrm{d}M}{\mathrm{d}t}}{\Delta M},\quad \Delta q=\frac{\Delta M}{M_0}$$

6.2.2 隐格式差分法

对于气体管道的连续性方程和动量方程，同样可以采用第 3 章所述的 Preissmann 四点中心差分格式进行离散化，得到如下形式的线性方程组，再采用追赶法进行求解。

将式(6.1)和式(6.7)离散并整理成为如下形式：

$$A_{i1}\Delta p_{i+1}+B_{i1}\Delta M_{i+1}=C_{i1}\Delta p_i+D_{i1}\Delta M_i+F_{i1} \tag{6.19}$$

$$A_{i2}\Delta p_{i+1}+B_{i2}\Delta M_{i+1}=C_{i2}\Delta p_i+D_{i2}\Delta M_i+F_{i2} \tag{6.20}$$

式中

$$A_{i1}=\frac{1}{2\Delta t},\quad B_{i1}=\frac{B^2\theta}{A\Delta x},\quad C_{i1}=-\frac{1}{2\Delta t},\quad D_{i1}=\frac{B^2\theta}{A\Delta x},\quad F_{i1}=-\frac{1}{\Delta x}(M_{i+1}-M_i)$$

$$A_{i2}=\frac{\theta}{\Delta x}+\frac{g\theta\sin\beta}{2B^2}-\frac{fB^2(M_{i+1}+M_i)|M_{i+1}+M_i|}{4DA^2(p_{i+1}+p_i)^2},\quad B_{i2}=\frac{\alpha^2}{2A\Delta t}+\frac{fB^2|M_{i+1}+M_i|}{2DA^2(p_{i+1}+p_i)}$$

$$C_{i2}=\frac{\theta}{\Delta x}-\frac{g\theta\sin\beta}{2B^2}+\frac{fB^2(M_{i+1}+M_i)|M_{i+1}+M_i|}{4DA^2(p_{i+1}+p_i)^2},$$

$$D_{i2}=-\frac{1}{2A\Delta t}-\frac{fB^2|M_i+M_{i+1}|}{2DA^2(P_{i+1}+P_i)}$$

$$F_{i2}=-\frac{1}{\Delta x}(p_{i+1}-p_i)-\frac{g\sin\beta}{2B^2}(p_{i+1}+p_i)-\frac{fB^2(M_{i+1}+M_i)|M_{i+1}+M_i|}{4DA^2(p_{i+1}+p_i)}$$

式中：θ 为 Preissmann 四点空间中心差分隐式加权系数。

由追赶法可知，对于用隐格式方法求解的管段，其内部各计算断面存在如下关系：

$$\Delta M_i=EE_i\Delta p_i+FF_i \tag{6.21}$$

$$\Delta p_i=L_i\Delta p_{i+1}+R_i\Delta M_{i+1}+N_i \tag{6.22}$$

式中

$$L_i=A_{i1}/(C_{i1}+D_{i1}EE_i),\quad R_i=B_{i1}/(C_{i1}+D_{i1}EE_{i1}),\quad N_i=-(D_{i1}FF_{i1}+F_{i1})/(C_{i1}+D_{i1}EE_{i1})$$

$$EE_i=\frac{-A_{i1}(C_{i2}+D_{i2}EE_{i-1})+A_{i2}(C_{i1}+D_{i1}EE_{i-1})}{B_{i1}(C_{i2}+D_{i2}EE_{i-1})-B_{i2}(C_{i1}+D_{i1}EE_{i-1})}$$

$$FF_i=\frac{(D_{i1}FF_{i-1}+F_{i1})(C_{i2}+D_{i2}EE_{i-1})-(D_{i2}FF_{i-1}+F_{i2})(C_{i1}+D_{i1}EE_{i-1})}{B_{i1}(C_{i2}+D_{i2}EE_{i-1})-B_{i2}(C_{i1}+D_{i1}EE_{i-1})}$$

式(6.21)和式(6.22)中各系数只与前时刻的各节点的函数值 p_i、M_i 有关，是已知的。这样，断面 i 上的 EE_i、FF_i 仅依赖于前断面的 EE_{i-1}、FF_{i-1}，如果上游边界 $i=1$ 上的 EE_1、FF_1 已知，就可以计算出 EE_2、FF_2，然后依次推算出所有的 EE_i、FF_i。另外，L_i、R_i、N_i 取决于 EE_i 和 FF_i，这样，一旦 EE_i 和 FF_i 计算出来，就可以计算出各断面的 L_i、

R_i、N_i。整个计算过程是先利用上游边界确定 EE_1、FF_1，然后依次推算出各断面的 EE_i、FF_i、L_i、R_i、N_i，这样可以得出最后一个断面的 EE_{n+1}、FF_{n+1}，这一过程称为追赶法中的前扫描。

由式(6.21)得到如下关系式：

$$\Delta M_{n+1} = EE_{n+1}\Delta p_{n+1} + FF_{n+1} \tag{6.23}$$

联立下游边界的方程 $f(\Delta M, \Delta p)=0$ 可以求出最后一个断面的 ΔM_{n+1}、Δp_{n+1}。然后可以利用式(6.22)求出 Δp_n，再由式(6.21)求出 ΔM_n，如此递推，便可以求解所有断面的 Δp_i 和 ΔM_n，这一过程从下游向上游进行，称为后扫描。

6.3　气体管道瞬变流的数值模拟

本节通过两个经典的算例验证上述隐格式差分法用于气体管道瞬变流数值模拟的准确性，并与有关文献结果进行比较。

6.3.1　气体在单个管道中的瞬变流

一水平气体管道长 L 为 100 km，直径 D 为 0.6 m，操作温度 T 为 278 K，气体常数 R 为 392 $m^2/(s^2 \cdot K)$，气体密度 ρ 为 0.73 kg/m^3，摩擦系数 f 为 0.012(在文献[3]中摩擦阻力项的表达式为 $2fB^2M^2/(DA^2p)$，而在本书中为 $fB^2M^2/(2DA^2p)$，因此此处 0.012 等同于文献[3]中的 0.003)，管道进口压力始终保持为 50 bar，出口处气体流量随时间变化关系如图 6.1 所示。恒定状态下管道的压力分布采用式(6.24)～式(6.26)求得：

$$p_l^2 = \left(p_0^2 - \frac{fB^2M^2}{DA^2}\Delta x\,\frac{e^s - 1}{s}\right)\Big/ e^s \tag{6.24}$$

$$B^2 = zRT \tag{6.25}$$

$$z = 1 - \frac{p(0)+p(l)}{390\times 2} \tag{6.26}$$

式中：$s = 2g\Delta x\sin\beta/B^2$。

计算时选取的空间步长为 0.05 s，网格数取为 100，图 6.2 所示为气体管道末端压力随时间的变化过程。从图中可以看出本节的计算结果与文献[3]计算所得结果基本一致。

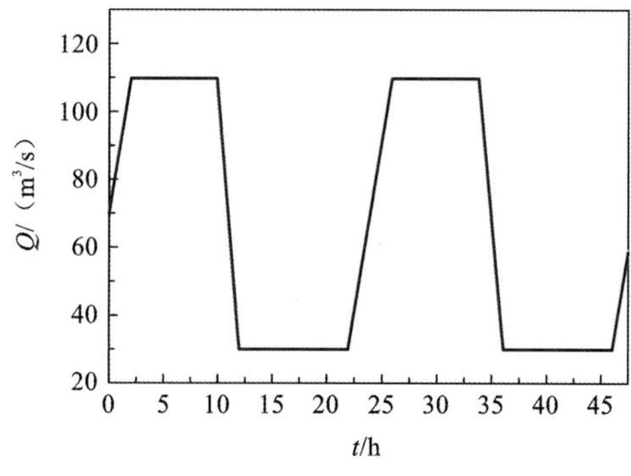

图 6.1　气体管道出口流量

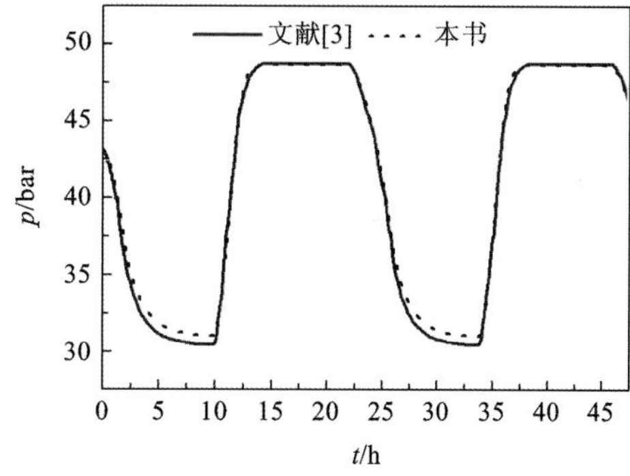

图 6.2　气体管道出口压力

6.3.2 气体在管网中的流动

对于图 6.3 所示的由三根水平直管道组成的用于输送气体的管网,管道 1、管道 2 和管道 3 的长度分别是 80 km,90 km 和 100 km,三根管道的直径均为 0.6 m,摩擦系数取为 0.012。进口节点 1 为压力进口,压力始终为 50 bar,气体密度为 0.716 5 kg/m^3,气体常数 R 为 392 $m^2/(s^2 \cdot K)$,温度 T 为 278 K,节点 2 和节点 3 为流量边界条件,其流量随时间的变化过程如图 6.4 所示。初始压力场由式(6.24)～式(6.26)确定,计算的时间步长取为 0.005 s,每根管道都划分为 100 的网格,计算得到气体出口节点 2 和节点 3 处压力的计算值与文献[4]的结果对比如图 6.5 和图 6.6 所示,两者之间极值的相对误差不超过 5%,说明隐式差分法可以较准确地模拟管网中气体的瞬变过程。

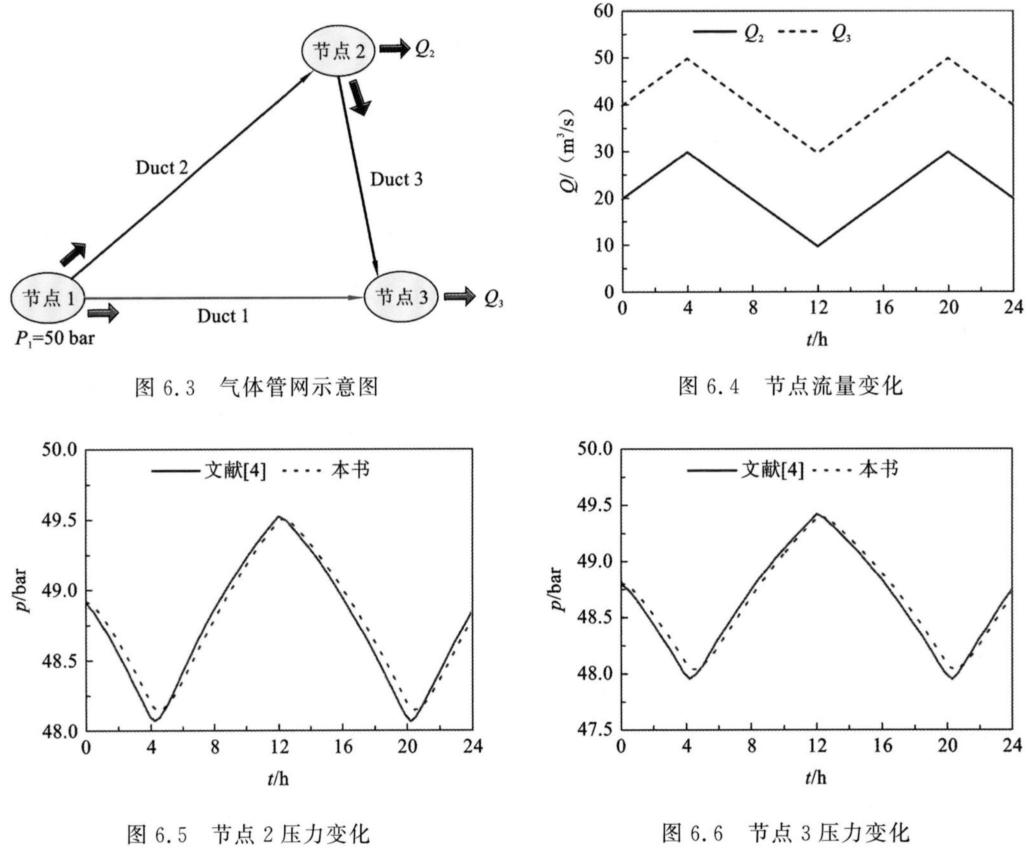

图 6.3 气体管网示意图

图 6.4 节点流量变化

图 6.5 节点 2 压力变化

图 6.6 节点 3 压力变化

以上算例说明 Preissmann 四点隐式差分对于气体瞬变流数值模拟是可靠的,为 6.4 节研究液体垂直波动与气体耦合的瞬变流奠定了基础。

6.4 液体垂直波动与气体耦合的瞬变流

在大多数情况下,管道或管网中只存在单独的液相或者气相,采用水击方程或者是气体非恒定方程就可以求解其瞬变过程。但某些特殊情况下,如深埋于山体之中的水电站调压室，往往在顶部通过很长的通气廊道与外界大气相连，如图 6.7 所示，实现其减压、通气和交通等功能。调压室内水位波动将引起廊道内气体的流动，由于调压室断面面积远远大于廊道横截面面积，可能会在廊道内产生较大的风速。该问题与其他气液两相流问题相比，其特点是气相和液相有明确的分界面，但困难在于分界面是随时间变化的，计算中需要不断地追踪分界面的位置。

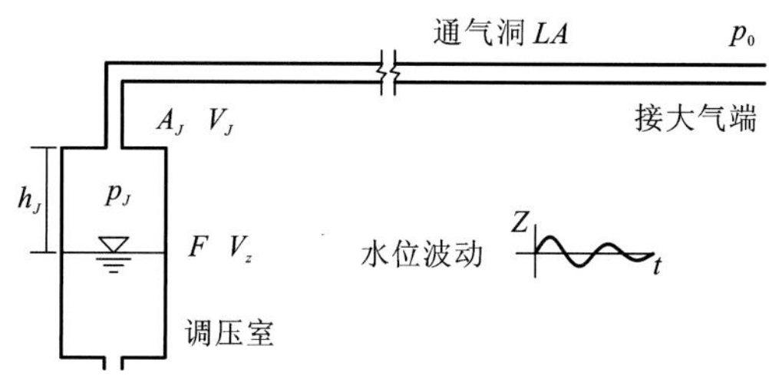

图 6.7　调压室端边界条件示意图

本节针对调压室通气系统，采用一维气体管道瞬变流理论与方法，建立基于调压室流量边界的风速模拟的数学模型，实现调压室通气系统风速非定常流的数值模拟；并从波动叠加的角度揭示调压室水位波动过程及通气洞体型(长度、断面面积、倾角)对风速分布及变化过程的作用机理[5]。

调压室-通气洞系统的边界条件包括调压室端、串联节点、分岔节点及通气洞出口接大气端等边界条件。在前扫描过程中，需要建立调压室端、串联节点、分岔节点等边界的首边界方程；在后扫描过程中，需要建立并求解大气端末边界方程，并在串联节点、分岔节点等边界处实现下游管道向上游管道方程的传递，并最终在调压室端求得调压室-通气洞接触面的各个未知量。

6.4.1　调压室-通气洞系统各边界的首边界方程

1. 调压室端首边界方程

调压室水位波动作为扰动源引起调压室及通气洞内气体的非恒定流动。由于作用在调压室水面上的气体压强不仅随调压室水位波动发生变化，而且气体压强的变化也影响调压室水位波动，需要考虑二者耦合。

在气液接触断面，气体质量流量 M_{J0} 应满足

$$M_{J0}=-\rho F\frac{\mathrm{d}Z}{\mathrm{d}t} \tag{6.27}$$

式中：ρ 为气体密度；F 为调压室断面面积；Z 为调压室水位，以海拔高程为基准。

由于调压室水面气体压强 p_{J0} 不等于大气压强 p_0，因此调压室能量平衡方程为

$$Z=H_{TP}+ZZ_2+\frac{p_0-p_{J0}}{\rho_w g}-\zeta_T Q_{TP}\,|\,Q_{TP}\,| \tag{6.28}$$

式中：H_{TP} 是以下游水位为基准的测压管水头；$ZZ2$ 是下游水位高程；ρ_w 是水体密度；ζ_T 是阻抗系数；Q_{TP} 是流进调压室的流量，向上为正。

忽略调压室底部管道连接处的局部水头损失，则有

$$H_{P1}=H_{P2}=H_{TP} \tag{6.29}$$

水流连续性方程：

$$Q_{P1}=Q_{P2}+Q_{TP} \tag{6.30}$$

式(6.29)和式(6.30)中的下标 $P1$ 和 $P2$ 分别代表与调压室底部连接的管道。

调压室水位方程：

$$Z=Z_{-\Delta t}+(Q_{TP}+Q_{TP-\Delta t})\frac{\Delta t}{F+F_{t-\Delta t}} \tag{6.31}$$

进出调压室管道末首断面的特征线方程：

$$C^+ : Q_{P1}=Q_{CP}-C_{QP}H_{P1} \tag{6.32}$$

$$C^- : Q_{P2}=Q_{CM}+C_{QM}H_{P2} \tag{6.33}$$

上述方程组求解过程如下。

对式(6.32)、式(6.33)、式(6.30)及式(6.29)进行线性化处理，并整理可得

$$\Delta Q_{P1}=-C_{QP}\Delta H_{P1}-Q_{CP-\Delta t}+Q_{CP} \tag{6.34}$$

$$\Delta Q_{P2}=C_{QM}\Delta H_{P2}-Q_{CM-\Delta t}+Q_{CM} \tag{6.35}$$

$$\Delta Q_{P1}=\Delta Q_{TP}+\Delta Q_{P2} \tag{6.36}$$

$$\Delta H_{P1}=\Delta H_{P2}=\Delta H_{TP} \tag{6.37}$$

将式(6.34)～式(6.36)代入式(6.37)可得

$$\Delta Q_{TP}=SC\Delta H_{TP}+SQ \tag{6.38}$$

式中

$$SC=-(C_{QP}+C_{QM}),\quad SQ=(Q_{CP}-Q_{CM})-(Q_{CP-\Delta t}-Q_{CM-\Delta t})$$

则有

$$\Delta H_{TP}=\frac{1}{SC}\Delta Q_{TP}-\frac{SQ}{SC} \tag{6.39}$$

对式(6.28)进行线性化处理，并整理可得

$$\Delta Z=\Delta H_{TP}-\frac{\Delta p_{J0}}{\rho_{\mathrm{w}} g}-2\zeta_T\left|Q_{TP-\Delta t}\right|\Delta Q_{TP} \tag{6.40}$$

对式(6.31)进行线性化处理，并整理可得

$$\Delta Z=(2Q_{TP-\Delta t}+\Delta Q_{TP})W_0 \tag{6.41}$$

式中

$$W_0=\frac{\Delta t}{F+F_{t-\Delta t}}$$

联立式(6.39)、式(6.40)并代入式(6.41)得

$$\Delta Q_{TP}=-\frac{1}{\rho_{\mathrm{w}} g\left(W_0-\dfrac{1}{SC}+2\zeta_T\left|Q_{TP-\Delta t}\right|\right)}\Delta p_{J0}+\frac{-\dfrac{SQ}{SC}-2Q_{TP-\Delta t}W_0}{W_0-\dfrac{1}{SC}+2\zeta_T\left|Q_{TP-\Delta t}\right|} \tag{6.42}$$

根据式(6.27)可得

$$M_{J0}=-\rho F\frac{\mathrm{d}Z}{\mathrm{d}t}=-\rho\frac{Q_{TP}+Q_{TP-\Delta t}}{2} \tag{6.43}$$

将式(6.43)进行线性化处理可得

$$\Delta M_{J0}=-\rho\frac{\Delta Q_{TP}+\Delta Q_{TP-\Delta t}}{2}\tag{6.44}$$

将式(6.42)代入式(6.44)可得

$$\Delta M_{J0}=EE_1\Delta p_{J0}+FF_1\tag{6.45}$$

式中

$$EE_1=\frac{-\rho}{2\rho_{\mathrm{w}}g\left(W_0-\dfrac{1}{SC}+2\zeta_T\left|Q_{TP-\Delta t}\right|\right)},\quad FF_1=\frac{\rho}{2}\left(\frac{-\dfrac{SQ}{SC}-2Q_{TP-\Delta t}W_0}{W_0-\dfrac{1}{SC}+2\zeta_T\left|Q_{TP-\Delta t}\right|}+\Delta Q_{TP-\Delta t}\right)$$

2. 串联节点的首边界方程

串联节点连接处，如图 6.8 所示，应满足质量流量连续条件，若忽略连接处的局部损失，则应满足压强相等条件，于是

$$M_{J1,n+1}=M_{J2,1}\tag{6.46}$$

$$p_{J1,n+1}=p_{J2,1}\tag{6.47}$$

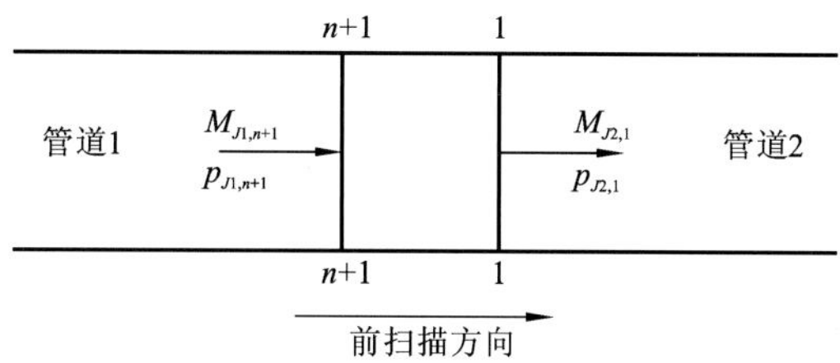

图 6.8　串联管边界条件示意图

设上游隐格式计算管道末断面($n+1$ 断面)的前扫描结果为

$$\Delta M_{J1,n+1}=EE_{1,n+1}\Delta p_{J1,n+1}+FF_{1,n+1}\tag{6.48}$$

将式(6.43)和式(6.44)进行线性化处理可得

$$\Delta M_{J1,n+1}=\Delta M_{J2,1}\tag{6.49}$$

$$\Delta p_{J1,n+1}=\Delta p_{J2,1}\tag{6.50}$$

将式(6.49)和式(6.50)代入式(6.48)，可得下游隐格式气体管道首断面的前扫描结果：

$$\Delta M_{J2,1}=EE_{1,n+1}\Delta p_{J2,1}+FF_{1,n+1}\tag{6.51}$$

式中：$EE_{2,1}=EE_{1,n+1}$；$FF_{2,1}=FF_{1,n+1}$。

3. 分岔节点的首边界方程

分岔节点连接处，如图 6.9 所示，应满足质量流量连续条件，同时忽略连接处的局部损失，还应满足压强相等条件，则有

$$M_{J1,1}=M_{J2,n+1}+M_{J3,n+1}\tag{6.52}$$

$$p_{J1,1}=p_{J2,n+1}\tag{6.53}$$

$$p_{J1,1}=p_{J3,n+1}\tag{6.54}$$

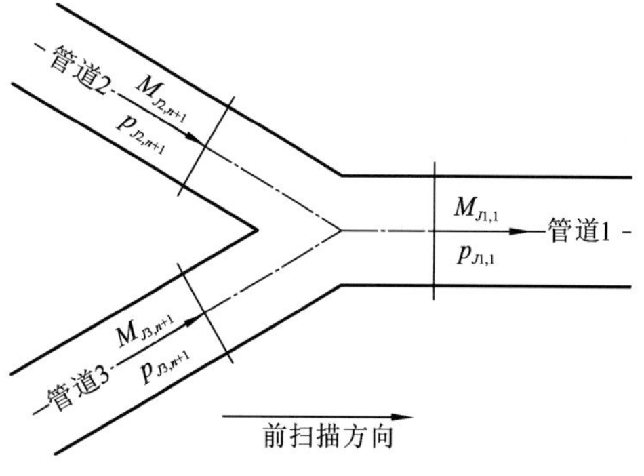

图 6.9　分岔管的边界条件示意图

设上游隐格式计算管道末断面($n+1$ 断面)的前扫描结果为

$$\Delta M_{J2,n+1}=EE_{2,n+1}\Delta p_{J2,n+1}+FF_{2,n+1} \tag{6.55}$$

$$\Delta M_{J3,n+1}=EE_{3,n+1}\Delta p_{J3,n+1}+FF_{3,n+1} \tag{6.56}$$

将式(6.52)～式(6.54)进行线性化,并与式(6.55)和式(6.56)联立,得下游隐格式气体管道首断面的前扫描结果:

$$\Delta M_{J1,1}=EE_{1,1}\Delta p_{J1,1}+FF_{1,1} \tag{6.57}$$

式中:$EE_{1,1}=EE_{2,n+1}+EE_{3,n+1}$;$FF_{1,1}=FF_{2,n+1}+FF_{3,n+1}$。

6.4.2 调压室-通气洞系统各边界的末边界方程

1. 通气洞出口大气端末边界方程

通气洞出口接大气端气体压强恒为大气压强,则有

$$p_{Jn+1}=p_0 \tag{6.58}$$

根据式(6.23)则有

$$\Delta M_{Jn+1}=EE_{n+1}\Delta p_{Jn+1}+FF_{n+1} \tag{6.59}$$

2. 串点边界末边界方程

当后扫描方程扫描至串点边界处,根据式(6.47)与前扫描关系式可实现由下游管道跨越串点边界向上游管道的传递。

$$p_{J1,n}=p_{J2,1} \tag{6.60}$$

$$\Delta M_{J1,n+1}=EE_{1,n+1}\Delta p_{J1,n+1}+FF_{1,n+1} \tag{6.61}$$

3. 岔点边界末边界方程

当后扫描方程扫描至岔点边界处,根据式(6.53)、式(6.54)与前扫描关系式可实现由下游管道跨越岔边界向上游管道的传递。

$$p_{J2,n+1}=p_{J1,1} \tag{6.62}$$

$$p_{J3,n+1}=p_{J1,1} \tag{6.63}$$

$$\Delta M_{J2,n+1}=EE_{2,n+1}\Delta p_{J2,n+1}+FF_{2,n+1} \tag{6.64}$$

$$\Delta M_{J3,n+1}=EE_{3,n+1}\Delta p_{J3,n+1}+FF_{3,n+1} \tag{6.65}$$

4. 调压室端末边界方程

考虑调压室与通气洞耦合的情况,后扫描方程扫描至与调压室相连的通气洞的第一个断面求得 Δp_{J0} 与 ΔM_{J0} 后,还需要根据调压室的边界方程求得调压室的未知参数,即

$$\Delta Q_{TP}=-\frac{1}{\rho_w g\left(W_0-\frac{1}{SC}+2\zeta_T\,|Q_{TP-\Delta t}|\right)}\Delta p_{J0}+\frac{-\frac{SQ}{SC}-2Q_{TP-\Delta t}W_0}{W_0-\frac{1}{SC}+2\zeta_T\,|Q_{TP-\Delta t}|} \tag{6.66}$$

$$\Delta H_{TP}=\frac{1}{SC}\Delta Q_{TP}-\frac{SQ}{SC} \tag{6.67}$$

在获得 Q_{TP} 与 H_{TP} 后,由式(6.31)可求得调压室水位。再通过特征线方程、流量连续性方程求得进出调压室管道的末首断面的水头及流量。

6.4.3 影响因素分析

依据以上建立的数学模型及求解方法，可得出调压室-通气洞系统的风速模拟流程如图6.10所示。

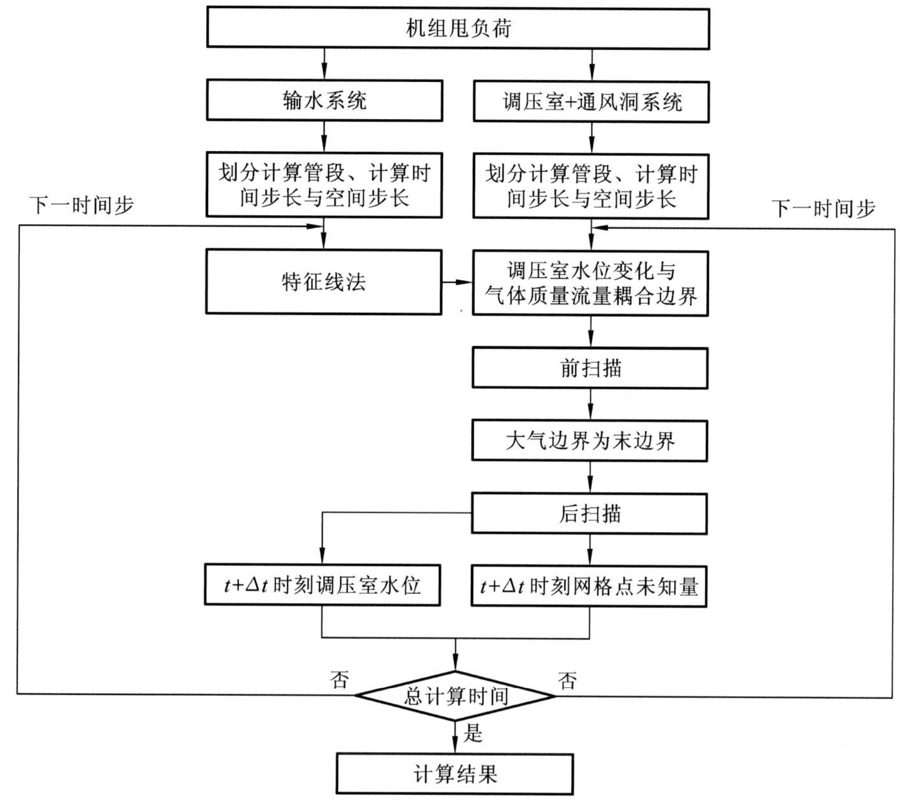

图6.10　调压室与通气洞耦合模型模拟流程

对于调压室-通气洞系统，通气洞风速起源于调压室的水位波动过程，而水位波动过程主要取决于机组甩负荷、增负荷等不同的过渡过程工况。另外，通气洞的体型(长度、断面面积、倾角)也对风速的分布及波动过程有着一定的影响[6]。为此本节采用一维数值计算，对上述两类影响因素进行分析，即选用控制变量法进行参数敏感性分析。选用某工程实例，其调压室-通气洞系统布置及调压室水位波动过程见图6.11。该通气洞为水平布置，洞长 $L=500$ m、面积 $A=20$ m^2、倾角 $\beta=0°$、调压室断面面积$F=500$ m^2。

1. 调压室水位波动过程对通气洞风速的影响

选取机组负荷变化的四种典型工况，即甩负荷、增负荷、先甩后增负荷、先增后甩负荷。四种工况下的上游调压室水位波动过程如图6.12所示。沿通气洞轴线的正、负向风速极值包络线、典型断面(首断面、末断面)的风速波动过程的模拟结果见图6.13～图6.15。

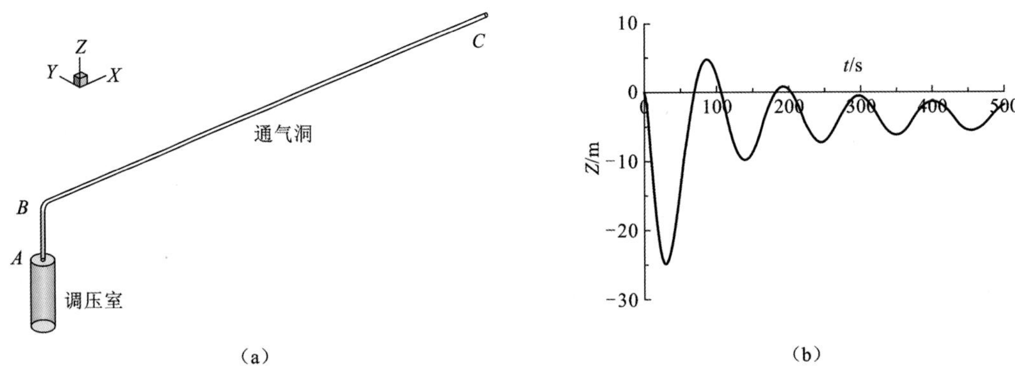

图 6.11 调压室通气洞示意图及调压室水位波动过程曲线

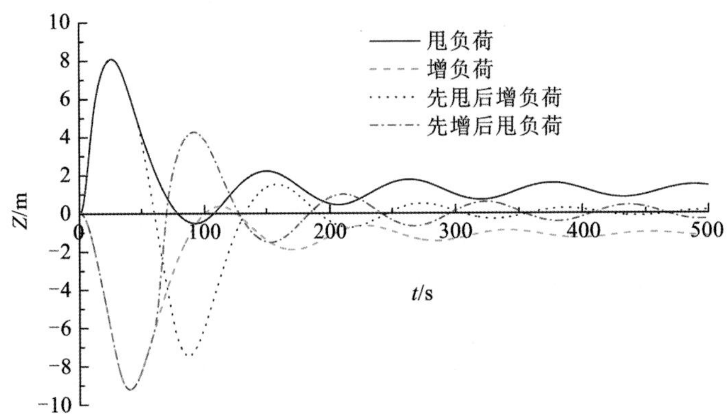

图 6.12 四种工况下的调压室水位波动过程

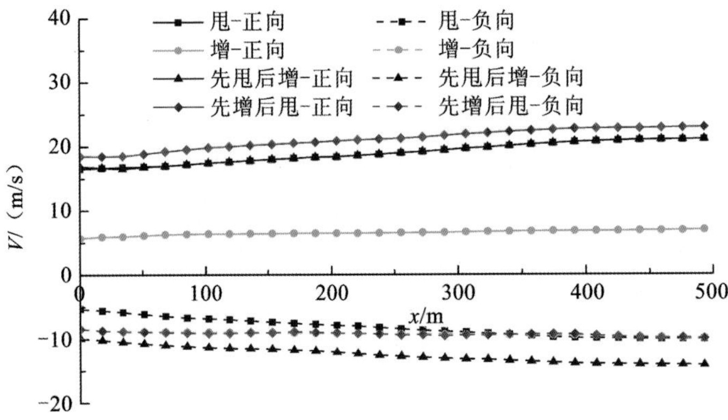

图 6.13 沿通气洞轴线正负向风速极值包络线

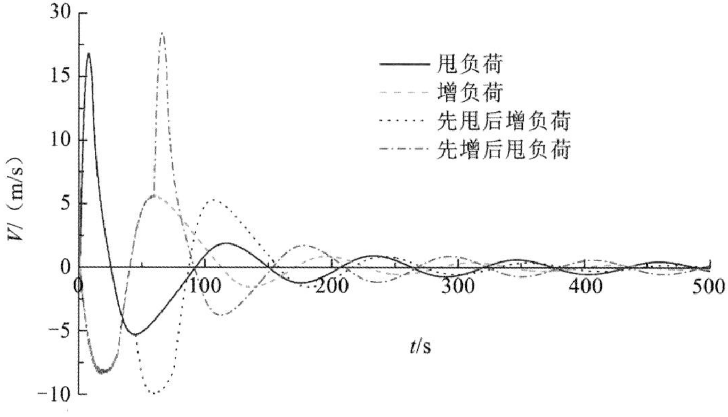

图 6.14　首断面的风速波动过程

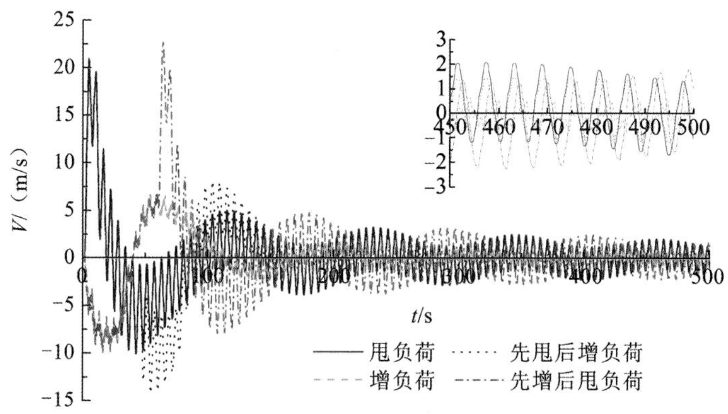

图 6.15　末断面的风速波动过程

分析可得出以下结论。

(1) 对于风速极值包络线：沿通气洞轴线的正、负向风速极值的绝对值呈接近线性的渐增趋势，正、负向风速的极大值均出现在末断面；正向风速极值中先增后甩负荷工况下的值最大、增负荷工况下的值最小、甩负荷与先甩后增负荷工况下的值相同，负向风速极值的绝对值中先甩后增负荷工况下的值最大、甩负荷工况下的值最小、增负荷与先增后甩负荷工况下的值相同，且在末断面侧甩负荷、增负荷与先增后甩负荷工况下的包络线逐渐接近。产生以上现象的原因在于甩负荷与先甩后增负荷工况、增负荷与先增后甩负荷工况下的调压室水位波动曲线在起始阶段重合，且此阶段是发生正向极值、负向极值的阶段。

(2) 对比首、末断面的风速波动过程：首断面的风速波动过程为平滑的曲线，而末断面则表现出明显的波动叠加现象，低频基波与首断面的波动过程一致，是由调压室水位波动引起的，性质上属于质量波，周期即为调压室水位波动周期、振幅受水位波动速度和通气洞内的质量流量大小共同影响；高频载波是由气体的弹性引起的，运动的气体遇到出口处的大气被反射回通气洞，性质上属于弹性波，波动周期($4L/B$)与长度成正比、振幅与通气洞内的气体惯性成正比，且振幅沿洞轴线由首断面至末断面逐渐增大(首断面为0)、随时间逐渐减小。机组负荷变化不同工况下末断面同一时刻载波振幅的不同是因为风速的加速度不同导致气体的惯性大小不同。

2. 通气洞体型参数对风速的影响

通气洞体型参数主要是长度、断面面积和倾角。图 6.16～图 6.18 分别给出了这 3 个参数对通气洞风速影响的敏感性分析，其工况是机组甩负荷引起的调压室水位波动，模拟结果包括沿通气洞轴线的正、负向风速极值包络线，以及典型断面（首断面、末断面）风速波动过程。

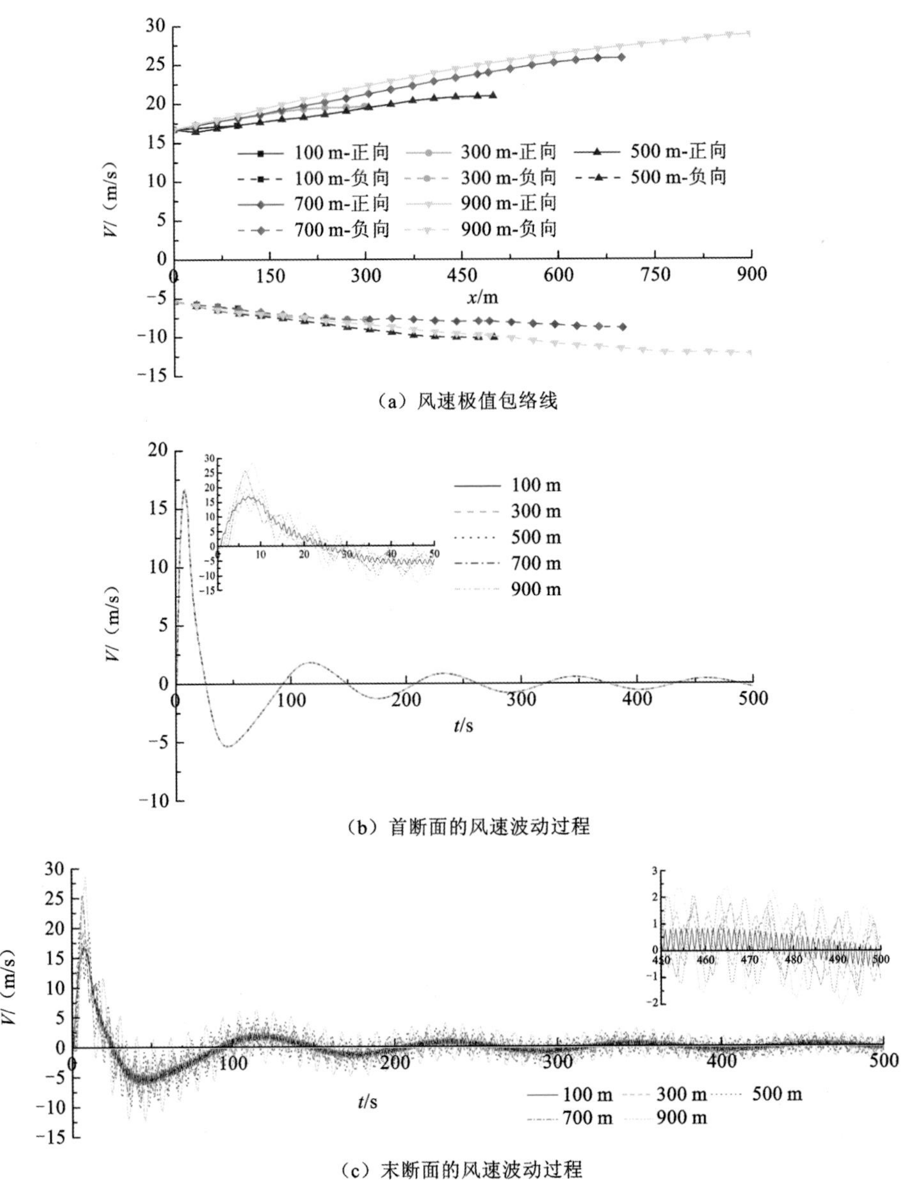

（a）风速极值包络线

（b）首断面的风速波动过程

（c）末断面的风速波动过程

图 6.16　通气洞长度的敏感性影响

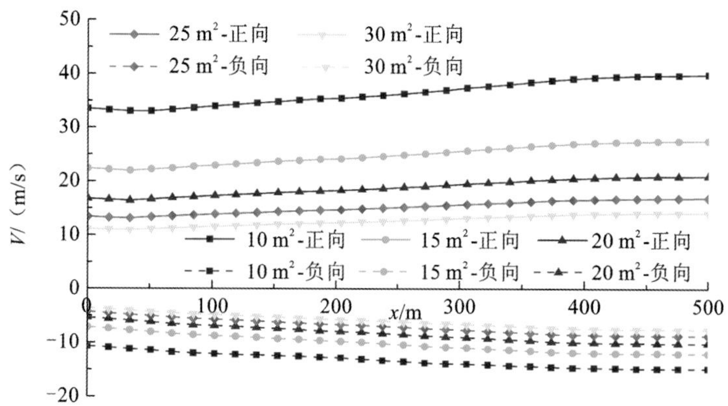

（a）风速极值包络线

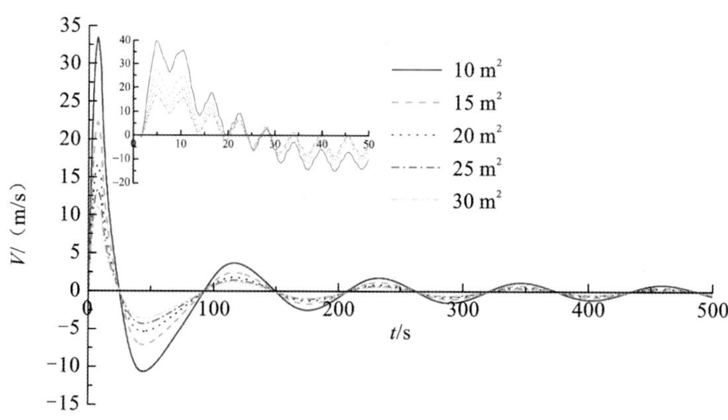

（b）首断面的风速波动过程

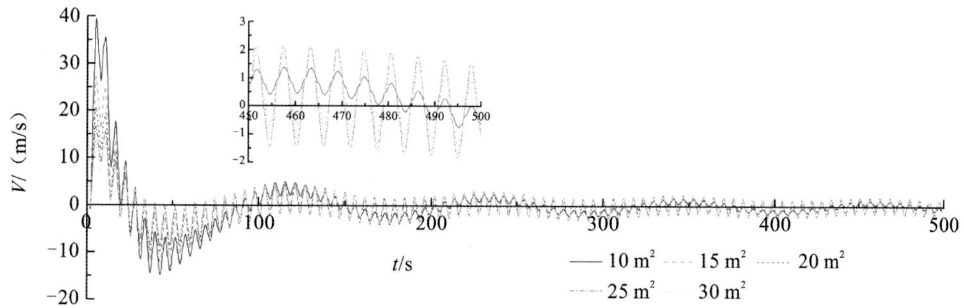

（c）末断面的风速波动过程

图 6.17　通气洞断面面积的敏感性影响

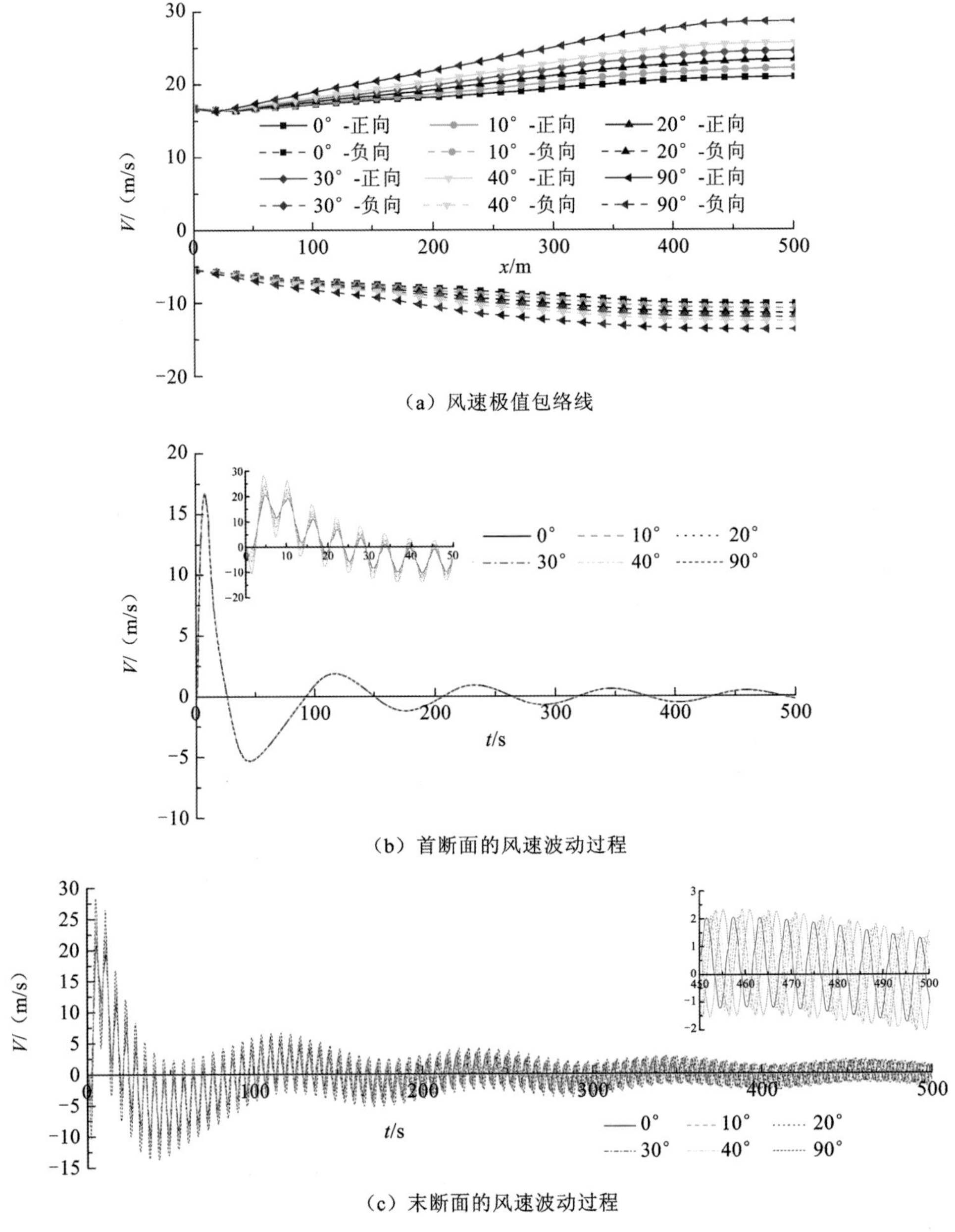

（a）风速极值包络线

（b）首断面的风速波动过程

（c）末断面的风速波动过程

图 6.18 通气洞倾角的敏感性影响

分析可得出以下结论。

（1）不同长度的通气洞首断面处的正、负向风速极值相同，且风速的波动过程曲线相互重合；沿通气洞轴线方向，不同长度下的正、负向风速极值的绝对值均呈接近线性的渐增趋势；末断面处的正、负向风速极值的绝对值随着长度的增大而增大。

（2）随着通气洞长度的增大，不同断面处风速波动的基波维持不变（断面的质量流量保持不变），而载波的振幅（因为长度越长，通气洞内气体的惯性越大）和周期（$4L/B$）均在显著增大，叠加的结果使断面风速的极值的绝对值不断增大。

(3) 随着通气洞断面面积的增大，同一断面处的风速波动的基波周期保持不变、振幅逐渐减小(因为质量流量相同时断面面积越大流速越小)，载波的周期也保持不变(仅取决于洞长和波速)，但振幅逐渐增大(因为断面面积越大，通气洞内气体的惯性越大)，但由于基波振幅的减小起主导作用，故叠加后的风速正向、负向的极值绝对值仍随断面面积的增大而减小。

(4) 沿通气洞轴线方向，不同倾角下的正、负向风速极值的绝对值均呈接近线性的渐增趋势；不同倾角的通气洞首断面处的正、负向风速极值相同，且风速的波动过程曲线相互重合；末断面处的正、负向风速极值的绝对值随着倾角的增大而增大；

(5) 随着通气洞倾角的增大，不同断面处风速波动的基波维持不变，而载波的周期保持不变、振幅不断增大(因为随着倾角的增大，气体的重力分量会逐渐加大其在轴线运动方向上的惯性)，叠加的结果使断面风速的极值的绝对值不断增大。

总之，调压室水位波动过程通过改变基波和载波的振幅来实现对通气洞风速的影响；而通气洞长度则影响载波的振幅和周期，断面面积影响基波和载波的振幅，倾角则仅影响载波的振幅。

6.5　明满流尾水洞通气系统

水电站明满流尾水系统如图6.19所示，当出口平洞段较长且下游水位接近洞顶高程时，机组甩负荷将导致该段洞顶出现较大的负压。工程设计优先考虑的措施是：在洞顶上方增设通气孔和通气洞来降低负压值或消除负压区，以保证水电站安全运行。

本节选取乌东德水电站左岸1#水力单元，依据一维气体管道瞬变流计算方法确定尾水洞洞顶沿线最小压力分布，布设通气孔洞。从调压室涌浪水位、尾水洞内明满流发展过程、尾水洞顶压力变化及通气系统风速等方面进行对比分析，探索明满流尾水洞通气系统的作用机理[7]。

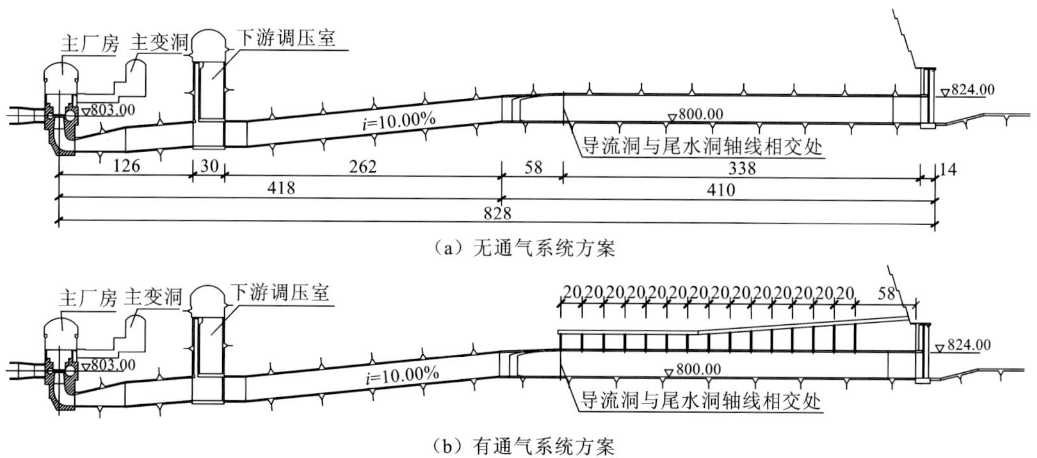

图6.19　乌东德水电站左岸1#水力单元明满流尾水系统和通气系统布置图(标高单位：m)

6.5.1 数学模型

为了模拟尾水洞通气系统，将尾水洞上方的通气孔视为小调压室，当波动水位在尾水洞顶部高程以上时，调压室-通气洞系统数学模型参见 6.4 节，在此不予赘述。但为了便于求解，对于调压室与通气洞的接触断面，本节采用不耦合模型，即假设接触断面气体压强恒为大气压。当通气孔内的水位低于尾水洞顶高程时，气体将由通气孔进入尾水洞；当尾水洞洞顶压力增至大气压以上时，气体将逐渐由通气孔排至通气洞，并在气体未完全排出尾水洞前，以洞内气体压强与质量流量作为调压室-通气洞接触面的首边界。

1. 调压室-通气洞接触断面不耦合数学模型

不耦合模型是指：调压室水位波动过程与通气洞气体压强与质量流量的变化过程分别求解，即首先通过调压室边界数学模型求得调压室水位波动过程 $Z=Z(t)$，再根据其求得气体管道的首边界 EE_1、FF_1，继而通过前扫描与后扫描求得通气洞各断面的气体压强与质量流量的变化过程。在进行调压室边界求解时，作用于调压室水面上的气体压强也相当于恒为大气压强 p_0。通气洞首边界 EE_1、FF_1 的求解过程如下。

假定调压室水位波动的速度 V_Z 与气液接触边界（通气洞首断面）的气体流速 v_{J0} 满足以下关系：

$$V_Z F=V_{J0} A_J \tag{6.68}$$

式中：F 为调压室断面面积；A_J 为通气洞在调压室端边界处的断面面积。

在气液接触断面，气体质量流量 M_{J0} 应满足式(6.27)，并假设该接触断面的气体压强 p_{J0} 在波动过程中恒为大气压强 p_0。于是

$$\Delta M_{J0}=M_{J0}-M_{J0-\Delta t} \tag{6.69}$$

$$\Delta p_{J0}=0 \tag{6.70}$$

根据式(6.19)可得

$$A_{01}\Delta p_{J1}+B_{01}\Delta M_{J1}=C_{01}\Delta p_{J0}+D_{01}\Delta M_{J0}+F_{01} \tag{6.71}$$

整理得通气洞第二个断面(1 断面)的前扫描方程为

$$\Delta M_{J1}=EE_1\Delta p_{J1}+FF_1 \tag{6.72}$$

式中

$$EE_1=-\frac{A_{01}}{B_{01}},\quad FF_1=\frac{1}{B_{01}}(C_{01}\Delta p_0+D_{01}\Delta M_0+F_{01})$$

至此，调压室水位与通气洞不耦合情况下的通气洞的首边界可得。

2. 尾水洞通气孔进/排气的数学模型

图 6.20 为尾水洞由通气孔进/排气的示意图。为了能在特征线法的范围内仍可以模拟计算，有必要做出如下假定：

(1) 空气等熵地流进、流出通气孔；

(2) 通气系统内气体的变化遵守等温规律，且气体温度接近于液体温度；

(3) 进入尾水洞的气体滞留在对应的通气孔处；

(4) 液体表面的高度基本不变，空气的体积和管段内的液体体积相比很小。

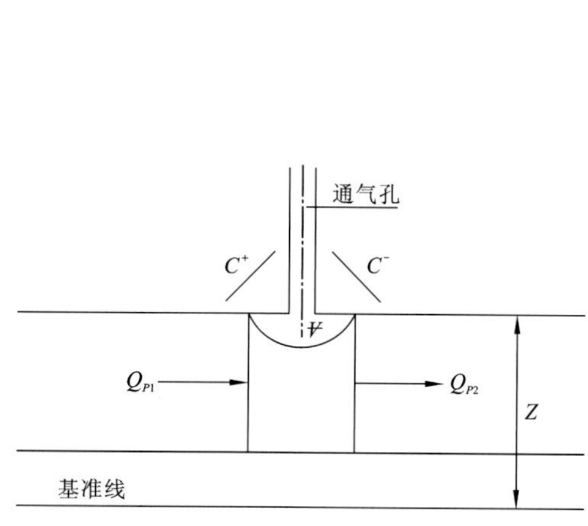

图 6.20　尾水洞通气孔进/排气示意图

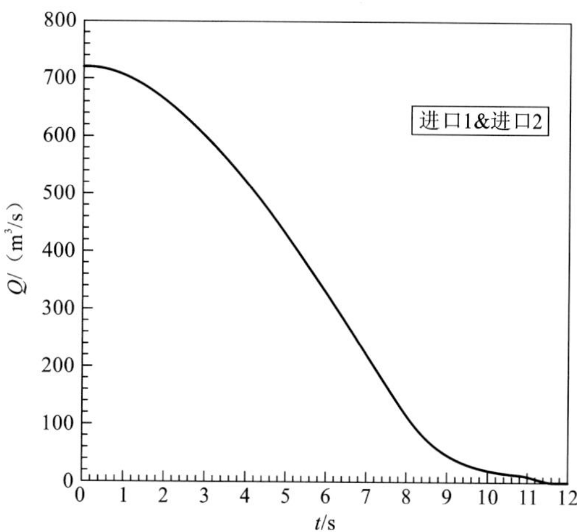

图 6.21　机组甩负荷的流量变化过程

1）小调压室边界末首断面的特征线方程

$$Q_{P1}=Q_{CP1}-C_{QP1}H_P \tag{6.73}$$

$$Q_{P2}=Q_{CM2}+C_{QM2}H_{P2} \tag{6.74}$$

2）气体状态方程

$$p\,V=\frac{m}{M}RT \tag{6.75}$$

式中：p 为气体压强，Pa；V 为气体体积，m^3；m 为气体质量，kg；M 为气体摩尔质量，kg/mol；空气摩尔质量为 29×10^{-3} kg/mol；R 为气体常数，为 8.31 J/(mol・K)；T 为绝对温度，K。

将上式写为如下差分格式：

$$p[V_0+\Delta t(-Q_{P1}+Q_{P2})]=(m_0-\Delta t\cdot\dot{m})rT \tag{6.76}$$

式中：m_0 为时刻 t_0 空穴中空气的质量，kg；$\dot{m}$ 为时刻 t 流入空穴的空气质量流量，kg/s；$r=R/m$。

3）尾水洞进/排气体质量流量方程

流过通气孔的空气质量流量取决于通气洞的大气压力 p_a（假定恒为大气压，且为绝对压力）和绝对温度 T_a 以及尾水洞内水体压强 p 和绝对温度 T。根据空气流进、流出通气孔速度不同，尾水洞通气孔进/排气质量流量的表达式可分为以下四种情况（流入尾水洞为负，流出尾水洞为正）。

（1）尾水洞水体压强低于大气压强，空气流进尾水洞：

$$\dot{m}=-C_{in}A_{in}\sqrt{7p_0\rho_0\left[\left(\frac{p}{p_0}\right)^{1.4286}-\left(\frac{p}{p_0}\right)^{1.714}\right]},\quad 0.528p_0<p<p_0 \tag{6.77}$$

式中：$\dot{m}$ 为空气质量流量；C_{in} 为尾水洞进气时的流量系数；A_{in} 为通气孔面积；$\rho_0=\dfrac{p_0M}{RT_a}$ 为通气洞的空气密度。

（2）空气以临界流速流进尾水洞：

$$\dot{m}=-C_{in}A_{in}\frac{0.686}{\sqrt{RT_a}}p_0,\quad p\leqslant0.528p_a \tag{6.78}$$

(3) 空气以亚音速流出尾水洞：

$$\dot{m}=C_{out}A_{out}p\sqrt{\frac{7}{RT}\left[\left(\frac{p_0}{p}\right)^{1.4286}-\left(\frac{p_0}{p}\right)^{1.7143}\right]},\quad p_0<p<\frac{p_0}{0.528} \tag{6.79}$$

式中：$\dot{m}$ 为空气质量流量；C_{out} 为尾水洞排气时的流量系数；A_{out} 为通气孔排气时的流通面积；式中正号代表以外界空气流入尾水洞。

(4) 空气以临界流速流出：

$$\dot{m}=C_{out}A_{out}\frac{0.686}{\sqrt{RT}}p_a p_r,\quad \frac{p_a}{0.528}\leqslant p \tag{6.80}$$

4)测压管水头 H_p 与尾水洞内绝对压强 p 关系方程：

$$H_p=\frac{p}{\gamma}+Z_{TQ}-H_a \tag{6.81}$$

式中：H_a 为大气压头(绝对压头)，m；γ 为液体容重，kN/m^3；Z_{TQ} 为通气孔底部高程，m。

上述计算模型组成了尾水洞进/排气数学模型，求解方法如下。

将式(6.73)、式(6.74)及式(6.81)代入式(6.76)得

$$p\left\{V_0+\Delta t\left[-(Q_{CP}-Q_{CM})+(C_{QP}+C_{QM})\left(\frac{p}{\gamma}+Z_{TQ}-H_a\right)\right]\right\}=[m_0-\Delta t\cdot\dot{m}]rT \tag{6.82}$$

将式(6.82)改写为

$$F_T=p(C_{1T}p+C_{2T})-C_{3T}+\dot{m}=0 \tag{6.83}$$

式中：$C_{1T}=\dfrac{1}{\gamma rT}(C_{QP}+C_{QM})$；$C_{2T}=\dfrac{1}{\Delta trT}\{V_0+\Delta t[-(Q_{CP}-Q_{CM})+(C_{QP}+C_{QM})(Z_{TQ}-H_a)]\}$；$C_{3T}=\dfrac{m_0}{\Delta t}$。

函数 F_T 只有一个变量 p，应用牛顿-辛普森方法，式(6.83)可近似为

$$F_T+F_{Tp}\Delta p=0 \tag{6.84}$$

$$\Delta p=-F_T/F_{Tp} \tag{6.85}$$

式中：$F_{Tp}=\dfrac{\partial F_T}{\partial p}=2C_{1T}p+C_{2T}+\dfrac{\partial\dot{m}}{\partial p}=2C_{1T}p+C_{2T}+\dfrac{1}{p_a}\dfrac{d\dot{m}}{dp_r}$；$p_r=p/p_a$。

为了方便求解，将$\dfrac{d\dot{m}}{dp_r}$以中心差分代替微分，即

$$\frac{d\dot{m}}{dp_r}=\frac{\dot{m}(p_r+\delta)-\dot{m}(p_r-\delta)}{2\delta} \tag{6.86}$$

式中：δ 为 p_r 的微小增量，可取 10^{-7}。

按如下计算流程进行求解：

(1) 计算系数 C_{1T}、C_{2T}和 C_{3T}。

(2) 初始时刻 $t=t_0$，初始压头为 $p=p_0$。

(3) 由式(6.77)～式(6.80)以及式(6.86)计算$\dfrac{d\dot{m}}{dp_r}$，并根据式(6.83)～式(6.85)计算 F_T、F_{Tp}和 Δp。

(4) 精度判断取为$|\Delta p|\leqslant 10^{-4}$，如果该条件成立，则 p 是式(6.83)的解，转入下一

步;否则,假设新的 Δp 值,并由 $p+\Delta p$ 代替式(6.84)～式(6.86)中的 p,重复步骤(3)和(4)。新的 Δp 可根据 $|\Delta p_r|=|\Delta p/p_a|$ 以及当前时刻与上一时刻计算所得的 Δp 的符号的差异利用二分法进行取值(因为在进行步骤(3)与(4)进行求解中发现,所采用的 p 值与求得的 Δp 具有单调关系)。具体为,若 $|\Delta p_r|=|\Delta p/p_a|\leqslant 0.1$ 条件成立,则用 $p+\Delta p$ 代替式(6.84)～式(6.86)中的 p;若条件不成立,则用 $p+0.1p_a\Delta p/|\Delta p|$ 代替式(6.84)～式(6.86)中的 p;当前时刻与上一时刻计算所得的 Δp 出现异号时,则说明方程的解在当前时刻与上一时刻假定的气体压强值的范围内,则转为二分法进行寻根,直至满足 Δp 的误差限制为止。

6.5.2 尾水洞通气系统作用机理分析

乌东德水电站左岸 1# 水力单元尾水系统长约 828 m,出口平洞段长约 410 m,底板高程 800 m,见图 6.19(a);根据一维过渡过程计算所得的洞顶负压分布,沿出口平洞段轴线方向,在洞顶布设 15 根通气孔,间距 20 m,并用通气洞将通气孔连通至尾水出口边坡,如图 6.19(b)所示。

计算工况为下游水位 823.80 m(尾水洞顶高程 824.00 m),额定水头 135 m,同一水力单元两台机组同时突甩全部负荷。其机组流量变化过程见图 6.21。目的是从调压室涌浪、尾水洞内明满流发展过程、尾水洞顶压力变化及通气系统风速等方面,对无通气系统和通气系统方案进行对比分析,探索明满流尾水洞通气系统的作用机理。

1. 调压室涌浪对比分析

有、无通气系统方案的调压室涌浪水位极值计算结果见表 6.1,两个方案的调压室流量变化和涌浪水位波动过程对比见图 6.22。

表 6.1　调压室涌浪极值比较表

计算模型	方案	恒定流水位/m	最低涌浪/m	最高涌浪/m
一维	无通气系统	825.47	812.94(31.64)	828.02(91.38)
	有通气系统	825.54	814.69(29.90)	826.43(92.04)
	差值(有－无)		1.75	－1.59

注:括号内数值为发生时间,单位为 s。

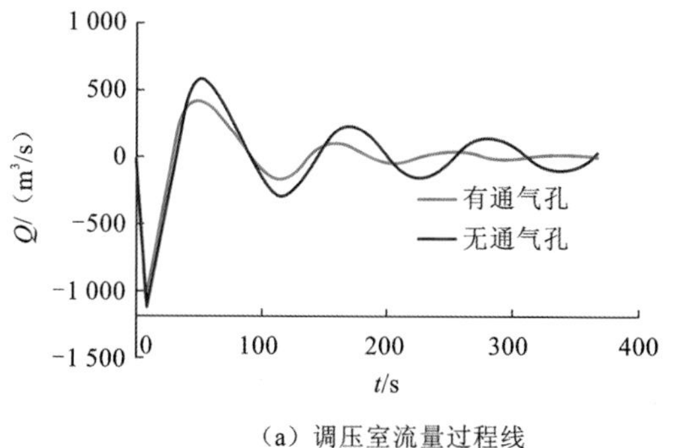

(a) 调压室流量过程线

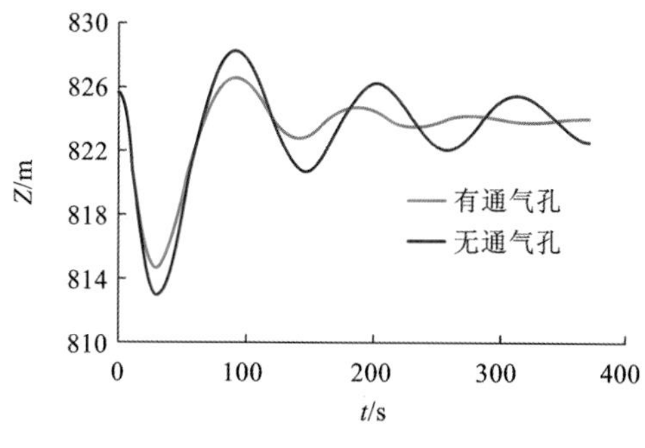

(b) 调压室涌浪过程线

图 6.22　调压室流量和涌浪水位对比图

由上述计算结果可知，有通气系统方案相比无通气系统方案，降低了调压室进、出流量与涌浪水位的变化幅度，其原因在于：随着机组甩负荷导叶关闭的过程，调压室水位下降尾水洞流量减小，设置通气系统的方案由通气系统吸入大量的空气，较大地减小了尾水洞顶负压及负压的持续时间，相当于减小了调压室与尾水洞之间的压差，使得流出调压室的流量比无通气系统方案小。

2. 尾水洞流态对比分析

一维计算方法虽不能描述尾水隧洞流态，但仍可通过通气孔底部气体体积的变化近似地反映隧洞顶部产生负压后气体的吸入、气泡的发展以及压力恢复后气体的排出过程，如图 6.23 所示(沿轴线方向布设 15 个通气孔，依次命名为 1＃～15＃通气孔)。

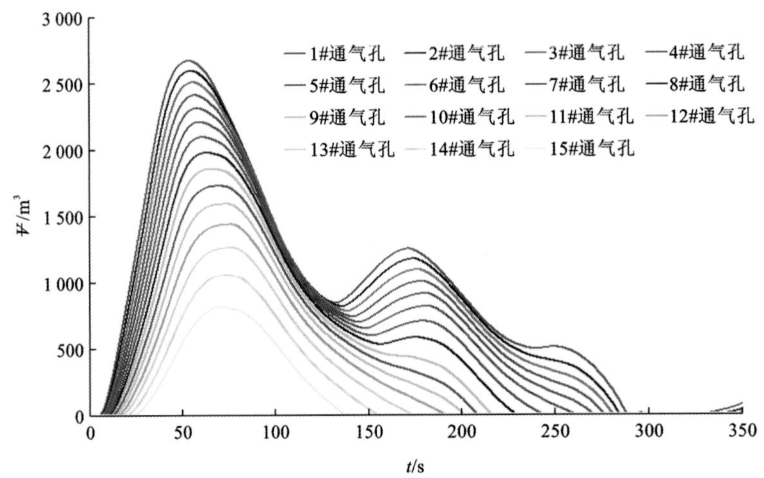

图 6.23 各通气孔底部气体体积变化过程

由图 6.23 可知，1＃通气孔底部于 4.8 s 左右最先吸入空气形成气囊，至 22.8 s 左右 15＃通气孔开始吸入空气为止，15 个通气孔底部全部形成气囊；53.72～70.9 s1＃～15＃通气孔底部气体体积依次出现最大值，数值在 2 668.75～813.45 m^3；之后随着空气的排出，各个通气孔底部气体体积逐渐减小；但是部分通气孔底部的气体体积还未减小至零的时候，由于尾水洞洞顶压力再次出现负压，气体体积再一次增加，而后再次逐渐减小；之后由于压力波动趋于平稳，气体全部被排除。全过程中各个通气孔底部气体体积总和的最大值为 28 007 m^3，发生在 62.2 s 左右，见图 6.24。

3. 尾水洞洞顶压强对比分析

图 6.25(a)和(b)分别给出了无通气系统方案在尾水洞洞顶 39 个监测点(间距 5 m)和有通气系统方案在尾水洞洞顶 32 个监测点的布置。将监测点相对压强转换为压力水头，可得到各监测点压力水头随时间的变化过程，并得到相应的最大压力水头和最小压力水头，由此可得到尾水洞平坡平顶段洞顶最大、最小压力包络线，见图 6.26。

从中可以看出：

(1) 无通气系统的尾水洞洞顶压力，由于明满流区域较小，尾水洞内流量减小时，洞顶出现负压，且离尾水出口越远负压越大，负压极值达－5.29 m；

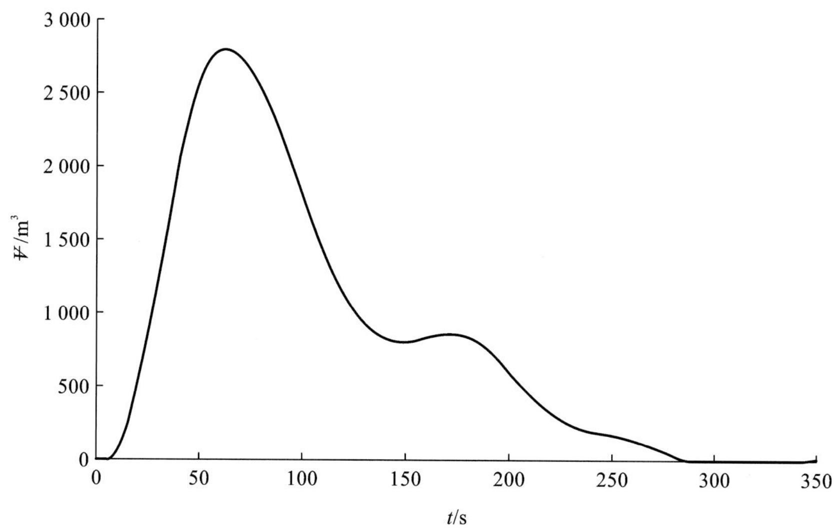

图 6.24　通气孔底部气体总体积变化过程

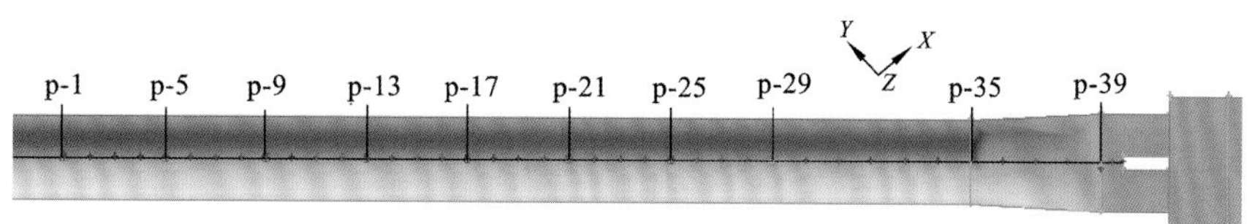

（a）无通气系统方案

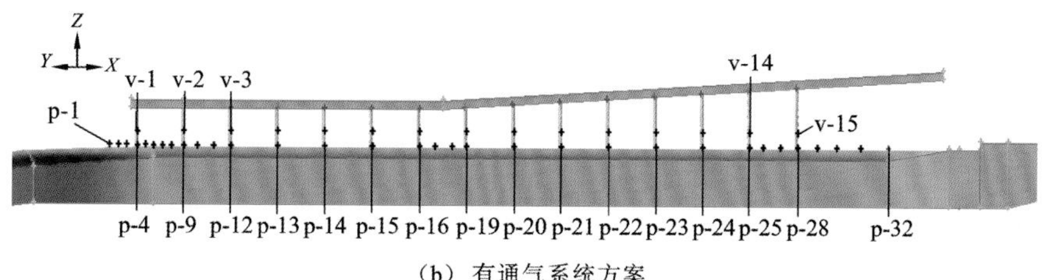

（b）有通气系统方案

图 6.25　尾水洞洞顶压力水头监测点的布置

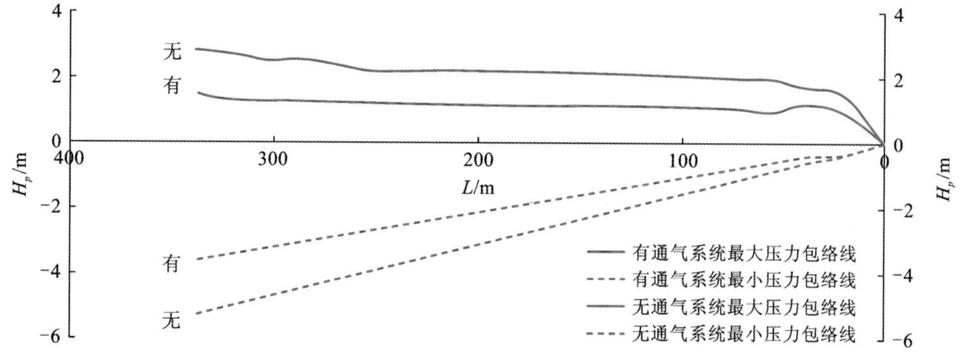

图 6.26　尾水洞出口平顶段洞顶最大、最小压力水头包络线

(2) 有通气系统的尾水洞洞顶压力，由于通气系统随着隧洞洞顶的变化吸入与排出空气，因此负压减小，其效果明显，负压极值在－3.6 m左右。

4. 通气系统的风速

有通气系统方案各通气孔和通气洞出口的最大风速见表6.2，部分通气孔和通气洞出口风速过程线见图6.27。

表6.2 有通气系统方案通气孔、洞的最大风速 单位：m/s

监测点	V-1	V-2	V-3	V-4	V-5	V-6	V-7	V-8
最大吸风风速	－28.04	－27.67	－27.24	－26.75	－26.19	－25.55	－24.84	－24.04
最大排风风速	18.59	18.05	17.52	17.04	16.51	15.93	15.31	14.64
监测点	V－9	V－10	V－11	V－12	V－13	V－14	V－15	通气洞出口
最大吸风风速	－23.14	－22.13	－20.98	－19.67	－18.17	－16.41	－14.32	－63.40
最大排风风速	13.91	13.14	12.31	11.39	10.37	9.22	7.89	39.39

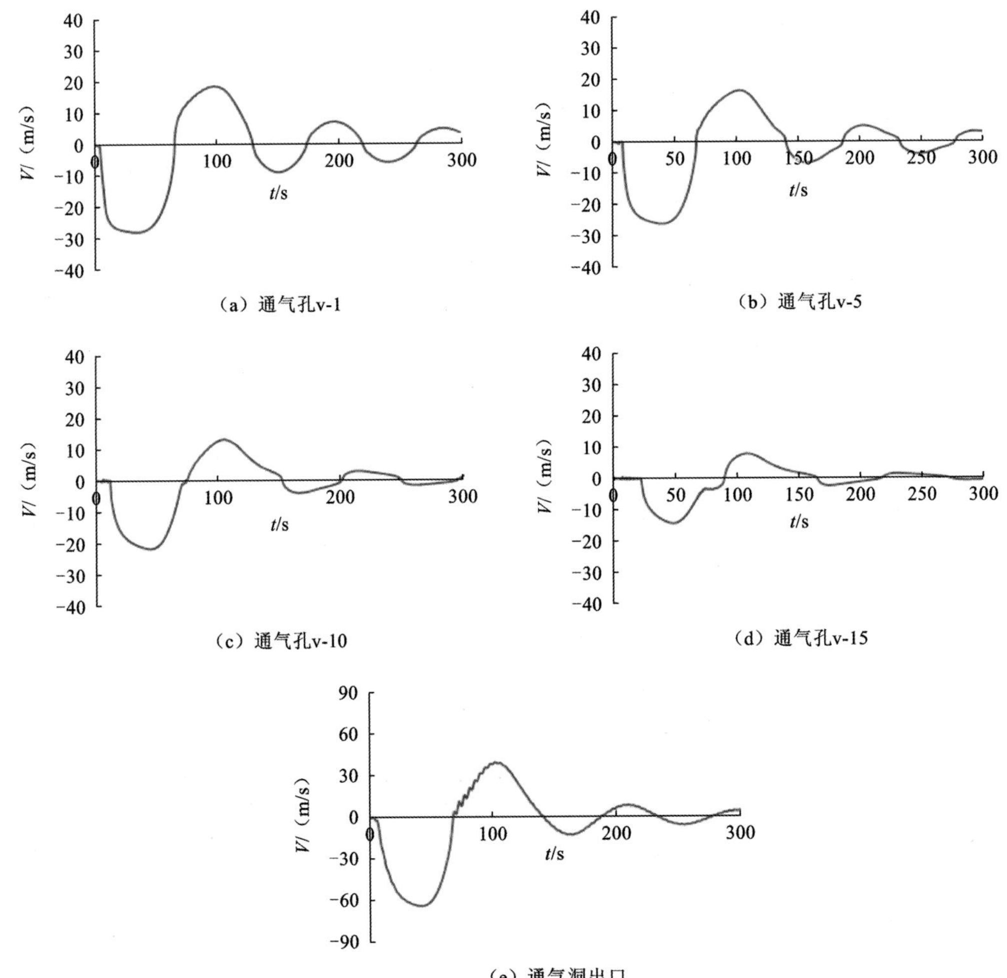

图6.27 通气孔洞风速变化过程线

从通气孔和通气洞出口的风速变化过程可以看出，风速大小与尾水洞内流量变化速度、通气孔处尾水洞压力水头变化速度呈正相关。当压力水头趋于零时，通气孔内的风速也趋近于零。通气洞出口断面最大吸气风速为 63.40 m/s，最大排气风速为 39.39 m/s。

参考文献

[1] WYLIE E B，STREETER V L. Fluid Transients in Systems[M]. 3rd ed. Englewood Cliffs：Prentice Hall，1993.

[2] 段常贵，王世民. 燃气输配[M]. 北京：中国建筑工业出版社，2001.

[3] HERRÁN-GONZÁLEZ A，DE LA CRUZ J M，DE ANDRÉS-TORO B，et al. Modeling and simulation of a gas distribution pipeline network[J]. Applied Mathematical Modelling，2009，33(3)：1584-1600.

[4] KE S L，TI H C. Transient analysis of isothermal gas flow in pipeline network[J]. Chemical Engineering Journal，2000，76(2)：169-177.

[5] 王超. 基于耦合方法的水力系统瞬变模拟[D]. 武汉：武汉大学，2016.

[6] YANG J D，WANG H，GUO W C，et al. Simulation of wind speed in the ventilation tunnel for surge tanks in transient processes[J]. Energies，2016，9(2)：1-16.

[7] 王煌. 水电站明满流尾水系统调节保证设计理论与工程应用[D]. 武汉：武汉大学，2016.

第7章　液柱分离及含气型气液两相瞬变流

7.1　基本概念

天然水体并不纯净，其中既含有固体杂质，又含有气泡。少量的固体杂质对瞬变过程无影响，但微量气体的影响却非常明显。在瞬变过程中气体容积多少与过程中气体释放和液柱分离两种物理现象密切相关[1]。为此，有必要先介绍含气型气液两相流的基本概念以及气体释放和液柱分离的物理过程。

7.1.1　含气型气液两相流的基本概念

1. 空气和蒸汽

水中可能含有空气，也可能含有水蒸气。水蒸气与空气相比较，两者的化学成分不同，但作为物质状态都是以气状形式存在的，并对瞬变过程的影响有很多相似之处，故在通常条件下，不必做严格的区分。

2. 含气型气液两相流

所谓含气，是指水中的自由气体含量很少，以微小气泡的形式较均匀地存在于水中，单个气泡的半径比较小，分散气泡的总体积也比较小。所谓“相”，是指物质状态，气相即指气体状态，液相即指液体状态。

3. 空穴率

量度气泡含量大小的参数是容积空穴率，以 α 表示，其表达式为

$$\alpha = \frac{W_g}{\int_0^L A\mathrm{d}l} = \frac{W_g}{W_g + W_l} \tag{7.1}$$

式中：W 表示体积；下标 g 和 l 分别表示气体和液体；L 为管长；A 为管道断面面积。

若气泡分布比较均匀，可以用面积比代替体积比，即

$$\alpha = \frac{A_g}{A} = \frac{A_g}{A_g + A_l} \tag{7.2}$$

如果气泡的大小也很均匀，空穴率也可以用单位体积内气泡个数和每个气泡的体积的乘积来表示：

$$\alpha = \frac{4}{3}\pi R^3 N_b \tag{7.3}$$

式中：R 是每个气泡的半径；N_b 是单位体积内气泡个数。

4. 混合流体的密度

含两相或多相的流体称为混合流体。气液两相混合流体的密度为

$$\rho_m=\frac{M_g+M_l}{W_g+W_l}=\frac{W_g}{W_g+W_l}\frac{M_g}{W_g}+\frac{W_l}{W_g+W_l}\frac{M_l}{W_l}=\alpha\rho_g+(1-\alpha)\rho_l \tag{7.4}$$

式中：M、W 和 ρ 分别表示质量、体积和密度；下标 m 表示气液两相混合流体。

5. 混合流体的容变弹性模量

根据容变弹性模量的定义，混合流体的弹性模量可表示为

$$K_m=-\frac{\mathrm{d}p}{\dfrac{\mathrm{d}(W_g+W_l)}{W_g+W_l}}=-\frac{\mathrm{d}p}{\dfrac{W_g}{W_g+W_l}\dfrac{\mathrm{d}W_g}{W_g}+\dfrac{W_l}{W_g+W_l}\dfrac{\mathrm{d}W_l}{W_l}}=\frac{1}{\dfrac{\alpha}{K_g}+\dfrac{1-\alpha}{K_l}} \tag{7.5}$$

式中：液体的容变弹性模量 $K_l=-\dfrac{\mathrm{d}p}{\dfrac{\mathrm{d}W_l}{W_l}}$；气体的容变弹性模量 $K_g=-\dfrac{\mathrm{d}p}{\dfrac{\mathrm{d}W_g}{W_g}}$。

在绝热过程中，气体状态方程是 $pW_g^r=\mathrm{const}$，$K_g=rp$，故有

$$K_m=\frac{1}{\dfrac{\alpha}{np}+\dfrac{1-\alpha}{K_l}} \tag{7.6}$$

式中：r 为气体多方指数。

7.1.2　气体释放和液柱分离的物理过程

1. 气体释放物理过程

在气液两相流的瞬变过程中，气体释放实质上是气体质量的转移。要形成含有自由气体的气泡，必须具备 3 个条件：①要有收集气体分子的物质基础或空间。在管流中，该物质基础主要是固体杂质携带的气核；②液体中溶有气体；③压强变化，低于气体的饱和压强，使之产生浓度梯度。

下面将根据物理化学[2]、气泡动力学和空化理论[3]等，描述气体释放和液柱分离的物理过程：

众所周知，在自然界纯净的液体是很少见的，管道中流动的液体绝大多数都溶有和夹带一种或多种气体。未溶解的气体可以以空腔的形式存在于管壁上的亚微观憎水性的裂缝和缝隙中，或存在于微小的固体质点上(所谓的微小的固体质点，就是液体中夹带的微小的固体杂质)。这种以空腔形态存在的微小气泡通常称为气核。气核中未溶解的气体是永久的气体，不因为压力高于饱和压力而溶解，图 7.1 所示为憎水性缝隙中气核的膨胀过程。用超声激发空化的实验表明，有大量的气核分布于整个液体中，形成了液体中易产生气泡的弱点。

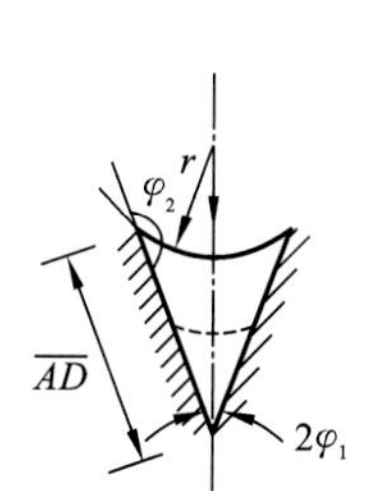

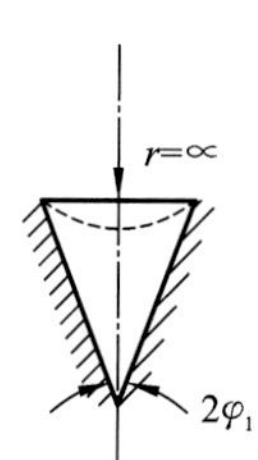

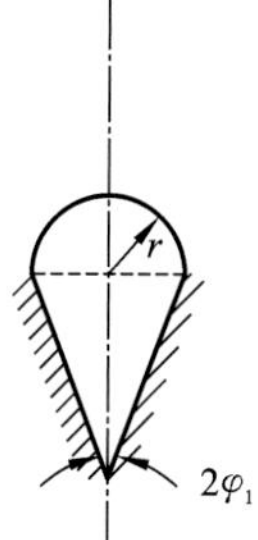

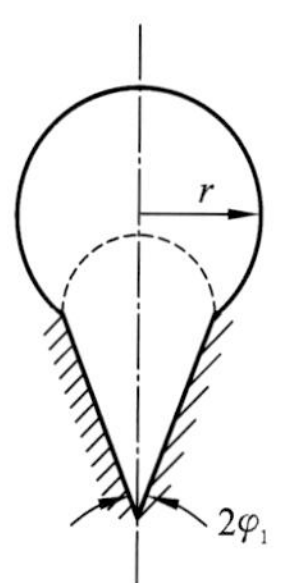

图 7.1　憎水性缝隙中气核膨胀过程的 4 个阶段

另外，溶解在液体中的气体是以分子状态均匀地分散在液体中，这种溶液是介于混合物和化合物之间的一类物质。气体（溶质）和液体（溶剂）基本上保持着它们原有的性质。在通常的情况下，溶解在液体中的气体服从亨利定律，即“在一定温度和平衡状态下，作用于液面的气体分压 p_g 与液体中气体浓度 C_s 成正比”。

$$C_s = \gamma p_g \tag{7.7}$$

式中：γ 是溶解常数，其数值取决于气体、液体的性质和温度。

式(7.7)是气体浓度的平衡关系式。在稳态条件下，含有永久性气体或自由气体的气核或气泡与周围溶有气体的液体处于浓度的平衡或力的平衡，即

$$p_l + \frac{2\sigma}{R} = p_g + p_v \tag{7.8}$$

式中：p_l、p_v 分别是液体压强分量和蒸汽压强分量；σ 是表面张力系数；R 是气泡半径。

在瞬变过程中，压强发生剧烈的变化，当减压波通过之后，气核、气泡按气泡动力学、理想气体方程的规律自身膨胀，气体的分压 p_g 下降。当 p_g 降到气体饱和压强之下时，周围的液体处于超饱和状态，气液界面上存在浓度梯度，那么溶解在液体中的气体分子按浓度扩散的规律向膨胀的气核、气泡中扩散。气核、气泡拾到气体分子不断地变化自身的体积和气体分压，气核、气泡与液体之间的相对运动是气液界面的径向运动。这个过程就是气体的释放。

如果没有新的压强波动，那么经过一段时间之后，气泡与周围的液体处于新的浓度平衡或力的平衡。一般来说，在瞬变过程中，只有少量的气体释放，液体所溶解的气体浓度只有微弱的变化，但由于气泡的体积和压强，波速之间有着极其紧密的关系，特别是在有液柱分离发生的时候，气体释放更不能忽略。

当反射回来的增压波通过之后，气核、气泡仍按气泡动力学、理想气体方程的规律自身收缩，气体的分压 p_g 上升，当 p_g 等于气体的饱和压力时，气体释放停止，处于平衡状态。当 p_g 超过气体饱和压力时，周围的液体又处于未饱和状态，于是气泡内气体分子向外扩散，重新溶解于液体中。

实验表明，气体重新溶解的过程比起气体释放的过程是一个更为缓慢的过程，所以通常在瞬变流研究中将气体释放视为单向过程进行研究。

2. 液柱分离的物理过程

当压强临近或降到液体的汽化压强时，气核膨胀非常迅速，相邻的气核结合形成小气泡。小气泡继续膨胀，直至气泡内外的压强之差能抵消气泡的表面张力。如果压强进一步降低，气泡的半径超过稳定的临界值：

$$R_* = \sqrt{\frac{9m_g KT}{8\sigma\pi}} \tag{7.9}$$

气泡就爆发性地膨胀生成蒸汽空穴，这个过程通常只有几毫秒的时间。式(7.9)中：m_g 是气体质量；K 是气体常数；T 是热力学温度。

蒸汽空穴上升到管顶，继续沿管线生长，并且相互结合，生成附着在管顶的大空穴。在管路的转弯或高点处，大空穴有可能将液柱中断。大空穴附近还存在大量的小空穴和气泡。

有蒸汽空穴的流动过程与有气泡的流动过程一样，也是气液属于两相瞬变流。两者区别是：液体的蒸汽可以使空穴膨胀到任意的程度，而维持汽化压强不变。当反射回来的增压波传来之后，不仅气泡被压缩，小空穴破裂，而且大空穴也要闭合、溃灭。大空穴闭合的过程通常认为是液体的流动引起的，充满蒸汽和气体混合物的空穴溃灭时是消失在细小气泡形成的薄雾中。这些细小的气泡在较高的压强之下，将慢慢地返回溶液，如果紧接着第二次减压波沿着管路传播，那么将重复上述过程。图 7.2 为阀门瞬时关闭液柱分离形成与溃灭过程的示意图。

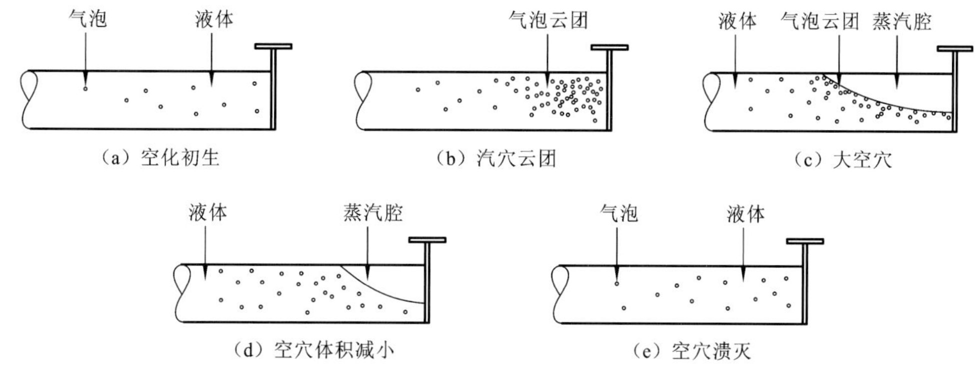

图 7.2　阀门瞬时关闭液柱分离形成与溃灭过程的示意图

大空穴的形状主要取决于管路的布置方式以及流速梯度，在垂直管路和很陡的管路中以及转弯处，产生的大空穴通常充满整个断面，把液柱完全分开，两侧液柱相当长的距离中分散着许多小气泡，这种流动称为空穴流或泡状流。在水平管道中或坡度很缓的管道中，大空穴在管顶附近形成一个较长的薄泡（当然薄泡的长度与整个管长相比还是很短的），另外小空穴和气泡也在相当长的管道中形成，成为空穴流或泡状流，如图 7.3 所示。

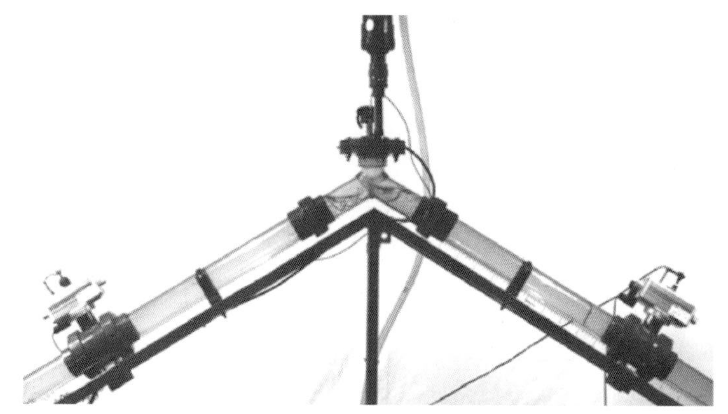

(a) 管线爬高点液柱分离实验[4]

图 7.3　管线爬高点液柱分离

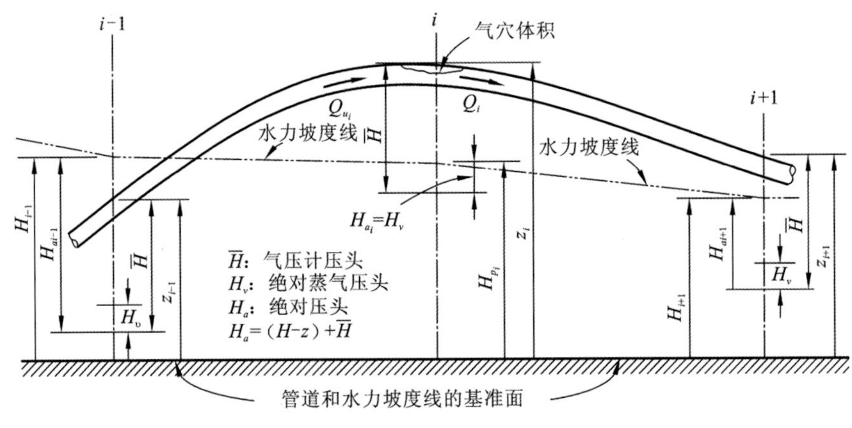

(b) 管线爬高点液柱分离数学模型[5]

图 7.3 管线爬高点液柱分离(续)

7.2 含气型气液两相瞬变流的数学模型及求解

7.2.1 三方程数学模型

气液两相瞬变流的基本方程仍然是动量方程和连续方程，通常应对气相和液相分别列出。由于含气型气液两相瞬变流中气泡体积很小($\alpha<0.15$)，跟随液体一起运动，两相之间的动量交换可以忽略，因而动量方程可以合并成一个，而连续方程仍保留分相的形式，以便计入两相之间的质量交换。

1. 动量方程

参照第 1 章单相流体动量方程推导的方法，即可得到含气型气液两相瞬变流的动量方程，即

$$\frac{\partial V}{\partial t}+V\frac{\partial V}{\partial x}+\frac{1}{\alpha\rho_{\mathrm{g}}+(1-\alpha)\rho_{\mathrm{l}}}\frac{\partial p}{\partial x}+g\sin\theta+\frac{f}{2D}V|V|=0 \tag{7.10}$$

将式(7.4)代入式(7.10)得

$$\frac{\partial V}{\partial t}+V\frac{\partial V}{\partial x}+\frac{1}{\rho_{\mathrm{m}}}\frac{\partial p}{\partial x}+g\sin\theta+\frac{f}{2D}V|V|=0 \tag{7.11}$$

式(7.11)与式(1.4)相比，除了用气液两相混合流体的密度 ρ_{m} 代替单相流体的密度 ρ 外，并无其他的差别，可以视为拟单相流体。

2. 连续方程

连续方程实际上是质量守恒方程。由于两相之间有质量交换，所以不便直接利用单相流的连续方程。相间的质量交换率以 $\dot{m}=\mathrm{d}m/\mathrm{d}t$ 表示，根据质量守恒定律可得

$$\text{气相：}\quad \frac{\partial}{\partial t}(\rho_{\mathrm{g}}\alpha A)+\frac{\partial}{\partial x}(\rho_{\mathrm{g}}\alpha AV)=\dot{m}A \tag{7.12}$$

$$\text{液相：}\quad \frac{\partial}{\partial t}[\rho_{\mathrm{l}}(1-\alpha)A]+\frac{\partial}{\partial x}[\rho_{\mathrm{l}}(1-\alpha)AV]=-\dot{m}A \tag{7.13}$$

改写以上两式得

$$\frac{1}{\alpha}\frac{\partial \alpha}{\partial t}+f_{g}\frac{\partial p}{\partial t}+\frac{V}{\alpha}\frac{\partial \alpha}{\partial x}+f_{g}V\frac{\partial p}{\partial x}+\frac{\partial V}{\partial x}=\frac{\dot{m}}{\alpha\rho_{g}} \tag{7.14}$$

$$\frac{-1}{1-\alpha}\frac{\partial \alpha}{\partial t}+f_{l}\frac{\partial p}{\partial t}+\frac{-V}{1-\alpha}\frac{\partial \alpha}{\partial x}+f_{l}V\frac{\partial p}{\partial x}+\frac{\partial V}{\partial x}=\frac{-\dot{m}}{(1-\alpha)\rho_{l}} \tag{7.15}$$

式中：$f_{g}=\frac{DC}{Ee}+\frac{1}{K_{g}}$；$f_{l}=\frac{DC}{Ee}+\frac{1}{K_{l}}$。

式(7.14)减式(7.15)可消去 V 的导数项，f_{l} 乘式(7.14)减 f_{g} 乘式(7.15)则可消去 p 的导数项，于是与式(7.10)一起构成如下矩阵方程：

$$\begin{bmatrix}1&0&0\\c_{2}&1&0\\0&0&1\end{bmatrix}\begin{Bmatrix}\frac{\partial \alpha}{\partial t}\\\frac{\partial p}{\partial t}\\\frac{\partial V}{\partial t}\end{Bmatrix}+\begin{bmatrix}V&0&-c_{1}\\c_{2}V&V&0\\0&c_{3}&V\end{bmatrix}\begin{Bmatrix}\frac{\partial \alpha}{\partial x}\\\frac{\partial p}{\partial x}\\\frac{\partial V}{\partial x}\end{Bmatrix}=\begin{Bmatrix}b_{1}\\b_{2}\\b_{3}\end{Bmatrix} \tag{7.16}$$

式中

$$c_{1}=\frac{\alpha(1-\alpha)\left(\frac{1}{K_{g}}-\frac{1}{K_{l}}\right)}{\frac{DC_{1}}{Ee}+\frac{\alpha}{K_{g}}+\frac{1-\alpha}{K_{l}}},\quad c_{2}=\frac{1}{\alpha(1-\alpha)\left(\frac{1}{K_{g}}-\frac{1}{K_{l}}\right)},\quad c_{3}=\frac{1}{\alpha\rho_{g}+(1-\alpha)\rho_{l}},$$

$$b_{1}=\frac{[(1-\alpha)\rho_{l}f_{l}+\alpha\rho_{g}f_{g}]\dot{m}}{\rho_{g}\rho_{l}\left(\frac{DC_{1}}{Ee}+\frac{\alpha}{K_{g}}+\frac{1-\alpha}{K_{l}}\right)},\quad b_{2}=\frac{\dot{m}\left[\frac{1}{\alpha\rho_{g}}+\frac{1}{(1-\alpha)\rho_{l}}\right]}{\frac{1}{K_{g}}-\frac{1}{K_{l}}},\quad b_{3}=-g\sin\theta-\frac{f}{2D}V|V|$$

式中：C_{1}、E 和 e 的定义同第 1 章。

将式(7.12)与式(7.13)相加得

$$\frac{\partial}{\partial t}(\rho_{m}A)+\frac{\partial}{\partial x}(\rho_{m}AV)=0 \tag{7.17}$$

式(7.17)和式(7.11)构成了含气型气液两相瞬变流的两方程数学模型，也常用于相关的计算分析。

7.2.2 特征线法原理、特征方程

1. 特征线法原理

设有一阶偏微分方程组：

$$L_{i}(\boldsymbol{u})=\sum_{j=1}^{n}b'_{ij}\frac{\partial u_{j}}{\partial t}+\sum_{j=1}^{n}a'_{ij}\frac{\partial u_{j}}{\partial x}=c'_{i},\quad i=1,2,\cdots,n \tag{7.18}$$

式中：$\boldsymbol{u}=(u_{1}(x,t),u_{2}(x,t),\cdots,u_{n}(x,t))^{\mathrm{T}}$ 是未知函数；系数均为已知函数。写成矩阵的形式，即 $\boldsymbol{L}(\boldsymbol{u})=\boldsymbol{B}\boldsymbol{u}_{t}+\boldsymbol{A}\boldsymbol{u}_{x}=\boldsymbol{C}$，其中 $\boldsymbol{L}$ 是线性算子。

根据全微分的定义 $\mathrm{d}u=\frac{\partial u}{\partial t}\mathrm{d}t+\frac{\partial u}{\partial x}\mathrm{d}x$，对于未知向量函数 $\boldsymbol{u}=(u_{1},u_{2},\cdots,u_{n})^{\mathrm{T}}$ 可得

$$\boldsymbol{E}\mathrm{d}t\boldsymbol{u}_{t}+\boldsymbol{E}\mathrm{d}x\boldsymbol{u}_{x}=\mathrm{d}\boldsymbol{u} \tag{7.19}$$

式中:$\boldsymbol{E}$ 是单位对角线矩阵。

式(7.18)和式(7.19)构成了关于 u_t 和 u_x 的 $2n$ 个代数方程,若令其系数行列式等于零,则 u_t 和 u_x 有不定解,即

$$\begin{vmatrix} \boldsymbol{B} & \boldsymbol{A} \\ \boldsymbol{E}\mathrm{d}t & \boldsymbol{E}\mathrm{d}x \end{vmatrix}=0,\quad |\boldsymbol{B}\mathrm{d}x-\boldsymbol{A}\mathrm{d}t|=0,\quad \left|\boldsymbol{B}\frac{\mathrm{d}x}{\mathrm{d}t}-\boldsymbol{A}\right|=0,\quad \lambda=\frac{\mathrm{d}x}{\mathrm{d}t},\quad |\boldsymbol{B}\lambda-\boldsymbol{A}|=0$$

展开得

$$\begin{vmatrix} b'_{11}\lambda-a'_{11} & b'_{12}\lambda-a'_{12} & \cdots & b'_{1n}\lambda-a'_{1n} \\ b'_{21}\lambda-a'_{21} & b'_{22}\lambda-a'_{22} & \cdots & b'_{2n}\lambda-a'_{2n} \\ \vdots & \vdots & & \vdots \\ b'_{n1}\lambda-a'_{n1} & b'_{n2}\lambda-a'_{n2} & \cdots & b'_{nn}\lambda-a'_{nn} \end{vmatrix}=0 \tag{7.20}$$

式中:λ 为特征根。如果 λ 有 n 个实的互不相等的根,则式(7.18)就是双曲型偏微分方程,并有 n 条特征线和 n 个特征方程。式(7.20)就是特征线方程,而特征方程可按式(7.21)求得

$$\Delta_1=\begin{vmatrix} c'_1\mathrm{d}x-\sum_1^n a'_{1j}\mathrm{d}u_j & b'_{12}\lambda-a'_{12} & \cdots & b'_{1n}\lambda-a'_{1n} \\ c'_2\mathrm{d}x-\sum_1^n a'_{2j}\mathrm{d}u_j & b'_{22}\lambda-a'_{22} & \cdots & b'_{2n}\lambda-a'_{2n} \\ \vdots & \vdots & & \vdots \\ c'_n\mathrm{d}x-\sum_1^n a'_{nj}du_j & b'_{n2}\lambda-a'_{n2} & \cdots & b'_{nn}\lambda-a'_{nn} \end{vmatrix}=0 \tag{7.21}$$

2. 含气型气液两相瞬变流的特征根和特征方程

将式(7.20)应用于含气型气液两相瞬变流的矩阵方程式(7.16),可得特征线方程:

$$\begin{vmatrix} \lambda-V & 0 & c_1 \\ c_2\lambda-c_2V & \lambda-V & 0 \\ 0 & -c_3 & \lambda-V \end{vmatrix}=0$$

于是,得到三个特征根:$\lambda_1=V+\sqrt{c_1c_2c_3}$,$\lambda_2=V-\sqrt{c_1c_2c_3}$,$\lambda_3=V$。其中 $\sqrt{c_1c_2c_3}$ 为波速,即

$$a^2=c_1c_2c_3=\left\{[\alpha\rho_g+(1-\alpha)\rho_1]\left(\frac{DC_1}{Ee}+\frac{\alpha}{K_g}+\frac{1-\alpha}{K_1}\right)\right\}^{-1} \tag{7.22}$$

将式(7.21)应用于含气型气液两相瞬变流的矩阵方程式(7.16),可得特征方程:

$$\begin{vmatrix} b_1\mathrm{d}x-V\mathrm{d}\alpha+c_1\mathrm{d}V & 0 & c_1 \\ b_2\mathrm{d}x-c_2V\mathrm{d}\alpha-V\mathrm{d}p & \lambda-V & 0 \\ b_3\mathrm{d}x-c_3\mathrm{d}p-V\mathrm{d}V & -c_3 & \lambda-V \end{vmatrix}=0$$

即

$$C^+:\begin{cases} \dfrac{\mathrm{d}p}{\mathrm{d}t}+\dfrac{a}{c_3}\dfrac{\mathrm{d}V}{\mathrm{d}t}+c_2b_1-b_2-\dfrac{ab_3}{c_3}=0 \\ \dfrac{\mathrm{d}x}{\mathrm{d}t}=V+a \end{cases} \tag{7.23}$$

$$C^-:\begin{cases}\dfrac{dp}{dt}-\dfrac{a}{c_3}\dfrac{dV}{dt}+c_2b_1-b_2+\dfrac{ab_3}{c_3}=0\\ \dfrac{dx}{dt}=V-a\end{cases} \tag{7.24}$$

$$C:\begin{cases}\dfrac{dp}{dt}+c_2\dfrac{d\alpha}{dt}-b_2=0\\ \dfrac{dx}{dt}=V\end{cases} \tag{7.25}$$

7.2.3 含气型气液两相瞬变流波速公式的讨论

由参考文献[6]可知，改写式(7.22)可得

$$a^2=\frac{1}{\rho_m\left(\dfrac{\alpha}{K_g}+\dfrac{1-\alpha}{K_l}+\dfrac{DC_1}{Ee}\right)} \tag{7.26}$$

式中：$K_g=rp_g$；D 为管道内径；C_1 为圆管弹性系数；E 为管壁的弹性模量；e 为壁厚；r 为气体多方指数。

(1) 当 $\alpha=0$ 时，由式(7.26)得到

$$a^2=\frac{1}{\rho_l\left(\dfrac{1}{K_l}+\dfrac{DC_1}{Ee}\right)} \tag{7.27}$$

式(7.26)与单相液体的波速公式(1.17)完全相同。说明式(7.26)不仅适用于气液两相的波速计算，而且适用于单相液体的波速计算。

(2) 当 $\alpha=1$ 时并忽略管壁的弹性，由式(7.26)得到

$$a^2=\frac{rp_g}{\rho_g} \tag{7.28}$$

即单相气体的波速公式。

(3) 比较式(7.26)与单相液体的波速公式(7.27)可以看出，气液两相流的波速不仅与液体的压缩性、密度有关，而且是气体压强 p_g 和空穴率 α 的函数，如图 7.4～图 7.6 所示，反映了气液两相流压力波传播速率的内在规律。

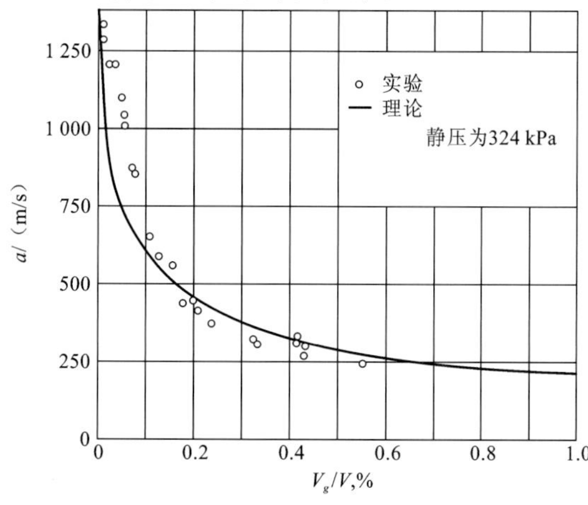

图 7.4　不同空气含量下管中压力波的传播速度(理论与实验对比)

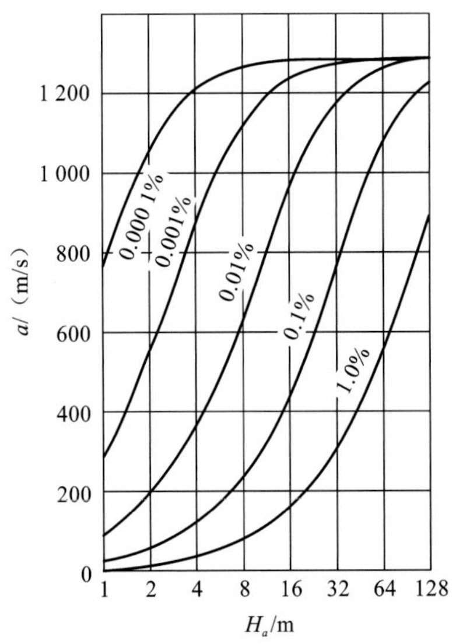

图 7.5 空气-水两相流中的波速，标准压力下空气体积$(K_l/E)(D/e)=0.263$

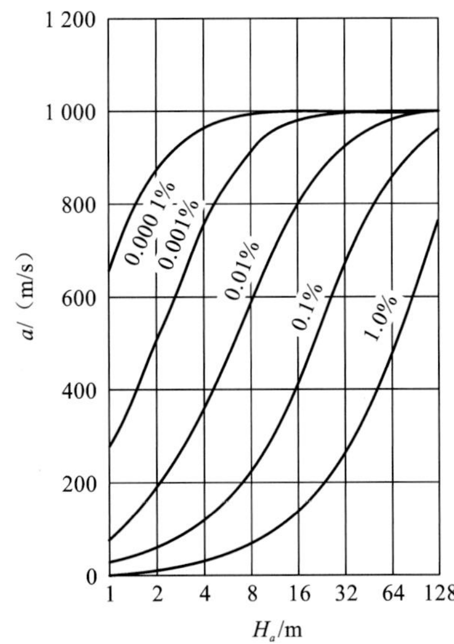

图 7.6 空气-水两相流中的波速，标准压力下空气体积$(K_l/E)(D/e)=1$

(4) 在含气型气液两相瞬变流的两方程数学模型中，其波速公式可以依据如下定义式推导：

$$\frac{1}{a^2\rho_m}=\frac{1}{\rho_m}\frac{d\rho_m}{dp_m}+\frac{1}{A}\frac{dA}{dp_m} \tag{7.29}$$

在考虑气泡表面张力的条件下得

$$a^2=\frac{\dfrac{K_l}{\rho_m}}{\dfrac{\dfrac{\rho_l}{\rho_m}+\dfrac{\alpha\rho_l}{\rho_m}\left(\dfrac{3K_l}{3rp_g-\dfrac{2\sigma}{R}}-1\right)}{1-\dfrac{\dfrac{4\alpha\sigma}{R}}{\left(3rp_g-\dfrac{2\sigma}{R}\right)}}+\dfrac{K_lDC_1}{Ee}} \tag{7.30}$$

由式(7.30)可以看出，波速 a 不仅与 p_g、α 有关，而且与 R、σ 有关，这正是含气型气液两相流的气态分布特点在波速中的体现。

当 $\sigma=0$ 时，即忽略表面张力，由式(7.30)得

$$a^2=\frac{1}{\rho_l\left(\dfrac{\alpha}{K_g}+\dfrac{1-\alpha}{K_l}\right)+\dfrac{\rho_m DC_1}{Ee}} \tag{7.31}$$

比较式(7.31)和式(7.26)，两者差别在于$\left(\dfrac{\alpha}{K_g}+\dfrac{1-\alpha}{K_l}\right)$前面的密度，前者是 ρ_l，后者是 ρ_m。当 α 较小时用 $\rho_l\cong\rho_m$ 也是可行的。所以，按两方程数学模型和三方程数学模型推导的波速公式是一致的。

7.2.4 数值解

含气型气液两相瞬变流的数值解常采用等时段带有插值的特征线法，虽然该方法在单相流体瞬变流数值计算中已进行了介绍，但由于气液两相流有着更复杂的特性，如变波速、多变量，需要迭代和试算，所以在细节的处理上与单相流体瞬变流计算有所不同。在此，以两方程数学模型为例，在以不计入气体释放，未产生液柱分离前提下，介绍数值计算的步骤和相关的注意问题。

对于图 7.7 中的 P 点，需要计算的变量有 10 个：p_m、p_l、p_g、ρ_m、ρ_l、ρ_g、R、α、a、V。可以列出的方程也有 10 个，下标 0 表示初始时刻或前一时刻值，具体如下。

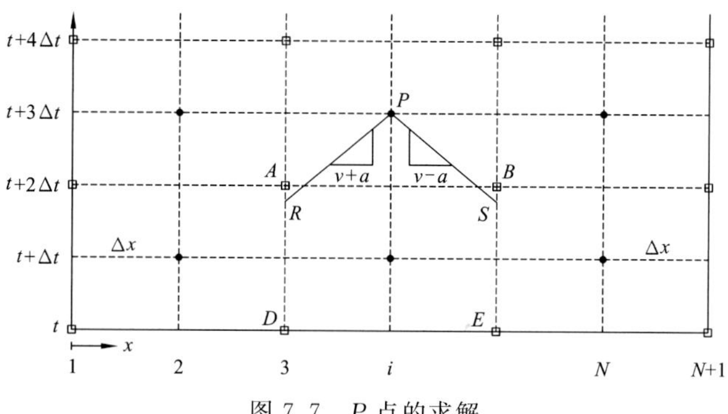

图 7.7　P 点的求解

$$C^{+}: \frac{1}{\rho_m a}\frac{\mathrm{d}p_m}{\mathrm{d}t}+\frac{\mathrm{d}V}{\mathrm{d}t}+g\sin\theta+\frac{f}{2D}V|V|=0 \tag{7.32}$$

$$C^{-}: -\frac{1}{\rho_m a}\frac{\mathrm{d}p_m}{\mathrm{d}t}+\frac{\mathrm{d}V}{\mathrm{d}t}+g\sin\theta+\frac{f}{2D}V|V|=0 \tag{7.33}$$

$$p_m=(p_g+p_v)\alpha+p_l(1-\alpha) \tag{7.34}$$

$$p_l=p_g+p_v-\frac{2\sigma}{R} \tag{7.35}$$

$$p_g R^{3r}=p_{g0}R_0^{3r}=C \tag{7.36}$$

$$\rho_m=\alpha\rho_g+(1-\alpha)\rho_l \tag{7.37}$$

$$\rho_l=\rho_{l0}\exp\left[\frac{1}{K_l}(p_l-p_{l0})\right] \tag{7.38}$$

$$\rho_g=C_2 p_g^{\frac{1}{r}} \tag{7.39}$$

$$\alpha=\frac{4}{3}\pi R^3 N \tag{7.40}$$

$$a^2=\frac{\dfrac{K_l}{\rho_m}}{\dfrac{\dfrac{\rho_l}{\rho_m}+\dfrac{\alpha\rho_l}{\rho_m}\left(\dfrac{3K_l}{3rp_g-\dfrac{2\sigma}{R}}-1\right)}{1-\dfrac{\dfrac{4\alpha\sigma}{R}}{3rp_g-\dfrac{2\sigma}{R}}}+\dfrac{K_l DC_1}{Ee}} \tag{7.41}$$

首先，将 C^+、C^- 积分转换成代数方程：

$$C^+:\int_{p_{mR}}^{p_{mP}}\frac{1}{\rho_m a}dp_m+\int_{V_R}^{V_P}dV+\int_{t_R}^{t_P}\left(g\sin\theta+\frac{f}{2D}V|V|\right)dt=0 \tag{7.42}$$

$$C^-:\int_{p_{mS}}^{p_{mP}}-\frac{1}{\rho_m a}dp_m+\int_{V_S}^{V_P}dV+\int_{t_S}^{t_P}\left(g\sin\theta+\frac{f}{2D}V|V|\right)dt=0 \tag{7.43}$$

由于 $\frac{1}{\rho_m a}$ 是 p_m 的函数，且两者之间关系很复杂，所以只得采用数值积分。

一阶近似的数值积分结果为

$$C^+:\left(\frac{1}{\rho_m a}\right)_R(p_{mP}-p_{mR})+(V_P-V_R)+\left(g\sin\theta+\frac{f}{2D}V_R|V_R|\right)(t_P-t_R)=0 \tag{7.44}$$

$$C^-:-\left(\frac{1}{\rho_m a}\right)_S(p_{mP}-p_{mS})+(V_P-V_S)+\left(g\sin\theta+\frac{f}{2D}V_S|V_S|\right)(t_P-t_S)=0 \tag{7.45}$$

二阶近似的数值积分结果为

$$\begin{aligned}C^+:&\frac{1}{2}\left[\left(\frac{1}{\rho_m a}\right)_R+\left(\frac{1}{\rho_m a}\right)_P\right](p_{mP}-p_{mR})+(V_P-V_R)\\&+\left[g\sin\theta+\frac{f}{2D}\frac{1}{2}(V_R|V_R|+V_P|V_p|)\right](t_P-t_R)=0\end{aligned} \tag{7.46}$$

$$\begin{aligned}C^-:&-\frac{1}{2}\left[\left(\frac{1}{\rho_m a}\right)_S+\left(\frac{1}{\rho_m a}\right)_P\right](p_{mP}-p_{mS})+(V_P-V_S)\\&+\left[g\sin\theta+\frac{f}{2D}\frac{1}{2}(V_S|V_S|+V_P|V_P|)\right](t_P-t_S)=0\end{aligned} \tag{7.47}$$

由于在通常情况下，R、S 并不落在计算截面上，所以式(7.44)～式(7.47)中的 p_{mR}、V_R、ρ_{mR}、a_R、p_{mS}、V_S、ρ_{mS}、a_S 都是未知的。根据 C^+、C^- 的相容性方程以及空间线性插值，补充 8 个插值方程如下：

$$V_R=\frac{V_C+\theta(a_C V_A-a_A V_C)}{1+\theta(V_C-V_A+a_C-a_A)} \tag{7.48}$$

$$a_R=\frac{a_C-\theta V_R(a_C-a_A)}{1+\theta(a_C-a_A)} \tag{7.49}$$

$$\rho_{mR}=\rho_{mC}-\theta(V_R+a_R)(\rho_{mC}-\rho_{mA}) \tag{7.50}$$

$$p_{mR}=p_{mC}-\theta(V_R+a_R)(p_{mC}-p_{mA}) \tag{7.51}$$

$$V_S=\frac{V_C+\theta(a_C V_B-a_B V_C)}{1+\theta(V_B-V_C+a_C-a_B)} \tag{7.52}$$

$$a_S=\frac{a_C-\theta V_S(a_C-a_B)}{1+\theta(a_C-a_B)} \tag{7.53}$$

$$\rho_{mS}=\rho_{mC}+\theta(V_S-a_S)(\rho_{mC}-\rho_{mB}) \tag{7.54}$$

$$p_{mS}=p_{mC}+\theta(V_S-a_S)(p_{mC}-p_{mB}) \tag{7.55}$$

式中：$\theta=\frac{\Delta t}{\Delta x}$。

如果采用一阶近似方程，那么根据式(7.44)、式(7.45)及式(7.48)～式(7.55)就可以

求得 p_{mP} 和 V_P。然后联立式(7.34)～式(7.41)求得其他8个变量。

首先需要处理这些变量之间的关系，然后一环接一环地计算。联立式(7.34)、式(7.35)、式(7.36)和式(7.40)得

$$(p_{mP}-p_v)R^{3r}+\left(1-\frac{4}{3}\pi R^3 N\right)2\sigma R^{3r-1}-C=0 \tag{7.56}$$

采用牛顿法求解 R，然后按照式(7.40)计算 α，按照式(7.36)计算 p_g，按照式(7.35)计算 p_l，如此等等，求得其余8个变量。

由于一阶近似计算通常得不到满意的结果，需要采用二阶近似计算。二阶近似计算就需要采用试算法。首先按一阶近似计算求得 p_{mP}，然后按上述方法求得其他8个变量，将结果代入式(7.46)和式(7.47)中求得新的 p_{mP}^*，如果 p_{mP}^* 与 p_{mP} 之差满足精度要求就结束，若不满足就需要回代，重复上述过程求解。在压强 p_m 变化不是十分剧烈时，采用简单的迭代量是可行的，如令 $p_{mP}^*=p_{mP}$ 或者 $p_{mP}=\frac{1}{2}(p_{mP}+p_{mP}^*)$。但是当压强变化很剧烈时，采用简单的迭代，结果并不收敛，出现振荡和跳跃。建议采用"两头夹"的方法解决该问题。所谓"两头夹"的方法，就是不断地选取适宜的区间，分割区间，逼近其数值解。

7.3　激波波速及激波的数学处理

7.3.1　激波波速的计算公式

激波是气液两相流瞬变流又一个重要物理现象，其波速的计算与同压力波传播速度一样重要。在此介绍考虑液体压缩性的情况下激波波速计算公式。

如图7.8所示，根据激波基本方程，有

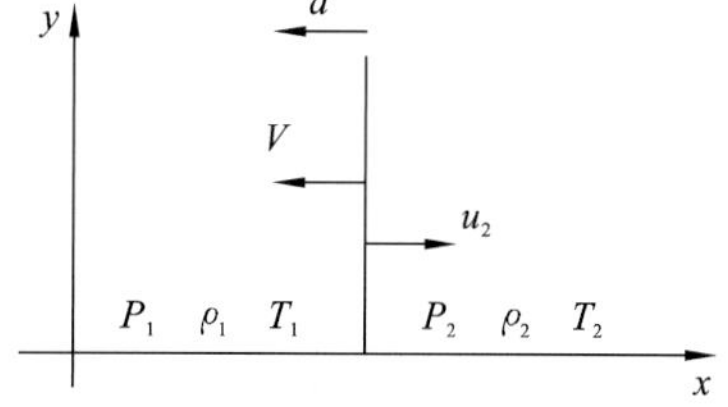

图7.8　激波模型示意图

$$\rho_{g1}\alpha_1 A_1 U=\rho_{g2}\alpha_2 A_2(U-u_2) \tag{7.57}$$

$$\rho_{l1}(1-\alpha_1)A_1 U=\rho_{l2}(1-\alpha_2)A_2(U-u_2) \tag{7.58}$$

$$p_1+\rho_{m1}U^2=p_2+\rho_{m2}(U-u_2)^2 \tag{7.59}$$

式中：$\rho_{mi}=\rho_{gi}\alpha_i+p_{li}(1+\alpha_i)$，$i=1,2$；下标1、2表示激波前后断面；$V$ 为激波波速；p 为压强；u_2 为流速；ρ 为密度；A 为面积；α 为空穴率；a 为压力波波速；T 为热力学温度。

式(7.57)加式(7.58)得

$$\rho_{m1}A_1 U=\rho_{m2}A_2(U-u_2) \tag{7.60}$$

联立式(7.59)和式(7.60)得

$$U^2=\frac{\rho_{m2}}{\rho_{m1}}\frac{p_2-p_1}{\rho_{m2}-\rho_{m1}\left(\dfrac{A_1}{A_2}\right)^2} \tag{7.61}$$

式(7.58)除以式(7.57)得

$$\alpha_2=\frac{\rho_{l2}}{\rho_{l2}+\dfrac{\rho_{g2}}{\rho_{g1}}\dfrac{\rho_{l1}(1-\alpha_1)}{\alpha_1}}=\frac{\alpha_1}{\alpha_1+\left(\dfrac{\rho_{g2}}{\rho_{g1}}\right)\left(\dfrac{\rho_{l1}}{\rho_{l2}}\right)(1-\alpha_1)} \tag{7.62}$$

由于

$$A=A_0\exp\left[\frac{DC_1}{\rho E}(p-p_0)\right]\cong A_0\left[1+\frac{DC_1}{\rho E}(p-p_0)\right] \tag{7.63}$$

$$\rho_1=\rho_{10}\exp\left[\frac{1}{K_1}(p-p_0)\right]\cong\rho_{10}\left[1+\frac{1}{K_1}(p-p_0)\right] \tag{7.64}$$

$$\left(\frac{\rho_{g2}}{\rho_{g1}}\right)=\left(\frac{p_2}{p_1}\right)^{\frac{1}{r}} \tag{7.65}$$

令

$$X_1=\frac{\dfrac{1}{p_1}+\dfrac{1}{K_1}\left(\dfrac{p_2}{p_1}-\dfrac{p_0}{p_1}\right)}{\dfrac{1}{p_1}+\dfrac{1}{K_1}\left(1-\dfrac{p_0}{p_1}\right)} \tag{7.66}$$

$$X_2=\frac{\dfrac{1}{p_1}+\dfrac{DC_1}{\rho E}\left(1-\dfrac{p_0}{p_1}\right)}{\dfrac{1}{p_1}+\dfrac{DC_1}{\rho E}\left(\dfrac{p_2}{p_1}-\dfrac{p_0}{p_1}\right)} \tag{7.67}$$

$$X_3=\left(\frac{p_2}{p_1}\right)^{\frac{1}{r}} \tag{7.68}$$

将式(7.63)～式(7.68)代入式(7.62)得

$$\alpha_2=\frac{\alpha_1}{\alpha_1+\dfrac{X_3}{X_1}(1-\alpha_1)}=\frac{\alpha_1X_1}{\alpha_1X_1+(1-\alpha_1)X_3} \tag{7.69}$$

且

$$\rho_{m2}=\frac{\rho_{m1}X_1X_3}{\alpha_1X_1+(1-\alpha_1)X_3} \tag{7.70}$$

由式(7-61)得

$$U^2=\frac{X_1X_3}{\alpha_1X_1+(1-\alpha_1)X_3}\frac{p_1\left(\dfrac{p_2}{p_1}-1\right)}{\rho_{m1}\left[\dfrac{X_1X_3}{\alpha_1X_1+(1-\alpha_1)X}-X_2^2\right]}=\frac{X_1X_3p_1\left(\dfrac{p_2}{p_1}-1\right)}{\rho_{m1}\{X_1X_3-X_2^2[\alpha_1X_1+(1-\alpha_1)X_3]\}} \tag{7.71}$$

压力波波速公式：

$$a_1^2=\frac{1}{\rho_{m1}\left(\dfrac{DC_1}{\rho E}+\dfrac{\alpha_1}{rp_1}+\dfrac{1-\alpha_1}{K_1}\right)} \tag{7.72}$$

令 $M_1^2=\dfrac{U^2}{a_1^2}$，则

$$M_1^2=\frac{X_1X_3p_1\left(\dfrac{p_2}{p_1}-1\right)\left(\dfrac{DC_1}{\rho E}+\dfrac{\alpha_1}{rp_1}+\dfrac{1-\alpha_1}{K_1}\right)}{X_1X_3-X_2^2[\alpha_1X_1+(1-\alpha_1)X_3]} \tag{7.73}$$

式(7.73)就是考虑液体压缩性的情况下激波波速计算公式，即 Hugoniot 关系式[7]。

如果忽略了液体的压缩性，即 $X_1=1$，由式(7.73)得

$$M_1^2=\frac{X_3\left(\dfrac{p_2}{p_1}-1\right)p_1\left(\dfrac{DC_1}{\rho E}+\dfrac{\alpha_1}{rp_1}\right)}{X_3-X_2^2[\alpha_1+(1-\alpha_1)X_3]} \tag{7.74}$$

从式(7.73)和式(7.74)可以看到,M_1 不仅与 p_2/p_1 有关,而且与空穴率 α_1 有关。

如果同时忽略管壁的弹性、液体的压缩性,即 $X_1=X_2=1$,由式(7.73)得

$$M_1^2=\frac{X_3\left(\frac{p_2}{p_1}-1\right)\frac{\alpha_1}{r}}{X_3-\alpha_1-(1-\alpha_1)X_3}=\frac{\frac{1}{r}\left(\frac{p_2}{p_1}-1\right)}{1-\frac{1}{X_3}}=\frac{1}{r}\frac{\left(\frac{p_2}{p_1}\right)-1}{1-\left(\frac{p_2}{p_1}\right)^{\frac{1}{r}}} \tag{7.75}$$

式(7.75)就是 Wijngaarden 得到的气体绝热变化情况下的 Hugoniot 关系式[8]。

如果进一步令 $r=1$,则由式(7.75)得

$$M_1^2=\frac{\left(\frac{p_2}{p_1}\right)-1}{1-\left(\frac{p_2}{p_1}\right)}=\frac{\frac{p_2-p_1}{p_1}}{\frac{p_2-p_1}{p_2}}=\frac{p_2}{p_1} \tag{7.76}$$

式(7.76)就是 Campbell 和 Pitcher 得到的气体等温变化下的 Hugoniot 关系式。

从式(7.75)和式(7.76)可以看到,M_1 只与 p_2/p_1 有关,而与空穴率 α 无关。

由此可见,在激波的 Hugoniot 关系式中,是否考虑管壁的弹性,液体的压缩性将引起很大的变化,考虑了管壁的弹性、液体的压缩性,M_1 与空穴率有关。Rath 考虑管壁弹性,研究各种影响因素的数量关系,得出了空穴率和管壁弹性对激波的特性有非常强的影响的结论[9]。但在气液两相流瞬变过程中,液体的压缩性与管壁弹性同样重要,甚至更为重要。所以不仅需要考虑考虑管壁弹性,也需要考虑液体的压缩性。至于液体的压缩性对激波影响的数量关系,可以按照 Rath 的方法,得出许多关系曲线,但结论仍然是空穴率、液体压缩性和管壁弹性对激波特性有非常强的影响。

式(7.69)表示了 α_2/α_1 的关系式,下面将导出$\frac{U_2}{U_1}=\frac{U-u_2}{U}$的关系式,根据式(7.57)得

$$\frac{U_2}{U_1}=\left(\frac{p_{g2}}{p_{g1}}\right)\left(\frac{\alpha_1}{\alpha_2}\right)\left(\frac{A_1}{A_2}\right)=\frac{X_2}{X_3X_1}[\alpha_1X_1+(1-\alpha_1)X_3] \tag{7.77}$$

当 $K_1=\infty$即忽略液体的压缩性,且 $r=1$ 时,由式(7.77)和式(7.69)可得

$$\frac{U_2}{U_1}=\frac{1+\frac{DC_1}{\rho E}(p_1-p_0)}{p_1\left[\frac{1}{p_1}+\frac{DC_1}{\rho E}\left(\frac{p_2}{p_1}-\frac{p_0}{p_1}\right)\right]}\left[(1-\alpha_1)+\alpha_1\frac{p_1}{p_2}\right] \tag{7.78}$$

$$\frac{\alpha_2}{\alpha_1}=\left[\alpha_1+(1-\alpha_1)\left(\frac{p_2}{p_1}\right)\right]^{-1} \tag{7.79}$$

式(7.78)和式(7.79)与 Rath 给出的表达式完全一致,这说明它们只是式(7.77)和式(7.69)在 $K_1=\infty$且 $r=1$ 条件下的特例。

7.3.2　激波的数学处理

在气液两相流瞬变过程的研究中,处理激波这种非连续性的问题,通常采用以下两种方法。

1. 特征线网络法

如图 7.9 中的 P 点所示,当激波出现时,需要补充激波方程进行求解,即

$$\rho_{m1}(V_1-U)=\rho_{m2}(V_2-U)$$
$$p_1+\rho_{m1}(V_1-U)^2=p_2+\rho_{m2}(V_2-U)^2$$
$$M_1^2=\frac{U^2}{a_1^2}=\frac{X_1X_3p_1\left(\frac{p_2}{p_1}-1\right)\left(\frac{DC_1}{\rho E}+\frac{\alpha_1}{rp_1}+\frac{1-\alpha_1}{K_1}\right)}{X_1X_3-X_2^2[\alpha_1X_1+(1-\alpha_1)X_3]} \tag{7.80}$$

2. Lax-Wendroff 两步差分法

如图 7.10 所示，该方法是在计算格式中引入人工摩阻项，使之削峰拉平，将形成中的激波分散到一些网格点上。

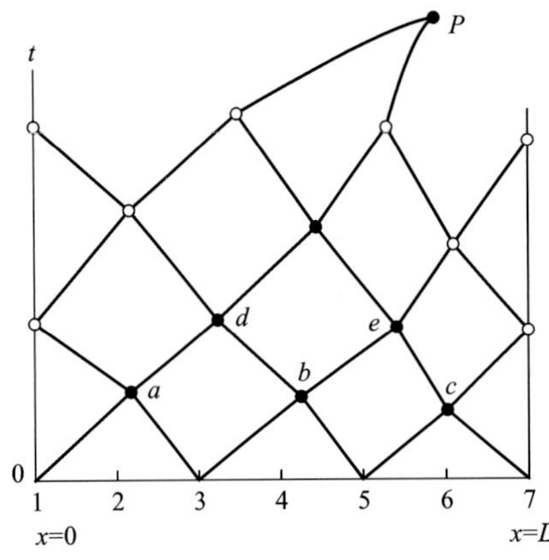

图 7.9 特征线网络

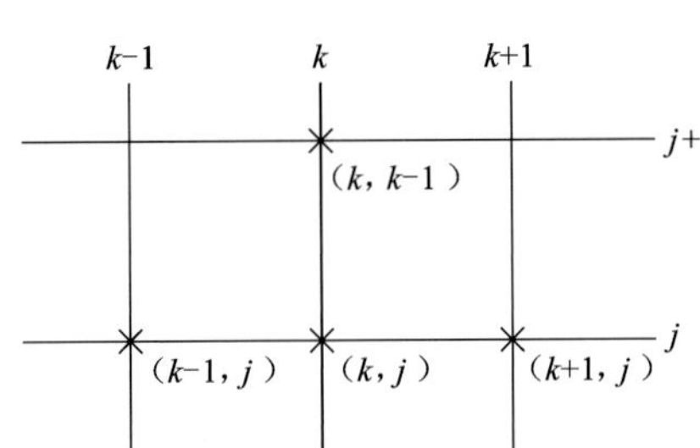

图 7.10 Lax-Wendroff 格式

该方法所要求的守衡形式的方程为

$$\frac{\partial Q_{i1}}{\partial t}+\frac{\partial Q_{i2}}{\partial x}=Q_{i3} \tag{7.81}$$

式中：Q_{ij} 是 p、V 和 α 的函数，$i=1,2,3$，$j=1,2,3$。

计算格式如下：

$$Q_{i1}(x+\Delta x,t+\Delta t)=\frac{1}{2}[Q_{i1}(x+2\Delta x,t)+Q_{i1}(x,t)]+\left\{-\frac{\Delta t}{2\Delta x}[Q_{i2}(x+2\Delta x,t)-Q_{i2}(x,t)]+\frac{\Delta t}{2}[Q_{i3}(x+2\Delta x,t)+Q_{i3}(x,t)]\right\}+O(\Delta x^2,\Delta t^2) \tag{7.82}$$

$$Q_{i1}(x,t+2\Delta t)=Q_{i1}(x,t)-\frac{\Delta t}{\Delta x}\{Q_{i2}(x+\Delta x,t+\Delta t)-Q_{i2}(x-\Delta x,t+\Delta t)\}+\Delta t\{Q_{i3}(x+\Delta x,t+\Delta t)+Q_{i3}(x-\Delta x,t+\Delta t)\}+O(\Delta x^2,\Delta t^2) \tag{7.83}$$

式(7.82)也称为 Lax 计算格式，式(7.82)和式(7.83)合在一起称为 Lax-Wendroff 两步差分法。这种格式是二阶精度的并格式，必须满足库朗条件 $\frac{\Delta t}{\Delta x}\leqslant\frac{1}{a_1+|V|}$ 和 $\Delta t<\frac{D}{f|V|}$ 才能稳定（D 为管道直径，f 为达西-魏斯巴赫摩阻系数，V 为流速）。另外，一般非线性问题可能引起计算的不稳定和振荡，需要引入光滑算子 θ_i。

含气型气液两相瞬变流的守恒型方程的推导过程可参考文献[10]，但不同之处是式(7.84)中考虑了气体释放项，即 $\dot{m}_g \neq 0$。

$$
\begin{cases}
\dfrac{\partial}{\partial t}(\alpha p^{\frac{1}{r}})+\dfrac{\partial}{\partial x}(\alpha p^{\frac{1}{r}}V)=\dfrac{\dot{m}_g}{\rho_g}p^{\frac{1}{r}} \\
\dfrac{\partial}{\partial t}\left\{(1-\alpha)\left[1+p\left(\dfrac{1}{K_1}+\dfrac{DC_1}{\rho E}\right)\right]\right\}+\dfrac{\partial}{\partial x}\left\{(1-\alpha)V\left[1+p\left(\dfrac{1}{K_1}+\dfrac{DC_1}{\rho E}\right)\right]\right\}=-\dfrac{\dot{m}_g}{\rho_g} \\
\dfrac{\partial}{\partial t}\left\{(1-\alpha)V\left[1+p\left(\dfrac{1}{K_1}+\dfrac{DC_1}{\rho E}\right)\right]\right\}+\dfrac{\partial}{\partial x}\left\{(1-\alpha)V^2\left[1+p\left(\dfrac{1}{K_1}+\dfrac{DC_1}{\rho E}\right)\right]+\dfrac{p}{\rho_1}\right\} \\
=-\dfrac{\dot{m}_g V}{\rho_1}-(1-\alpha)\left(g\sin\theta+\dfrac{f}{2D}V|V|\right)
\end{cases}
\tag{7.84}
$$

守恒型方程的限制条件如下：① $\rho_m \cong \rho_l(1-\alpha)$；② $\left(\dfrac{1}{K_1}+\dfrac{DC_1}{\rho E}\right)\rho \ll 1$。如果 $\dot{m}_g=0$，由式(7.84)就可以得到文献[10]提出的守恒型方程组。

7.4　气体释放的计算公式

7.4.1　平行来流、气泡中心作平移运动的瑞利方程

在流体不可压缩、流动无漩的假设下，采用速度势形式的连续性方程和运动方程可推导得出平行来流、气泡中心作平移运动的瑞利方程，即

$$
R\ddot{R}+\frac{3}{2}(\dot{R})^2=\frac{1}{\rho_1}[p(R)-p_{\infty 1}]+\frac{5}{8}(V_\infty-V_1)^2
+\left[\frac{3}{2}(V_\infty-V_1)\dot{R}\cos\theta-\frac{1}{2}\frac{\partial V_1}{\partial t}R\cos\theta-\frac{9}{8}(V_\infty-V_1)^2\sin^2\theta\right]
\tag{7.85}
$$

式中：R 是气泡半径；V_∞ 和 $p_{\infty 1}$ 分别是平行来流的流速和压强；V_1 是气泡中心平移速度；$p(R)$ 是气泡壁面的液体压强。

当来流为零、气泡无平移运动时，就可以得到最常见的瑞利方程如下：

$$
R\ddot{R}+\frac{3}{2}(\dot{R})^2=\frac{1}{\rho_1}\{p(R)-p_{\infty 1}\}
\tag{7.86}
$$

如果计算气泡径向变化的目的仅仅是得出气泡体积的变化，不妨取平均值来代替，即对式(7.85)进行积分，得

$$
R\ddot{R}+\frac{3}{2}(\dot{R})^2=\frac{1}{\rho_1}\{p(R)-p_{\infty 1}\}+\frac{1}{16}(V_\infty-V_1)^2
\tag{7.87}
$$

7.4.2　扩散方程和气体释放速率计算

气体释放是一种扩散现象，首先应满足扩散方程。根据流体力学，扩散方程的表达式如下：

$$
\frac{\partial C_g}{\partial t}+\nabla\varphi\,\nabla C_g=D_g\Delta C_g
\tag{7.88}
$$

式中：C_g 是气体浓度；φ 是速度势；D_g 是气体分子扩散系数。

假设气泡运动是轴对称的，则式(7.88)可改写为

$$\frac{\partial C_g}{\partial t}+\frac{\partial \varphi}{\partial r}\frac{\partial C_g}{\partial r}+\frac{1}{r^2}\frac{\partial \varphi}{\partial \theta}\frac{\partial C_g}{\partial \theta}=D_g\left[\frac{1}{r^2}\frac{\partial}{\partial r}\left(r^2\frac{\partial C_g}{\partial r}\right)+\frac{1}{r^2\sin\theta}\frac{\partial}{\partial \theta}\left(\sin\theta\frac{\partial C_g}{\partial \theta}\right)\right] \tag{7.89}$$

式中：r、φ、θ 为球坐标。

平行来流、气泡中心作平移运动前提下，根据连续性方程可得

$$\frac{\partial \varphi}{\partial r}=(V_\infty-V_1)\cos\theta+\frac{R^2\dot{R}}{r^2}-(V_\infty-V_1)\frac{R^3}{r^3}\cos\theta \tag{7.90}$$

$$\frac{\partial \varphi}{\partial \theta}=-(V_\infty-V_1)r\sin\theta-(V_\infty-V_1)\frac{R^3}{2r^2}\sin\theta \tag{7.91}$$

式中：R 为气泡半径。

将式(7.90)和式(7.91)代入式(7.89)得

$$\begin{aligned}&\frac{\partial C_g}{\partial t}+\left[(V_\infty-V_1)\cos\theta+\frac{R^2\dot{R}}{r^2}-(V_\infty-V_1)\frac{R^3}{r^3}\cos\theta\right]\frac{\partial C_g}{\partial r}\\&+\frac{1}{r^2}\left[-(V_\infty-V_1)r\sin\theta-(V_\infty-V_1)\frac{R^3}{2r^2}\sin\theta\right]\frac{\partial C_g}{\partial \theta}\\&=D_g\left[\frac{1}{r^2}\frac{\partial}{\partial r}\left(r^2\frac{\partial C_g}{\partial r}\right)+\frac{1}{r^2\sin\theta}\frac{\partial}{\partial \theta}\left(\sin\theta\frac{\partial C_g}{\partial \theta}\right)\right]\end{aligned} \tag{7.92}$$

在此应该指出，扩散方程(7.92)只能用于层流，它包含了对流扩散和分子扩散。对流扩散项又可分为气泡径向运动引起的对流扩散，以及气泡与液体之间平移运动引起的对流扩散。

若只存在一种运动引起的对流扩散，则扩散方程(7.92)可以得到简化。例如，只存在气泡径向运动，$V_\infty=V_1$ 时，式(7.92)化简为

$$\frac{\partial C_g}{\partial t}+\frac{R^2\dot{R}}{r^2}\frac{\partial C_g}{\partial r}=D_g\frac{1}{r^2}\frac{\partial}{\partial r}\left(r^2\frac{\partial C_g}{\partial r}\right) \tag{7.93}$$

又如，当气泡没有径向变化时，式(7.88)可以简化为

$$\begin{aligned}&\frac{\partial C_g}{\partial t}+(V_\infty-V_1)\cos\theta\frac{\partial C_g}{\partial r}-\frac{1}{r}(V_\infty-V_1)\sin\theta\frac{\partial C_g}{\partial \theta}\\&=D_g\left[\frac{1}{r^2}\frac{\partial}{\partial r}\left(r^2\frac{\partial C_g}{\partial r}\right)+\frac{1}{r^2\sin\theta}\frac{\partial}{\partial \theta}\left(\sin\theta\frac{\partial C_g}{\partial \theta}\right)\right]\end{aligned}$$

即

$$\frac{\partial C_g}{\partial t}+(V_\infty-V_1)\nabla C_g=D_g\Delta C_g \tag{7.94}$$

与式(7.92)对应的初始条件和边界条件为

$$\begin{cases}C_g(r,0)=C_{gi}, & r>r\\ \lim\limits_{r\to\infty}(r,t)=C_{gi}, & t>0\\ C_g(R,t)=C_s=\gamma p_g, & t>0\end{cases} \tag{7.95}$$

对于紊流，同样能导出扩散方程，但紊动扩散系数不易确定，所以紊流扩散方程的应用受到了限制。

在此应该指出，为了求出浓度场，必须预先求得速度场和压强场，如式(7.92)中的 $\dot{R}$、$V_{\infty}-V_1$，以及式(7.95)中的 p_g 等。这些参变量可以根据气泡动力学、理想气体状态方程等求得或给定，并且在求解浓度场时将其看做常数。有了浓度场，确切地说有了气泡壁面的浓度梯度，就可以依据 Fick 的扩散定律直接求出气体释放速率。

直接求解式(7.92)是十分困难或者不可能的，需要采用数值解或者大大地简化方程。下面将给出两种不同的简化以及它们的解析解。

第一种简化：

$$\frac{\partial C_g}{\partial t}=D_g\frac{1}{r^2}\frac{\partial}{\partial r}\left(r^2\frac{\partial C_g}{\partial r}\right) \tag{7.96}$$

$$\left(\frac{\partial C_g}{\partial r}\right)_R=(C_{gi}-C_s)\left[\frac{1}{R}+\frac{1}{(\pi D_g t)^{\frac{1}{2}}}\right] \tag{7.97}$$

第二种简化：

$$U\frac{\partial C_g}{\partial x}=D_g\left(\frac{\partial^2 C_g}{\partial x^2}+\frac{\partial^2 C_g}{\partial y^2}\right) \tag{7.98}$$

$$\left(\frac{\partial C_g}{\partial r}\right)_{R=(x^2+y^2)^{\frac{1}{2}}}=(C_{gi}-C_s)\frac{1}{(\pi D_g t)^{\frac{1}{2}}} \tag{7.99}$$

根据 Fick 的扩散定律得到

$$\frac{\mathrm{d}m_g}{\mathrm{d}t}=\int D_g\left(\frac{\partial C_g}{\partial r}\right)_R\mathrm{d}s \tag{7.100}$$

以及式(7.97)或式(7.99)可得

$$\frac{\mathrm{d}m_g}{\mathrm{d}t}=4\pi R^2 D_g\gamma(p_s-p_g)\left[\frac{1}{R}+\frac{1}{(\pi D_g t)^{\frac{1}{2}}}\right] \tag{7.101}$$

或

$$\frac{\mathrm{d}m_g}{\mathrm{d}t}=4R\gamma(p_s-p_g)\sqrt{2\pi U_{Lg}D_g R} \tag{7.102}$$

式中：U_{Lg} 表示气体和液体的相对运动速度。

式(7.101)和式(7.102)是目前最常用的气体释放速率的计算公式[11,12]。但在此应该指出，上述两式是在大大地简化扩散方程的基础上得到的，不可能反映对气体释放有影响的各种因素，所以适用性受到了很大的限制。

例如，式(7.101)只适用于对流扩散远小于分子扩散的情况，其限制条件是 $|\dot{R}R|\ll 0$ 或者 $R\ll(D_g t)^{\frac{1}{2}}$。因此，式(7.101)还可以简化为

$$\frac{\mathrm{d}m_g}{\mathrm{d}t}=4\pi RD_g\gamma(p_s-p_g) \tag{7.103}$$

而式(7.102) 限制条件是 $\left|\frac{\mathrm{d}R}{\mathrm{d}t}\right|\ll U$ 或者 $UR\gg D_g$。另外，式(7.101)也不适宜应用于含气型气液两相瞬变流，因为该模型的前提是 $U=0$。若计算气体释放时又令 $U\neq 0$，必然是前后矛盾，并且凭经验取 U 值，也会有较大的任意性。

总而言之，从两式的限制条件可以看出，式(7.101)适用于气泡很小、无相对运动的情况；而式(7.102) 适用于气泡较小、有相对运动的情况。

最后将讨论气体释放对气泡半径变化的影响，即$\frac{\mathrm{d}m_g}{\mathrm{d}t}$与$\frac{\mathrm{d}R}{\mathrm{d}t}$之间的关系。

首先，根据气泡壁面的质量平衡条件，即

$$\rho_g \dot{R} = C_g(R,t)\dot{R} + D_g\left(\frac{\partial C_g}{\partial r}\right)_R \tag{7.104}$$

将式(7.97)代入式(7.104)，并整理可得

$$\dot{R} = \frac{C_{gi}-C_s}{\rho_g - C_s} D_g\left[\frac{1}{R} + \frac{1}{(\pi D_g t)^{\frac{1}{2}}}\right] \tag{7.105}$$

比较式(7.101)与式(7.105)可得

$$\frac{\mathrm{d}m_g}{\mathrm{d}t} = 4\pi R^2(\rho_g - C_s)\frac{\mathrm{d}R}{\mathrm{d}t} \tag{7.106}$$

通常 C_s 远小于 ρ_g，所以式(7.106)可简化为

$$\frac{\mathrm{d}m_g}{\mathrm{d}t} = 4\pi R^2 \rho_g \frac{\mathrm{d}R}{\mathrm{d}t} \tag{7.107}$$

在此应该指出，此处讨论的$\frac{\mathrm{d}R}{\mathrm{d}t}$与速度场中的 $\dot{R}$ 不是一回事，此时气泡半径变化速率完全是由气体释放引起的。

同样，将式(7.99)代入式(7.104)，并整理可得

$$\dot{R} = \frac{C_{gi}-C_s}{\rho_g - C_s} D_g\left(\frac{\pi D_g R}{2U_{Lg}}\right)^{-\frac{1}{2}} \tag{7.108}$$

比较式(7.102)与式(7.108)，得到与式(7.106)一致的结果。

其次，根据气泡的平衡方程和理想气体状态方程来导出$\frac{\mathrm{d}m_g}{\mathrm{d}t}$与$\frac{\mathrm{d}R}{\mathrm{d}t}$之间的关系，可得

$$\frac{\mathrm{d}m_g}{\mathrm{d}t} = 4\pi R^2\left(\rho_g - \frac{2\sigma}{3RKT}\right)\frac{\mathrm{d}R}{\mathrm{d}t} \tag{7.109}$$

比较式(7.106)与式(7.109)，两者的差别仅在于微小项，前者是 C_s，后者是表面张力的影响。

若将式(7.105)和式(7.108)分别代入式(7.109)，就可以得到考虑了表面张力作用的气体释放速率计算公式：

$$\frac{\mathrm{d}m_g}{\mathrm{d}t} = 4\pi R D_g \gamma(p_s - p_g)\left(1 - \frac{2\sigma}{3Rp_g}\right) \tag{7.110}$$

$$\frac{\mathrm{d}m_g}{\mathrm{d}t} = 4R\gamma(p_s - p_g)\sqrt{2\pi U_{Lg} D_g R}\left(1 - \frac{2\sigma}{3Rp_g}\right) \tag{7.111}$$

若将式(7.101)和式(7.102)分别代入式(7.109)，就可以得到考虑了表面张力作用的气泡半径变化速率计算公式：

$$\frac{\mathrm{d}R}{\mathrm{d}t} = \frac{KTD_g\gamma(p_s - p_g)}{p_g - \frac{2\sigma}{3R}}\left(\frac{1}{R} + \frac{1}{(\pi D_g t)^{\frac{1}{2}}}\right) \tag{7.112}$$

$$\frac{\mathrm{d}R}{\mathrm{d}t} = \frac{KT\gamma(p_s - p_g)}{p_g - \frac{2\sigma}{3R}}\sqrt{\frac{2D_g U_{Lg}}{\pi R}} \tag{7.113}$$

将式(7.111)除以式(7.110)，或者式(7.113)除以式(7.112)可得，无对流扩散和有对

流扩散之间总相差一个无量纲数的倍数，即 $0.798\sqrt{\frac{U_{Lg}R}{D_g}}$。而该无量纲数就是气体扩散的 Pelet 数，即

$$\text{Pelet}=\frac{U_{Lg}R}{D_g} \tag{7.114}$$

将式(7.112)和式(7.113)分别进行积分，可以得出在气体释放作用下，气泡半径与时间的关系式如下：

$$t_1-t_0=\frac{p_1-p_v}{2KT\gamma p_s D_g}(R_1^2-R_0^2)+\frac{4\sigma}{3KT\gamma p_s D_g}(R_1-R_0) \tag{7.115}$$

$$t_1-t_0=\frac{1}{KT\gamma p_s}\left(\frac{\pi}{2D_g U_{Lg}}\right)^{\frac{1}{2}}\left[\frac{2}{3}(p_1-p_v)(R_1^{\frac{3}{2}}-R_0^{\frac{3}{2}})+\frac{8}{3}\sigma(R_1^{\frac{1}{2}}-R_0^{\frac{1}{2}})\right] \tag{7.116}$$

将参数 $K=8.3\times10^3$ J/Kmol · K、$T=294'$ K、$C_{gi}=\gamma p_s=5\times10^{-4}$ Kmol/m^3、$D_g=2\times10^{-9}$ m^2/s 和 $\sigma=7\times10^{-2}$ N/m 分别代入式(7.115)和式(7.116)可得

$$t_1-t_0=2.049\times10^5(p_1-p_v)(R_1^2-R_0^2)+3.825\times10^4(R_1-R_0) \tag{7.117}$$

$$t_1-t_0=[15.313(p_1-p_v)(R_1^{\frac{3}{2}}-R_0^{\frac{3}{2}})+4.288(R_1^{\frac{1}{2}}-R_0^{\frac{1}{2}})]/\sqrt{U_{Lg}} \tag{7.118}$$

从中可以看出，①在计算含气型空化有关变量时，不宜忽略表面张力的作用，尤其是当 R_0 很小、p_1-p_v 很小时；②气泡从 R_0 生长到 $10R_0$，时间至少为秒的量级，比起含汽型空化是一个十分缓慢的过程，所以在相关的计算中采用平衡方程和理想气体状态方程不会产生较大的偏差。

7.5　含气型空化与液柱分离

7.5.1　瑞利方程的数值分析与含气型空化

为了方便分析，以最常见的瑞利方程式(7.86)为例讨论其数值解。

根据气泡壁面处应力连续条件，有

$$p(R)=p_g+p_v-\frac{2\sigma}{R}-4\mu_1\frac{\dot{R}}{R} \tag{7.119}$$

式中：μ_1 是液体的黏性系数。

将式(7.119)代入式(7.86)，并忽略黏性项，得

$$R\ddot{R}+\frac{3}{2}(\dot{R})^2=\frac{1}{\rho_1}\left\{p_g+p_v-\frac{2\sigma}{R}-p_{\infty1}\right\} \tag{7.120}$$

为了方便讨论，选取气泡初始状态为平衡状态，即

(1) 当 $t=0$ 时，$\dot{R}(0)=0$，$\ddot{R}(0)\overset{\ddot{R}}{=\!=}0$，$R_0=\frac{2\sigma}{p_g(0)+p_v-p_{\infty1}(0)}$；

(2) 当 $t>0$ 时，令 $p_{\infty1}(t)=\text{const}$，气泡内气体质量 $m_g=\text{const}$。

由于 $R\ddot{R}+\frac{3}{2}(\dot{R})^2=\frac{1}{2R^2\dot{R}}\frac{d}{dt}(R^3\dot{R}^2)$，代入式(7.120)，并进行积分得

$$\dot{R}=\pm\left\{\frac{2C}{\rho_1 R^3}\ln\frac{R}{R_0}+\frac{2}{3\rho_1}(p_v-p_{\infty1})\left[1-\left(\frac{R_0}{R}\right)^3\right]-\frac{2\sigma}{\rho_1 R}\left[1-\left(\frac{R_0}{R}\right)^2\right]\right\}^{\frac{1}{2}} \tag{7.121}$$

式中：$C=\dfrac{m_g KT}{\frac{4}{3}\pi\mu g}$，其中，$K$ 是普适气体常数，T 是热力学温度。气泡半径随时间增大时，式(7.121)的符号为正；反之为负。

由式(7.121) 可知，无论气泡半径随时间如何变化，只有当

$$\frac{2C}{R^3}\ln\frac{R}{R_0}+\frac{2}{3}(p_v-p_{\infty 1})\left[1-\left(\frac{R_0}{R}\right)^3\right]-\frac{2\sigma}{R}\left[1-\left(\frac{R_0}{R}\right)^2\right]\geqslant 0 \tag{7.122}$$

或者

$$2C\ln R-2C\ln R_0+\frac{2}{3}(p_v-p_{\infty 1})(R^3-R_0^3)-2\sigma(R^2-R_0^2)\geqslant 0 \tag{7.123}$$

时才有意义，否则气泡溃灭或者气泡半径趋向无穷大。因此，当 R_0、C 和 σ 给定之后，$R(t)$与 $p_{\infty 1}(t)$的变化成反比，并且当 $p_{\infty 1}$小于某一临界值之后，R 趋向无穷大。换句话说，当 $p_{\infty 1}$大于某一临界值之后，气泡就不可能无限生长。

改写式(7.123)可得

$$p_{\infty 1}\leqslant p_v-3\,\frac{\sigma(R^2-R_0^2)-C(\ln R-\ln R_0)}{R^3-R_0^3} \tag{7.124}$$

令 $F(R)=p_{\infty 1}-p_v+3\,\dfrac{\sigma(R^2-R_0^2)-C(\ln R-\ln R_0)}{R^3-R_0^3}$，则有

$$\frac{\partial F(R)}{\partial R}=3\,\frac{\left(2\sigma R-\dfrac{C}{R}\right)(R^3-R_0^3)-3R^2\left[\sigma(R^2-R_0^2)-C(\ln R-\ln R_0)\right]}{(R^3-R_0^3)^2} \tag{7.125}$$

令$\dfrac{\partial F(R)}{\partial R}=0$，即 $\left(2\sigma R-\dfrac{C}{R}\right)(R^3-R_0^3)-3R^2\left[\sigma(R^2-R_0^2)-C(\ln R-\ln R_0)\right]=0$，改写可得

$$\sigma R^5+(C-3\sigma R_0^2)R^3+2\sigma R_0^3R^2-6CR^3(\ln R-\ln R_0)-CR_0^3=0 \tag{7.126}$$

将式(7.126)的正实数根 R_* 代入式(7.124)，就得到了含汽型空化临界压强 $p_{\infty 1}^*$的判别式，即

$$p_{\infty 1}^*=p_v-3\,\frac{\sigma(R_*^2-R_0^2)-C(\ln R_*-\ln R_0)}{R_*^3-R_0^3} \tag{7.127}$$

由于式(7.126)是一个超越方程，难以得到解析解，所以通常采用气泡平衡方程求得含汽型空化临界压强 $p_{\infty 1}^*$的判别式。其过程和结果如下。

忽略 $\dot{R}$ 和 $\ddot{R}$，由式(7.120)得

$$\frac{m_g KT}{\frac{4}{3}\pi R^3}+p_v=\frac{2\sigma}{R}+p_{\infty 1} \tag{7.128}$$

令 $F(R)=p_{\infty 1}-p_v+\dfrac{2\sigma}{R}-\dfrac{3m_g KT}{4\pi R^3}$，则有$\dfrac{\partial F(R)}{\partial R}=0$，$R_*=\sqrt{\dfrac{9m_g KT}{8\pi\sigma}}$。将 R_* 代入式(7.128)得

$$p_{\infty 1}^*=p_v-\frac{4}{3}\frac{\sigma}{R_*} \tag{7.129}$$

式(7.129)表明，$p_{\infty 1}^*$总是小于 p_v 的，下面以例题方法来比较两者之间的差值。

$$m_g KT=p_{g0}\frac{4}{3}\pi R_0^3=10^6\times\frac{4}{3}\times 3.14\times(3.2\times 10^{-5})^3=1.37\times 10^{-7}$$

$$R_*=\sqrt{\frac{9m_gKT}{8\sigma\pi}}=\sqrt{\frac{9\times1.37\times10^{-7}}{8\times7.35\times10^{-2}\times3.14}}=0.817\times10^{-3}\,(\mathrm{m})$$

$$p_{\infty1}^*=p_v-\frac{4}{3}\frac{\sigma}{R_*}=1666-\frac{4}{3}\times\frac{7.35\times10^{-2}}{8.17\times10^{-4}}=1546\,(\mathrm{N/m^2})$$

两者差 120 $\mathrm{N/m^2}$，差值不大，所以通常采用 p_v 作为液柱分离的判定标准也是可行的。

含气型空化开始之后，蒸汽空穴内部的压力随着体积的增加而增大，并趋向 p_v，所以，在蒸汽空穴存在期间，空穴内部的压强视为汽化压强 p_v 不变。

7.5.2　含气型空化的时间量级与筛核作用

本节将讨论空泡在瑞利方程的支配下，从初始平衡状态变化到另一种状态所需的时间。

假设 $t=\tau$ 时，$R(\tau)=R_*$，于是由式(7.121)积分可得

$$\int_0^\tau \mathrm{d}t=\pm\int_{R_0}^{R_*}\left\{\frac{2C}{\rho_1R^3}\ln\frac{R}{R_0}+\frac{2}{3\rho_1}(p_v-p_{\infty1})\left[1-\left(\frac{R_0}{R}\right)^3\right]-\frac{2\sigma}{\rho_1R}\left[1-\left(\frac{R_0}{R}\right)^2\right]\right\}^{-\frac{1}{2}}\mathrm{d}R \tag{7.130}$$

由于 $\tau>0$，所以式(7.130)的正负号可改写为绝对值。

在此应该指出，在求解(7.130)时，还必须满足不等式(7.122)的要求，即 R_* 必须落在由 R_0、C、σ、p_v 和 $p_{\infty1}$ 确定的 R 的变化范围内，否则无意义。例如，在空泡增长的情况中，如果 $p_{\infty1}>p_{\infty1}^*$，那么 $R_*\in[R_0,R_{\max}]$，只有当 $p_{\infty1}\leqslant p_{\infty1}^*$ 时 $R_*\in[R_0,\infty]$。

由于式(7.130)中的被积函数十分复杂，所以通常只能采用数值积分的方法求得 τ，但在 $|p_v-p_{\infty1}|\gg0$，可将被积函数运用级数展开，得出 τ 的近似表达式。

当 $p_v-p_{\infty1}\gg0$ 时，有

$$\tau=\left[\frac{2}{3\rho_1}(p_v-p_{\infty1})\right]^{-\frac{1}{2}}\left|\int_{R_0}^{R_*}\left\{1+\frac{\frac{2C}{\rho_1R^3}\ln\frac{R}{R_0}-\frac{2}{3\rho_1}(p_v-p_{\infty1})\left(\frac{R_0}{R}\right)^3-\frac{2\sigma}{\rho_1R}\left[1-\left(\frac{R_0}{R}\right)^2\right]}{\frac{2}{3\rho_1}(p_v-p_{\infty1})}\right\}^{\frac{1}{2}}\mathrm{d}R\right|$$

将上式被积函数运用级数展开，并取前两项，即

$$\left\{1+\frac{\frac{2C}{\rho_1R^3}\ln\frac{R}{R_0}-\frac{2}{3\rho_1}(p_v-p_{\infty1})\left(\frac{R_0}{R}\right)^3-\frac{2\sigma}{\rho_1R}\left[1-\left(\frac{R_0}{R}\right)^2\right]}{\frac{2}{3\rho_1}(p_v-p_{\infty1})}\right\}^{\frac{1}{2}}$$

$$\cong1-\frac{1}{2}\frac{\frac{2C}{\rho_1R^3}\ln\frac{R}{R_0}-\frac{2}{3\rho_1}(p_v-p_{\infty1})\left(\frac{R_0}{R}\right)^3-\frac{2\sigma}{\rho_1R}\left[1-\left(\frac{R_0}{R}\right)^2\right]}{\frac{2}{3\rho_1}(p_v-p_{\infty1})}$$

显然，无论 $R_0<R\leqslant R_*$ 还是 $R_*\leqslant R<R_0$，都满足该级数的展开条件，因此

$$\tau=\left[\frac{2}{3\rho_1}(p_v-p_{\infty1})\right]^{-\frac{1}{2}}\left|\left\{(R_*-R_0)+\frac{R_0}{4}\left[1-\left(\frac{R_0}{R_*}\right)^2\right]-\frac{3C}{4(p_v-p_{\infty1})}\left[\frac{1}{R_*^2}\ln\frac{R_0}{R_*^2}-\frac{1}{2}\left(\frac{1}{R_*^2}-\frac{1}{R_0^2}\right)\right]\right.\right.$$
$$\left.\left.-\frac{3\sigma}{4(p_v-p_{\infty1})}\left[1-\left(\frac{R_0}{R_*}\right)^2+2\ln\frac{R_*}{R_0}\right]\right\}\right| \tag{7.131}$$

当 $p_v-p_{\infty1}\ll0$ 时，有

$$\tau=\left|\int_{R_0}^{R_*}\left[\frac{2}{3\rho_1}(p_{\infty 1}-p_{\rm v})\left(\frac{R_0}{R}\right)^3\right]^{-\frac{1}{2}}\left\{1+\frac{\frac{2C}{\rho_1 R^3}\ln\frac{R}{R_0}-\frac{2}{3\rho_1}(p_{\rm v}-p_{\infty 1})+\frac{2\sigma}{\rho_1 R}\left[\left(\frac{R_0}{R}\right)^2-1\right]}{\frac{2}{3\rho_1}(p_{\infty 1}-p_{\rm v})\left(\frac{R_0}{R}\right)^3}\right\}^{-\frac{1}{2}}{\rm d}R\right|$$

同样运用级数展开,取前两项,然后积分得

$$\begin{aligned}\tau=\Bigg|&\frac{2}{5}\left[\frac{2}{3\rho_1}(p_{\infty 1}-p_{\rm v})R_0^3\right]^{-\frac{1}{2}}(R_*^{\frac{5}{2}}-R_0^{\frac{5}{2}})+\frac{1}{11}\left[\frac{2}{3\rho_1}(p_{\infty 1}-p_{\rm v})\right]^{-\frac{1}{2}}R_0^{-\frac{9}{2}}(R_*^{\frac{11}{2}}-R_0^{\frac{11}{2}})\\&-\frac{1}{2}\left[\frac{2}{3\rho_1}(p_{\infty 1}-p_{\rm v})R_0^3\right]^{-\frac{3}{2}}\left\{\frac{4C}{5\rho_1}R_*^{\frac{5}{2}}\ln\frac{R_*}{R_0}-\frac{8C}{25\rho_1}(R_*^{\frac{5}{2}}-R_0^{\frac{5}{2}})\right.\\&\left.+\frac{2\sigma}{\rho_2}\left[\frac{2}{5}R_0^3(R_*^{\frac{5}{2}}-R_0^{\frac{5}{2}})-\frac{2}{9}(R_*^{\frac{9}{2}}-R_0^{\frac{9}{2}})\right]\right\}\Bigg|\end{aligned}\tag{7.132}$$

图 7.11 和图 7.12 所示为在压强突然下降,并满足式(7.122)的条件下,依据式(7.131)得出的空泡生长时间,其中 R_0、R_* 和 $p_{\infty 1}$ 为参数或变量,而 $p_{\rm v}$、σ、C 仍与前面一致,即 $p_{\rm v}=1666\ {\rm N/m^2}$,$\sigma=7.35\times10^{-2}\ {\rm N/m}$,$C=1.12207\times10^{-10}\ {\rm N/m}$。

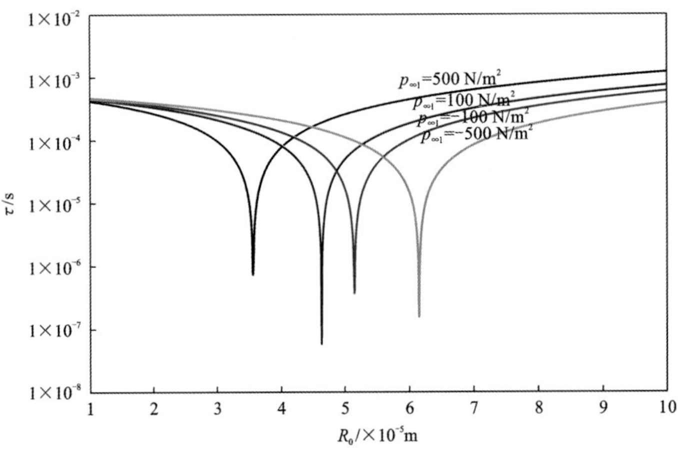

图 7.11 不同大小的气泡成长为同一大小的空穴所需要的时间

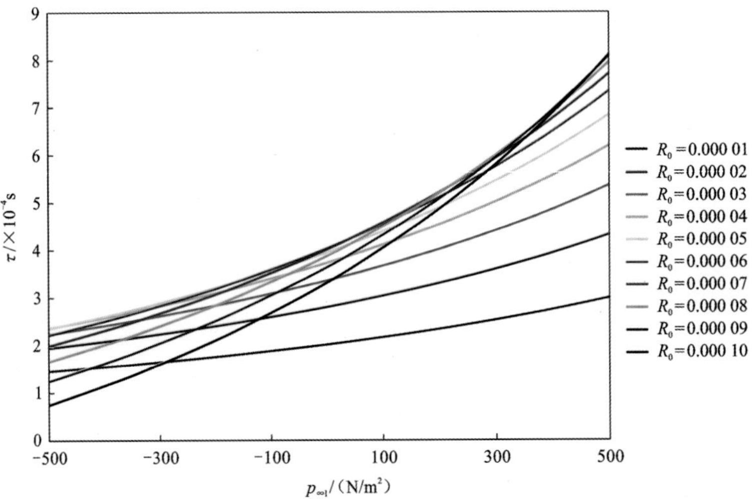

图 7.12 不同大小的气泡成长到自身对应的空化临界半径所需的时间

从图7.11和图7.12中可以得出以下几点结论。

(1) 不同大小的气核在压强突然下降的条件下，生成为同一大小的气核所需的时间是不同的，而且为压强 $p_{\infty 1}$ 一定的条件下，只是核谱中某一范围的气核生长所需的时间较短。

(2) 压强越低，生长所需时间较短的气核的半径越大，换句话说，压强越高，越小的气核易于空化；反过来，压强越低，越大的气核易于空化。

(3) 压强越低，整个核谱中所有气核空化生成到同一大小的气核所需的总时间越短。

(4) 不同大小的气核在压强突然下降的条件下，生成到自身对应的空化临界半径所需的时间也是不同的，而且对于某一大小的气核，空化初生所必需的时间与压强降低的程度成正比，$p_{\infty 1}$越低，τ 就越小。

(5) 压强 $p_{\infty 1}$越高，小气核空化初生所必需的时间比大气核的要短，然而随着压强 $p_{\infty 1}$的逐渐降低，这种趋势发生逆转。

总而言之，当压强突然下降时，并不是液体中所有的气核都会空化或立刻空化，而是对这一压强降反应敏感的某一部分气核易于空化，并且要求压强降持续的时间大于气核空化初生所必需的时间。这些气核空化后，改变其余气核周围的液体压强场，有可能抑制其余气核的空化，这就是空化过程中的筛核作用。

7.5.3　液柱分离的充分条件及数学处理

含气型空化临界压强 $p_{\infty 1}^{*}$的判别式仅仅是液柱分离的必要条件，因此，需要探讨液柱分离的充分条件以及数学处理方法。

含气型空化通常在几毫秒内形成，研究如此短时间内蒸汽空穴的体积以及空穴内部压强的变化，对于气液两相流瞬变过程是不必要的，也是不容易实现的。因为蒸汽空穴之间的合并、上升到管顶等过程不予考虑。瞬变过程分析所需要的是蒸汽空穴体积沿管道的分布及随流速和压强波动的变化，以及是否形成液柱分离、液柱弥合产生的冲击压强。

显然，最常采用的集中蒸汽空穴模型能基本满足上述分析的要求，该模型并不关注蒸汽质量的变化，即$\dfrac{\mathrm{d}m_\mathrm{v}}{\mathrm{d}t}$；而是将蒸汽空穴的体积集中在一个或多个固定的计算断面上，蒸汽空穴的体积随两侧的流速变化，这样的计算断面就称为“液柱分离的内边界”。

从图7.13中可以看出，在“液柱分离内边界”计算断面上未知数是断面压强 $p_{\mathrm{m}p}$、蒸汽空穴体积 $\forall_{cav}$、断面上游侧流速 V_u 和断面下游侧流速 V_d。

根据含气型气液两相瞬变流的两方程模型，该断面两侧可列出如下两个方程：

$$C^{+}: p_{\mathrm{m}p}=f_1(V_u) \tag{7.133}$$

$$C^{-}: p_{\mathrm{m}p}=f_2(V_\mathrm{d}) \tag{7.134}$$

根据连续性方程，则有

$$\frac{\mathrm{d}\forall_{cav}}{\mathrm{d}t}=A(V_\mathrm{d}-V_u) \tag{7.135}$$

式中：A 是管道断面面积。

3个方程，4个未知数，方程组不封闭，必须补充一个方程或边界条件。通常是按下述

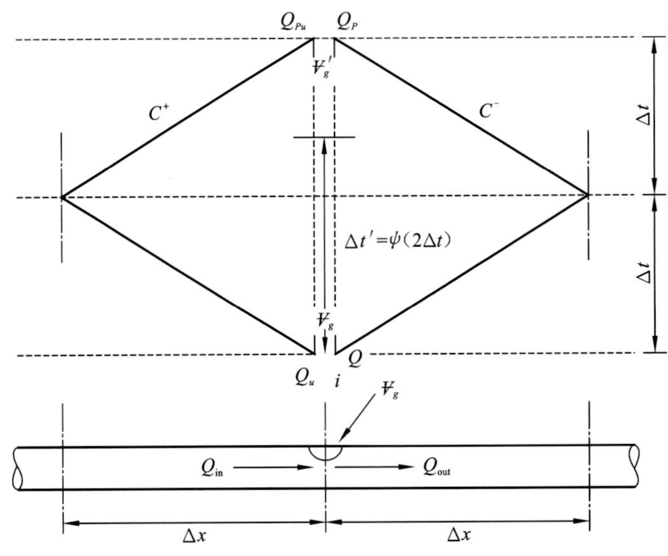

图 7.13 液柱分离内边界示意图

的方法来补充“内边界条件”。

蒸汽空穴生成阶段：当 $p_{mp}\leqslant p_{\infty l}^*$ 或 $p_{mp}\leqslant p_v$ 时，令 $p_{mp}=p_{\infty l}^*$ 或 $p_{mp}=p_v$。由式(7.133)、式(7.134)和式(7.135)求解 V_u、V_d、$\forall_{cav}$。

蒸汽空穴存在阶段：当 $\forall_{cav}\neq 0$ 时，令 $p_{mp}=p_v$，仍由式(7.133)、式(7.134)和式(7.135)求解 V_u、V_d、$\forall_{cav}$。

蒸汽空穴破灭阶段：当 $\forall_{cav}\leqslant 0$ 时，令 $\forall_{cav}=0$，则 $V_u=V_d=V$，由式(7.133)和式(7.134)求解 p_{mp}、V，即按含气型气液两相瞬变流的两方程模型计算。

在上述的方法中，忽略了蒸汽空穴中气体的分压(因为蒸汽空穴中气体的摩尔数很小)令 $p_{mp}=p_v$。而 Kranenburg[11] 考虑了气体释放引起的蒸汽空穴内部压强 p_c 的变化。按下述方程组求解，即

$$\begin{cases} p_c=f_1(V_u) \\ p_c=f_2(V_d) \\ \dfrac{\mathrm{d}\forall_{cav}}{\mathrm{d}t}=A(V_d-V_u) \\ (p_c-p_v)\forall_{cav}=m_cKT \\ \dfrac{\mathrm{d}m_c}{\mathrm{d}t}=N_c\dfrac{\mathrm{d}m_g}{\mathrm{d}t} \end{cases} \tag{7.136}$$

式中：m_c 是蒸汽空穴中气体的质量；N_c 是蒸汽空穴含有的小气泡或气核的个数($N_c\geqslant 1$)。

在上述求解中，含汽型空化的判定标准仍是 p_v，得出了在蒸汽空穴中计入气体释放将增长液柱分离的时间和稍微增加蒸汽空穴内部压强的结论。

上面介绍了集中蒸汽空穴模型对液柱分离的处理方法，自然会提出如下疑问，即将蒸汽空穴集中在固定的计算断面，那么结果是否随管道的分段数 N 不同而不同？若 $\forall_{cav}$ 与 $A\Delta x$ 同量级，相邻的管段如何处理？

文献[12]对上述疑问进行了数值实验，得出的结果如下：

(1) 压强小于或等于汽化压强 p_v 的范围不随 N 的大小改变。

(2) N 越大，阀门端 $\forall_{cav}$ 越大，管线总的 $\sum\forall_{cav}$ 越大。但 N 进一步增大时，变化趋势平缓，为有限值。

(3) 固定在计算断面上的蒸汽空穴，无论大小，只要破灭都产生新的波动，蒸汽空穴越大，波动越大。正是该原因，中间蒸汽空穴破灭形成的波动叠加，导致各个计算断面压强波动过程、沿管线的压强分布随着 N 的不同而有所不同产生，沿管线的压强分布呈现中间高、两侧低，或者中间低、两侧高等现象。

(4) 若管道中确定存在多处的液柱分离，那么中间蒸汽空穴破灭产生新的压力波动和波动叠加是必然的。不仅如此，Lieberman 等[13]还证明了由中间蒸汽空穴的破灭产生的压力波叠加可能使水击压力大于由儒可夫斯基公式的计算值。Martin[14]在试验中也发现了这种现象，并把这种现象解释为压力波叠加的结果。

从上述结果可知，集中蒸汽空穴模型对于处理液柱分离是可行的，避开了计算蒸汽质量变化速率$\frac{\mathrm{d}m_v}{\mathrm{d}t}$的麻烦，能较正确地反映液柱分离对瞬变过程的影响。但存在的主要问题是不真实的中间蒸汽空穴破灭导致新的波动。为此，需要寻找液柱分离的充分条件以及相应的数学处理方法。

已有的模型试验结果表明，当管道某断面流速梯度较大时，才有可能形成聚集在管顶的蒸汽空穴，即液柱分离。如图 7.14 所示的阀门端和如图 7.13 所示的管线的爬高点。为此，可将流速梯度的临界值作为液柱分离的充分条件。

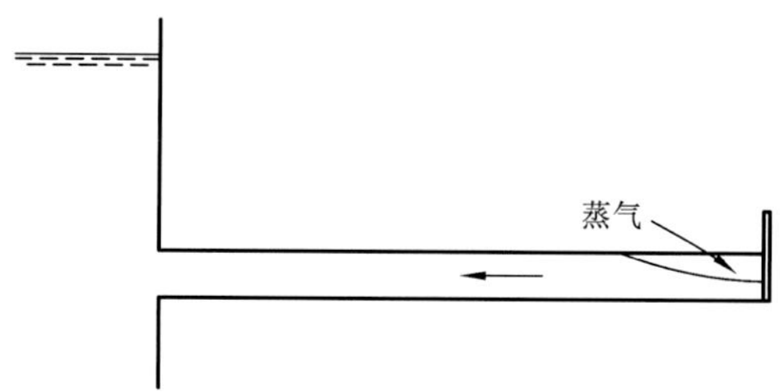

图 7.14　阀门处的液柱分离

改写式(7.132)，可得

$$\frac{\Delta\forall_{cav}}{\Delta x A}=(V_d-V_u)\frac{\Delta t}{\Delta x} \tag{7.137}$$

由于，$\frac{\Delta\forall_{cav}}{\Delta x A}=\alpha-\alpha_0$，$\frac{\Delta t}{\Delta x}=\frac{1}{a}$，代入式(7.135)，得

$$\frac{V_d-V_u}{a}+\alpha_0=\alpha \tag{7.138}$$

通常认为空穴率大于或等于 0.15 时，气泡不能跟随液体同一速度运动。故在此将 $\alpha\geqslant0.15$ 作为形成液柱分离的充分条件，并代入式(7.135)，可得

$$\frac{V_d-V_u}{a}+\alpha_0\geqslant0.15 \tag{7.139}$$

式(7.139)就是流速梯度的临界值作为液柱分离的充分条件。

当液体压强 $p_{mp}=p_v$、$\alpha=0.15$ 时，波速 $a\approx12$ m/s。所以，流速梯度 $V_d-V_u\geqslant0.15\times12=1.8$ m/s 就能形成液柱分离。波动叠加过程中，若某一断面的流速梯度较大，必然形成附着在管顶的蒸汽空穴，而不需要指定某一断面为"液柱分离的内边界"。

由于液柱分离初生体积占 Δx 管段的 15%，并且在其存在过程中有可能超过 15%，甚至超过 Δx 管段，所以计算中应采用动网格跟踪蒸汽空穴体积的变化，以保证相应管段含气型气液两相流动量的合理性和精确性。

对于非液柱分离的断面，仍然按式(7.132)，计算 $\forall_{cav}$，然后将 $\forall_{cav}$ 转换为相应管段的空穴率 α。在含气型气液两相瞬变流两方程模型中，有了 α，就可以计算其他的参变量，如波速等。并且令 $V=0.5(V_d+V_u)$，$p_{mp}=p_v$，用于下一时刻的计算。

根据本章前文的方程、计算公式、计算方法编制程序，对两个典型的实例进行计算，并将实验结果与前人的电算结果进行对比，结果如下。

(1) Weyler[15] 实验的对比

Weyler 的实验是在一条 30 m 长、直径 2.9 mm 的细铜管中进行的，上游为恒压水箱，下游快速关闭阀门，水中的溶解空气很少，体积占总体积的 0.466%。Tullis、Streeter 和 Wylie[16] 对该实验进行过数学模拟，本书电算与实验结果的对比曲线，如图 7.15 所示。

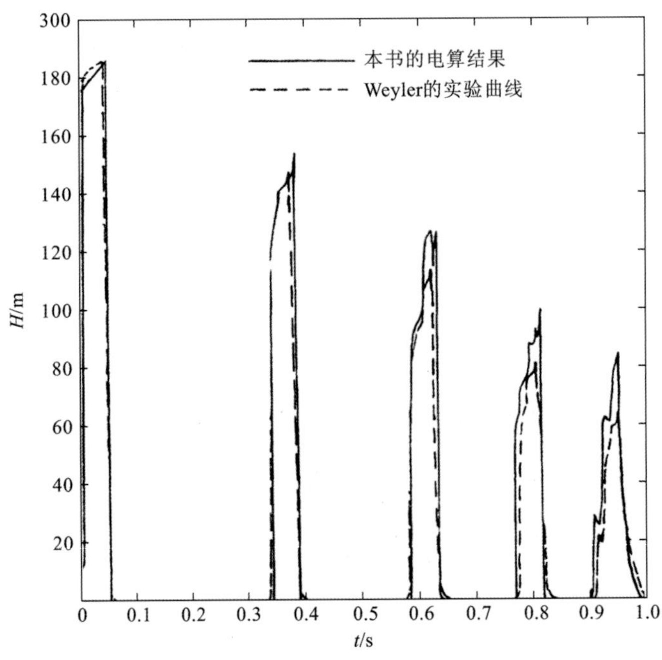

图 7.15 本书电算结果与 Weyler 实验的结果对比

(2) Delft 水力实验室实验对比

在文献[11][17][18]中报道了 Delft 水力实验室在长为 1 450 m、管径为 0.1 m 的水平管道上进行的上游端模拟端规定了一个压力——时间的特征性曲线来模拟泵的特性，下游是 1 个大水库，保证压力恒定。Wylie 等[19] 采用特征线方法($\Delta x=72.5$ m)对这一模型实验进行了电算，计算结果与实验结果的对比如图 7.16 所示。本实验在数值模拟计算中也采用了特征线法，为了便于同 Wylie[17] 的结果进行比较，Δx 仍取为 72.5 m，压力（绝对压力水头）波动曲线仍取 $x=0.8\ \text{L}=1168$ m 和 $x=0.4\ \text{L}=597$ m 两处，计算结果的对比图如图 7.17 所示。

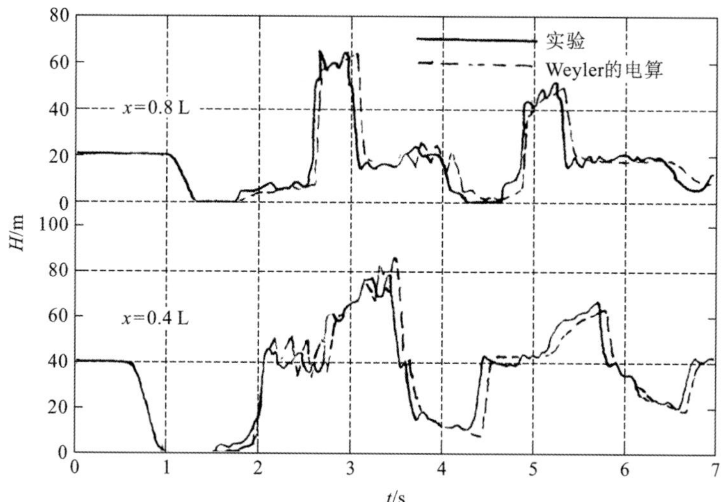

图 7.16　Wylie 电算结果与实验结果对比

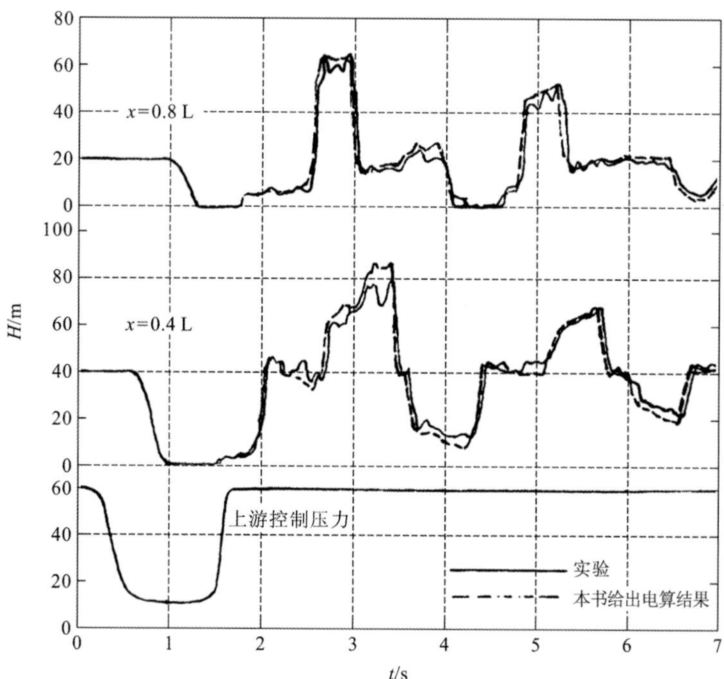

图 7.17　本书电算结果与实验结果对比

参 考 文 献

[1] 杨建东.空化理论与气液两相瞬态过程的研究[D].武汉:武汉水利电力学院,1988.

[2] 胡英.物理化学[M].5 版.北京:高等教育出版社,2007.

[3] BRENNEN C E.空化与空泡动力学[M].王勇,潘中永,译.江苏:江苏大学出版社,2013.

[4] CHAUDHRY M H. Applied Hydraulic Transients[M]. 3rd ed. Berlin:Springer,2014.

[5] WYLIE E B,STREETER V L. Fluid Transients in Systems[M]. 3rd ed. Englewood Cliffs:Prentice Hall,1993.

[6] 杨建东.气液两相流瞬变过程的研究[D].武汉:武汉大学,1984.

[7] CAMPBELL I J,PITCHER A S. Shock waves in a liquid containing gas bubbles[J]. Proceedings of the Royal Society of London,1958,243(1235):534-545.

[8] VAN WIJINGAARDEN L. One-dimensional flow of liquids containing small gas bubbles[J]. Annual Review of Fluid Mech,1972,99:369-396.

[9] RATH H J. Unsteady pressure waves and shock waves in elastic tubes containing buddly air-water mixtures[J]. Acta. Mechanica,1981,38(99):1-17.

[10] MARTIN C S,PADMANABHAN M,WIGGERT D C. Pressure Wave Propagation in Two-Phase Bubbly Air-Water Mixtures[A]//Second Inter. Conf. on Pressure Surges[C]. England: BHRA, 1976:1-6.

[11] KRANENBURY C. Gas release during transient cavitation in pipes[J]. Journal of the Hydraulic division,1974,100:1383-1398.

[12] 杨建东,陈鉴治.流体瞬变过程中的气体释放[J].武汉水利电力学院学报,1987(2):92-98.

[13] LIEBERMAN P. Blast-wave propagation in hydraulic conduits[J]. Journal of Engineering for Power Continues in Part Trans ASME,1965,87(1):19.

[14] MARTIN C S. ExperimentalInvestigation of Column Separation with Rapid Closure of Downstream Valve[A]//4th Inter. Conf. on Pressure Surges[C]. England:BHRA,1983:77-88.

[15] WEYLER M E,STREETER V L,LARSEM P S. An investigation of the effect of cavitation bubbles on the momentum loss in transient pipe flow[J]. ASME J. of Basic Eng. ,1971:1.

[16] TULLIS J P,STREETER V L,WYLIE E B. Water Hammer Analysis with Air Release[A]//Second Inter. Conf. on Pressure Surges[C]. England:BHRA,1976:C35-47.

[17] WYLIE E B,STREETER V L. Fluid Transients[M]. New York:McGraw-Hill Co.,1978.

[18] WIGGERT D C,SUNDQUIST M J. The effect of gaseous cavitation on fluid transients[J]. Journal of Fluids Engineering,1979,101(1):1-3.

第 8 章　明满混合瞬变流与明满交替流

8.1　基本概念

流体输送系统中有时会出现明满混合流与明满交替流两种流态，如水电站明满流尾水隧洞、施工导流隧洞、城市排水系统、灌溉输水道及油气输送管道等。若对明满混合流或明满交替流控制不当，会影响系统的正常运行，甚至造成事故。因此，需要重视明满混合流与明满交替流的机制研究及数学模拟。

8.1.1　恒定流状态下的基本特征

如图 8.1 所示，当管道放置方式为缓坡、平坡或倒坡，下游水位低于管道出口管顶高程时，沿管线的流动将部分是有压流（满流）、部分是无压流（明流），明流上方直接通大气。故将该流态称为明满混合流。

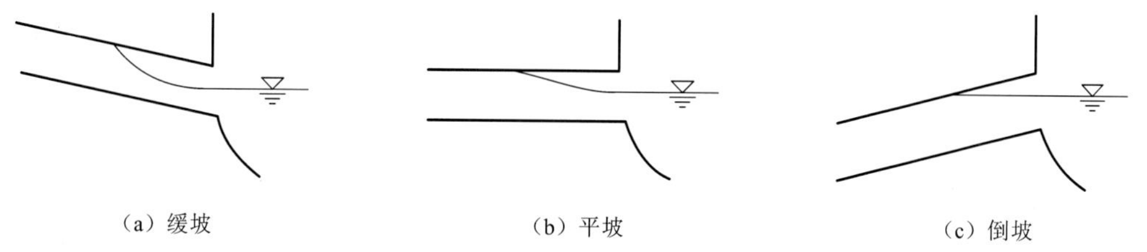

图 8.1　恒定流状态下明满混合流

在恒定流状态下，明满流的分界面在沿管线在小范围内来回振荡，该现象类似于无压隧洞充满度的问题，即封闭管道水流的不稳定性。

由水力学教材可知[1]，当无压隧洞中水流为均匀流时（均匀流的条件是隧洞的底坡为顺坡布置），若充满度 h/H 大于某一临界值（其中，h 是水深，H 是隧洞断面的高度），水流将出现不稳定现象。

充满度计算公式如下：

$$k(h)=\frac{A^{\frac{5}{3}}}{n\chi^{\frac{2}{3}}}\tag{8.1}$$

式中：$k(h)$ 为过流能力；A 为过流面积；χ 为湿周；n 为糙率系数。

对于圆形管道：充满度为 82% 时，其过流能力等于满流时的过流能力，充满度为 93.8% 时，过流能力最大，是满流的 1.076 倍（图 8.2）。当充满度在 82% ～ 100%，并且隧洞底坡 i 等于均匀流所要求的 i_0 时，就可能出现明满流交替现象。如隧洞进口处施加某种扰动，使该断面的水面上升到洞顶，导致过流量 Q 小于原恒定流量 Q_0，于是壅水波向下游传播，推动洞顶气流向下游流动，气流所到之处水面呈负压，导致全隧洞为有压流，严重时，隧洞内存在不连续的气囊，即出现所谓的塞状流。壅水波在下游出口处反射，出口断面水位下降，过流能力增大，于是以退水波的形式向上游传播，全隧洞恢复到无压流。如此波动往复，使隧洞中水流一时为满流，一时为明流，过流量也时大时小。这种流态称为明满交替流[2]（图 8.2），不可能为实际工程所采用。

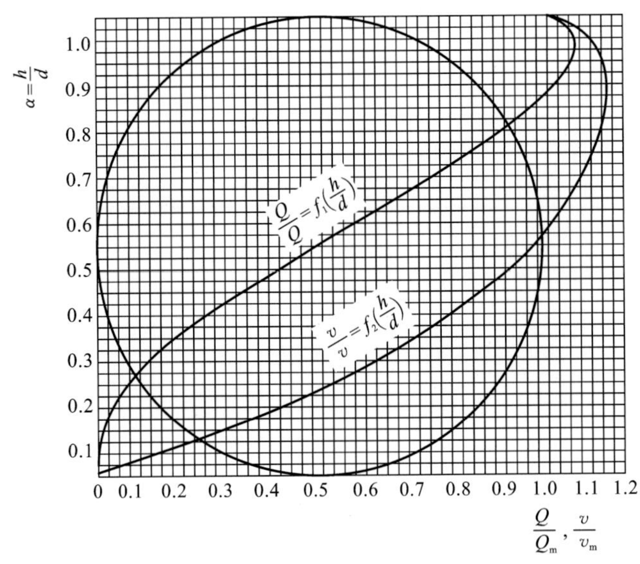

图 8.2　圆形管道的充满度

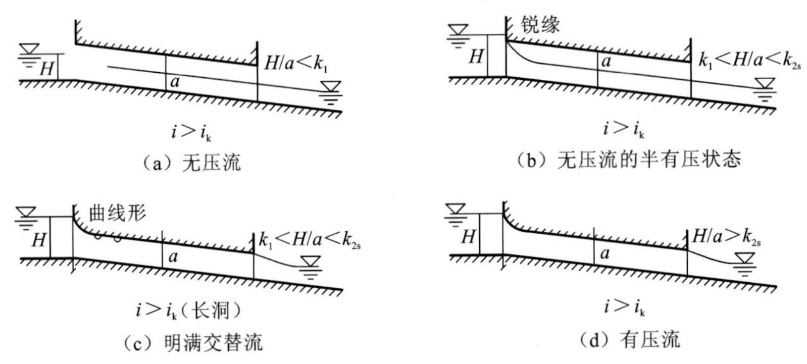

图 8.3　自由出流时隧洞内流态示意图

H 为水深；a 为隧洞高度；k_1、k_{2s} 为判别隧洞内流动条件的临界值；i_k 为临界底坡。

当隧洞平放或倒坡时，其水面线是以出口断面水深为基准的降水曲线，于是降水曲线与洞顶交接，使隧洞靠上游部分为有压流，靠下游部分为无压流。显然，在有压流和无压流分界面之后某长度段内，其充满度大于临界值，必然出现水流不稳定现象。但该长度段之后的明流段，其充满度小于临界值，所以流态必然是稳定的。这是隧洞平放或倒坡布置与顺坡布置本质上的差别。

在底坡为平坡或倒坡的隧洞中，水流不稳定段的长短，主要取决于洞顶的坡度、由隧洞断面形状与尺寸所决定的临界充满度以及水面线的坡降。显然，洞顶的坡度越大，水面线的坡降越大，不稳定段的长度越短。

当无压隧洞中水流不是均匀流时，按式(8.1)计算充满度以判别不稳定段的长度，会带来一定的误差。另外，明满混合流的流态类似于气液两相流中的分层流。可根据气液两相流界面波稳定性公式进行相应的分析与计算[3]。

$$\frac{(\rho^{*}+C^{*})p^{*}+\left[\frac{C^{*2}\lambda^{2}}{4}+\alpha C^{*}\left(\frac{1-\alpha}{\alpha}C^{*}+\rho_{L}+\rho^{*}\right)\right](u_{G}-u_{L})}{\left\{\alpha C^{*}\left[\lambda\left(\frac{1-\alpha}{\alpha}C^{*}+\rho_{L}\right)+\rho^{*}\right]+\alpha(1-\alpha)\rho_{G}\rho_{L}\right\}(u_{G}-u_{L})^{2}}>1 \tag{8.2}$$

式中：α 为空穴率；ρ 为密度；u 为流速，p 为压强；$\rho^{*}=\alpha\rho_{L}+(1-\alpha)\rho_{G}$；$C^{*}=C_{vm}\rho_{L}/(1-\alpha)$；$p^{*}=\alpha(p_{L}-p_{I})+(1-\alpha)(p_{G}-p_{I})$；$\lambda$ 为与 α 有关的由实验确定的任意参数；C_{vm} 为虚拟质量系数；p_{I} 为界面平均压强；下标 G 和 L 分别表示气相和液相。

分层流的特点是 $C_{vm}=0$，于是式(8.2)简化为

$$\left(\frac{p_{G}-p_{I}}{\alpha}+\frac{p_{L}-p_{I}}{1-\alpha}\right)\left(\frac{\alpha}{\rho_{G}}+\frac{1-\alpha}{\rho_{L}}\right)>(u_{L}-u_{G})^{2} \tag{8.3}$$

进一步改写可得

$$\left[\frac{p_{G}}{\alpha}+\frac{p_{L}}{1-\alpha}-\frac{p_{I}}{\alpha(1-\alpha)}\right]\left(\frac{\alpha}{\rho_{G}}+\frac{1-\alpha}{\rho_{L}}\right)>(u_{L}-u_{G})^{2} \tag{8.4}$$

对于恒定流，界面之后通大气，所以该处的气相压强为大气压，相对压强为零。于是式(8.4)左边第一项等于零。显然，只要 p_{I} 为正，随着 α 的减小，必然出现不满足稳定性条件的情况。除非界面处形成气囊，气相压强大于零。但该流态为塞状流，并不是分层流，流态发生了转变，从一种稳定状态转变为另一种稳定状态。

分层流的界面平均压强就等于水面线降低。当水面线呈水平时，$p_{I}=0$。在实际流动中，只有液相流速等于零，水面才能呈水平。水流不流动，无论 α 多小，即洞顶坡多小，也不可能出现分界面来回波动现象。

进一步分析式(8.4)可知，临界稳定空穴率主要取决于液相流速、界面平均压强和液相压强。前两者越大，临界稳定空穴率就越大；而液相压强越大，临界稳定空穴率就越小。并且水力学理论和试验表明[2]，流速越大，水面线下降越快，即界面平均压强越大。两者相互关联，作用一致。

8.1.2　非恒定流状态下的基本特征

在非恒定流状态下，尤其是流量变化比较迅速的情况下，明满流的分界面在沿管线在大范围内来回波动，历经退水、平槽、壅水、再退水等过程。沿管线压强分布、流速分布随时间变化较为复杂，呈现水击波与重力波的叠加，并且在壅水过程中往往在管顶形成气囊，使得非恒定流变化过程更加复杂。

忽略气囊形成、生长、溢出等细节，明满混合流的非恒定状态下基本特征表现在以下几个方面。

(1) 明满流的分界面在沿管线在大范围内来回波动，如何跟踪分界面的移动是建立数值模型的难题之一。

(2) 明满流分界面两侧分别为有压流和无压流，其波速分别为水锤波和重力波，两者数量上相差甚远，前者为 1000 m/s 左右，后者为 10 m/s 左右，如何模拟分界面两侧波速的

过渡是建立数值模型的难题之二。

（3）在非恒定流过程中，明满流分界面两侧的能量差时大时小，不断地变化，如壅水过程中能量差可能较大，甚至出现超前于分界面的断波波前；退水或平槽过程中能量差可能较小，如何满足分界面或断波波前两侧能量的平衡是建立数值模型的难题之三。

明满交替流本身就是不稳定的非恒定流，历经明流、明满混合流、塞状流、满流，明满混合流、明流，周期性的变化。因此，塞状流的模拟，即气囊形成、生长、运动、溢出等细节不能忽略，否则会影响全隧洞满流、明流来回交替的正确模拟。从气液两相瞬变流的角度来看，气囊形成和溢出属于流态转捩的问题，即从分层流如何转向塞状流，或者从塞状流如何转向分层流。

明满交替流包含了明满混合流，因此，不仅具有明满混合流的非恒定状态下基本特征，而且表现出如下更复杂的特征：

（1）全隧洞的周期流，但上半个周期与下半个周期并不对称，如何模拟不对称的周期性变化是建立数值模型的难题之一；

（2）流态的转捩，如何判别、如何转捩过程中平稳过渡是建立数值模型的难题之二；

（3）如何描述气囊的运动是建立数值模型的难题之三。

8.2 激波拟合法

8.2.1 Wiggert 模型

Wiggert[4] 在 1972 年第一次将运动界面引入明满流计算中，明流区采用特征线法计算，满流区采用刚性水击公式计算。将明满流界面看做一个不连续面（图 8.4），参照明渠中的断波方程，推导了界面的连续方程和动量方程：

$$A_1(v_1-w)=A_2(v_2-w) \tag{8.5}$$

$$g(A_2\bar{y}_2-A_1h_1)=A_1(v_1-w)(v_1-v_2) \tag{8.6}$$

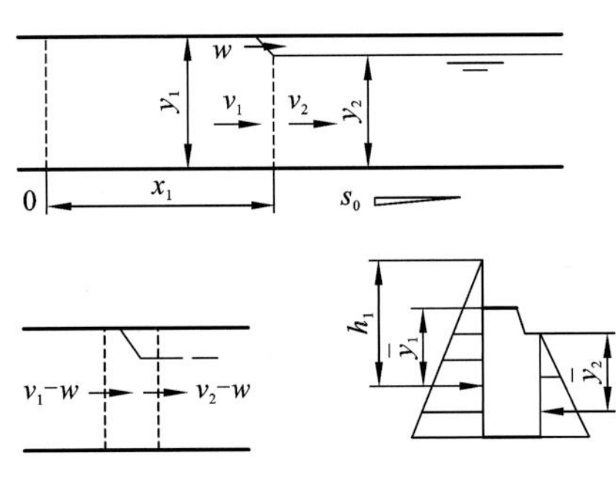

图 8.4 Wiggert 模型示意图

式中：A 为过水断面的面积；v 为断面的平均流速；w 为界面的运动速度；$\bar{y}_2$ 为水面到断面形心的距离；h_1 为有压段压力水头。

另外，该模型还给出了有压段的动量平衡方程：

$$x_1\frac{dv_1}{dt}=g(h_0-h_1)+gx_1(s_x-s_f) \tag{8.7}$$

及界面位置方程：

$$\frac{dx_1}{dt}=w \tag{8.8}$$

式中：S_x 为底坡；S_f 为摩阻坡降；x_1 为有压段的长度；h_0 为有压段上游水头。在每一计算时段，先求出明渠非恒定流的 A_2、$\bar{y}_2$，然后用上述的四个方程求出 x_1、v_1、h_1 和 w。

8.2.2　Song-Cardie-Leng 模型

Song 等[5] 在解决城市下水道明满流问题时，对 Wiggert 模型进行了改进，该模型在明流区和满流区都用特征线法计算，并认为，对于图 8.5 所示的正涌波，有

$$a - v_2 > w > c - v_1 \tag{8.9}$$

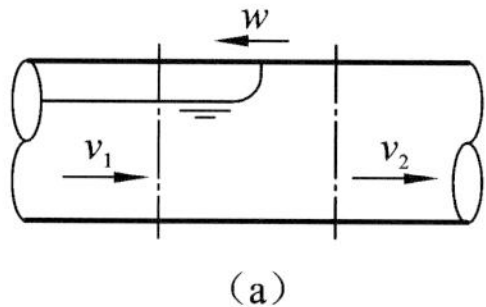

（a）

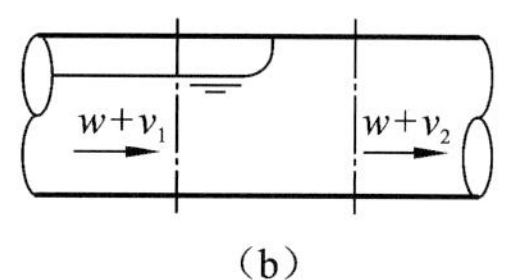

（b）

图 8.5　Song 模型示意图(一)

而对于图 8.6 所示的正涌波，有

$$a + v_1 > w > c + v_2 \tag{8.10}$$

式中：a 为有压流的波速；c 为明流的波速。

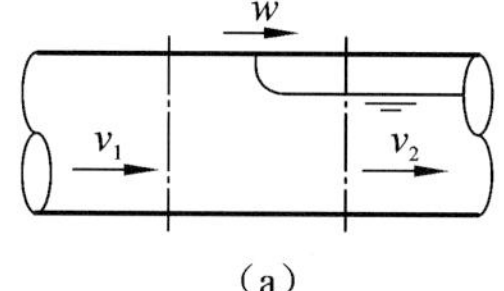

（a）

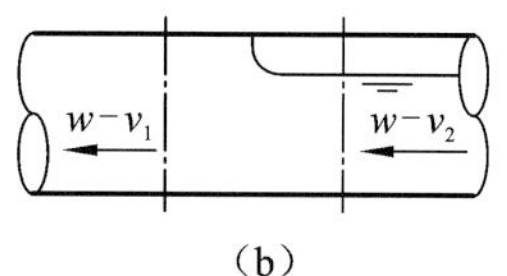

（b）

图 8.6　Song 模型示意图(二)

对于正涌波界面，波前明流的两个特征方程 C_1^+、C_1^- 都可用，再加上满流区的一个特征线方程 C_2^-、两个断波方程式(8.5)和式(8.6)、一个界面位置方程式(8.8)，共有 6 个方程，可以求解 6 个未知数 x_1、w、v_1、y_1、v_2 和 y_2。计算简图如图 8.7 所示。

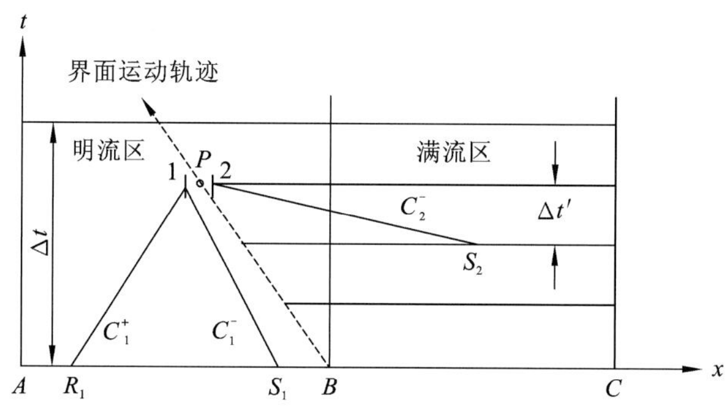

图 8.7　Song 模型计算简图

对于负涌波，明流区有一特征线穿过界面，该特征方程已不能用，因而补充方程：

$$y = D - \Delta \tag{8.11}$$

式中：D 为管径；Δ 为选取的一个很小的距离，并证实了 Δ 的取值对计算结果影响不大。

8.2.3 Sundquist 模型

Sundquist[6] 认为分界面的负涌波类似于明流的负波，用断波方程描述是不恰当的。于是将明渠非恒定流方程应用于负波前部(图 8.8)，在 $ABCD$ 区域内用如下差分公式：

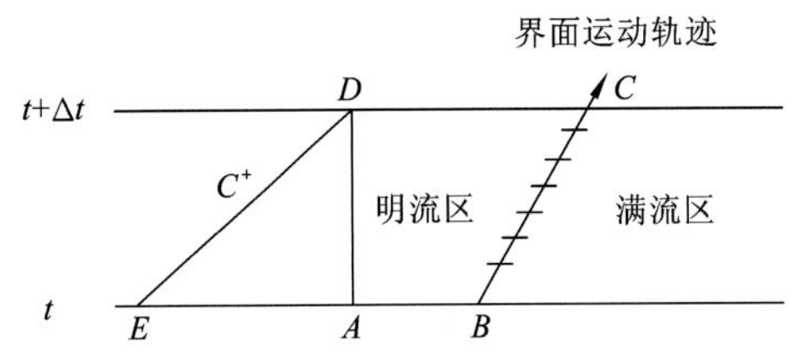

图 8.8 Sundquist 模型示意图

$$\frac{\partial v}{\partial t}=\frac{v_D-v_A}{\Delta t} \tag{8.12}$$

$$\frac{\partial y}{\partial t}=\frac{y_D-y_A}{\Delta t} \tag{8.13}$$

$$\frac{\partial v}{\partial x}=\frac{1}{2}\left(\frac{v_C-v_D}{x_C-x_D}+\frac{v_B-v_A}{x_B-x_A}\right) \tag{8.14}$$

$$\frac{\partial y}{\partial x}=\frac{1}{2}\left(\frac{y_C-y_D}{x_C-x_D}+\frac{y_B-y_A}{x_B-x_A}\right) \tag{8.15}$$

代入明渠非恒定流的基本方程，加上明渠的 C^+ 特征线方程和满流区的刚性水击方程，就可以求出未知数 y_D、v_D、y_C 和 v_C。该模型对正涌波的处理与 Wiggert 模型一致。

激波拟合法主要有上述的三种模型，它将明流和满流用一个运动界面分开，分别进行计算，把正涌波界面作为一个不连续面处理，物理意义明确，概念清晰。

但计算结果表明，激波拟合法计算稳定性不好，波前较陡时会产生数值上的发散，且计算复杂。由于满流和明流的波速相差很大，必须采取特殊的网格划分技术才能满足计算精度和稳定性的要求；当运动界面经过分岔管、调压室等边界时，激波的处理变得非常困难；对渐变流和急变流的计算必须严格加以区分，分别采取不同的计算方法；特别是激波拟合法认为明满流界面和正涌波界面是一致的，这对某些情况是不适合的，如变顶高尾水洞中的正涌波。

8.3 虚设狭缝法

8.3.1 传统的虚设狭缝法

Cunge 和 Wegner[7] 在解决 Wettigen 水电站明满流问题时，将明渠非恒定流方程和有压非恒定流方程进行统一，提出了一种有趣的计算方法。假设管道的顶部有一条非常窄的缝隙(图 8.9)，该缝隙既不增加压力水管的过水断面，也不增加水力半径，一旦管道充满水，满流可以看成水面宽度很小的明流，有压非恒定流可以用明渠非恒定流的基本方程进行计算。为了使式(8.16)～式(8.19)在数学上完全一致，缝隙宽度 B 必须满足式(8.20)，即满流转化成明流后，波速保持不变。这样明满流不必单独分析，都可以用明渠非恒定流的计算方法求解，用 Priessmann 四点隐式差分法解明渠非恒定流的 Saint-Venant，从而简化了程序[8]。该模型曾被 Chaudhry 和 Kao 成功地用来分析加拿大的 Shrum 水电站尾水系统明满流[9]。

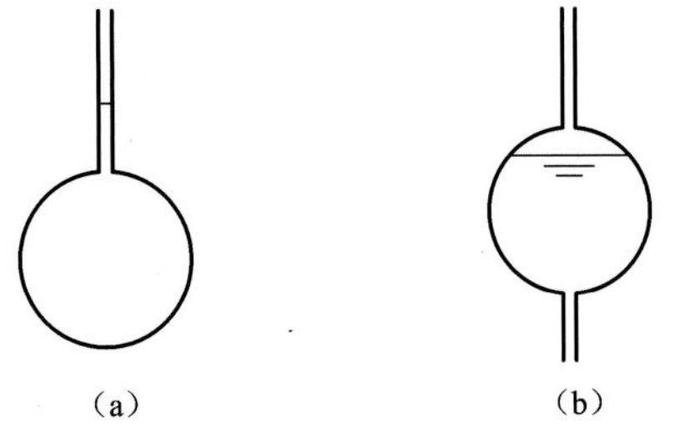

图 8.9 虚设狭缝示意图

一维有压非恒定流的方程为：

$$\frac{\partial H}{\partial t}+\frac{Q}{A}\frac{\partial H}{\partial x}+\frac{a^2 Q}{gA^2}\left(\frac{\partial A}{\partial x}\right)_h+\frac{a^2}{g}\frac{\partial}{\partial x}\left(\frac{Q}{A}\right)=0 \tag{8.16}$$

$$g\frac{\partial H}{\partial x}+\frac{\partial}{\partial t}\left(\frac{Q}{A}\right)+\frac{Q}{A}\frac{\partial}{\partial x}\left(\frac{Q}{A}\right)+g\frac{Q|Q|}{A^2C^2R}-gS_x=0 \tag{8.17}$$

式中：H 为从管轴线起算的测压管水头；Q 为流量；a 为水击波速；A 为管道面积；R 为水力半径；C 为谢才系数；S_x 为底坡。

明渠非恒定流的方程为

$$\frac{\partial H}{\partial t}+\frac{Q}{A}\frac{\partial H}{\partial x}+\frac{c^2 Q}{gA^2}\left(\frac{\partial A}{\partial x}\right)_h+\frac{c^2}{g}\frac{\partial}{\partial x}\left(\frac{Q}{A}\right)=0 \tag{8.18}$$

$$g\frac{\partial H}{\partial x}+\frac{\partial}{\partial t}\left(\frac{Q}{A}\right)+\frac{Q}{A}\frac{\partial}{\partial x}\left(\frac{Q}{A}\right)+g\frac{Q|Q|}{A^2C^2R}-gS_x=0 \tag{8.19}$$

式中：H 为水深；Q 为流量；c 为明渠波速；A 为过水断面面积；R 为水力半径；C 为谢才系数；S_x 为底坡。

$$c=\sqrt{g\frac{A}{B}}=a \tag{8.20}$$

为了计算负水锤压力，Jeler 和 Jeley[10] 在管顶和管底均虚设狭缝（图 8.9），使计算中水位能低于管底。由于狭缝对计算精度的影响程度不同，他们认为在水锤压力和流量变化剧烈的情况下，宜取缝宽 $B=gA/a^2$；而在计算质量振荡时，B 值适当放大，以节省计算量。他们将明流和满流的波速统一于式（8.21），并用 u 表示：

$$u=\sqrt{\frac{\varepsilon}{\rho}}\Big/\sqrt{1+\frac{\varepsilon}{A\gamma}\frac{\partial A}{\partial h}} \tag{8.21}$$

式中：ε 为水体弹性模量；ρ 为水的密度；γ 为容重；A 为过水断面的面积；h 为水深。

对于明渠流动，有 $B=\dfrac{\partial A}{\partial h}$，故波速可表示为

$$u=\sqrt{\frac{\varepsilon}{\rho}}\Big/\sqrt{1+\frac{\varepsilon}{A\gamma}B}=1\Big/\sqrt{\frac{1}{a_0^2}+\frac{B}{gA}}\approx\sqrt{g\frac{A}{B}}=c \tag{8.22}$$

式中：a_0 为无限液体介质波速，$a_0=1425.0\ \mathrm{m/s}$。

对于有压圆管，有 $\dfrac{\mathrm{d}A}{\mathrm{d}h}=\dfrac{\Delta R}{\Delta h}\pi D=\dfrac{\gamma\pi D^3}{4eE}$，则：

$$u=\sqrt{\frac{\varepsilon/\rho}{1+\dfrac{\varepsilon}{E}\dfrac{D}{e}}}=a \tag{8.23}$$

式中：D 为圆管直径；e 为管壁厚度；E 为管壁弹模。

参照第 3 章，采用 Priessmann 四点隐式差分法对式（8.18）和式（8.19）进行离散，得到

$$A_1\Delta H_i+B_1\Delta H_{i+1}+C_1\Delta Q_i+D_1\Delta Q_{i+1}+E_1=0 \tag{8.24}$$

$$A_2\Delta H_i+B_2\Delta H_{i+1}+C_2\Delta Q_i+D_2\Delta Q_{i+1}+E_2=0 \tag{8.25}$$

式中

$$A_1=\frac{B_i+B_{i+1}}{4}\left[1-\theta\frac{\Delta t}{\Delta x}\left(\frac{Q_{i+1}}{A_{i+1}}+\frac{Q_i}{A_i}\right)\right],B_1=\frac{B_i+B_{i+1}}{4}\left[1+\theta\frac{\Delta t}{\Delta x}\left(\frac{Q_{i+1}}{A_{i+1}}+\frac{Q_i}{A_i}\right)\right]$$

$$C_1=-\theta\frac{\Delta t}{\Delta x}\left(\frac{A_{i+1}+A_i}{2A_i}\right),D_1=\theta\frac{\Delta t}{\Delta x}\left(\frac{A_{i+1}+A_i}{2A_{i+1}}\right)$$

$$E_1=\frac{\Delta t}{\Delta x}\frac{B_i+B_{i+1}}{4}(H_{i+1}-H_i)\left(\frac{Q_{i+1}}{A_{i+1}}+\frac{Q_i}{A_i}\right)+\frac{\Delta t}{\Delta x}\frac{A_{i+1}-A_i}{2}\left(\frac{Q_{i+1}}{A_{i+1}}+\frac{Q_i}{A_i}\right)$$
$$+\frac{\Delta t}{\Delta x}\frac{A_{i+1}+A_i}{2}\left(\frac{Q_{i+1}}{A_{i+1}}-\frac{Q_i}{A_i}\right)$$

$$A_2=-g\frac{\theta\Delta t}{\Delta x},\quad B_2=g\frac{\theta\Delta t}{\Delta x},\quad C_2=\frac{1}{2A_i}\left[1-\frac{\theta\Delta t}{\Delta x}\left(\frac{Q_{i+1}}{A_{i+1}}+\frac{Q_i}{A_i}\right)\right]$$

$$D_2=\frac{1}{2A_{i+1}}\left[1+\frac{\theta\Delta t}{\Delta x}\left(\frac{Q_{i+1}}{A_{i+1}}+\frac{Q_i}{A_i}\right)\right]$$

$$E_2=\frac{\Delta t}{2\Delta x}\left(\frac{Q_{i+1}^2}{A_{i+1}^2}-\frac{Q_i^2}{A_i^2}\right)+g\frac{\Delta t}{\Delta x}(H_{i+1}-H_i)-g\Delta tS_x+\frac{g\Delta t}{2}\left(\frac{Q_i|Q_i|}{K_i^2}+\frac{Q_{i+1}|Q_{i+1}|}{K_{i+1}^2}\right)$$

$$K_i=A_iC_i\sqrt{R_i}$$

其中：ΔH 为测压管水头增量；ΔQ 为流道过流流量增量；Δx 为沿渠长方向的空间步长；Δt 为时间步长；n 为过流流道糙率系数；K 为流量模数。

虚设狭缝法最大的优点是计算方便，不需要专门处理运动的界面，可以采用统一的计算网格用隐式差分法求解，从而可以使计算无条件稳定，并能直接计算出涌波的波前。

但虚设狭缝法的假定与某些实际情况不相符。该模型让封闭管道系统各部分均与大气相通，认为只要水压低于管顶就是明流，水压高于管顶就是满流，而实际上有压管中即使压力为负也不一定变为明流，如果有大气泡存在，即使压力高于管顶，气泡下明流也不会变成满流，因此在涉及负压、气泡及液柱分离时就不能用了。其次，明渠非恒定流的方程只对渐变流适用，因此当急变流形成后且涌波波前很陡时，虚设狭缝法也会出现计算不稳定或不收敛等情况。

除采用 Priessmann 四点隐式差分法外，文献[11] 还介绍了 Amein、Vasiliew 和 Strelkoff 等隐式差分法。但计算结果表明，若明满混合流瞬变过程中，水面宽在管道顶部急剧变化，导致波速相应地发生突变，使得上述方法出现迭代不收敛或计算结果失真等问题。

文献[12]提出了特征隐式差分法，即将特征线方程 $C^{\pm}=Q/A\pm\sqrt{gA/B}$ 乘以连续性方程(8.16) 加上动量方程(8.17)，得

$$BC^-\left(\frac{\partial h}{\partial t}+C^+\frac{\partial h}{\partial x}\right)-\left(\frac{\partial Q}{\partial t}+C^+\frac{\partial Q}{\partial x}\right)=f' \tag{8.26}$$

$$BC^+\left(\frac{\partial h}{\partial t}+C^-\frac{\partial h}{\partial x}\right)-\left(\frac{\partial Q}{\partial t}+C^-\frac{\partial Q}{\partial x}\right)=f' \tag{8.27}$$

式中：$f'=gA(S_0-S_f)$；S_f 为阻力坡降。

对式(8.24) 和式(8.25) 采用如下差分格式：

$$\frac{\partial Q}{\partial x}=\frac{Q_{m+1}^{n+1}-Q_m^{n+1}}{\Delta x},\quad \frac{\partial Q}{\partial t}=\frac{Q_m^{n+1}-Q_m^n}{\Delta t}$$
$$\frac{\partial h}{\partial x}=\frac{h_{m+1}^{n+1}-h_m^{n+1}}{\Delta x},\quad \frac{\partial h}{\partial t}=\frac{h_m^{n+1}-h_m^n}{\Delta t} \tag{8.28}$$

式中：m 表示计算断面；n 表示计算时层。于是可得

$$\begin{cases} a_1^* h_{m-1}^{n+1} + b_1^* Q_{m-1}^{n+1} + c_1^* h_m^{n+1} + d_1^* Q_m^{n+1} = e_1^* \\ a_2^* h_m^{n+1} + b_2^* Q_m^{n+1} + c_2^* h_{m+1}^{n+1} + d_2^* Q_{m+1}^{n+1} = e_2^* \end{cases} \tag{8.29}$$

其中

$$\begin{cases} a_1^* = \dfrac{gA_m^n \Delta t}{\Delta x}, \quad b_1^* = \dfrac{C^+ \Delta t}{\Delta x}, \quad c_1^* = B_m^n C^- - a_1^* \\ d_1^* = -1 - b_1^*, \quad e_1^* = B_m^n C^- h_m^n - Q_m^n - \Delta t f_m^{n+1} \\ a_2^* = B_m^n C^+ + a_1^*, \quad b_1^* = -1 + \dfrac{C^- \Delta t}{\Delta x} \\ c_1^* = -a_1^*, \quad d_1^* = -1 - b_2^*, \quad e_2^* = B_m^n C^+ h_m^n - Q_m^n - \Delta t f_m^{n+1} \end{cases} \tag{8.30}$$

但计算结果仍存在失真现象(图 8.10)。

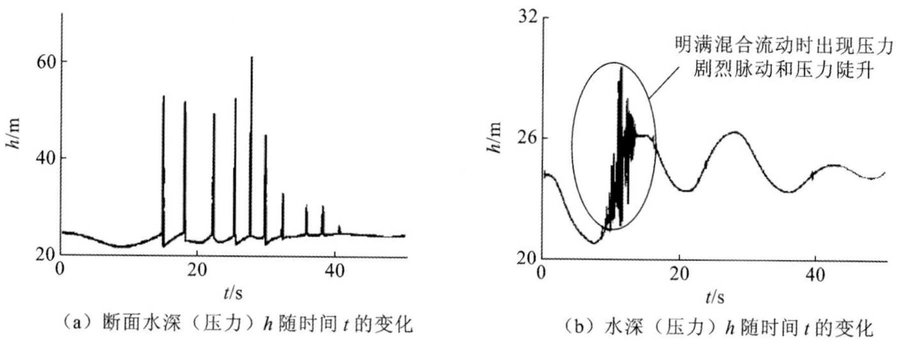

(a) 断面水深（压力）h 随时间 t 的变化　　(b) 水深（压力）h 随时间 t 的变化

图 8.10 采用特征隐式差分法计算得到的断面水深(压强)h 随时间 t 的变化

文献[13] 介绍了删减对流加速度项的虚设狭缝法，即对流加速度项 $\dfrac{Q}{A}\dfrac{\partial Q}{\partial x}$ 前乘上折减系数 $\alpha_{折}$：

$$\alpha_{折} = \begin{cases} 1, & F_r \leqslant F_{r1} \\ 1 - \left| \dfrac{F_r - F_{r1}}{F_{r2} - F_{r1}} \right|^2, & F_{r1} < F_r < F_{r2} \\ 0, & F_r \geqslant F_{r2} \end{cases} \tag{8.31}$$

但该方法求解的方程不是完整的 Saint-Venant 方程，所以计算精度有明显的降低。

8.3.2 改进的虚设狭缝法——三区模型

上述的激波拟合法和虚设狭缝法均未完整地描述明满混合流非恒定状态下的基本特征，所以计算结果与实际现象有一定的差距。为此，在已有研究成果的基础上，提出改进的虚设狭缝法——三区模型。该模型的基本思路是：①假定管道中明满混合流始终只存在一个分界面，通过跟踪分界面，区分明流区和满流区。即明流区的水深由压力决定且总低于管顶；而满流区水深和压力无关，计算中令水深总高于管顶。于是，当满流区产生负压后也可以用虚设狭缝法计算。②分界面所在的 Δx 管段称为过渡区，该区的波速按水锤波波速向重力波波速坦化。③对于负涌波，分界面与波前重合；对于正涌波，分界面有可能不与

波前重合，形成明流中的断波，需作相应数学处理。

1. 分界面的跟踪

传统的虚设狭缝法对分界面的跟踪是假定每时段末，分界面均落在网格点上，这与实际上位于网格点 i 和 $i+1$ 之间连续移动的分界面有着较大的差别（图 8.11），夸大了分界面在 Δt 时段的移动，造成计算结果与实际情况的偏差。因此，可在网格点 i 和 $i+1$ 之间求解动网格的位置，动网格始终与分界面一起移动。

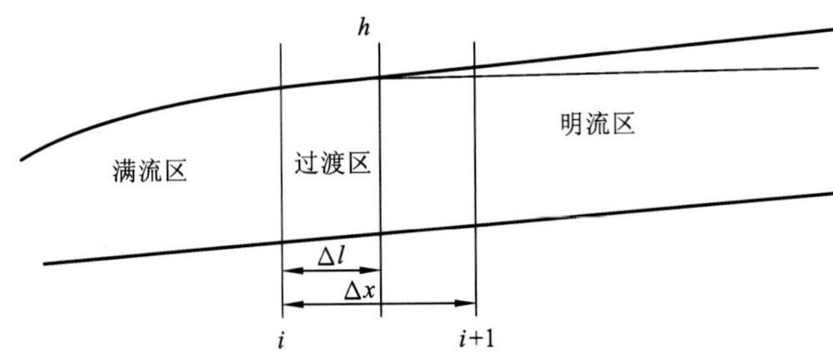

图 8.11　三区模型示意图

假设动网格 c 点对应于分界面，位于固定网格点 i 点和 $i+1$ 点之间，其空间间距为 $\Delta l(0\leqslant\Delta l\leqslant\Delta x)$。参照式(8.24) 和式(8.25)，可以分别列出 i 点和 c 点之间的差分方程，以及 c 点和 $i+1$ 点之间的差分方程：

$$A_1\Delta H_i+B_1\Delta H_c+C_1\Delta Q_i+D_1\Delta Q_c+E_1=0 \tag{8.32}$$

$$A_2\Delta H_i+B_2\Delta H_c+C_2\Delta Q_i+D_2\Delta Q_c+E_2=0 \tag{8.33}$$

式中

$$A_1=\frac{B_i+B_c}{4}\left[1-\theta\frac{\Delta t}{\Delta l}\left(\frac{Q_c}{A_c}+\frac{Q_i}{A_i}\right)\right],\quad B_1=\frac{B_i+B_c}{4}\left[1+\theta\frac{\Delta t}{\Delta l}\left(\frac{Q_c}{A_c}+\frac{Q_i}{A_i}\right)\right]$$

$$C_1=-\theta\frac{\Delta t}{\Delta l}\left(\frac{A_c+A_i}{2A_i}\right),\quad D_1=\theta\frac{\Delta t}{\Delta l}\left(\frac{A_c+A_i}{2A_c}\right)$$

$$E_1=\frac{\Delta t}{\Delta l}\frac{B_i+B_c}{4}(H_c-H_i)\left(\frac{Q_c}{A_c}+\frac{Q_i}{A_i}\right)+\frac{\Delta t}{\Delta l}\frac{A_c-A_i}{2}\left(\frac{Q_c}{A_c}+\frac{Q_i}{A_i}\right)+\frac{\Delta t}{\Delta l}\frac{A_c+A_i}{2}\left(\frac{Q_c}{A_c}-\frac{Q_i}{A_i}\right)$$

$$A_2=-g\frac{\theta\Delta t}{\Delta l},\quad B_2=g\frac{\theta\Delta t}{\Delta l},\quad C_2=\frac{1}{2A_i}\left[1-\frac{\theta\Delta t}{\Delta l}\left(\frac{Q_c}{A_c}+\frac{Q_i}{A_i}\right)\right]$$

$$D_2=\frac{1}{2A_c}\left[1+\frac{\theta\Delta t}{\Delta l}\left(\frac{Q_c}{A_c}+\frac{Q_i}{A_i}\right)\right]$$

$$E_2=\frac{\Delta t}{2\Delta l}\left(\frac{Q_c^2}{A_c^2}-\frac{Q_i^2}{A_i^2}\right)+g\frac{\Delta t}{\Delta l}(H_c-H_i)-g\Delta tS_x+\frac{g\Delta t}{2}\left(\frac{Q_i|Q_i|}{K_i^2}+\frac{Q_c|Q_c|}{K_c^2}\right)$$

$$A_1\Delta H_c+B_1\Delta H_{i+1}+C_1\Delta Q_c+D_1\Delta Q_{i+1}+E_1=0 \tag{8.34}$$

$$A_2\Delta H_c+B_2\Delta H_{i+1}+C_2\Delta Q_c+D_2\Delta Q_{i+1}+E_2=0 \tag{8.35}$$

式中

$$A_1=\frac{B_c+B_{i+1}}{4}\left[1-\frac{\theta\Delta t}{\Delta x-\Delta l}\left(\frac{Q_c}{A_c}+\frac{Q_{i+1}}{A_{i+1}}\right)\right],\quad B_1=\frac{B_c+B_{i+1}}{4}\left[1+\frac{\theta\Delta t}{\Delta x-\Delta l}\left(\frac{Q_c}{A_c}+\frac{Q_{i+1}}{A_{i+1}}\right)\right]$$

$$C_1=-\frac{\theta\Delta t}{\Delta x-\Delta l}\left(\frac{A_{i+1}+A_c}{2A_c}\right),\quad D_1=\frac{\theta\Delta t}{\Delta x-\Delta l}\left(\frac{A_{i+1}+A_c}{2A_{i+1}}\right)$$

$$E_1 = \frac{\Delta t}{\Delta x - \Delta l}\frac{B_c + B_{i+1}}{4}(H_{i+1} - H_c)\left(\frac{Q_{i+1}}{A_{i+1}} + \frac{Q_c}{A_c}\right) + \frac{\Delta t}{\Delta x - \Delta l}\frac{A_{i+1} - A_c}{2}\left(\frac{Q_{i+1}}{A_{i+1}} + \frac{Q_c}{A_c}\right)$$
$$+ \frac{\Delta t}{\Delta x - \Delta l}\frac{A_{i+1} + A_c}{2}\left(\frac{Q_{i+1}}{A_{i+1}} - \frac{Q_c}{A_c}\right)$$

$$A_2 = -g\frac{\theta\Delta t}{\Delta x - \Delta l},\quad B_2 = g\frac{\theta\Delta t}{\Delta x - \Delta l},\quad C_2 = \frac{1}{2A_c}\left[1 - \frac{\theta\Delta t}{\Delta x - \Delta l}\left(\frac{Q_{i+1}}{A_{i+1}} + \frac{Q_c}{A_c}\right)\right]$$

$$D_2 = \frac{1}{2A_{i+1}}\left[1 + \frac{\theta\Delta t}{\Delta x - \Delta l}\left(\frac{Q_{i+1}}{A_{i+1}} + \frac{Q_c}{A_c}\right)\right]$$

$$E_2 = \frac{\Delta t}{2(\Delta x - \Delta l)}\left(\frac{Q_{i+1}^2}{A_{i+1}^2} - \frac{Q_c^2}{A_c^2}\right) + g\frac{\Delta t}{\Delta x - \Delta l}(H_{i+1} - H_c) - g\Delta t S_x$$
$$+ \frac{g\Delta t}{2}\left(\frac{Q_c|Q_c|}{K_c^2} + \frac{Q_{i+1}|Q_{i+1}|}{K_{i+1}^2}\right)$$

采用追赶法，可以求得 c 点的 H_c 和 Q_c。

另外，由于明满流分界面的 H_c^* 等于该点的洞高 h，所以当顶坡斜率已知时，此处 H_c^* 可以通过 i 点管顶高程 Z_i 和 $i+1$ 点管顶高程 Z_{i+1} 的插值得出，即

$$H_c^* = \frac{\Delta l}{\Delta x}(Z_{i+1} - Z_i) + Z_i \tag{8.36}$$

如果 $|H_c^* - H_c| < \varepsilon_c$，则分界面的位置已确定；否则，重新给定 Δl，如 $\Delta l = \frac{H_c^* + H_c}{2(Z_{i+1} - Z_i)}\Delta x - Z_i$，迭代求解，直至满足计算精度的要求。

2. 过渡区

从流态看，动网格点 c 的上游侧为满流区，波速应采用水锤波速。动网格点 c 的下游侧为明流区，波速取重力波波速。但明满混合流分界面移动过程中卷吸掺混了少量的气体，水锤波的波速大大地降低。因此，假设网格点 $i+1$ 至其上游侧 ΔS 之间管段为过渡区，$\Delta S = (2 \sim 3)D$，其中 D 为 c 点处管道断面的当量直径(图 8.11)，在此区间内，按满流和明流的波速进行线性插值。

3. 断波的数学处理

正涌波过程中，有可能出现断波现象。断波的位置既有可能与分界面重合，又有可能超前于分界面。

对于断波，激波拟合法是比较成熟的。但在虚设狭缝法中引入断波方程式(8.5)和式(8.6)，其数学处理将非常复杂。为此，参照删减对流加速度项的虚设狭缝法，在分界面或断波波前处引入折减系数 α，以保证计算过程的稳定性和收敛性。

8.4 基于水锤方程与浅水方程耦合的明满流模拟

8.4.1 控制方程和求解方法

1. 控制方程

以流量和过水面积表示的一维明渠的连续性方程与动量方程如下：

$$\frac{\partial A}{\partial t}+\frac{\partial Q}{\partial x}=0 \tag{8.37}$$

$$\frac{\partial Q}{\partial t}+\frac{\partial\left(\frac{Q^2}{A}+\frac{Ap}{\rho}\right)}{\partial x}=gA(S_0-S_f) \tag{8.38}$$

式中：x 和 t 分别为空间和时间坐标；A 为明渠横截面的过水面积；Q 为对应的流量；g 为重力加速度；p 为横截面上的平均压强；ρ 为水的密度，为常数；$S_0=\sin\beta=-\frac{\partial Z}{\partial x}$ 为渠道底部的坡度，其中 β 为渠道顺坡时与水平面向下的夹角；$S_f=\frac{Q^2}{A^2C^2R}$ 为摩擦阻力，其中 C 为谢才系数，R 为水力半径。

对于明渠，Ap 表示断面的总压力，如果渠道的过水面积为矩形，水深为 h，渠道宽度为 B，则 Ap 表示为

$$Ap=\frac{1}{2}\rho gBh^2 \tag{8.39}$$

对于圆形隧洞内的明渠流动，假设水深为 h，隧洞的直径为 d，则 Ap 表示为

$$Ap=\frac{1}{12}\rho g\left[(3d^2-4dh+4h^2)\sqrt{h(d-h)}-3d^2(d-2h)\arctan\frac{\sqrt{h}}{\sqrt{d-h}}\right] \tag{8.40}$$

以水头和流速表示的一维棱柱体有压管道非恒定流动连续性方程与动量方程为

$$\frac{\partial H}{\partial t}+V\frac{\partial H}{\partial x}+\frac{a^2}{g}\frac{\partial V}{\partial x}=-VS_0 \tag{8.41}$$

$$\frac{\partial V}{\partial t}+g\frac{\partial H}{\partial x}+V\frac{\partial V}{\partial x}=-gS_f \tag{8.42}$$

式中：H 是测压管水头；V 是流速；g 是重力加速度；a 为水体中的波速；S_0 是渠道底部的坡度；S_f 是摩擦阻力。

2. 求解方法

此处给出的求解方法是指单一的有压管道或明渠控制方程的有限体积求解方法，不包含明满流分界面，该分界面将作为边界条件予以处理。

采用如下 Godunov 格式求解明渠浅水方程及水锤方程：

$$\boldsymbol{U}_i^{n+1}=\boldsymbol{U}_i^n-\frac{\Delta t}{\Delta x}(\boldsymbol{F}_{i+1/2}-\boldsymbol{F}_{i-1/2})+\Delta t\boldsymbol{S}_i \tag{8.43}$$

式中：上标 n 和 $n+1$ 为时间步数，分别代表 t 和 $t+1$ 时刻；Δt 和 Δx 分别表示时间步长和网格大小；下标 i 代表网格编号；$\boldsymbol{U}$ 为计算变量，对于明渠，$\boldsymbol{U}$ 为过水面积 A 和流量 Q，对于有压管道，$\boldsymbol{U}$ 为测压管水头 H 和流速 V；$\boldsymbol{F}$ 为界面数值通量；下标 $i-1/2$ 和 $i+1/2$ 代表网格 i 左边界和右边界的界面编号。

Harten 等[14] 提出了 Riemann 问题的近似解格式，该格式可以直接得到通量，其表达式为

$$\boldsymbol{F}_{i+1/2}=\begin{cases}\boldsymbol{F}_{\mathrm{L}}, & 0\leqslant \mathrm{S_L}\\ \boldsymbol{F}^{\mathrm{hll}}, & \mathrm{S_L}\leqslant 0\leqslant \mathrm{S_R}\\ \boldsymbol{F}_{\mathrm{R}}, & 0\geqslant \mathrm{S_R}\end{cases} \tag{8.44}$$

式中

$$\boldsymbol{F}^{\text{hll}} = \frac{S_{\text{R}}\boldsymbol{F}_{\text{L}} - S_{\text{L}}\boldsymbol{F}_{\text{R}} + S_{\text{L}}S_{\text{R}}(\boldsymbol{U}_{\text{R}} - \boldsymbol{U}_{\text{L}})}{S_{\text{R}} - S_{\text{L}}}$$

$$S_{\text{L}} = \min(V_{\text{L}} - C_{\text{L}}, V_{*} - C_{*}) \quad S_{R} = \min(V_{\text{R}} + C_{\text{R}}, V_{*} + C_{*})$$

$$V_{*} = \frac{1}{2}(V_{\text{L}} + V_{\text{R}}) + C_{\text{L}} - C_{\text{R}} \quad h_{*} = \frac{1}{g}\left[\frac{1}{2}(C_{\text{L}} + C_{\text{R}}) + \frac{1}{4}(V_{\text{L}} - V_{\text{R}})\right]^{2}$$

其中：V 为流速；C 为明渠或者有压管道的波速；下标 L 和 R 为通量界面左右网格。

对于明渠，连续性方程(8.37) 和动量方程(8.38) 均为守恒形式，可以直接计算界面通量，波速通过水深计算得

$$C_{\text{L}} = \sqrt{gh_{\text{L}}} \tag{8.45}$$

$$C_{\text{R}} = \sqrt{gh_{\text{R}}} \tag{8.46}$$

对于干湿边界条件，如果左边网格的水深等于 0，则

$$S_{\text{L}} = V_{\text{R}} - 2\sqrt{gH_{\text{R}}} \tag{8.47}$$

$$S_{\text{R}} = V_{\text{R}} + \sqrt{gH_{\text{R}}} \tag{8.48}$$

如果右边网格的水深等于 0，则

$$S_{\text{L}} = V_{\text{L}} - \sqrt{gH_{\text{L}}} \tag{8.49}$$

$$S_{\text{R}} = V_{\text{L}} + 2\sqrt{gH_{\text{L}}} \tag{8.50}$$

源项采取控制网格的中心值近似的方法计算。

对于有压管道，式(8.41) 和式(8.42) 均不是守恒形式，采用近似等价的方法将其中的非线性项用已知值代替，转换为式(8.51) 和式(8.52) 所示的守恒形式：

$$\frac{\partial H}{\partial t} + \frac{\partial\left(\overline{V}H + \frac{a^{2}}{g}V\right)}{\partial x} = -VS_{0} \tag{8.51}$$

$$\frac{\partial V}{\partial t} + \frac{\partial(gH + \overline{V}V)}{\partial x} = -gS_{f} \tag{8.52}$$

以上两式中，$\overline{V}$ 是已知流速，可以通过取上一时刻界面两侧网格的平均值得到，然后采用式(8.44) 可以计算式(8.51) 和式(8.52) 中的通量。对于有压管道，式(8.44) 中的波速是水击波的波速，为已知常量，即

$$C_{\text{L}} = a \tag{8.53}$$

$$C_{\text{R}} = a \tag{8.54}$$

式(8.51) 和式(8.52) 中的源项采取控制网格的中心值近似的方法计算。

8.4.2　边界条件

镜像法和直接计算数值通量法是数学模型的边界条件实现的两种主要方式。镜像法在结构网格中运用较广，直接计算数值通量法被广泛运用于非结构网格[15-17]。在此采用直接计算数值通量的方式实现边界条件，其关键为计算边界处的水深、流量等参数。

1. 明渠急流边界条件

根据水波动力学理论，当渠道中的流速大于波速时，流动状态为急流，波动不能向上游传播，如果渠道出口的流态为急流，出口处的水力要素不能对上游的计算区域产生扰

动。因此,急流出口边界处的参数与所在网格上一时刻的中心值相同,即

$$h_{N+1/2}^{n+1} = h_N^n \tag{8.55}$$

$$V_{N+1/2}^{n+1} = V_N^n \tag{8.56}$$

式中:V_N^n 和 h_N^n 为与边界面所在网格中心上一时刻的流速和水位;$V_{N+1/2}^{n+1}$ 和 $h_{N+1/2}^{n+1}$ 为出口边界面上的流速和水深。

2. 明渠缓流边界条件

如果为出口边界条件,根据浅水方程波动理论,由一维明渠控制方程的Riemann不变量可得

$$V_{N+1/2}^{n+1} + 2\sqrt{gh_{N+1/2}^{n+1}} = V_N^n + 2\sqrt{gh_N^n} \tag{8.57}$$

式中:V_N^n 和 h_N^n 为与边界面所在网格中心上一时刻的流速和水位;$V_{N+1/2}^{n+1}$ 和 $h_{N+1/2}^{n+1}$ 为边界面上的流速和水深,为未知值,当边界上的流速或者水位已知时,可以求出水深或者流速,进而得到边界面上的数值通量。

如果为渠道进口边界条件,则边界方程为

$$V_{1/2}^{n+1} - 2\sqrt{gh_{1/2}^{n+1}} = V_1^n - 2\sqrt{gh_1^n} \tag{8.58}$$

式中:V_1^n 和 h_1^n 为与边界面所在网格中心上一时刻的流速和水位;$V_{1/2}^{n+1}$ 和 $h_{1/2}^{n+1}$ 为边界面上的流速和水深。

3. 有压流进出口边界条件

对于有压管道进口的边界条件,第一个网格左边界上 $n+1$ 时刻的流量,测压管水头与第一个网格中心 n 时刻的流量和水头存在如下的关系式:

$$H_{1/2}^{n+1} - \frac{a}{g}V_{1/2}^{n+1} = H_1^n - \frac{a}{g}V_1^n \tag{8.59}$$

式中:a 为波速;g 为重力加速度。如果上游边界面上的流速 $V_{1/2}^{n+1}$ 或压力 $H_{1/2}^{n+1}$ 已知,则联立式(8.59)可以求解出边界面上的参数,进一步求解边界面上的通量。

对于下游边界,最后一个网格右边界上的流量,压力与最后一个网格中心 n 时刻的流量和压力存在如下的关系式:

$$H_{N+1/2}^{n+1} + \frac{a}{g}V_{N+1/2}^{n+1} = H_N^n + \frac{a}{g}V_N^n \tag{8.60}$$

如果下游边界面上的流速 $V_{N+1/2}^{n+1}$ 或压力 $H_{N+1/2}^{n+1}$ 已知,则联立式(8.60)可以求解出边界面上的参数,近一步求解边界面上的通量。

4. 通气孔边界条件

对于图 8.12 所示的通气孔,其左右管道内的水流可能同时为明渠流动,同时为有压流动,或者一侧为有压流动而另一侧为明渠流动。

(1) 当通气孔内的水位高于所在位置洞顶高程时,左右两侧均为有压流动(图 8.12(a)),通气孔边界处未知量共有 6 个,分别是流入通气孔的流量 Q_T^{n+1} 和水位 Z_T^{n+1},与通气孔相连左边管道的流量 Q_{1b}^{n+1} 和测压管水头 H_{1b}^{n+1},右边管道的流量 Q_{2b}^{n+1} 和测压管水头 H_{2b}^{n+1}。一共可以列出如下 6 个方程:式(8.61)为节点处流量连续性方程,式(8.62)为流入通气孔流量与水位关系方程,式(8.63)和式(8.64)为通气孔左右管道特征方程,式(8.65)和式(8.66)为管道边界测压管水头与通气孔水位的关系方程,其忽略了水流流进和流出通气孔的阻抗损失。求

解式(8.61)～式(8.66)得到通气孔处计算时刻的水位以及左右网格界面的数值通量。

$$Q_{1b}^{n+1}=Q_{2b}^{n+1}+Q_{T}^{n+1} \tag{8.61}$$

$$\frac{(Q_{T}^{n+1}+Q_{T}^{n})\Delta t}{2A_{T}}=Z_{T}^{n+1}-Z_{T}^{n} \tag{8.62}$$

$$H_{1b}^{n+1}+\frac{a}{gA_{1}}Q_{1b}^{n+1}=H_{1}^{n}+\frac{a}{gA_{1}}Q_{1}^{n} \tag{8.63}$$

$$H_{2b}^{n+1}-\frac{a}{gA_{2}}Q_{2b}^{n+1}=H_{2}^{n}-\frac{a}{gA_{2}}Q_{2}^{n} \tag{8.64}$$

$$H_{1b}^{n+1}=Z_{T}^{n+1} \tag{8.65}$$

$$H_{2b}^{n+1}=Z_{T}^{n+1} \tag{8.66}$$

式(8.61)～式(8.66)中，上标 $n+1$ 表示计算的当前时刻，为未知值，n 为上一计算时刻，为已知值；下标 1 表示通气孔左边管道网格中心；1b 表示网格与通气孔相连的边界；下标 2 表示通气孔右边管道网格中心；2b 表示右边网格与通气孔相连的边界；A_T 为通气孔的面积，A_1 和 A_2 分别为通气孔左边和右边管道的过水面积。

(2) 在某个特殊的过渡时刻，通气孔左右管道的流态可能不一致，如左侧为有压流动而右侧为明渠流动(图 8.12(b))，此时左侧网格提供有压流动的特征方程，右侧网格提供明渠流动的特征方程，将式(8.64)用式(8.57)代替，求解方程组得到通气孔处计算时刻的水位以及左右网格界面的数值通量。

(3) 当通气孔水位低于所在位置洞顶高程时，左右两侧均为明渠流动，通气孔不发挥作用，此时通气孔边界条件等效于明渠内部边界条件。

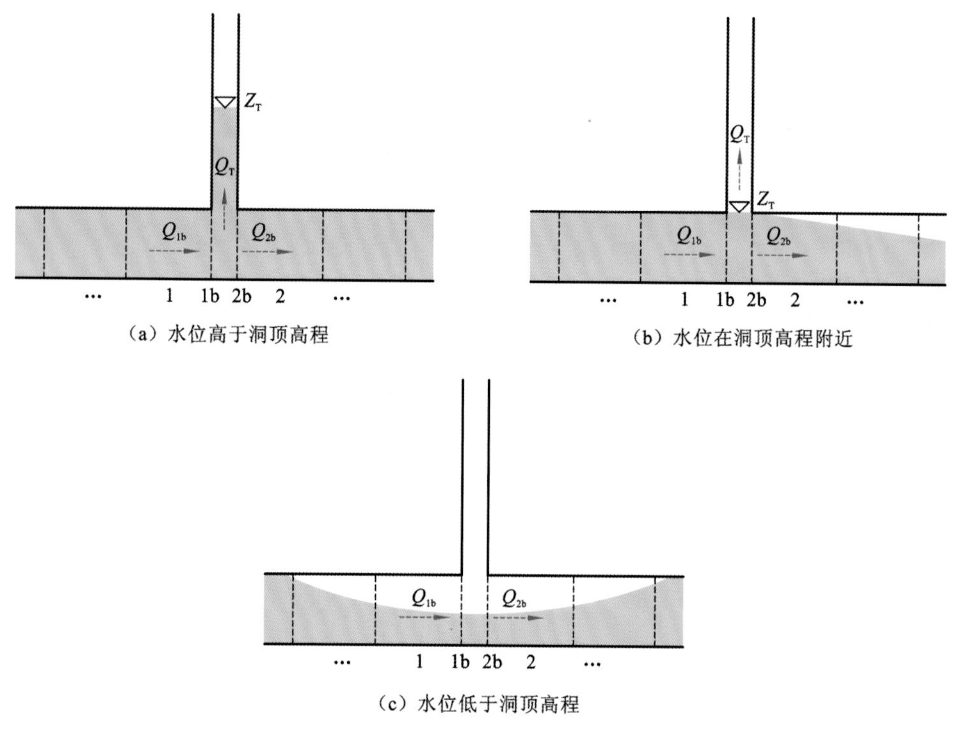

图 8.12　通气孔边界

5. 明满交界面边界条件

当网格内同时存在有压流和明渠流时，网格边界的数值通量需要根据两侧的流动状态确定。依据 Leon[19]、Song[5]、Cardle[18] 和 Bourdarias[20] 等明满交替分界面处各参数的确定方法，根据分界面在有压区域和明渠区域之间的移动方向分为两类来估算分界面的流动参数。

1）明满分界面由有压流区域向明渠区域移动

明满流分界面从有压流区域向明渠流区域移动，在这种情况下，穿越过正激波面的水流与可压缩气体中的激波类似，流动从急流或超声速流动转变为缓流或者亚声速流动，其传播如图 8.13 所示。

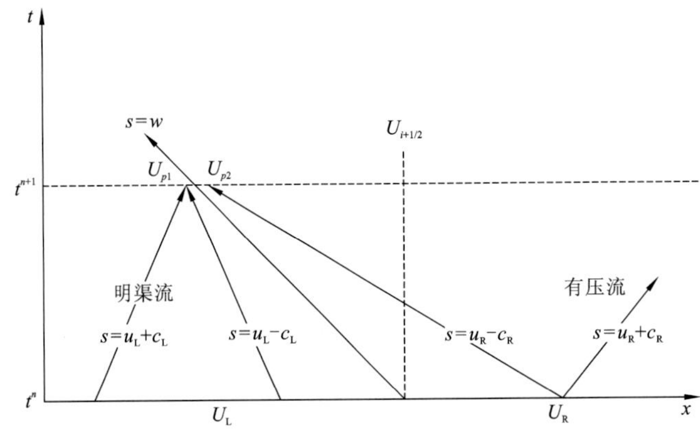

图 8.13 分界面从有压流区域向明渠流区域移动

为了能够得到在计算时刻网格边界 $i+1/2$ 处的变量来计算通量，计算在网格边界左右的流动变量分别为 U_{p1}^{n+1} 和 U_{p2}^{n+1}。由于采用了激波捕捉法来获得明满流的交界面，交界面的位置及所处的网格与上一个时刻是一样的。在网格边界 $i+1/2$ 处，上一个计算时刻的变量为 U_L^n 和 U_R^n，为已知值。为了得到计算时刻的变量 $U_{i+1/2}^{n+1}$，只需要确定 U_{p2}^{n+1} 的值，因为 $U_{i+1/2}^{n+1}=U_{p2}^{n+1}$。然而 U_{p2}^{n+1} 的值与 U_{p1}^{n+1} 的值以及明满分界面的移动速度 w^{n+1} 有关。因此，在计算时刻 5 个未知量分别为明满分界面左侧 $p1$ 处的 A_{p1}^{n+1} 和 Q_{p1}^{n+1}，右侧 $p2$ 处的 H_{p2}^{n+1} 和 V_{p2}^{n+1}，以及 w^{n+1}。而在明渠测的流动未受到扰动之前，其流动变量与上一个时刻相同，即 A_{p1}^{n+1} 和 Q_{p1}^{n+1} 为已知值，因此三个未知数需要三个方程才能求解，其中两个方程来自明满分界面左右两侧的连续性方程和动量方程，即

$$A_{p2}^{n+1}(V_{p2}^{n+1}-w^{n+1})=A_{p1}^{n+1}\left(\frac{Q_{p1}^{n+1}}{A_{p1}^{n+1}}-w^{n+1}\right) \tag{8.67}$$

$$g(A_{p1}^{n+1}y_{p1}^{n+1}-A_{p2}^{n+1}H_{p2}^{n+1})=A_{p2}^{n+1}(V_{p2}^{n+1}-w^{n+1})\left(V_{p2}^{n+1}-\frac{Q_{p1}^{n+1}}{A_{p1}^{n+1}}\right) \tag{8.68}$$

第三个方程来自有压流动区域的特征方程：

$$H_{p2}^{n+1}-\frac{a}{g}V_{p2}^{n+1}=H_R^n-\frac{a}{g}V_R^n \tag{8.69}$$

式中：w 为明满分界面的移动速度；H 为有压管道测压管水头；V 为流速；a 和 g 分别为有压流动波速和重力加速度；A_{p2}^{n+1} 为有压管道过流面积，为已知值；y_{p1}^{n+1} 为明渠侧水面到断

面形心的距离。

对于矩形渠道，假设渠道宽度为 B，水深为 h，Ay 表示为

$$Ay = \frac{1}{2}Bh^2 \tag{8.70}$$

对于圆形渠道，假设水深为 h，隧洞的直径为 d，则 Ay 表示为

$$Ay = \frac{1}{12}\left[(3d^2 - 4dh + 4h^2)\sqrt{h(d-h)} - 3d^2(d-2h)\arctan\frac{\sqrt{h}}{\sqrt{d-h}}\right] \tag{8.71}$$

当明满流部分的流动为急流时，仍然采用相同的处理方法，因为对于正激波，网格界面的通量不受明渠流动类型的影响[19]。

2）明满分界面由明渠区域向有压流区域移动

图 8.14 所示为 Leon 等[19] 用于描述明满分界面由明渠区域向上游有压流区域流动的简图。

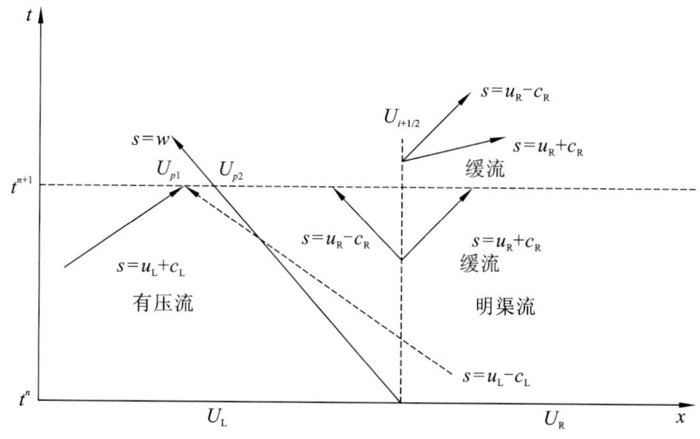

图 8.14　分界面从明渠流区域向有压流区域移动

为了得到计算时刻明满交界网格边界 $i+1/2$ 上的通量，需要得到该界面上的流动参数。由图 8.12 可知，在计算的时间步长内，网格边界上的参数等于分界面右边的参数 U_{p2}^{n+1}，而在明满交界面上，U_{p2}^{n+1} 与明满交界面左侧的流动状态 U_{p2}^{n+1} 和分界面的移动速度 w^{n+1} 相关，因此在明满交界面上，依然为 5 个未知数，即 H_{p1}^{n+1}、V_{p1}^{n+1}、A_{p2}^{n+1}、Q_{p2}^{n+1} 以及波速 w^{n+1}。明满交界面有压流侧可以列出一个特征方程：

$$H_{p1}^{n+1} + \frac{a}{g}V_{p1}^{n+1} = H_L^n + \frac{a}{g}V_L^n \tag{8.72}$$

而在明满分界面下游侧的明流区域，无论明流区域是缓流还是急流，特征线均不能达到明满交接面，因此不能列出明渠区域的特征方程。在明满流分界面左右两侧，同样可以列出与式(8.67) 和式(8.68) 相似的弱解形式的明满流连续性方程和动量方程。

Cardie 等[21] 通过实验得出分界面的移动速度 w^{n+1} 为接近一个常数，采用上一时间步长的流动变量计算得到的分界面移动速度作为计算时刻的 w^{n+1}，因此还需补充一个方程。连接明满分界面左右两侧的能量方程常被用来封闭方程组，表达式如下：

$$\frac{(V_{p1}^{n+1} - w^{n+1})^2}{2g} + H_{p1}^{n+1} = \frac{(V_{p2}^{n+1} - w^{n+1})^2}{2g} + h_{p2}^{n+1} \tag{8.73}$$

式中：V 为流速；H 为有压流动测压管水头；h 为明渠水深。求解方程组可以得到 A_{p2}^{n+1} 和 Q_{p2}^{n+1}，从而得到网格边界 $i+1/2$ 处的 $A_{i+1/2}^{n+1}$ 和 $Q_{i+1/2}^{n+1}$，进而计算界面通量。

8.5 气液两相流数学模型

从物理意义上说，无论明满混合流还是明满交替流均属于气液两相流。因此，有必要对一维气液两相流数学模型做相应的介绍，以便为分析明满交替流中流态转换、气囊运动等问题奠定理论基础。

8.5.1 一维气液两相流的基本方程

对于一维等熵的气液两相流，其基本方程为[22]

$$\frac{\partial}{\partial t}(A\alpha_K\rho_K)+\frac{\partial}{\partial x}(A\alpha_K\rho_K u_K)=AM_{KI} \tag{8.74}$$

$$\frac{\mathrm{D}_K u_K}{\mathrm{D}t}+\frac{1}{\rho_K}\frac{\partial p_K}{\partial x}+\frac{p_K-p_I}{\alpha_K\rho_K}\frac{\partial\alpha_K}{\partial x}=\frac{1}{\alpha_K\rho_K}[(u_{KI}-u_K)M_{KI}+M_K-F_{WK}]-g\sin\theta \tag{8.75}$$

界面的跃迁条件为

$$\sum_K M_{KI}=0 \tag{8.76}$$

$$\sum_K(u_{KI}M_{KI}+M_K)=0 \tag{8.77}$$

式中：下标 K 表示 K 相，K 为 G 时表示气相，K 为 L 时表示液相；I 表示界面；ρ 是密度；u 是流速；x 为任意起点开始的沿管轴线的距离；p 是压力；α_K 是 K 相所占的体积与总体积之比；A 是管道断面面积；M_{KI} 是单位体积内 K 相的质量相变率；M_K 是 K 相的单位体积界面力；F_{WK} 为 K 相摩阻；θ 为一维管道轴线与水平线的夹角。

K 相的单位体积界面力 M_K 是另一相作用在此相的力，它包含界面阻力 F_D 和虚拟质量力 F_{vm}。

界面阻力的表达式：

$$M_L=-M_G=\alpha_G(F_D+F_{vm}) \tag{8.78}$$

虚拟质量力由式(8.79)表达[23]：

$$\begin{aligned}F_{vm}&=\rho_L C_{vm}a_{vm}=\rho_L C_{vm}\left\{\frac{\partial(u_G-u_L)}{\partial t}+u_G\frac{\partial(u_G-u_L)}{\partial x}\right.\\&\quad\left.+(u_G-u_L)\left[(\lambda-2)\frac{\partial u_G}{\partial x}+(1-\lambda)\frac{\partial u_L}{\partial x}\right]\right\}\\&=\rho_L C_{vm}\left\{\frac{\partial u_G}{\partial t}+\left[u_L-(1-\lambda)(u_G-u_L)\right]\frac{\partial u_G}{\partial x}\right\}\\&\quad-\rho_L C_{vm}\left\{\frac{\partial u_L}{\partial t}+\left[u_G-(1-\lambda)(u_G-u_L)\right]\frac{\partial u_L}{\partial x}\right\}\end{aligned} \tag{8.79}$$

式中：C_{vm} 是虚拟质量系数，其变化范围为 0 到 ∞；a_{vm} 为虚拟波速；λ 是与 α_G 有关的由实验研究的任意参数：

$$\begin{cases}\lim\limits_{\alpha_G\to 0}\lambda(\alpha_G)=2\\ \lim\limits_{\alpha_G\to 1}\lambda(\alpha_G)=0\end{cases}\tag{8.80}$$

若气相是分布在液相之中的离散相,则界面阻力[24]表示为

$$F_D=\frac{3}{4}C_d\frac{\rho_L}{2\overline{R}_L}(u_G-u_L)\left|u_G-u_L\right|\tag{8.81}$$

式中:$\overline{R}_L$ 是离散相的平均半径;C_d 是界面阻力系数。

从式(8.74)～式(8.81)中可以看出,在一维气液两相流基本方程中共有 20 个变量和 3 个系数,因此需要根据研究对象的主要特征来补充方程,封闭方程组。表 8.1 给出了方程组封闭的一般规律,对于明满交替流所形成的流态,其方程组封闭问题将在后述中详细讨论。

表 8.1　一维气液两相流方程组的封闭

方程组中出现的变量	个数	相应的方程
ρ_K、u_K、p_K	6	4 个守恒方程 2 个状态方程
α_K	2	1 个空穴率的规律 1 个 $\alpha_G+\alpha_L=1$
M_{KI}	2	1 个界面跃迁条件 1 个界面质量传递规律
u_{KI}、F_{DK}、F_{vmK}	6	1 个跃迁条件 2 个关系式 $M_L=-M_G$　$F_{vmL}=-F_{vmG}$ 3 个界面动量传递规律
F_{WK}	2	2 个壁动量传递规律
p_I	1	1 个平均界面压力规律
$\overline{R}_L$	1	1 个离散相平均半径的规律

最后指出,若不分别考虑气液两相的速度,不考虑有关的界面现象,那么式(8.74)和式(8.75)很容易简化为一维气液两相流均质流模型,即第 7 章中介绍的三方程模型:

$$\frac{\partial}{\partial t}(\alpha\rho_G A)+\frac{\partial}{\partial x}(\alpha\rho_G Au)=A\dot{m}\tag{8.82}$$

$$\frac{\partial}{\partial t}[(1-\alpha)\rho_L A]+\frac{\partial}{\partial x}[(1-\alpha)\rho_L Au]=-A\dot{m}\tag{8.83}$$

$$\frac{\mathrm{D}u}{\mathrm{D}t}+\frac{1}{\rho_m}\frac{\partial p}{\partial x}=-\frac{f}{2D}u\left|u\right|-g\sin\theta\tag{8.84}$$

式中:$\rho_m=(1-\alpha)\rho_L+\alpha\rho_G$;$D$ 是管子直径;f 是摩阻系数;$\dot{m}$ 是单位体积的气相相变率。

8.5.2　基本方程的特征值——压力波和界面波

改写式(8.74)和式(8.75)得出

$$\frac{\mathrm{D}_K\alpha_K}{\mathrm{D}t}+\frac{\alpha_K}{\rho_K a_K^2}\frac{\mathrm{D}_K p_K}{\mathrm{D}t}+\alpha_K\frac{\partial u_K}{\partial x}=\frac{M_{KI}}{\rho_K}\tag{8.85}$$

$$\frac{\mathrm{D}_K u_K}{\mathrm{D}t}+\frac{1}{\rho_K}\frac{\partial p_K}{\partial x}+\frac{(p_K-p_I)}{\alpha_K\rho_K}\frac{\partial \alpha_K}{\partial x}-\frac{\alpha_G F_{vmK}}{\alpha_K\rho_K}$$
$$=\frac{1}{\alpha_K\rho_K}[(u_{KI}-u_K)M_{KI}+\alpha_G F_{DK}-F_{WK}]-g\sin\theta \tag{8.86}$$

式中：$a_K=\sqrt{\dfrac{1}{\left(\dfrac{1}{K_K}+\dfrac{DC_1}{eE}\right)\rho_K}}$ 是 K 相的声速；$\dfrac{\mathrm{D}_K}{\mathrm{D}t}=\dfrac{\partial}{\partial t}+u_K\dfrac{\partial}{\partial x}$。

假设 $\dfrac{\mathrm{D}_G p_G}{\mathrm{D}t}=\dfrac{\mathrm{D}_G p_L}{\mathrm{D}t}$，$\dfrac{\partial p_G}{\partial x}=\dfrac{\partial p_L}{\partial x}$，将上述的假设以及 F_{vm} 的表达式和 $F_{vmL}=-F_{vmG}$ 的关系式代入式(8.85)和式(8.86)，整理后可得出下面的矩阵方程：

$$\boldsymbol{A}\frac{\partial \overline{\boldsymbol{U}}}{\partial t}+\boldsymbol{B}\frac{\partial \overline{\boldsymbol{U}}}{\partial x}=\boldsymbol{D} \tag{8.87}$$

式中：$\overline{\boldsymbol{U}}=(u_L,u_G,p_L,\alpha)^{\mathrm{T}}$。

$$\boldsymbol{A}=\begin{bmatrix} 0 & 0 & \dfrac{\alpha}{\rho_G a_G^2} & 1 \\ 0 & 0 & \dfrac{1-\alpha}{\rho_L a_L^2} & -1 \\ \mathrm{aa}_1 & \mathrm{aa}_3 & 0 & 0 \\ \mathrm{bb}_3 & \mathrm{bb}_1 & 0 & 0 \end{bmatrix} \tag{8.88}$$

其中：$\mathrm{aa}_1=-\dfrac{\rho_L}{\rho_G}C_{vm}$；$\mathrm{aa}_3=1+\dfrac{\rho_L}{\rho_G}C_{vm}$；$\mathrm{bb}_1=-\dfrac{\alpha}{1-\alpha}C_{vm}$；$\mathrm{bb}_3=1+\dfrac{\alpha}{1-\alpha}C_{vm}$。

$$\boldsymbol{B}=\begin{bmatrix} 0 & \alpha & \dfrac{\alpha}{p_G a_G^2}u_G & u_G \\ 1-\alpha & 0 & \dfrac{1-\alpha}{\rho_L a_L^2}u_L & -u_L \\ \mathrm{aa}_2 & \mathrm{aa}_4 & \dfrac{1}{\rho_G} & \dfrac{p_G-p_I}{\alpha\rho_G} \\ \mathrm{bb}_4 & \mathrm{bb}_2 & \dfrac{1}{\rho_L} & \dfrac{-(p_L-p_I)}{(1-\alpha)\rho_L} \end{bmatrix} \tag{8.89}$$

其中

$$\mathrm{aa}_2=-\frac{\rho_L}{\rho_G}C_{vm}[u_G-(1-\lambda)(u_G-u_L)],\ \mathrm{aa}_4=u_G+\frac{\rho_L}{\rho_G}C_{vm}[u_L-(1-\lambda)(u_G-u_L)]$$

$$\mathrm{bb}_2=-\frac{\alpha}{1-\alpha}C_{vm}[u_L-(1-\lambda)(u_G-u_L)],\ \mathrm{bb}_4=u_L+\frac{\alpha}{1-\alpha}C_{vm}[u_G-(1-\lambda)(u_G-u_L)]$$

$$\boldsymbol{D}=\begin{bmatrix} \dfrac{M_{GI}}{\rho_G} \\ -\dfrac{M_{GI}}{\rho_L} \\ \dfrac{1}{\alpha\rho_G}[(u_{KI}-u_G)M_{GI}+\alpha F_{DG}-F_{WG}]-g\sin\theta \\ \dfrac{1}{(1-\alpha)\rho_L}[-(u_{KI}-u_L)M_{GI}+\alpha F_{DL}-F_{WL}]-g\sin\theta \end{bmatrix} \tag{8.90}$$

这组方程的性质可以由特征行列式 $\| \boldsymbol{B} - v\boldsymbol{A} \|$ 的特征值决定：

$$\begin{vmatrix} 0 & \alpha & \dfrac{\alpha}{\rho_G a_G^2}(u_G - v) & (u_G - v) \\ 1-\alpha & 0 & \dfrac{1-\alpha}{\rho_L a_L^2}(u_L - v) & -(u_L - v) \\ aa_2 - aa_1 v & aa_4 - aa_3 v & \dfrac{1}{\rho_G} & \dfrac{p_G - p_I}{\alpha\rho_G} \\ bb_4 - bb_3 v & bb_2 - bb_1 v & \dfrac{1}{\rho_L} & -\dfrac{p_L - p_I}{(1-\alpha)\rho_L} \end{vmatrix} = 0 \tag{8.91}$$

令 $y_G = u_G - v, y_L = u_L - v$ 和 $C = C_{vm}(1-\lambda)(u_G - u_L)$，于是式(8.91) 变成

$$\begin{aligned} &\left(\frac{\alpha}{\rho_G a_G^2} + \frac{1-\alpha}{\rho_L a_L^2}\right)\left(\frac{\alpha}{1-\alpha}C_{vm} y_G^3 y_L + \frac{\rho_L}{\rho_G}C_{vm} y_G y_L^3 + y_G^2 y_L^2\right) \\ &- \left(\frac{\alpha}{\rho_G a_G^2} + \frac{1-\alpha}{\rho_L a_L^2}\right)\left(\frac{\alpha}{1-\alpha}y_G^2 y_L + \frac{\rho_L}{\rho_G}y_G y_L^2\right)C - \left[\frac{\alpha(p_L - p_I)}{\rho_G\rho_L a_G^2} + \frac{1-\alpha}{\rho_L}\right]y_G^2 \\ &- \left[\frac{(1-\alpha)(p_G - p_I)}{\rho_G\rho_L a_L^2} + \frac{\alpha}{\rho_G}\right]y_L^2 - \left[\frac{\alpha(p_L - p_G)}{\rho_G^2 a_G^2} - \frac{\alpha(p_L - p_G)}{\rho_G\rho_L a_L^2} + \frac{1}{(1-\alpha)\rho_G}\right]C_{vm} y_G y_L \\ &+ \left[\frac{\alpha(p_L - p_G)}{\rho_G^2 a_G^2} + \frac{1}{\rho_G}\right]y_G C - \left[\frac{\alpha(p_L - p_G)}{\rho_G\rho_L a_L^2} - \frac{\alpha}{(1-\alpha)\rho_G}\right]y_L C \\ &+ \frac{\alpha(p_L - p_I) + (1-\alpha)(p_G - p_I)}{\rho_G\rho_L} = 0 \end{aligned} \tag{8.92}$$

应该指出，当 $p_L = p_G = p_I$ 时，式(8.92) 与文献[25] 中的方程(12) 是一致的。

通常式(8.92) 不可能得出简单的解析解，然而它的根具有一般的形式[26]：

$$v_{1,2} = u_m \pm v_m, \quad v_{3,4} = u_m^* \pm a_m^* \tag{8.93}$$

式中：$u_m \pm v_m$ 和 $u_m^* \pm a_m^*$ 分别代表界面波和压力波的传播速度。

对于不可压流动($\alpha_K(u_K - v)/\rho_G \ll a_G^2$)，界面波的传播速度为

$$u_m = \frac{(1-\alpha)\rho_G u_G + \alpha\rho_L u_L + [2u_L + \lambda(u_G - u_L)]C^*/2}{\rho^* + C^*} \tag{8.94}$$

$$v_m^2 = \frac{(\rho^* + C^*)p^* + \left[C^{*2}\lambda^2/4 + \alpha C^*(1-\lambda)\left(\dfrac{1-\alpha}{\alpha}C^* + \rho_L - \rho^*\right) - \alpha(1-\alpha)\rho_G\rho_L\right](u_G - u_L)^2}{(\rho^* + C^*)^2} \tag{8.95}$$

式中：$\rho^* = (1-\alpha)\rho_G + \alpha\rho_L$；$C^* = C_{vm}\rho_L/(1-\alpha)$；$p^* = (1-\alpha)(p_G - p_I) + \alpha(p_L - p_I)$。

根据式(8.95)，可以得出界面波的稳定性条件：

$$\frac{(\rho^* + C^*)p^* + \left[C^{*2}\lambda^2/4 + \alpha C^*\left(\dfrac{1-\alpha}{\alpha}C^* + \rho_L + \lambda\rho^*\right)\right](u_G - u_L)^2}{\left\{\alpha C^*\left[\lambda\left(\dfrac{1-\alpha}{\alpha}C^* + \rho_L\right) + \rho^*\right] + \alpha(1-\alpha)\rho_G\rho_L\right\}(u_G - u_L)^2} > 1 \tag{8.96}$$

由式(8.96) 可以看出，当 $p_I = p_G = p_L(p^* = 0)$，且 $u_G \neq u_L$、$\lambda = 1$ 时，C_{vm} 必须大于 $2(1-\alpha)\sqrt{\alpha(1-\alpha)\dfrac{\rho_G}{\rho_L}}$；反过来，当 $u_G = u_L$ 时，p^* 必须大于零，否则界面波是不稳定的。

当 $C_{vm}=0(C^*=0)$ 时，界面波速改写为

$$v_m=\frac{\dfrac{\rho_G u_G}{\alpha}+\dfrac{\rho_L u_L}{1-\alpha}}{\dfrac{\rho_G}{\alpha}+\dfrac{\rho_L}{1-\alpha}}\pm\left[\frac{-(u_L-u_G)^2}{\dfrac{\alpha}{\rho_G}+\dfrac{1-\alpha}{\rho_L}}+\left(\frac{p_G-p_I}{\alpha}-\frac{p_L-p_I}{1-\alpha}\right)\right]^{\frac{1}{2}}\left(\frac{p_L}{1-\alpha}+\frac{p_G}{\alpha}\right)^{-\frac{1}{2}} \tag{8.97}$$

式(8.97)与文献[11]中的动力波速(6.77)是一致的，于是这种流态的稳定性条件为

$$(u_L-u_G)^2<\left(\frac{p_G-p_I}{\alpha}-\frac{p_L-p_I}{1-\alpha}\right)\left(\frac{\alpha}{p_G}+\frac{1-\alpha}{p_L}\right) \tag{8.98}$$

即相与界面压力差不宜忽略。

另外，如果 u_G 近似等于 u_L，式(8.92)可以简化并求解：

$$[\alpha\rho_L a_L^2+(1-\alpha)\rho_G a_G^2]\left(\frac{\alpha}{1-\alpha}C_{vm}+\frac{\rho_L}{\rho_G}C_{vm}+1\right)y^4-[\alpha(p_L-p_I)a_L^2+(1-\alpha)(p_G-p_I)a_G^2$$
$$+(p^*+C^*)a_G^2a_L^2+\frac{\rho_L}{\rho_G}\alpha C_{vm}(p_L-p_G)a_L^2-\alpha C_{vm}(p_L-p_G)a_G^2]y^2+p^*a_G^2=0 \tag{8.99}$$

即 $A_0y^4+A_2y^2+A_4=0$，其根为

$$y_{1,2,3,4}=\pm\sqrt{\frac{-A_2\pm\sqrt{A_2^2-4A_0A_4}}{2A_0}} \tag{8.100}$$

式中：A_0 恒大于零。

根据物理性质，若该组偏微分方程组是双曲型的，则要求其特征行列式 $|\boldsymbol{B}-v\boldsymbol{A}|$ 有 4 个相异的实根。

为满足实根的要求，需满足下列不等式，即

$$\begin{cases}A_2^2\geqslant 4A_0A_4\\ A_0A_4\geqslant 0\\ A_2<0\end{cases},\quad A_4=p^*a_G^2a_L^2\geqslant 0,p^*\geqslant 0 \tag{8.101}$$

为不出现重根，必须 $p^*>0$，否则

$$y_{1,2}=\pm\sqrt{\frac{-A_2}{A_0}}=$$
$$\left\{\frac{\alpha(p_L-p_I)a_L^2+(1-\alpha)(p_G-p_I)a_G^2+(p^*+C^*)a_G^2a_L^2+\dfrac{\rho_L}{\rho_G}\alpha C_{vm}(p_L-p_G)a_L^2-\alpha C_{vm}(p_L-p_G)a_G^2}{-[\alpha\rho_La_L^2+(1-\alpha)\rho_Ga_G^2]\left(\dfrac{\alpha}{1-\alpha}C_{vm}+\dfrac{\rho_L}{\rho_G}C_{vm}+1\right)}\right\}^{\frac{1}{2}}$$

$$y_{3,4}=0 \tag{8.102}$$

即

$$v_{3,4}=u \tag{8.103}$$

由式(8.102)可知，当 $p_G=p_L=p_I$ 时，可得

$$a_m^*=\pm\left\{\frac{\dfrac{\rho_G}{\alpha}+\dfrac{\rho_L}{1-\alpha}+\dfrac{\rho_LC_{vm}}{\alpha(1-\alpha)^2}}{\left[\dfrac{1}{(1-\alpha)\rho_Ga_G^2}+\dfrac{1}{\alpha\rho_La_L^2}\right]\rho_G\rho_L\left[1+C_{vm}\left(\dfrac{\alpha}{1-\alpha}+\dfrac{\rho_L}{\rho_G}\right)\right]}\right\}^{\frac{1}{2}} \tag{8.104}$$

式(8.104) 为压力波的波速公式。

若 $C_{vm}=\infty$,则式(8.104) 可简化为

$$a_m^* = \pm\left\{[\alpha\rho_G+(1-\alpha)\rho_L]\left(\frac{\alpha}{\rho_G a_G^2}+\frac{1-\alpha}{\rho_L a_L^2}\right)\right\}^{-\frac{1}{2}} \tag{8.105}$$

式(8.105) 就是最常见的均质流模型的波速公式。

若 $C_{vm}=0$,则式(8.104) 又可简化为

$$a_m^* = \pm\left[\frac{\rho_G\rho_L}{(1-\alpha)\rho_G+\alpha\rho_L}\left(\frac{\alpha}{\rho_G a_G^2}+\frac{1-\alpha}{\rho_L a_L^2}\right)\right]^{-\frac{1}{2}} \tag{8.106}$$

式(8.106) 就是最常见的分离流模型的波速公式。

8.5.3　数值计算与讨论

为了进一步描述上述方程组的性质,并讨论气液两相流的压力波、界面波以及流动的稳定性。下面将给出式(8.93)、式(8.94)、式(8.95)、式(8.100) 和式(8.104) 的数值计算结果。

令 $F(v)$ 为式(8.94),于是

$$v_i = f(C_{vm},\lambda,\alpha,p_I,\rho_G,\rho_L,a_G,a_L,u_G,u_L,p_G,p_L),\quad i=1,2,3,4 \tag{8.107}$$

在此应该注意,下标 G 表示气体和蒸汽之和,即气相压力:

$$p_G = p_g + p_v \tag{8.108}$$

式中:p_g 表示气体分压;p_v 表示蒸汽分压。

那么气相的密度,可以采用混合气体的理想状态方程:

$$\rho_G = \frac{p_v\mu_v+(p_G-p_v)\mu_g}{\bar{R}T} \tag{8.109}$$

式中:μ_g、μ_v 分别表示气体和蒸汽的克分子量;$\bar{R}$ 是普适气体常数;T 是热力学温度。

为了讨论的方便起见,假设

$$p_L = p_I \tag{8.110}$$

$$p_G = p_L + \frac{2\sigma}{R_G} \tag{8.111}$$

式中:R_G 为气泡半径;并且认为 ρ_L、a_G、a_L、p_v 是常数。在数值计算中分别取值 $\rho_L=1000\ \text{kg/m}^3$,$a_G=287.5\ \text{m/s}$,$a_L=1308\ \text{m/s}$ 和 $p_v=2400\ \text{N/m}^2$。

下面,首先讨论是否忽略相与界面压力差的区别,图 8.15 给出了 $\sigma=0$ 和 $\sigma=7.28\times10^{-2}\ \text{N/m}$ 的结果。从中可以看出:

(1) 当 $\sigma=0$,并且 $C_{vm}\leqslant 0.025$ 时,只有 2 个实根;但是当 $\sigma=7.28\times10^{-2}\ \text{N/m}$ 时,即使 $C_{vm}=0$,也有 4 个实根。

(2) 即使 $C_{vm}\geqslant 0.1$,v_3 和 v_4 的数值对于 $\sigma=0$ 和 $\sigma\neq 0$ 两种情况是显然不同的,并且为 $\sigma\neq 0$ 时,v_3 或 v_4 是完全不等于液相或气相的流速。

(3) 对于 $\sigma=0$ 和 $\sigma\neq 0$,无论 C_{vm} 或大或小,v_1 和 v_2 的绝对值近似相同。

(4) $\sigma=0$ 的结果与文献[25] 的结果一致,这再次表明文献[25] 是本节的特例。

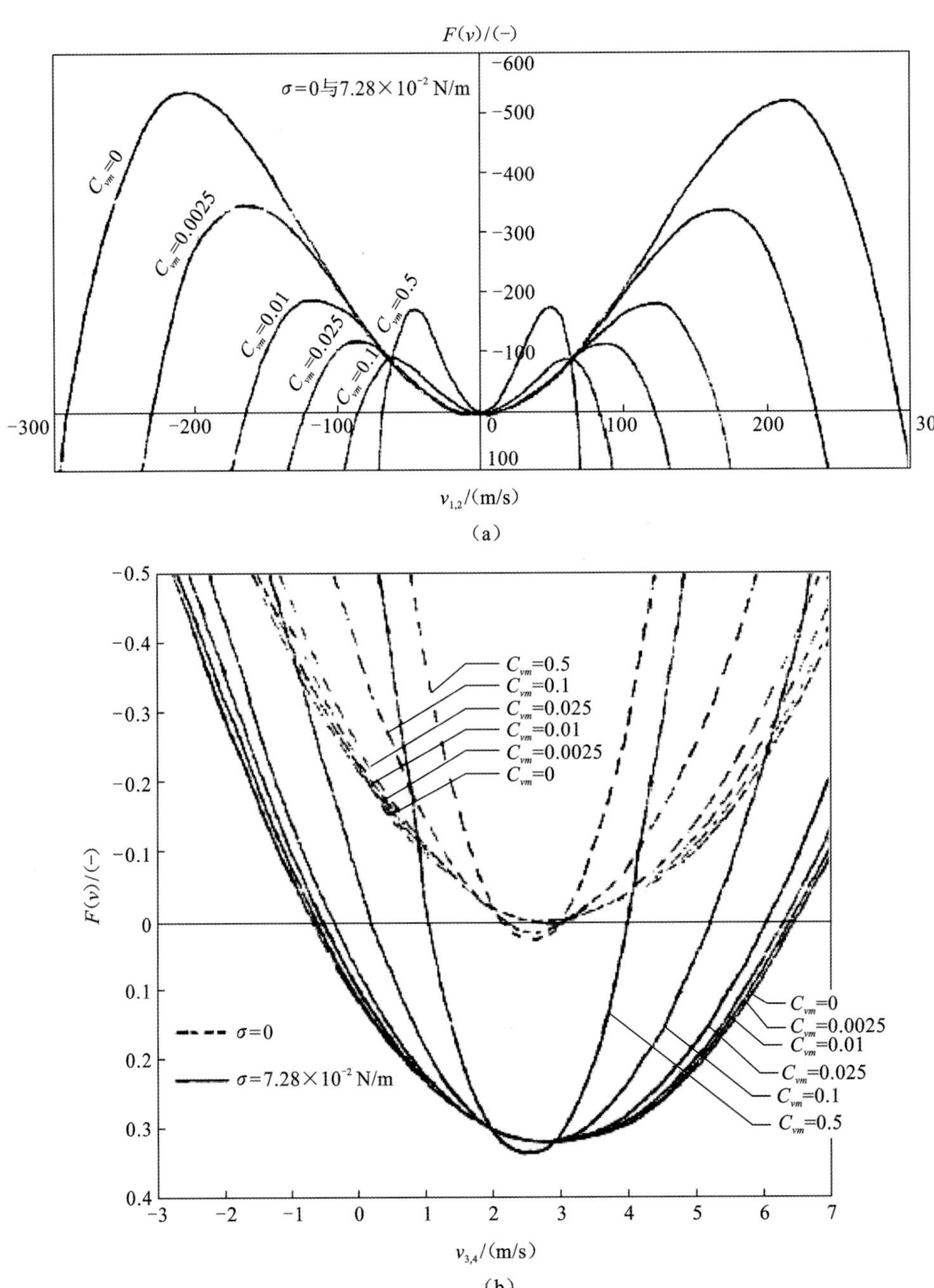

图 8.15　相与界面的压力差和虚拟质量系数的变化对 $F(v_i)$ 的影响

$u_G = 2$ m/s, $u_L = 3$ m/s, $p_L = 3.55 \times 10^5$ N/m^2, $\lambda = 1$, $\alpha = 0.1$, $R = 0.0001$ m

其次，将讨论参数 C_{vm}、λ、α、p_L 和 R_G 对方程组的特征值的作用，图 8.16 ～ 图 8.20 分别给出了特征值随上述参数的变化规律。从中可以看出：

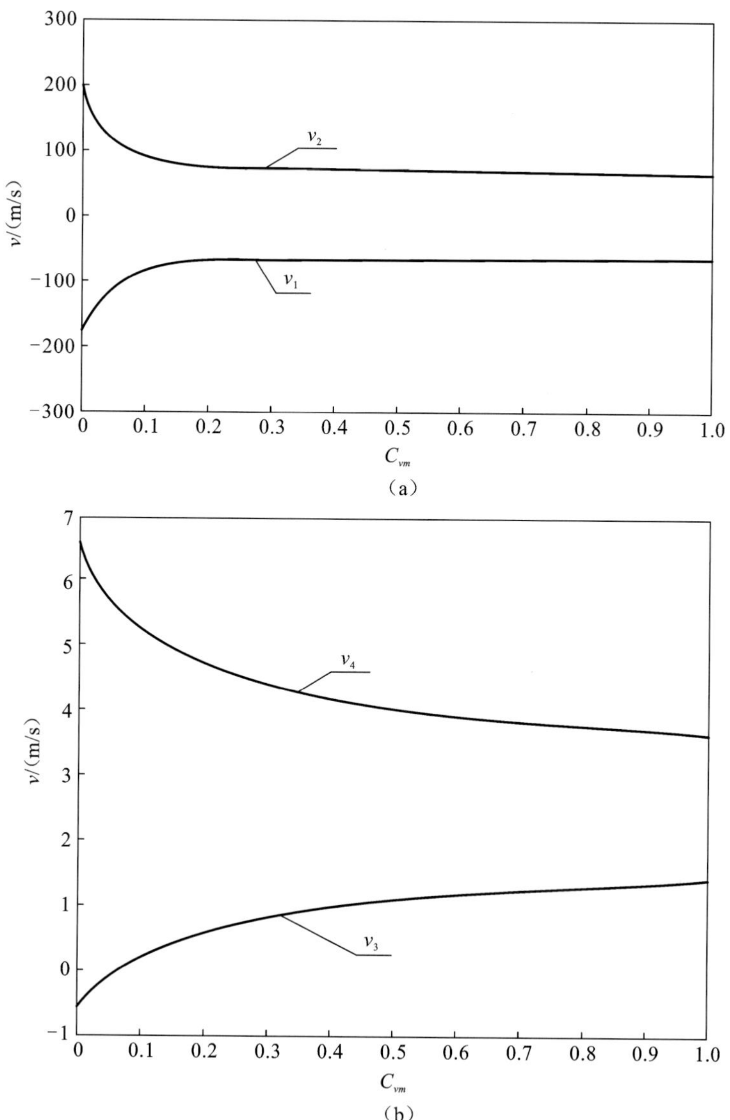

图 8.16　虚拟质量系数的变化对 v_i 的影响

$u_G = 2\ \text{m/s}, u_L = 3\ \text{m/s}, p_L = 3.55 \times 10^5\ \text{N/m}^2, \lambda = 1, \alpha = 0.1, R_G = 0.0001\ \text{m}, \sigma = 7.28 \times 10^{-2}\ \text{N/m}$

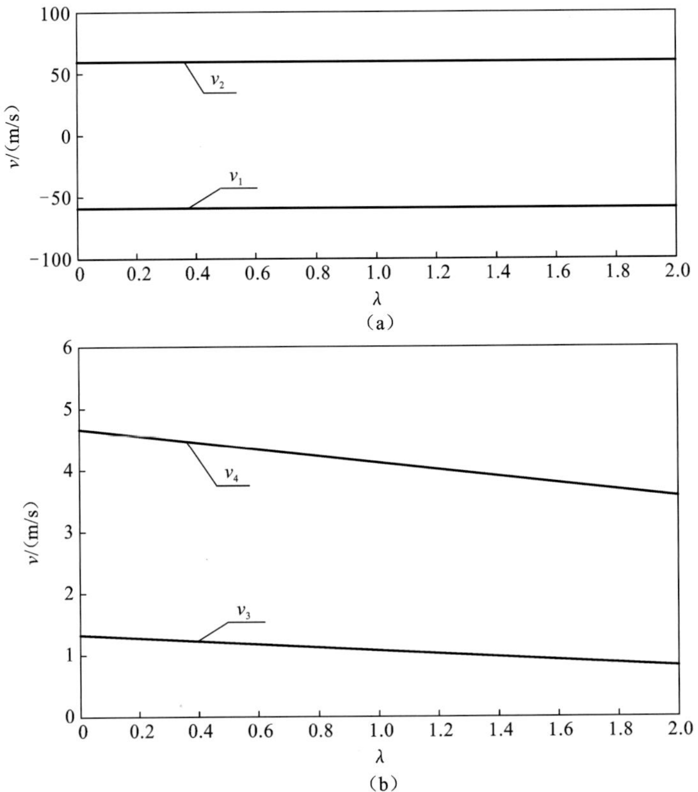

图 8.17 参数 λ 的变化对 v_i 的影响

$u_G = 2\ \mathrm{m/s}, u_L = 3\ \mathrm{m/s}, p_L = 3.55 \times 10^5\ \mathrm{N/m^2}, \alpha = 0.1, R_G = 0.0001\ \mathrm{m}, C_{vm} = 0.5, \sigma = 7.28 \times 10^{-2}\ \mathrm{N/m}$

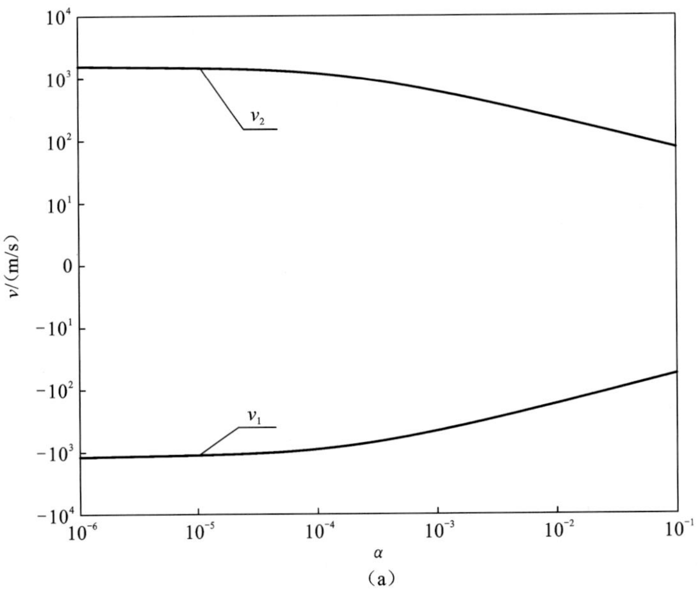

图 8.18 空穴率 α 的变化对 v_i 的影响

$u_G = 2\ \mathrm{m/s}, u_L = 3\ \mathrm{m/s}, p_L = 3.55 \times 10^5\ \mathrm{N/m^2}, \sigma = 7.28 \times 10^{-2}\ \mathrm{N/m}, R_G = 0.0001\ \mathrm{m}, C_{vm} = 0.5, \lambda = 0.5$

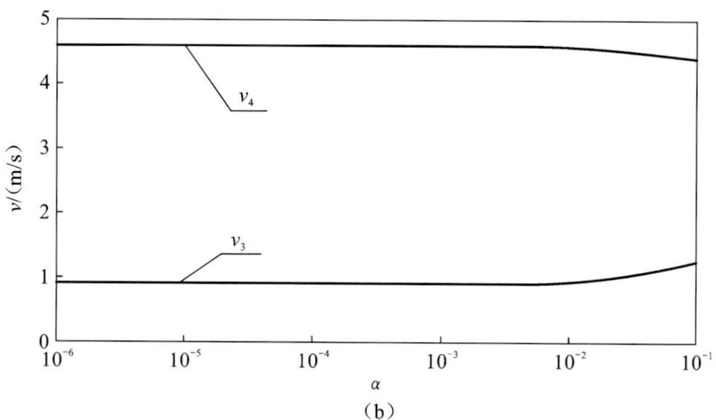

图 8.18　空穴率 α 的变化对 v_i 的影响(续)

$u_G = 2$ m/s, $u_L = 3$ m/s, $p_L = 3.55 \times 10^5$ N/m^2, $\sigma = 7.28 \times 10^{-2}$ N/m, $R_G = 0.0001$ m, $C_{vm} = 0.5$, $\lambda = 0.5$

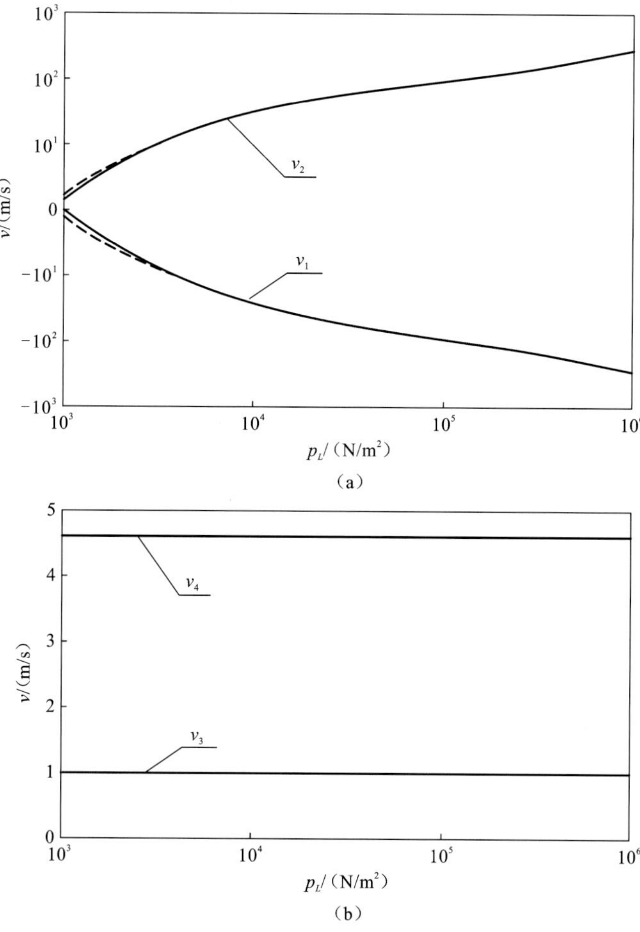

图 8.19　液体压力的变化对 v_i 的影响

$u_G = 2$ m/s, $u_L = 3$ m/s, $p_v = 3.55 \times 10^5$ N/m^2, $\sigma = 7.28 \times 10^{-2}$ N/m,

$R_G = 0.0001$ m, $C_{vm} = 0.5$, $\lambda = 0.5$, $\alpha = 0.01$

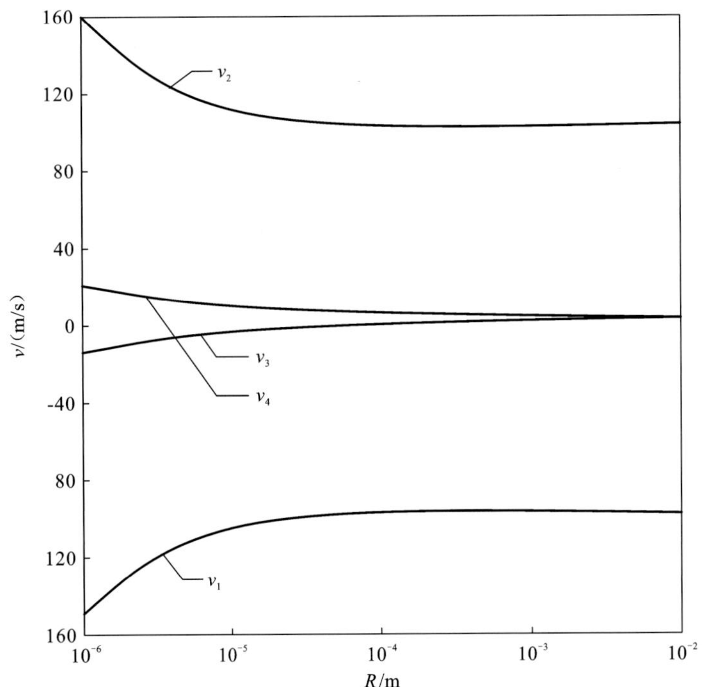

图 8.20 相与界面的压力差(p_K-p_I)或 R_G 的变化对 v_i 的影响

$u_G=2\ \mathrm{m/s}, u_L=3\ \mathrm{m/s}, p_L=10^5\times10^4\ \mathrm{N/m^2}, p_v=2400\ \mathrm{N/m^2}$,

$C_{vm}=0.5, \sigma=7.28\times10^{-2}\ \mathrm{N/m}, \lambda=0.5, \alpha=0.01$

(1) 压力波的传播速度,即 v_1、v_2 的绝对值随着 C_{vm} 的增大而减小。但是当 $C_{vm}\geqslant0.3$ 时,这种减小非常缓慢。而界面波随着 C_{vm} 的增大,v_3 增大,v_4 减小。

(2) 随着 λ 的增加,v_3、v_4 减小,而压力波传播速度几乎不变。

(3) 压力波的传播速度随着 α 的增大(计算中 $\alpha_{\max}=10^{-1}$)而减小,v_3 也减小,v_4 却增大。但是当 $\alpha\leqslant10^{-3}$ 时,v_3、v_4 这种变化非常缓慢。

(4) 压力波的传播速度随着 p_L 的增大而增大,但 v_3、v_4 几乎不变。

(5) 压力波的传播速度随着 R_G 的增大而减小,但是当 $R_G\geqslant10^{-4}$ m 时,这种减小是缓慢的。而随着 R_G 的增大,v_3 也增大,而 v_4 却减小。

再次,将讨论参数 $|u_G-u_L|$ 的作用,以及流动稳定性的问题。从式(8.95)中可以看出,流动稳定性取决于 v_m^2 的正负,而 v_m^2 又与 $|u_G-u_L|$、C_{vm}、λ 和 p_K-p_I 密切相关。图 8.21 给出了 v_m^2 随这些给定的参数的变化。从中可以看到:

(1) 当流动处于临界状态时,随着 $|u_G-u_L|$ 的增加,流动从稳定状态变成不稳定状态,所以相对速度是一个不利于稳定的因素。

(2) 相与界面的压力差不能忽略,它是有利于稳定的因素,否则出现虚根和重根以致计算无法进行,因此满足 $p^*>0$ 的条件是指导封闭方程组的一个基本原则。

(3) 流动的稳定性和压力波、界面波传播速度的大小,均与参数 C_{vm} 和 λ 的值有关。因此,有必要依据实验正确地给出 $C_{vm}(\alpha)$ 和 $\lambda(\alpha)$。

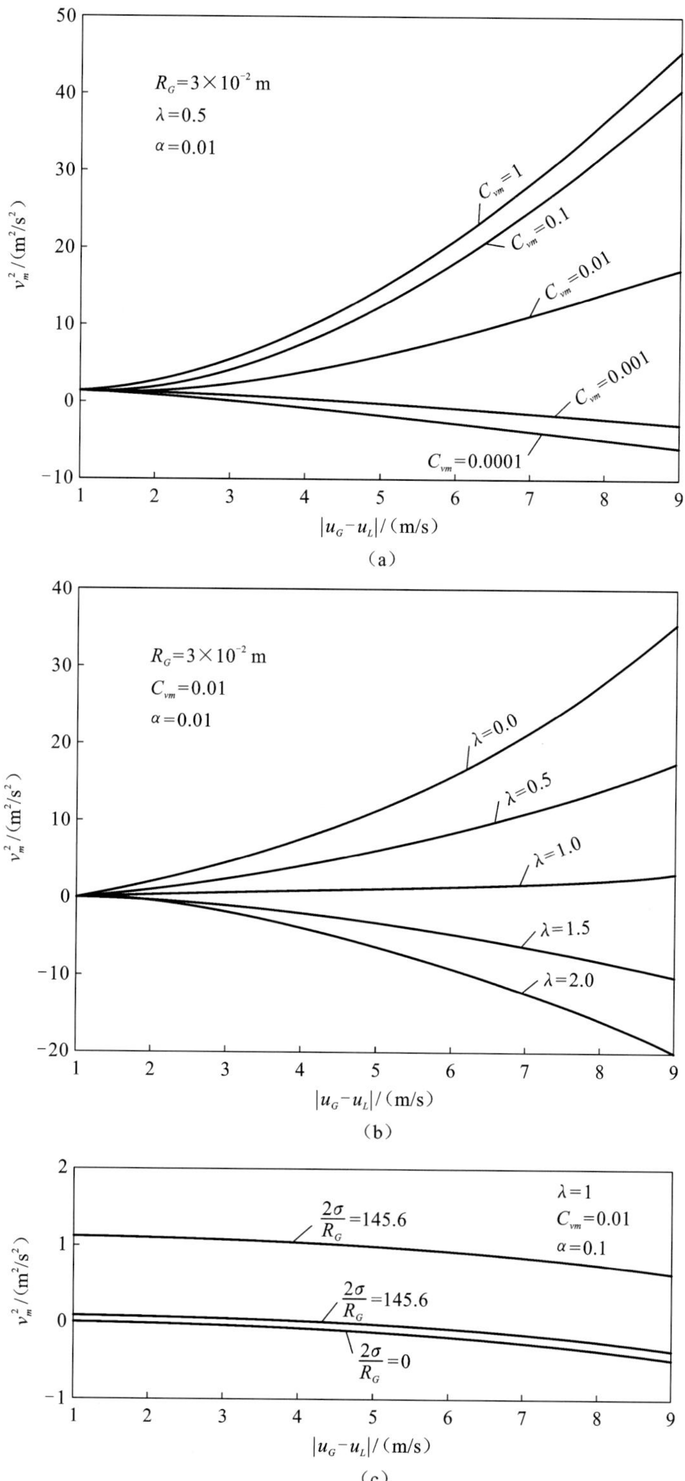

图 8.21　用式(8.95)计算相对速度 $|u_G-u_L|$ 对 v_m^2 的影响

$\sigma=7.28\times10^{-2}$ N/m，$p_v=2400$ N/m^2，$p_L=10^5$ N/m^2

最后，将讨论方程组特征值的数值解。从图 8.16 至图 8.20 中可以看出，即使处在液体压力等于 2 000 N/m^2、相对速度等于 9 m/s 这种特别的情况，v_3 和 v_4 的数值解可以用式(8.94) 和式(8.95) 的解析解代替，最大的相对误差小于 1.42%；而 v_1 和 v_2 的数值解可以用式(8.104) 的解析解代替，最大的相对误差小于 5%。上述结果表明，对于气液两相流的界面波，可以忽略气体和液体的压缩性，主要取决于相与界面的压力差和气液两相的相对速度，并且界面波不等于 K 相的速度；而对于压力波，可以忽略相与界面压力差和相对速度。所以在通常的情况下，气液两相流的压力波和界面波的相互作用很小，可以分别考虑。

8.5.4 泡状流、塞状流、分层流的方程封闭以及流态的转换

在一维气液两相流的基本方程中共出现 20 个变量和 3 个系数，因此需要绘出相应个数的方程和关系式才能封闭方程，在封闭方程时还需要考虑不同流态的各自特点。在明满交替流的瞬变过程中，其流态通常为泡状流、塞状流和分层流，所以在此将重点讨论这三种流态的方程组封闭以及它们之间流态的转换。

这里应该提出，无论在哪一种流态的方程组封闭中，其相同部分均包括 4 个守恒方程，2 个状态方程，2 个界面跃迁条件和 3 个始终得满足的关系式，即 $\alpha_G + \alpha_L = 1, M_L = -M_G F_{vmL} = -F_{vmG}$，共计 11 个方程。于是，对于任何一种流态，其方程组的封闭只剩下 9 个关系式和 3 个系数待进一步地确定。

1. 有相对运动的泡状流

泡状流的特点是气泡或空穴呈球形，并且之间的相互作用可以忽略，因此可补充下述的方程和关系式来封闭方程。

对于空穴率，可补充的关系式如下：

$$\alpha_G = \frac{4}{3}\pi \sum_{i=1}^{N} R_{Gi} \tag{8.112}$$

式中：N 是单位体积中气泡和空穴的个数，如果用气泡和空穴的平均半径 $\overline{R_G}$ 来简单地代替气泡的大小分布，式(8.112) 可改写为

$$\alpha_G = \frac{4}{3}\pi \overline{R_G^3} N \tag{8.113}$$

对于虚拟质量力，可补充的关系式为

$$\begin{aligned} F_{vmL} = {} & \rho_L C_{vm}\left\{\frac{\partial u_G}{\partial t} + [u_L - (1-\lambda)(u_G - u_L)]\frac{\partial u_G}{\partial x}\right\} \\ & - \rho_L C_{vm}\left\{\frac{\partial u_L}{\partial t} + [u_G - (1-\lambda)(u_G - u_L)]\frac{\partial u_L}{\partial x}\right\} \end{aligned} \tag{8.114}$$

对于球形的泡状流，虚拟质量系数通常取为

$$C_{vm} = \frac{1}{2} \tag{8.115}$$

而由实验确定的任意参数 λ，则用线性插值的方法做近似的处理，即

$$\lambda(\alpha) = 2(1-\alpha) \tag{8.116}$$

对于拖曳力，可补充的关系式为

$$F_{DL}=\frac{3}{4}C_d\frac{\rho_L}{2\overline{R_G}}(u_G-u_L)|u_G-u_L| \tag{8.117}$$

式中：$\overline{R_G}$ 是气泡和空穴的平均半径；C_d 是界面阻力系数。

C_d 的取值对于计算拖曳力是至关重要的，文献[27]给出：

$$C_d=\frac{48}{Re}\left(1-\frac{2.2\cdots\cdots}{Re^{\frac{1}{2}}}\right)+O(Re^{-\frac{5}{6}}) \tag{8.118}$$

式中：Re 是气泡的雷诺数：

$$Re=\frac{2\overline{R_G}\rho_L|u_G-u_L|}{\mu_L} \tag{8.119}$$

式中：μ_L 是液体的黏性系数。

为了便于计算，通常取

$$C_d=\frac{48}{Re} \tag{8.120}$$

图 8.20 是文献[27]给出的有关拖曳力系数实验值与理论的比较，从中可以看出理论分析的适用范围是有限的，气泡的平均半径在 0.1 ~ 1 mm 范围内，超出了这个范围将会带来较大的偏差。

另外文献[24]也给出，当气泡半径在 1.5 mm 左右，$0.1<Re\leqslant 2\times 10^4$ 之间时：

$$C_d=26.33765Re^{-0.8893+0.03417\ln Re+0.001443(\ln Re)^2} \tag{8.121}$$

对于界面压力，可假设为

$$p_I=p_G-\frac{2\sigma}{\overline{R_G}} \tag{8.122}$$

式中：$\overline{R_G}$ 也是气泡和空穴的平均半径。

对于相变率，M_{GI} 包括气体扩散和蒸汽凝结、液体汽化的两部分，即

$$M_{GI}=\sum_{n=1}^{N}\frac{\mathrm{d}}{\mathrm{d}t}(m_g+m_v) \tag{8.123}$$

关于气体释放、液体汽化的计算方法请参见第 7 章。

此外，界面速度、连续相的摩阻和离散相的摩阻可分别按下列公式计算：

$$u_{GI}=u_G \tag{8.124}$$

$$F_{WL}=\rho_L\frac{f_{WL}}{2D}u_L|u_L| \tag{8.125}$$

$$F_{WG}=0 \tag{8.126}$$

无相对运动的液状流、连续相的速度与离散相的速度视为同一速度[28]，当气泡很小时，即

$$u_G=u_L \tag{8.127}$$

于是，虚拟质量力、拖曳力均为零。其基本方程和方程组的封闭将得到大大的简化，得出一维均质流模型。关于均质流模型的方程封闭和计算，文献[29]中有着较详细的论述。

2. 塞状流

塞状流的特点是气体以数个不相连的大空穴和一些小气泡存在于液体中，明满流交替瞬变过程中，通常由若干个界面形状较复杂的大空穴和一些小气泡组成塞状流。因此，

气体的空穴率与塞状流之间难以给出一个简单的关系式，为了能够计算，假设

$$p_I = p_L \tag{8.128}$$

$$p_G = p_I + \frac{2\sigma}{\overline{R_G}} \tag{8.129}$$

式中：$\overline{R_G}$ 是忽略了小气泡的体积后大空穴的等视半径。

$$\overline{R_G} = \sqrt[3]{\frac{3\alpha_G}{4\pi}} \tag{8.130}$$

虚拟质量力、拖曳力、相变率、界面速度、摩阻等均按泡状流的有关公式计算，但有两点应该指出：

(1) 凡公式中出现的气泡平均半径均用大空穴的等视半径代替；

(2) 虚拟质量系数

$$C_{vm} = 0.5 - \frac{10}{3}(\alpha - 0.1) \tag{8.131}$$

3. 分层流

分层流的特点是管道上层是气体，下层是液体，气液界面分清，大致与管轴线平行，因此可补充下述的方程和关系式来封闭方程：

$$\alpha_G = \frac{1}{\pi}\left[\arcsin\frac{B}{D} - \frac{B}{D}\sqrt{1-\left(\frac{B}{D}\right)^2}\right] \tag{8.132}$$

式中：D 是管道直径；B 是液面宽度。

对于分层流，虚拟质量系数 $C_{vm} = 0$，于是虚拟质量力 $F_{vmL} = 0$，并且与任意系数 $\lambda(\alpha)$ 取值无关。

对于拖曳力，文献[26] 给出

$$F_{DL} = \frac{1}{2}\frac{c_i f_i \rho_L}{A}(u_G - u_L)|u_G - u_L| \tag{8.133}$$

式中

$$\frac{c_i f_i}{A} = \frac{\alpha_G(1-\alpha_G)[1+75(1-\alpha_G)]}{D} \tag{8.134}$$

对于界面压力，可假设

$$p_I = p_L - (1-\alpha_G)\rho_L g\frac{A}{B} \tag{8.135}$$

式中：A 是管道断面面积，$A = \frac{\pi}{4}D^2$。

并且由气相与界面的压力差，可计算液面宽度

$$p_G = p_I - \alpha_G\rho_G g\frac{A}{B} \tag{8.136}$$

对于相变率，仍同泡状流和塞状流一样的计算。

另外，气液界面速度假定为

$$u_{LI} = u_L \tag{8.137}$$

而液相和气相的摩阻力

$$F_{WL} = \rho_L\frac{f_{WL}}{8R_{HL}}u_L|u_L| \tag{8.138}$$

式中：R_{HL} 是液相的水力半径。

$$R_{HL} = \frac{D}{4}\left(1 - \frac{\sin\theta}{\theta}\right) \tag{8.139}$$

式中：$\theta = 2\arcsin\dfrac{B}{D}$。

$$F_{WG} = \rho_G \frac{f_{WG}}{8R_{HG}} u_G \mid u_G \mid \tag{8.140}$$

式中：$R_{HG} = \left[\dfrac{\pi D^2}{4} - \dfrac{D^2}{8}(\theta\sin\theta)\right] / (\pi D - \dfrac{1}{2}\theta D)$。

4. 流态的转换

根据气液两相流的基本理论，流态的转换取决于气液界面的稳定性，只有当气液界面处于不稳定的状态时，流态才发生变化，因此将泡状流、塞状流、分层流的有关关系式分别代入上述的界面波的稳定条件中，就可以得到相应的流态转换条件。例如，无相对运动的泡状流，其流态转换条件为

$$p^* = (1-\alpha)(p_G - p_I) + \alpha(p_L - p_I) \leqslant 0 \tag{8.141}$$

又如，分层流的流态转换条件为

$$(u_L - u_G)^2 > (\rho_L - \rho_G) g \frac{A}{B}\left(\frac{\alpha}{\rho_G} + \frac{1-\alpha}{\rho_L}\right) \tag{8.142}$$

参考文献

[1] 索丽生. 水工设计手册[M]. 2版. 北京：中国水利水电出版社，2011.

[2] 李炜. 水力计算手册[M]. 2版. 北京：中国水利水电出版社，2006.

[3] WALLIS G B. One Dimensional Two Phase Flow[M]. New York：McGrow-Hill，1969.

[4] WIGGERT D C. Transient flow in free-surface pressurized systems[J]. Journal of the Hydraulics Division，1972，98(1)：11-27.

[5] SONG C C，CARDIE J A，LEUNG K S. Transient mixed-flow models for storm sewers[J]. Journal of Hydraulic Engineering，1983，109(11)：1487-1504.

[6] SUNDQUIST M J，PAPADAKIS C N. Surging in combined free surface-pressurized systems[J]. Journals of Transportation Engineering，ASCE，1983，109(2)：232-245.

[7] CUNGE J A，WEGNER M. Numerical integration of Barre de Saint Venant's Flow Equations by means of an implicit scheme of finite difference，applications in the case of alternately free and pressurized flow in a tunnel[J]. La Houille Blanche，1964(1)：33-39.

[8] PREISSMANN A，CUNGE J A. Calcul Des Intumescences Sur Machines Electroniques[C]//Proceeding IX Meeting，International Asscociation for Hydraulic Research，Croatia：Dubrovnik，1961：656-664.

[9] CHAUDHRY M H，KAO K H G M. Shrum Generating Station：Tailrace surged and operating guidelines during high tailwater levels[R]//British Columbia Hydro and Power Authority，Canada：Vancouver，1976.

[10] JELER V，JELEY I. Transient mixed flow in Galleries and Conduits of Hydroplants[J]. Water Power & Dam Construction，Feburary，1987：27-30.

[11] CHAUDHRY M H. Applied Hydraulic Transients[M]. 3rd ed. Berlin：Springer，2014.

[12] 樊红刚，陈乃祥，刘立宪，等. 明满混合瞬变流动仿真计算分析[J]. 清华大学学报(自然科学版)，2000，40(11)：63-66.

[13] 陈杨，俞国青. 明满流过渡及跨临界流一维数值模拟[J]. 水利水电科技进展，2010，30(1)：80-84.

[14] HARTEN A,LAX P D,LEER B V. On upstream differencing and Godunov-type schemes for hyperbolic conservation laws[J]. SIAM review,1983,25(1):35-61.

[15] 谭维炎. 计算浅水动力学[M]. 北京:清华大学出版社,1998.

[16] 汪德爟. 计算水力学理论与应用[M]. 南京:河海大学出版社,1989.

[17] 张涵信,沈孟育. 计算流体力学:差分方法的原理和应用[M]. 北京:国防工业出版社,2003.

[18] CARDLE J A,SONG C. Mathematical-modeling of unsteady-flow in storm sewers[J]. International Journal of Engineering Fluid Mechanics,1988,1(4):495-518.

[19] LEON A S,GHIDAOUI M S,SCHMIDT A R,et al. A robust two-equation model for transient-mixed flows[J]. Journal of Hydraulic Research,2010,48(1):44-56.

[20] BOURDARIAS C,GERBI S. A finite volume scheme for a model coupling free surface and pressurised flows in pipes[J]. Journal of Computational and Applied Mathematics,2007,209(1):109-131.

[21] CARDIE J A,SONG C C,YUAN M. Measurements of mixed transient flows[J]. Journal of Hydraulic Engineering,1989,115(2):169-182.

[22] HETSRONI G. Handbook of Multiphase Systems[M]. New York:McGrow-Hill,1982.

[23] DREW D ,CHENG L,LAHEY R T JR. The analysis of virtual mass effects in two-phase flow[J]. Int. J. Multiphase Flow,1979,5:233-242.

[24] LAHEY R T JR,CHENG L Y,DREW D A,et al. The effects of virtual mass on the numerical stability of accelerating two-phase flows[J]. Int. J. Multiphase Flow,1980,6:281-294.

[25] THORLEY A R D,WIGGERT D C. The effects of virtual mass on the basic equations for unsteady one dimensional heterogeneous flow[J]. Int. J. Multiphase Flow,1985,11:149-160.

[26] HANCOX W T. One dimensional models for transient gas-liquid flows in ducts[J]. Int. J. Multiphase Flow,1980,6:25-42.

[27] MOORE D W. The boundary layer on a spherical gas bubble[J]. Fluid Mech.,1963,16(2):161-176.

[28] HIJIKATA K,MORI Y,NAGASAKI T,et al. Study on shock waves in two-phase bubble flow with mass transfer[J]. Transactions of the Japan Society of Mechanical Engineerings Series B,1979,45(396):1179-1187.

[29] 杨建东. 气液两相流瞬变过程的研究[D]. 武汉:武汉大学,1984.

第 9 章　内流管道系统的流固耦合

9.1　流固耦合的机理

流体流动和固体结构是相互作用的两个系统，流体作用在结构上的力将这两个系统连接在一起。流体的作用力使固体结构变形、运动甚至振荡，而结构的变形、运动、振荡改变了它与流体之间的相互方位，于是流体运动和其作用力也可能随之改变；反过来，固体结构自身的变形、运动、振荡，也会引起流体流动状态和作用力的改变。流体和结构两者相互作用的结果可能诱发结构的强烈振动，导致结构的破坏，从而酿成重大事故。尤其是当今倾向于将材料利用到极限，使得各种结构越来越轻巧和越来越富有挠性[1]。

在工程实践中，流体与结构的相互作用，或者流体流动诱发结构振动的实例是极为常见的。例如，飞机航行时，机翼受高空湍流可能出现抖振现象；海底石油开采，其海面平台和钻杆受海水波浪作用可能诱发振动；海底电缆、海底输油管以及输气管都有可能与海水发生耦联振动，这些均属于外流引起的耦联振动。而水电站管道系统因导叶紧急关闭产生的水击现象，空气压缩机吸、排气管道内的气流压强脉动及引起的管道振动，液压泵的流量脉动对管道和系统的影响，火箭燃料推进系统中液体燃料输送管道中的脉动以及对燃烧的影响，核反应堆中热交换器的管道振动，石油和天然气输送管道的振动等均属于内流引起的耦联振动。长期的耦联振动会导致结构的磨损和疲劳，有可能发生严重的事故[2,3]。

对于内流管道系统，传统的设计方法不允许或者不考虑流体与管道之间的相互耦合作用，如水击分析方法。管道系统被假设是绝对刚性的，预计的水击荷载作为力函数来预估管道系统在一定的刚性约束移动条件下的结构运动。无论这种非耦合分析方法是否导致严重的问题，耦合分析的实验与模拟结果表明，在周期性的扰动下，当结构的刚性较低或者管道质量并非远大于流体质量时，非耦合计算可能使得低共振频率的估计不正确；在阶跃扰动下，非耦合计算对于流体压力和管道运动的预计可能是保守的，也有可能压强峰值略大于由传统的非耦合方法所得到的压强峰值[4]。所以更有必要了解流固耦合的机理，通过数值模拟和物理模拟准确把握其内在的规律。

流体与结构相互作用的联系纽带是相互作用的动态力，动态力可分为分布力和集中力。而内流管道系统的流固耦合方式主要有节点耦合、泊松耦合和摩擦耦合等。

9.1.1　泊松耦合

由动态压强以及由此产生的管壁环向应力而诱发管壁的轴向应变和轴向应力的现象称为泊松耦合；反过来，轴向应力也将通过泊松关系影响动态压强。Skalak[5] 最早认识泊松耦合，于 1956 年研究液体的径向速度和管壁的径向运动对水击压强的影响时，将管壁视为弹性膜，包括管的轴向应力和轴向惯性，发现了管壁中应力波的存在，其传播速度大于液体水击波速。1969 年，Thorley[6] 通过实验验证了泊松耦合的存在。1977 年，Williams[7] 对管道系统的泊松耦合作了进一步的研究，发现管道轴向运动及变形产生的阻尼大于液体中声波的阻尼。同年，Walker 和 Phillips[8] 建立了一维轴对称系统 6 方程模型，包括管壁的径向和轴向运动方程、管壁的径向和轴向的本构关系、液体的运动方程和连续方程。

泊松耦合的基本数学表达式为

$$\varepsilon_z = -\mu\varepsilon_\theta \tag{9.1}$$

式中：ε_z、ε_θ 分别是管壁的轴向应变和环向应变；μ 是泊松比。

泊松耦合的特点发生在整个管线上，具体的耦合过程见图 9.1。

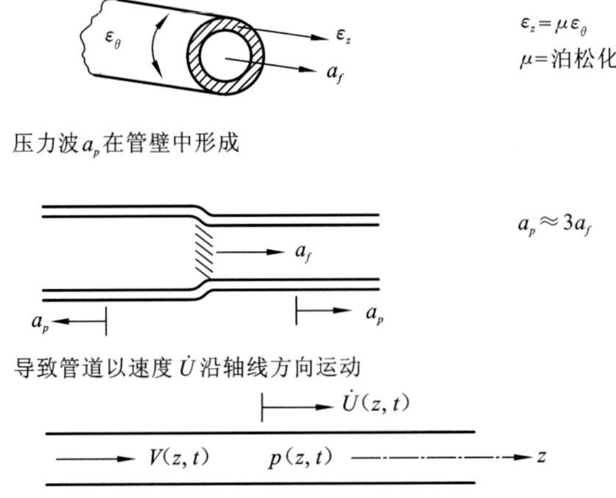

图 9.1　泊松耦合过程示意图

a_p 为管壁的应力波波速；a_f 为液体的压力波波速；$\dot{U}$ 为管道沿轴线方向移动的速度；V 为流速；p 为流体压力

9.1.2　节点耦合

在管道系统不连续点，如弯头、叉点、变径点、阀门、孔口等，管道的变形影响液体动态压强的变化；反过来，动态压强也使管道系统发生变形。由于这种相互作用发生在管道方位或面积变化的节点处，故称为节点耦合。Wood 和 Chao[9] 于 1971 年对包含一个弯头的管道系统进行实验时发现，当弯头无约束时，水压的振荡形式与弯头固定的情况有显著的差异，这种差异被认为是先由应力波、后由水击波产生的弯头运动所致。节点耦合的形成过程见图 9.2。

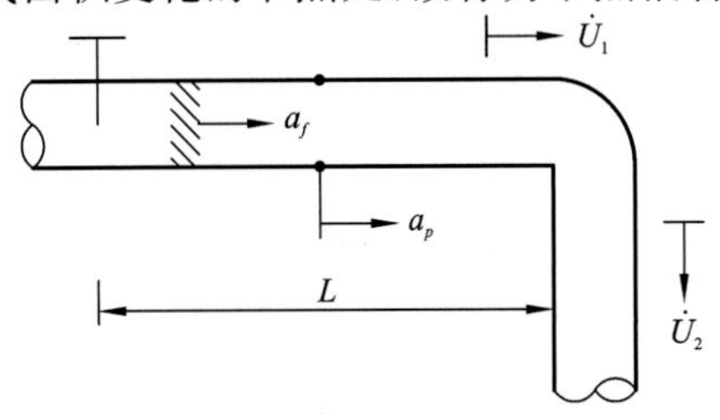

图 9.2　节点耦合过程示意图

L 为水平管道长度；$\dot{U}_1$ 为管道沿水平方向移动速度；$\dot{U}_2$ 为管道沿垂直方向移动速度

除泊松耦合和节点耦合外，管道系统的流固耦合方式还有摩擦耦合和阻尼耦合。摩擦耦合是指通过流体与管壁之间的摩擦力将流体与结构的运动耦合起来；阻尼耦合是指流体和管壁在其振荡运动的过程中通过相互

$$C^{-}:\begin{cases}\dfrac{\mathrm{d}F^{y}}{\mathrm{d}t}+a_{3}(\rho A)_{\mathrm{m}}\dfrac{\mathrm{d}U^{y}}{\mathrm{d}t}-GA_{\mathrm{p}}R^{x}=0\\ \dfrac{\mathrm{d}z}{\mathrm{d}t}=-a_{3}\end{cases}\tag{9.21}$$

4. 式(9.8) ~ 式(9.11) 的特性线方程

其推导过程与上述过程类似，即有

$$C^{+}:\begin{cases}\dfrac{\mathrm{d}M^{y}}{\mathrm{d}t}-a_{2}(\rho I)_{\mathrm{m}}\dfrac{\mathrm{d}R^{y}}{\mathrm{d}t}+a_{2}F^{x}=0\\ \dfrac{\mathrm{d}z}{\mathrm{d}t}=a_{2}\end{cases}\tag{9.22}$$

$$C^{-}:\begin{cases}\dfrac{\mathrm{d}M^{y}}{\mathrm{d}t}+a_{2}(\rho I)_{\mathrm{m}}\dfrac{\mathrm{d}R^{y}}{\mathrm{d}t}-a_{2}F^{y}=0\\ \dfrac{\mathrm{d}z}{\mathrm{d}t}=-a_{2}\end{cases}\tag{9.23}$$

$$C^{+}:\begin{cases}\dfrac{\mathrm{d}F^{x}}{\mathrm{d}t}-a_{3}(\rho A)_{\mathrm{m}}\dfrac{\mathrm{d}U^{x}}{\mathrm{d}t}+GA_{\mathrm{p}}R^{y}=0\\ \dfrac{\mathrm{d}z}{\mathrm{d}t}=a_{3}\end{cases}\tag{9.24}$$

$$C^{-}:\begin{cases}\dfrac{\mathrm{d}F^{x}}{\mathrm{d}t}+a_{3}(\rho A)_{\mathrm{m}}\dfrac{\mathrm{d}U^{x}}{\mathrm{d}t}+GA_{\mathrm{p}}R^{y}=0\\ \dfrac{\mathrm{d}z}{\mathrm{d}t}=-a_{3}\end{cases}\tag{9.25}$$

5. 式(9.12) ~ 式(9.15) 的特性线方程

式(9.15) + λ_1 × 式(9.14) + λ_2 × 式(9.13) + λ_3 × 式(9.12) 得

$$F_t^z-A_{\mathrm{p}}EU_z^z-\frac{r\mu A_{\mathrm{p}}}{e}p_t+\lambda_1(F_z^z-A_{\mathrm{p}}\rho_{\mathrm{p}}U_t^z)+\lambda_2(p_t+K^*V_z-2\mu K^*U_z^z)+\lambda_3(p_z+\rho_{\mathrm{f}}V_t)=0$$

即

$$(F_t^z+\lambda_1F_z^z)+\left(\lambda_2-\frac{r\mu A_{\mathrm{p}}}{e}\right)\left(p_t+\frac{\lambda_3}{\lambda_2-r\mu A_{\mathrm{p}}/e}p_z\right)-\lambda_1A_{\mathrm{p}}\rho_{\mathrm{p}}\left(V_t^z+\frac{A_{\mathrm{p}}E+2\lambda_2\mu K^*}{\lambda_1A_{\mathrm{p}}\rho_{\mathrm{p}}}V_z^z\right)$$
$$+\lambda_3\rho_{\mathrm{f}}\left(V_t-\frac{\lambda_2K^*}{\lambda_3\rho_{\mathrm{f}}}V_z\right)=0$$

令

$$\frac{\mathrm{d}z}{\mathrm{d}t}=\lambda_1=\frac{\lambda_3}{\lambda_2-r\mu A_{\mathrm{p}}/e}=\frac{A_{\mathrm{p}}E+2\lambda_2\mu K^*}{\lambda_1A_{\mathrm{p}}\rho_{\mathrm{p}}}=\frac{\lambda_2K^*}{\lambda_3\rho_{\mathrm{f}}}$$

化简后得到的四次方程：

$$\frac{\rho_{\mathrm{p}}}{K^*}\lambda_1^4-\left(\frac{E}{K^*}+\frac{\rho_{\mathrm{p}}}{\rho_{\mathrm{f}}}+\frac{2\mu^2r}{e}\right)\lambda_1^2+\frac{E}{\rho_{\mathrm{f}}}=0$$

假设 $\mu^2>\dfrac{e}{2r}\left(\dfrac{E}{K^*}+\dfrac{\rho_{\mathrm{p}}}{\rho_{\mathrm{f}}}\right)$，则$\dfrac{\rho_{\mathrm{p}}}{K^*}\lambda_1^4-\left(\dfrac{E}{K^*}+\dfrac{\rho_{\mathrm{p}}}{\rho_{\mathrm{f}}}\right)\lambda_1^2+\dfrac{E}{\rho_{\mathrm{f}}}=0$，所以 $\lambda_1^2=E/\rho_{\mathrm{p}}$或 $\lambda_1^2=K^*/\rho_{\mathrm{f}}$。

令

$$a_4 = \sqrt{E/\rho_p}, \quad a_5 = \sqrt{K^*/\rho_f}$$

原方程为

$$\frac{dF^z}{dt} + (\lambda_2 - r\mu A_p/e)\frac{dp}{dt} - \lambda_1 A_p\rho_p\frac{dU^2}{dt} + \lambda_3\rho_f\frac{dV}{dt} = 0$$

当 $\lambda_1 = \pm a_4$ 时，$\lambda_2 = 0$，$\lambda_3 = 0$，又 $A_p = 2\pi re$，$A_f = \pi r^2$，$\frac{rA_p}{e} = \frac{r2\pi re}{e} = 2A_f$：

$$C^+\begin{cases}\dfrac{dF^z}{dt} - 2\mu A_f\dfrac{dp}{dt} - a_4 A_p\lambda_p\dfrac{dV^z}{dt} = 0\\ \dfrac{dz}{dt} = a_4\end{cases} \tag{9.26}$$

$$C^-\begin{cases}\dfrac{dF^z}{dt} - 2\mu A_f\dfrac{dp}{dt} + a_4 A_p\lambda_p\dfrac{dV^z}{dt} = 0\\ \dfrac{dz}{dt} = -a_4\end{cases} \tag{9.27}$$

当 $\lambda_1 = \pm a_5$ 时，$\lambda_2 = \frac{(\rho_p/\rho_f - E/K^*)A_p}{2\mu}$，$\lambda_3 = \pm a_5(\rho_p/\rho_f - E/K^*)A_p/(2\mu)$。

假设

$$\mu^2 \ll \frac{e}{2r}\left(\frac{E}{K^*} \pm \frac{\rho_p}{\rho_f}\right)$$

原方程变为

$$\frac{dF^z}{dt} + \lambda_2\frac{dp}{dt} - \lambda_1 A_p\rho_p\frac{dU^z}{dt} + \lambda_3\rho_f\frac{dV}{dt} = 0$$

$$C^+\begin{cases}\dfrac{dz}{dt} + \dfrac{a_5}{K^*}\dfrac{dp}{dt} + \dfrac{2\mu}{E/K^* - \rho_p/\rho_f}\left(\dfrac{\rho_p}{\rho_f}\dfrac{dU^z}{dt} - \dfrac{a_5}{K^*A_p}\dfrac{dF^z}{dt}\right) = 0\\ \dfrac{dz}{dt} = a_5\end{cases} \tag{9.28}$$

$$C^-\begin{cases}\dfrac{dz}{dt} - \dfrac{a_5}{K^*}\dfrac{dp}{dt} + \dfrac{2\mu}{E/K^* - \rho_p/\rho_f}\left(\dfrac{\rho_p}{\rho_f}\dfrac{dU^z}{dt} + \dfrac{a_5}{K^*A_p}\dfrac{dF^z}{dt}\right) = 0\\ \dfrac{dz}{dt} = -a_5\end{cases} \tag{9.29}$$

6. 关于假设 $\mu^2 \ll \frac{e}{2r}\left(\frac{E}{K^*} \pm \frac{\rho_p}{\rho_f}\right)$ 的讨论

以文献[13]中所给的数据为例，对于钢管：$E = 20.6 \times 10^{10}$ Pa，$K/E = 0.01$，$D = 4.6$ m($r = 2.3$ m)，$e = 0.02$ m，$\rho_p = 7.8 \times 10^3$ kg/m^3，$\rho_f = 1.0 \times 10^3$ kg/m^3，$\mu = 0.3$，$\mu^2 = 0.09$，$\frac{e}{2r}\left(\frac{E}{K^*} \pm \frac{\rho_p}{\rho_f}\right) = \frac{0.02}{4.6}\left\{100 \times \left[1 + \frac{4.6 \times 0.01}{0.02}(1 - 0.09)\right] \pm 7.8\right\}$，当 $\frac{\rho_p}{\rho_f}$ 前取“+”时，$\frac{e}{2r}\left(\frac{E}{K^*} + \frac{\rho_p}{\rho_f}\right) = 1.379$，$\frac{\mu^2}{\frac{e}{2r}\left(\frac{E}{K^*} + \frac{\rho_p}{\rho_f}\right) + \mu^2} = \frac{0.09}{1.379 + 0.09} = 6.190$；当 $\frac{\rho_p}{\rho_f}$ 前取

“—”号时，$\frac{e}{2r}\left(\frac{E}{K^*}-\frac{\rho_p}{\rho_f}\right)=1.311$，则$\frac{\mu^2}{\frac{e}{2r}\left(\frac{E}{K^*}-\frac{\rho_p}{\rho_f}\right)+\mu^2}=\frac{0.09}{1.311+0.09}=6.4\%$，所以假设成立。

特征线方程的差分形式可表示成如下矩阵：

$$C^+=-\begin{Bmatrix}Q_p-U_p^zA_f\\F_p^x\\F_p^y\\F_p^z-A_fp_p\\\{M_p\}\end{Bmatrix}=[B]^+\begin{Bmatrix}p_p\\\{U_p\}\\\{R_p\}\end{Bmatrix}+\{H\}^+ \tag{9.30}$$

$$C^-=-\begin{Bmatrix}Q_p-U_p^zA_f\\F_p^x\\F_p^y\\F_p^z-A_fp_p\\\{M_p\}\end{Bmatrix}=[B]^-\begin{Bmatrix}p_p\\\{U_p\}\\\{R_p\}\end{Bmatrix}+\{H\}^- \tag{9.31}$$

(1) 对于 C^+ 方向，其差分方程有

$$M_p^z=a_1\rho_pJR_p^z+(M_{R1}^z-a_1\rho_pJR_{R1}^z) \tag{9.32}$$

$$F_p^y=a_3(\rho A)_mU_p^y+\frac{1}{2}GA_p\Delta t_3R_p^x+\left(F_{R3}^y-a_3(\rho A)_mU_{R3}^y+\frac{1}{2}GA_pR_{R3}^x\Delta t_3\right) \tag{9.33}$$

$$\begin{aligned}M_p^x=&\left(a_2(\rho I)_m+\frac{1}{4}a_2GA_p\Delta t_2\Delta t_3\right)R_p^x+\frac{1}{2}a_2a_3(\rho A)_m\Delta t_2U_p^y+\Big[M_{R2}^x-a_2(\rho I)_mR_{R2}^x\\&+\frac{1}{2}a_2\Delta t_2(F_{R2}^y+F_{R3}^y)-\frac{1}{2}a_2a_3(\rho A)_m\Delta t_2U_{R3}^y+\frac{1}{4}a_2GA_p\Delta t_2\Delta t_3R_{R3}^x\Big]\end{aligned} \tag{9.34}$$

$$F_p^x=a_3(\rho A)_mU_p^x-\frac{1}{2}GA_p\Delta t_3R_p^y+\left(F_{R3}^x-a_3(\rho A)_mU_{R3}^x-\frac{1}{2}GA_p\Delta t_3R_{R3}^y\right) \tag{9.35}$$

$$\begin{aligned}M_p^y=&\left(a_2(\rho I)_m+\frac{1}{4}a_2GA_p\Delta t_2\Delta t_3\right)R_p^y-\frac{1}{2}a_2a_3(\rho A)_m\Delta t_2U_p^x+\Big[M_{R2}^y-a_2(\rho I)_mR_{R2}^y\\&-\frac{1}{2}a_2\Delta t_2(F_{R2}^x+F_{R3}^x)+\frac{1}{2}a_2a_3(\rho A)_m\Delta t_2U_{R3}^x+\frac{1}{4}a_2GA_p\Delta t_2\Delta t_3R_{R3}^y\Big]\end{aligned} \tag{9.36}$$

$$F_p^z-A_fp_f=a_4\rho_pA_pU_p^z-(1-2\mu)A_fp_p+(F_{R4}^z-a_4\rho_pA_pU_{R4}^z-2\mu A_fp_{R4}) \tag{9.37}$$

$$\begin{aligned}Q_p-U_p^zA_f=&\frac{a_5A_f}{K^*}\left[\frac{4\mu^2A_f}{A_p\left(\frac{E}{K^*}-\frac{\rho_p}{\rho_f}\right)}-1\right]p_p\\&+\left[\frac{2\mu\rho_p\rho_f}{\frac{E}{K^*}-\frac{\rho_p}{\rho_f}}\left(\frac{a_4a_5}{K^*}-\frac{1}{\rho_f}\right)-A_f\right]U_p^z+\left[Q_{R5}+\frac{a_5A_f}{K^*}p_{R5}+\frac{2\mu A_f\frac{\rho_p}{\rho_f}}{\frac{E}{K^*}-\frac{\rho_p}{\rho_f}}U_{R5}^z\right.\end{aligned}$$

$$+\frac{2a_5\mu A_f}{K^* A_p\left(\frac{E}{K^*}-\frac{\rho_p}{\rho_f}\right)}(F^z_{R4}-F^z_{R5}-a_4\rho_p A_p U^z_{R4}-2vA_f p_{R24})\Bigg]$$

(9.38)

令 $c_1=\frac{E}{K^*}-\frac{\rho_p}{\rho_f}$, $c_2=\frac{a_5A_f}{K^*}\left(\frac{4\mu^2A_f}{A_pc_1}-1\right)$, $c_3=a_3(\rho A)_m$, $c_4=\frac{1}{2}GA_p\Delta t_3$, $c_5=\frac{1}{2}a_2\Delta t_2$, $c_6=a_4\rho_pA_p$, $c_7=(2\mu-1)A_f$, $c_8=a_2(\rho I)_m$, $c_9=a_1\rho_pJ$, $c_{10}=2\mu A_f$, $c_{11}=\frac{2\mu\rho_pA_f}{c_1}\left(\frac{a_4a_5}{K^*}-\frac{1}{\rho_f}\right)-A_f$, $c_{12}=c_8+c_4c_5$, $c_{13}=c_3c_5$，则

$$[B]^+=\begin{bmatrix} c_2 & 0 & 0 & c_{11} & 0 & 0 & 0\\ 0 & c_3 & 0 & 0 & 0 & -c_4 & 0\\ 0 & 0 & c_3 & 0 & c_4 & 0 & 0\\ c_7 & 0 & 0 & c_6 & 0 & 0 & 0\\ 0 & 0 & c_{13} & 0 & c_{12} & 0 & 0\\ 0 & -c_{13} & 0 & 0 & 0 & c_{12} & 0\\ 0 & 0 & 0 & 0 & 0 & 0 & c_9 \end{bmatrix} \tag{9.39}$$

$$\{H\}^+=\begin{Bmatrix} Q_{R5}+\frac{a_5A_f}{K^*}p_{R5}+\frac{c_{10}\rho_p/\rho_f}{c_1}U^z_{R5}+\frac{C_{10}a_5}{K^*A_pc_1}(F^z_{R4}-F^z_{R5}-c_6U^z_{R4}-c_{10}p_{R4})\\ F^x_{R3}-c_3U^z_{R3}-c_4R^y_{R3}\\ F^y_{R3}-c_3U^y_{R3}+c_4R^x_{R3}\\ F^z_{R4}-c_6U^z_{R4}-c_{10}p_{R4}\\ M^x_{R2}-c_8R^x_{R2}+c_5(F^y_{R2}+F^y_{R3})-c_{13}U^y_{R3}+c_4c_5R^x_{R3}\\ M^y_{R2}-c_8R^y_{R2}-c_5(F^x_{R2}+F^x_{R3})+c_{13}U^x_{R3}+c_4c_5R^y_{R3}\\ M^z_{R1}-c_9R^z_{R1} \end{Bmatrix}$$

(9.40)

(2) 对于 C^- 方向，其差分方程有

$$M^z_p=-a_1\rho_pJR^z_p+(M^z_{S1}+a_1\rho_pJR^z_{S1}) \tag{9.41}$$

$$F^y_p=-a_3(\rho A)_mU^y_p+\frac{1}{2}GA_p\Delta t_3R^z_p+\left(F^y_{S3}+a_3(\rho A)_mU^y_{S3}+\frac{1}{2}GA_p\Delta t_3R^x_{S3}\right) \tag{9.42}$$

$$M^x_p=\left(-a_2(\rho I)_m-\frac{1}{4}a_2GA_p\Delta t_3\right)R^x_p+\frac{1}{2}a_2a_3(\rho A)_m\Delta t_2U^y_p+\Big[M^x_{S2}+a_2(\rho I)_mR^x_{S2}$$
$$-\frac{1}{2}a_2\Delta t_2(F^y_{S2}+F^y_{S3})-\frac{1}{2}a_2a_3(\rho A)_m\Delta t_2U^y_{S3}-\frac{1}{4}a_2GA_p\Delta t_2\Delta t_3R^x_{S3}\Big]$$

(9.43)

$$F^x_p=-a_3(\rho A)_mU^x_p-\frac{1}{2}GA_p\Delta t_3R^y_p+\left(F^x_{S3}+a_3(\rho A)_mU^x_{S3}-\frac{1}{2}GA_p\Delta t_3R^y_{S3}\right) \tag{9.44}$$

$$M_{\mathrm{p}}^{y}=\left(-a_{2}(\rho I)_{\mathrm{m}}-\frac{1}{4}a_{2}GA_{\mathrm{p}}\Delta t_{2}\Delta t_{3}\right)R_{\mathrm{p}}^{y}-\frac{1}{2}a_{2}a_{3}(\rho A)_{\mathrm{m}}\Delta t_{2}U_{\mathrm{p}}^{x}+\Big[M_{\mathrm{S2}}^{y}+a_{2}(\rho I)_{\mathrm{m}}R_{\mathrm{S2}}^{y}$$
$$+\frac{1}{2}a_{2}\Delta t_{2}(F_{\mathrm{S2}}^{x}+F_{\mathrm{S3}}^{x})+\frac{1}{2}a_{2}a_{3}(\rho A)_{\mathrm{m}}\Delta t_{2}U_{\mathrm{S3}}^{x}-\frac{1}{4}a_{2}GA_{\mathrm{p}}\Delta t_{2}\Delta t_{3}R_{\mathrm{S3}}^{y}\Big] \tag{9.45}$$

$$F_{\mathrm{p}}^{z}-A_{\mathrm{f}}p_{\mathrm{p}}=-a_{4}\rho_{\mathrm{p}}A_{\mathrm{p}}U_{\mathrm{p}}^{z}-(1-2\mu)A_{\mathrm{f}}p_{\mathrm{p}}+(F_{\mathrm{S4}}^{z}+a_{4}\rho_{\mathrm{p}}A_{\mathrm{p}}U_{\mathrm{S4}}^{z}-2\mu A_{\mathrm{f}}p_{\mathrm{S4}}) \tag{9.46}$$

$$Q_{\mathrm{p}}-U_{\mathrm{p}}^{z}A_{\mathrm{f}}=-\frac{a_{5}A_{\mathrm{f}}}{K^{*}}\left[\frac{4v^{2}A_{\mathrm{f}}}{A_{\mathrm{p}}\left(\frac{E}{K^{*}}-\frac{\rho_{\mathrm{p}}}{\rho_{\mathrm{f}}}\right)}-1\right]p_{\mathrm{p}}+\left[\frac{2v\rho_{\mathrm{p}}\rho_{\mathrm{f}}}{\frac{E}{K^{*}}-\frac{\rho_{\mathrm{p}}}{\rho_{\mathrm{f}}}}\left(\frac{a_{4}a_{5}}{K^{*}}-\frac{1}{\rho_{\mathrm{f}}}\right)-A_{\mathrm{f}}\right]U_{\mathrm{p}}^{z}$$
$$+\left[Q_{\mathrm{S5}}-\frac{a_{5}A_{\mathrm{f}}}{K^{*}}p_{\mathrm{S5}}+\frac{2\mu A_{\mathrm{f}}\frac{\rho_{\mathrm{p}}}{\rho_{\mathrm{f}}}}{\frac{E}{K^{*}}-\frac{\rho_{\mathrm{p}}}{\rho_{\mathrm{f}}}}U_{\mathrm{S5}}^{z}-\frac{2a_{5}vA_{\mathrm{f}}}{K^{*}A_{\mathrm{p}}\left(\frac{E}{K^{*}}-\frac{\rho_{\mathrm{p}}}{\rho_{\mathrm{f}}}\right)}(F_{\mathrm{S4}}^{z}-F_{\mathrm{S5}}^{z}\right.$$
$$\left.+a_{4}\rho_{\mathrm{p}}A_{\mathrm{p}}U_{\mathrm{S4}}^{z}-2\mu A_{\mathrm{f}}p_{S24})\right] \tag{9.47}$$

$$[B]^{-}=\begin{bmatrix}-c_{2} & 0 & 0 & c_{11} & 0 & 0 & 0\\ 0 & -c_{3} & 0 & 0 & 0 & -c_{4} & 0\\ 0 & 0 & -c_{3} & 0 & c_{4} & 0 & 0\\ c_{7} & 0 & 0 & -c_{6} & 0 & 0 & 0\\ 0 & 0 & c_{13} & 0 & -c_{12} & 0 & 0\\ 0 & -c_{13} & 0 & 0 & 0 & -c_{12} & 0\\ 0 & 0 & 0 & 0 & 0 & 0 & -c_{9}\end{bmatrix} \tag{9.48}$$

$$\{H\}^{-}=\left\{\begin{array}{l}Q_{\mathrm{S5}}-\frac{a_{5}A_{\mathrm{f}}}{K^{*}}p_{\mathrm{S5}}+\frac{c_{10}}{c_{1}}\frac{\rho_{\mathrm{p}}}{\rho_{\mathrm{f}}}U_{\mathrm{S5}}^{z}-\frac{c_{10}a_{5}}{K^{*}A_{\mathrm{p}}c_{1}}(F_{\mathrm{S4}}^{z}-F_{\mathrm{S5}}^{z}+c_{6}U_{\mathrm{S4}}^{z}-c_{10}p_{\mathrm{S4}})\\ F_{\mathrm{S3}}^{x}+c_{3}U_{\mathrm{S3}}^{x}-c_{4}R_{\mathrm{S3}}^{y}\\ F_{\mathrm{S4}}^{y}+c_{3}U_{\mathrm{S4}}^{y}+c_{4}R_{\mathrm{S3}}^{x}\\ F_{\mathrm{S4}}^{2}+c_{6}U_{\mathrm{S4}}^{2}-c_{10}p_{\mathrm{S4}}\\ M_{\mathrm{S2}}^{x}+c_{8}R_{R2}^{x}-c_{5}(F_{\mathrm{S2}}^{y}+F_{\mathrm{S3}}^{y})-c_{13}U_{\mathrm{S3}}^{y}-c_{4}c_{5}R_{\mathrm{S3}}^{x}\\ M_{\mathrm{S2}}^{y}+c_{8}R_{R2}^{y}+c_{5}(F_{\mathrm{S2}}^{x}+F_{\mathrm{S3}}^{x})+c_{13}U_{\mathrm{S3}}^{x}-c_{4}c_{5}R_{\mathrm{S3}}^{y}\\ M_{\mathrm{S1}}^{z}+c_{9}R_{\mathrm{S1}}^{z}\end{array}\right\} \tag{9.49}$$

9.3.2 边界条件

时域法的边界条件取脱离体来考虑比较方便。

1. 空间叉管

设叉管的第 i 个分支的局部坐标为(x_{i1},x_{i2},x_{i3}),整体坐标为($\bar{x}_1$,$\bar{x}_2$,$\bar{x}_3$)(图 9.4),局

部坐标与整体坐标间的方向余弦表的关系式见表 9.1。

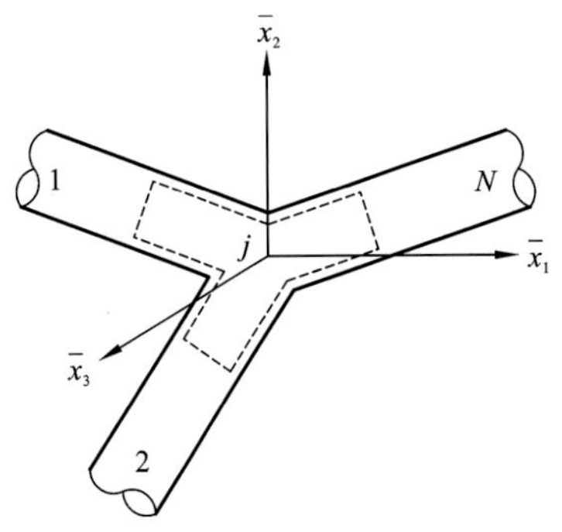

图 9.4 空间叉管坐标关系

表 9.1 局部坐标与整体坐标间的方向余弦表

坐标系	x_{i1}	x_{i2}	x_{i3}
$\bar{x}_1$	l_{i11}	l_{i12}	l_{i13}
$\bar{x}_2$	l_{i21}	l_{i22}	l_{i23}
$\bar{x}_3$	l_{i31}	l_{i32}	l_{i33}

忽略节点处的局部损失和流速水头，则

$$[T]_i = \begin{bmatrix} 1 & 0 & 0 & 0 & 0 & 0 & 0 \\ 0 & l_{i11} & l_{i21} & l_{i31} & 0 & 0 & 0 \\ 0 & l_{i12} & l_{i22} & l_{i32} & 0 & 0 & 0 \\ 0 & l_{i13} & l_{i23} & l_{i33} & 0 & 0 & 0 \\ 0 & 0 & 0 & 0 & l_{i11} & l_{i21} & l_{i31} \\ 0 & 0 & 0 & 0 & l_{i12} & l_{i22} & l_{i32} \\ 0 & 0 & 0 & 0 & l_{i13} & l_{i23} & l_{i33} \end{bmatrix}, \quad i = 1,2,\cdots,N \tag{9.50}$$

所以，空间叉管的边界条件归结求解方程为

$$\sum_{i=1}^{N} \pm [T]_i^{\mathrm{T}} [B]_i [T]_i \begin{Bmatrix} p_j \\ \{U_j\} \\ R_j \end{Bmatrix} + \sum_{i=1}^{N} \pm [T]_i^{\mathrm{T}} \{H\}_i = 0 \tag{9.51}$$

式中：C^+ 取负号，$[B]_i$、$\{H\}_i$ 分别取 $[B]_i^+$、$\{H\}_i^+$；C^- 取正号，$[B]_i$、$\{H\}_i$ 分别取 $[B]_i^-$、$\{H\}_i^-$。

求出 $\{p_j, \{U_j\}^{\mathrm{T}}, \{R_j\}^{\mathrm{T}}\}^{\mathrm{T}}$ 后，节点处的其他变量即迎刃而解。

2. 孔口

将特征线方程的差分方程稍加改写如下。

对于 C^+：

$$\begin{cases} Q_{\mathrm{p}} - U_{\mathrm{p}}^z A_{\mathrm{f}}(1-\beta) = c_2 p_{\mathrm{p}} + (c_{11} + \beta A_{\mathrm{f}}) U_{\mathrm{p}}^z + H^+(1) \\ F_{\mathrm{p}}^z - A_{\mathrm{f}}(1-\beta) p_{\mathrm{p}} = c_6 U_{\mathrm{p}}^z + (2\mu - 1 + \beta) A_{\mathrm{f}} p_{\mathrm{p}} + H^+(4) \end{cases} \tag{9.52}$$

对于 C^-：

$$\begin{cases} Q_{\mathrm{p}} - U_{\mathrm{p}}^z A_{\mathrm{f}}(1-\beta) = - c_2 p_{\mathrm{p}} + (c_{11} + \beta A_{\mathrm{f}}) U_{\mathrm{p}}^z + H^-(1) \\ F_{\mathrm{p}}^z - A_{\mathrm{f}}(1-\beta) p_{\mathrm{p}} = - c_6 U_{\mathrm{p}}^z + (2\mu - 1 + \beta) A_{\mathrm{f}} p_{\mathrm{p}} + H^-(4) \end{cases} \tag{9.53}$$

式中：$1-\beta$ 为孔口相对开度。

令 $c_{14} = c_{11} + \beta A_{\mathrm{f}}$，$c_{15} = (2\mu - 1 + \beta) A_{\mathrm{f}}$，则

$$[B']^{+}=\begin{bmatrix} c_2 & 0 & 0 & c_{14} & 0 & 0 & 0 \\ 0 & c_3 & 0 & 0 & 0 & -c_4 & 0 \\ 0 & 0 & c_3 & 0 & c_4 & 0 & 0 \\ c_{15} & 0 & 0 & c_6 & 0 & 0 & 0 \\ 0 & 0 & c_{13} & 0 & c_{12} & 0 & 0 \\ 0 & -c_{13} & 0 & 0 & 0 & c_{12} & 0 \\ 0 & 0 & 0 & 0 & 0 & 0 & c_9 \end{bmatrix} \tag{9.54}$$

$$[B']^{-}=\begin{bmatrix} -c_2 & 0 & 0 & c_{14} & 0 & 0 & 0 \\ 0 & -c_3 & 0 & 0 & 0 & -c_4 & 0 \\ 0 & 0 & -c_3 & 0 & c_4 & 0 & 0 \\ c_{15} & 0 & 0 & -c_6 & 0 & 0 & 0 \\ 0 & 0 & c_{13} & 0 & -c_{12} & 0 & 0 \\ 0 & -c_{13} & 0 & 0 & 0 & -c_{12} & 0 \\ 0 & 0 & 0 & 0 & 0 & 0 & -c_9 \end{bmatrix} \tag{9.55}$$

则孔口的边界条件化简为

$$[B']^{+}\begin{Bmatrix} p_j \\ \{U_j\} \\ \{R_j\} \end{Bmatrix}+\{H\}^{+}=[B']^{-}\begin{Bmatrix} p_j \\ \{U_j\} \\ \{R_j\} \end{Bmatrix}+\{H\}^{-} \tag{9.56}$$

$$Q_{1c}-U_{1c}^{z}A_{\mathrm{f}}(1-\beta)=\frac{Q_0}{2}\left(1\ \frac{p_{1j}-p_{2j}}{\Delta p_0}\right) \tag{9.57}$$

令

$$c_{16}=\frac{Q_0}{2\Delta p_0},c_{17}=\frac{Q_0}{2}-H^{+}(1)$$

式中：$H^{+}(i)$ 表示列向量$\{H\}^{+}$的第 i 个分量；$H^{-}(i)$ 表示列向量$\{H\}^{-}$的第 i 个分量；下标 c 为待求断面的物理量；下标 0 为初始时刻或前一时刻的物理量。

重新整理边界条件有

$$\begin{bmatrix} c_2-c_{16} & c_{16} & 0 & 0 & c_{14} & 0 & 0 & 0 \\ c_2 & c_2 & 0 & 0 & 0 & 0 & 0 & 0 \\ 0 & 0 & 2c_3 & 0 & 0 & 0 & 0 & 0 \\ 0 & 0 & 0 & 2c_3 & 0 & 0 & 0 & 0 \\ c_{15} & -c_{15} & 0 & 0 & 2c_6 & 0 & 0 & 0 \\ 0 & 0 & 0 & 0 & 0 & 2c_{12} & 0 & 0 \\ 0 & 0 & 0 & 0 & 0 & 0 & 2c_{12} & 0 \\ 0 & 0 & 0 & 0 & 0 & 0 & 0 & 2c_9 \end{bmatrix}\begin{Bmatrix} p_{1j} \\ p_{2j} \\ \{U_j\} \\ \{R_j\} \end{Bmatrix}=\begin{Bmatrix} c_{17} \\ \{H\}^{-}-\{H\}^{+} \end{Bmatrix} \tag{9.58}$$

即可求解$\{p_{1j},p_{2j},\{U_j\}^{\mathrm{T}},\{R_j\}^{\mathrm{T}}\}^{\mathrm{T}}$，则

$$\begin{Bmatrix} p_c \\ \{U_c\} \\ \{R_c\} \end{Bmatrix}_i=\begin{Bmatrix} p_{ij} \\ \{U_j\} \\ \{R_j\} \end{Bmatrix},\quad i=1,2 \tag{9.59}$$

式中：当 $i=1$ 时，$[B']$ 取 $[B']^+$，$\{H\}$ 取 $\{H\}^+$；当 $i=2$ 时，$[B']$ 取 $[B']^-$，$\{H\}$ 取 $\{H\}^-$。

3. 固结的上游库端

对固结的上游库端有

$$\{p_j \quad \{U_j\}^{\mathrm{T}} \quad \{R_j\}^{\mathrm{T}}\}^{\mathrm{T}}=\{p_u \quad \{0\}^{\mathrm{T}} \quad \{0\}^{\mathrm{T}}\}^{\mathrm{T}}$$

所以

$$\{p_c \quad \{U_c\}^{\mathrm{T}} \quad \{R_c\}^{\mathrm{T}}\}^{\mathrm{T}}=\{p_u \quad \{0\}^{\mathrm{T}} \quad \{0\}^{\mathrm{T}}\}^{\mathrm{T}}$$

由 C^- 特征线方程有

$$\begin{Bmatrix} Q_c \\ \{F_c\} \\ \{M_c\} \end{Bmatrix}=\begin{Bmatrix} -c_2 p_u+H^-(1) \\ H^-(2) \\ H^-(3) \\ c_{10} p_u+H^-(4) \\ H^-(5) \\ H^-(6) \\ H^-(7) \end{Bmatrix} \tag{9.60}$$

4. 固结的下游库端

对固结的下游库端有

$$\{p_j \quad \{U_j\}^{\mathrm{T}} \quad \{R_j\}^{\mathrm{T}}\}^{\mathrm{T}}=\{p_d \quad \{0\}^{\mathrm{T}} \quad \{0\}^{\mathrm{T}}\}^{\mathrm{T}}$$

所以

$$\{p_c \quad \{U_c\}^{\mathrm{T}} \quad \{R_c\}^{\mathrm{T}}\}^{\mathrm{T}}=\{p_d \quad \{0\}^{\mathrm{T}} \quad \{0\}^{\mathrm{T}}\}^{\mathrm{T}}$$

由 C^+ 特征线方程有

$$\begin{Bmatrix} Q_c \\ \{F_c\} \\ \{M_c\} \end{Bmatrix}=\begin{Bmatrix} c_1 p_d+H^+(1) \\ H^+(2) \\ H^+(3) \\ c_{10} p_d+H^+(4) \\ H^+(5) \\ H^+(6) \\ H^+(7) \end{Bmatrix} \tag{9.61}$$

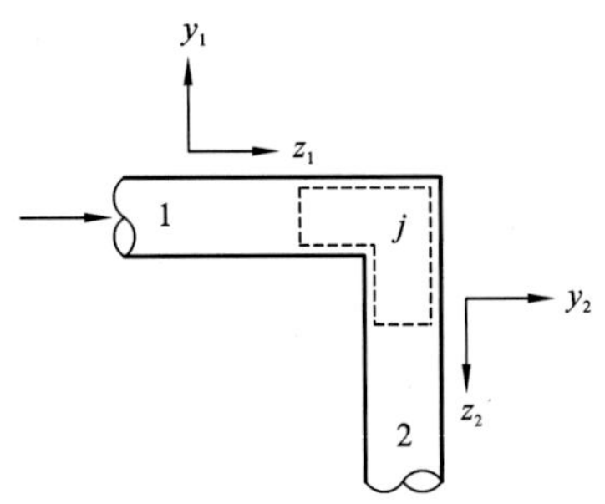

图 9.5 平面直弯头坐标关系

5. 平面直弯头

取整体坐标与管 1 的局部坐标一致（图 9.5），则

$$[T]_1=\begin{bmatrix} 1 & 0 & 0 & 0 & 0 & 0 & 0 \\ 0 & 1 & 0 & 0 & 0 & 0 & 0 \\ 0 & 0 & 1 & 0 & 0 & 0 & 0 \\ 0 & 0 & 0 & 1 & 0 & 0 & 0 \\ 0 & 0 & 0 & 0 & 1 & 0 & 0 \\ 0 & 0 & 0 & 0 & 0 & 1 & 0 \\ 0 & 0 & 0 & 0 & 0 & 0 & 1 \end{bmatrix}=[T]_1^{\mathrm{T}} \tag{9.62}$$

$$
[T]_2=\begin{bmatrix}1&0&0&0&0&0&0\\0&1&0&0&0&0&0\\0&0&0&1&0&0&0\\0&0&-1&0&0&0&0\\0&0&0&0&1&0&0\\0&0&0&0&0&0&1\\0&0&0&0&0&-1&0\end{bmatrix} \tag{9.63}
$$

$$
[T]_2^{\mathrm{T}}=\begin{bmatrix}1&0&0&0&0&0&0\\0&1&0&0&0&0&0\\0&0&0&-1&0&0&0\\0&0&1&0&0&0&0\\0&0&0&0&1&0&0\\0&0&0&0&0&0&-1\\0&0&0&0&0&1&0\end{bmatrix} \tag{9.64}
$$

$$
\begin{aligned}
A&=\sum\pm[T]_i^{\mathrm{T}}[B]_i[T]_i\\
&=\begin{bmatrix}-2c_2&0&-c_{11}&-c_{11}&0&0&0\\0&-2c_3&0&0&0&c_4&-c_4\\-c_7&0&-c_3-c_6&0&-c_4&0&0\\-c_7&0&0&-c_3-c_6&c_4&0&0\\0&0&-c_{13}&c_{13}&-2c_{12}&0&0\\0&c_{13}&0&0&0&0&-c_9-c_{12}\\0&-c_{13}&0&0&0&1&-c_9-c_{12}\end{bmatrix}
\end{aligned} \tag{9.65}
$$

$$
b=\sum\pm[T]_i^{\mathrm{T}}[H]_i=\begin{bmatrix}H^-(1)-H^+(1)\\H^-(2)-H^+(2)\\-H^+(3)-H^-(4)\\-H^+(4)+H^-(3)\\H^-(5)-H^+(5)\\-H^+(6)-H^-(7)\\-H^+(7)+H^-(6)\end{bmatrix} \tag{9.66}
$$

$$
A\begin{Bmatrix}p_j\\\{U_j\}\\R_j\end{Bmatrix}+b=0 \tag{9.67}
$$

求解式(9.67)可得$\{p_j,\{U_j\}^{\mathrm{T}},\{R_j\}^{\mathrm{T}}\}^{\mathrm{T}}$的值,所以

$$\begin{Bmatrix} p_c \\ \{U_c\} \\ \{R_c\} \end{Bmatrix}_1 = \begin{Bmatrix} p_j \\ \{U_j\} \\ \{R_j\} \end{Bmatrix}, \quad \begin{Bmatrix} p_c \\ \{U_c\} \\ \{R_c\} \end{Bmatrix}_2 = \begin{Bmatrix} p_j \\ U_j^x \\ U_j^z \\ -U_j^y \\ R_j^x \\ R_j^z \\ -R_j^y \end{Bmatrix}$$

然后,由特征线方程即可求出

$$\{Q_c \quad \{F_c\}^{\mathrm{T}} \quad \{M_c\}^{\mathrm{T}}\}_i^{\mathrm{T}}, \quad i = 1,2$$

6. 平面斜弯头

如图 9.6 所示,取整体坐标与管 1 的局部坐标一致,则

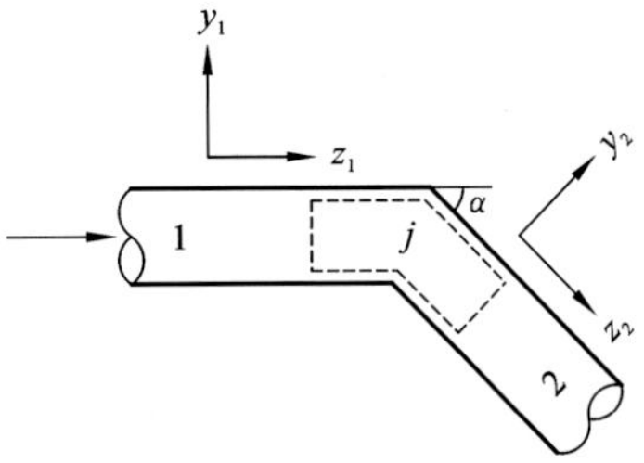

图 9.6 平面斜弯头坐标关系

$$[T]_1 = \begin{bmatrix} 1 & 0 & 0 & 0 & 0 & 0 & 0 \\ 0 & 1 & 0 & 0 & 0 & 0 & 0 \\ 0 & 0 & 1 & 0 & 0 & 0 & 0 \\ 0 & 0 & 0 & 1 & 0 & 0 & 0 \\ 0 & 0 & 0 & 0 & 1 & 0 & 0 \\ 0 & 0 & 0 & 0 & 0 & 1 & 0 \\ 0 & 0 & 0 & 0 & 0 & 0 & 1 \end{bmatrix} = [T]_1^{\mathrm{T}}$$

$$[T]_2 = \begin{bmatrix} 1 & 0 & 0 & 0 & 0 & 0 & 0 \\ 0 & 1 & 0 & 0 & 0 & 0 & 0 \\ 0 & 0 & \cos\alpha & \sin\alpha & 0 & 0 & 0 \\ 0 & 0 & -\sin\alpha & \cos\alpha & 0 & 0 & 0 \\ 0 & 0 & 0 & 0 & 1 & 0 & 0 \\ 0 & 0 & 0 & 0 & 0 & \cos\alpha & \sin\alpha \\ 0 & 0 & 0 & 0 & 0 & -\sin\alpha & \cos\alpha \end{bmatrix}$$

$$[T]_2^{\mathrm{T}} = \begin{bmatrix} 1 & 0 & 0 & 0 & 0 & 0 & 0 \\ 0 & 1 & 0 & 0 & 0 & 0 & 0 \\ 0 & 0 & \cos\alpha & -\sin\alpha & 0 & 0 & 0 \\ 0 & 0 & \sin\alpha & \cos\alpha & 0 & 0 & 0 \\ 0 & 0 & 0 & 0 & 1 & 0 & 0 \\ 0 & 0 & 0 & 0 & 0 & \cos\alpha & -\sin\alpha \\ 0 & 0 & 0 & 0 & 0 & \sin\alpha & \cos\alpha \end{bmatrix}$$

$$A=\sum \pm [T]_i^{\mathrm{T}}[B]_i[T]_i=$$

$$\begin{bmatrix} -2c_2 & 0 & -c_{11}\sin\alpha & -c_{11}(1-\cos\alpha) & 0 & 0 & 0 \\ 0 & -2c_3 & 0 & 0 & 0 & c_4(1-\cos\alpha) & -c_4\sin\alpha \\ -c_7\sin\alpha & 0 & -c_3(1+\cos^2\alpha)-c_6\sin^2\alpha & (c_6-c_3)\dfrac{\sin^2\alpha}{2} & c_4(\cos\alpha-1) & 0 & 0 \\ c_7(\cos\alpha-1) & 0 & (c_6-c_3)\dfrac{\sin^2\alpha}{2} & -c_3\sin^2\alpha-c_6(1+\cos^2\alpha) & c_4\sin\alpha & 0 & 0 \\ 0 & 0 & c_{13}(\cos\alpha-1) & c_{13}\sin\alpha & -2c_{12} & 0 & 0 \\ 0 & c_{13}(1-\cos\alpha) & 0 & 0 & 0 & -c_{12}(1+\cos^2\alpha)-c_9\sin^2\alpha & \dfrac{c_{18}\sin^2\alpha}{2} \\ 0 & -c_{13}\sin\alpha & 0 & 0 & 0 & \dfrac{c_{18}\sin^2\alpha}{2} & -c_{12}\sin^2\alpha-c_9(1+\cos^2\alpha) \end{bmatrix} \tag{9.68}$$

式中

$$c_{18}=c_{19}+c_{12}$$

$$b=\sum \pm [T]_i^{\mathrm{T}}[H]_i=\begin{bmatrix} H^-(1)-H^+(1) \\ H^-(2)-H^+(2) \\ H^-(3)\cos\alpha-H^-(4)\sin\alpha-H^+(3) \\ H^-(3)\sin\alpha+H^-(4)\cos\alpha-H^+(4) \\ H^-(5)-H^+(5) \\ H^-(6)\cos\alpha-H^-(7)\sin\alpha-H^+(6) \\ H^-(6)\sin\alpha+H^-(7)\cos\alpha-H^+(7) \end{bmatrix} \tag{9.69}$$

$$A\begin{Bmatrix} p_j \\ \{U_j\} \\ \{R_j\} \end{Bmatrix}+b=0 \tag{9.70}$$

求解式(9.70)可得$\{p_j,\{U_j\}^{\mathrm{T}},\{R_j\}^{\mathrm{T}}\}^{\mathrm{T}}$的值，所以

$$\begin{Bmatrix} p_c \\ \{U_c\} \\ \{R_c\}_1 \end{Bmatrix}=\begin{Bmatrix} p_j \\ \{U_j\} \\ \{R_j\} \end{Bmatrix}\quad \begin{Bmatrix} p_c \\ \{U_c\} \\ \{R_c\} \end{Bmatrix}_2=\begin{Bmatrix} p_j \\ U_j^x \\ U_j^y\cos\alpha+U_j^z\sin\alpha \\ -U_j^y\sin\alpha+U_j^z\cos\alpha \\ R_j^x \\ R_j^y\cos\alpha+R_j^z\sin\alpha \\ -R_j^y\sin\alpha+R_j^z\cos\alpha \end{Bmatrix}$$

然后，由特征线方程即可求出

$$\{Q_c\quad \{F_c\}^{\mathrm{T}}\quad \{M_c\}^{\mathrm{T}}\}_i^{\mathrm{T}},\quad i=1,2$$

7. 平面轴对称三叉管

如图 9.7 所示，取整体坐标与管 1 的局部坐标相同，则

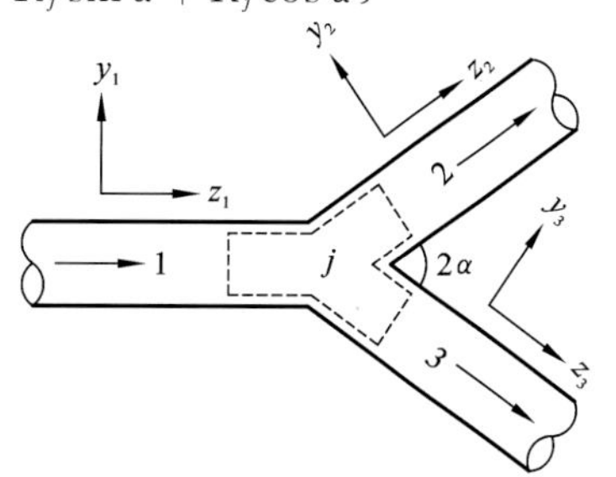

图 9.7　平面轴对称三叉管

$$[T]_1=\begin{bmatrix}1&0&0&0&0&0&0\\0&1&0&0&0&0&0\\0&0&1&0&0&0&0\\0&0&0&1&0&0&0\\0&0&0&0&1&0&0\\0&0&0&0&0&1&0\\0&0&0&0&0&0&1\end{bmatrix}=[T]_1^{\mathrm{T}}$$

$$[T]_2=\begin{bmatrix}1&0&0&0&0&0&0\\0&1&0&0&0&0&0\\0&0&\cos\alpha&-\sin\alpha&0&0&0\\0&0&\sin\alpha&\cos\alpha&0&0&0\\0&0&0&0&1&0&0\\0&0&0&0&0&\cos\alpha&-\sin\alpha\\0&0&0&0&0&\sin\alpha&\cos\alpha\end{bmatrix}=[T]_3^{\mathrm{T}}$$

$$[T]_3=\begin{bmatrix}1&0&0&0&0&0&0\\0&1&0&0&0&0&0\\0&0&\cos\alpha&\sin\alpha&0&0&0\\0&0&-\sin\alpha&\cos\alpha&0&0&0\\0&0&0&0&1&0&0\\0&0&0&0&0&\cos\alpha&\sin\alpha\\0&0&0&0&0&-\sin\alpha&\cos\alpha\end{bmatrix}=[T]_2^{\mathrm{T}}$$

边界条件变为求解方程：

$$(-[T]_1^{\mathrm{T}}[B]_1^{+}[T]_1+[T]_2^{\mathrm{T}}[B]_2^{-}[T]_2+[T]_3^{\mathrm{T}}[B]_3^{-}[T]_3)\begin{Bmatrix}p_j\\\{U_j\}\\\{R_j\}\end{Bmatrix}=[T]_1^{\mathrm{T}}\{H\}_1^{+}-[T]_2^{\mathrm{T}}\{H\}_2^{-}-[T]_3^{\mathrm{T}}\{H\}_3^{-} \tag{9.71}$$

8. 平面内多叉管

如图9.8所示，设节点处的整体坐标为xyz，i支管的局部坐标为(x_i,y_i,z_i)，α_i为z_i与z的夹角，则有

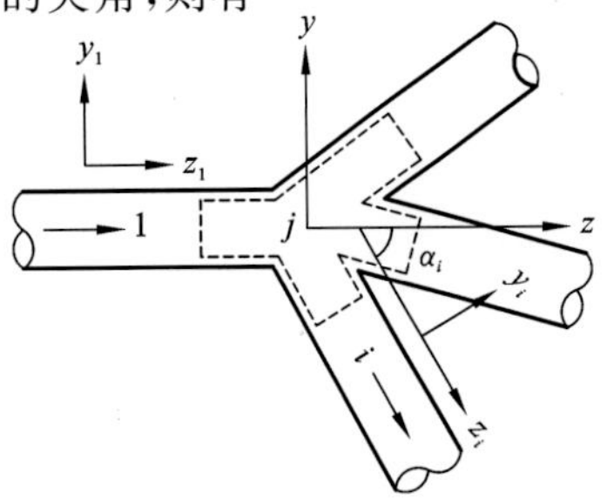

$$[T]_i=\begin{bmatrix}1&0&0&0&0&0&0\\0&1&0&0&0&0&0\\0&0&\cos\alpha&\sin\alpha&0&0&0\\0&0&-\sin\alpha&\cos\alpha&0&0&0\\0&0&0&0&1&0&0\\0&0&0&0&0&\cos\alpha&\sin\alpha\\0&0&0&0&0&-\sin\alpha&\cos\alpha\end{bmatrix}$$

图9.8　平面内多叉管

边界条件变为求解方程：

$$\sum \pm [T]_i^{\mathrm{T}} [B]_i [T]_i \begin{Bmatrix} p_j \\ \{U_j\} \\ \{R_j\} \end{Bmatrix} = -\sum \pm [T]_i^{\mathrm{T}} \{H\}_i \tag{9.72}$$

9. 空间相互垂直的三叉管

如图 9.9 所示建立整体坐标及局部坐标系，则有

$$[T]_1 = \begin{bmatrix} 1 & 0 & 0 & 0 & 0 & 0 & 0 \\ 0 & 0 & 0 & -1 & 0 & 0 & 0 \\ 0 & 0 & -1 & 0 & 0 & 0 & 0 \\ 0 & -1 & 0 & 0 & 0 & 0 & 0 \\ 0 & 0 & 0 & 0 & 0 & 0 & -1 \\ 0 & 0 & 0 & 0 & 0 & -1 & 0 \\ 0 & 0 & 0 & 0 & -1 & 0 & 0 \end{bmatrix}$$

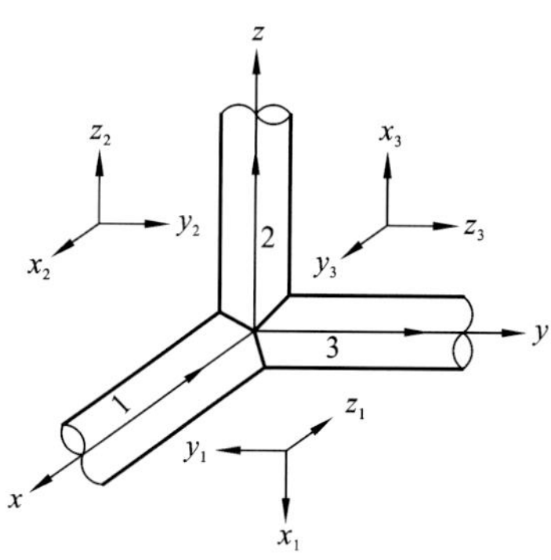

图 9.9　空间相互垂直的三叉管

$$[T]_2 = \begin{bmatrix} 1 & 0 & 0 & 0 & 0 & 0 & 0 \\ 0 & 1 & 0 & 0 & 0 & 0 & 0 \\ 0 & 0 & 1 & 0 & 0 & 0 & 0 \\ 0 & 0 & 0 & 1 & 0 & 0 & 0 \\ 0 & 0 & 0 & 0 & 1 & 0 & 0 \\ 0 & 0 & 0 & 0 & 0 & 1 & 0 \\ 0 & 0 & 0 & 0 & 0 & 0 & 1 \end{bmatrix}$$

$$[T]_3 = \begin{bmatrix} 1 & 0 & 0 & 0 & 0 & 0 & 0 \\ 0 & 0 & 0 & 1 & 0 & 0 & 0 \\ 0 & 1 & 0 & 0 & 0 & 0 & 0 \\ 0 & 0 & 1 & 0 & 0 & 0 & 0 \\ 0 & 0 & 0 & 0 & 0 & 0 & 1 \\ 0 & 0 & 0 & 0 & 1 & 0 & 0 \\ 0 & 0 & 0 & 0 & 0 & 1 & 0 \end{bmatrix}$$

边界条件变为求解方程：

$$\begin{aligned} &(-[T]_1^{\mathrm{T}}[B]_1^{+}[T]_1 + [T]_2^{\mathrm{T}}[B]_2^{-}[T]_2 + [T]_3^{\mathrm{T}}[B]_3^{-}[T]_3) \begin{Bmatrix} p_j \\ \{U_j\} \\ \{R_j\} \end{Bmatrix} = [T]_1^{\mathrm{T}}\{H\}_1^{+} \\ &\quad - [T]_2^{\mathrm{T}}\{H\}_2^{-} - [T]_3^{\mathrm{T}}\{H\}_3^{-} \end{aligned} \tag{9.73}$$

10. 具有弹簧支承和外界流量的节点

设外界流量为 Q_{jo}，弹簧支承的刚度矩阵为$[k]$，则有

$$\begin{Bmatrix} Q_j \\ \{F_j\} \\ \{M_j\} \end{Bmatrix} = \begin{Bmatrix} -Q_{jo} \\ [k]\{u_j\} \\ \{0\} \end{Bmatrix} \tag{9.74}$$

边界条件变为求解方程：

$$\sum \pm [T]_i^{\mathrm{T}}[B]_i[T]_i \begin{Bmatrix} p_j \\ \{u_j\} \\ \{R_j\} \end{Bmatrix} + \sum \pm [T]_i^{\mathrm{T}}\{H\}_i = \begin{Bmatrix} -Q_{jo} \\ [k]\{u_j\} \\ \{0\} \end{Bmatrix}$$

即

$$\left(\sum \pm [T]_i^{\mathrm{T}}[B]_i[T]_i - \begin{bmatrix} 0 & & \\ & [k] & \\ & & 0 \end{bmatrix}\right) \begin{Bmatrix} p_j \\ \{u_j\} \\ \{R_j\} \end{Bmatrix} = \begin{Bmatrix} -Q_{jo} \\ \{0\} \\ \{0\} \end{Bmatrix} - \sum \pm [T]_i^{\mathrm{T}}\{H\}_i \tag{9.75}$$

9.3.3　实例分析

1985 年，Wiggert 等[14] 用集中参数法和特征线法相结合的方法，对图 9.10 所示的四种不同弯头约束的管道系统进行了动态研究，并与实验结果进行了比较。

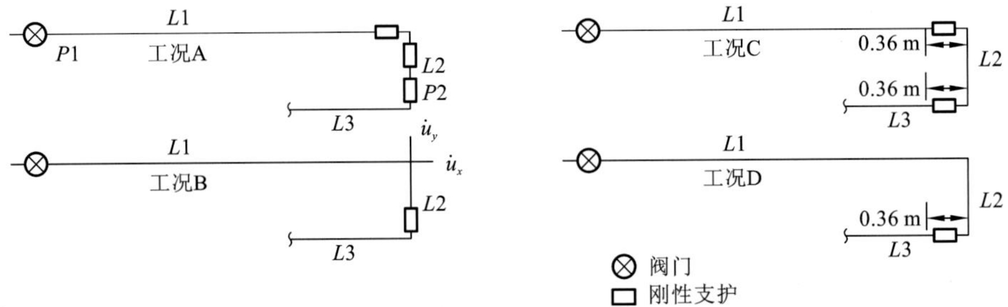

图 9.10　四种实验案例的结构约束

1. A 约束方案：固定弯管

在 A 约束方案中，弯管 1 被两个方向的刚性支护所限制，其结构运动速度为零(图 9.11)；弯头 2 被一个方向的刚性支护所限制；阀门下游侧测点 P_1 所得的压强实测值和计算值对比结果如图 9.12 所示。从图中可以看出，大约在 4 ms 时，实测结果出现了一个脉冲，这实际上是由阀门的振动引起的，并不影响随后的管道响应。在 20 ms 内(波在弯头处反射到达阀门的时刻)，曲线基本保持为直线，仅有很小的高频振荡，但在此之后，曲线开始出现明显的波动，在 40 ～ 60 ms 范围时，发生了较大的振荡。这是由弯头 1 不可能完全被刚性支护约束所造成的。计算采用了传统的水击模型，其响应曲线基本上与实测结果一致，但也反映了泊松耦合导致的差异。

2. B 约束方案：轴向刚度

在 B 约束方案中，弯管 1 两侧的支护被移除了，仅靠其相关管的轴向刚度为抵抗变形，所得的结果如图 9.13 所示。从图中可以看出：① 弯管 1 的 x 方向和 y 方向的位移分别由 L_1 管和 L_2 管的轴向刚度来约束，由于 L_2 管长比 L_1 短，轴向刚度大，故弯管 1 处 y 方向的位移要比 x 方向的位移小(图 9.13(b))，弯管 1 的 x 方向最大速度实测值为 0.27 m/s，最大位移量大约是 0.5 mm。② 受弯管 1 位移的影响，主要是 x 方向位移的影响，P_1 处的压

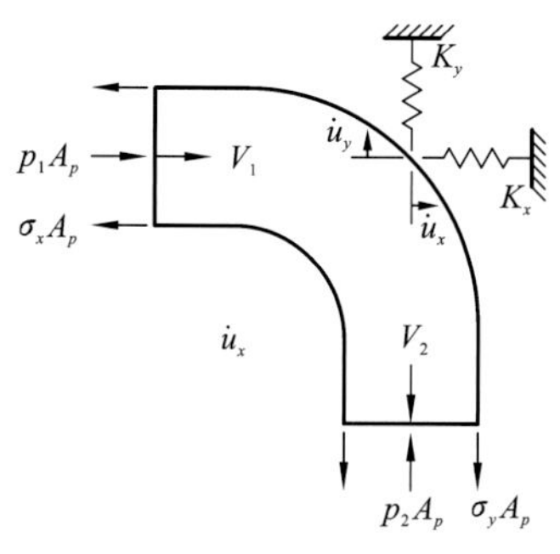

图 9.11　弯管约束及运动速度示意图

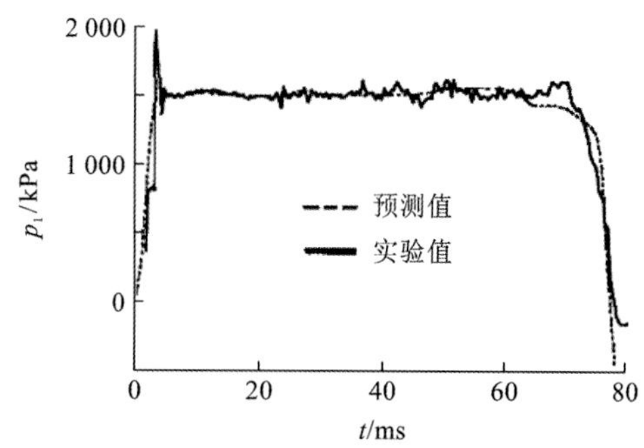

图 9.12　A 约束方案下压强实测值和计算值对比

强响应与 A 约束方案有着较大的差别，在最初 4 ms 内，弯管 1 的 x 方向和 y 方向的位移为零，所以两者没有差别；随后弯管 1 在管道 L_1 径向膨胀引起轴向收缩（泊松耦合）作用下朝 x 负方向运动，导致弯管 1 流体压强升高，且在 13 ms 时传播到阀门处；由于弯管 1 以管道的固有频率做持续振动，其节点耦合导致阀门下游侧测点 P_1 所得的压强实测值呈较大振幅的波动，最大压强发生在 44 ms 时，高于 A 约束方案 22%。由此可见，流固耦合压强峰值完全有可能远大于非耦合的压强峰值。③ 响应曲线的实测变化过程与计算基本一致，说明流固耦合特征线法用于工程模拟是可行的。

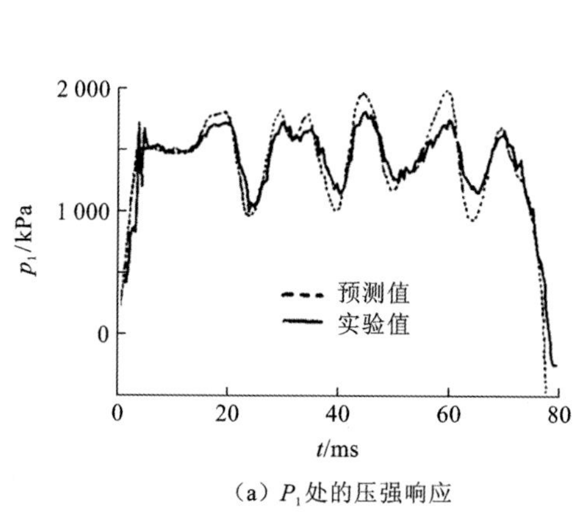

（a）P_1 处的压强响应

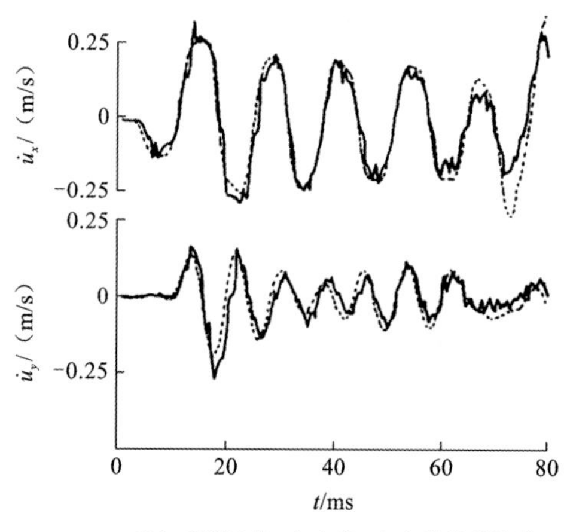

（b）弯管 1 在 x 方向和 y 方向的位移速度

图 9.13　B 约束方案下压强、位移速度实测值和计算值对比

3. C 约束方案：抗弯刚度

在 C 约束方案中，管 L_2 的轴向位移靠 0.36 m 长的两根短管的弯曲刚度来约束，所以两弯管 y 方向位移幅值大，且振动频率较低。而 0.36 m 长的两根短管的轴向刚度远大于弯曲刚度，所以弯管几乎没有 x 方向的位移，所得的结果如图 9.14 所示。从图中可以看出，弯管 y 轴方向的振动频率低于 B 约束方案，压强响应也同样呈现较低的频率。P_1 点测得的最大压强值比 A 约束方案高 25%。y 方向位移速度计算值与实验值差别较大，可能是由计算采用的抗弯刚度过小所致。

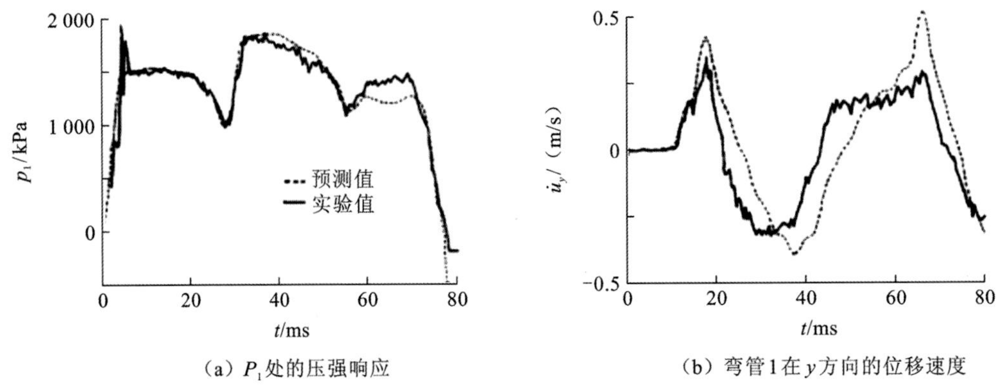

（a）P_1处的压强响应　　（b）弯管1在y方向的位移速度

图 9.14　C约束方案下压强、位移速度实测值和计算值对比

4. D约束方案：联合作用

在D约束方案中，其约束条件是B方案和C方案的组合。弯头1的x方向位移由管道L_1的轴向刚度来约束，与B约束方案的结果相近，y方向位移由0.36 m长的单根短管的弯曲刚度来约束，故产生的位移与C约束方案的结果相近，但幅值更大，其原因是单根短管的弯曲刚度在起作用，所得的结果如图9.15所示。

在上述4种约束方案中，D约束方案的压强响应是所有方案中振荡最大的，最大压强发生在46 ms时，比A约束方案高出33%。弯管x方向位移速度的计算值与实测值吻合较好，但是y方向差别较大。

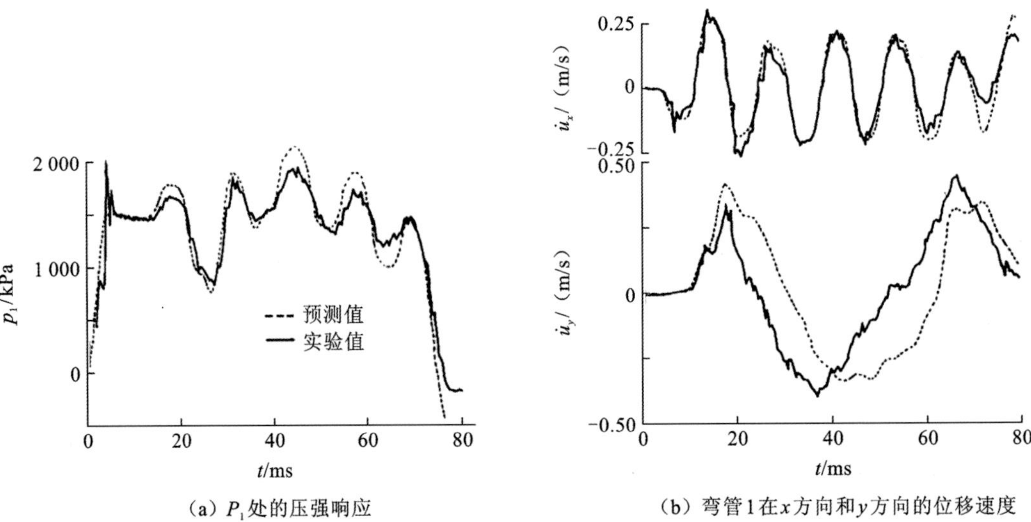

（a）P_1处的压强响应　　（b）弯管1在x方向和y方向的位移速度

图 9.15　D约束方案下压强、位移速度实测值和计算值对比

9.4 流固耦合的模态分析法及边界条件

9.4.1 模态方程

由于$(\rho I)_m = \rho_p A_p + \rho_f A_f$，$(\rho A)_m = \rho_p A_p + \rho_f A_f$，$R^z = \phi_t^z$，$R^x = \phi_t^x$，$R^y = \phi_t^y$，$U^z = u_t^z$，$U^x = u_t^x$，$U^y = u_t^y$，$V = v_t$，可将基本偏微分方程变形为

$$M^z - GJ\phi_z^z = 0 \tag{9.76}$$

$$M_z^z - \rho_p J\phi_{tt}^z = 0 \tag{9.77}$$

$$M_z^x - (\rho I)_m \phi_{tt}^x - F^y = 0 \tag{9.78}$$

$$M^x - EI_p \phi_z^x = 0 \tag{9.79}$$

$$F_z^y - (\rho A)_m u_{tt}^y = 0 \tag{9.80}$$

$$F^y - GA_p(u_z^y + \phi^x) = 0 \tag{9.81}$$

$$M_z^y - (\rho I)_m \phi_{tt}^y + F^x = 0 \tag{9.82}$$

$$M^y - EI_p \phi_z^y = 0 \tag{9.83}$$

$$F_z^x - (\rho A)_m u_{tt}^x = 0 \tag{9.84}$$

$$F^x - GA_p(u_z^x - \phi^y) = 0 \tag{9.85}$$

$$p_z + \rho_f v_{tt} = 0 \tag{9.86}$$

$$p + K^* v_z - 2\mu K^* u_z^z = 0 \tag{9.87}$$

$$F_z^z - \rho_p A_p u_{tt}^z = 0 \tag{9.88}$$

$$F^z - EA_p u_z^z - \frac{r\mu A_p}{e} p = 0 \tag{9.89}$$

式中：下标 t 为对时间的一阶偏导数；下标 z 为对 z 坐标的一阶偏导数；下标 tt 为对时间的二阶偏导数；w 为圆频率。

1. 式(9.76)和式(9.77)

令 $M^z = M^z(z)e^{iwt}$，$\phi^z = \phi^z(z)e^{iwt}$，则

$$\begin{cases} M^z(z) - GJ\,\mathrm{d}\phi^z(z)/\mathrm{d}z = 0 \Rightarrow M^z(z) = GJ\,\mathrm{d}\phi^z(z)/\mathrm{d}z \\ \mathrm{d}M^z(z)/\mathrm{d}z + \rho_p J w^2 \phi^z(z) = 0 \end{cases},\quad GJ\,\frac{\mathrm{d}^2\phi^z(z)}{\mathrm{d}z^2} + \rho_p J w^2 \phi^z(z) = 0$$

令 $\lambda_1^2 = \frac{\rho_p}{G} w^2$，则有$\frac{\mathrm{d}^2\phi^z(z)}{\mathrm{d}z^2} + \lambda_1^2 \phi^z(z) = 0$，所以

$$\phi^z(z) = C_1 \cos(\lambda_1 z) + C_2 \sin(\lambda_1 z),\quad M^z(z) = -GJC_1\lambda_1 \sin(\lambda_1 z) + GJC_2\lambda_1 \cos(\lambda_1 z)$$

又 $\phi^z(0) = C_1$，$M^z(0) = GJ\lambda_1 C_2$，令 $b_0 = \lambda_1 GJ$，则

$$\begin{Bmatrix} \phi^z \\ M^z \end{Bmatrix}_i = \begin{pmatrix} \cos(\lambda_1 l) & \frac{1}{b_0}\sin(\lambda_1 l) \\ -b_0 \sin(\lambda_1 l) & \cos(\lambda_1 l) \end{pmatrix} \begin{Bmatrix} \phi^z \\ M^z \end{Bmatrix}_{i-1} \tag{9.90}$$

式中：向量$\{\phi^z, M^z\}^{\mathrm{T}}$ 的场矩阵$[T_{12}] = \begin{pmatrix} \cos(\lambda_1 l) & \frac{1}{b_0}\sin(\lambda_1 l) \\ -b_0 \sin(\lambda_1 l) & \cos(\lambda_1 l) \end{pmatrix}$。

2. 式(9.78) ~ 式(9.81)

令 $M^z = M^x(z)\mathrm{e}^{\mathrm{i}wt}, \phi^x = \phi^x(z)\mathrm{e}^{\mathrm{i}wt}, F^y = F^y(z)\mathrm{e}^{\mathrm{i}wt}, u^y = u^y(z)\mathrm{e}^{\mathrm{i}wt}$，则

$$\begin{cases}\left.\begin{array}{l}\dfrac{\mathrm{d}M^x(z)}{\mathrm{d}z} + (\rho I)_\mathrm{m} w^2 \phi^x(z) - F^y(z) = 0 \\ M^z(z) - EI_\mathrm{p}\dfrac{\mathrm{d}\phi^x(z)}{\mathrm{d}z} = 0\end{array}\right\} \Rightarrow EI_\mathrm{p}\dfrac{\mathrm{d}\phi^x(z)}{\mathrm{d}z^2} + (\rho I)_\mathrm{m} w^2 \phi^x(z) - F^y(z) = 0 \\ \left.\begin{array}{l}\dfrac{\mathrm{d}F^y(z)}{\mathrm{d}z} + (\rho A)_\mathrm{m} w^2 u^y(z) = 0 \\ F^y(z) - GA_\mathrm{p}\left(\dfrac{\mathrm{d}u^y(z)}{\mathrm{d}z} + \phi^x(z)\right) = 0\end{array}\right\} \Rightarrow F^y(z) - GA_\mathrm{p}\left(-\dfrac{1}{w^2(\rho A)_\mathrm{m}}\dfrac{\mathrm{d}F^y(z)}{\mathrm{d}z} + \phi^x(z)\right) = 0\end{cases}$$

$EI_\mathrm{p}\dfrac{\mathrm{d}\phi^x(z)}{\mathrm{d}z^2} + (\rho I)_\mathrm{m} w^2 \phi^x(z) + \dfrac{GA}{w^2(\rho A)_\mathrm{m}}\left(EI_\mathrm{p}\dfrac{\mathrm{d}^4\phi^x(z)}{\mathrm{d}z^4} + (\rho I)_\mathrm{m} w^2 \dfrac{\mathrm{d}^2\phi^x(z)}{\mathrm{d}z^2}\right) - GA_\mathrm{p}\phi^x(z) = 0$，即

$$\frac{GA_\mathrm{p}EI_\mathrm{p}}{w^2(\rho A)_\mathrm{m}}\frac{\mathrm{d}^4\phi^x(z)}{\mathrm{d}z^4} + \left(EI_\mathrm{p} + GA_\mathrm{p}\frac{(\rho I)_\mathrm{m}}{(\rho A)_\mathrm{m}}\right)\frac{\mathrm{d}^2\phi^x(z)}{\mathrm{d}z^2} + [w^2(\rho I)_\mathrm{m} - GA_\mathrm{p}]\phi^x(z) = 0 \tag{9.91}$$

特征方程为

$$\frac{GA_\mathrm{p}EI_\mathrm{p}}{w^2(\rho A)_\mathrm{m}}r^4 + \left(EI_\mathrm{p} + GA_\mathrm{p}\frac{(\rho I)_\mathrm{m}}{(\rho A)_\mathrm{m}}\right)r^2 + w^2[(\rho I)_\mathrm{m} - GA_\mathrm{p}] = 0$$

$$r^2 = \frac{-\left[EI_\mathrm{p} + GA_\mathrm{p}\dfrac{(\rho I)_\mathrm{m}}{(\rho A)_\mathrm{m}} \pm \sqrt{\left(EI_\mathrm{p} - GA_\mathrm{p}\dfrac{(\rho I)_\mathrm{m}}{(\rho A)_\mathrm{m}}\right)^2 + 4\dfrac{G^2A_\mathrm{p}^2EI_\mathrm{p}}{w^2(\rho A)_\mathrm{m}}}\right]}{\dfrac{2GA_\mathrm{p}EI_\mathrm{p}}{w^2(\rho A)_\mathrm{m}}} = \begin{cases} r_1 \\ r_2 \end{cases} \tag{9.92}$$

式中：r 为特征方程的根；$r_1 > r_2$；$r_2 < 0$。

(1) 若 $w^2 > GA_\mathrm{p}/(\rho A)_\mathrm{m}$，可知 $r_1 < 0$。

令 $\lambda_2^2 = -r_1, \lambda_3^2 = -r_2$，则

$$\phi^x(z) = c_1\cos(\lambda_2 z) + c_2\sin(\lambda_2 z) + c_3\cos(\lambda_3 z) + c_4\sin(\lambda_3 z)$$

$$\begin{aligned}F^y(z) &= -EI_\mathrm{p}[c_1\lambda_2^2\cos(\lambda_2 z) + c_2\lambda_2^2\sin(\lambda_2 z) + c_3\lambda_3^2\cos(\lambda_3 z) + c_4\lambda_3^2\sin(\lambda_3 z)] \\ &\quad + w^2(\rho I)_\mathrm{m}[c_1\cos(\lambda_2 z) + c_2\sin(\lambda_2 z) + c_3\cos(\lambda_3 z) + c_4\sin(\lambda_3 z)] \\ &= [w^2(\rho I)_\mathrm{m} - EI_\mathrm{p}\lambda_2^2][c_1\cos(\lambda_2 z) + c_2\sin(\lambda_2 z)] + [(w^2(\rho I)_\mathrm{m} \\ &\quad - EI_\mathrm{p}\lambda_3^2][c_3\cos(\lambda_3 z) + c_4\sin(\lambda_3 z)]\end{aligned}$$

$$M^x(z) = EI_\mathrm{p}[-c_1\lambda_2\sin(\lambda_2 z) + c_2\lambda_2\cos(\lambda_2 z) - c_3\lambda_3\sin(\lambda_3 z) + c_4\lambda_3\cos(\lambda_3 z)]$$

$$\begin{aligned}u^y(z) &= -\frac{1}{w^2(\rho A)_\mathrm{m}}[w^2(\rho I)_\mathrm{m} - EI_\mathrm{p}\lambda_2^2][-c_1\lambda_2\sin(\lambda_2 z) + c_2\lambda_2\cos(\lambda_2 z)] \\ &\quad - \frac{1}{w^2(\rho A)_\mathrm{m}}[w^2(\rho I)_\mathrm{m} - EI_\mathrm{p}\lambda_3^2][-c_3\lambda_3\sin(\lambda_3 z) + c_4\lambda_3\cos(\lambda_3 z)]\end{aligned}$$

令 $w^2(\rho I)_\mathrm{m} - EI_\mathrm{p}\lambda_2^2 = b_1, w^2(\rho I)_\mathrm{m} - EI_\mathrm{p}\lambda_3^2 = b_2, \dfrac{b_1\lambda_2}{w^2(\rho A)_\mathrm{m}} = b_3, \dfrac{b_2\lambda_3}{w^2(\rho A)_\mathrm{m}} = b_4$，则

$$F^y(z) = b_1(c_1\cos(\lambda_2 z) + c_2\sin(\lambda_2 z)) + b_2(c_3\cos(\lambda_3 z) + c_4\sin(\lambda_3 z))$$

$$\frac{M^x(z)}{EI_{\mathrm{p}}} = \lambda_2[-c_1\sin(\lambda_2 z) + c_2\cos(\lambda_2 z)] + [\lambda_3(-c_3\sin(\lambda_3 z) + c_4\cos(\lambda_3 z))]$$

$$u^y(z) = b_3[c_1\sin(\lambda_2 z) - c_2\cos(\lambda_2 z)] + b_4[c_3\sin(\lambda_3 z) - c_4\cos(\lambda_3 z)]$$

又有

$$\left.\begin{aligned}\phi^x(0) &= c_1 + c_3 \\ F^y(0) &= b_1c_1 + b_2c_3\end{aligned}\right\}\Rightarrow\left\{\begin{aligned}c_1 &= [F^y(0) - b_2\phi^x(0)]/(b_1 - b_2) \\ c_3 &= [b_1\phi^x(0) - F^y(0)]/(b_1 - b_2)\end{aligned}\right.$$

$$\left.\begin{aligned}M^x(0)/EI_{\mathrm{p}} &= \lambda_2c_2 + \lambda_3c_4 \\ u^y(0) &= -b_2c_2 - b_4c_4\end{aligned}\right\}\Rightarrow\left\{\begin{aligned}c_2 &= [b_4M^x(0)/EI_{\mathrm{p}} + \lambda_3u^y(0)]/(b_4\lambda_2 - b_3\lambda_3) \\ c_4 &= [b_3M^x(0)/EI_{\mathrm{p}} + \lambda_2u^y(0)]/(b_3\lambda_3 - b_4\lambda_2)\end{aligned}\right.$$

所以

$$\begin{aligned}\phi^x(z) = {} & \frac{b_1\cos(\lambda_3 z) - b_2\cos(\lambda_2 z)}{b_1 - b_2}\phi^x(0) + \frac{\cos(\lambda_2 z) - \cos(\lambda_3 z)}{b_1 - b_2}F^y(0) \\ & + \frac{b_4\sin(\lambda_2 z) - b_3\sin(\lambda_3 z)}{b_4\lambda_2 - b_3\lambda_3}\frac{M^x(0)}{EI_{\mathrm{p}}} + \frac{\lambda_3\sin(\lambda_2 z) - \lambda_2\sin(\lambda_3 z)}{b_4\lambda_2 - b_3\lambda_3}u^y(0)\end{aligned}$$

$$\begin{aligned}F^y(z) = {} & \frac{b_1b_2(\cos(\lambda_3 z) - \cos(\lambda_2 z))}{b_1 - b_2}\phi^x(0) + \frac{b_1\cos(\lambda_2 z) - b_2\cos(\lambda_3 z)}{b_1 - b_2}F^y(0) \\ & + \frac{b_1b_4\sin(\lambda_2 z) - b_2b_3\sin(\lambda_3 z)}{b_4\lambda_2 - b_3\lambda_3}\frac{M^x(0)}{EI_{\mathrm{p}}} + \frac{b_1\lambda_3\sin(\lambda_2 z) - b_2\lambda_2\sin(\lambda_3 z)}{b_4\lambda_2 - b_3\lambda_3}u^y(0)\end{aligned}$$

$$\begin{aligned}\frac{M^x(z)}{EI_{\mathrm{p}}} = {} & \frac{b_2\lambda_2\sin(\lambda_2 z) - b_1\lambda_3\sin(\lambda_3 z)}{b_1 - b_2}\phi^x(0) + \frac{\lambda_3\sin(\lambda_3 z) - \lambda_2\sin(\lambda_2 z)}{b_1 - b_2}F^y(0) \\ & + \frac{b_4\lambda_2\cos(\lambda_2 z) - b_3\lambda_3\cos(\lambda_3 z)}{b_4\lambda_2 - b_3\lambda_3}\frac{M^x(0)}{EI_{\mathrm{p}}} + \frac{\lambda_2\lambda_3(\cos(\lambda_2 z) - \cos(\lambda_3 z))}{b_4\lambda_2 - b_3\lambda_3}u^y(0)\end{aligned}$$

$$\begin{aligned}u^y(z) = {} & \frac{b_1b_4\sin(\lambda_3 z) - b_2b_3\sin(\lambda_2 z)}{b_1 - b_2}\phi^x(0) + \frac{b_3\sin(\lambda_2 z) - b_4\sin(\lambda_3 z)}{b_1 - b_2}F^y(0) \\ & + \frac{b_3b_4(\cos(\lambda_3 z) - \cos(\lambda_2 z))}{b_4\lambda_2 - b_3\lambda_3}\frac{M^x(0)}{EI_{\mathrm{p}}} + \frac{b_4\lambda_2\cos(\lambda_3 z) - b_3\lambda_3\cos(\lambda_2 z)}{b_4\lambda_2 - b_3\lambda_3}u^y(0)\end{aligned}$$

于是，向量$\{\phi^x \quad F^y \quad M^x \quad u^y\}^{\mathrm{T}}$ 的场矩阵为

$$[T_{yz}] =$$

$$\begin{bmatrix} \dfrac{b_1\cos(\lambda_3 l) - b_2\cos(\lambda_2 l)}{b_1 - b_2} & \dfrac{\cos(\lambda_2 l) - \cos(\lambda_3 l)}{b_1 - b_2} & \dfrac{b_4\sin(\lambda_2 l) - b_3\sin(\lambda_3 l)}{(b_4\lambda_2 - b_3\lambda_3)EI_{\mathrm{p}}} & \dfrac{\lambda_3\sin(\lambda_2 l) - \lambda_2\sin(\lambda_3 l)}{b_4\lambda_2 - b_3\lambda_3} \\ \dfrac{b_1b_2(\cos(\lambda_3 l) - \cos(\lambda_2 l))}{b_1 - b_2} & \dfrac{b_1\cos(\lambda_2 l) - b_2\cos(\lambda_3 l)}{b_1 - b_2} & \dfrac{b_1b_4\sin(\lambda_2 l) - b_2b_3\sin(\lambda_3 l)}{(b_4\lambda_2 - b_3\lambda_3)EI_{\mathrm{p}}} & \dfrac{b_1\lambda_3\sin(\lambda_2 l) - b_2\lambda_2\sin(\lambda_3 l)}{b_4\lambda_2 - b_3\lambda_3} \\ \dfrac{b_2\lambda_2\sin(\lambda_2 l) - b_1\lambda_3\sin(\lambda_3 l))}{(b_1 - b_2)/EI_{\mathrm{p}}} & \dfrac{\lambda_3\sin(\lambda_3 l) - \lambda_2\sin(\lambda_2 l)}{(b_1 - b_2)/EI_{\mathrm{p}}} & \dfrac{b_4\lambda_2\cos(\lambda_2 l) - b_3\lambda_3\cos(\lambda_3 l)}{b_4\lambda_2 - b_3\lambda_3} & \dfrac{\lambda_2\lambda_3(\cos(\lambda_2 l) - \cos(\lambda_3 l))}{(b_4\lambda_2 - b_3\lambda_3)/EI_{\mathrm{p}}} \\ \dfrac{b_1b_4\sin(\lambda_3 l) - b_2b_3\sin(\lambda_2 l))}{b_1 - b_2} & \dfrac{b_3\sin(\lambda_2 l) - b_4\sin(\lambda_3 l)}{b_1 - b_2} & \dfrac{b_1\cos(\lambda_3 l) - b_2\cos(\lambda_2 l)}{(b_4\lambda_2 - b_3\lambda_3)EI_{\mathrm{p}}} & \dfrac{b_4\lambda_2\cos(\lambda_3 l) - b_3\lambda_3\cos(\lambda_2 l)}{b_4\lambda_2 - b_3\lambda_3} \end{bmatrix}$$

(2) 若 $w^2 < GA_{\mathrm{p}}/(\rho A)_{\mathrm{m}}$，则可知 $r_1 > 0$。

令 $\lambda_2^2 = r_1, \lambda_3^2 = -r_2$，则

$$\phi^x(z) = c_1\operatorname{ch}(\lambda_2 z) + c_2\operatorname{sh}(\lambda_2 z) + c_3\cos(\lambda_3 z) + c_4\sin(\lambda_3 z)$$

$$\begin{aligned}F^y(z) &= EI_{\mathrm{p}}[c_1\lambda_2^3\operatorname{ch}(\lambda_2 z) + c_2\lambda_2^2\operatorname{sh}(\lambda_2 z) - c_3\lambda_3^2\cos(\lambda_3 z) - c_4\lambda_3^2\sin(\lambda_3 z)] \\ &\quad + (\rho I)_{\mathrm{m}}w^2[c_1\operatorname{ch}(\lambda_2 z) + c_2\operatorname{sh}(\lambda_2 z) + c_3\cos(\lambda_3 z) + c_4\sin(\lambda_3 z)] \\ &= [EI_{\mathrm{p}}\lambda_2^2 + (\rho I)_{\mathrm{m}}w^2][c_1\operatorname{ch}(\lambda_2 z) + c_2\operatorname{sh}(\lambda_2 z)] + [-EI_{\mathrm{p}}\lambda_3^2 \\ &\quad + (\rho I)_{\mathrm{m}}w^2][c_3\cos(\lambda_3 z) + c_4\sin(\lambda_3 z)]\end{aligned}$$

$$M^x(z) = EI_{\mathrm{p}}[c_1\lambda_2 \mathrm{sh}(\lambda_2 z) + c_2\lambda_2 \mathrm{ch}(\lambda_2 z) - c_3\lambda_3 \sin(\lambda_3 z) + c_4\lambda_3 \cos(\lambda_3 z)]$$

$$u^y(z) = -\frac{1}{w^2(\rho A)_{\mathrm{m}}}[EI_{\mathrm{p}}\lambda_2^2 + (\rho I)_{\mathrm{m}} w^2][c_1\lambda_2 \mathrm{sh}(\lambda_2 z) + c_2\lambda_2 \mathrm{ch}(\lambda_2 z)]$$
$$- \frac{1}{w^2(\rho A)_{\mathrm{m}}}[-EI_{\mathrm{p}}\lambda_3^2 + (\rho I)_{\mathrm{m}} w^2][-c_3\lambda_3 \sin(\lambda_3 z) + c_4\lambda_3 \cos(\lambda_3 z)]$$

令 $EI_{\mathrm{p}}\lambda_2^2 + (\rho I)_{\mathrm{m}} w^2 = b_1$，$-EI_{\mathrm{p}}\lambda_3^2 + (\rho I)_{\mathrm{m}} w^2 = b_2$，$\frac{b_1\lambda_2}{w^2(\rho A)_{\mathrm{m}}} = b_3$，$\frac{b_2\lambda_3}{w^2(\rho A)_{\mathrm{m}}} = b_4$，则

$$F^y(z) = b_1[c_1 \mathrm{ch}(\lambda_2 z) + c_2 \mathrm{sh}(\lambda_2 z)] + b_2[c_3 \cos(\lambda_3 z) + c_4 \sin(\lambda_3 z)]$$

$$\frac{M^x(z)}{EI_{\mathrm{p}}} = \lambda_2[c_1 \mathrm{sh}(\lambda_2 z) + c_2 \mathrm{ch}(\lambda_2 z)] + \lambda_3[-c_3 \sin(\lambda_3 z) + c_4 \cos(\lambda_3 z)]$$

$$u^y(z) = -b_3[c_1 \mathrm{sh}(\lambda_2 z) + c_2 \mathrm{ch}(\lambda_2 z)] + b_4[c_3 \sin(\lambda_3 z) - c_4 \cos(\lambda_3 z)]$$

又有

$$\left.\begin{aligned} \phi^x(0) &= c_1 + c_3 \\ F^y(0) &= b_1 c_1 + b_2 c_3 \end{aligned}\right\} \Rightarrow \begin{cases} c_1 = [F^y(0) - b_2\phi^x(0)]/(b_1 - b_2) \\ c_3 = [b_1\phi^x(0) - F^y(0)]/(b_1 - b_2) \end{cases}$$

$$\left.\begin{aligned} M^x(0)/EI_{\mathrm{p}} &= \lambda_2 c_2 + \lambda_3 c_4 \\ u^y(0) &= -b_3 c_2 - b_4 c_4 \end{aligned}\right\} \Rightarrow \begin{cases} c_2 = [b_4 M^x(0)/EI_{\mathrm{p}} + \lambda_3 u^y(0)]/(b_4\lambda_2 - b_3\lambda_3) \\ c_4 = [b_3 M^x(0)/EI_{\mathrm{p}} + \lambda_2 u^y(0)]/(b_3\lambda_3 - b_4\lambda_2) \end{cases}$$

$$\phi^x(z) = \frac{b_1\cos(\lambda_3 z) - b_2 \mathrm{ch}(\lambda_2 z)}{b_1 - b_2}\phi^x(0) + \frac{\mathrm{ch}(\lambda_2 z) - \cos(\lambda_3 z)}{b_1 - b_2}F^y(0)$$
$$+ \frac{b_4 \mathrm{sh}(\lambda_2 z) - b_3\sin(\lambda_3 z)}{b_4\lambda_2 - b_3\lambda_3}\frac{M^x(0)}{EI_{\mathrm{p}}} + \frac{\lambda_3 \mathrm{sh}(\lambda_2 z) - \lambda_2\sin(\lambda_3 z)}{b_4\lambda_2 - b_3\lambda_3}u^y(0)$$

$$F^y(z) = \frac{b_1 b_2[\cos(\lambda_3 z) - \mathrm{ch}(\lambda_2 z)]}{b_1 - b_2}\phi^x(0) + \frac{b_1 \mathrm{ch}(\lambda_2 z) - b_2\cos(\lambda_3 z)}{b_1 - b_2}F^y(0)$$
$$+ \frac{b_1 b_4 \mathrm{sh}(\lambda_2 z) - b_2 b_3\sin(\lambda_3 z)}{b_4\lambda_2 - b_3\lambda_3}\frac{M^x(0)}{EI_{\mathrm{p}}} + \frac{b_1\lambda_3 \mathrm{sh}(\lambda_2 z) - b_2\lambda_2\sin(\lambda_3 z)}{b_4\lambda_2 - b_3\lambda_3}u^y(0)$$

$$\frac{M^x(z)}{EI_{\mathrm{p}}} = \frac{-b_2\lambda_2 \mathrm{sh}(\lambda_2 z) - b_1\lambda_3\sin(\lambda_3 z)}{b_1 - b_2}\phi^x(0) + \frac{\lambda_3\sin(\lambda_3 z) + \lambda_2 \mathrm{sh}(\lambda_2 z)}{b_1 - b_2}F^y(0)$$
$$+ \frac{b_4\lambda_2 \mathrm{ch}(\lambda_2 z) - b_3\lambda_3\cos(\lambda_3 z)}{b_4\lambda_2 - b_3\lambda_3}\frac{M^x(0)}{EI_{\mathrm{p}}} + \frac{\lambda_2\lambda_3[\mathrm{ch}(\lambda_2 z) - \cos(\lambda_3 z)]}{b_4\lambda_2 - b_3\lambda_3}u^y(0)$$

$$u^y(z) = \frac{b_1 b_4\sin(\lambda_3 z) + b_2 b_3 \mathrm{sh}(\lambda_2 z)}{b_1 - b_2}\phi^x(0) + \frac{-b_3 \mathrm{sh}(\lambda_2 z) - b_4\sin(\lambda_3 z)}{b_1 - b_2}F^y(0)$$
$$+ \frac{b_3 b_4[\cos(\lambda_3 z) - \mathrm{ch}(\lambda_2 z)]}{b_4\lambda_2 - b_3\lambda_3}\frac{M^x(0)}{EI_{\mathrm{p}}} + \frac{b_4\lambda_2\cos(\lambda_3 z) - b_3\lambda_3 \mathrm{ch}(\lambda_2 z)}{b_4\lambda_2 - b_3\lambda_3}u^y(0)$$

$$[T_{yz}] =$$

$$\begin{bmatrix} \frac{b_1\cos(\lambda_3 l) - b_2 \mathrm{ch}(\lambda_2 l)}{b_1 - b_2} & \frac{\mathrm{ch}(\lambda_2 l) - \cos(\lambda_3 l)}{b_1 - b_2} & \frac{b_4 \mathrm{sh}(\lambda_2 l) - b_3\sin(\lambda_3 l)}{(b_4\lambda_2 - b_2\lambda_3)EI_{\mathrm{p}}} & \frac{\lambda_3 \mathrm{sh}(\lambda_2 l) - \lambda_2\sin(\lambda_3 l)}{b_4\lambda_2 - b_3\lambda_3} \\ \frac{b_1 b_2[\cos(\lambda_3 l) - \mathrm{ch}(\lambda_2 l)]}{b_1 - b_2} & \frac{b_1 \mathrm{ch}(\lambda_2 l) - b_2\cos(\lambda_3 l)}{b_1 - b_2} & \frac{b_1 b_4 \mathrm{sh}(\lambda_2 l) - b_2 b_3\sin(\lambda_3 l)}{(b_4\lambda_2 - b_3\lambda_3)EI_{\mathrm{p}}} & \frac{b_1\lambda_3 \mathrm{sh}(\lambda_2 l) - b_2\lambda_2\sin(\lambda_3 l)}{b_4\lambda_2 - b_3\lambda_3} \\ \frac{-b_2\lambda_2 \mathrm{sh}(\lambda_2 l) - b_1\lambda_3\sin(\lambda_3 l)}{(b_1 - b_2)/EI_{\mathrm{p}}} & \frac{\lambda_3\sin(\lambda_3 l) + \lambda_2 \mathrm{sh}(\lambda_2 l)}{(b_1 - b_2)/EI_{\mathrm{p}}} & \frac{b_4\lambda_2 \mathrm{ch}(\lambda_2 l) - b_3\lambda_3\cos(\lambda_3 l)}{b_4\lambda_2 - b_3\lambda_3} & \frac{\lambda_2\lambda_3[\mathrm{ch}(\lambda_2 l) - \cos(\lambda_3 l)]}{(b_4\lambda_2 - b_3\lambda_3)/EI_{\mathrm{p}}} \\ \frac{b_1 b_4\sin(\lambda_3 l) + b_2 b_3 \mathrm{sh}(\lambda_2 l)}{b_1 - b_2} & \frac{-b_3 \mathrm{sh}(\lambda_2 l) - b_4\sin(\lambda_3 l)}{b_1 - b_2} & \frac{b_3 b_4[\cos(\lambda_3 l) - \mathrm{ch}(\lambda_2 l)]}{(b_4\lambda_2 - b_3\lambda_3)EI_{\mathrm{p}}} & \frac{b_4\lambda_2\cos(\lambda_3 l) - b_3\lambda_3 \mathrm{ch}(\lambda_2 l)}{b_4\lambda_2 - b_3\lambda_3} \end{bmatrix}$$

3. 方程(9.82)～方程(9.85)

令 $M^y = M^y(z)\mathrm{e}^{\mathrm{i}wt}$，$\phi^y = \phi^y(z)\mathrm{e}^{\mathrm{i}wt}$，$F^x = F^x(z)\mathrm{e}^{\mathrm{i}wt}$，$u^x = u^x(z)\mathrm{e}^{\mathrm{i}wt}$，则

$$\left\{\begin{array}{l}\left.\begin{array}{l}\dfrac{\mathrm{d}M^y(z)}{\mathrm{d}z}+(\rho I)_{\mathrm{m}}w^2\phi^y(z)+F^x(z)=0\\ M^y(z)-\dfrac{EI_{\mathrm{p}}\mathrm{d}\phi^y(z)}{\mathrm{d}z}=0\end{array}\right\}\Rightarrow EI_{\mathrm{p}}\dfrac{\mathrm{d}\phi^y(z)}{\mathrm{d}z^2}+(\rho I)_{\mathrm{m}}w^2\phi^y(z)+F^x(z)=0\\ \left.\begin{array}{l}\dfrac{\mathrm{d}F^x(z)}{\mathrm{d}z}+(\rho A)_{\mathrm{m}}w^2u^x(z)=0\\ F^x(z)-GA_{\mathrm{p}}\left(\dfrac{\mathrm{d}u^x(z)}{\mathrm{d}z}-\phi^y(z)\right)=0\end{array}\right\}\Rightarrow F^x(z)-GA_{\mathrm{p}}\left(-\dfrac{1}{w^2(\rho A)_{\mathrm{m}}}\dfrac{\mathrm{d}F^x(z)}{\mathrm{d}z}+\phi^y(z)\right)=0\end{array}\right.$$

$-EI_{\mathrm{p}}\dfrac{\mathrm{d}^2\phi^y(z)}{\mathrm{d}z^2}-(\rho I)_{\mathrm{m}}w^2\phi^y(z)+\dfrac{GA}{w^2(\rho A)_{\mathrm{m}}}\left(-EI_{\mathrm{p}}\dfrac{\mathrm{d}^4\phi^y(z)}{\mathrm{d}z^4}-(\rho I)_{\mathrm{m}}w^2\dfrac{\mathrm{d}^2\phi^y(z)}{\mathrm{d}z^2}\right)+GA_{\mathrm{p}}\phi^y(z)=0$，即

$$\frac{GA_{\mathrm{p}}EI_{\mathrm{p}}}{w^2(\rho A)_{\mathrm{m}}}\frac{\mathrm{d}^4\phi^y(z)}{\mathrm{d}z^4}+\left(EI_{\mathrm{p}}+GA_{\mathrm{p}}\frac{(\rho I)_{\mathrm{m}}}{(\rho A)_{\mathrm{m}}}\right)\frac{\mathrm{d}^2\phi^y(z)}{\mathrm{d}z^2}+(w^2(\rho I)_{\mathrm{m}}-GA_{\mathrm{p}})\phi^y(z)=0 \tag{9.93}$$

特征方程为

$$\frac{GA_{\mathrm{p}}EI_{\mathrm{p}}}{w^2(\rho A)_{\mathrm{m}}}r^4+\left(EI_{\mathrm{p}}+GA_{\mathrm{p}}\frac{(\rho I)_{\mathrm{m}}}{(\rho A)_{\mathrm{m}}}\right)r^2+w^2((\rho I)_{\mathrm{m}}-GA_{\mathrm{p}})=0$$

$$r^2=\frac{-\left(EI_{\mathrm{p}}+GA_{\mathrm{p}}\dfrac{(\rho I)_{\mathrm{m}}}{(\rho A)_{\mathrm{m}}}\right)\pm\sqrt{\left(EI_{\mathrm{p}}-GA_{\mathrm{p}}\dfrac{(\rho I)_{\mathrm{m}}}{(\rho A)_{\mathrm{m}}}\right)^2+4\dfrac{G^2A_{\mathrm{p}}^2EI_{\mathrm{p}}}{w^2(\rho A)_{\mathrm{m}}}}}{\dfrac{2GA_{\mathrm{p}}EI_{\mathrm{p}}}{w^2(\rho A)_{\mathrm{m}}}} \tag{9.94}$$

$$=\begin{cases}r_1, & r_1>r_2,r_2<0\\ r_2\end{cases}$$

(1) 若 $w^2>GA_{\mathrm{p}}/(\rho A)_{\mathrm{m}}$，可知 $r_1<0$。

令 $\lambda_2^2=-r_1,\lambda_3^2=-r_2$，则

$$\phi^y(z)=c_1\cos(\lambda_2z)+c_2\sin(\lambda_2z)+c_3\cos(\lambda_3z)+c_4\sin(\lambda_4z)$$

$$\begin{aligned}F^x(z)=&[EI_{\mathrm{p}}\lambda_2^2-w^2(\rho I)_{\mathrm{m}}][c_1\cos(\lambda_2z)+c_2\sin(\lambda_2z)]\\&+[EI_{\mathrm{p}}\lambda_3^2-w^2(\rho I)_{\mathrm{m}}][c_3\cos(\lambda_3z)+c_4\sin(\lambda_3z)]\end{aligned}$$

$$M^y(z)=EI_{\mathrm{p}}[-c_1\lambda_2\sin(\lambda_2z)+c_2\lambda_2\cos(\lambda_2z)-c_3\lambda_3\sin(\lambda_3z)+c_4\lambda_3\cos(\lambda_3z)]$$

$$\begin{aligned}u^x(z)=&-\frac{1}{w^2(\rho A)_{\mathrm{m}}}[EI_{\mathrm{p}}\lambda_2^2-w^2(\rho I)_{\mathrm{m}}][-c_1\lambda_2\sin(\lambda_2z)+c_2\lambda_2\cos(\lambda_2z)]\\&-\frac{1}{w^2(\rho A)_{\mathrm{m}}}[EI_{\mathrm{p}}\lambda_3^2-w^2(\rho I)_{\mathrm{m}}][-c_3\lambda_3\sin(\lambda_3z)+c_4\lambda_3\cos(\lambda_3z)]\end{aligned}$$

令 $w^2(\rho I)_{\mathrm{m}}-EI_{\mathrm{p}}\lambda_2^2=b_1, w^2(\rho I)_{\mathrm{m}}-EI_{\mathrm{p}}\lambda_3^2=b_2, \dfrac{b_1\lambda_2}{w^2(\rho A)_{\mathrm{m}}}=b_3, \dfrac{b_2\lambda_3}{w^2(\rho A)_{\mathrm{m}}}=b_4$，则

$$F^x(z)=-b_1[c_1\cos(\lambda_2z))+c_2\sin(\lambda_2z)]-b_2[c_3\cos(\lambda_3z)+c_4\sin(\lambda_3z)]$$

$$\frac{M^y(z)}{EI_{\mathrm{p}}}=\lambda_2[-c_1\sin(\lambda_2z)+c_2\cos(\lambda_2z)]+\lambda_3[-c_3\sin(\lambda_3z)+c_4\cos(\lambda_3z)]$$

$$u^x(z)=-b_3[c_1\sin(\lambda_2z)-c_2\cos(\lambda_2z)]-b_4[c_3\sin(\lambda_3z)-c_4\cos(\lambda_3z)]$$

与式(9.78)～式(9.81)中的(1)情况相比较可知，只需将其场矩阵$[T_{yz}]$中的b_1、b_2、b_3、b_4 反号即得到向量$\{\phi^x \quad F^y \quad M^x \quad u^y\}^{\mathrm{T}}$ 的场矩阵。

$[T_{xz}]=$

$$\begin{bmatrix} \dfrac{b_1\cos(\lambda_3 l)-b_2\operatorname{ch}(\lambda_2 l)}{b_1-b_2} & \dfrac{\cos(\lambda_3 l)-\cos(\lambda_2 l)}{b_1-b_2} & \dfrac{b_4\sin(\lambda_2 l)-b_3\sin(\lambda_3 l)}{(b_4\lambda_2-b_3\lambda_3)EI_p} & \dfrac{\lambda_2\sin(\lambda_3 l)-\lambda_3\sin(\lambda_2 l)}{b_4\lambda_2-b_3\lambda_3} \\ \dfrac{b_1b_2[\cos(\lambda_2 l)-\cos(\lambda_3 l)]}{b_1-b_2} & \dfrac{b_1\cos(\lambda_2 l)-b_2\cos(\lambda_3 l)}{b_1-b_2} & \dfrac{b_2b_3\sin(\lambda_3 l)-b_1b_4\sin(\lambda_2 l)}{(b_4\lambda_2-b_3\lambda_3)EI_p} & \dfrac{b_1\lambda_3\sin(\lambda_2 l)-b_2\lambda_2\sin(\lambda_3 l)}{b_4\lambda_2-b_3\lambda_3} \\ \dfrac{b_2\lambda_2\sin(\lambda_2 l)-b_1\lambda_3\sin(\lambda_3 l)}{(b_1-b_2)/EI_p} & \dfrac{\lambda_2\sin(\lambda_2 l)-\lambda_3\sin(\lambda_3 l)}{(b_1-b_2)/EI_p} & \dfrac{b_4\lambda_2\cos(\lambda_2 l)-b_3\lambda_3\cos(\lambda_3 l)}{b_4\lambda_2-b_3\lambda_3} & \dfrac{\lambda_2\lambda_3[\cos(\lambda_3 l)-\cos(\lambda_2 l)]}{(b_4\lambda_2-b_3\lambda_3)/EI_p} \\ \dfrac{b_2\lambda_3\sin(\lambda_2 l)-b_1\lambda_4\sin(\lambda_3 l)}{b_1-b_2} & \dfrac{b_3\sin(\lambda_2 l)-b_4\sin(\lambda_3 l)}{b_1-b_2} & \dfrac{b_1[\cos(\lambda_3 l)-b_2\cos(\lambda_2 l)]}{(b_4\lambda_2-b_3\lambda_3)EI_p} & \dfrac{b_4\lambda_2\cos(\lambda_3 l)-b_3\lambda_3\cos(\lambda_2 l)}{b_4\lambda_2-b_3\lambda_3} \end{bmatrix}$$

(2) 若 $w^2<GA_p/(\rho A)_m$，则可知 $r_1>0$。

令 $\lambda_2^2=r_1,\lambda_3^2=r_2$，则

$$\phi^y(z)=c_1\operatorname{ch}(\lambda_2 z)+c_2\operatorname{sh}(\lambda_2 z)+c_3\cos(\lambda_3 z)+c_4\sin(\lambda_3 z)$$

$$F^x(z)=-[EI_p\lambda_2^2+(\rho I)_m w^2][c_1\operatorname{ch}(\lambda_2 z)+c_2\operatorname{sh}(\lambda_2 z)]$$
$$-[-EI_p\lambda_3^2+(\rho I)_m w^2][c_3\cos(\lambda_3 z)+c_4\sin(\lambda_3 z)]$$

$$M^y(z)=EI_p[c_1\lambda_2\operatorname{sh}(\lambda_2 z)+c_2\lambda_2\operatorname{ch}(\lambda_2 z)-c_3\lambda_3\sin(\lambda_3 z)+c_4\lambda_3\cos(\lambda_3 z)]$$

$$u^x(z)=\frac{1}{w^2(\rho A)_m}[EI_p\lambda_2^2+(\rho I)_m w^2][c_1\lambda_2\operatorname{sh}(\lambda_2 z)+c_2\lambda_2\operatorname{ch}(\lambda_2 z)]$$
$$+\frac{1}{w^2(\rho A)_m}[-EI_p\lambda_3^2+(\rho I)_m w^2][c_3\lambda_3\sin(\lambda_3 z)+c_4\lambda_3\cos(\lambda_3 z)]$$

令 $EI_p\lambda_2^2+(\rho I)_m w^2=b_1$，$-EI_p\lambda_3^2+(\rho I)_m w^2=b_2$，$b_1\lambda_2/(w^2(\rho A)_m)=b_3$，$b_2\lambda_3/(w^2(\rho A)_m)=b_4$。

与式(9.78)～式(9.81)中的(2)情况相比较可知，只需将其场矩阵$[T_{yz}]$中的b_1、b_2、b_3、b_4 反号即得到向量$\{\phi^x\quad F^y\quad M^x\quad u^y\}^{\mathrm T}$的场矩阵。

$[T_{xz}]=$

$$\begin{bmatrix} \dfrac{b_1\cos(\lambda_3 l)-b_2\operatorname{ch}(\lambda_2 l)}{b_1-b_2} & \dfrac{\cos(\lambda_3 l)-\cos(\lambda_2 l)}{b_1-b_2} & \dfrac{b_4\operatorname{sh}(\lambda_2 l)-b_3\sin(\lambda_3 l)}{(b_4\lambda_2-b_3\lambda_3)EI_p} & \dfrac{\lambda_2\sin(\lambda_3 l)-\lambda_3\sin(\lambda_2 l)}{b_4\lambda_2-b_3\lambda_3} \\ \dfrac{b_1b_2[\operatorname{ch}(\lambda_2 l)-\cos(\lambda_3 l)]}{b_1-b_2} & \dfrac{b_1\operatorname{ch}(\lambda_2 l)-b_2\cos(\lambda_3 l)}{b_1-b_2} & \dfrac{b_2b_3\sin(\lambda_3 l)-b_1b_4\operatorname{sh}(\lambda_2 l)}{(b_4\lambda_2-b_3\lambda_3)EI_p} & \dfrac{b_1\lambda_3\operatorname{sh}(\lambda_2 l)-b_2\lambda_2\sin(\lambda_3 l)}{b_4\lambda_2-b_3\lambda_3} \\ \dfrac{-b_2\lambda_2\operatorname{sh}(\lambda_2 l)-b_1\lambda_3\sin(\lambda_3 l)}{(b_1-b_2)/EI_p} & \dfrac{-\lambda_3\sin(\lambda_3 l)-\lambda_2\operatorname{sh}(\lambda_2 l)}{(b_1-b_2)/EI_p} & \dfrac{b_4\lambda_2\operatorname{ch}(\lambda_2 l)-b_3\lambda_3\cos(\lambda_3 l)}{b_4\lambda_2-b_3\lambda_3} & \dfrac{\lambda_2\lambda_3[\cos(\lambda_3 l)-\operatorname{ch}(\lambda_2 l)]}{(b_4\lambda_2-b_3\lambda_3)/EI_p} \\ \dfrac{-b_1b_4\sin(\lambda_3 l)-b_2b_3\operatorname{sh}(\lambda_2 l)}{b_1-b_2} & \dfrac{-b_3\operatorname{sh}(\lambda_2 l)-b_4\sin(\lambda_3 l)}{b_1-b_2} & \dfrac{b_3b_4[\operatorname{ch}(\lambda_2 l)-\cos(\lambda_3 l)]}{(b_4\lambda_2-b_3\lambda_3)EI_p} & \dfrac{b_4\lambda_2\cos(\lambda_3 l)-b_3\lambda_3\operatorname{ch}(\lambda_2 l)}{b_4\lambda_2-b_3\lambda_3} \end{bmatrix}$$

4. 式(9.86)～式(9.89)

令 $p=p(z)\mathrm{e}^{\mathrm{i}wt}$，$v=v(z)\mathrm{e}^{\mathrm{i}wt}$，$u^z=u^z\mathrm{e}^{\mathrm{i}wt}$，$F^z=F^z(z)\mathrm{e}^{\mathrm{i}wt}$，则

$$\begin{cases} \left.\begin{aligned} &\mathrm{d}p(z)/\mathrm{d}z-\rho_f w^2 v(z)=0 \\ &p(z)+K^*\mathrm{d}v(z)/\mathrm{d}z-2\mu K^*\mathrm{d}u^z(z)/\mathrm{d}z=0 \end{aligned}\right\}\Rightarrow p(z)+\dfrac{K^*}{\rho_f w^2}\dfrac{\mathrm{d}^2p(z)}{\mathrm{d}z^2}-2\mu K^*\dfrac{\mathrm{d}u^z(z)}{\mathrm{d}z}=0 \\ \left.\begin{aligned} &\mathrm{d}F^z(z)/\mathrm{d}z+\rho_p A_p w^2 u^z(z)=0 \\ &F^z(z)-EA_p\mathrm{d}u^z(z)/\mathrm{d}z-\dfrac{r\mu A_p}{e}p(z)=0 \end{aligned}\right\}\Rightarrow F^z(z)+\dfrac{E}{\rho_p w^2}\dfrac{\mathrm{d}^2F^z(z)}{\mathrm{d}z^2}-\dfrac{r\mu A_p}{e}p(z)=0 \end{cases}$$

又有 $p(z)+\dfrac{K^*}{\rho_f w^2}\dfrac{\mathrm{d}^2p(z)}{\mathrm{d}z^2}+\dfrac{2\mu K^*}{\rho_p A_p w^2}\dfrac{\mathrm{d}^2F^z(z)}{\mathrm{d}z^2}=0$，所以

$$\frac{e}{r\mu A_{\mathrm{p}}}\left(F^{z}(z)+\frac{E}{\rho_{\mathrm{p}}w^{2}}\frac{\mathrm{d}^{2}F^{z}(z)}{\mathrm{d}z^{2}}\right)+\frac{K^{*}}{\rho_{\mathrm{f}}w^{2}}\frac{e}{r\mu A_{\mathrm{p}}}\left(\frac{\mathrm{d}^{2}F^{z}(z)}{\mathrm{d}z^{2}}+\frac{E}{\rho_{\mathrm{p}}w^{2}}\frac{\mathrm{d}^{4}F^{z}(z)}{\mathrm{d}z^{4}}\right)$$
$$+\frac{2\mu K^{*}}{\rho_{\mathrm{p}}A_{\mathrm{p}}w^{2}}\frac{\mathrm{d}^{2}F^{z}(z)}{\mathrm{d}z^{2}}=0$$

即

$$\frac{K^{*}E}{w^{4}\rho_{\mathrm{p}}\rho_{\mathrm{f}}}\frac{\mathrm{d}^{4}F^{z}(z)}{\mathrm{d}z^{4}}+\frac{K^{*}}{w^{4}\rho_{\mathrm{p}}}\left(\frac{E}{K^{*}}+\frac{\rho_{\mathrm{p}}}{\rho_{\mathrm{f}}}+\frac{2\mu^{2}r}{e}\right)\frac{\mathrm{d}^{2}F^{z}(z)}{\mathrm{d}z^{2}}+F^{z}(z)=0$$

假设$\frac{2\mu^{2}r}{e}\ll\frac{E}{K^{*}}+\frac{\rho_{\mathrm{p}}}{\rho_{\mathrm{f}}}$，则

$$\frac{K^{*}E}{w^{4}\rho_{\mathrm{p}}\rho_{\mathrm{f}}}\frac{\mathrm{d}^{4}F^{z}(z)}{\mathrm{d}z^{4}}+\frac{K^{*}}{w^{2}\rho_{\mathrm{p}}}\left(\frac{E}{K^{*}}+\frac{\rho_{\mathrm{p}}}{\rho_{\mathrm{f}}}\right)\frac{\mathrm{d}^{2}F^{z}(z)}{\mathrm{d}z^{2}}+F^{z}(z)=0\tag{9.95}$$

特征方程为

$$\frac{K^{*}E}{w^{4}\rho_{\mathrm{p}}\rho_{\mathrm{f}}}r^{4}+\frac{K^{*}}{w^{2}\rho_{\mathrm{p}}}\left(\frac{E}{K^{*}}+\frac{\rho_{\mathrm{p}}}{\rho_{\mathrm{f}}}\right)r^{2}+1=0$$

$$r^{2}=\begin{cases}-w^{2}\rho_{\mathrm{p}}/E\\-w^{2}\rho_{\mathrm{f}}/K^{*}\end{cases}\tag{9.96}$$

令 $\lambda_4^2=w^2\rho_{\mathrm{p}}/E$，$\lambda_5^2=w^2\rho_{\mathrm{f}}/K^{*}$，则 $r=\pm\mathrm{i}\lambda_4,\pm\mathrm{i}\lambda_5$，所以

$$F^{z}(z)=c_1\cos(\lambda_4 z)+c_2\sin(\lambda_4 z)+c_3\cos(\lambda_5 z)+c_4\sin(\lambda_5 z)$$

$$u^{z}(z)=-\frac{1}{w^{2}\rho_{\mathrm{p}}A_{\mathrm{p}}}\left[-c_1\lambda_4\sin(\lambda_4 z)+c_2\lambda_4\cos(\lambda_4 z)-c_3\lambda_5\sin(\lambda_5 z)+c_4\lambda_5\cos(\lambda_5 z)\right]$$

$$\begin{aligned}p(z)&=\frac{e}{r\mu A_{\mathrm{p}}}\left[c_1\cos(\lambda_4 z)+c_2\sin(\lambda_4 z)+c_3\cos(\lambda_5 z)+c_4\sin(\lambda_5 z)\right]\\&\quad-\frac{e}{r\mu A_{\mathrm{p}}}\frac{E}{\rho_{\mathrm{p}}w^{2}}\left[c_1\lambda_4^2\cos(\lambda_4 z)+c_2\lambda_4^2\sin(\lambda_4 z)+c_3\lambda_5^2\cos(\lambda_5 z)+c_4\lambda_5^2\sin(\lambda_5 z)\right]\\&=\frac{e}{r\mu A_{\mathrm{p}}}\left(1-\frac{E\lambda_4^2}{\rho_{\mathrm{p}}w^{2}}\right)\left[c_1\cos(\lambda_4 z)+c_2\sin(\lambda_4 z)\right]\\&\quad+\frac{e}{r\mu A_{\mathrm{p}}}\left(1-\frac{E\lambda_5^2}{\rho_{\mathrm{p}}w^{2}}\right)\left[c_3\cos(\lambda_5 z)+c_4\sin(\lambda_5 z)\right]\end{aligned}$$

$$\begin{aligned}v(z)&=\frac{1}{w^{2}\rho_{\mathrm{f}}}\frac{e}{r\mu A_{\mathrm{p}}}\left(1-\frac{E\lambda_4^2}{\rho_{\mathrm{p}}w^{2}}\right)\left[-c_1\lambda_4\sin(\lambda_4 z)+c_2c_4\cos(\lambda_4 z)\right]\\&\quad+\frac{1}{w^{2}\rho_{\mathrm{f}}}\frac{e}{r\mu A_{\mathrm{p}}}\left(1-\frac{E\lambda_5^2}{\rho_{\mathrm{p}}w^{2}}\right)\left[-c_3\lambda_5\sin(\lambda_5 z)+c_4c_5\cos(\lambda_5 z)\right]\end{aligned}$$

令$\frac{\lambda_4}{w^{2}\rho_{\mathrm{p}}A_{\mathrm{p}}}=b_5$，$\frac{\lambda_5}{w^{2}\rho_{\mathrm{p}}A_{\mathrm{p}}}=b_6$，$\frac{e}{r\mu A_{\mathrm{p}}}\left(1-\frac{E\lambda_4^2}{\rho_{\mathrm{p}}w^{2}}\right)=b_7$，$\frac{e}{r\mu A_{p}}\left(1-\frac{E\lambda_5^2}{\rho_{\mathrm{p}}w^{2}}\right)=b_8$，$\frac{b_7\lambda_4}{w^{2}\rho_{\mathrm{f}}}=b_9$，$\frac{b_8\lambda_5}{w^{2}\rho_{\mathrm{f}}}=b_{10}$，则

$$u^{z}(z)=b_5\left[c_1\sin(\lambda_4 z)-c_2\cos(\lambda_4 z)\right]+\left[b_6(c_3\sin(\lambda_5 z)-c_4\cos(\lambda_5 z)\right]$$
$$p(z)=b_7\left[c_1\cos(\lambda_4 z)+c_2\sin(\lambda_4 z)\right]+\left[b_8(c_3\cos(\lambda_5 z)+c_4\sin(\lambda_5 z)\right]$$
$$v(z)=b_9\left[-c_1\sin(\lambda_4 z)+c_2\cos(\lambda_4 z)\right]+\left[b_{10}(-c_3\sin(\lambda_5 z)+c_4\cos(\lambda_5 z)\right]$$

又有

$$\left.\begin{aligned}F^z(0) &= c_1 + c_3\\ u^z(0) &= -b_5c_2 - b_6c_4\\ p(0) &= b_7c_1 + b_8c_3\\ v(0) &= b_9c_2 + b_{10}c_4\end{aligned}\right\}\Rightarrow\begin{cases}c_1 = [p(0) - b_8F^z(0)]/(b_7 - b_8)\\ c_2 = [b_6v(0) + b_{10}u^z(0)]/(b_6b_9 - b_5b_{10})\\ c_3 = [b_7F^z(0) - p(0)]/(b_7 - b_8)\\ c_4 = [b_5v(0) + b_9u^z(0)]/(b_5b_{10} - b_6b_9)\end{cases}$$

所以

$$\begin{aligned}F^z(z) = &\frac{b_7\cos(\lambda_5 z) - b_8\cos(\lambda_4 z)}{b_7 - b_8}F^z(0) + \frac{b_{10}\sin(\lambda_4 z) - b_9\sin(\lambda_5 z)}{b_6b_9 - b_5b_{10}}u^z(0)\\ &+\frac{\cos(\lambda_4 z) - \cos(\lambda_5 z)}{b_7 - b_8}p(0) + \frac{b_6\sin(\lambda_4 z) - b_5\sin(\lambda_5 z)}{b_6b_9 - b_5b_{10}}v(0)\end{aligned}$$

$$\begin{aligned}u^z(z) = &\frac{b_6b_7\sin(\lambda_5 z) - b_5b_8\sin(\lambda_4 z)}{b_7 - b_8}F^z(0) + \frac{b_6b_9\cos(\lambda_5 z) - b_5b_{10}\cos(\lambda_4 z)}{b_6b_9 - b_5b_{10}}u^z(0)\\ &+\frac{b_5\sin(\lambda_4 z) - b_6\sin(\lambda_5 z)}{b_7 - b_8}p(0) + \frac{b_5b_6[\cos(\lambda_5 z) - \cos(\lambda_4 z)]}{b_6b_9 - b_5b_{10}}v(0)\end{aligned}$$

$$\begin{aligned}p(z) = &\frac{b_7b_8[\cos(\lambda_5 z) - \cos(\lambda_4 z)]}{b_7 - b_8}F^z(0) + \frac{b_7b_{10}\sin(\lambda_4 z) - b_8b_9\sin(\lambda_5 z)}{b_6b_9 - b_5b_{10}}u^z(0)\\ &+\frac{b_7\cos(\lambda_4 z) - b_8\cos(\lambda_5 z)}{b_7 - b_8}p(0) + \frac{b_6b_7\sin(\lambda_4 z) - b_5b_8\sin(\lambda_5 z)}{b_6b_9 - b_5b_{10}}v(0)\end{aligned}$$

$$\begin{aligned}v(z) = &\frac{b_8b_9\sin(\lambda_4 z) - b_7b_{10}\sin(\lambda_5 z)}{b_7 - b_8}F^z(0) + \frac{b_9b_{10}[\cos(\lambda_4 z) - \cos(\lambda_5 z)]}{b_6b_9 - b_5b_{10}}u^z(0)\\ &+\frac{b_{10}\sin(\lambda_5 z) - b_9\sin(\lambda_4 z)}{b_7 - b_8}p(0) + \frac{b_6b_9\cos(\lambda_4 z) - b_5b_{10}\cos(\lambda_5 z)}{b_6b_9 - b_5b_{10}}v(0)\end{aligned}$$

所以向量$\{F^z, u^z, p, v\}^{\mathrm{T}}$的场矩阵为

$$[T_{fp}] =$$

$$\begin{bmatrix}\frac{b_7\cos(\lambda_5 l) - b_8\cos(\lambda_4 l)}{b_7 - b_8} & \frac{b_{10}\sin(\lambda_4 l) - b_9\sin(\lambda_5 l)}{b_6b_9 - b_5b_{10}} & \frac{\cos(\lambda_4 l) - \cos(\lambda_5 l)}{b_7 - b_8} & \frac{b_6\sin(\lambda_4 l) - b_5\sin(\lambda_5 l)}{b_6b_9 - b_5b_{10}}\\ \frac{b_6b_7\sin(\lambda_5 l) - b_5b_8\sin(\lambda_4 l)}{b_7 - b_8} & \frac{b_6b_9\cos(\lambda_5 l) - b_5b_{10}\cos(\lambda_4 l)}{b_6b_9 - b_5b_{10}} & \frac{b_5\sin(\lambda_4 l) - b_6\sin(\lambda_5 l)}{b_7 - b_8} & \frac{b_5b_6(\cos(\lambda_5 l) - \cos(\lambda_4 l))}{b_6b_9 - b_5b_{10}}\\ \frac{b_7b_8[\cos(\lambda_5 l) - \cos(\lambda_4 l)]}{b_7 - b_8} & \frac{b_7b_{10}\sin(\lambda_4 l) - b_8b_9\sin(\lambda_5 l)}{b_6b_9 - b_5b_{10}} & \frac{b_7\cos(\lambda_4 l) - b_8\cos(\lambda_5 l)}{b_7 - b_8} & \frac{b_6b_7\sin(\lambda_4 l) - b_5b_8\sin(\lambda_5 l)}{b_6b_9 - b_5b_{10}}\\ \frac{b_8b_9\sin(\lambda_4 l) - b_7b_{10}\sin(\lambda_5 l)}{b_7 - b_8} & \frac{b_9b_{10}[\cos(\lambda_4 l) - \cos(\lambda_5 l)]}{b_6b_9 - b_5b_{10}} & \frac{b_{10}\sin(\lambda_5 l) - b_9\sin(\lambda_4 l)}{b_7 - b_8} & \frac{b_6b_9\cos(\lambda_4 l) - b_5b_{10}\cos(\lambda_5 l)}{b_6b_9 - b_5b_{10}}\end{bmatrix}$$

状态向量$\{\phi^z, M^z, \phi^x, F^y, M^x, u^y, \phi^y, F^x, M^y, u^x, F^z, u^z, p, v\}^{\mathrm{T}}$的场传递矩阵为

$$[T] = \begin{bmatrix}[T_{tz}] & & & \\ & [T_{yz}] & & \\ & & [T_{xz}] & \\ & & & [T_{fp}]\end{bmatrix} \tag{9.97}$$

这样就将管单元两端的状态向量联系起来。

9.4.2 边界条件

频域法的边界条件是用点传递矩阵$[P]$来描述的，将场矩阵和点矩阵依次相乘，即可得到总传递矩阵，于是给定某一点的激发，就可求出另一点的动态响应。

1. 平面弯头

如图 9.16 所示建立局部坐标系，则两个局部坐标系之间的方向余弦为

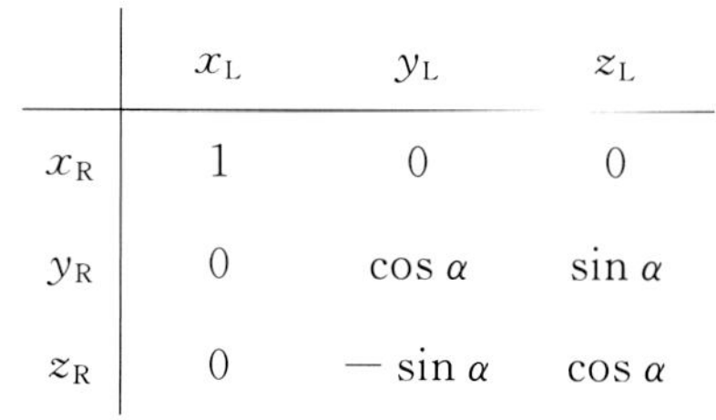

	x_L	y_L	z_L
x_R	1	0	0
y_R	0	$\cos\alpha$	$\sin\alpha$
z_R	0	$-\sin\alpha$	$\cos\alpha$

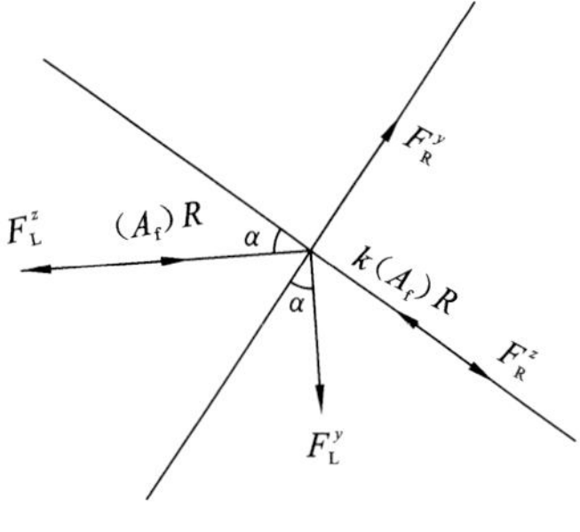

图 9.16　平面弯头受力示意图
下标 R 代表右侧；L 代表左侧

则变形协调条件为

$$\begin{Bmatrix} u^x \\ u^y \\ u^z \end{Bmatrix}^R = \begin{bmatrix} 1 & 0 & 0 \\ 0 & \cos\alpha & \sin\alpha \\ 0 & -\sin\alpha & \cos\alpha \end{bmatrix} \begin{Bmatrix} u^x \\ u^y \\ u^z \end{Bmatrix}^L, \quad \begin{Bmatrix} \phi^x \\ \phi^y \\ \phi^z \end{Bmatrix}^R = \begin{bmatrix} 1 & 0 & 0 \\ 0 & \cos\alpha & \sin\alpha \\ 0 & -\sin\alpha & \cos\alpha \end{bmatrix} \begin{Bmatrix} \phi^x \\ \phi^y \\ \phi^z \end{Bmatrix}^L \tag{9.98}$$

流体连续性可表示为

$$k(v - u^z)_R = (v - u^z)_L$$

式中：k 为面积扩大系数，即 $k = (A_f)_R/(A_f)_L$。

$$\begin{aligned} v_R &= \frac{1}{k}v_L + u_R^z - \frac{1}{k}u_L^z = \frac{1}{k}v_L + (-u_L^y\sin\alpha + u_L^z\cos\alpha) - \frac{1}{k}u_L^z \\ &= v_L/k + (-\sin\alpha)u_L^y + (\cos\alpha - 1/k)u_L^z \end{aligned} \tag{9.99}$$

力矩平衡条件：

$$\begin{Bmatrix} M_x \\ M_y \\ M_z \end{Bmatrix}^R = \begin{bmatrix} 1 & 0 & 0 \\ 0 & \cos\alpha & \sin\alpha \\ 0 & -\sin\alpha & \cos\alpha \end{bmatrix} \begin{Bmatrix} M^x \\ M^y \\ M^z \end{Bmatrix}^L \tag{9.100}$$

力的平衡条件(图 9.16)：

$$\begin{cases} F_R^x = F_L^x \\ F_R^y = F_L^y\cos\alpha + (pA_f - F_L^z)\sin\alpha \\ F_R^z = pA_f k + F_L^y\sin\alpha + (pA_f - F_L^z)\cos\alpha = 0 \end{cases}$$

即

$$\begin{cases} F_R^x = F_L^x \\ F_R^y = -A_f p\sin\alpha + F_L^y\cos\alpha + F_L^z\sin\alpha \\ F_R^z = A_f p(k - \cos\alpha) - F_L^y\sin\alpha + F_L^z\cos\alpha \end{cases} \tag{9.101}$$

压力平衡条件：

$$p_R = p_L = p \tag{9.102}$$

则由 L → R 的点传递矩阵[P]为

$$
[P]=\begin{bmatrix}
\cos\alpha & 0 & 0 & 0 & 0 & 0 & -\sin\alpha & 0 & 0 & 0 & 0 & 0 & 0 & 0\\
0 & \cos\alpha & 0 & 0 & 0 & 0 & 0 & 0 & -\sin\alpha & 0 & 0 & 0 & 0 & 0\\
0 & 0 & 1 & 0 & 0 & 0 & 0 & 0 & 0 & 0 & 0 & 0 & 0 & 0\\
0 & 0 & 0 & \cos\alpha & 0 & 0 & 0 & \sin\alpha & 0 & 0 & 0 & 0 & -A_f\sin\alpha & 0\\
0 & 0 & 0 & 0 & 1 & 0 & 0 & 0 & 0 & 0 & 0 & 0 & 0 & 0\\
0 & 0 & 0 & 0 & 0 & \cos\alpha & 0 & 0 & 0 & 0 & 0 & \sin\alpha & 0 & 0\\
\sin\alpha & 0 & 0 & 0 & 0 & 0 & \cos\alpha & 0 & 0 & 0 & 0 & 0 & 0 & 0\\
0 & 0 & 0 & 0 & 0 & 0 & 0 & 1 & 0 & 0 & 0 & 0 & 0 & 0\\
0 & \sin\alpha & 0 & 0 & 0 & 0 & 0 & 0 & \cos\alpha & 0 & 0 & 0 & 0 & 0\\
0 & 0 & 0 & 0 & 0 & 0 & 0 & 0 & 0 & 1 & 0 & 0 & 0 & 0\\
0 & 0 & 0 & -\sin\alpha & 0 & 0 & 0 & 0 & 0 & 0 & \cos\alpha & 0 & A_f(k-\cos\alpha) & 0\\
0 & 0 & 0 & 0 & 0 & -\sin\alpha & 0 & 0 & 0 & 0 & 0 & \cos\alpha & 0 & 0\\
0 & 0 & 0 & 0 & 0 & 0 & 0 & 0 & 0 & 0 & 0 & 0 & 1 & 0\\
0 & 0 & 0 & 0 & 0 & -\sin\alpha & 0 & 0 & 0 & 0 & 0 & \cos\alpha-1/k & 0 & 1/k
\end{bmatrix} \tag{9.103}
$$

2. 孔口

如图 9.17 所示建立坐标系,则变形相容条件为

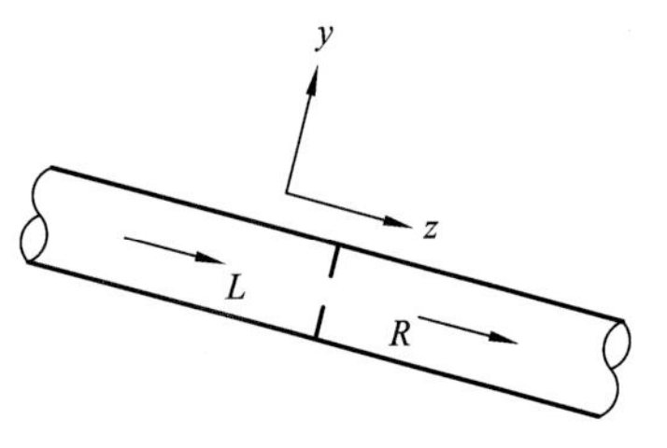

图 9.17 孔口

$$
\begin{Bmatrix} u^x \\ u^y \\ u^z \end{Bmatrix}^{R} = \begin{Bmatrix} u^x \\ u^y \\ u^z \end{Bmatrix}^{L} \tag{9.104}
$$

$$
\begin{Bmatrix} \phi^x \\ \phi^y \\ \phi^z \end{Bmatrix}^{R} = \begin{Bmatrix} \phi^x \\ \phi^y \\ \phi^z \end{Bmatrix}^{L} \tag{9.105}
$$

$$
v_R = v_L \tag{9.106}
$$

因为 $v_L - u_L^z(1-\beta) = \dfrac{Q_0}{2A_f}\left(1+\dfrac{p_L-p_R}{\Delta p_0}\right)$,所以

$$
p_R = p_L - \frac{2A_f\Delta p_0}{Q_0}v_L + \frac{2A_f\Delta p_0(1-\beta)}{Q_0}u_L^z + \Delta p_0 \tag{9.107}
$$

力的平衡及力矩平衡:

$$
\begin{Bmatrix} F_x \\ F_y \\ \{M\} \end{Bmatrix}^{R} = \begin{Bmatrix} F_x \\ F_y \\ \{M\} \end{Bmatrix}^{L} \tag{9.108}
$$

$$
\begin{aligned}
F_R^z &= F_L^z + (p_R - p_L)A_f(1-\beta)\\
&= F_L^z - \frac{2A_f^2\Delta p_0(1-\beta)}{Q_0}v_L + \frac{2A_f^2\Delta p_0(1-\beta)^2}{Q_0}u_L^z + \Delta p_0 A_f(1-\beta)
\end{aligned} \tag{9.109}
$$

状态向量 $\{\phi^z \quad M^z \quad \phi^x \quad F^y \quad M^x \quad u^y \quad \phi^y \quad F^x \quad M^y \quad u^x \quad F^z \quad u^z \quad p \quad v \quad 1\}^{T}$ 的孔口点矩阵为

$$
[P]=\begin{bmatrix}
1&0&0&0&0&0&0&0&0&0&0&0&0&0&0\\
0&1&0&0&0&0&0&0&0&0&0&0&0&0&0\\
0&0&1&0&0&0&0&0&0&0&0&0&0&0&0\\
0&0&0&1&0&0&0&0&0&0&0&0&0&0&0\\
0&0&0&0&1&0&0&0&0&0&0&0&0&0&0\\
0&0&0&0&0&1&0&0&0&0&0&0&0&0&0\\
0&0&0&0&0&0&1&0&0&0&0&0&0&0&0\\
0&0&0&0&0&0&0&1&0&0&0&0&0&0&0\\
0&0&0&0&0&0&0&0&1&0&0&0&0&0&0\\
0&0&0&0&0&0&0&0&0&1&0&0&0&0&0\\
0&0&0&0&0&0&0&0&0&0&1&\xi_1&0&\xi_2&\xi_3\\
0&0&0&0&0&0&0&0&0&0&0&1&0&0&0\\
0&0&0&0&0&0&0&0&0&0&0&\xi_4&1&\xi_5&\Delta p_0\\
0&0&0&0&0&0&0&0&0&0&0&0&0&1&0\\
0&0&0&0&0&0&0&0&0&0&0&0&0&0&1
\end{bmatrix}
\tag{9.110}
$$

其中：$\xi_1=\dfrac{2A_{\mathrm{f}}^2\Delta p_0(1-\beta)^2}{Q_0}$，$\xi_2=\dfrac{2A_{\mathrm{f}}^2\Delta p_0(1-\beta)}{Q_0}$，$\xi_3=\Delta p_0 A_{\mathrm{f}}(1-\beta)$，$\xi_4=\dfrac{2A_{\mathrm{f}}\Delta p_0(1-\beta)}{Q_0}$，$\xi_5=-\dfrac{2A_{\mathrm{f}}\Delta p_0}{Q_0}$。

3. 空间叉管

如图 9.18 所示，首先选取所要研究的叉管道为主管道，其他叉管为支管道，并假设各支管道的末端边界条件已知，分别用$\{S\}$和$\{\widetilde{S}\}$表示主管和支管的状态向量，$\boldsymbol{U}$和$\widetilde{\boldsymbol{U}}$表示主管和支管的总传递矩阵。则

$$\{\widetilde{S}_i\}_{\text{末}}^{\mathrm{L}}=\widetilde{U}_i\{\widetilde{S}_i\}_i^{\mathrm{R}},\quad i=1,2,\cdots,m$$

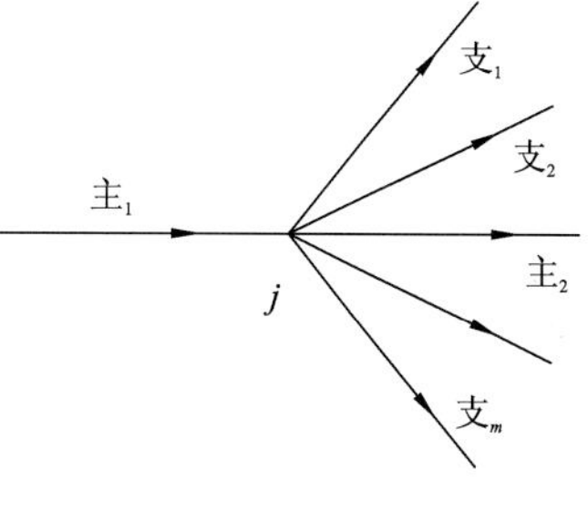

图 9.18　空间叉管

可得

$$\{\widetilde{S}_i\}_i^{\mathrm{R}},\quad i=1,2,\cdots,m$$

取主管 1 的局部坐标为节点处的整体坐标，主管 2 及各支管的局部坐标到整体坐标的变换矩阵为

$$[T]_0=\begin{bmatrix} l_{11} & l_{12} & l_{13}\\ l_{21} & l_{22} & l_{23}\\ l_{31} & l_{32} & l_{33}\end{bmatrix}_0 \text{ 及 } [T]_i=\begin{bmatrix} l_{11} & l_{12} & l_{13}\\ l_{21} & l_{22} & l_{23}\\ l_{31} & l_{32} & l_{33}\end{bmatrix}_i,\quad i=1,2,\cdots,m$$

变形协调条件：

$$\begin{Bmatrix}\{\phi\}\\ \{u\}\end{Bmatrix}_j^{\mathrm{R}}=\begin{bmatrix}[T]_0^{\mathrm{T}} & \\ & [T]_0^{\mathrm{T}}\end{bmatrix}\begin{Bmatrix}\{\phi\}\\ \{u\}\end{Bmatrix}_j^{\mathrm{L}}\tag{9.111}$$

力的平衡和力矩平衡条件：

$$\begin{Bmatrix} F^x \\ F^y \\ F^z - A_f p \\ \{M\} \end{Bmatrix}_j^R = \begin{bmatrix} [T]_0^T & \\ & [T]_0^T \end{bmatrix} \begin{Bmatrix} F^x \\ F^y \\ F^z - A_f p \\ \{M\} \end{Bmatrix}_j^L + \sum_{i=1}^{m} \pm \begin{bmatrix} [T]_i^T & \\ & [T]_i^T \end{bmatrix} \begin{Bmatrix} \widetilde{F}_1^x \\ \widetilde{F}_1^y \\ \widetilde{F}_1^z - A_f \widetilde{p}_1 \\ \{\widetilde{M}_1\} \end{Bmatrix}_j^R \tag{9.112}$$

压力平衡条件：

$$p_j^R = p_j^L \tag{9.113}$$

流量平衡条件：

$$v_j^R = K_0 v_j^L - \sum_{i=1}^{m} \pm K_i (\tilde{v}_1)_i^R, \quad \text{流出节点取正} \tag{9.114}$$

式中：$K_0 = \dfrac{(A_f)_{主1}}{(A_f)_{主2}}$；$K_i = \dfrac{(A_f)_{主i}}{(A_f)_{主2}}$；$i = 1,2,\cdots,m$。

状态向量 $\{\phi^z \quad M^z \quad \phi^x \quad F^y \quad M^x \quad u^y \quad \phi^y \quad F^x \quad M^y \quad u^x \quad F^z \quad u^z \quad p \quad v \quad 1\}^T$ 的点矩阵为

$$[P] = \begin{bmatrix}
l_{33}^0 & 0 & l_{13}^0 & 0 & 0 & 0 & l_{23}^0 & 0 & 0 & 0 & 0 & 0 & 0 & 0 & 0 \\
0 & l_{33}^0 & 0 & 0 & l_{13}^0 & 0 & 0 & 0 & l_{23}^0 & 0 & 0 & 0 & 0 & 0 & \xi_{11} \\
l_{31}^0 & 0 & l_{11}^0 & 0 & 0 & 0 & l_{21}^0 & 0 & 0 & 0 & 0 & 0 & 0 & 0 & 0 \\
0 & 0 & 0 & l_{22}^0 & 0 & 0 & 0 & l_{12}^0 & 0 & 0 & l_{32}^0 & 0 & 0 & 0 & \xi_7 \\
0 & l_{31}^0 & 0 & 0 & l_{11}^0 & 0 & 0 & 0 & l_{21}^0 & 0 & 0 & 0 & 0 & 0 & \xi_9 \\
0 & 0 & 0 & 0 & 0 & l_{22}^0 & 0 & 0 & 0 & l_{12}^0 & 0 & l_{32}^0 & 0 & 0 & 0 \\
l_{32}^0 & 0 & l_{12}^0 & 0 & 0 & 0 & l_{22}^0 & 0 & 0 & 0 & 0 & 0 & 0 & 0 & 0 \\
0 & 0 & 0 & l_{21}^0 & 0 & 0 & 0 & l_{11}^0 & 0 & 0 & l_{31}^0 & 0 & 0 & 0 & \xi_6 \\
0 & l_{32}^0 & 0 & 0 & l_{12}^0 & 0 & 0 & 0 & l_{22}^0 & 0 & 0 & 0 & 0 & 0 & \xi_{10} \\
0 & 0 & 0 & 0 & 0 & l_{21}^0 & 0 & 0 & 0 & l_{11}^0 & 0 & l_{31}^0 & 0 & 0 & 0 \\
0 & 0 & 0 & l_{23}^0 & 0 & 0 & 0 & l_{13}^0 & 0 & 0 & l_{33}^0 & 0 & l_{13}^0 & 0 & \xi_8 \\
0 & 0 & 0 & 0 & 0 & l_{23}^0 & 0 & 0 & 0 & l_{13}^0 & 0 & l_{33}^0 & 0 & 0 & 0 \\
0 & 0 & 0 & 0 & 0 & 0 & 0 & 0 & 0 & 0 & 0 & 0 & 1 & 0 & 0 \\
0 & 0 & 0 & 0 & 0 & 0 & 0 & 0 & 0 & 0 & 0 & 0 & 0 & k_0 & \xi_{12} \\
0 & 0 & 0 & 0 & 0 & 0 & 0 & 0 & 0 & 0 & 0 & 0 & 0 & 0 & 1
\end{bmatrix} \tag{9.115}$$

式中

$$\begin{Bmatrix} \xi_6 \\ \xi_7 \\ \xi_8 \\ \xi_9 \\ \xi_{10} \\ \xi_{11} \end{Bmatrix} = \sum_{i=1}^{m} \pm \begin{bmatrix} [T]_i^T & \\ & [T]_i^T \end{bmatrix} \begin{Bmatrix} \widetilde{F}_1^x \\ \widetilde{F}_1^y \\ \widetilde{F}_1^z - A_f \widetilde{p}_1 \\ \{\widetilde{M}\}_1 \end{Bmatrix}_j^R, \quad \xi_{12} = -\sum_{i=1}^{m} \pm K_i (\tilde{v}_i)_i^R$$

$$\xi_{13} = (K_0 - l_{33}^0)(A_f)_{主2}$$

其他类型的边界条件，一般来说均可归纳为空间叉管的边界条件。

9.4.3 实例分析

1990 年，Lesmez 等[15] 采用模态分析法对图 9.19 所示的两种实验装置进行了频率模拟，并与实验结果进行了比较。实验装置有关参数见表 9.2。

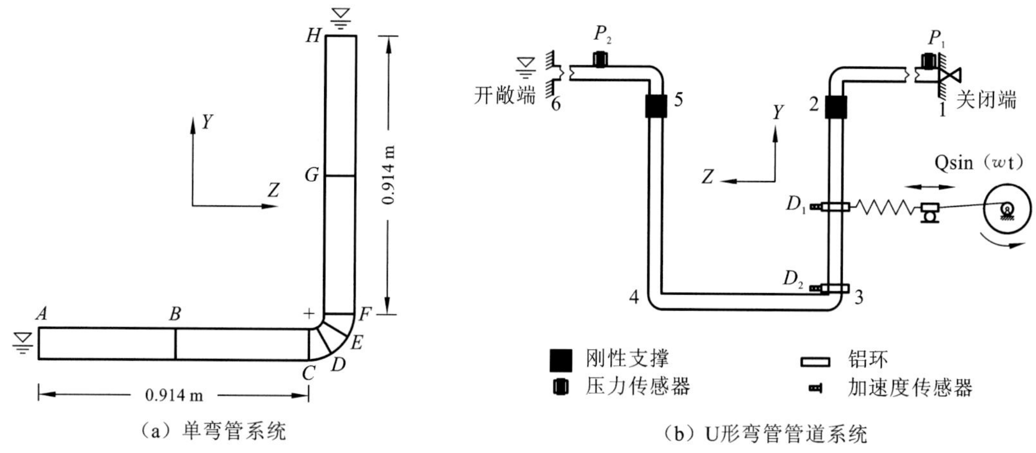

图 9.19　用于流固耦合模态分析的两种实验装置示意图

表 9.2　实验管道系统的特征参数

	单弯管(例 1)	U 形弯管(例 2)
管壁材料	70% Cu，30% Ni	铜
密度/(kg/m³)	9 000	8 900
弹性模量/GPa	157	117
泊松比	0.34	0.35
外径/mm	114	28.6
内径/mm	102	26.0
转弯半径/mm	102	—
管道末端边界条件	固定-自由	固定-固定
液体	油	水
密度/(kg/m³)	872	997
体积模量/GPa	1.95	2.20
管道末端液体边界条件	关闭-开敞	关闭-开敞

1. 单弯管系统实测与计算对比分析

图 9.20 给出了单弯管系统在管道 A 断面施加激励后自由振荡的结果。横坐标为振荡频率，纵坐标定义为流体断面轴向平均流速与力的比值，称为流体流动率。计算采用传递矩阵法，单弯管系统分为 7 段，其中管道弯曲处的 CD、DE 和 DF 段被假设为短而直的斜截面，并适度降低了斜截面的抗弯刚度。

图 9.20 对比了 A、F、H 三个断面的流体流动率频谱分布实测值与计算值，两者具有相同的变化趋势，且 A 和 F 断面的吻合度较高，H 断面的吻合度略低，其原因可能与管道弯曲处的 CD、DE 和 DF 段处理方式以及抗弯刚度取值有关。

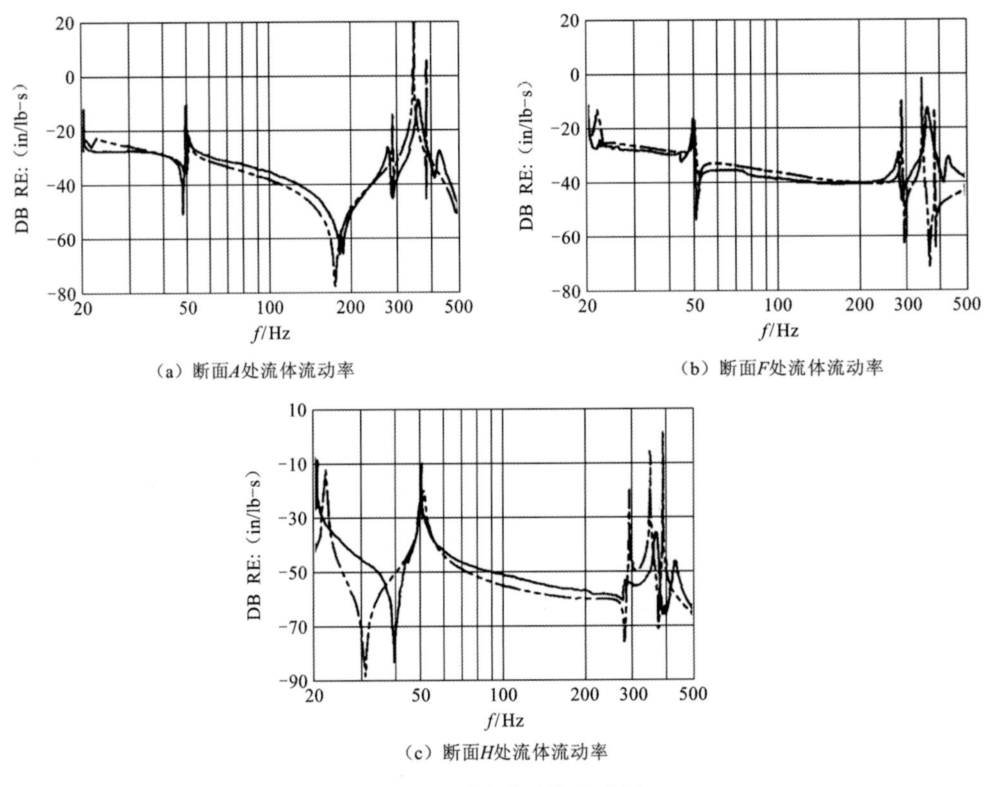

（a）断面A处流体流动率

（b）断面F处流体流动率

（c）断面H处流体流动率

图 9.20 单弯管系统频谱图

DB、RE 为流体流动率

2. U 形弯管系统实测与计算对比分析

U 形弯管系统实验装置如图 9.19(b) 所示，其中 2 断面与 5 断面刚性支撑，限制其径向和轴向位移；P_2 和 P_1 是靠近开敞端和关闭端的压强传感器的测点；D_1 和 D_2 是套有铝环断面的加速度传感器的测点，并且通过 D_1 断面的铝环施加强迫振动。振动器是装有曲柄的旋转机械，包含可变速电动机、飞轮和驱动臂杆。驱动臂杆通过刚性弹簧连接到铝环上。另外，U 形弯管系统采用两种管道布置方案来研究流体和结构耦合的动态响应。A 布置方案管道总长度 80.14 m，B 布置方案管道总长度 55.69 m，两者差别主要是 P_1 断面至 2 断面的长度，见表 9.3。

表 9.3　U 形弯管系统的管道布置

断面	范围	方案 A 管道长度	方案 B 管道长度
1	1 − P1	0.14	0.14
	P1 − 2	24.88	0.44
2	2 − D1	0.91	0.91
	D1 − D2	0.83	0.83
	D2 − 3	0.09	0.09
	3 − 4	1.83	1.83
	4 − 5	1.83	1.83
3	5 − P2	0.61	0.61
	P2 − 6	49.02	49.01
	Total	80.14	55.69

P = 压力传感器，D = 加速度传感器

实验方法是改变电动机转速，即改变激励源的频率，从 3 Hz 到 32 Hz。在此频率范围内，选取了不同频率，记录每个频率下 D_1 和 D_2 处的位移变化、P_1 和 P_2 处的压强变化，并采用快速傅里叶变换得出四个信号的响应频率和幅值。为了研究共振现象，需要不断调整频率，直到所对应的结构位移振幅或液体压强幅度达到动态响应的峰值。

两组管道布置方案的实测结果与计算结果如表 9.4 和图 9.21、图 9.22 所示。其中，图 9.21 显示了计算所得的结构 1 ~ 4 阶振型、相应的频率以及液体压强幅值沿管线分布（液体压强振型）；图 9.22 显示了计算所得的液体压强 1 ~ 4 阶振型、相应的频率。分析结果可以得到以下结论。

表 9.4　U 形弯管系统在不同强迫频率激励下结构位移振幅或液体压强幅值

		位移 /mm				压强 /kPa					位移 /mm				压强 /kPa		
频率 /Hz		类型	D1 处	D2 处	D2/D1 比值	P1 处	P2 处	P2/P1 比值	频率 /Hz		类型	D1 处	D2 处	D2/D1 比值	P1 处	P2 处	P2/P1 比值
3.9	E	F1	1.7	3.5	2.1	102	80	0.78	4.4	E	S1	11.8	30.2	2.1	49	8	0.16
4.0	C				2.8			0.81	4.4	C				2.3			0.21
4.4	E	S1	12.9	38.5	3.0	99	119	1.20	5.6	E	F1	0.93	1.8	6.0	11	8	0.73
4.4	C				2.8			1.18	5.6	C				2.3			0.99
12.0	E	F3	0.4	0.1	0.3	41	10	0.24	17.1	E	F2	1.2	0.1	0.1	18	16	0.89
12.0	C				2.3			0.24	16.8	C				0.0			0.94
18.1	E	S2	9.3	2.0	0.2	0	7	—	18.1	E	S2	3.9	0.7	0.2	0	0	—
17.5	C				0.5			18.53	16.9	C				0.0			0.87
19.8	E	F5	0.3	0.2	0.7	36	34	0.94	28.3	E	F3	3.1	0.6	0.2	521	310	0.60
19.7	C				0.8			0.97	27.9	C				0.5			0.57
27.8	E	F9	1.7	0.3	0.2	290	118	0.41	28.8	E	S3	5.2	1.3	0.3	239	225	0.94
27.4	C				0.2			0.46	28.4	C				0.5			0.88
28.6	E	S3	6.4	1.6	0.3	154	145	0.94	29.8	C	S4						
28.6	C				0.2			1.53									

E = 实验，C = 计算，F = 液体，S = 结构频率

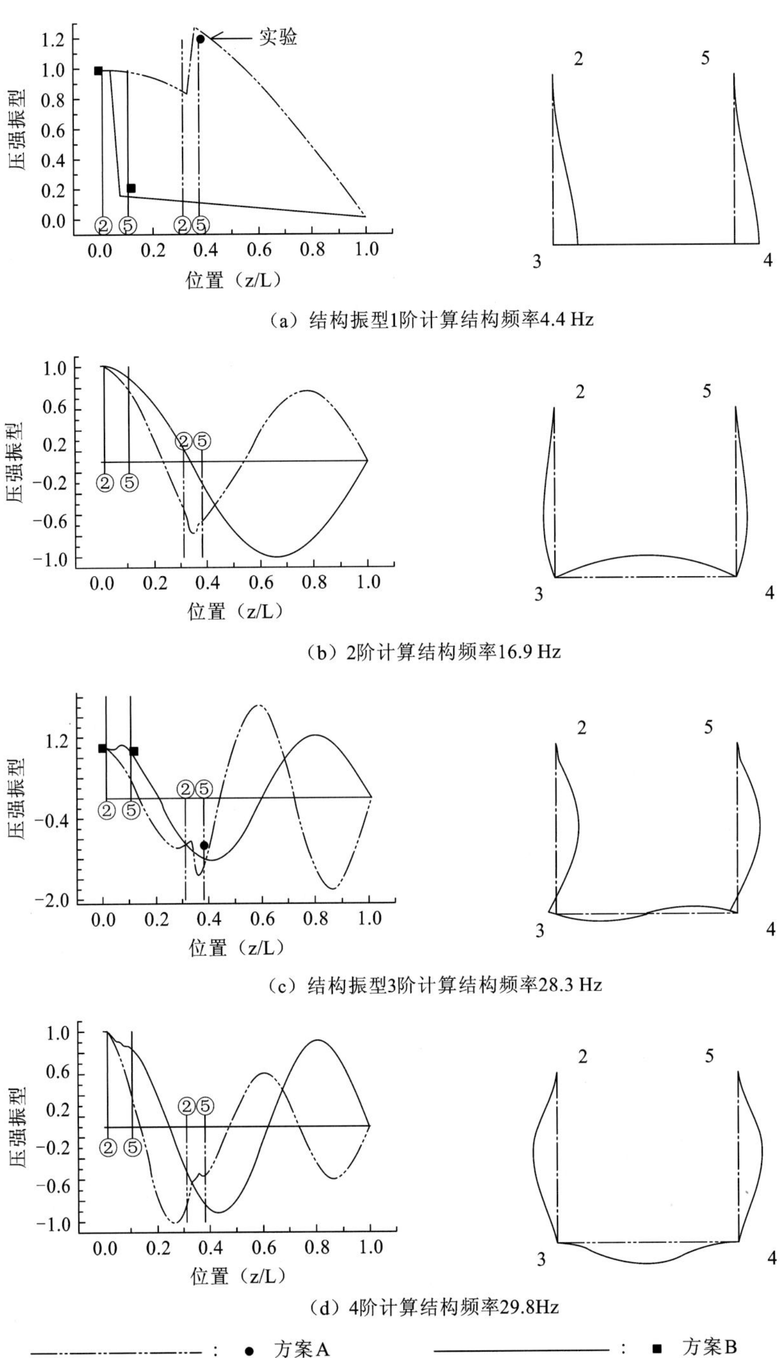

（a）结构振型1阶计算结构频率4.4 Hz

（b）2阶计算结构频率16.9 Hz

（c）结构振型3阶计算结构频率28.3 Hz

（d）4阶计算结构频率29.8Hz

图 9.21 两组管道布置方案下结构 1 ～ 4 阶振型、相应频率以及液体压强振型

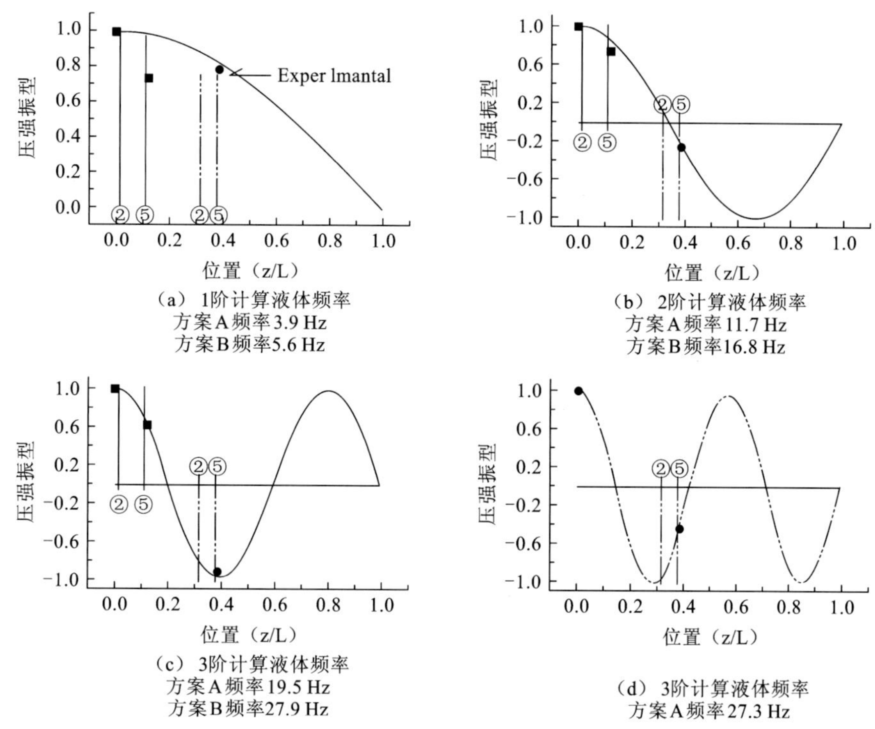

图 9.22　两组管道布置方案下液体压强 1 ～ 4 阶振型、相应频率

(1) A 布置方案，关闭端压强响应最大实测值发生在第九阶流动谐波，对应频率为 27.8 Hz；而 B 布置方案则发生在第三阶流动谐波，对应频率为 28.3 Hz。但这些较大的液体压强响应与第三阶结构谐波频率(28.7 Hz) 有关联。从图 9.21 中可以看出，结构第三阶振型不同于一、二、四阶的振型，在 U 形弯管中间(位置 3 和位置 4 的中间) 出现驻点，腹点个数增到 4 个，由此增强了液体流动与结构振动的耦合强度，增强了液体流动的压强响应。

(2) B 布置方案与 A 布置方案相比，发生共振时三阶流动谐波频率(28.3 Hz) 比九阶流动谐波频率(27.8 Hz) 更接近三阶结构谐波频率(28.7 Hz)，所以 B 布置方案 P_1 测点压强幅值 521 kPa，大于 A 布置方案的 290 kPa。

(3) 共振发生在较高阶数的流动谐波(A 布置方案为九阶，B 布置方案为三阶)，与文献[16] 报道的几起水力机械共振事故有着类似的内在机理。

(4) 实测结果与计算结果相比，两者基本上是吻合的，尤其是各阶的结构振动频率和液体流动频率，说明在管道系统流固耦合分析中，传递矩阵法具有一定的优势，但 P_2/P_1 压强比和 D_2/D_1 位移比的吻合程度仍需进一步提高。

参 考 文 献

[1] 白莱文斯 R D. 流体诱发振动[M]. 吴恕三，等，译. 北京：机械工业出版社，1983.
[2] 居荣初，曾心传. 弹性结构与液体的耦联振动理论[M]. 北京：地震出版社，1983.

[3] 钱颂文，岑汉钊，曾文明. 换热器流体诱导振动——机理疲劳磨损设计[M]. 北京：烃加工出版社，1989.

[4] TIJSSELING A S. Fluid－Structure interaction in liquid filled pipe systems：A review[J]. Journal of Fluids and Structures，1996，10：109-146.

[5] SKALAK R. An extension of the theory of waterhammer[J]. Trans. ASME，1956，78：105-116.

[6] THORLEY A R D. Pressure transients in hydraulic pipelines. ASME Journal of Basic Engineering，1969，91：453-461.

[7] WILLIAMS D J. Waterhammer in non-rigid pipes：Precursor waves and mechanical damping[J]. Journal of Mechanical Engineering Science，1977，19：237-242.

[8] WALKER J S，PHILLIPS J W. Pulse propagation in fluid tubes[J]. ASME J. Appl. Mech. 1977，99：31-35.

[9] WOOD D J，CHAO S P. Effect of pipeline junctions on waterhammer surges[J]. ASCE Transportation Engineering Journal，1971，97：441-456.

[10] WIGGERT D C，HATFIELD F J，STUCKENBRUCK S. Analysis of liquid and structural transients in piping by the method of characteristics[J]. Transactions of the ASME Journal of Fluids Engineering，1987，109：161-165.

[11] CHAUDHRY M H. Applied Hydraulic Transients[M]. 3rd ed. Berlin：Springer，2014.

[12] WIGGERT D C，LESMEZ M L，HATFIELD F J. Modal analysis of vibrations in liquid-filled piping systems[J]. ASME-FED，Fluid Transients in Fluid-Structure Interaction，1987，56：107-113.

[13] 徐正凡. 水力学：上册[M]. 北京：高等教育出版社，1986.

[14] WIGGERT D C，OTWELL R S，HATFIELD F J. The effect ofelbow restraint on pressure transients[J]. ASME J. Flu. Eng，1985，107：402-406.

[15] LESMEZ M W，WIGGERT D C，HATFIELD F J. Modal analysis of vibrations in liquid-filled piping-systems[J]. ASME Journal of Fluids Engineering，1990，112：311-318.

[16] JAEGER C. The theory of resonance in hydropower systems. discussion of incidents and accidents occurring in pressure systems[J]. ASME Journal of Basic Engineering，1963，85：631.

第 10 章　瞬变过程的控制与系统的优化设计

10.1　瞬变过程的目标控制

瞬变过程是一种恒定状态向另一种恒定状态转变的中间过程。从管网输送系统运行的角度来看，要求该中间过程持续的时间尽可能短，即波动衰减迅速，方便系统投入新的运行工况。从安全的角度来看，要求该中间过程中峰值压强小于管道结构、动力装置、辅助元件或设施的承受能力，大于液体的汽化压强，不出现液柱分离的现象；要求动力装置其他参数得以控制，不危及安全运行，如水轮发电机组转速上升最大值；要求系统各阶流体流动谐振频率、结构振动谐振频率、与强迫振动施加的频率有着较大的差异，避免发生共振现象。从经济的角度来看，要求管道尺寸、管壁厚度、材质、施工难度尽可能经济，辅助元件或设施尽可能少布置，减少一次性的投资；要求辅助元件或设施尽可能简单，减少维护检修的成本。

上述三方面的需求构成了管网输送系统瞬变过程的控制目标，但三者之间通常是矛盾的、相互制约的。所以，瞬变过程控制与系统的优化设计是一个较复杂的系统工程，并且不同行业的管网输送系统，对其瞬变过程控制与系统优化设计的侧重点也有所不同。但总体上归纳起来，需要开展如下工作。

(1) 合理地选取瞬变过程有关物理参变量的控制值，如最大水击压强、动力装置旋转部件的最大转速升高、动力装置旋转部件或活动部件的最大轴向推力、空气室最大/最小气体压强、开敞式调压室最高/最低涌浪水位等。控制值选取越大，管道部分及动力装置的一次性投资越大，但可以简化控制措施，方便系统的运行，可以减少辅助元件或设施的数量或规模。相反，控制值选取偏小，不仅增加了辅助元件或设施的数量或规模，加大了系统优化设计的难度，而且有可能对运行条件提出限制。因此，参变量控制值的选取与经济性的论证是管网输送系统优化设计非常重要的内容。

(2) 合理地选取辅助元件或设施的数量、形式、尺寸规模、布置方式等，优化管网输送系统的设计。在兼顾辅助元件或设施自身的参变量控制前提下，利用水击波的反射、叠加特性，以及水击波、重力波、质量波叠加特性，达到减小整个系统的最大水击压强、加快波动衰减的目的。

(3) 针对不同动力装置的性能，在兼顾动力装置自身的参变量控制前提下，优化其动部件的操作方式和相关的参数，利用水击波的反射、叠加特性等，达到减小整个系统的最大水击压强、加快波动衰减的目的。

(4) 对管网输送系统各阶流体流动谐振频率，尤其是高阶谐振进行精确的计算，与系统结构振动谐振频率、强迫振动频率进行对比，若不满足要求，应针对性地改变管道布置、辅助元件或平压设施的形式和尺寸规模，达到避免共振现象发生的目的。

为了顺利开展上述工作，除了掌握流体瞬变流基本理论、时域和频域计算分析方法，还需要灵活地运用瞬变过程的各种控制方法与手段。为此，本章主要介绍瞬变过程控制的理论依据与相应方法，着重介绍优化动力装置启停的"阀门程控调节"方法和基于进化策略的优化方法。

10.2 瞬变过程控制的理论依据与方法

10.2.1 减小水击压强的理论依据

由第1章介绍的直接水击计算公式可知

$$\Delta H = H - H_0 = -\frac{a}{g}(V - V_0) = \frac{a}{g}(V_0 - V) \tag{10.1}$$

式中：H_0 为初始水头；H 为管末任意时刻水头；V_0 为管道中初始流速；V 为管道中任意时刻流速；a 为波速；g 为重力加速度。水击压强大小与流速变化量和水击波波速的乘积成正比。

当阀门按直线规律随时间变化时，可根据阀门处最大压强出现的时间归纳为一相水击和末相水击（极限水击），产生不同水击现象是由阀门的反射特性不同造成的，其判别条件是 $\rho\tau_0$ 是否大于1。其中，ρ 为水锤常数，$\rho = \dfrac{aV_{\max}}{2gH_0}$，$\tau_0$ 是初始时刻的阀门相对开度。

当 $\rho\tau_0 < 1$ 时，发生一相水击，计算公式如下：

$$\xi_1^A = \frac{2\sigma}{1 + \rho\tau_0^A - \sigma} \tag{10.2}$$

阀门关闭时，$\sigma = -\Delta\tau\rho = \dfrac{2L}{aT_s}\dfrac{aV_{\max}}{2gH_0} = \dfrac{LV_{\max}}{gH_0T_s}$，$-\Delta\tau = \dfrac{t_r}{T_s} = \dfrac{2L}{aT_s}$；阀门开启时，$\Delta\tau = \dfrac{2L}{aT_s}$，$\sigma = -\dfrac{LV_{\max}}{gH_0T_s}$。

当 $\rho\tau_0 < 1$ 时，发生末相水击，计算公式如下：

$$\xi_m^A = \frac{2\sigma}{2 - \sigma} \tag{10.3}$$

式(10.2)和式(10.3)中：ξ_1^A 为 A 点第一相末的水锤相对压强；ξ_m^A 为 A 点第 m 相末的水锤相对压强；$\Delta\tau$ 为阀门开度的变化量；σ 为阀门开度变化时管道中水流动量的相对变化率；T_s 为阀门有效关闭时间。

从一相水击和末相水击判别条件可知，阀门的起初开度对水击类型和大小有重要的影响。

(1) 当 $\tau_0 > \dfrac{1}{\rho}$ 时，即 $\rho\tau_0 > 1$，$\xi_m^A > \xi_1^A$，最大水击出现在开度变化终了，并且 ξ_m^A 与 τ_0 和波速 a 无关，仅取决于 σ 的大小，σ 越大，ξ_m^A 越大。

(2) 当 $\dfrac{\sigma}{\rho} < \tau_0 < \dfrac{1}{\rho}$ 时，即 $\sigma < \rho\tau_0 < 1$，$\xi_1^A > \xi_m^A$，最大水击出现在一相末，τ_0 越小，ξ_1^A 越大。

(3) 当 $\tau_0 \leqslant \frac{\sigma}{\rho}$ 时，发生直接水击，因为 $\frac{\sigma}{\rho} = \Delta\tau$，$\tau_0 \leqslant \Delta\tau$，所以 $T_s \leqslant t_r = \frac{2L}{a}$。

从以上水击压强的计算公式可知，$\xi_{\max}$ 取决于水击常数 ρ 和 σ，而且 ρ 和 σ 取决于水头 H_0、水击波的波速 a、压力管道长度 L、管道流速 V 和阀门启闭时间 T_s。所以，减小整个系统最大水击压强的主要措施如下。

(1) 降低水击波的波速 a。由直接水击可知，波速越低，水击压强越小。

(2) 加大压力管道直径，或者设置溢流装置，即可减小管道流速 V。

(3) 缩短压力管道长度。对于管网输送系统，大幅度地缩短压力管道长度是不可能的。但设置空气室、调压室等平压设施，实质上是缩短了压力管道长度，将水击波转换为质量波，并且为减小水击压强提供了良好反射特性。同理，若管网输送系统某些部分采用无压流输送，将水击波转换为重力波，同样能起到减小水击压强的作用。

(4) 优化阀门、动力装置动部件的启闭时间和规律。显然，动部件的启闭时间 T_s 越长，水击常数 σ 绝对值越小，水击压强越小。这部分内容见 10.3 节和 10.4 节。

另外，由水击理论[1]可知：

水库的反射系数：$\gamma_{反} = -1$，为异号等值反射；

封闭端的反射系数：$\gamma_{反} = 1$，为同号等值反射；

阀门或孔口处的反射系数：$\gamma_{反} = \frac{1-\tau_c\rho}{1+\tau_c\rho}$。①$\tau_c = 0$，$\gamma_{反} = 1$，同号等值反射；②$\tau_c > 0$，$\tau_c\rho < 1$，则 $0 < \gamma_{反} < 1$，同号减值反射；③$\tau_c > 0$，$\tau_c\rho = 1$，则 $\gamma_{反} = 0$，阀门不发生反射；④$\tau_c > 0$，$\tau_c\rho > 1$，则 $-1 < \gamma_{反} < 0$，异号减值反射，τ_c 阀门终了开度。

串联节点的反射系数：$\gamma_{反1} = \dfrac{\frac{1}{\rho_2} - \frac{1}{\rho_1}}{\frac{1}{\rho_1} + \frac{1}{\rho_2}}$，$\gamma_{反2} = -\gamma_{反1}$。

分岔节点的反射系数：$\gamma_{反1} = \dfrac{\frac{1}{\rho_2} + \frac{1}{\rho_3} - \frac{1}{\rho_1}}{\frac{1}{\rho_1} + \frac{1}{\rho_2} + \frac{1}{\rho_3}}$，$\gamma_{反2} = \dfrac{\frac{1}{\rho_1} + \frac{1}{\rho_3} - \frac{1}{\rho_2}}{\frac{1}{\rho_1} + \frac{1}{\rho_2} + \frac{1}{\rho_3}}$，$\gamma_{反3} = \dfrac{\frac{1}{\rho_1} + \frac{1}{\rho_2} - \frac{1}{\rho_3}}{\frac{1}{\rho_1} + \frac{1}{\rho_2} + \frac{1}{\rho_3}}$。

充分利用异号减值反射或异号等值反射也是减小整个系统的最大水击压强最重要的工程措施之一。

10.2.2　降低水击波的波速

由第 7 章介绍气液两相流水击波速计算公式可知

$$a^2 = \frac{1}{\rho_m\left(\frac{\alpha}{K_g} + \frac{1-\alpha}{K_1} + \frac{DC_1}{Ee}\right)} \tag{10.4}$$

水击波速的大小主要取决于液体的压缩性、管道中自由气体的含量以及管壁的材料性质和几何形状。水击波速的变化不仅影响瞬变过程中峰值压强，而且系统中任一部分的水击波速的变化将改变整个系统的响应频率，从而可以避开某一特定的强迫振荡引发的共振。

显然，液体的弹性模量 K_1 越小，水击波的波速就越小；自由气体的含量 α 越大，水击波的波速就越小。工程实际中向管道系统内掺入自由气体，通常是选取某一小于大气压的断面，以便自动掺气，如水电站的尾水管进口处；当然也可以采用空压机补气，只是增加了运行成本。另外，将空气灌入小软管内，并隔离成许多小空气囊，固定在管道内，使得系统的有效体积弹性模量得以降低，从而降低水击波的波速。但软管容易破损，可靠性存在疑虑。

圆形管道承受相同的内压强时，变形量最小；而非圆形管道的变形量将大得多，如矩形断面的管道，在忽略周边拉伸变长所增加的面积时，其变形量可按式(10.5)计算：

$$\frac{\Delta A}{A\Delta p}=\frac{B^4 R}{15e^3 ED} \tag{10.5}$$

式中：A 为面积；p 为压强；B 为宽度；D 为高度；e 是管壁厚度；R 是矩形系数，由式(10.6)确定：

$$R=\frac{6-5\alpha}{2}+\frac{1}{2}\left(\frac{D}{B}\right)^5\left[6-5\alpha_{形}\left(\frac{B}{D}\right)^2\right] \tag{10.6}$$

其中

$$\alpha_{形}=\frac{1+(D/B)^3}{1+D/B}$$

对于方形断面的管道，在忽略周边拉伸变长所增加的面积时，其变形量计算公式可简化为

$$\frac{\Delta A}{A\Delta p}=\frac{B^3}{15e^3 E} \tag{10.7}$$

若计入周边拉伸变长所增加的面积，其变形量计算公式为

$$\frac{\Delta A}{A\Delta p}=\frac{B}{eE}+\frac{B^3}{15e^3 E} \tag{10.8}$$

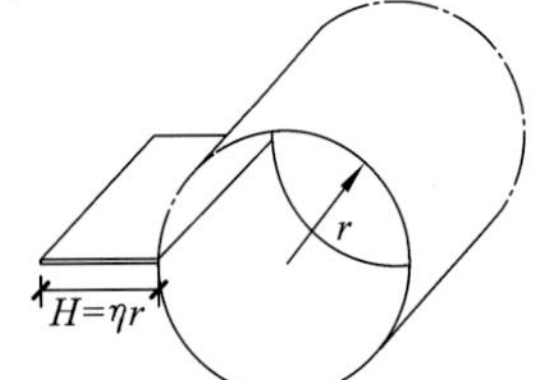

图 10.1 翼缘圆形管道示意图

对于图10.1所示的装有纵向翼缘的圆形管道[2]，其变形量可按式(10.9)计算：

$$\begin{aligned}\Delta A=&-\frac{\pi r^3}{EI}(2M_0+3rN_0-3r^2\Delta p)-\frac{\pi K_1 r^2}{WG}(N_0-r\Delta p)-\frac{\pi r^2}{WE}(N_0-3r\Delta p)\\&-\frac{2r^3}{EI}\Big[2(M_0+2rN_0-r^2\Delta p)\eta+(M_0+3rN_0-4r^2\Delta p)\eta^2+\frac{1}{6}(M_0+6rN_0\\&-10r^2\Delta p-2r^2\Delta p_1)\eta^3+\frac{1}{8}(rN_0-2r^2\Delta p-2r^2\Delta p_1)\eta^4-\frac{r^2}{20}\Delta p_1\eta^5\Big]\\&-\frac{2K_1 r^2}{WG}\Big[(2N_0-2r\Delta p)\eta+\frac{1}{2}(N_0-2r\Delta p-2r\Delta p_1)\eta^2-\frac{r}{3}\Delta p_1\eta^3\Big]\end{aligned} \tag{10.9}$$

式中：Δp、Δp_1 分别是作用在圆弧段和翼缘段的压强；r 是圆弧半径；η 是翼缘长度 H 与管道半径 r 之比；W 是管壁的纵向面积；E 是管壁材料的弹性模量；G 是剪切弹性模量；K_1 是剪切应力的修正系数；I 是管壁截面绕轴向的转动惯量。并且弯矩 M_0 和环向力 N_0 按如下两式计算：

$$M_0=\frac{-(\mathrm{AA}_7\Delta p+\mathrm{AA}_8\Delta p_1)\mathrm{AA}_1+(\mathrm{AA}_3\Delta p+\mathrm{AA}_4\Delta p_1)\mathrm{AA}_5}{\mathrm{AA}_1\mathrm{AA}_6-\mathrm{AA}_2\mathrm{AA}_5} \tag{10.10}$$

$$N_0=\frac{-(\mathrm{AA}_3\Delta p+\mathrm{AA}_4\Delta p_1)\mathrm{AA}_6+(\mathrm{AA}_7\Delta p+\mathrm{AA}_8\Delta p_1)\mathrm{AA}_2}{\mathrm{AA}_1\mathrm{AA}_6-\mathrm{AA}_2\mathrm{AA}_5} \tag{10.11}$$

式中

$$AA_1=\frac{r^3}{EI}\left(\frac{3\pi}{2}+4\eta+2\eta^2+\frac{1}{3}\eta^3\right)+\frac{K_1 r}{WG}\left(\frac{\pi}{2}+\eta\right),AA_2=\frac{r^2}{EI}\left(\pi+2\eta+\frac{1}{2}\eta^2\right)$$

$$AA_3=-\frac{r^4}{EI}\left(\frac{3\pi}{2}+4\eta+3\eta^2+\frac{2}{3}\eta^3\right)-\frac{K_1 r^2}{WG}\left(\frac{\pi}{2}+2\eta\right)-\frac{\pi r^2}{2WE}$$

$$AA_4=-\frac{r^4}{EI}\left(\frac{1}{3}\eta^3+\frac{1}{8}\eta^4\right)-\frac{K_1 r^2}{2WG}\eta^2,AA_5=AA_2,AA_6=\frac{r}{EI}(\pi+\eta)$$

$$AA_7=-\frac{r^3}{EI}(\pi+2\eta+\eta^2),AA_8=-\frac{r^3}{6EI}\eta^3$$

在此应该指出，当翼缘狭缝中有止水时 $\Delta p_1=0$，否则 $\Delta p_1=\Delta p$。当 $\eta=0$ 时，由式(10.10)和式(10.11)可得 $M_0=0$，$N_0=r\Delta p$，与薄壁圆管的内力一致，所以圆管是装有纵向翼缘圆形管道的特例。

图 10.2 给出了相应的计算结果，水击波速 a 随 η 的增加而减小，当 $\eta\geqslant 0.2$ 时，波速不到圆管波速的 50%。

此外，变形量与管道的支承方式有关，可以改变支承方式降低水击波的波速。

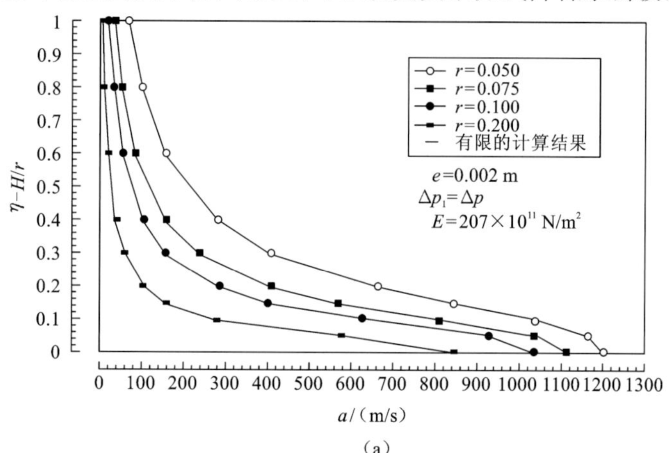

(a)

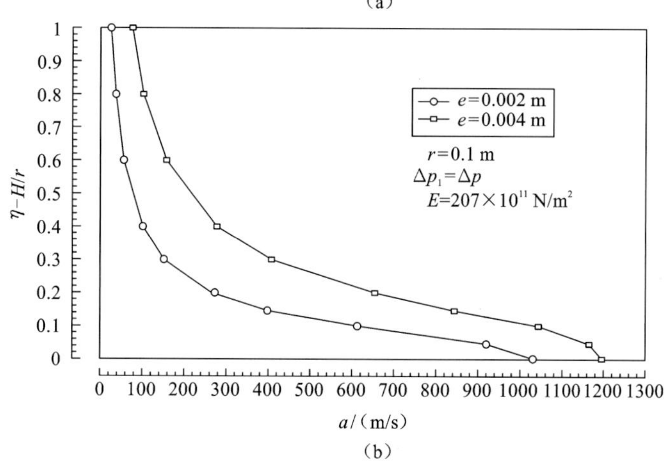

(b)

图 10.2　水击波速随 η 的变化

e 为管壁厚度

10.2.3 降低瞬变过程中管道流速

增大压力管道的管径，减小流速，从而减轻系统的水击压强，其原理是显然易见的。管径增加一倍，压强幅值大约减少3/4。但增大管径将增大投资成本，不一定是最合理的方法。而设置溢流装置，降低瞬变过程中管道流速，同样能达到减轻系统水击压强的目的。

溢流阀是防止系统超压的辅助部件之一。该装置采用弹簧或重量加载，见图10.3。当安装处管道断面的压强超过设定压强时，阀门应立刻打开，即要求溢流阀必须具有很小的机械惯性，以便在不过多超过设定压强前就能打开；当压强低于设定压强时，阀门马上关闭，或者带有阻尼地慢慢关闭，以减小溢流阀关闭引起的水击压强。

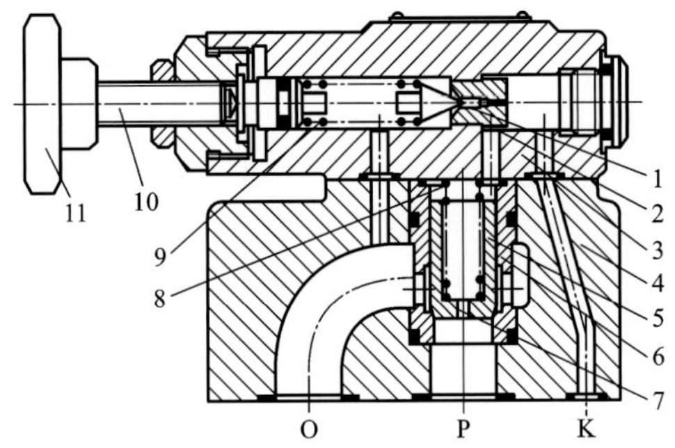

图10.3 先导式溢流阀示意图

1—先导阀阀芯；2—先导阀阀座；3—先导阀阀体；4—主阀体；5—主阀芯；6—主阀套；7—阻尼孔；8—主阀复位弹簧；9—调压弹簧；10—调节螺钉；11—调压手轮

在长管道输水系统的水电站设计和运行中，常常采用减压阀宣泄瞬变过程中的流量，即机组甩负荷工况下，当关闭水轮机导水机构的同时开启减压阀，降低管道中流速的变化，使得水击压强减小，满足设计和安全运行的需求。

显然，要达到上述的效果，需要对减压阀的水力性能和机械控制性能提出相应的要求。图10.4给出了减压阀的流量系数C_d与相对开度(τ)的关系曲线，该曲线呈线性关系，有利于宣泄流量，并且在最大开度时，流量系数达到0.7。

另外，开启减压阀要快，需要在3～5 s内达到全开；关闭要慢，可根据不同的管道系统水流惯性而定，以避免减压阀关闭太快引起较大的水击压强。

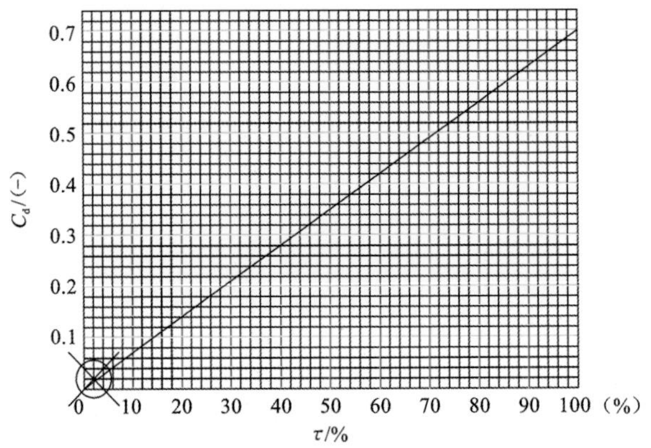

图10.4 减压阀的流量系数与相对开度的关系曲线

10.2.4　缩短压力管道长度

在管道系统中设置空气室、调压室等平压设施，或者将系统的某一部分改为无压流输送，均能起到减轻系统水击压强的作用，是设计中最常见的工程措施。空气室、调压室、明渠的基本方程及数学模型在相关章节已做过介绍，不予重复。在此需要指出的是，由于修建平压设施的成本因素，空气室或调压室的体积，明渠的断面面积不可能无限大。因此，在系统瞬变过程中，空气室的压强、调压室的水位、明渠的水深均随时间而变化，并与压力管道的水击压强叠加，前者为质量波或重力波，后者为水击波。由于两者的波动周期相差甚远，波动叠加的形式通常为基波与载波；除非两者的波动周期相接近，波动叠加形式将呈现为"拍"，甚至为共振。

由此可见，设置平压设施需要解决以下四方面的问题。

1. 压力管道沿线最大/最小压强分布

由于波动叠加的作用，压力管道沿线最大/最小压强分布通常大于/小于不考虑叠加作用的压强值，极端的条件下其差别可能较大，所以工程设计中应留有一定的裕度，并分析极端工况下的压强分布，以满足压力管道沿线最大/最小压强分布限制条件。

2. 平压设施自身的限制条件

由于平压设施在瞬变过程中压强、水位、水深、压差等宏观物理量均随时间变化，有可能超过平压设施自身的限制条件，如调压室允许的最高涌浪水位或最低涌浪水位等。因此，需要修改平压设施的体形尺寸，或者移动平压设施设置的位置。

3. 水击"穿井"

设置平压设施的目的是给压力管道水击波提供良好反射条件，使得有压隧洞的最大测压管水头不超过调压室最高涌浪水位 Z_{max}，最小测压管水头不低于调压室最低涌浪水位 Z_{min}（如图 10.5 所示的实线所示），否则就存在所谓的水击"穿井"。如图 10.5 所示的虚线所示水击"穿井"的根本原因是连接管断面面积太小，阻抗损失很大，无法形成良好的反射条件。

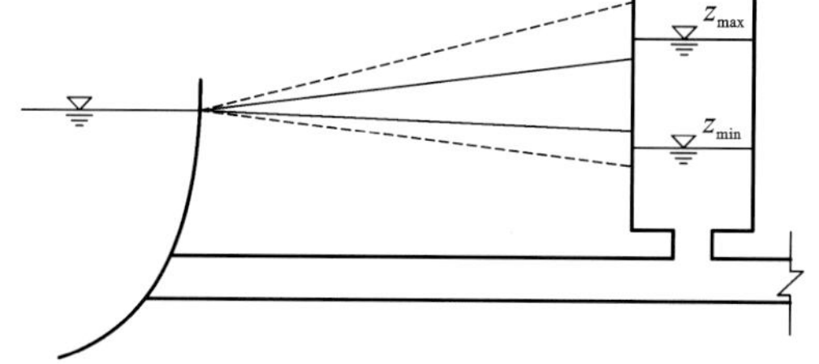

图 10.5　阻抗式调压室水击"穿井"

4. 设置平压设施输送系统的运行稳定性

平压设施自身的压强、水位、水深的波动对系统的稳定运行显然是不利的，相当于在原有的条件下增加了新的周期性扰动。例如，当调压室的断面面积小于临界稳定断面面积时，就有可能导致整个系统的不稳定。

因此，在选取平压设施的形式、尺寸、位置时，应全面地考虑上述四方面的要求，进行多目标的协调与优化。

10.2.5　改变系统的流体流动谐振频率

错开系统的流体流动谐振频率、结构振动谐振频率、外界施加的强迫振荡频率，对于避免发生共振现象是必需的。系统的流体流动谐振频率对于管道长度、水击波速、辅助元件或平压设施的形式尺寸位置的改变均非常敏感，其物理本质是波动周期和系统内部反射条件的改变导致系统流体流动谐振频率的改变。所以，在系统某一断面接上盲管或蓄能器(图 10.6)，对于消除某一给定频率的显著振荡是非常有效的，其原因是：盲管或蓄能器具有流容的功能，并且流容越大，吸收的压强振荡越多，削减振荡幅值的效果越明显。盲管的水力阻抗可表达为

$$G(\mathrm{i}\omega)=\mathrm{i}\frac{\tan(\omega l_3/a_3)}{Z_{c3}} \tag{10.12}$$

式中：l_3 和 a_3 分别为盲管长度与水击波波速；ω 为圆频率；Z_{c3} 为盲管的水力阻抗。

当 l_3 满足以下条件时，$G(\mathrm{i}\omega)$ 值趋于无穷大：

$$l_3=\frac{2\pi a_3}{\omega}\frac{2k+1}{4}=(2k+1)\frac{\lambda}{4},\quad k=0,1,2,\cdots \tag{10.13}$$

即盲管长度为 1/4 振动波长 l_3 的奇数倍时，盲管的减振效果最明显。

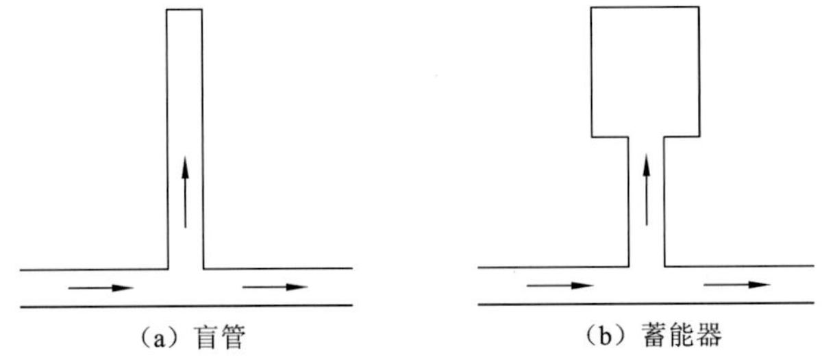

图 10.6　盲管或蓄能器的流容作用

因此，系统中若布置两个或多个具有合适长度和合适位置的盲管，能在一定的频率范围内避免发生共振现象，并且有利于减小振荡压强的幅值。

若改变系统的流体流动谐振频率，得不到令人满意的效果，也可以改变系统的结构振动谐振频率，如在压强波动腹点处增加结构的刚度或者增加支撑等。

10.3　阀门程控调节

按照管道输送系统运行限制条件，反求阀门在某一定常状态转换成另一定常状态过程中操作方式的模拟或设计方法称为阀门程控调节。显然，阀门程控调节的概念比起它的名称具有更宽广的含义，即反求系统中阀门、闸门、水泵、调节器和其他非线性元件的运行方式，来优化系统的设计与运行。所以，该方法通常称为有压瞬变流反问题。由于系统运行的限制条件一般分为限压控制和限时控制，所以称为限压控制反问题和限时控制反问题。由此可见，阀门程控调节特点是阀门调节结束之后系统中不残留瞬变，并且瞬变过程尽可能短暂，有利于系统的工况转换。

阀门程控调节的数理基础是水击方程波函数传播的不变性，即 $F\left(t-\dfrac{x}{a}\right)=F\left(t+\Delta t-\dfrac{x+\Delta x}{a}\right)$，以及边界条件反射性，即利用异号减值反射或异号等值反射来满足限压控制和限时控制的约束。为此，本节以简单管为例，分别介绍无摩阻的阀门程控调节、

限时程控调节(包括快速阀门程控调节)、限压程控调节,最后将阀门程控调节方法应用于较复杂的管道输送系统。

10.3.1　无摩阻的阀门程控调节

无摩阻的简单管系统如图 10.7 所示。初始状态为简单管的流量为 Q_{01},由于流速水头和管道摩阻被忽略,所以其水力坡度线为与水库水位齐平的水平线。阀门程控调节的要求是,将流量减少到另一恒定状态对应的流量 Q_{02}(也可以是零),测压管水头不超过预定的最大值 H_{max},也不能低于最终恒定状态的测压管水头。

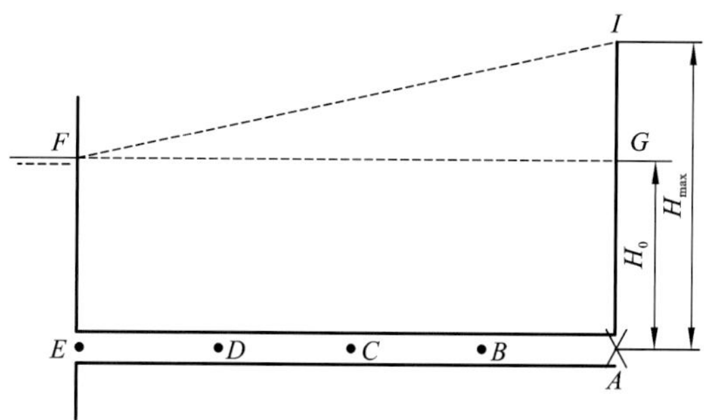

图 10.7　无摩阻简单管系统阀门程控关闭

为了使得阀门程控调节的概念形象化,将图解法用于该问题的求解,其步骤分为如下三个阶段。

第一阶段:阀门处测压管水头在 $2L/a$ 时间内线性增值预定的最大值(如图 10.7 中 FI 直线所示)。

该阶段变化过程如图解法给出的图 10.8 右侧所示。该图的纵横坐标分别为无量纲的水头和流量,其表达式如下:

$$h=\frac{H}{H_0},\quad q=\frac{Q}{Q_{01}},\quad t'=\frac{t}{2L/a},\quad h_m=\frac{H_{max}}{H_0},\quad B=\frac{aQ_{01}}{gH_0A} \tag{10.14}$$

式中:H 为水头;H_{max} 为最大水头;t 为时间;下标 0 为初始值;h、q、t'、h_m、B 为无量纲的相对值;A、a 分别是简单管的长度、截面面积和水击波波速。

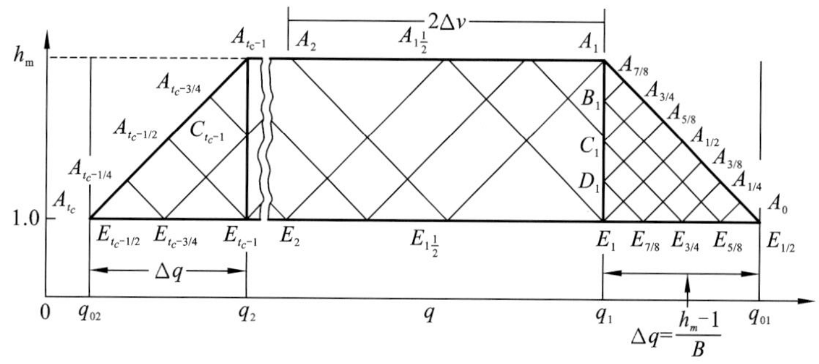

图 10.8　无摩阻阀门程控调节减小流量的图解原理

图 10.8 中，A_1、B_1、C_1、D_1 和 E_1 均位于同一垂直线上，它们距离的间隔相等，表示水力坡度线为直线；其下标均表示无量纲时间，下标 1 即为 $2L/a$ 时刻。在此阶段内，流量减少了 $\Delta q = \dfrac{h_m - 1}{B}$。

第二阶段：阀门开度继续减小，流量继续减小，阀门处测压管水头维持最大值，不发生变化，而沿管线测压管水头不超过 $H_{\max}$。此阶段持续到

$$q = q_2 = \frac{Q_{02}}{Q_{01}} + \frac{h_m - 1}{B} \tag{10.15}$$

在此阶段，无量纲速度以无量纲时间 $2\Delta q$ 的速率减小，$\Delta q = (h_m - 1)/B$，$\Delta q/\Delta t' = 2(h_m - 1)/B$。

第三阶段：阀门开度继续减小，流量继续减小，在 $2L/a$ 时间内将阀门处测压管水头线性地降低到水库的水位。从图 10.8 左侧可以看出，最终通过管道的流量是 Q_{02}，水力坡度线是水平的，即 A_{tc}、B_{tc}、C_{tc}、D_{tc} 和 E_{tc} 重合于点 $h = 1, q = q_{02}$。

利用阀门处各个阶段的无量纲水头和无量纲流量，根据阀门边界条件 $\tau = q_A/\sqrt{h_A}$，可得开度的表达式如下。

第一阶段的终止时间是 $T_1 = 2L/a$：

$$\begin{cases} h_A = 1 + (h_m - 1)\dfrac{aT}{2L} \\ q_A = 1 - \dfrac{(h_m - 1)}{B}\dfrac{aT}{2L} \\ \tau = \dfrac{1 - aT(h_m - 1)/(2LB)}{\sqrt{1 + aT(h_m - 1)/(2L)}} \end{cases}, 0 \leqslant T \leqslant \frac{2L}{a} \tag{10.16}$$

第二阶段的终止时间是 $T_2 = \dfrac{2L}{a} + \dfrac{2L}{a}\left(\dfrac{1 - q_{02} - 2\Delta q}{\Delta q/\Delta t'}\right) = \dfrac{BL(1 - q_{02})}{a(h_m - 1)}$：

$$\begin{cases} h_A = h_m \\ q_A = 1 + \dfrac{h_m - 1}{B}\left(1 - \dfrac{aT}{L}\right) \\ \tau = \dfrac{1 + (h_m - 1)/(1 - aT/L)/B}{\sqrt{h_m}} \end{cases}, \frac{2L}{a} \leqslant T \leqslant T_2 \tag{10.17}$$

第三阶段的终止时间是 $T_c = T_2 + \dfrac{2L}{a}$：

$$\begin{cases} h_A = h_m - (h_m - 1)(T - T_2)a/(2L) \\ q_A = q_{02} + \dfrac{h_m - 1}{B}(T_c - T)a/(2L) \\ \tau = \dfrac{q_{02} + (h_m - 1)(T_c - T)a/(2LB)}{\sqrt{h_m - (h_m - 1)(T - T_2)a/(2L)}} \end{cases}, T_2 \leqslant T \leqslant T_c \tag{10.18}$$

分析第二阶段终止时间的表达式可知：

(1) h_m 越逼近 1，T_2 越长，即阀门程控调节总的时间越长。当 $h_m = 1$ 时，阀门不动作，相当于阀门程控调节时间无限长。

(2) h_m 趋于无穷大，T_2 趋于零，即阀门程控调节总时间趋于 $2L/a$。由直接水击公式可知，当阀门启闭时间 $T_s \leqslant 2L/a$ 时，阀门处水击压强只受到向上游传播的正向波的影响，与阀门启闭时间长短无关，即

$$\Delta H = H - H_0 = -\frac{a}{g}(V - V_0) = \frac{a}{g}(V_0 - V) \tag{10.19}$$

所以，当预定的最大值 $H_{\max}$ 不小于 $H_0 + \frac{a}{g}(V_0 - V)$ 时，就有可能将阀门程控调节总的时间限制在 $2L/a$ 之内，这就是后述的快速阀门程控调节的理论基础。

由此可见，采用阀门程控调节，通常是限压就不能限时，限时就不能限压，两者不能兼顾。

10.3.2　限时程控调节

尽管上述分析采用图解法，但数理基础仍然是以沿空间方向的特征线法来推演，即推演时可以已知管道上游端的流体要素(如水头、流量)求下游端的流体要素(如水头、流量)，也可以已知下游端的流体要素(如水头、流量)求上游端的流体要素(如水头、流量)。其原因是有压瞬变流控制方程为双曲型偏微分方程，具有双向波动性。而特征线法具有方向可逆性，因此推演时可以顺时进行也可以逆时进行。该特点为阀门程控调节及求解提供了理论基础。

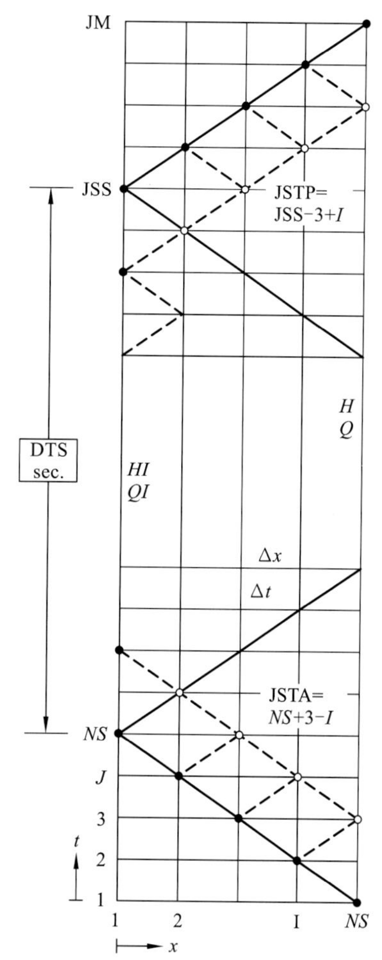

图 10.9　沿空间方向特征线求解限时程控调节

应用沿空间方向的特征线法求解限时程控调节的问题，步骤比较简单。例如，调节元件在下游，则已知或设定规定时间内上游端的瞬变流要素，推求下游端的瞬变流要素，进而依据调节元件的特性求解调节规律，按该规律调节可以使系统在规定时间内从一个恒定状态过渡到另一个恒定状态，调节结束时瞬变消失。

如图 10.9 所示，若已知断面 $i-1$(断面 i 的上游侧)在 $j-1$ 和 $j+1$ 时刻的测压管水头和流量，则断面 i 在 j 时刻的测压管水头和流量可由沿空间方向的特征方程 C^+ 和 C^- 求得，即

$$C^+: H_{j,i} = H_{j-1,i-1} + B'Q_{j-1,i-1} - R'|Q_{j-1,i-1}|Q_{j,i} - B'Q_{j,i} \tag{10.20}$$

$$C^-: H_{j,i} = H_{j+1,i-1} - B'Q_{j+1,i-1} - R'|Q_{j,i}|Q_{j+1,i-1} + B'Q_{j,i} \tag{10.21}$$

式中：$B' = \dfrac{a}{gA}$；$R' = \dfrac{f\Delta x}{2gDA^2}$，其中：$\Delta x = L/N$，$N$ 为管段数，D 为断面内径，f 为摩擦系数。

联立式(10.20)和式(10.21)得

$$Q_{j,i} = \frac{H_{j-1,i-1} - H_{j+1,i-1} + B'(Q_{j-1,i-1} + Q_{j+1,i-1})}{2B' + R'(|Q_{j-1,i-1}| - Q_{j+1,i-1})},\quad Q_{j,i} > 0 \tag{10.22}$$

$$Q_{j,i} = \frac{H_{j-1,i-1} - H_{j+1,i-1} + B'(Q_{j-1,i-1} + Q_{j+1,i-1})}{2B' + R'(|Q_{j-1,i-1}| + Q_{j+1,i-1})},\quad Q_{j,i} < 0 \tag{10.23}$$

有了 $Q_{j,i}$，就可以由式(10.20)或式(10.21)求得 $H_{j,i}$。

图10.10为文献[3]给出的由数值计算得到的简单管限时程控调节的模拟结果，模拟条件是：限时1.8634 s，即 $6L/a$。从图中可以看出以下几个方面。

(1) 在限定的时间内，完成了一种恒定状态($Q_{01} = 0.5\ \mathrm{ft^3/s}$①)向另一种恒定状态($Q_{02} = 0.0\ \mathrm{ft^3/s}$)的转换，没有瞬变的残留。

(2) 水库端的流量变化滞后于阀门端 L/a 以上，其原因是计入了摩阻损失；并且在略小于 $5L/a$ 时刻，其流量为零，以保证 $6L/a$ 限定时间内，整个管道的流量为零。

(3) 阀门端的流量变化呈3个阶段：$(0\sim2)L/a$ 时段与 $(4\sim6)L/a$ 时刻变化速率相同，缓于水库端流量变化的速率；$(2\sim4)L/a$ 时段流量变化速率与水库端相同。

(4) 在阀门端流量速率发生变化时，其测压管水头出现极值，最大值为170 ft，发生在 $4L/a$ 时刻。与不可压缩流计算结果相比，不仅最大测压管水头增大 $(170-150)/150 = 13.3\%$，而且阀门的关闭规律非常复杂，至少在目前的工程应用中难以实现。这也是阀门程控调节难以推广的主要原因。

文献[4]介绍了快速程控调节的基本原理、计算方法和计算结果，即在小于 $4L/a$ 时间内完成一种恒定状态向另一种恒定状态的转换，没有残留。

其基本原理是非常简单的，即在起始时刻，阀门瞬时动作，流速从 V_0 减小至 $\dfrac{1}{2}V_0$，产生的水击压强为 $\Delta H = \dfrac{aV_0}{2g}$。该水击压强沿管道向水库端传播，经历第一个 L/a 时段达到水库端并产生异号等值反射；再经历第二个 L/a 时段达到阀门端，产生同号等值反射 $\left(-\dfrac{aV_0}{2g}\right)$。此时，阀门再次瞬时动作，流速 $\dfrac{1}{2}V_0$ 减小至零，且再次产生的水击压强为 $\dfrac{aV_0}{2g}$。两次水击压强在阀门端叠加，即 $\dfrac{aV_0}{2g} - \dfrac{aV_0}{2g} = 0$，并一起向水库端传播。故此时之后该简单管内任一断面的压强等于水库的水位，不存在残留的瞬变压强。

在上述的基本原理中存在两个疑点：一是 $2L/a$ 时间之后，管道内流速并不等于零，只有到 $3L/a$ 时间才全部为零，所以阀门程控调节最快的限时是 $3L/a$，而不是 $2L/a$；二是阀门未全关，不可能产生同号等值反射 $\left(-\dfrac{aV_0}{2g}\right)$。其反射系数 $\gamma_{反} = \dfrac{1-\tau_c\rho}{1+\tau_c\rho}$ 取决于 $\tau_c\rho$ 的大小，若 $\tau_c > 0$，$\tau_c\rho < 1$，则 $0 < \gamma_{反} < 1$，即发生同号减值反射。所以，不可能在 $3L/a$ 时间内完成限时程控调节，且没有瞬变残留。

另外，文献[4]将有压瞬变流的特征方程沿特征线离散，得到线性离散系统的状态方

① $1\ \mathrm{ft^3/s} = 0.0283\ \mathrm{m^3/s}$。

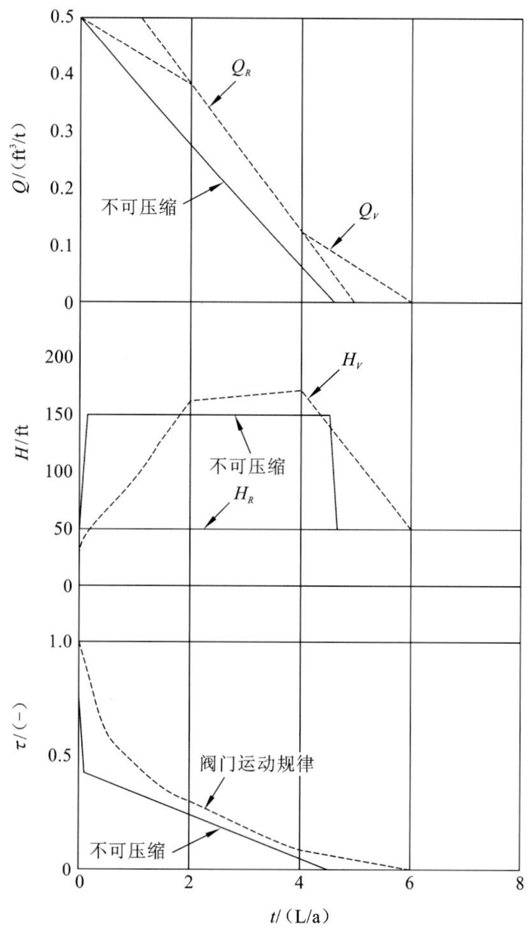

图 10.10　简单管限时程控调节的计算结果

程，再运用现代控制理论推证阀门关闭规律，实现在最短的时间内将流量从初始值调节到设定的最终值。

在忽略水头损失、对流扩散项和非齐次项的前提下，沿空间方向的特征方程 C^{+} 和 C^{-} 如下：

$$\frac{\mathrm{d}H}{\mathrm{d}t} \pm \frac{a}{g}\frac{\mathrm{d}V}{\mathrm{d}t} = 0 \tag{10.24}$$

特征性方程：

$$\frac{\mathrm{d}V}{\mathrm{d}t} = \pm a \tag{10.25}$$

将式(10.24) 离散($\Delta x = L$)，得到差分方程组如下：

$$H_d(t+1) - H_u(t) = -\frac{a}{g}[V_d(t+1) - V_u(t)] \tag{10.26}$$

$$H_u(t+1) - H_d(t) = \frac{a}{g}[V_u(t+1) - V_d(t)],\quad t = 0,1,2,\cdots \tag{10.27}$$

式中：下标 u 和 d 分别代表水库端和阀门端；时间 t 被离散，定义为水击波沿 $\Delta x = L$ 的传播时间。

将阀门端流速 V_d 作为控制变量,并改写式(10.26)和式(10.27)得到如下矩阵方程:

$$\begin{bmatrix} H_d \\ V_u \\ v \end{bmatrix}_{t+1} = \begin{bmatrix} 0 & \dfrac{a}{g} & 0 \\ -\dfrac{a}{g} & 0 & 1 \\ 0 & 0 & 0 \end{bmatrix} \begin{bmatrix} H_d \\ V_u \\ v \end{bmatrix}_t + \begin{bmatrix} -\dfrac{a}{g} \\ 0 \\ 1 \end{bmatrix} u(t) \tag{10.28}$$

式中:$u(t) = V_d(t+1)$;$v(t) = u(t-1) = V_d(t)$。

令 $\boldsymbol{x}(t+1) = \begin{bmatrix} H_d \\ V_u \\ v \end{bmatrix}_{t+1}$,$\boldsymbol{P} = \begin{bmatrix} 0 & \dfrac{a}{g} & 0 \\ -\dfrac{a}{g} & 0 & 1 \\ 0 & 0 & 0 \end{bmatrix}$,$\boldsymbol{q} = \begin{bmatrix} -\dfrac{a}{g} \\ 0 \\ 1 \end{bmatrix}$,于是式(10.28)可写为

$$\boldsymbol{x}(t+1) = \boldsymbol{P}\boldsymbol{x}(t) + \boldsymbol{q}u(t) \tag{10.29}$$

根据现代控制理论[5],若集中参数控制系统是可观察到的或等价的,则实现限时程控是可能的,即

$$\left| [\boldsymbol{P}^2\boldsymbol{q}, \boldsymbol{P}\boldsymbol{q}, \boldsymbol{q}] \right| \neq 0 \tag{10.30}$$

其控制规律可被认为状态变量的反馈,即 $u(t) = \boldsymbol{f}^{\mathrm{T}}\boldsymbol{x}(t)$。其中,向量 $\boldsymbol{f}^{\mathrm{T}}$ 由下述矩阵的第一行获得,即

$$[\boldsymbol{P}^2\boldsymbol{q}, \boldsymbol{P}\boldsymbol{q}, \boldsymbol{q}]^{-1}\boldsymbol{P}^3 \tag{10.31}$$

由此可以得出,$\boldsymbol{f}^{\mathrm{T}} = [0, 1/2, 0]$,则 $u(t) = \boldsymbol{f}^{\mathrm{T}}\boldsymbol{x}(t) = 0 \cdot H_d(t) + 1/2V_u(t) + 0 \cdot v(t) = 1/2V_u(t)$,即控制变量 V_d 等于水库端流速的一半。特别是起始时刻,流速从 V_0 减小至 $\dfrac{1}{2}V_0$,持续 $2L/a$ 时间,再减到零,就可实现最短限时的程控调节(QS 程序)。

然而,实际管道是有水头损失的。为此,文献[4]给出低摩阻和高摩阻管道的两个算例,如图 10.11 和图 10.12 所示,并与通常的蝶阀关闭程序(BUTTERFLY)、线性插值快速关闭程序(QSLI)进行了对比,表明了快速程控调节的优越性。从中可以看出,对于低摩阻的管道,限时调节不残留瞬变是可能的;但对于高摩阻的管道,残留瞬变却难以消失,其原因是高摩阻引起了波动衰减和管线充填。

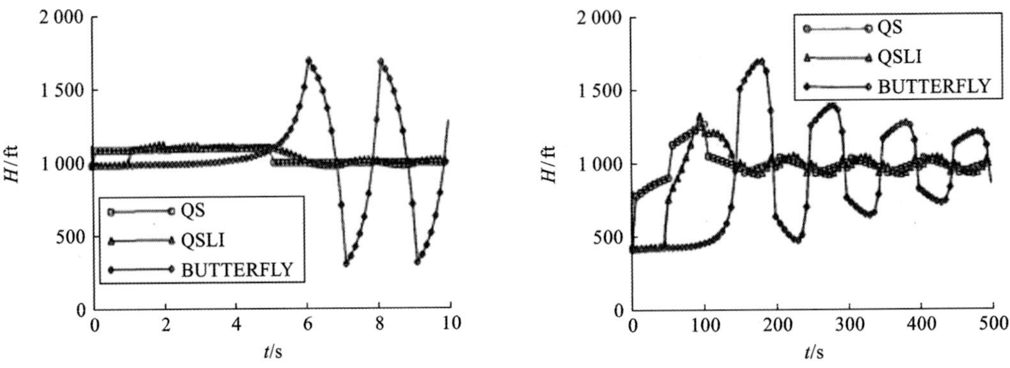

图 10.11 低摩阻管道的 3 种阀门关闭程序的对比 图 10.12 高摩阻管道的 3 种阀门关闭程序的对比

10.3.3　限压程控调节

求解限压程控调节反问题，仍可以运用沿空间方向的特征线法，，其步骤分为如下 3 个阶段。

第一阶段：阀门处测压管水头在 $2L/a$ 时间内线性增加到最大压力限制值，在 $2L/a$ 时刻整个管道呈均匀流和线性反向水力坡度线，如图 10.13(a) 所示。

第二阶段：阀门处测压管水头保持最大压力限制值，在反向水力坡度线和管道阻力共同作用下，整个管道的流速均匀减小，直至水库端流速达到最终稳态值，如图 10.13(b) 所示。第二阶段历时的长短取决于压强限制的幅值，对于阀门端，$T_{P2,d} = m\Delta t$（m 是整数）；对于水库端，$T_{P2,u} = m\Delta t + 2L/a$。

第三阶段：阀门处测压管水头在 $2L/a$ 时间内达到最终稳态值，整个管道的流速也达到最终稳态值，即不存在残留瞬变，如图 10.13(c) 所示。

于是，总的历时为 $T_P = m\Delta t + 4L/a$。在某些特殊情况下，$m = 0$。所以，限压程控调节的最短历时不可能小于 $4L/a$。

由图 10.13(a) 可知，管道被划分为 N 管段，$\Delta x = L/N$，且 $\Delta t = \Delta x/a$。在 $t_2 = 2N\Delta t = 2L/a$ 时刻，反向水力坡度线已形成，从水库端的 H_R 延伸到阀门端的 H_{max}，并且整个管道呈均匀流，其流量 Q_1 是未知的。若反向水力坡度线呈线性关系，即 $\Delta H = (H_{max} - H_R)/N$，则 t_1 到 t_2 的左上侧三角形中，Q_1 可以按如下方法计算得出。

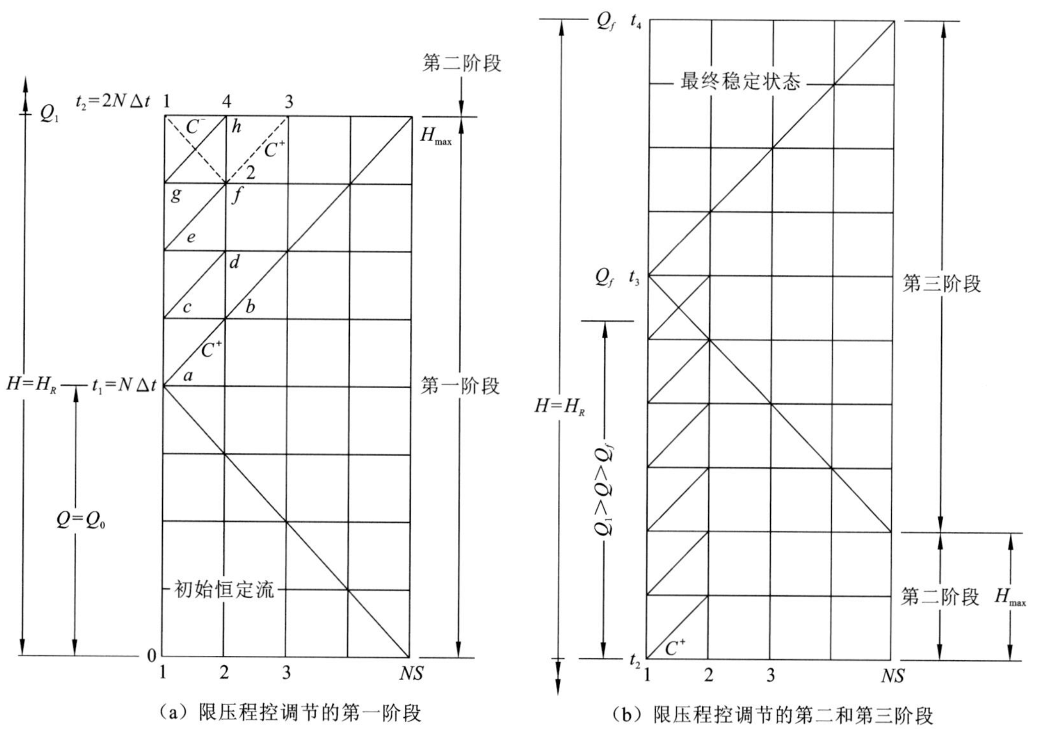

(a) 限压程控调节的第一阶段　　(b) 限压程控调节的第二和第三阶段

图 10.13　简单管限压程控调节

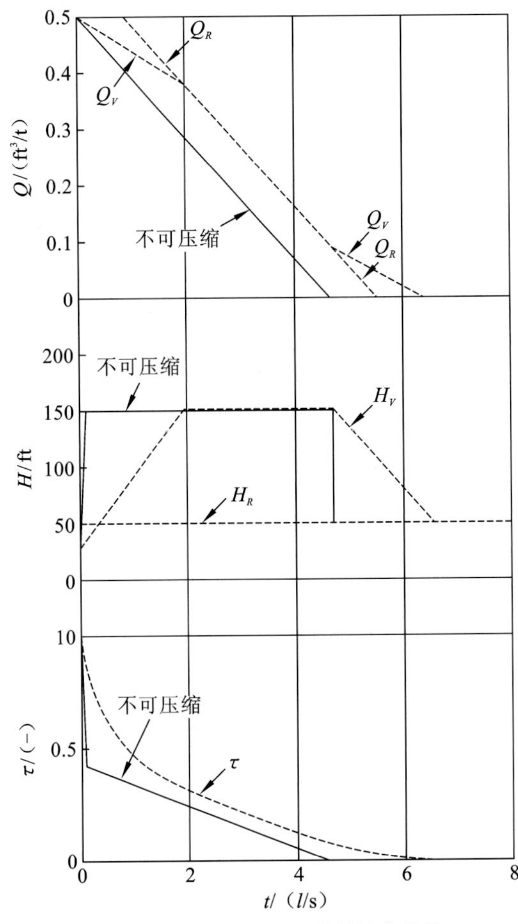

(c) 限压程控调节的计算结果

图 10.13 简单管限压程控调节(续)

根据沿空间方向的特征方程 C^+ 和 C^-,图 10.13(a) 中 1 点、2 点和 3 点之间呈如下关系:

$$C^+: H_3 = H_2 - B'(Q_3 - Q_2) - R'Q_2Q_3 = H_R + 2\Delta H \tag{10.32}$$

$$C^-: H_1 = H_2 + B'(Q_1 - Q_2) + R'Q_2Q_1 = H_R \tag{10.33}$$

由于 $H_2 = H_R + \Delta H$,代入式(10.33) 可得

$$Q_2 = \frac{\Delta H + B'Q_1}{B' - R'Q_1} \tag{10.34}$$

由于 $Q_3 = Q_1$,改写式(10.32) 可得

$$Q_1 = -\frac{\Delta H - B'Q_2}{B' + R'Q_2} \tag{10.35}$$

于是,剩下的计算任务是求解 Q_2。

由图 10.13(a) 可知,重复利用特征方程 C^+ 及均匀流的特性,可由 $a \rightarrow b, c \rightarrow d, e \rightarrow f$,且 $Q_c = Q_b, Q_e = Q_d$ 得

$$Q_b = \frac{B'Q_a - \Delta H}{B' + R'Q_a}, Q_d = \frac{B'Q_c - \Delta H}{B' + R'Q_c}, Q_f = \frac{B'Q_e - \Delta H}{B' + R'Q_e} = Q_2 \tag{10.36}$$

由于图 10.13(a) 中左下侧三角形恒定流的水头和流量是已知的，且左上侧三角形的水头和流量也是已知的，所以可根据特征方程式(10.20) 和式(10.21) 求解第一阶段其他网格点的水头和流量。再由阀门端的水头 H_V 和流量 Q_V，利用阀门的边界条件，即

$$Q_V = V \frac{Q_0}{\sqrt{H_0}} \sqrt{H_V} \tag{10.37}$$

求得第一阶段的阀门开度 V。式中，Q_0、H_0 分别为初始时刻阀门的流量和水头。

第二阶段中，由于反向水力坡度始终存在，且流动是均匀的，其减速如同不可压缩流(图 10.13(b))。于是，式(10.36) 被重复利用，每个时间步长为一个 Δt，直到水库端流量小于或等于最终流量 Q_f。于是，两条如图 10.13(b) 所示的延长特征线划分出第三阶段的边界。

由于第三阶段的下边界，流动是均匀的，水力坡度是固定的，即该边界上各网格点的水头和流量是已知的，所以又根据特征方程式(10.20) 和式(10.21) 求解第二阶段其他网格点的水头和流量。再由阀门端的水头和流量，利用阀门的边界条件求得第二阶段的阀门开度 τ。

同理，第三阶段的上边界，为最终的恒定状态，即该边界上各网格点的水头和流量也是已知的，所以可计算得出第三阶段各网格点的水头和流量，以及阀门开度 τ。

图 10.13(c) 给出了前面所介绍的简单管在限压程控调节下的计算结果。$H_{\max} = 150$ ft，阀门关闭总的历时 $T_P = 7L/a$，即 $m\Delta t = 3L/a = 3\Delta x N/a = 3N\Delta t$，$m = 3N$。在算例中 $N = 2$，于是 $m = 6$。与图 10.10 所示的限时程控调节计算结果相比，总的调节历时增加了 L/a，而最大水头减小了 $170 - 150 = 20$(ft)。

在此应该指出的是，图 10.13(c) 给出阀门关闭总的历时为 $T_P = 6.67L/a$，而不是 $7L/a$。两者的差异是由反向水力坡度引起的，导致水库端的流量减到零的时间早于图 10.13(b) 中的 t_3。

10.3.4　实验验证与工程应用

Propson 对简单管、串联管、分岔管的阀门程控调节进行了实验验证[3]。为了节省篇幅，在此仅给出简单管限时程控调节的结果。从图 10.14 中可以看出，阀门关闭时间为 $T_f = 3L/a = 4.44$ s，与上述的快速程控调节的理论分析是一致的。另外，计算结果与实测结果高度吻合，但在阀门关闭之后，实测结果仍有小幅度的残留瞬变，其原因归结于阀门未全关时，不可能产生同号等值反射。

文献[3]将阀门程控调节方法运用于 Tracy 抽水蓄能电站的水泵断电工况，在流量出现倒流时刻开始运用限压程控调节，以限制 H/H_R 不超过 1.1。计算结果如图 10.15 所示。由图可知，对于阀门程控调节方法，初始恒定状态并不是必要条件，所以阀门程控调节的运用可以扩展到非恒定的初始状态。

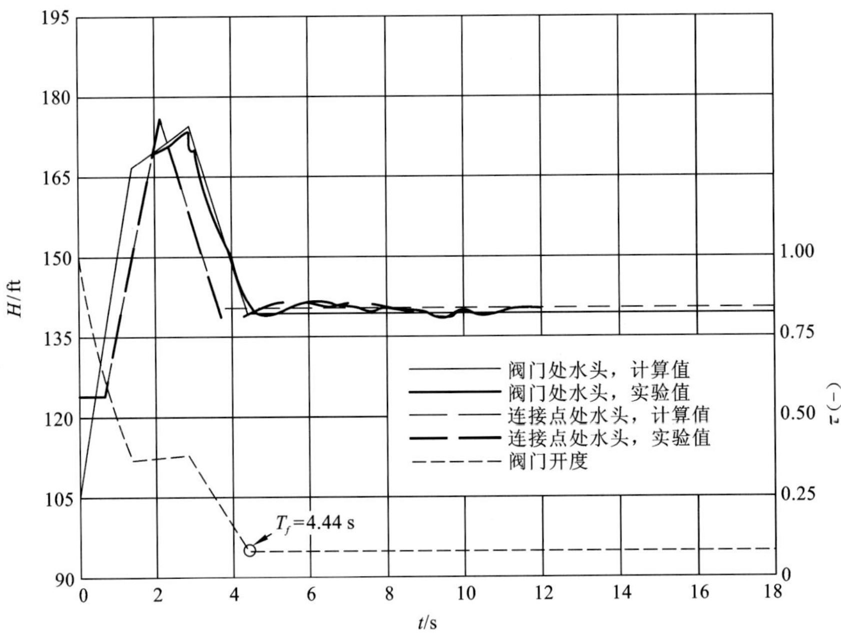

图 10.14 简单管限时程控调节计算结果与实测的对比

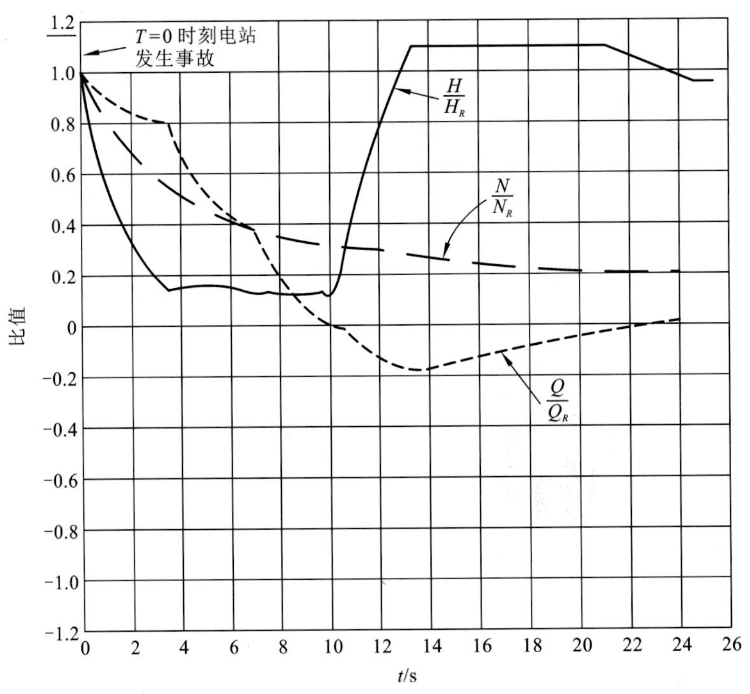

图 10.15 阀门程控调节在水泵断电时的运用

10.4　基于进化策略的水电站水力过渡过程的优化

优化方法是求解阀门程控调节的有效方法之一。例如，瞬变流限压程控调节可理解为：利用优化方法确定可控元件最优调节规律，以满足瞬变过程中最大 / 最小压强限制的要求。具体而言，以给定的最大 / 最小压强为目标函数，以描述瞬变过程的控制方程及可控元件的特性为约束条件，用优化方法求解，得到可控元件的最优调节规律。

一些传统的优化方法已成功地应用于阀门程控调节，如外推内插法[6]、单纯形法[7]、单纯形加速法[8]、正交设计法[9] 等。而近 20 年来，随着计算机技术和信息技术的发展，新兴的计算智能[10]（如人工神经网络、模糊逻辑与模糊推理、遗传算法、进化策略和进化规划等）迅速发展，已被广泛应用于很多学科。它们不依赖于问题的具体领域，对问题的种类有很强的鲁棒性。在应用于优化领域时，计算智能可以避开求解函数梯度的障碍，大多使用概率转移规则寻优，具有高度非线性映射、自组织、自适应等优势，为求解复杂系统优化问题提供了通用框架，在解决局部或全局最优问题时有着更高的效率。在此，将介绍基于进化策略的水电站水力过渡过程的优化。

水电站水力过渡过程不仅关系到水轮发电机组和电力系统的安全稳定运行，而且对水电站输水管道系统布置合理性、经济性和安全性有着重要的影响。为了满足水电站设计和机组运行对安全性、经济性的要求，常见的工程措施是对输水管道系统布置方案及体形尺寸进行优化，对机组安装高程、转动惯量和导叶启闭规律进行优化。相比而言，优化导叶启闭规律更切实可行且经济可靠，是解决水电站水力过渡过程安全性的首选手段。从数学角度来看，导叶启闭规律优化是一个含有多个自变量、多个极值点、多个目标函数，且目标函数通常无法显式表达的复杂优化问题。其求解主要依赖于可靠的水力过渡过程分析方法和高效的优化方法。

本节首先将水电站水力过渡过程多目标优化问题转化为单目标优化问题，建立相应的优化计算的数学模型，然后将进化策略方法与过渡过程数值计算相结合，求解该优化问题，得出相应的最优的导叶启闭规律。

10.4.1　优化计算的数学模型

评价水电站水力过渡过程是否满足设计和运行安全性的指标，通常包括机组调节保证参数控制值和调压室水位波动参数控制值，即水击压强最大上升率，机组转速最大上升率，尾水管最大真空度；调压室最高 / 最低涌浪水位，调压室底板向上 / 向下最大压差。而这些指标相互间并不协调，某一指标的改善可能引起其他指标的恶化。例如，延长导叶关闭时间，可使水击压强最大上升率下降，但机组转速最大上升率却上升。因此，水电站水力过渡过程优化问题可抽象为多目标优化问题。

1. 设计变量

本数学模型中考虑的设计变量主要包括描述导叶开度变化规律的导叶相对开度 τ_i 及相应的时间 t_i、调压室阻抗面积 A_{Tj}、机组转动惯量 GD_k^2。设计变量用向量表述如下：

$$\boldsymbol{U}=[\tau_1,t_1,\tau_2,t_2,\cdots,\tau_L,t_L,A_{T1},A_{T2},\cdots,A_{TM},\mathrm{GD}_1^2,\mathrm{GD}_2^2,\cdots,\mathrm{GD}_N^2]^{\mathrm{T}} \tag{10.38}$$

式中：下标 L、M、N 分别为导叶启闭规律的节点数、调压室数、机组数。

设计变量的个数与机组运行工况、导叶启闭方式(直线或折线)和水电站设计要求(是否允许改变阻抗孔口、机组转动惯量)等有关。例如，在机组甩负荷工况下，当导叶采用直线规律关闭时，设计变量仅为导叶有效关闭时间1个变量，当导叶采用折线规律关闭时，设计变量为折点时间、折点导叶开度和导叶关闭总时间等3个变量。

2. 目标函数

水电站水力过渡过程优化是一个多目标优化问题，在此考虑的目标函数主要是水击压力最大上升率 $f_1(\boldsymbol{U})$、机组转速最大上升率 $f_2(\boldsymbol{U})$、尾水管最大真空度 $f_3(\boldsymbol{U})$、调压室最高涌浪水位 $f_4(\boldsymbol{U})$、调压室最低涌浪水位 $f_5(\boldsymbol{U})$、调压室底板向上最大压差 $f_6(\boldsymbol{U})$、调压室底板向下最大压差 $f_7(\boldsymbol{U})$。这7个目标函数的物理意义和量纲不同，数值大小也存在较大的差异，所以在优化计算之前，将它们无量纲化，使其不存在数量级的差异。即相应的7个目标函数分别为 $f_1'(\boldsymbol{U})$、$f_2'(\boldsymbol{U})$、$f_3'(\boldsymbol{U})$、$f_4'(\boldsymbol{U})$、$f_5'(\boldsymbol{U})$、$f_6'(\boldsymbol{U})$、$f_7'(\boldsymbol{U})$。具体如下：

$$f_1'(\boldsymbol{U})=\frac{f_1(\boldsymbol{U})}{\xi_{\max}},\quad f_2'(\boldsymbol{U})=\frac{f_2(\boldsymbol{U})}{\beta_{\max}},\quad f_3'(\boldsymbol{U})=\begin{cases}\dfrac{f_3(\boldsymbol{U})}{Hs_{\max}}, & f_3(\boldsymbol{U})\geqslant 0\\ 0, & f_3(\boldsymbol{U})<0\end{cases} \tag{10.39}$$

$$f_4'(\boldsymbol{U})=\frac{f_4(\boldsymbol{U})}{Z_{\max}},\quad f_5'(\boldsymbol{U})=\frac{f_5(\boldsymbol{U})}{Z_{\min}},\quad f_6'(\boldsymbol{U})=\frac{f_6(\boldsymbol{U})}{\Delta H_u},\quad f_7'(\boldsymbol{U})=\frac{f_7(\boldsymbol{U})}{\Delta H_d} \tag{10.40}$$

式中：$\xi_{\max}$、$\beta_{\max}$、$Hs_{\max}$、$Z_{\max}$、$Z_{\min}$、ΔH_u、ΔH_d 分别为蜗壳水击压强最大上升率限制值、机组转速最大上升率限制值、尾水管最大真空度限制值、调压室最高涌浪水位限制值、调压室最低涌浪水位限制值、调压室底板向上最大压差限制值、调压室底板向下最大压差限制值。式(10.39)中，当 $f_3(\boldsymbol{U})<0$，即尾水管内为正压时，是偏安全的，不需要再进行优化，规定此时 $f_3'(\boldsymbol{U})=0$。

求解多目标优化问题通常经过一定的变换使之转化为单目标优化问题后再求解。本节采用线性加权法变换。在不同的工况下，各目标函数的重要程度是不同的，它们通过各自的权重而反映相应的重要程度。水击压强最大上升率、机组转速最大上升率、尾水管最大真空度的权重因子分别是 w_1、w_2、w_3，构成向量：

$$\boldsymbol{W}=[w_1,w_2,w_3]^{\mathrm{T}},\quad w_i\geqslant 0,\quad \sum_{i=1}^{3}w_i=1 \tag{10.41}$$

调压室最高涌浪水位、调压室最低涌浪水位、调压室底板向上最大压差、压室底板向下最大压差的权重分别是 r_1、r_2、r_3、r_4，构成向量：

$$\boldsymbol{R}=(r_1,r_2,r_3,r_4)^{\mathrm{T}},\quad r_i\geqslant 0,\quad \sum_{i=1}^{4}r_i=1 \tag{10.42}$$

将7个目标函数加权相加，组合成一个从总体上衡量水电站水力过渡过程优劣的加权目标函数：

$$\begin{cases}\min \boldsymbol{F}(\boldsymbol{U}) = \sum_{i=1}^{3} w_i f'_i(\boldsymbol{U}) + \sum_{i=4}^{7} r_i f'_i(\boldsymbol{U}) \\ \text{s. t. } \boldsymbol{G}_i(\boldsymbol{U}) \leqslant A_i\end{cases} \tag{10.43}$$

式中：s. t. $\boldsymbol{G}_i(\boldsymbol{U}) \leqslant A_i$ 为约束条件。

优化计算是依据某一种工况进行的，而一种工况只能对部分目标起控制作用，控制作用可通过权重分配来体现，即控制目标的权重大于非控制目标，这样优化得到的导叶启闭规律、机组转动惯量、调压室阻抗孔大小需要代入其他目标的控制工况进行校核，才能说明优化结果的正确性。

3. 约束条件

在水电站水力过渡过程优化中，约束条件包括设计变量和各目标函数的限制值，具体如下。

设计变量的约束条件：

$$\begin{cases}\tau_{i,\min} \leqslant \tau_i \leqslant \tau_{i,\max}, & t_{i,\min} \leqslant t_i \leqslant t_{i,\max} \\ \zeta_{Tj,\min} \leqslant \zeta_{Tj} \leqslant \zeta_{Tj,\max}, & GD^2_{k,\min} \leqslant GD^2_k \leqslant GD^2_{k,\max}\end{cases} \tag{10.44}$$

运用进化策略优化时，给定上述各设计变量取值区间的上下限后，计算程序能自动满足该约束条件，不需要采取其他措施处理。

无量纲化前，各目标函数的限制值为

$$\begin{cases}f_1(\boldsymbol{U}) \leqslant \xi_{\max}, \quad f_2(\boldsymbol{U}) \leqslant \beta_{\max}, \quad f_3(\boldsymbol{U}) \leqslant Hs_{\max} \\ f_4(\boldsymbol{U}) \leqslant Z_{\max}, \quad f_5(\boldsymbol{U}) \geqslant Z_{\min}, \quad f_6(\boldsymbol{U}) \leqslant \Delta H_u, \quad f_7(\boldsymbol{U}) \leqslant \Delta H_d\end{cases} \tag{10.45}$$

无量纲化后，各目标函数的约束条件为

$$f'_i(\boldsymbol{U}) \leqslant 100\%, \quad i = 1,2,\cdots,7 \tag{10.46}$$

本节采用罚函数形式处理各目标函数的约束条件，从而使带约束多目标优化问题转化为无约束单目标优化问题。根据各目标函数的重要程度规定相应的罚因子 $p_i(p_i > 1.0)$，当某个目标函数违反约束条件时，就乘以相应的罚因子，使其目标函数值加倍增大。则式(10.43)中的总目标函数表述为

$$\boldsymbol{F}(\boldsymbol{U}) = \sum_{i=1}^{3} p_i w_i f'_i(\boldsymbol{U}) + \sum_{i=4}^{7} p_i r_i f'_i(\boldsymbol{U}) \tag{10.47}$$

10.4.2　进化策略的基本原理

进化策略(evolution strategy，ES)[11,12] 是一种模拟生物遗传和进化过程以解决优化问题的方法。它是一种启发式随机搜索算法，利用转移概率规则来帮助指导搜索，搜索结果不依赖于初始点的选择，对求解全局最优解有很强的鲁棒性。

1. 个体表示方法

在进化策略中，组成进化群体的每一个体都由两部分组成，其中一部分可以取连续向量 $X \in \mathbf{R}^n$，另一部分是一个小扰动量，这个扰动量由步长 $\sigma \in \mathbf{R}^n$(正态分布的标准方差)和回转角 $\alpha \in \mathbf{R}^{n(n-1)/2}$(正态分布的协方差)所组成，可以用来调整对个体进行变异操作时变异量的大小和方向。即群体中的每一个体 V 可表示为

$$V = (X,\sigma,\alpha),\quad V \in I = \mathbf{R}^{n+n(n+1)/2} \tag{10.48}$$

式中：I 为个体空间；σ 和 α 为进化策略的内部参数用于控制 X 的变异。一般情况下可以不考虑回转角，则有

$$V = (X,\sigma),\quad V \in I = \mathbf{R}^{2n} \tag{10.49}$$

2. 交叉重组算子

假设 $V_a = (X_a, \sigma_a)$，$V_b = (X_b, \sigma_b)$ 为群体中随机配对的两个父代个体，则这两个个体进行交叉重组操作后产生一个新的子代个体 $V' = (X', \sigma')$，交叉重组操作采用加权重组方式：

$$V = V_a + \theta(V_b - V_a) \tag{10.50}$$

式中：θ 为[0,1]范围内的均匀分布的随机数。

3. 变异算子

在进化策略中，变异操作是产生新个体的主要方法。个体 $V = (X,\sigma)$ 经过变异运算后，得到一个新的个体 $V' = (X', \sigma')$，则新个体的组成元素为

$$\sigma_i' = \sigma_i \exp[\tau_1 N(0,1) + \tau_1' N_i(0,1)],\quad i = 1,2,\cdots,n \tag{10.51}$$

$$X_i' = X_i + N(0,\sigma_i'),\quad i = 1,2,\cdots,n \tag{10.52}$$

式中：$N(0,1)$ 表示均值为 0、方差为 1 的正态分布随机变量；τ 和 τ' 为算子集参数，分别表示变异运算时的整体步长和个体步长[7]，$\tau_1 = 1/\sqrt{2n}$，$\tau_1' = 1/\sqrt{2\sqrt{n}}$。

4. 选择算子

在进化策略中，选择操作是按确定的方式进行的，目前所使用的选择操作主要有两大类：$(u+\lambda)$-ES 模式和 (u,λ)-ES 模式。(u,λ)-ES 模式是从 λ 个父代个体中选择出 u $(1 \leqslant u \leqslant \lambda)$ 个适应度高的个体，将它们保留到子代群体中。$(u+\lambda)$-ES 模式将 u 个父代个体和其所产生的 λ 个子代个体组成 $u+\lambda$ 个个体并集，从中选取 u 个适应度高的个体，将它们保留到子代群体中。本节采用 $(u+\lambda)$-ES 模式，并且令 $u = \lambda$。

5. 适应度函数

在进化策略中，使用适应度这个概念来度量群体中各个个体在优化计算中有可能达到或接近于最优解的优良程度，度量适应度的函数就称为适应度函数。将水电站水力过渡过程优化的加权目标函数与进化策略中的适应度函数相关联，从而利用进化策略综合优化导叶启闭规律、调压室阻抗孔大小、机组转动惯量。本节直接取加权目标函数式(10.47)为适应度函数，适应度函数值越小，则设计变量越优良。

6. 程序流程

根据上述优化计算模型，进化策略的基本原理结合水电站水力过渡过程数值计算的特征线法，编制的优化计算程序 OWES，其流程图如图 10.16 所示[13]。其中，终止条件是用最大进化代数控制，当达到最大进化代数时程序结束。水电站水力过渡过程数值计算的特征线法可参考第 2 ～ 4 章。

10.4.3 工程实例分析

某地下水电站，装机 6 台，采用一机一洞的布置方式，设阻抗式尾水调压室。

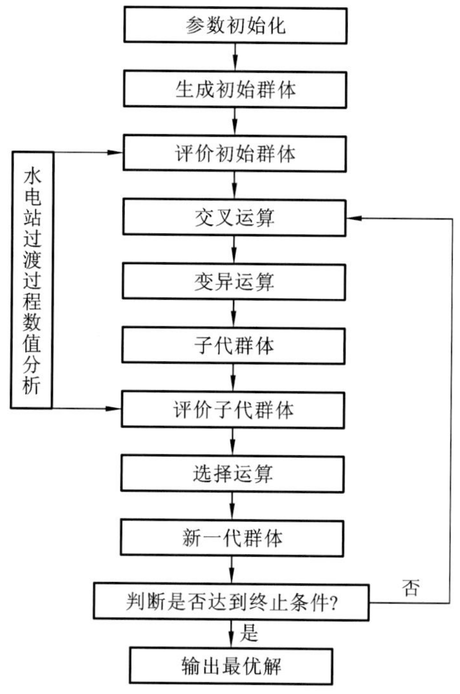

图 10.16　OWES 程序流程图

该电站各目标函数的设计要求分别为：蜗壳水击压力上升率 $\xi_{max} \leqslant 50\%$，机组最大转速上升率 $\beta_{max} \leqslant 52\%$，尾水管最大真空度 $Hs_{max} \leqslant 7$ m，调压室最高涌浪 $Z_{max} \leqslant 82$ m，调压室最低涌浪 $Z_{min} \geqslant 55$ m，调压室底板最大压差绝对值 $|\Delta H_{u/d}| \leqslant 10$ m。

在进行水电站水力过渡过程数值计算和分析前，首要工作之一是选择合理的导叶启闭规律。由于下游低水位额定水头机组突甩全负荷，通常是机组转速上升、尾水管真空度等参数的控制工况，因此常常将该工况作为优化导叶关闭规律的计算工况。

导叶关闭规律的优化一般以直线关闭为基础，在概化的直线关闭规律中，T_s 一般为 5 ～10 s。经过初步试算，发现该地下水电站无法找到使尾水管真空度和机组转速上升同时满足设计要求的直线关闭规律，因此需要进行折线关闭规律优化。

应用本节的方法优化了该电站的导叶折线关闭规律，在相同的条件下进行了三次运算，以考核进化策略方法的稳定性，同时与给定导叶折线关闭规律的试算结果进行对比。进化策略运算中种群大小取为 10，进化代数为 30。

导叶两段关闭时设计变量分别为折点时间、折点开度以及关闭总时间。目标函数包括调保参数、调压室参数共 7 项指标，但是在上述计算工况中机组转速最大上升率、尾水管最大真空度、调压室最低涌浪水位、调压室底板向下最大压差等参数相对更重要一些，依据目标函数的重要程度进行权重的取值。

图 10.17 为三次运用进化策略时每代最优解的变化趋势图。本节中适应度函数值越小，设计变量越优良。从图中可以看出，进化策略方法利用个体适应度值推动种群的进化，算法是收敛的。

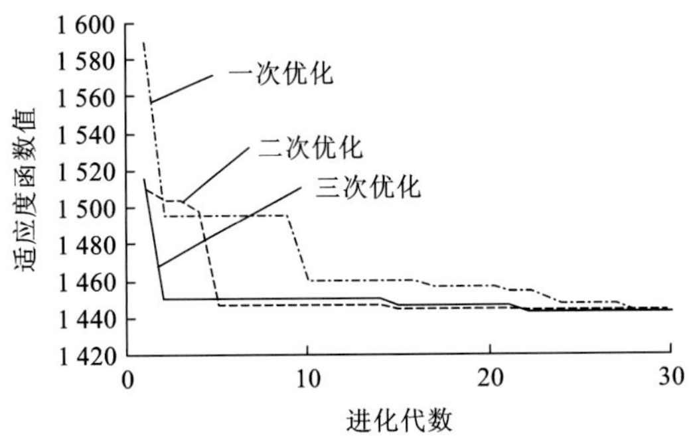

图 10.17 适应度函数变化趋势图

图 10.18 为进化策略与给定导叶折线关闭规律试算两种方法优化得到的导叶两段关闭规律示意图，其中关闭规律末段表示缓冲段，不计在折线段数内。表 10.1 为相应的目标函数计算结果，由于 1＃ 机组管线最长，因此表 10.1 中只列出了 1＃ 机组管线对应的目标函数极值。

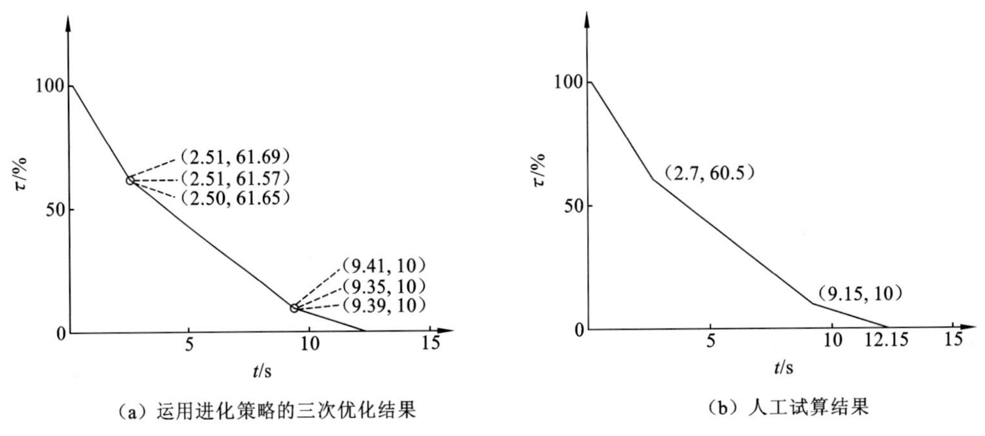

图 10.18 导叶关闭规律示意图

分析表 10.1 和图 10.18 可以得出以下结论：

(1) 运用进化策略方法在相同的条件下进行三次优化，结果差异很小，说明进化策略方法是稳定可靠的。

(2) 运用进化策略方法可得到满足设计要求的解，并且优化效果明显。与给定导叶折线关闭规律试算相比，进化策略方法能够保证大多数目标函数相对更优，达到了优化的目的。

表 10.1 目标函数计算结果

优化方法	优化次数	ξ_{max}/%	β_{max}/%	H_{smax}/m	Z_{max}/m	Z_{min}/m	ΔH_u/m	ΔH_d/m
进化策略	1	38.321	51.899	6.841	65.290	56.697	2.175	3.003
	2	38.497	51.818	6.897	65.290	56.696	2.175	3.026
	3	37.939	51.979	6.745	65.290	56.696	2.176	3.022
试算	1	39.105	51.923	6.776	65.290	56.694	2.178	3.152

参考文献

[1] 杨建东. 水电站[M]. 北京:中国水利水电出版社,2017.

[2] 杨建东. 采用纵向冀形管模拟水击波速[J]. 水利学报,1995(6):8-15.

[3] WYLIE E B,STREETER V L. Fluid Transients in Systems[M]. Englewood Cliffs:Prentice-Hall,1993.

[4] GOLDBERG D E,KARR C L. Quick stroking design of time-optimal valve motions[J]. J. Hydraulic Eng. ,1987,113(6):780-795.

[5] 赵光宙. 现代控制理论[M]. 北京:机械工业出版社,2010.

[6] 陈乃祥,梅祖彦. 导水叶完善关闭规律的数值计算方法[J]. 水力发电学报,1985(3):59-69.

[7] 刘光临,蒋劲,易钢敏. 泵系统水击最优阀调节研究[J]. 流体工程,1992,20(6):40-46.

[8] 陈乃祥,张扬军. 水轮机导叶折线关闭规律优化计算[J]. 水力发电,1996(12):47-51.

[9] 白家骢,张莉芸. 用正交设计法优化导叶分段关闭规律的参数[J]. 大机电技术,1995(4):53-56.

[10] 徐宗本. 计算智能(第一册):模拟进化计算[M]. 北京:高等教育出版社,2004.

[11] DARRELL W. An overview of evolutionary algorithms: practical issues and common pitfalls[J]. Information and Software Technology,2001,43(14): 817-831.

[12] 周明,孙树栋. 遗传算法原理及应用[M]. 北京:国防工业出版社,1999.

[13] 高志芹,吴余生,杨建东. 基于进化策略的水电站水力过渡过程优化方法研究[J]. 水力发电学报,2008,27(1):139-144.

第 11 章　瞬变过程的反馈控制与运行的稳定性

第 10 章主要是从流体输送系统安全的角度来论述瞬变过程的控制以及系统的优化设计，而本章主要从流体输送系统满足用户需求、提供优质供给、提高效率、节约能源的角度来论述瞬变过程的反馈控制、运行稳定性以及系统的优化设计。

11.1　瞬变过程反馈控制的基本概念

11.1.1　反馈控制的定义

为了满足用户需要，保障供给，保持流体输配平衡，并减小溢流损失，流体输送需要自动控制方式下运行，并构成完善的、高效的自动控制流体输送系统。

自动控制是指，在没有人直接参与的前提下，利用外加的设备或装置（控制装置或控制器），使流体输送系统及输送过程（统称为被控对象）的某个工作状态或参数（被控量）自动地按照预定的规律运行[1]。

被控对象和控制装置按照一定的方式连接成有机的总体，就称为自动控制系统。在该系统中，被控量是要求严格控制的物理量，既可是某一恒定值，如温度、压力、液位、转速等，也可是某一给定的规律，如水位与流量关系曲线。控制装置是对被控量施加控制作用的机构的总体，它可以采用不同的原理和方式对被控量进行控制，但最基本的一种是基于反馈控制原理组成的反馈控制系统。

反馈控制基本原理[2]为：控制装置取自被控量的反馈信息，用来不断地修正被控量与输入量之间的偏差，从而实现对被控量的控制。若反馈量与输入量相减，使得偏差越来越小，称为负反馈；反之，称为正反馈。反馈控制就是采用负反馈并利用偏差进行控制的过程，而且因引入了被控量的反馈信息，整个控制过程成为了闭环过程，所以反馈控制也称为闭环控制。

在控制过程中，控制装置需要具备人的眼睛、大脑和手臂功能的仪器或设备，分别称为测量元件、比较元件和执行元件，并统称为控制装置。

根据用户需求的不同，流体输送的目的大体上分为两类。一类是用户直接使用被输送的流体，如供水输送系统、供气输送系统等。控制装置的输入量通常是流量平衡所要求的恒定压力或恒定液位，而被控量是随用户流量变化而变化的系统某处的压力或液位。控制装置的输出量通常是阀门开度或泵的转速，阀门开度或泵转速变化引起流体输送系统的流量、压力的变化，从而控制系统的压力或液位。另一类是用户将流体的能量转换为流体机械的旋转的动能，如水力发电、火力发电等。控制装置的输入量通常是电网电能平衡所要求的发电机组恒定转速，而被控量是随用户负荷变化而变化的发电机组转速。控制装置的输出量则是水轮机导叶的开度、蒸汽机进汽阀门的开度，开度变化引起流体输送系统的流量、压力的变化，从而改变水轮机或蒸汽机的出力，来控制发电机组的转速。

下面将对不同的流体输送系统的反馈控制进行实例分析，明确其输入量、被控量、调节方式和控制装置的输出量。并在此基础上，归纳反馈控制下流体输送系统瞬变过程的特点，为建立数学模型做准备。

11.1.2　反馈控制下流体输送系统的实例分析

1. 引供水工程

为了满足每个区域以及每个时期的用水量的不同，引供水工程的流量需要进行调节，以维持引供水工程中各输、配水节点之间的流量平衡，并尽量少弃水或不弃水，当然更不能无水可供。

引供水工程的水流输送方式可分为有压管道输送、无压明渠或涵洞输送，或者有压流或无压流混合输送，如南水北调中线工程。水流输送的能量来自系统首端水源的位能，或者水泵出口的势能，分别如图 11.1 和图 11.2 所示。

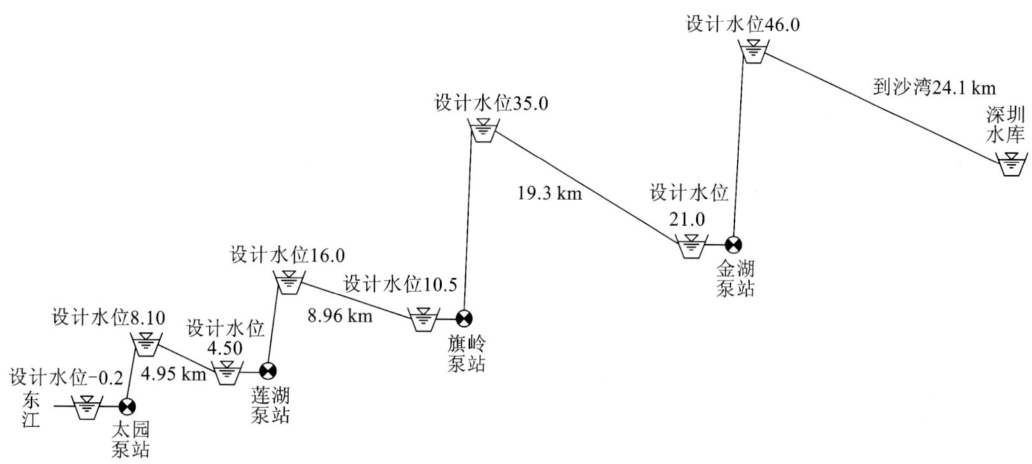

图 11.1　引供水工程的有压管道输送(标高单位:m)

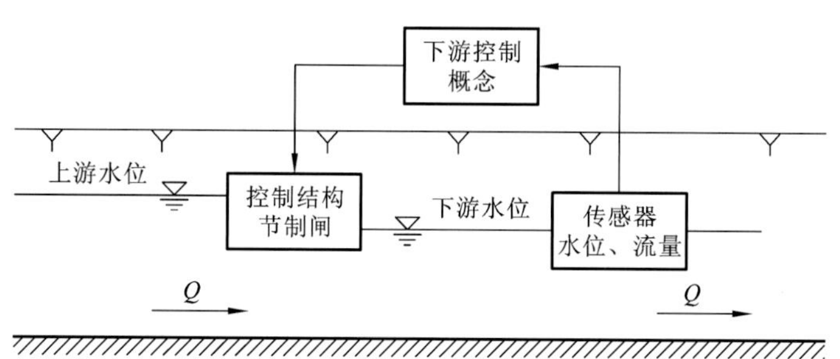

图 11.2　引供水工程的无压明渠或涵洞输送

引供水工程的流量调节主要通过以下 3 种方式实现：① 分水闸门调节输水流量，该方式不适合频繁调节，且调节精度较差，因此只适用于调节间隔较长、控制要求不高的情况；② 调节阀调节输水流量，该方式与分水闸门相比，调节时间、调节精度有较明显的优势，但流量调节范围较小，适用于自流情况下输水分支的流量调节；③ 泵站调节输水流量，泵站作为在输水干线中加压或提升水位的主要输水节点，流量调节量大，但耗电量也很大。因此，泵站流量调节控制方式是否合理，直接影响引供水工程能否满足各配水节点的用水量的需求，影响耗电量和运行成本。

显然，在图 11.1 所示的引供水工程中[3]，各个水库或水池的水位是该系统的输入量(用水量相应的水位曲线）和被控量。如果水库或水池的水位持续上升或者下降，说明该输配水节点的流量不平衡，需要调节泵站输水流量。调节方式：一是增减泵站并联水泵的台数(图 11.3)；二是调节水泵出水管道侧阀门的开度(图 11.4)，改变管道的水头损失，从而满足输水流量的要求。所以，控制装置的输出量是并联水泵的台数或者水泵出水管道侧阀门的开度。水泵运行台数的变化或阀门开度的变化引起输水流量的变化，从而控制水库或水池的水位。

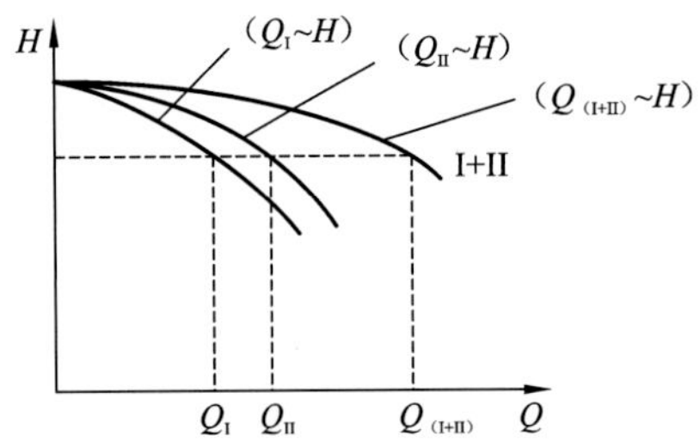

图 11.3 水泵并联的扬程与流量关系曲线

Q_{I} 为泵 I 的流量；Q_{II} 为泵 II 流量；$Q_{(\mathrm{I+II})}$ 为泵 I 与泵 II 流量之和；$(Q_{\mathrm{I}}\sim H)$ 为泵 I 的扬程与流量关系曲线；$(Q_{\mathrm{II}}\sim H)$ 为泵 II 的扬程与流量关系曲线；$(Q_{(\mathrm{I+II})}\sim H)$ 为并联泵 I 与泵 II 扬程与流量关系曲线

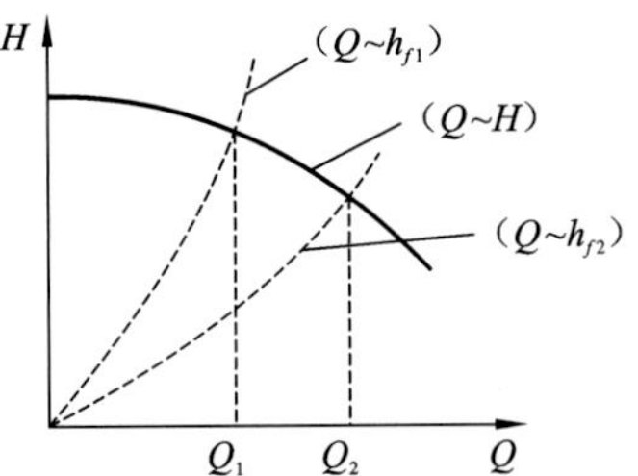

图 11.4 阀门调节的扬程与流量关系曲线

Q_1 为泵出口阀开度为 τ_{f1} 时的过流量；Q_2 为泵出口阀门开度为 τ_{f2} 时的过流量；$(Q\sim H)$ 为泵扬程与流量关系曲线；$(Q\sim h_{f1})$ 为泵出口阀开度为 τ_{f1} 时管道中水头损失与流量关系曲线；$(Q\sim h_{f2})$ 为泵出口阀开度为 τ_{f2} 时管道中水头损失与流量关系曲线

在图 11.2 所示的引供水工程中，下游水位是该系统的输入量(用水量相应的水位曲线）和被控量。如果下游水位持续上升或者下降，说明该输配水节点的流量不平衡，需要调整节制阀的开度。所以，控制装置的输出量是节制阀的开度。阀门开度的变化引起输水流量的变化，从而控制下游水位[4]。

由上述的引供水工程输送系统可知，输、配水节点越多，反馈控制越复杂。因为任一输、配水节点流量不平衡及调节过程，都会引起相邻节点的水位和流量变化，甚至流量不平衡。若采用当地控制模式，则有可能出现较为混乱、较长时间无法稳定、无法平衡的结果。所以需要采用中央监控系统，协调各个输、配水节点水位和流量，最大限度地根据用户需求的变化适时适量供水，最大限度地减少供水不足或系统弃水。

2. 城市供水系统

受城市生活中三餐一宿的影响，居民用水量在不同时间段差别很大。夜间为用水低谷期，耗水量大幅下降，此时水压升高，既造成能源浪费，有可能出现水管爆裂及用水设备损坏等现象；而三餐或者火灾事故发生时为用水高峰期，耗水量急剧增加，时有水压过低、供应不足的现象发生。因而供水的恒压问题便成为城市供水系统的重要课题之一。

近年来，随着变频技术的成熟和发展，城市供水系统中越来越多地使用基于变频器的多泵供水方式实现对供水压力的控制[5]。其基本方法：将管网的实际压力经反馈后与给定压力进行比较，当管网压力不足时，变频器增大输出频率，水泵转速加快，供水量增加，致使管网压力上升；反之水泵转速减慢，供水量减小，管网压力下降，保持恒压供水。

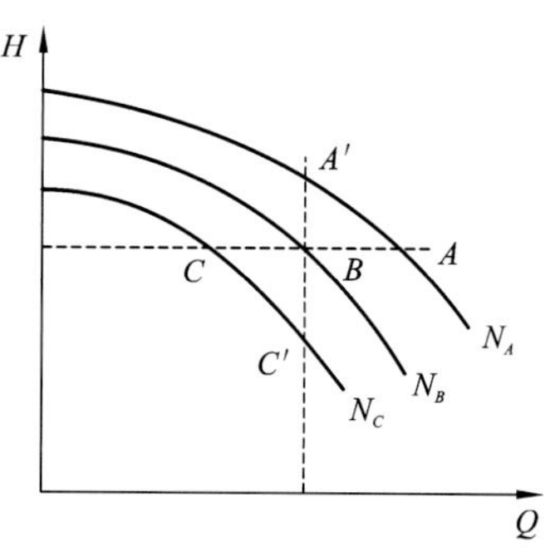

图 11.5　变速调节

N 为转速（$N_A > N_B > N_C$）；

Q 为流量；H 为扬程

因此，变频恒压供水系统的输入量和被控量是水泵出口压力。如果该压力小于或者大于给定压力，则采用变频器改变电动机电源频率，从而调节水泵转速改变水泵出口压力（图 11.5）。所以，控制装置的输出量是电动机电源频率。

变频恒压供水技术具有以下两点显而易见的优势：① 与调节阀门的控制水泵出口压力的方式相比，减少了截流损失的效能，节能效果显著；② 水泵电动机采用软启动方式，按设定的加速时间加速，避免电动机启动时的电流冲击，对电网电压造成波动的影响，同时避免了电动机突然加速造成泵系统的喘振。因此，该技术在生活小区、宾馆、大型公共建筑冷热供水及消防系统，污水泵站、污水处理及污水提升系统，农业排灌、园林喷淋、水景和音乐喷泉系统均有广泛的应用。在其他需恒压、变压控制领域（如空压机系统的恒压供气、恒压供风，冷却水和循环供水系统）也有推广应用的前景。

3. 天然气长输管道

天然气是一种多组分的混合气态化石燃料，燃烧后无废渣废水产生，相比煤炭、石油等能源有使用安全、热值高、洁净等优势。天然气长距离管道输送，除保障输气管道自身安全外，需平稳地为用户供气，保证供气的连续性，避免因停气带来的经济损失；并且要防止因某一路或几路分输流量过大，对其他用户的供气造成不利的影响。为此，我国国家标准《输气管道工程设计规范》（GB 50251—2015）中做出了相应的规定[6]，即输气站场输往每一个用户的输气管线必须设置压力调节系统，并同时具备压力调节与流量控制的功能（如电动调节阀），以维持下游用户的输气压力及输气量；持续供气的管线压力调节系统宜采取双回路或多回路并联，即应设置备用调节回路；当下游压力过高会危及下游供气系统设备时，压力调节系统应采取可靠的安全保护措施。如在每回路中串联安装安全截断设备、辅助压力调节设备、最大流量安全泄放设备。

对于天然气长输管道工程，管线运行压力较高，一般可达 6 ～ 9 MPa，分输压力为 2.5 ～4 MPa。于是在电动调节阀下游设有压力变送器（PT），取下游压力（分输压力）作为反馈信号传至压力控制器。由此可知，下游压力是该系统的输入量和被控量。如果下游压力上升或下降，说明该输配节点的气量不平衡，需要调整电动调节阀的开度。所以，控制装置的输出量是电动调节阀的开度。阀门开度的变化引起输气量的变化，从而控制下游压力。

根据以上规范的要求，天然气长输管道压力调节系统应具备压力调节、压力安全保护，流量限流等功能。而实现这些功能需压力调节系统与长输管道站场的站控系统相结合

(图 11.6),共同实现管线的连续、平稳、安全运行的目标[7]。

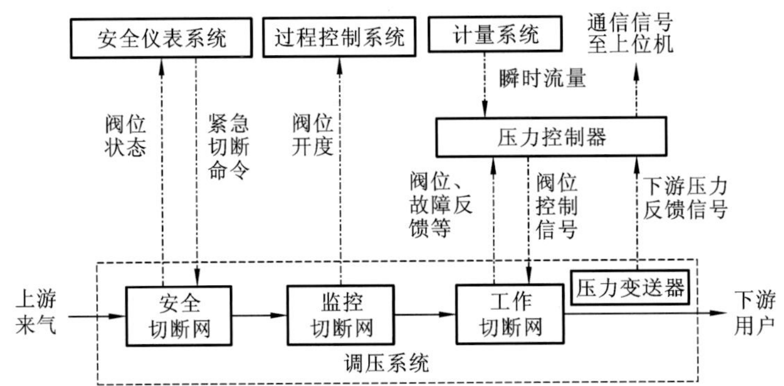

图 11.6 天然气长输管道的压力调节系统与站控系统信号交互

4. 输油管道

为了维持输油管道的稳定运行,输油管道的调节是通过改变管道的能量供应或改变管道的能量消耗,使之在给定的输送量条件下,达到新的能量供需平衡,保持管道系统不间断、经济地输油[8]。

改变管道的能量供应:① 改变运行的泵站数或泵机组数,该方法可以在较大范围内调整全线的压力供应,适用于输送量波动较大的情况;② 改变泵机组转速,该方法一般适用于输送量小范围波动所要求的调节,或作为上述两种措施的辅助调节的措施。

改变管道的能量消耗:① 通过改变干线阀门的开度,改变阀门的局部压力损失,从而改变管道总的能量消耗,但阀门调节能耗大。② 回流调节,泵输出的液流的一部分经旁路流回到泵的进口,回流量越大,输送的油量越少,所以,回流调节能耗大,只适用于少量调节。③ 改变所输油品的黏度。对于热油管道,可在热力条件允许的范围内调节加热温度,改变油品黏度,使管道摩阻上升或下降。在某些特殊情况下,也可掺入轻质油或稀释剂来降低油品黏度使管道摩阻下降。

对于以旁接储油罐方式工作的长输油管道(图 11.7),各站之间为独立的输送系统,管道调节主要是各站间的调节。首先是改变泵站的能量供应,使得站间的能耗最小。各站在调节过程中,应尽量减小旁接储油罐液位的变化,维持各站之间流量的协调一致。

从泵到泵输油方式称为密闭输送(图 11.8),优点是整个管道构成一个统一的输送系统,可充分利用上站余压,减少节流损失。但对自动调节和自动保护的要求更高。

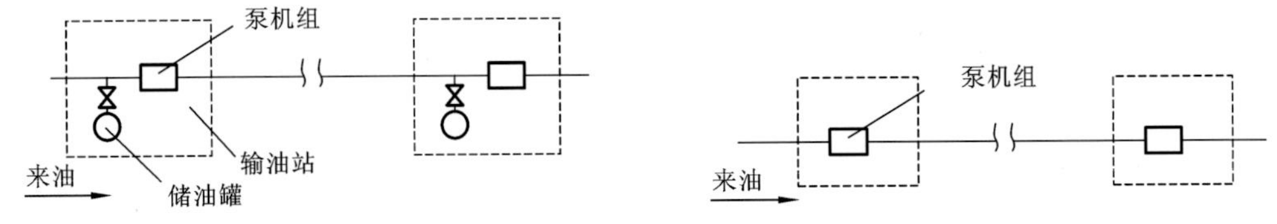

图 11.7 旁接储油罐的长输油管道

图 11.8 从泵到泵的长输油管道

自动调节系统通过输油站控制系统跟踪调节,具体通过调节阀节流或泵变转速进行,进出站压力不超过其设定值。因此,该系统的输入量和被控量是进出站的压力,控制装置的输出量是调节阀的开度或泵的转速(电源频率)。

输油过程中进、出站压力变送器将所测得的压力信号值分别传送给其相应的控制器,两个控制器的输出信号同时进入低值选择器;低值选择器将较小的信号送到调节阀的执行机构,使执行机构在信号增大(减小)时开(关)调节阀,以保证输油站的进出站压力满足设定值。

5. 水力发电

水力发电是将水流的势能和动能转换成水轮机旋转的机械能,进而带动发电机,安全高效地转换为电能。水力发电的主要设备有输水管道系统、水轮发电机组、与电网连接的电气系统。

水电站在向电网供电时,除满足用户用电安全可靠的要求外,还要求电能的频率和电压保持在额定值附近的允许范围之内。如频率偏离额定值过大,就会对用户电器设备的运行造成不利影响甚至是危害。电网频率稳定主要取决于系统内有功功率的平衡。由于电力系统的负荷是不可完全预测且随时变化的,其变化周期为数秒或几十分钟,幅值可达系统总容量的 2% ~ 3%(小系统或孤立系统的负荷变化可能大于此值),并且电能又不能储存,使得系统的电压 U、电流 I 和频率 f 也随之而变。所以,水轮机调节的任务是迅速改变机组出力使之适应于系统负荷的变化,使得机组转速,即对应于电网频率,恢复并保持在规定许可范围之内。

机组转速的调节由水轮机的调速器来完成。其调节的途径如下。从机组的运动方程中可以看出:

$$J\frac{\mathrm{d}\omega}{\mathrm{d}t} = M_t - M_g \tag{11.1}$$

式中:$J = \frac{GD^2}{4g}$ 为机组转动惯量(机组转动部分的惯性力矩);$w = \frac{2\pi n}{60} = \frac{\pi n}{30}$ 为机组角速度,n 为机组转速;M_t 为水轮机的动力矩;M_g 为发电机的阻力矩(负荷力矩)。

当 $M_t > M_g$ 时,机组出现多余能量,使得机组加速旋转$\frac{\mathrm{d}\omega}{\mathrm{d}t} > 0$;机组转速 n 上升;当 $M_t < M_g$ 时,机组能量的不够,使得机组减速旋转$\frac{\mathrm{d}\omega}{\mathrm{d}t} < 0$;机组转速 n 下降;只有当 $M_t = M_g$ 时,$\frac{\mathrm{d}\omega}{\mathrm{d}t} = 0, \omega = \text{const}$。

因此,必须改变 M_t,使之与 M_g 平衡。而

$$M_t = \gamma QH\eta/\omega \tag{11.2}$$

由式(11.2)可知,改变水轮机效率 η、工作水头 H 和机组角速度 ω 几乎是不现实的、不经济的,改变 M_t 最好和最有效的办法是通过改变水轮机的过水流量 Q 来实现。改变 Q 需调节水轮机导叶的开度 α,进行此调节的装置称为水轮机的调速器。

水轮机调速器是以转速的偏差为依据来实现水轮机导叶开度的调节[9],所以,该系统的输入量和被控量是机组转速,控制装置的输出量是水轮机导叶开度(图 11.9)。

6. 火力发电

火力发电一般是指利用石油、煤炭和天然气等燃料燃烧时产生的热能,使水变成高

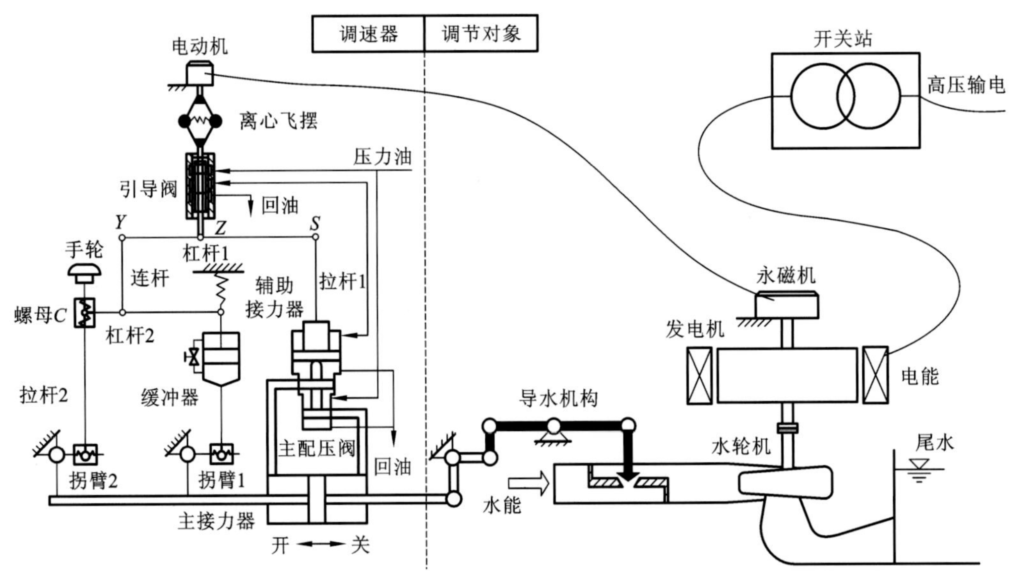

图 11.9 水力发电的反馈控制

温、高压水蒸汽，然后由水蒸汽推动汽轮发电机发电的方式的总称。当电网负荷或蒸汽量发生变化时，离心式调速器能够自动调节进汽阀门的开度，从而控制汽轮发电机的转速，维持输电频率的稳定。显然，火力发电与水力发电相同，该系统的输入量和被控量是机组转速，控制装置的输出量是进汽阀门的开度与水力发电相同。

与水力发电相比，火力发电的主要设备系统更多，包括燃料供给系统、给水系统、蒸汽系统、冷却系统、电气系统及其他一些辅助处理设备。

而控制系统的基本功能是对火电厂各生产环节实行自动化的调节、控制，以协调各部分的工况，使整个火电厂安全、合理、经济运行，降低劳动强度，提高生产率，遇有故障时能迅速、正确处理，以避免酿成事故。主要工作流程包括汽轮机的自启停、自动升速控制流程、锅炉的燃烧控制流程、灭火保护系统控制流程、热工测控流程、自动切除电气故障流程、排灰除渣自动化流程等。

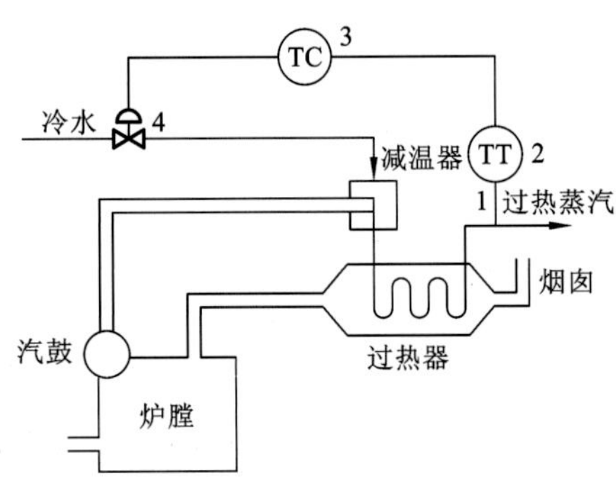

图 11.10 锅炉过热蒸汽温度的闭环控制

以锅炉燃烧为例，锅炉输出的过热蒸汽，其温度高低将直接影响生产过程能否顺利进行，严重时甚至会损坏设备。由于各种内外扰动的影响，过热蒸汽的温度是不稳定的，需要增大或减小冷却水的流量予以调节，使得过热蒸汽的温度维持在给定值的附近。图 11.10 中，过热器、减温器等为被控对象，过热蒸汽的温度为被控量 $y(t)$，冷水的流量为控制参数 $q(t)$，环境温度和烟囱的抽风量为外部扰动 $f(t)$。

另外，锅炉燃烧需要维持其液位在正常范围之内。锅炉液位过低，易烧干锅而发生严重事故;锅炉液位过高,则易使蒸汽带水并有溢出危险(图 11.11)。而蒸汽负荷突增突减,或者给水管道水压发生变化,都会引起锅炉液位的下降或上升。当实际液位高度超出正常范围,调节器就应进行控制,开大或关小给水阀门,使液位恢复到给定值。

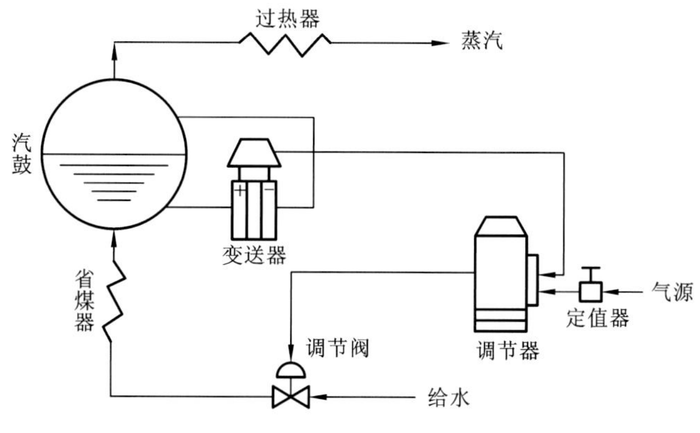

图 11.11　锅炉液位的闭环控制

11.1.3　反馈控制下流体输送系统瞬变过程的特点

由上述的实例分析可知,反馈控制下流体输送系统瞬变过程的特点如下。

(1) 在用户用量变化或外部扰动的作用下,被控量偏离输入量,不仅导致流体输送系统中从某一定常状态进入瞬变过程状态,而且反馈控制导致调节阀开度随之变化或者泵转速随之变化,从而引起流体输送系统流量、压力、液位等物理量的变化,并且力求在满足各种约束条件下尽快地进入新的定常状态。值得指出的是,泵转速变化实质上是流量的变化,起着动态阀门的作用。

(2) 液体输送系统的管道越长、流量越大,其液流惯性越大。当调节阀开度改变时,液流惯性随之而变,将在压力管道内产生水击压强,而水击压强作用与调节阀的调节作用是相反的,将严重影响自动控制液体输送系统的调节品质,甚至影响该系统运行的稳定性。另外,为了限制压力管道中水击压强最大值,必须限制调节阀阀体的运行速度,从而削弱了调节阀的调节作用。

(3) 如果单位液体所携带的能量较小,而输送的流量较大,要改变调节阀开度进行系统的反馈调节,就需要给调节阀以强大的操作功。这就要求调节阀的控制装置设有多级液压放大元件和强大的外来能源。而液压放大元件的非线性及时间滞后性有可能恶化自动控制液体输送系统的调节品质。

(4) 对于长管道液体输送系统,为了限制压力管道中水击压强最大值,往往需要设置平压设置,如水电站输水发电系统中的调压室、长输油管道中的旁接储油罐等。调压室、储油罐的液位波动属于质量波,与水击波相比,是一个波动周期较为缓慢的过程,不仅对自动控制液体输送系统调节品质有着不利的影响,甚至在调压室、储油罐的断面面积过小前提下,影响自动控制液体输送系统运行的稳定性。

(5) 由于气体的密度小,长输气管道中气流惯性力起着次要的作用,其瞬变过程比较缓慢,所以直接影响自动控制气体输送系统的调节品质。另外,由于气体的可压缩性大,调节阀开度的变化能容易引起气体压力和流量的急剧变化，不易精确控制，所以长输气管道系统需要设置辅助压力调节设备、最大流量安全泄放设备。

11.1.4 反馈控制下流体输送系统调节品质的评价指标

反馈控制下流体输送系统与其受控动力系统类似，其瞬变过程（或者称为动态过程、过渡过程）调节性能可归纳为速动性、准确性、鲁棒性的优劣。

（1）速动性是指，自动控制系统在动态过程或过渡过程中跟踪控制信号或抑制扰动的能力，体现了系统的动态特性。速动性好的自动控制系统，其调节时间短，过渡平稳、振荡的幅度小。

（2）准确性是指，自动控制系统在动态过程或过渡过程结束后，其输出量的状态值一般用稳态误差来描述。稳态误差不仅反映了系统控制的精确程度，而且稳态误差值越小的系统，系统的控制精度越高。

（3）鲁棒性是指，自动控制系统的适应性，即要求控制系统能适应控制对象在较大范围的工况变化。工况不同，其受控对象的特性也有较大的差异，因此要求控制装置的参数能在较大范围内调整，从而使自动控制系统仍可获得良好的调节品质。

对于同一个系统，速动性、准确性、鲁棒性的三者要求是互相制约的。改善系统相对稳定性，则可能使得瞬变过程时间延长、反应迟缓以及精度变差；提高响应的速动性，则可能会引起系统的强烈振动，甚至不满足系统的约束条件；提高系统的准确性，则可能会引起动态响应特性变差，调节时间较长。所以，理想的自动控制系统应能迅速校正误差，并且精准地进入新的工况所对应的稳定状态，既有一定的灵敏度，又有较强的稳定性。

调节品质的评价指标可分为如下动态性能指标和误差（偏差）性能指标[10]。

1. 动态性能指标

通常以阶跃信号 $f(t)$ 作用下自动控制流体输送系统的被控量 $y(t)$ 随时间变化过程的特征值（图 11.12）作为该系统的质量性能指标，即依据如下 5 个动态指标予以描述。

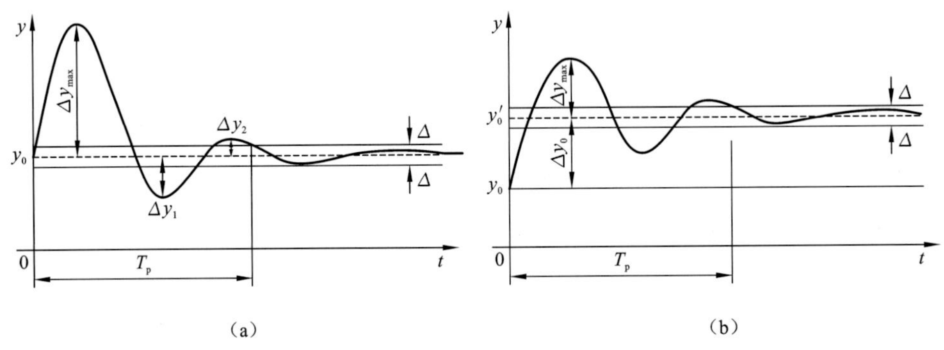

图 11.12 调节品质的动态指标示意图

（1）调节时间 T_p

T_p 是指从阶跃扰动发生时刻开始到自动控制流体输送系统进入新的平衡状态为止所经历的时间。新的平衡状态是指理论稳态值为中心的一个很小的带宽 $\pm\Delta$。对于外部扰动输入，新的平衡状态的转速应在 $y_0\pm\Delta$ 范围之内；对于给定值输入，则在 $y_0'\pm\Delta$ 范围之内，分别如图 11.12(a)、(b) 所示。

(2) 最大偏差 $\Delta y_{\max}$

$\Delta y_{\max}$ 是第一个波峰与理论稳态值之差，也可以用相对值 $\dfrac{\Delta y_{\max}}{y_0}$。

(3) 超调量 δ

对于负荷扰动输入，用第一个波谷值与第一个波峰值之比的百分数 $\delta = \dfrac{\Delta y_1}{\Delta y_{\max}} \times 100\%$ 表示；对于给定值输入，则以 $\delta = \dfrac{\Delta y_1}{\Delta y_0} \times 100\%$ 表示。其中，$\Delta y_0 = y_0' - y_0$。

(4) 振荡次数 X

通常以调节时间内出现的波峰与波谷个数之和的 1/2 表示。

(5) 衰减度 ψ

通常以第二个波峰与第一个波峰幅值之差的相对值 $\psi = \dfrac{\Delta y_{\max} - \Delta y_2}{\Delta y_{\max}} \times 100\%$ 表示。

2. 误差(偏差)性能指标

除了采用上述动态指标来衡量自动控制流体输送系统的调节品质外，也常用误差性能指标来判断调节品质的优劣。因为在相同输入量作用下，若误差越小，且持续时间越短，则系统的调节品质越好；反之越差。具体表达式如下。

误差平方积分：

$$\text{ISE} = \int_0^{\infty} e^2(t)\,\mathrm{d}t \to \min \tag{11.3}$$

时间乘误差平方积分：

$$\text{ITSE} = \int_0^{\infty} te^2(t)\,\mathrm{d}t \to \min \tag{11.4}$$

误差绝对值积分：

$$\text{IAE} = \int_0^{\infty} |e(t)|\,\mathrm{d}t \to \min \tag{11.5}$$

时间乘误差绝对值积分：

$$\text{ITAE} = \int_0^{\infty} t|e(t)|\,\mathrm{d}t \to \min \tag{11.6}$$

上述各式中，$e(t) = z(t) - x(t)$，称为偏差，见图 11.13。在图 11.13 中，$x(t)$ 是给定信号，即输入量；$y(t)$ 是系统的被控量；$z(t)$ 是测量被控量并变换为与输入量同量纲的反馈信号；$u(t)$ 是 $e(t)$ 经调节器运算后的输出量，以控制调节阀的开度，改变输送的流量 $q(t)$，从而使被控参数 $y(t)$ 回到给定值 $x(t)$ 允许的带宽 $\pm\Delta$ 之内。

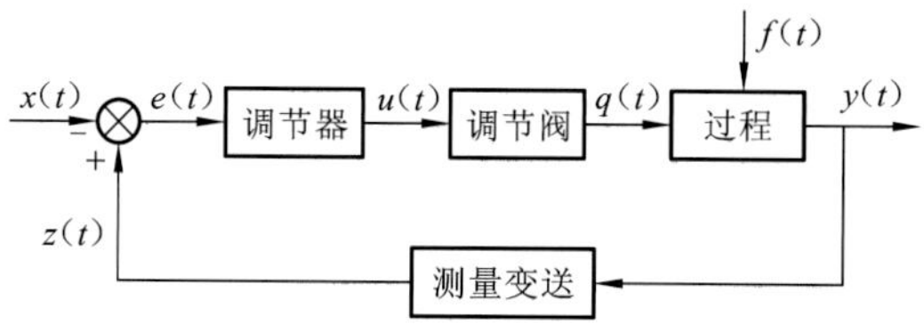

图 11.13　反馈控制流体输送系统的框图

11.2 瞬变过程反馈控制的数学模型

由 11.1 节的实例分析可知，流体输送系统的控制装置大体上可以分为三种：一是根据被控量(压力、液位、温度）变化，调节阀门（闸门）的开度；二是根据被控量（压力、液位）变化，调节泵的转速；三是根据被控量（水轮发电机组、汽轮发电机组）转速变化，调节水轮机导叶开度、进汽阀门的开度。本节以此为研究对象，采用PID控制策略，推导控制装置的数学模型；在此基础上，建立反馈控制下流体输送系统的整体数学模型，为后面开展稳定域及时域（调节品质）计算与分析奠定基础。

11.2.1 控制装置的数学模型

现代的控制装置通常由测量元件、给定元件、比较元件、放大元件、执行元件和校正元件组成，如图 11.14 所示。测量元件——传感器将被控量转换为模拟量 $z(t)$ 输入 PLC，叠加给定信号 $x(t)$，经过比较元件——数字式调节器的运算，输出模拟量 $u(t)$，如图 11.15 所示。执行机构接收调节器的输出信号 $u(t)$，并转换为推力或转矩，即直线位移或角位移，从而改变调节阀的开度，达到控制流体输送系统瞬变过程的目的。

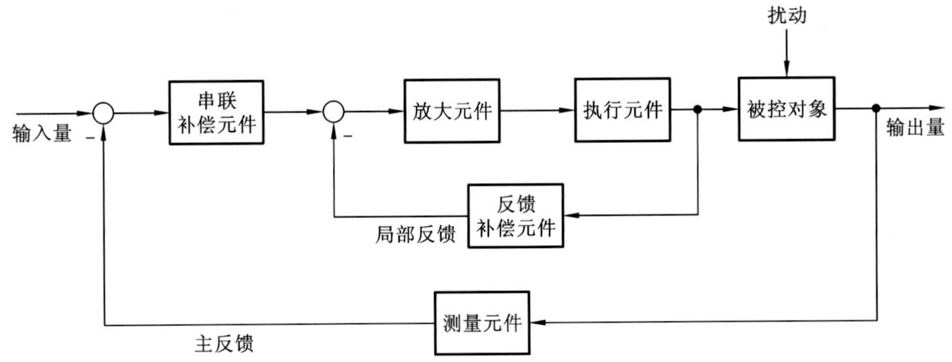

图 11.14 控制装置的组成及流程框图

显然，建立控制装置数学模型的核心是 PID 控制模式及运算。故在此仅介绍理想 PID 算法和实际 PID 算法。

由自动控制理论可知，理想连续 PID 控制规律（或算法）可用式(11.7) 描述：

$$u(t) = K_p\left[e(t) + \frac{1}{T_i}\int_0^t e(t)\mathrm{d}t + T_d\frac{\mathrm{d}e(t)}{\mathrm{d}t}\right] + u_0 \tag{11.7}$$

式中：K_p 为比例增益；T_i 为积分时间；T_d 为微分时间；u_0 为调节器输出的初始值。

为了满足计算机的运算，需要将连续的PID控制算法转化为离散的PID控制算法。设采样周期为 T_s，每一个采样周期进行一次数据采集、控制运算和数据输出。离散 PID 控制算法可由连续理想 PID 控制算法直接离散得出，离散化时可用下列关系式表示：

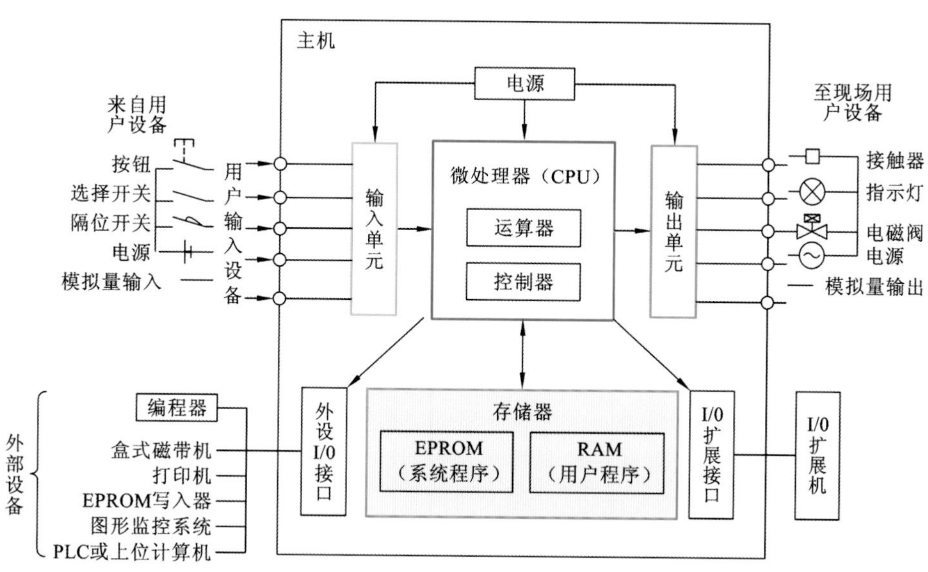

图 11.15　PLC 原理示意图

$$
\begin{cases}
\displaystyle\int_0^t e(t)\,\mathrm{d}t \approx T_s \sum_{i=0}^{k} e(t) \\
\displaystyle\frac{\mathrm{d}e(t)}{\mathrm{d}t} \approx \frac{e(k)-e(k-1)}{T_s}
\end{cases}
\tag{11.8}
$$

于是，离散 PID 控制算法（该算法又称为位置型算法）可表示为

$$
u(k) = K_p\left\{e(k) + \frac{T_s}{T_i}\sum_{i=0}^{k} e(i) + \frac{T_d}{T_s}[e(k)-e(k-1)]\right\} + u_0 \tag{11.9}
$$

由于 $\sum\limits_{i=0}^{k} e(i)$ 和过去的所有状态有关，计算量大且占用计算机内存较多，所以通常采用增量型 PID 算法，即 $\Delta u(k) = u(k) - u(k-1)$，经化简后得到

$$
\Delta u(k) = K_p \Delta e(k) + K_i e(k) + K_d[e(k) - 2e(k-1) + e(k-2)] \tag{11.10}
$$

式中：$\Delta e(k) = e(k) - e(k-1)$；$K_i = \dfrac{K_p T_s}{T_i}$ 称为积分增益；$K_d = \dfrac{K_p T_d}{T_s}$ 称为微分增益。

由于理想 PID 控制算法的微分作用对于高频干扰的响应过于灵敏，容易引起流体输送系统瞬变过程的振荡，或降低调节品质；并且数字式调节器输出时间是短暂且周期性的，而执行机构需要一定的时间操作使得调节阀的开度与调节器输出信号相对应。所以，需要在理想 PID 控制算法的输出端串联一阶惯性环节（图 11.16），形成实际 PID 控制算法。具体推导如下。

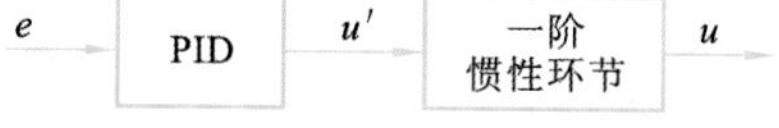

e → PID → u' → 一阶惯性环节 → u

图 11.16　实际 PID 调节器组成框图

一阶惯性环节的微分方程为

$$T_f \frac{\mathrm{d}u(t)}{\mathrm{d}t} + u(t) = u'(t) \tag{11.11}$$

式中：T_f 为惯性时间常数。

用增量方式近似表述式(11.11)，即可得到实际 PID 的位置型算法：

$$u(k) = (1-a)u'(k) + u(k-1) \tag{11.12}$$

式中：$a = \frac{T_f}{T_f + T_s}$；$u(k-1)$ 是调节器第 $k-1$ 次采样运算的输出量；$u'(k)$ 是调节器第 k 次采样理想 PID 运算的输出量，可由式(11.9) 确定。

同样，实际 PID 算法也可以改写为增量型，即

$$\Delta u(k) = (1-a)\Delta u'(k) + \Delta u(k-1) \tag{11.13}$$

式中：$\Delta u'(k)$ 按式(11.10) 计算。

此外，为了便于直观理解和调整各控制参数对稳定性与调节品质的影响，将实际 PID 算法中比例、积分、微分作用彼此独立，即

$$u(k) = u_p(k) + u_i(k) + u_d(k) \tag{11.14}$$

式中：比例项 $u_p(k) = K_p e(k)$；积分项 $u_i(k) = u_i(k-1) + \frac{K_i}{2}[e(k) + e(k-1)]$；微分项 $u_d(k) = \frac{T_d}{T_s + T_d}\{u_d(k-1) + K_d[e(k) + e(k-1)]\}$。

11.2.2 流量调节的数学模型

流体输送系统流量调节的操作设备主要包括用于各种行业的调节阀、闸门、变速泵、水轮机导叶等，以下分别建立相应的数学模型。

1. 调节阀的数学模型

尽管调节阀的用途非常广泛，但阀门的数学模型较为简单，即由式(11.15) 直接表述阀门流量 Q、水头损失 H 和阀门开度 $\tau_f = \frac{\mu A_G}{(\mu A_G)_0}$ 三者之间的关系：

$$Q = Q_0 \tau_f \sqrt{\frac{H}{H_0}} \tag{11.15}$$

式中：Q_0、H_0 分别是阀门在定常状态下通过的流量和相应的水头损失；$(\mu A_G)_0$ 是阀门流量系数乘以阀门开口面积。不同的阀门，其流量系数随阀门开口变化规律不尽相同，请参考相关的设计手册和教科书。

2. 闸孔出流的数学模型

闸孔出流的数学模型与阀门类似，基本表达式如下：

$$Q = \mu be\sqrt{2gH_0} \tag{11.16}$$

式中：μ 是闸孔出流的流量系数，与闸底坎形式、闸门类型、过闸水流流线收缩程度有关，请参考相关的水力学教材；b 是闸门宽度；$H_0 = H + \frac{\alpha_0 v_0^2}{2g}$；其他符号请参见图 11.17。

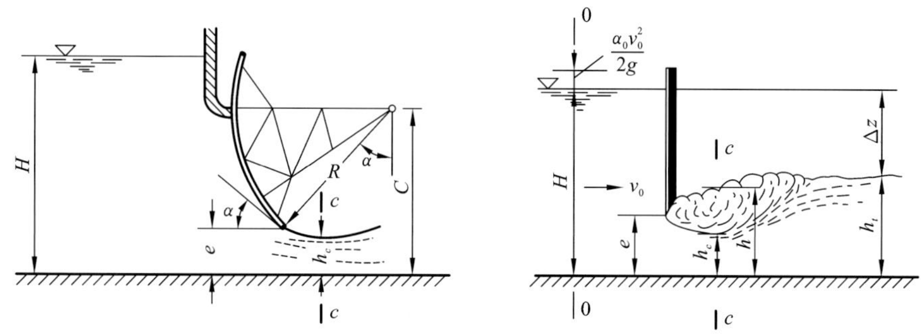

图 11.17　闸孔出流的示意图

3. 变速泵的数学模型

图 11.5 给出了变速调节泵的工作特性曲线，即建立了泵的转速、扬程和流量三者之间的关系，采用数值拟合和数值插值的方法，就能实现其数学模拟。

4. 水轮发电机组的数学模型

水轮机的工作特性曲线通常以单位转速 n_1' 和单位流量 Q_1' 为纵、横坐标来表述，水轮机模型综合特性曲线如图 11.18 所示。在建立水轮发电机组数学模型时，首先根据控制装置给定水轮机导叶开度以及迭代计算给出的单位流量 Q_1' 或者单位转速 n_1'，在水轮机模型综合特性曲线图上查得相应的工况点。其次将单位参数转换为工作参数，即

$$\begin{cases} n = \dfrac{n_1' D_1}{\sqrt{H}} \\ Q = Q_1' D_1^2 \sqrt{H} \\ M_t = \dfrac{30 \times 1000}{\pi} g\eta \dfrac{Q_1'}{n_1'} D_1^3 \sqrt{H} \end{cases} \tag{11.17}$$

式中：D_1 为水轮机转轮进口直径；H 为水轮机工作水头；η 为水轮机效率，随工况点而变；M_t 为水轮机轴力矩(输出力矩)。

式(11.17) 中，有 4 个未知数，3 个方程，需要补充水轮发电机组的动量矩方程，即

$$\frac{2\pi}{60} J \frac{dn}{dt} = M_t - M_g \tag{11.18}$$

式中：J 为水轮发电机组的转动惯量；M_g 为发电机的阻力矩。

11.2.3　反馈控制下流体输送系统的整体数学模型

反馈控制下流体输送系统是以 PID 调节器作为控制器，以调节阀(或变速泵、水轮发电机组等) 和流体输送管道(渠道) 子系统为被控对象所构成的闭环控制系统。该系统的基本任务是：以被控量与给定值的偏差为控制目标，调整调节阀(包括闸门孔口、水轮机导叶开度) 的开度或变速泵的转速，改变流体输送系统的流量，达到迅速满足用户需求，维持系统稳定高效运行的目标。

显然，反馈控制下流体输送系统的整体数学模型包括三部分，即控制装置的数学模型、流量调节的数学模型、流体输送管道(或渠道) 的数学模型。本节已对控制装置的数

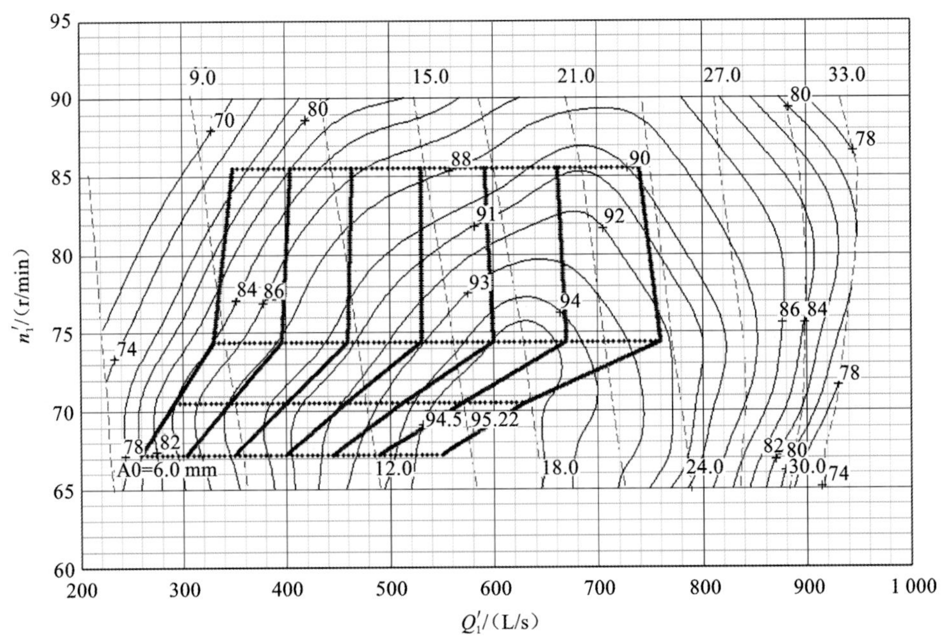

图 11.18 某型号混流式水轮机模型综合特性曲线

学模型和流量调节的数学模型进行了介绍，而本书的其他章节对有压管道瞬变流和无压渠道瞬变流的数学模型及计算分析方法也进行了详细的介绍。所以，只要将上述三部分数学模型有机地耦合在一起，就可以得到反馈控制下流体输送系统的整体数学模型。

流体瞬变流的时域计算分析通常采用特征线法或广义的特征线法，而频域计算分析常采用阻抗法或状态矩阵法。因此，计算分析反馈控制下流体输送系统的调节品质，可采用特征线法或广义的特征线法；计算分析反馈控制下流体输送系统的稳定域，则可采用阻抗法或状态矩阵法。

11.3 瞬变过程反馈控制的实例分析

11.3.1 反馈控制下流体输送系统的稳定域

1. 管道弹性水击方程

由第 5 章可知，有压管道瞬变流的阻抗表达式如下：

$$Z_D = \frac{Z_U - Z_C \tanh(\gamma l)}{1 - \left(\dfrac{Z_U}{Z_C}\right)\tanh(\gamma l)} \tag{11.19}$$

式中：Z_U、Z_D 和 Z_C 分别是该管道首断面、末断面和管线的阻抗；l 是管道长度；$\gamma = \sqrt{CS(LS+R)}$ 是复值常数，其中 S 为复频率或者拉普拉斯变量，R 为流阻，即单位长度上线性化阻力，流感 $L=\dfrac{1}{gA}$ 和流容 $C=\dfrac{gA}{a^2}$。

利用上游恒压水库的边界条件 $Z_U=\dfrac{H_U}{Q_U}\equiv 0$，代入式(11.19)得

$$Z_D=-Z_C\tanh(\gamma l) \tag{11.20}$$

在采用相对值 $h=\dfrac{H_D}{H_0}$、$q=\dfrac{Q_D}{Q_0}$ 以及忽略水头损失的前提下$\left(\gamma=\dfrac{s}{a}\right)$，式(11.20)可以改写为

$$G_D(s)=-2\frac{T_w}{T_r}\tanh(0.5T_rs) \tag{11.21}$$

式中：下标 0 表示初始时刻值；$T_r=\dfrac{2l}{a}$，称为相长。

采用泰勒级数将式(11.21)展开，得

$$G_D(s)=-2\frac{T_w}{T_r}\frac{\sinh(0.5T_rs)}{\cosh(0.5T_rs)}=-2\frac{T_w}{T_r}\frac{\sum\dfrac{(0.5T_rs)^{2i+1}}{(2i+1)!}}{\sum\dfrac{(0.5T_rs)^{2i}}{(2i)!}} \tag{11.22}$$

当 $i=0$ 时，有

$$G_D(s)=-2\frac{T_w}{T_r}0.5T_rs=-T_ws \tag{11.23}$$

即刚性水击。

当 $i=1$ 时，有

$$G_D(s)=-2\frac{T_w}{T_r}\frac{\dfrac{1}{48}T_r^3s^3+\dfrac{1}{2}T_rs}{\dfrac{1}{8}T_r^2s^2+1} \tag{11.24}$$

即三阶的弹性水击，或称为三阶的传递函数。对于低频的惯性波，其角频率 $\omega<0.5$ rad/s，该简化具有较高精度。忽略式(11.24)中分子高次项，由此得到二阶模型如下：

$$G_D(s)=-\frac{T_ws}{0.125T_r^2s^2+1}=-\frac{T_ws}{1+0.5T_e^2s^2} \tag{11.25}$$

式中：$T_e=0.5T_r$，称为水流弹性系数。

当水流弹性系数较小(如 $T_e\leqslant 0.25$ s)时，其低频的频域分析可得出较好的精度，但是对于长有压管道系统必然会引起较大的误差。

为了提高模拟的精度，可采用变参数模型，即

$$G_D(s)=-\frac{T_ws}{1+\alpha T_e^2s^2} \tag{11.26}$$

式中：$\alpha=0.336\ 02+0.064\ 726\left(\dfrac{\omega_S}{\omega_T}\right)^3$；$\omega_T=\dfrac{2}{\pi T_e}$；$\omega_S$ 为系统波动周期，通常小于 ω_T。

由此可见，计算分析反馈控制下流体输送系统的稳定域，其有压管道瞬变流数学模型可采用一阶刚性水击模型、二阶弹性水击模型和三阶弹性水击模型。三者之间的差别不仅

在于模拟的精度，而且在于系统特征方程的阶数。阶数越高，稳定性判别越复杂，难以得到相应的解析表达式。

2. 上下游双调压室水电站输水发电系统稳定域实例分析

图 11.19 为设有上下游双调压室水电站输水发电系统示意图。采用二阶弹性水击模型、水轮机特性线性化方程、一阶发电机方程、PID 控制模式的调速器方程来建立该系统的整体数学模型如下。

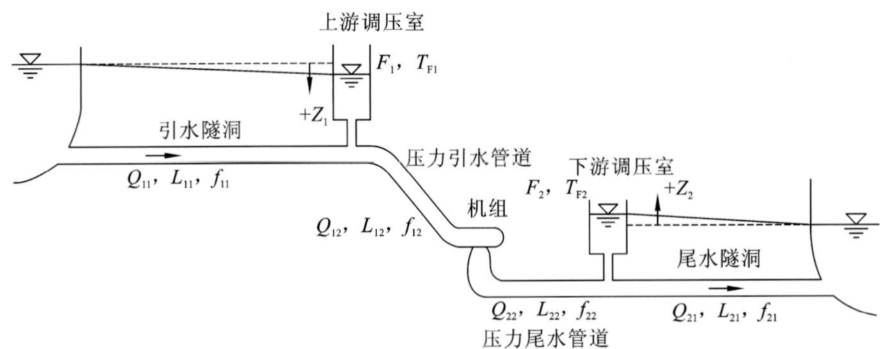

图 11.19 上下游双调压室水电站输水发电系统示意图

上游引水隧洞动量方程：

$$z_1 - h_{11}q_{11} = T_{w11}sq_{11}$$

下游引水隧洞动量方程：

$$z_2 - h_{21}q_{21} = T_{w21}sq_{21}$$

上游调压室连续性方程：

$$q_{11} = q_{12} - T_{F1}sz_1$$

下游调压室连续性方程：

$$q_{21} = q_{22} - T_{F2}sz_2$$

压力管道二阶弹性水击方程：

$$h = -z_1 - z_2 - \frac{T_{w12}}{1+\alpha T_e^2 s^2}sq_{12} - \frac{T_{w22}}{1+\alpha T_e^2 s^2}sq_{22} - h_{12}q_{12} - h_{22}q_{22} \tag{11.27}$$

$$m_t = e_h h + e_x x + e_y y$$

水轮机特性线性化方程：

$$q_t = e_{qh}h + e_{qx}x + e_{qy}y$$

一阶发电机方程：

$$T_a sx = m_t - m_g - e_g x$$

PID 控制模式的调速器方程：

$$y = -(K_d s + K_p + K_i/s)x$$

式中：下标 0 表示初始值；下标 $i=1,2$ 分别表示上游和下游；下标 $j=1,2$ 分别表示隧洞和压力管道；11 个未知数均采用相对值表示，即 $z_i = \frac{\Delta Z_i}{H_0}$、$q_{ij} = \frac{Q_{ij}-Q_0}{Q_0}$、$h = \frac{H-H_0}{H_0}$、

$x = \dfrac{n - n_0}{n_0}$、$y = \dfrac{Y - Y_0}{Y_0}$、$m_t = \dfrac{M_t - M_{t0}}{M_{t0}}$，需要在式(11.27)基础上补充水轮机流量连续性方程，即 $q_t = q_{12} = q_{21}$。而水头损失 $h_{ij} = \dfrac{\Delta h_{ij}}{H_0}$ 不包含新的未知数，所以方程组是封闭的。

式(11.27)中，$T_{w,ij} = \dfrac{L_{ij}Q_0}{gH_0A_{ij}}$ 为隧洞或压力管道的水流惯性加速时间(其中 L_{ij}、A_{ij} 分别为隧洞和压力管道的长度与断面面积)；$T_{Fi} = \dfrac{F_iH_0}{Q_0}$ 为调压室时间常数(F_i 为调压室断面面积)；T_a 为机组惯性加速时间；$m_g = \dfrac{M_g - M_{g0}}{M_{g0}}$ 为发电机阻力矩的相对值；e_g 为电网自调节系数；e_h、e_x、e_y 为水轮机力矩传递系数；e_{qh}、e_{qx}、e_{qy} 为水轮机流量传递系数；K_p 为比例增益；K_i 为积分增益；K_d 为微分增益。

在不考虑微分环节($K_i = 0$)的前提下，对式(11.27)进行拉普拉斯变换，得到该系统的综合传递函数如下：

$$G(s) = \frac{X(s)}{M_g(s)} = -\frac{b_0s^7 + b_1s^6 + b_2s^5 + b_3s^4 + b_4s^3 + b_5s^2 + b_6s}{a_0s^8 + a_1s^7 + a_2s^6 + a_3s^5 + a_4s^4 + a_5s^3 + a_6s^2 + a_7s + a_8} \tag{11.28}$$

式中：$a_0 = g_0$；$a_1 = g_8K_p + g_1$；$a_2 = g_8K_i + g_9K_p + g_2$；$a_3 = g_9K_i + g_{10}K_p + g_3$；$a_4 = g_{10}K_i + g_{11}K_p + g_4$；$a_5 = g_{11}K_i + g_{12}K_p + g_5$；$a_6 = g_{12}K_i + g_{13}K_p + g_6$；$a_7 = g_{13}K_i + g_{14}K_p + g_7$；$a_8 = g_{14}K_i$；$b_0 = f_0e_{qh}$；$b_1 = f_1e_{qh}$；$b_2 = f_2e_{qh} + f_7$；$b_3 = f_3e_{qh} + f_8$；$b_4 = f_4e_{qh} + f_9$；$b_5 = f_5e_{qh} + f_{10}$；$b_6 = f_6e_{qh} + 1$。其中，$g_0 = f_0e_{qh}T_a$；$g_1 = (e_g - e_x)f_0e_{qh} + T_af_1e_{qh} + f_0e_he_{qx}$；$g_2 = (e_g - e_x)f_1e_{qh} + T_a(f_7 + f_2e_{qh}) + f_1e_he_{qx}$；$g_3 = (e_g - e_x)(f_7 + f_2e_{qh}) + T_a(f_8 + f_3e_{qh}) + f_2e_he_{qx}$；$g_4 = (e_g - e_x)(f_8 + f_3e_{qh}) + T_a(f_9 + f_4e_{qh}) + f_3e_he_{qx}$；$g_5 = (e_g - e_x)(f_9 + f_4e_{qh}) + T_a(f_{10} + f_5e_{qh}) + f_4e_he_{qx}$；$g_6 = (e_g - e_x)(f_{10} + f_5e_{qh}) + T_a(1 + f_6e_{qh}) + f_5e_he_{qx}$；$g_7 = (e_g - e_x)(1 + f_6e_{qh}) + f_6e_he_{qx}$；$g_8 = f_0(e_ye_{qh} - e_he_{qy})$；$g_9 = f_1(e_ye_{qh} - e_he_{qy})$；$g_{10} = f_2(e_ye_{qh} - e_he_{qy}) + f_7e_y$；$g_{11} = f_3(e_ye_{qh} - e_he_{qy}) + f_8e_y$；$g_{12} = f_4(e_ye_{qh} - e_he_{qy}) + f_9e_y$；$g_{13} = f_5(e_ye_{qh} - e_he_{qy}) + f_{10}e_y$；$g_{14} = f_6(e_ye_{qh} - e_he_{qy}) + e_y$。$f_0 = \alpha T_e^2T_{w11}T_{w21}(T_{F1} + T_{F2} + T_{F1}T_{F2}h_{t0})$；$f_1 = T_{F1}T_{F2}T_{w11}T_{w21}T_{wt} + \alpha T_e^2(T_{w11}h_{21,0} + T_{w21}h_{11,0})(T_{F1} + T_{F2} + T_{F1}T_{F2}h_{t0})$；$f_2 = (T_{F1} + T_{F2})(\alpha T_e^2h_{11,0}h_{21,0} + T_{w11}T_{w21}) + T_{F1}T_{F2}[T_{wt}(T_{w11}h_{21,0} + T_{w21}h_{11,0}) + h_{t0}T_{w11}T_{w21}] + \alpha T_e^2h_{t0}(T_{F1}T_{w11} + T_{F2}T_{w21} + T_{F1}T_{F2}h_{11,0}h_{21,0})$；$f_3 = (T_{w11}h_{21,0} + T_{w21}h_{11,0})(T_{F1} + T_{F2} + T_{F1}T_{F2}h_{t0}) + \alpha T_e^2(T_{w11} + T_{w21} + T_{F1}h_{11,0} + T_{F2}h_{21,0}) + T_{wt}(T_{F1}T_{w11} + T_{F2}T_{w21} + T_{F1}T_{F2}h_{11,0}h_{21,0})$；$f_4 = \alpha T_e^2(h_{11,0} + h_{21,0} + h_{t0}) + h_{11,0}h_{21,0}(T_{F1} + T_{F2}) + h_{t0}(T_{F1}T_{w11} + T_{F2}T_{w21} + T_{F1}T_{F2}h_{11,0}h_{21,0}) + T_{wt}(T_{F1}h_{11,0} + T_{F2}h_{21,0})$；$f_5 = (T_{w11} + T_{w21} + T_{wt}) + h_{t0}(T_{F1}h_{11,0} + T_{F2}h_{21,0})$；$f_6 = 2(h_{11,0} + h_{21,0} + h_{t0})$；$f_7 = T_{F1}T_{F2}T_{w11}T_{w21}$；$f_8 = 2T_{F1}T_{F2}(T_{w11}h_{21,0} + T_{w21}h_{11,0})$；$f_9 = T_{F1}T_{w11} + T_{F2}T_{w21} + 4T_{F1}T_{F2}h_{11,0}h_{21,0}$；$f_{10} = 2(T_{F1}h_{11,0} + T_{F2}h_{21,0})$。注：$h_{t0} = h_{12,0} + h_{22,0}$；$T_{wt} = T_{w,12} + T_{w,22}$。

由式(11.28)可以得到该系统八阶模型的自由运动方程,即

$$a_0\frac{\mathrm{d}^8x}{\mathrm{d}t^8}+a_1\frac{\mathrm{d}^7x}{\mathrm{d}t^7}+a_2\frac{\mathrm{d}^6x}{\mathrm{d}t^6}+a_3\frac{\mathrm{d}^5x}{\mathrm{d}t^5}+a_4\frac{\mathrm{d}^4x}{\mathrm{d}t^4}+a_5\frac{\mathrm{d}^3x}{\mathrm{d}t^3}+a_6\frac{\mathrm{d}^2x}{\mathrm{d}t^2}+a_7\frac{\mathrm{d}x}{\mathrm{d}t}+a_8=0 \tag{11.29}$$

利用 Hurwitz 判据可以判别该系统的稳定性,绘制相应的稳定域。Hurwitz 判据如下:

(1) $a_i>0(i=0\sim 8)$;

(2) $\Delta 2=\begin{vmatrix}a_1 & a_3\\ a_0 & a_2\end{vmatrix}>0$;

(3) $\Delta 3=\begin{vmatrix}a_1 & a_3 & a_5\\ a_0 & a_2 & a_4\\ 0 & a_1 & a_3\end{vmatrix}>0$;

(4) $\Delta 5=\begin{vmatrix}a_1 & a_3 & a_5 & a_7 & 0\\ a_0 & a_2 & a_4 & a_6 & a_8\\ 0 & a_1 & a_3 & a_5 & a_7\\ 0 & a_0 & a_2 & a_4 & a_6\\ 0 & 0 & a_1 & a_3 & a_5\end{vmatrix}>0$; (11.30)

(5) $\Delta 7=\begin{vmatrix}a_1 & a_3 & a_5 & a_7 & 0 & 0 & 0\\ a_0 & a_2 & a_4 & a_6 & a_8 & 0 & 0\\ 0 & a_1 & a_3 & a_5 & a_7 & 0 & 0\\ 0 & a_0 & a_2 & a_4 & a_6 & a_8 & 0\\ 0 & 0 & a_1 & a_3 & a_5 & a_7 & 0\\ 0 & 0 & a_0 & a_2 & a_4 & a_6 & a_8\\ 0 & 0 & 0 & a_1 & a_3 & a_5 & a_7\end{vmatrix}>0$。

在此以调压室断面放大系数 $n_i=F_i/F_{\mathrm{thi}}$($i=1,2$,其中 F_{thi} 为每个调压室单独存在运行时的托马稳定断面)为横、纵坐标,绘制某一参数变化的稳定域。图 11.20 是依据某设有上下游双调压室抽水蓄能电站下列参数绘制的稳定域,即机组单机额定出力 306.12 MW,额定水头 419 m,额定流量 81.56 $\mathrm{m^3/s}$,额定转速 428.6 r/min,$T_{\mathrm{w11}}/T_{\mathrm{a}}=0.176$,$T_{\mathrm{w12}}/T_{\mathrm{a}}=0.227$,$T_{\mathrm{w22}}/T_{\mathrm{a}}=0.026$,$T_{\mathrm{w21}}/T_{\mathrm{a}}=0.117$,$h_{11,0}/H_0=0.012$,$h_{12,0}/H_0=0.028$,$h_{22,0}/H_0=0.006$,$h_{21,0}/H_0=0.008$。水轮机传递系数理想值:$e_h=1.5$,$e_x=-1$,$e_y=1$,$e_{qh}=0.5$,$e_{qx}=0$,$e_{qy}=1$。默认值:$e_{\mathrm{g}}=0$,$T_y=0.02$ s,$b_{\mathrm{p}}=0.04$,$b_{\mathrm{t}}=0.15$,$T_{\mathrm{d}}=1.5$,$T_{\mathrm{n}}=0.6$ s。

图 11.20(a) 为考虑压力管道水流惯性的作用与托马假定下的稳定域的对比结果,分析时以 $T_{\mathrm{w12}}/T_{\mathrm{a}}$ 为变量,取值依次为 0.1,0.2,0.3。图 11.20(b) 为上游引水隧洞参数 $T_{\mathrm{w11}}/T_{\mathrm{a}}$ 对系统稳定域的影响,$T_{\mathrm{w11}}/T_{\mathrm{a}}$ 取值依次为 0.1,0.3,0.5,调节模式取频率调节与功率调节两种模式。

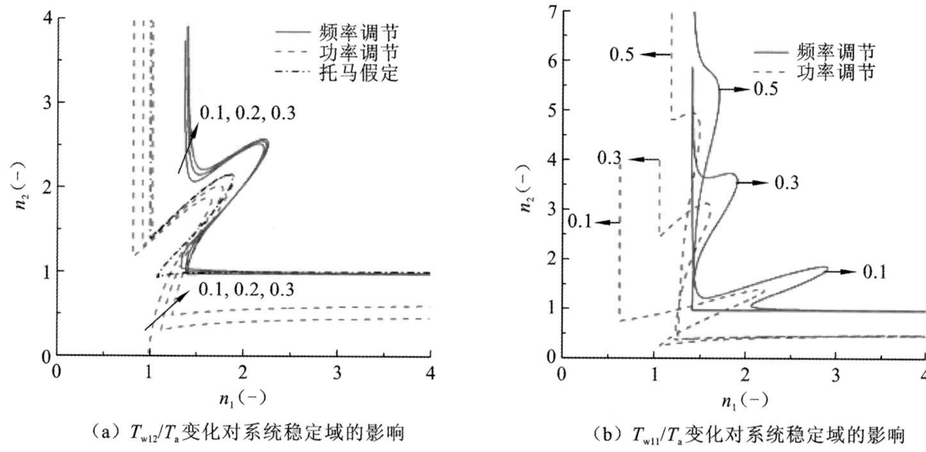

（a）T_{w12}/T_a 变化对系统稳定域的影响　（b）T_{w11}/T_a 变化对系统稳定域的影响

图 11.20　某设有上下游双调压室抽水蓄能电站的稳定域

11.3.2　反馈控制下流体输送系统的时域分析

1. 龙格 - 库塔法

对于上述的反馈控制下流体输送系统的数学模型，采用反拉普拉斯变换就可以得到线性定常系统的状态方程，即

$$\boldsymbol{X} = \boldsymbol{AX} + \boldsymbol{BU}(t), \quad \boldsymbol{X}(0)\ 给定 \tag{11.31}$$

式中：$\boldsymbol{A}$、$\boldsymbol{B}$ 均为常数矩阵；$\boldsymbol{X}$ 为状态向量；$\boldsymbol{U}(t)$ 为列向量。

若状态空间是 n 维的，则式(11.31) 实质上是由 n 个一阶常微分方程构成的方程组。状态向量 $\boldsymbol{X}$ 的选择，必须使式(11.31) 的解是存在且唯一的。其充分必要条件是 $\boldsymbol{U}(t)$ 的各个分量 $u(t)$ 是时间 t 的连续函数。

给定初始条件，可采用四阶龙格 - 库塔法进行计算，即

$$\begin{cases} X_{n+1} = X_n + (K_1 + 2K_2 + 2K_3 + K_4)h/6 \\ K_1 = F(X_n) \\ K_2 = F(X_n + K_1 h/2) \\ K_3 = F(X_n + K_2 h/2) \\ K_4 = F(X_n + K_3 h) \end{cases} \tag{11.32}$$

式中：h 为时间步长。

利用 MATLAB 中的 ODE45 命令也可以直接进行时域动态响应时程的求解，包括定步长或变步长。

2. 广义特征线法

采用第 3 章介绍的广义特征线法，并耦合反馈控制的控制装置数学模型及流量调节模型，就能较精细地计算模拟流体输送系统时域动态响应时程。图 11.21 给出了上述某设有上下游双调压室抽水蓄能电站，在机组负荷阶跃下降 10% 时的调节品质。由计算结果可知，该方法能满足工程设计和机组运行的需要，为调压室断面积和机组 PID 参数的选取

提供了参考依据。

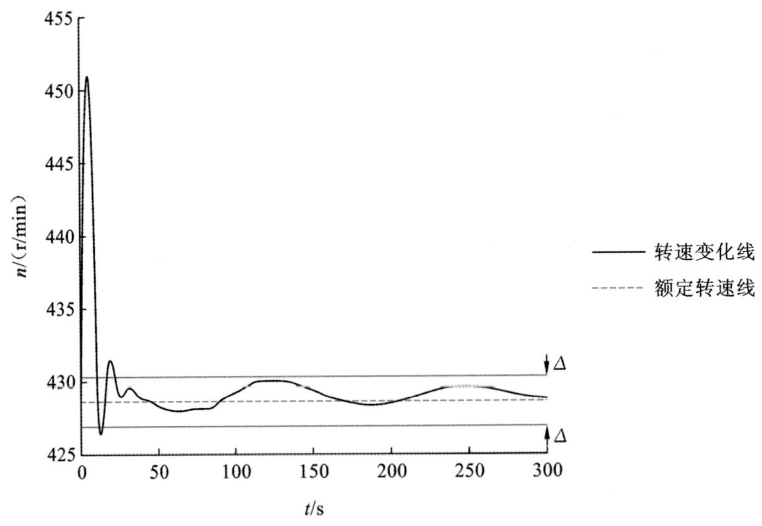

图 11.21　机组负荷阶跃下降 10% 的调节品质

参考文献

[1] 胡寿松. 自动控制原理[M]. 6 版. 北京:科学出版社,2013.

[2] 孙洪程,李大字,翁维勒. 过程控制工程[M]. 北京:高等教育出版社,2006.

[3] 朱劲木,龙新平,刘梅清,等. 东深供水工程梯级泵站的优化调度[J]. 水力发电学报,2005,24(3):123-127.

[4] 姚雄,王长德,李长菁. 基于控制蓄量的渠系运行控制方式[J]. 水利学报,2008,39(6):733-738.

[5] 葛芸萍,何瑞. 变频技术在恒压供水中的应用[J]. 自动化与仪器仪表,2008(3):33-34.

[6] 中华人民共和国国家标准. 输气管道工程设计规范(GB 50251—2015). 北京:中国计划出版社,2015.

[7] 李绪勇. 天然气长输管道压力调节系统配置探讨[J]. 仪器仪表用户,2014,21(1):82-84.

[8] 宫敬. 油气集输与储运系统[M]. 北京:中国石化出版社,2006.

[9] 程远楚,张江滨. 水轮机自动调节[M]. 北京:中国水利水电出版社,2010.

[10] 林德杰. 过程控制仪表及控制系统[M]. 2 版. 北京:机械工业出版社,2009.

第 12 章　基于有限差分法与有限体积法耦合的瞬变流多维模拟

12.1　耦合模拟的必要性

长期以来，管网流体输送系统瞬变流的数值模拟依赖于一维数值计算。尽管计算结果在很大程度上满足工程设计和系统运行的要求，但存在如下几方面的问题。

(1) 从管网流体输送系统来看，一维数值计算仅适用于长管线的有压管道，其理论基础是渐变流。但对于径向尺寸与管线尺寸相比较大的流体输送系统，其径向水流惯性、断面的流速和压强分布不宜忽略，如水道较短的装有贯流式或轴流式水轮发电机组的水电站，采用一维数值计算，较大的偏差是难以避免的。同样对于急变流管段(局部水头损失系数较大的管段，如蜗壳、尾水管、岔管、进水口、尾水出口等)、明满混合流管段(气液两相流的管道)，采用一维数值计算也是不适宜的。

(2) 从动力装置——水力机械和阀门来看，一维数值计算是依据稳态条件下模型实验得出的能量特性、流量特性等。由此存在三方面的问题：一是能量特性、流量特性的处理方法不同、处理精度不同，其计算结果有一定的差别；二是能量特性、流量特性是稳态下得到的，与瞬态差别究竟有多大，至今未知；三是一维数值计算用到的水力机械模型综合特性曲线，只能反映水力机械的部分外特性(如水轮机的能量特性、空化特性、飞逸特性和压力脉动特性是水轮机内部流动规律的外在表现，通常称为水轮机的外特性)；而随工况、随机变化的内特性(转轮叶道涡、转轮叶片正背面脱流和叶片出口卡门涡等称为水轮机的内特性)如何影响瞬变过程，从未涉及。所以，一维数值计算无法计入内特性引起的压力脉动，以及压力脉动对流体输送系统安全稳定的影响。

(3) 从计算结果的工程应用来看，以水电站瞬变过程为例，尽管一维数值计算能确定机组调保参数、调压室最高/最低涌浪水位、沿管线压力分布、明渠的涌波、明满流分界面波动过程等大波动过渡过程的控制参数及变化过程，能整定调速器参数，分析机组启动、空载、功率调节、频率调节等各种工况下的小波动过渡过程的稳定性与调节品质，但某些重要的参数是无法得出的。例如，在大波动过渡过程中水轮机轴向水推力，该力的方向与大小直接关系到机组的抬机，抬机事故在水电站运行中频繁发生，需要给出定量的计算结果。又如，脉动压强与尾水管水击压强的叠加一直是抽水蓄能电站设计中关注的问题，直接关系到机组安装高程的选取。再如，涡带引起的出力摆动影响供电质量和水轮机调节系统稳定性，需要在小波动过渡过程分析中，以及在控制策略和调速器参数选取中考虑水轮机内特性的作用。

因此，采用一维与二维或者一维与三维耦合模拟，即基于有限差分法与有限体积法耦合的瞬变流多维模拟，既能发挥一维方法处理边界条件简单、计算速度快的优势，又能利用二维或三维模型结果准确的特点。

目前，耦合方法运用最多的为浅水方程一维和二维耦合方法的模拟，将其运用于河流湖泊系统洪水的模拟，其中一维和二维部分均采用有限体积的方法，不同耦合方法的主要区别为交界面边界条件的处理。例如，Fernández-Nieto 等[1]采用相同有限体积离散格式耦合一维与二维浅水方程；Bladé 等[2]将耦合积分形式的一维与二维浅水守恒方程用于河道水流的计算；Marin 等[3]基于控制优化的原理，采用耦合界面同化的方法耦合一维和二维浅水方程；Chen 等[4]提出采用基于耦合面上水深预估一校正的方法耦合一维和二维浅水方程；Zhang 等[5]利用 HLL 格式计算一维和二维交界面上的数值通量，并在耦合模型中考虑进组分输运方程。Twigt 等[6]将一维与三维耦合模型运用于河道-近海水力系统的模拟，模型中一维与三维以隐式的方式互为边界条件；Miglio 等[7]利用迭代的方法耦合一维与二维浅水方程。

一维与三维耦合的方法也常常运用于实际的工程问题，在一维与三维耦合的交界面上，三维区域的参数常常采用取平均值的方法降阶为一维参数，然后再与一维区域边界上的参数进行耦合传递。Montenegro 等[8,9]将一维与三维耦合的方法用于内燃机及其排气系统中压力波动的模拟，一维和三维都是基于 FVM 并采用 HLLC 方法计算耦合界面的数值通量；Ruprecht 等[10]将一维与三维耦合模型用于分析水轮机尾水管内涡流的模拟，在该模型的耦合界面上，一维区域和三维区域相互显式地提供边界条件，即一维模型将上一个时刻的流量作为三维区域的边界条件，而三维计算区域计算得到的上一个时刻边界上的压力作为一维计算区域下一个时刻相同位置的边界；Zhang[11]将一维与三维耦合模型用于水电站尾水系统的模拟，模型中采用一维与三维重合段的方式实现耦合；Wu 等[12]将耦合的一维特征线法与三维 Fluent 用于泵系统的模拟，在耦合边界上，一维计算区域从三维计算区域得到压力，并通过特征线方程计算得到边界上的流量。他们通过设置目标函数的方法保证边界面上迭代的收敛。多尺度耦合的方法同样广泛运用于血液动力学的模拟；Formaggia 等[13]通过局部迭代的方法耦合三维流固耦合模型和一维模型；Formaggia 等[14]和 Quarteroni 等[15]提出一种多尺度耦合的模型，该模型基于采用定点方法证明了局部时域解的存在性；Blanco 等[16,17]和 Urquiza 等[18]提出一种集成和分离的耦合格式用于血液流动的模拟，并将这种方法用于人体动脉树的模拟；Leiva[19]利用高斯-赛得尔迭代的方法耦合一维与三维模型，并将其运用于星形、双螺旋等非结构网格的模拟。

管道有压流动和渠道浅水流动是水电站水力系统中两种最常见的流动，采用一维、二维和三维的方法均可以对其模拟。对于有压管道非恒定流，多采用一维的方法模拟，一方面是因为管道系统多为长直的棱柱体管道，采用诸如特征线法计算得到的宏观的断面平均压强可以满足工程设计的需要，对于截面均匀变化或变化梯度不剧烈的变截面管道，采用诸如 Pressimann 隐格式等有限差分法(FDM)对其模拟；另一方面是管网系统中还存在其他的边界条件，如系统中的水轮机、水泵、阀门等元件，管道系统采用一维的方法容易与这些边界条件耦合计算。因此，特征线法和有限差分法由于编程容易，边界条件处理简单，能够满足计算精度而被广泛用于管道系统水锤压力的模拟。而采用有限体积法(FVM)模拟一维水锤的相对较少，而且很少用于工程实践中。

现有的耦合方法大多采用同一种差分格式，因此耦合的问题转换为交界面通量计算的问题，而不同差分格式之间的耦合（如 FDM 与 FVM 的耦合）相关的研究还较少。本章拟将一维 FDM 方法分别与一维、二维、三维 FVM 方法耦合，采用统一的耦合方法，并分别运用于不同的问题中。

12.2　一维 FDM 与一维 FVM 的耦合模型及运用

12.2.1　一维有压管道水锤方程 FDM 求解方法

忽略斜坡项的管道一维棱柱体管道瞬变流动的连续性方程和动量方程如下：

$$V\frac{\partial H}{\partial x}+\frac{\partial H}{\partial t}+\frac{a^2}{g}\frac{\partial V}{\partial x}=0 \tag{12.1}$$

$$g\frac{\partial H}{\partial x}+V\frac{\partial V}{\partial x}+\frac{\partial V}{\partial t}+f\frac{V|V|}{2D}=0 \tag{12.2}$$

式中：x 和 t 是空间和时间坐标；V 是断面的平均流速；H 是测压管水头；A 是管道的断面面积；f 是达西-魏斯巴赫摩阻系数；a 是水锤波速；g 是重力加速度；D 是管道的直径。

采用带有一个权重系数的 Preissmann 空间四点隐格式离散水击方程式(12.1)和式(12.2)，并以流量代替流速，可得到式(12.3)和式(12.4)所示的线性离散方程：

$$A_1H_{i+1}+B_1Q_{i+1}=C_1H_i+D_1Q_i+F_1 \tag{12.3}$$

$$A_2H_{i+1}+B_2Q_{i+1}=C_2H_i+D_2Q_i+F_2 \tag{12.4}$$

式(12.3)和式(12.4)表达了两相邻节点之间压力和流量的关系式，如果已知进口边界条件：

$$f(Q_1,H_1)=0 \tag{12.5}$$

将边界条件(12.5)线性化后，结合式(12.3)和式(12.4)，递推可以得到出口边界上压力和流量的线性表达式：

$$Q_N=EE_NH_N+FF_N \tag{12.6}$$

如果已知出口边界条件，采用同样的方法，可以得到进口边界上压力和流量的线性关系：

$$Q_1=EE_1H_1+FF_1 \tag{12.7}$$

式中：系数 $A_1(A_2)$、$B_1(B_2)$、$C_1(C_2)$、$D_1(D_2)$、$F_1(F_2)$、EE 和 FF 均为已知值。联合式(12.6)与下游边界条件（或者联合式(12.7)与上游边界条件），可以求解得到出口（或进口）截面上的压力和流量，再结合式(12.3)和式(12.4)可以求解得到各个断面的压力和流量。

以上为采用 Preissmann 格式的 FDM 求解一维水锤方程的方法。对于一维水锤方程，最常用的求解方法还有特征线法（MOC），特征线法把有压管道非恒定流动的连续性方程和动量方程分解成在两个特征线上两组常微分方程，用流量代替断面平均流速，常微分方程分别沿特征线积分，结果可得到沿特征线 C^+ 和 C^- 的二元一次方程组：

$$Q_P=C_P-B_PH_P \tag{12.8}$$

$$Q_P=C_M+B_MH_P \tag{12.9}$$

式中：H_P 和 Q_P 是计算时刻的测压管水头和流量，为待求量；系数 C_P、B_P、C_M、B_M 均为已知值，联立两个方程可求得管道内部任一断面的待求量，联立节点边界条件可求得管道首末断面的待求量。

对比式(12.6)和式(12.8)、式(12.7)和式(12.9)可以发现,无论 FDM 还是 MOC,均可以以线性方程的形式显式地表达边界面上压力和流量的关系。因此,本章所提出耦合模型,既适用于 FDM 与 FVM 的耦合,亦适用于 MOC 与 FVM 的耦合。

12.2.2 一维有压管道水锤方程的 FVM 求解及其边界条件

1. 基于 Godunov 格式的水锤方程求解

Zhao 等[20]给出一种基于 Godunov 格式的求解水锤方程的 FVM 方法,其基本的思想是从 Riemann 的精确解反推得到界面的数值通量表达式,对于线性方程,能够直接得出 Riemann 问题精确解的界面数值通量的显式表达式,步骤如下。

将式(12.1)和式(12.2)采用矩阵的形式表示为

$$\frac{\partial \boldsymbol{U}}{\partial t}+\boldsymbol{A}\frac{\partial \boldsymbol{U}}{\partial x}=\boldsymbol{S} \tag{12.10}$$

式中:$\boldsymbol{U}=\begin{pmatrix} H \\ V \end{pmatrix}$;$\boldsymbol{A}=\begin{pmatrix} V & a^2/g \\ g & V \end{pmatrix}$;$\boldsymbol{S}=\begin{pmatrix} 0 \\ -f\dfrac{V|V|}{2D} \end{pmatrix}$。

采用 Toro[21]提出的将双曲型系统中非线性项转化为守恒格式的方法,式(12.10)可以近似等价为

$$\frac{\partial \boldsymbol{U}}{\partial t}+\frac{\partial \boldsymbol{F}(\boldsymbol{U})}{\partial x}=\boldsymbol{S}(\boldsymbol{U}) \tag{12.11}$$

式(12.11)为守恒形式的水锤方程,其中 $\boldsymbol{F}(\boldsymbol{U})=\overline{\boldsymbol{A}}\boldsymbol{U}$,$\overline{\boldsymbol{A}}=\begin{pmatrix} \overline{V} & a^2/g \\ g & \overline{V} \end{pmatrix}$。$\overline{V}$ 是 V 的平均值,当 $\overline{V}=0$ 时,即为忽略式(12.1)和式(12.2)中的对流项。根据 Toro 的建议,采用算术平均值估计 $\overline{V}$,即$\overline{V}_{i+1/2}=0.5(V_i^n+V_{i+1}^n)$。

如图 12.1 所示 FVM 网格单元,对于控制体 i,用积分形式描述的连续性方程以及动量方程可以表达为

$$\frac{\mathrm{d}}{\mathrm{d}t}\int_{i-1/2}^{i+1/2}\boldsymbol{U}\mathrm{d}x+\boldsymbol{F}_{i+1/2}-\boldsymbol{F}_{i-1/2}=\int_{i-1/2}^{i+1/2}\boldsymbol{S}\mathrm{d}x \tag{12.12}$$

式中:$\boldsymbol{U}_i$ 和 $\boldsymbol{S}_i$ 为控制体 i 内的平均值,则式(12.12)表示为

$$\boldsymbol{U}_i^{n+1}=\boldsymbol{U}_i^n-\frac{\Delta t}{\Delta x}(\boldsymbol{F}_{i+1/2}-\boldsymbol{F}_{i-1/2})+\Delta t\boldsymbol{S}_i \tag{12.13}$$

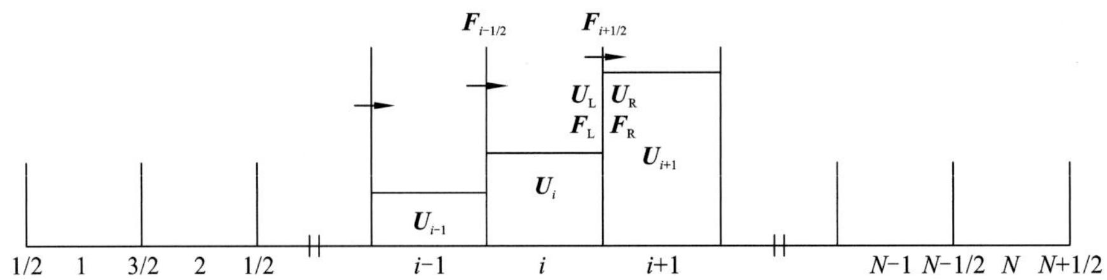

图 12.1 FVM 网格示意图

Godunov 格式是利用 Riemann 解来求解双曲型方程，对于式(12.14)所示的 Riemann 问题，其精确解的求解过程如下：

$$\frac{\partial \boldsymbol{U}}{\partial t}+\frac{\partial \boldsymbol{F}(U)}{\partial x}=0 \tag{12.14}$$

式中

$$\boldsymbol{U}^n(x)=\begin{cases}\boldsymbol{U}_{\mathrm{L}}^n, & x<x_{i+1/2}\\ \boldsymbol{U}_R^n, & x>x_{i+1/2}\end{cases}$$

记 $\boldsymbol{U}_L^n$ 为 n 时刻 U 在左边网格的值，U_R^n 为 n 时刻 $\boldsymbol{U}$ 在右边网格的值，矩阵 $\overline{\boldsymbol{A}}=\begin{pmatrix}\overline{V} & a^2/g\\ g & \overline{V}\end{pmatrix}$的特征值为

$$\overline{\lambda_1}=\overline{V}-a \tag{12.15}$$

$$\overline{\lambda_2}=\overline{V}+a \tag{12.16}$$

对应的右特征向量为

$$\overline{\boldsymbol{K}}_1=(a,-g)^{\mathrm{T}} \tag{12.17}$$

$$\overline{\boldsymbol{K}}_2=(a,g)^{\mathrm{T}} \tag{12.18}$$

采用如下公式求解波强度$\overline{\alpha}_i$：

$$\Delta \boldsymbol{U}=\boldsymbol{U}_R-\boldsymbol{U}_{\mathrm{L}}=\begin{bmatrix}\Delta H\\ \Delta V\end{bmatrix}=\begin{bmatrix}H_R-H_{\mathrm{L}}\\ V_R-V_{\mathrm{L}}\end{bmatrix}=\sum_{i=1}^{2}\overline{\alpha}_i\overline{\boldsymbol{K}}_i \tag{12.19}$$

求解得

$$\overline{\alpha}_1=\frac{1}{2ag}[g(H_R-H_{\mathrm{L}})-a(V_R-V_{\mathrm{L}})] \tag{12.20}$$

$$\overline{\alpha}_2=\frac{1}{2ag}[g(H_R-H_L)+a(V_R-V_L)] \tag{12.21}$$

在一阶 Godunov 格式中，$\boldsymbol{U}_L^n$ 和 $\boldsymbol{U}_R^n$ 为显格式，即

$$\boldsymbol{U}_L^n=\boldsymbol{U}_i^n \tag{12.22}$$

$$\boldsymbol{U}_R^n=\boldsymbol{U}_{i+1}^n \tag{12.23}$$

式(12.11)准确解的界面数值通量为

$$\boldsymbol{F}=\frac{1}{2}(\boldsymbol{F}_L+\boldsymbol{F}_R)-\frac{1}{2}\sum_{i=1}^{2}\overline{\alpha}_i\left|\overline{\lambda}_i\right|\overline{\boldsymbol{K}}_i \tag{12.24}$$

因此，每个网格中心的未知参数可由式(12.25)求出：

$$\boldsymbol{U}_i^{n+1}=\boldsymbol{U}_i^n-\frac{\Delta t}{\Delta x}(\boldsymbol{F}_{i+1/2}-\boldsymbol{F}_{i-1/2})+\Delta t\boldsymbol{S}_i \tag{12.25}$$

式中：n 为时间；i 为网格编号；Δt 为时间步长；Δx 为网格大小。源项采取控制体的中心值近似处理的方法，即

$$\boldsymbol{S}_i=\begin{bmatrix}0\\ -fV_i|V_i|/D^2\end{bmatrix} \tag{12.26}$$

2. 基于 Riemann 不变量的边界条件

采用 Riemann 不变量求边界条件，对于如下 m 维度的拟线性双曲型偏微分方

程组[21,22]：

$$\frac{\partial \boldsymbol{W}}{\partial t}+\boldsymbol{A}(\boldsymbol{W})\frac{\partial \boldsymbol{W}}{\partial x}=0 \tag{12.27}$$

式中：$\boldsymbol{W}=[w_1 \quad w_2 \quad \cdots \quad w_m]^{\mathrm{T}}$，与第 i 个特征值 λ_i 对应的右特征向量 $\boldsymbol{K}_i$ 为

$$\boldsymbol{K}_i=[k_i^1 \quad k_i^2 \quad \cdots \quad k_i^m]^{\mathrm{T}} \tag{12.28}$$

对应于某一特征线，存在如下的常微分方程：

$$\frac{\mathrm{d}w_1}{k_i^1}=\frac{\mathrm{d}w_2}{k_i^2}=\frac{\mathrm{d}w_3}{k_i^3}=\cdots=\frac{\mathrm{d}w_m}{k_i^m} \tag{12.29}$$

对于式(12.11)所示的水锤方程，右特征向量表示为

$$\boldsymbol{K}_1=\begin{bmatrix} a \\ -g \end{bmatrix} \tag{12.30}$$

$$\boldsymbol{K}_2=\begin{bmatrix} a \\ g \end{bmatrix} \tag{12.31}$$

沿着 λ_1 特征线，存在

$$\frac{\mathrm{d}H}{a}=\frac{\mathrm{d}V}{-g}\Rightarrow \mathrm{d}H+\frac{a}{g}\mathrm{d}V=0 \tag{12.32}$$

对式(12.32)进行积分得

$$I_L(H,V)=H_L+\frac{a}{g}V_L=\text{constant} \tag{12.33}$$

同理，沿着 λ_2 特征线，存在

$$\frac{\mathrm{d}H}{a}=\frac{\mathrm{d}V}{g}\Rightarrow \mathrm{d}H-\frac{a}{g}\mathrm{d}V=0 \tag{12.34}$$

对式(12.34)进行积分得

$$I_R(H,V)=H_R-\frac{a}{g}V_R=\text{constant} \tag{12.35}$$

对于管道进口的边界条件，运用式(12.35)，第一个网格左边界上 $n+1$ 时刻的流量，压力与第一个网格中心 n 时刻的流量和压力存在如下关系式：

$$H_{1/2}^{n+1}-\frac{a}{g}V_{1/2}^{n+1}=H_1^n-\frac{a}{g}V_1^n \tag{12.36}$$

如果上游边界面上的流速 $V_{1/2}^{n+1}$ 或压力 $H_{1/2}^{n+1}$ 已知，则联立式(12.36)可以求解出边界面上的参数，近一步求解边界面上的通量。对于下游边界，运用式(12.33)，最后一个网格右边界上的流量和压力与最后一个网格中心 n 时刻的流量和压力存在如下关系式：

$$H_{N+1/2}^{n+1}+\frac{a}{g}V_{N+1/2}^{n+1}=H_N^n+\frac{a}{g}V_N^n \tag{12.37}$$

如果下游边界面上的流速 $V_{N+1/2}^{n+1}$ 或压力 $H_{N+1/2}^{n+1}$ 已知，则联立式(12.37)可以求解出边界面上的参数，进一步求解边界面上的通量。

12.2.3 一维明渠浅水方程的 FVM 求解方法及其边界条件

以水深和单宽流量表示的守恒形式的一维渠道浅水波动方程为如下连续性方程和动量方程：

$$\frac{\partial \boldsymbol{U}}{\partial t}+\frac{\partial \boldsymbol{F}}{\partial x}=\boldsymbol{S} \tag{12.38}$$

$$\boldsymbol{U}=\begin{bmatrix} h \\ q \end{bmatrix},\quad \boldsymbol{F}=\begin{bmatrix} q \\ uq+\frac{1}{2}gh^2 \end{bmatrix},\quad \boldsymbol{S}=\begin{bmatrix} 0 \\ -\tau-gh\frac{\partial z}{\partial x} \end{bmatrix}$$

式中：t 为时间；x 为坐标系；$\boldsymbol{U}$ 为流场变量的向量；$\boldsymbol{F}$ 为 x 方向的通量向量；$\boldsymbol{S}$ 为源项；u 为 x 方向的速度；v 为 y 方向的速度；h 为水深；q 为单宽流量；z 为渠道底部高程；τ 为渠道底部的摩阻损失，$\tau=gn^2u|u|/h^{1/3}$；n 为糙率。

式(12.38)为非线性方程，需要通过迭代求解。本章采用将非线性方程组局部线性化，采用 Roe 平均量计算界面的数值通量，并采用如下 Godunov 格式求解下一时刻的未知量：

$$\boldsymbol{U}_i^{n+1}=\boldsymbol{U}_i^n+\frac{\Delta t}{\Delta x}(\boldsymbol{F}_{i-1/2}-\boldsymbol{F}_{i+1/2})+\Delta t\boldsymbol{S}_i \tag{12.39}$$

式中：上标 n 为时间步数；下标 i 为网格编号；Δt 和 Δx 分别表示时间步长和网格大小。

式(12.39)中的界面通量 $\boldsymbol{F}_{i-1/2}$ 和 $\boldsymbol{F}_{i+1/2}$ 采用 Roe 提出的近似方法求出，其步骤如下。

将式(12.38)改写为如下形式：

$$\frac{\partial \boldsymbol{U}}{\partial t}+\boldsymbol{A}\frac{\partial \boldsymbol{U}}{\partial x}=0 \tag{12.40}$$

式中：$\boldsymbol{A}$ 为 $F(U)$ 对 U 的 Jacobi 矩阵：

$$\boldsymbol{A}=\frac{\partial \boldsymbol{F}(\boldsymbol{U})}{\partial \boldsymbol{U}}=\begin{vmatrix} \frac{\partial q}{\partial h} & \frac{\partial q}{\partial q} \\ \frac{\partial\left(uq+\frac{1}{2}gh^2\right)}{\partial h} & \frac{\partial\left(uq+\frac{1}{2}gh^2\right)}{\partial q} \end{vmatrix}=\begin{vmatrix} 0 & 1 \\ gh-u^2 & 2u \end{vmatrix}$$

将式(12.40)局部线性化后得

$$\frac{\partial \boldsymbol{U}}{\partial t}+\overline{\boldsymbol{A}}\frac{\partial \boldsymbol{U}}{\partial x}=0 \tag{12.41}$$

式中：$\overline{\boldsymbol{A}}$ 为常数矩阵，由已知的局部 $\boldsymbol{U}_L$ 和 $\boldsymbol{U}_R$ 求出。

根据 Roe 的建议，常数矩阵 $\overline{\boldsymbol{A}}$ 与 $\boldsymbol{A}$ 具有相同的形式，并满足双曲性、相容性、间断解的收敛性三个条件，由 Roe 提出的用平均量表达的常数矩阵 $\overline{\boldsymbol{A}}$ 的表达式如下：

$$\overline{\boldsymbol{A}}=\begin{bmatrix} 0 & 1 \\ g\overline{h}-\overline{u}^2 & 2\overline{u} \end{bmatrix} \tag{12.42}$$

式中：$\overline{h}=\sqrt{h_L h_R}$；$\overline{u}=\frac{\sqrt{h_L}u_L+\sqrt{h_R}u_R}{\sqrt{h_L}+\sqrt{h_R}}$；$\overline{c}=\sqrt{\frac{g}{2}(h_L+h_R)}$。

$\overline{\boldsymbol{A}}$ 的特征值为

$$\overline{\lambda}_1=\overline{u}-\sqrt{g\overline{h}}=\overline{u}-\overline{c} \tag{12.43}$$

$$\overline{\lambda}_2=\overline{u}+\sqrt{g\overline{h}}=\overline{u}+\overline{c} \tag{12.44}$$

与之对应的右特征向量为

$$\overline{\boldsymbol{K}}_1=(1,\overline{u}-\overline{c})^{\mathrm{T}} \tag{12.45}$$

$$\overline{\boldsymbol{K}}_2=(1,\bar{u}+\bar{c})^{\mathrm{T}} \tag{12.46}$$

采用如下公式求解波强度$\bar{a}_i$：

$$\Delta\boldsymbol{U}=\begin{bmatrix}\Delta u_1\\ \Delta u_2\end{bmatrix}=\begin{bmatrix}\Delta h\\ \Delta(hu)\end{bmatrix}=\begin{bmatrix}\Delta h\\ \bar{h}\Delta u+\bar{u}\Delta h\end{bmatrix}=\sum_{i=1}^{2}\overline{a_i}\,\overline{\boldsymbol{K}}_i \tag{12.47}$$

求解得

$$\bar{\alpha}_1=\frac{1}{2}\left(\Delta h-\frac{\bar{h}}{\bar{c}}\Delta u\right) \tag{12.48}$$

$$\bar{\alpha}_2=\frac{1}{2}\left(\Delta h+\frac{\bar{h}}{\bar{c}}\Delta u\right) \tag{12.49}$$

式中：$\Delta h=h_R-h_L$；$\Delta u=u_R-u_L$。

以上非线性方程组准确解的 FVM 界面数值通量表示为

$$\boldsymbol{F}=\frac{1}{2}(\boldsymbol{F}_L+\boldsymbol{F}_R)-\frac{1}{2}\sum_{i=1}^{2}\bar{\alpha}_i\,|\bar{\lambda}_i|\,\overline{\boldsymbol{K}}_i \tag{12.50}$$

因此，每个网格中心的未知参数可由式(12.51)求出

$$\boldsymbol{U}_i^{n+1}=\boldsymbol{U}_i^n-\frac{\Delta t}{\Delta x}(\boldsymbol{F}_{i+1/2}-\boldsymbol{F}_{i-1/2})+\Delta t\boldsymbol{S}_i \tag{12.51}$$

式中：上标 n 为时间；i 为网格编号；Δt 为时间步长；Δx 为网格大小。源项的表达式如下：

$$\boldsymbol{S}_i=\begin{bmatrix}0\\ -gn^2u_i\,|u_i|\,/h_i^{1/3}-gh_i\,\dfrac{z_{i+1/2}-z_{i-1/2}}{\Delta x}\end{bmatrix} \tag{12.52}$$

与有压管道类似，采用 Riemann 不变量和方法可以求得明渠进出口的边界条件。对于渠道进口的边界条件，第一个网格左边界上 $n+1$ 时刻的流量、水深与第一个网格中心 n 时刻的流量、水深存在如下关系式：

$$V_{1/2}^{n+1}-2\sqrt{gh_{1/2}^{n+1}}=V_{1/2}^n-2\sqrt{gh_{1/2}^n} \tag{12.53}$$

如果上游边界面上的流速 $V_{1/2}^{n+1}$ 或水深 $h_{1/2}^{n+1}$ 已知，则联立式(12.53)可以求解出边界面上的参数，进一步求解边界面上的通量。

对于渠道出口边界，最后一个网格右边界上的流量、水深与最后一个网格中心 n 时刻的流量、水深存在如下关系式：

$$V_{N+1/2}^{n+1}+2\sqrt{gh_{N+1/2}^{n+1}}=V_{N+1/2}^n+2\sqrt{gh_{N+1/2}^n} \tag{12.54}$$

如果下游边界面上的流速 $V_{N+1/2}^{n+1}$ 或水深 $h_{N+1/2}^{n+1}$ 已知，则联立式(12.54)可以求解出边界面上的参数，进一步求解边界面上的通量。

以上进口和出口边界条件只是用于渠道内为缓流的情况。

12.2.4 一维 FDM 与一维 FVM 耦合模型的工程应用

图 12.2 所示为某座一管三机引水式水电站管道系统布置图，三台机组共用引水隧洞，在上游水库与机组之间建有一段明渠作为沉沙池，沉沙池可视为长度为 L_s、宽度为 B_S、初始水深为 h(上库水位高程－沉沙池底面高程)的矩形断面河道。引水隧洞的长度(沉沙池与上游水库的距离)为 L_1，压力主管的长度为(沉沙池到下游主岔之间的距离)为

L_2，L_1 和 L_2 的总长度为 3 000 m，管道直径均为 8.7 m。水电站的其他主要参数如下：额定出力 60 MW；额定水头 231 m；额定转速 428.6 r/min；额定流量 29 m^3/s；上游水位 1 073 m；下游水位 829 m；导叶高度 0.7 m；转轮直径 2.3 m；安装高程 813 m；转动惯量 726 $t \cdot m^2$；导叶关闭规律 10 s 直线关闭至 0 开度。

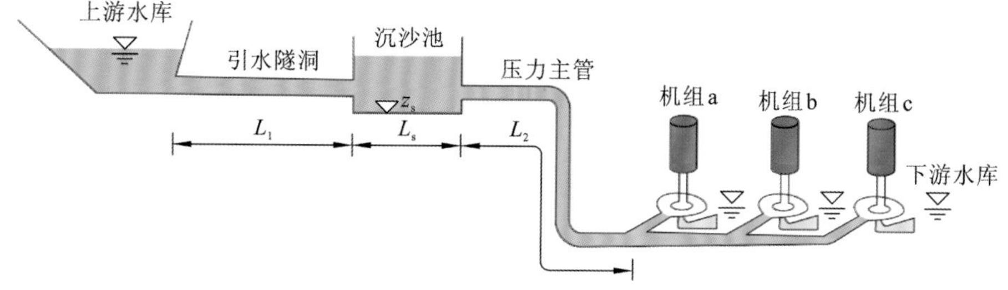

图 12.2　含有沉沙池的水电站布置图

由于沉沙池位置的改变对导叶关闭过程中产生的水锤波的反射和叠加等均产生影响，所以蜗壳压力等调保参数也会随之改变。图 12.3 和图 12.4 为在甩负荷过程中沉沙池位置对机组蜗壳最大压力以及转速最大升高率的影响。从图中可以看出，沉沙池距离机组的距离越远，蜗壳压力和转速升高率的极大值越大，并且这两个参数的极大值与沉沙池的底板高程和宽度关联性均很小。其原因是：蜗壳压力和机组转速在甩负荷后很短时间就达到极大值，在这个过程中，沉沙池只起到自由水面反射水锤波的作用。

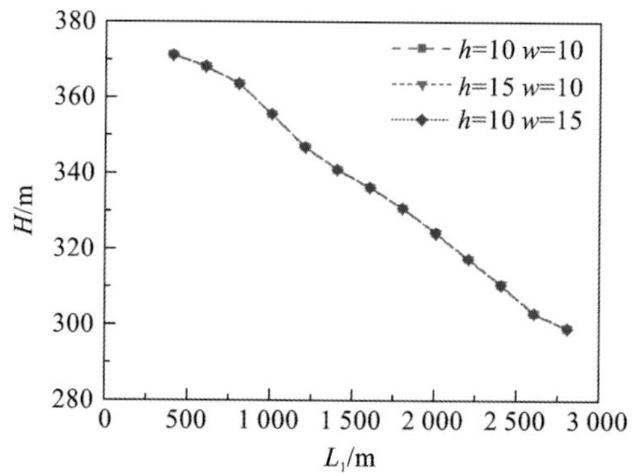

图 12.3　沉沙池位置对蜗壳压力的影响

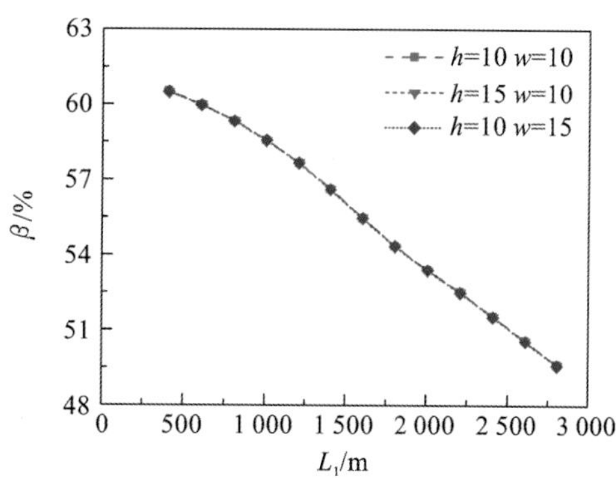

图 12.4　沉沙池位置对机组转速的影响

上述模拟是将沉沙池视为明渠，采用浅水方程的模型。结果表明：沉沙池是通过自由液面达到反射水锤波，起到平压的作用。与将沉沙池视为调压室，没有本质的差别。调压室模型和浅水方程模型都满足水量的连续性方程，而且在铅直方向上假设水压为静压分布。仅仅是浅水方程模型中考虑了水流沿着轴线方向的流动和摩阻损失。

两种模型计算结果的对比如图 12.5 和图 12.6 所示。从图中可以看出，两者对机组调保参数影响不大。沉沙池水位波动的对比如图 12.7 和 12.8 所示。当沉沙池距离机组较近时（L_2＝600 m），调压室模型与浅水方程模型计算得到的水位波动的周期和振幅相近，当沉沙池距离机组较远时（L_2＝2 600 m），浅水方程模型计算得到的水位波动周期比调压室模型计算的长。

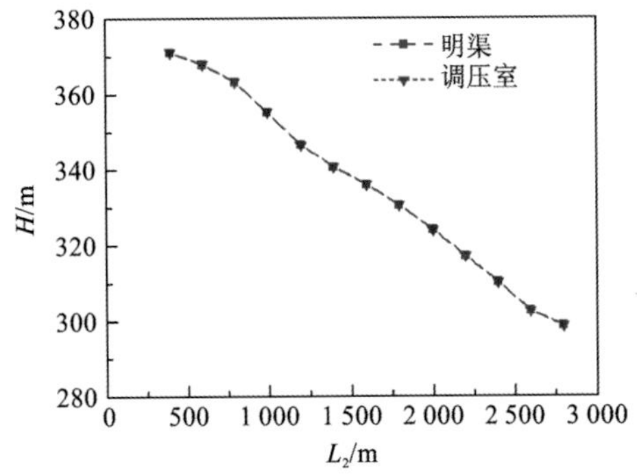

图 12.5 沉沙池位置对蜗壳压力的影 响

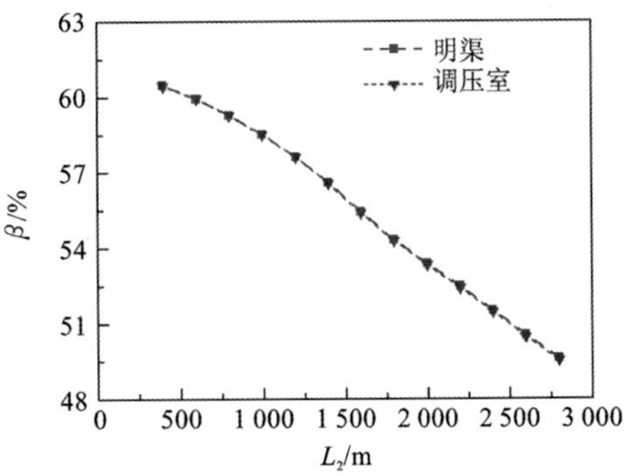

图 12.6 沉沙池位置对机组转速的影响

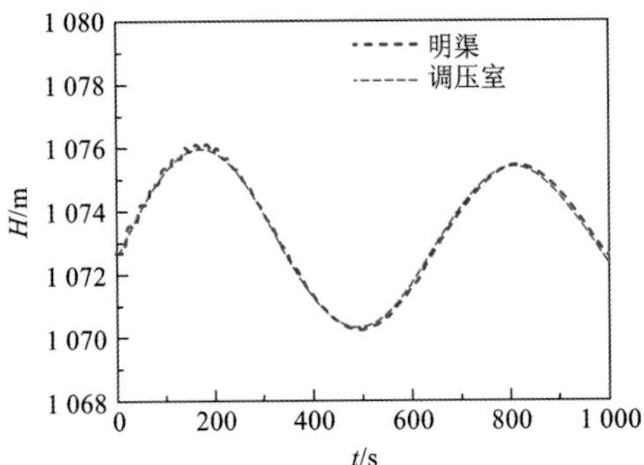

图 12.7 沉沙池水位波动对比(L_2=600 m)

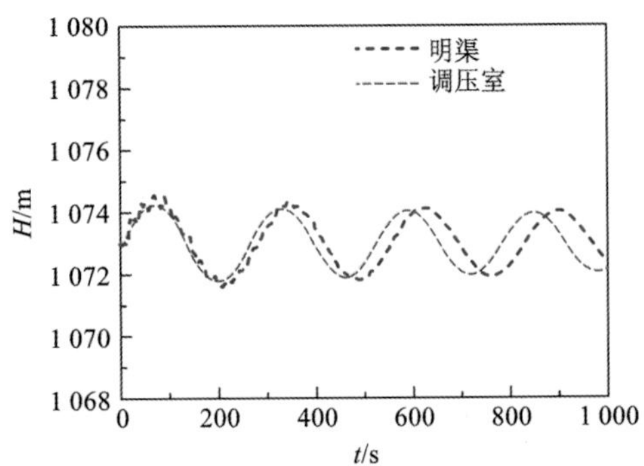

图 12.8 沉沙池水位波动对比(L_2=2 600 m)

12.3 一维 FDM 与二维 FVM 的耦合模型及运用

12.3.1 二维浅水流动的控制方程及求解

守恒形式的二维浅水方程的控制方程如式(12.55)所示：

$$\frac{\partial \boldsymbol{U}}{\partial t}+\frac{\partial \boldsymbol{F}}{\partial x}+\frac{\partial \boldsymbol{G}}{\partial y}=\boldsymbol{S} \tag{12.55}$$

式中：t 为时间；x 和 y 为空间坐标系；$\boldsymbol{U}$ 为流场变量的向量；$\boldsymbol{F}$ 和 $\boldsymbol{G}$ 分别为 x 和 y 方向的通量向量；$\boldsymbol{S}$ 为源项；u 为 x 方向的速度；v 为 y 方向的速度；h 为水深；z 为渠道底部高程。各项的表达式如下：

$$\boldsymbol{U}=\begin{bmatrix} h \\ q_x \\ q_y \end{bmatrix},\quad \boldsymbol{F}=\begin{bmatrix} q_x \\ uq_x+\dfrac{1}{2}gh^2 \\ uq_y \end{bmatrix},\quad \boldsymbol{G}=\begin{bmatrix} q_y \\ vq_x \\ vq_y+\dfrac{1}{2}gh^2 \end{bmatrix},\quad \boldsymbol{S}=\begin{bmatrix} 0 \\ -\tau_{bx}-gh\dfrac{\partial z}{\partial x} \\ -\tau_{by}-gh\dfrac{\partial z}{\partial y} \end{bmatrix}$$

τ_{bx} 和 τ_{by} 为渠道底部的摩阻损失，$\tau_{bx}=gn^2u\sqrt{u^2+v^2}/h^{1/3}$，$\tau_{by}=gn^2v\sqrt{u^2+v^2}/h^{1/3}$。

式(12.55)左边为非线性方程组，其等价于式(12.56)：

$$\frac{\partial \boldsymbol{U}}{\partial t}+\boldsymbol{A}\frac{\partial \boldsymbol{U}}{\partial x}+\boldsymbol{B}\frac{\partial \boldsymbol{U}}{\partial y}=0 \tag{12.56}$$

式中：$\boldsymbol{A}$ 为 $\boldsymbol{F}(\boldsymbol{U})$ 的 Jacobi 矩阵；$\boldsymbol{B}$ 为 $\boldsymbol{G}(\boldsymbol{U})$ 的 Jacobi 矩阵，其表达式分别为

$$\boldsymbol{A}=\begin{bmatrix} \dfrac{\partial(q_x)}{\partial h} & \dfrac{\partial(q_x)}{\partial q_x} & \dfrac{\partial(q_x)}{\partial q_y} \\ \dfrac{\partial\left(uq_x+\frac{1}{2}gh^2\right)}{\partial h} & \dfrac{\partial\left(uq_x+\frac{1}{2}gh^2\right)}{\partial q_x} & \dfrac{\partial\left(uq_x+\frac{1}{2}gh^2\right)}{\partial q_y} \\ \dfrac{\partial(uq_y)}{\partial h} & \dfrac{\partial(uq_y)}{\partial q_x} & \dfrac{\partial(uq_y)}{\partial q_y} \end{bmatrix}=\begin{bmatrix} 0 & 1 & 0 \\ gh-u^2 & 2u & 0 \\ -uv & v & u \end{bmatrix}$$

$$\boldsymbol{B}=\begin{bmatrix} \dfrac{\partial(q_y)}{\partial h} & \dfrac{\partial(q_y)}{\partial q_x} & \dfrac{\partial(q_y)}{\partial q_y} \\ \dfrac{\partial(vq_x)}{\partial h} & \dfrac{\partial(vq_x)}{\partial q_x} & \dfrac{\partial(vq_x)}{\partial q_y} \\ \dfrac{\partial\left(vq_y+\frac{1}{2}gh^2\right)}{\partial h} & \dfrac{\partial\left(vq_y+\frac{1}{2}gh^2\right)}{\partial q_x} & \dfrac{\partial\left(vq_y+\frac{1}{2}gh^2\right)}{\partial q_y} \end{bmatrix}=\begin{bmatrix} 0 & 0 & 1 \\ -uv & v & u \\ gh-v^2 & 0 & 2v \end{bmatrix}$$

将式(12.56)进行局部线性化，改写为

$$\frac{\partial \boldsymbol{U}}{\partial t}+\overline{\boldsymbol{A}}\frac{\partial \boldsymbol{U}}{\partial x}+\overline{\boldsymbol{B}}\frac{\partial \boldsymbol{U}}{\partial y}=0 \tag{12.57}$$

式中：$\overline{\boldsymbol{A}}$ 和 $\overline{\boldsymbol{B}}$ 为常数矩阵，由局部 $\boldsymbol{U}_L$ 和 $\boldsymbol{U}_R$ 求出。

根据 Roe 的建议，常数矩阵 $\overline{\boldsymbol{A}}$ 和 $\overline{\boldsymbol{B}}$ 与 $\boldsymbol{A}$ 和 $\boldsymbol{B}$ 具有相同的形式，并由以下 Roe 平均量显式表示：

$$\overline{\boldsymbol{A}}=\begin{bmatrix} 0 & 1 & 0 \\ g\bar{h}-\bar{u}^2 & 2\bar{u} & 0 \\ -\bar{u}\bar{v} & \bar{v} & \bar{u} \end{bmatrix},\quad \overline{\boldsymbol{B}}=\begin{bmatrix} 0 & 0 & 1 \\ -\bar{u}\bar{v} & \bar{v} & \bar{u} \\ g\bar{h}-\bar{v}^2 & 0 & 2\bar{v} \end{bmatrix}$$

式中

$$\bar{h}=\sqrt{h_Lh_R},\quad \bar{u}=\frac{\sqrt{h_L}u_L+\sqrt{h_R}u_R}{\sqrt{h_L}+\sqrt{h_R}},\quad \bar{v}=\frac{\sqrt{h_L}v_L+\sqrt{h_R}v_R}{\sqrt{h_L}+\sqrt{h_R}},\quad \bar{c}=\sqrt{\frac{g}{2}(h_L+h_R)}$$

式(12.57)准确解的界面数值通量表达式如式(12.58)和式(12.59)所示：

$$\boldsymbol{F}=\frac{1}{2}(\boldsymbol{F}_L+\boldsymbol{F}_R)-\frac{1}{2}\sum_{i=1}^{3}\bar{\alpha}_i\left|\bar{\lambda}_i\right|\bar{\boldsymbol{\gamma}}_i \tag{12.58}$$

$$\boldsymbol{G}=\frac{1}{2}(\boldsymbol{G}_L+\boldsymbol{G}_R)-\frac{1}{2}\sum_{i=1}^{3}\bar{b}_i\left|\bar{\beta}_i\right|\bar{\boldsymbol{\varphi}}_i \tag{12.59}$$

式中：$\bar{\alpha}$、$\bar{\lambda}$ 和 $\bar{\boldsymbol{\gamma}}$ 分别为 $\overline{\boldsymbol{A}}$ 的特征强度、特征值和与之对应的右特征向量；$\bar{b}$、$\bar{\beta}$ 和 $\bar{\boldsymbol{\varphi}}$ 分别为 $\overline{\boldsymbol{B}}$ 的特征强度、特征值和与之对应的右特征向量。其表达式如下：

$$\overline{\lambda_1}=\overline{u}-\overline{c} \qquad \overline{\lambda_2}=\overline{u} \qquad \overline{\lambda_3}=\overline{u}+\overline{c}$$

$$\overline{\boldsymbol{\gamma}_1}=(1,\overline{u}-\overline{c},\overline{v})^{\mathrm{T}} \qquad \overline{\boldsymbol{\gamma}_2}=(0,0,1)^{\mathrm{T}} \qquad \overline{\boldsymbol{\gamma}_3}=(1,\overline{u}+\overline{c},\overline{v})^{\mathrm{T}}$$

$$\overline{\alpha}_1=\frac{1}{2}\left(\Delta h-\frac{\overline{h}}{\overline{c}}\Delta u\right) \qquad \overline{\alpha}_2=\overline{h}\Delta v \qquad \overline{\alpha}_3=\frac{1}{2}\left(\Delta h+\frac{\overline{h}}{\overline{c}}\Delta u\right)$$

$$\overline{\beta_1}=\overline{v}-\overline{c} \qquad \overline{\beta_2}=\overline{v} \qquad \overline{\beta_3}=\overline{v}+\overline{c}$$

$$\overline{\boldsymbol{\varphi}_1}=(1,\overline{u},\overline{v}-\overline{c})^{\mathrm{T}} \qquad \overline{\boldsymbol{\varphi}_2}=(0,-1,0)^{\mathrm{T}} \qquad \overline{\boldsymbol{\varphi}_3}=(1,\overline{u},\overline{v}+\overline{c})^{\mathrm{T}}$$

$$\overline{b}_1=\frac{1}{2}\left(\Delta h-\frac{\overline{h}}{\overline{c}}\Delta v\right) \qquad \overline{b}_2=-\overline{h}\Delta u \qquad \overline{b}_3=\frac{1}{2}\left(\Delta h+\frac{\overline{h}}{\overline{c}}\Delta v\right)$$

$$\Delta h=h_R-h_L \qquad \Delta u=u_R-u_L \qquad \Delta v=v_R-v_L$$

式(12.55)中的源项采用式(12.60)所示的方式处理：

$$\boldsymbol{S}_{i,j}=\begin{bmatrix} 0 \\ -gn^2u_{i,j}\sqrt{u_{i,j}^2+v_{i,j}^2}/h_{i,j}^{1/3}-gh_{i,j}\dfrac{z_{i+1/2,j}-z_{i-1/2,j}}{\Delta x} \\ -gn^2v_{i,j}\sqrt{u_{i,j}^2+v_{i,j}^2}/h_{i,j}^{1/3}-gh_{i,j}\dfrac{z_{i,j+1/2}-z_{i,j-1/2}}{\Delta y}\end{bmatrix} \tag{12.60}$$

因此，非线性方程(12.55)的近似解可表示为

$$\boldsymbol{U}_{i,j}^{n+1}=\boldsymbol{U}_{i,j}^{n}-\frac{\Delta t}{\Delta x}(\boldsymbol{F}_{i+1/2,j}-\boldsymbol{F}_{i-1/2,j})-\frac{\Delta t}{\Delta y}(\boldsymbol{G}_{i,j+1/2}-\boldsymbol{G}_{i/2,j-1/2})+\Delta t\,\boldsymbol{S}_{i,j} \tag{12.61}$$

式中：n 为时间；i、j 为网格编号；Δt 为时间步长；Δx 和 Δy 为 x 和 y 方向网格大小。

12.3.2 一维 FDM 与二维 FVM 耦合模型的工程应用

图 12.9 为乌东德水电站左岸电厂，共 6 台机组。每台机组具有独立的引水管道，每相邻的两台机组共用下游尾水调压室以及尾水隧洞，形成一个水力单元。每一岸的三个水力单元出水口连接于同一河道，彼此相距很近。

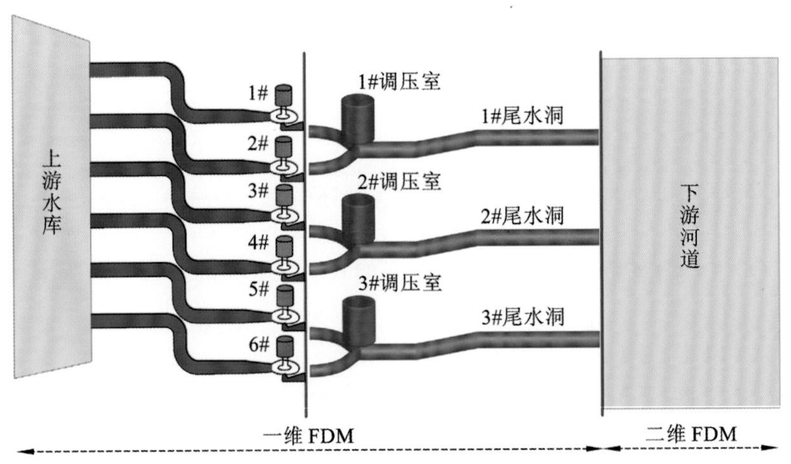

图 12.9 乌东德水电站左岸水力单元水道系统

该水电站的基本参数如下：额定出力 850 MW；额定水头 135 m；额定转速 93.75 r/min；额定流量 716.77 m^3/s；上游水位 975 m；下游水位 835 m；导叶高度 4.0 m；转轮直径 8.9 m；安装高程 813 m；转动惯量 340 000 t·m^2；导叶关闭规律 10.5 s 直线关闭至 0 开度。

由于机组单机容量（850 MW）巨大，额定水头（135 m）相对较低，机组引用流量（716.77 m^3/s）较大，水头的微小变化均会引起出力的改变。而由图 12.10 所示的下游水位与流量的关系曲线可知，该水电站某一水力单元或机组的投运或停机，其流量变化将引起下游水位相应的变化，与下游恒定水位计算假设有区别。

如甩负荷机组，流量减小导致下游水位的降低，将影响该机组尾水管进口压力的变化过程及极值，也会影响该水力单元的尾水调压室水位波动，并且影响其他运行机组，因为下游水位的波动导致正常运行机组水头的变化及出力的变化，超过某一阈值，则引发调速器的调节。

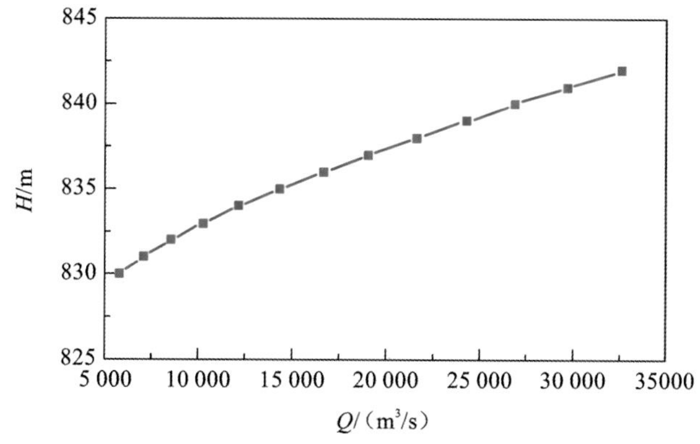

图 12.10　乌东德水电站下游水位随流量变化曲线

以乌东德左岸电厂为例，按照实际尾水隧洞出口的地形，将尾水洞出口河道近似等效为长 200 m、宽 110 m 的矩形河道，采用二维浅水方程求解水位波动，并与一维的引水发电系统耦合求解，用于分析下游水位波动对该电站过渡过程的影响。

计算工况为左岸 1 号水力单元两台机组（1＃、2＃）甩负荷对运行机组（3＃～6＃）的干扰，运行机组导叶开度保持不变。

图 12.11 所示为两台机组同时甩负荷后尾水洞出口水位随时间的变化关系。从图中可以看出，1＃水力单元两台机组甩负荷后，由于流量的减小，出口水位降低，河道内 2＃水力单元和 3＃水力单元尾水洞出口的水深也受到扰动。图 12.12 所示为 2＃和3＃调压室内的水位受到下游出口水位变化扰动后的波动。虽然 2＃和 3＃水力单元的四台机组均处于正常运行状态（保持导叶开度不变），但下游水位降低，引起机组水头增加。因此，在开度

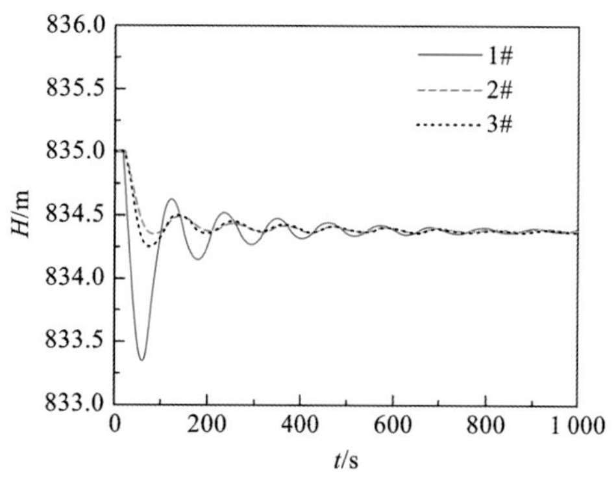

图 12.11　三个水力单元尾水出口水位波动

保持不变的条件下，如图 12.13所示，受干扰机组出力增加并波动，由于调压室内水位也处于波动状态，下游河道水位并不会在较短的时间内趋于稳定，因此 2＃和 3＃水力单元机组出力的波动也会持续较长的时间，大约 1＃水力单元的两台机组甩负荷后 500 s 后，下游水位趋于平静，受干扰机组的出力也逐渐稳定。

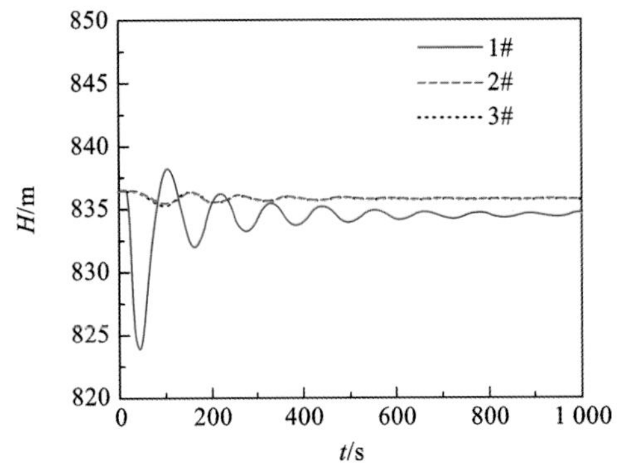

图 12.12　三个水力单元调压室水位波动

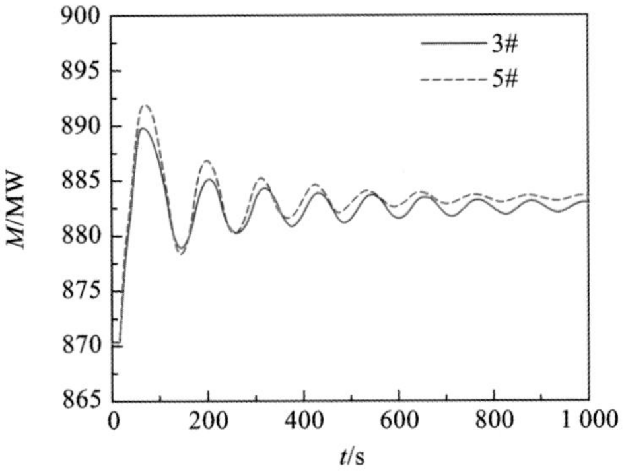

图 12.13　受干扰机组水轮机出力波动

图 12.14 为某些典型时刻下游河道内的水位波动图。图 12.14(a)为 $t=10$ s 时，1＃水力单元 2 台机组开始甩负荷；图 12.14(b)为 $t=15$ s 时，由 1＃水力单元甩负荷引起的水位扰动传播到正常运行机组尾水隧洞出口；图 12.14(c)为 $t=65$ s 时，下游出口水位达到最低，受干扰机组出力达到最大；图 12.14(d)为 $t=500$ s 时，河道水面趋于平静，受影响机组出力摆幅减小并趋于稳定。

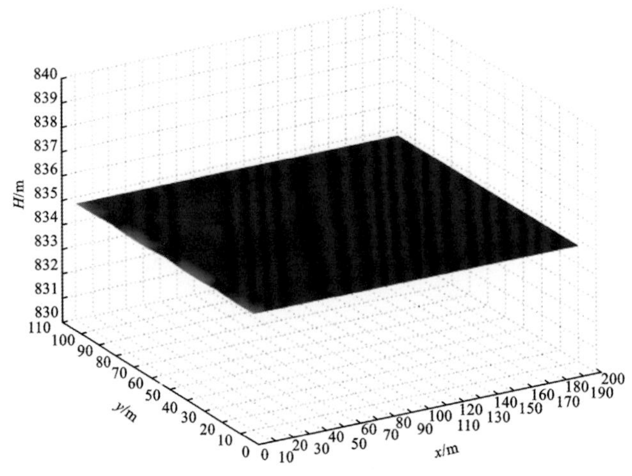

(a) t=10 s 1#水力单元2台机组开始甩负荷

图 12.14　典型时刻河道水面线

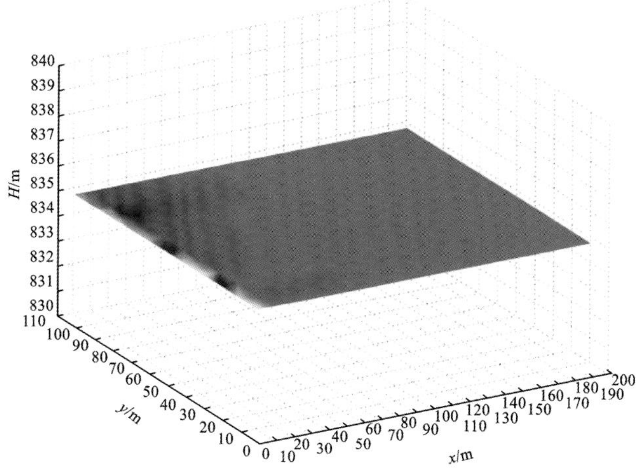

（b）t=15 s 扰动传播到正常运行机组

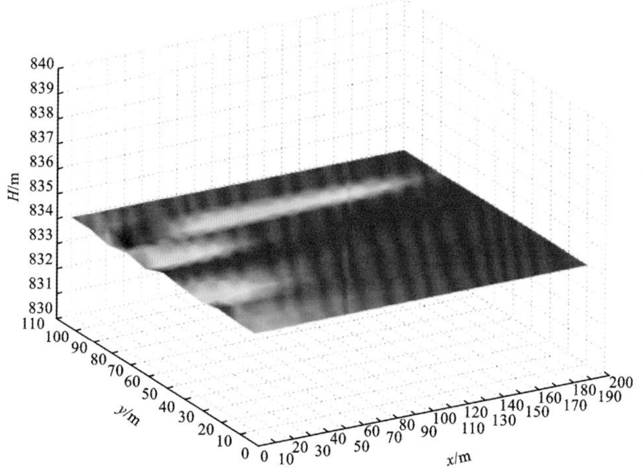

（c）t=65 s 出口水位达到最低，机组出力达到最大

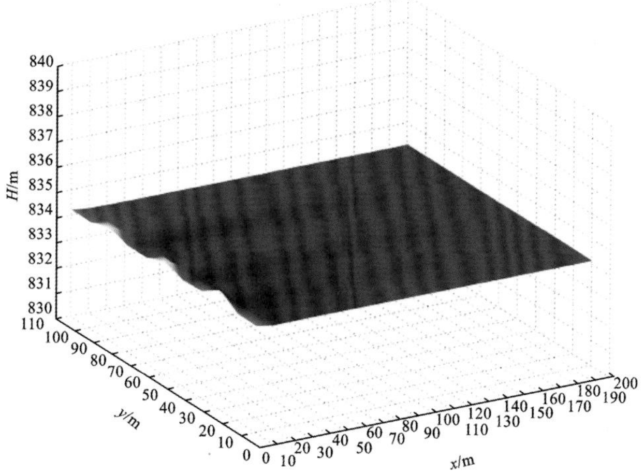

（d）t=500 s 水面趋于平静，机组出力摆幅减小

图 12.14　典型时刻河道水面线(续)

12.4 一维 FDM 与三维 FVM 的耦合模型及运用

12.4.1 三维瞬变流数学模型与计算方法

1. 质量守恒方程和动量守恒方程

研究流体瞬变流时，若不考虑温度变化对水流物理特性（密度、黏性、体积弹性模量等）的影响，其流动现象及随时间的变化过程可以用连续性方程（质量守恒定律）和动量方程（动量守恒定律）来描述。

由于本章所研究的对象涉及液体中压力波的传播，因此需要在三维模型中计及流体的可压缩性。在 Open FOAM 的可压缩流体求解器 sonic Liquid Foam 中，质量守恒方程和动量守恒方程如下所示：

$$\frac{\partial \rho}{\partial t}+\nabla \cdot (\rho \boldsymbol{U})=0 \tag{12.62}$$

$$\frac{\partial \rho \boldsymbol{U}}{\partial t}+\nabla \cdot (\rho \boldsymbol{U}\boldsymbol{U})-\nabla \cdot \mu \nabla \boldsymbol{U}=-\nabla p \tag{12.63}$$

液体的可压缩性通过如下密度和压力的线性关系实现：

$$\frac{\partial \rho}{\partial p}=\frac{\rho}{K}=\varphi \tag{12.64}$$

式中：$\boldsymbol{U}$ 为液体速度矢量；μ 为液体黏度；ρ 为液体密度；p 为液体压强；K 为流体的体积弹性模量。

将式(12.64)进行线性化，可以得到流体密度与压力变化之间的关系式：

$$\rho=\rho_0+\varphi(p-p_0) \tag{12.65}$$

式中：ρ_0 和 p_0 为参考密度和参考压力，即 $\rho(p_0)=\rho_0$。对于水体，体积弹性模量 $K\approx 2.2\times 10^9$ Pa，液体中的声速通过 Newton-Laplace 方程得到，即 $a=\sqrt{\frac{K}{\rho}}=\sqrt{\frac{1}{\varphi}}$。

在 sonic Liquid Foam 求解器中，水体弹性通过系数 φ 实现，在 Fluent 中，通过 UDF 定义流体的属性实现压力和密度的关系，并且可以自定义波速。

理论上讲，如果已知某一时刻流场的参数，将之设为初值，然后代入连续方程和运动方程中直接求解，即可得到任意时刻和地点流场的参数。

2. 湍流模型

在实际中，流体存在黏性，通常把流体的流动状态分为层流和紊流两种形式，在自然界和工程领域中，大多数流体表现出来的都是紊流，层流只是在极其特殊的情况下才存在。处于紊流状态中的流体，其流场内的压强、速度等各种物理量在时间和空间上都是随机变化的。同时，由于紊流中有大量尺度不等的漩涡相互掺混，流场中各点的流动特性在时间和空间上均存在具有随机性的脉动值，从而使得在分析流体紊流运动时，获得流场中各处流动特性随时间的变化过程变得十分困难，直接求解三维瞬变流的控制方程，对计算机资源的要求非常高，目前无法用于工程计算。在工程实践中，为了降低对计算机资源的要求，对该控制方程进行时间平均处理，由此得到的不可压缩湍流的动量方程称为雷诺方程：

$$\rho \frac{\mathrm{D}\,\overline{u}_i}{\mathrm{D}t}=\rho F_i-\frac{\partial \overline{p}}{\partial x_i}+\mu \frac{\partial^2 \overline{u}_i}{\partial x_i \partial x_j}-\rho \frac{\partial}{\partial x_j}(\overline{u'_i u'_j}) \tag{12.66}$$

时均化的动量方程除了包含 4 个时均变量($\overline{u}_1$、$\overline{u}_2$、$\overline{u}_3$、$\overline{p}$)，还增加了 6 个雷诺应力项($\overline{u'^2_1}$、$\overline{u'^2_2}$、$\overline{u'^2_3}$、$\overline{u'v'}$、$\overline{v'w'}$、$\overline{w'u'}$)，使得平均 N-S 方程不再封闭[22]。鉴于此，需要引入湍流模型来解决方程的不封闭问题。

湍流的数学模型是在雷诺时均运动控制方程的基础上，引入多个模型假设建立起来的。湍流的数学模型理论不断地发展，得到了各种不同的湍流模型。根据引入微分方程的个数不同，可将湍流数学模型分为零方程模型、一方程模型、二方程模型、多方程模型、雷诺应力模型[22]。

目前，计算机资源飞速发展，二方程湍流模型已经能够成功地模拟大部分湍流流场，在实际工程问题中越来越多地应用到二方程模型。研究表明，Realizable k-ε 模型能够很好地模拟复杂的二次流。在模拟强逆压力梯度、射流扩散率、分离、回流、旋转上有较高精度，Realizable k-ε 模型与标准 k-ε 模型相比较，主要有如下两方面的改进：

(1) 采用了新的湍流黏度计算公式；

(2) 根据二次平均的涡量输运方程推导新的耗散率方程。

Realizable k-ε 模型的湍动能 k 及耗散率 ε 输运方程为

$$\rho \frac{\mathrm{d}k}{\mathrm{d}t}=\frac{\partial}{\partial x_i}\left[\left(\mu+\frac{\mu_t}{\sigma_k}\right)\frac{\partial k}{\partial x_i}\right]+G_k+G_b-\rho\varepsilon-Y_M \tag{12.67}$$

$$\rho \frac{\mathrm{d}\varepsilon}{\mathrm{d}t}=\frac{\partial}{\partial x_i}\left[\left(\mu+\frac{\mu_t}{\sigma_\varepsilon}\right)\frac{\partial \varepsilon}{\partial x_i}\right]+\rho C_1 S\varepsilon-\rho C_2 \frac{\varepsilon^2}{k+\sqrt{\upsilon\varepsilon}}+C_{1\varepsilon}\frac{\varepsilon}{k}C_{3\varepsilon}G_b \tag{12.68}$$

式中：$C_1=\max\left[0.43,\dfrac{\eta}{\eta+5}\right]$；$\eta=Sk/\varepsilon$。

在上述方程中，G_k 表示由平均速度梯度引起的湍动能 k 的产生项，G_b 表示由于浮力影响引起的湍动能 k 的产生项；Y_M 表示可压缩湍流脉动膨胀对总的耗散率的影响；C_1、C_2、$C_{1\varepsilon}$、$C_{3\varepsilon}$ 是常数；σ_k 和 σ_ε 分别是湍动能及其耗散率的湍流普朗特数。在 Fluent 中，作为默认值常数，$C_{1\varepsilon}=1.44$，$C_2=1.9$，$\sigma_k=1.0$，$\sigma_\varepsilon=1.2$。

该模型的湍流黏性系数与标准 k-ε 模型相同，不同的是，黏性系数中的 C_μ 不是常数，而是通过公式计算得到 $C_\mu=\dfrac{1}{A_0+A_s\dfrac{U^*K}{\varepsilon}}$，其中，$U^*=\sqrt{S_{ij}S_{ij}+\widetilde{\Omega}_{ij}\widetilde{\Omega}_{ij}}$，$\widetilde{\Omega}_{ij}=Q_{ij}-2\varepsilon_{ijk}\omega_k$，$\Omega_{ij}=\widetilde{\Omega}_{ij}+2\varepsilon_{ijk}\omega_k$，$\widetilde{\Omega}_{ij}$ 表示在角速度 ω_k 旋转参考系下的平均旋转张量率。模型常数 $A_0=4.04$，$A_s=\sqrt{6}\cos\phi$，$\phi=\dfrac{1}{3}\arccos(\sqrt{6}W)$，式中，$W=\dfrac{S_{ij}S_{jk}S_{kl}}{\widetilde{S}}$，$\widetilde{S}\equiv\sqrt{S_{ij}S_{ij}}$，$S_{ij}=\dfrac{1}{2}\left(\dfrac{\partial u_j}{\partial x_i}+\dfrac{\partial u_i}{\partial x_j}\right)$。从这些公式中发现，$C_\mu$ 是平均应变率与旋度的函数。在平衡边界层惯性底层，可以得到 $C_\mu=0.09$，与标准 k-ε 模型中采用的常数一样。

3. 边界层的处理

前面介绍的 Realizable k-ε 模型适用于充分发展的湍流，而边界层内的流动雷诺数较低，湍流发展并不充分，流速梯度大，剪切应力作用强，边壁区的准确模拟对摩阻系数、压力变化等有明显影响，所以边壁处理对水力损失计算十分重要。雷诺时均方程(Reynolds-Averaged Navier-Stokes equations，RANS)湍流模拟方法是用时间平均后的N-S方程模拟平均流动，用湍流模型(如 k-ε 方程)描述湍动能。因此，该方法在模拟有边壁的流场时，必须对边壁加以特别处理。目前，边壁处理方法主要有两种：两层法(Two-Layer Model)适用于低雷诺数流动，且要求近壁层内网格足够细；壁函数法(Standard Wall Function)则适用于高雷诺数流动且无须过细的近壁网格。壁函数法用对数函数逼近边壁区的流速分布：

$$\frac{u_P u^*}{\tau_w/\rho}=\frac{1}{\kappa}\ln\left(E\frac{\rho u^* y_P}{\mu}\right)-\Delta B \tag{12.69}$$

式中：$u^*=C_\mu^{1/4}k_P^{1/2}$；$\kappa=0.41$ 是 Kármán 常数；$E=9.81$ 是经验常数；u_P 是 P 点(第一层网格点)的平均流速；k_P 是 P 点的湍动能；y_P 是 P 点到边壁的距离；μ 是流体的运动黏性系数；ΔB 是反映壁面粗糙度影响的系数，由下式计算：

$$\Delta B=\begin{cases}0, & K_S^+<2.25\\ \frac{1}{\kappa}\ln\left(\frac{K_S^+-2.25}{87.75}+C_{K_S}K_S^+\right)\sin[0.4258(\ln K_S^+-0.811)], & 2.25\leqslant K_S^+\leqslant 90\\ \frac{1}{\kappa}\ln(1+C_{K_S}K_S^+), & K_S^+>90\end{cases} \tag{12.70}$$

式中：$K_S^+=\rho u^* K_S/\mu$，K_S 是当量粗糙高度，根据前人的计算结果取 0.003 m；C_{K_S} 是与粗糙类型有关的常数，对于均匀分布的沙粒粗糙类型(适用本书模拟的问题)，C_{K_S} 取 0.5。

壁函数的有效范围是 $y^+=\rho u^* y_P/\mu$，所以经验建议近壁计算网格(第一层网格)的高度 y_P 应使 $y^+=\rho u_\tau y_P/\mu$ 满足 $30<y^+<300$，以保证壁函数模拟的精度。

4. 边界条件的处理

通常流体边界分为流固交界面和流流(液液、液气)交界面，本小节仅针对流固及液气交界面的处理，且固体边界无滑移。

1) 流固分界面边界条件

流体在固体边界上的速度依流体有无黏性而定。对于黏性流体，流体将黏附于固体表面(无滑移)，即

$$v|_F=v|_S \tag{12.71}$$

式中：$v|_F$ 是流体速度；$v|_S$ 是固壁面相应点的速度。

式(12.71)表明，在流固边界面上，流体在一点的速度等于固体在该点的速度。

2) 液气分界面边界条件

液气分界面最典型的是水与大气的分界面，即自由面。由于自由面本身是运动和变形的，而且其形状常常也是一个需要求解的未知函数，因此存在自由面的运动学条件问题。设自由面方程为

$$F(x,y,z,t)=0 \tag{12.72}$$

并假定在自由面上的流体质点始终保持在自由面上，则流体质点在自由面上一点的法向速度，应该等于自由面本身在这一点的法向速度，自由液面运动学条件：

$$\frac{\partial F}{\partial t}+v\,\nabla F=0 \tag{12.73}$$

考虑液气边界上的表面张力，则在界面两侧，两种介质的压强差与表面张力有如下关系：

$$p_2-p_1=\sigma\left(\frac{1}{R_1}+\frac{1}{R_2}\right) \tag{12.74}$$

12.4.2　一维 FDM 与三维 FVM 耦合模型及验证

图 12.15 为一维 FDM 与三维 FVM 耦合示意图。0～4 断面和 8～12 断面的区域为一维 FDM 计算区域，4～8 断面的区域为三维 FVM 计算区域。FDM 计算网格的边界值，而 FVM 计算网格单元的中心值。0 断面和 12 断面为 FVM 的物理边界条件，4 断面和 8 断面为 FDM 和 FVM 耦合的断面。

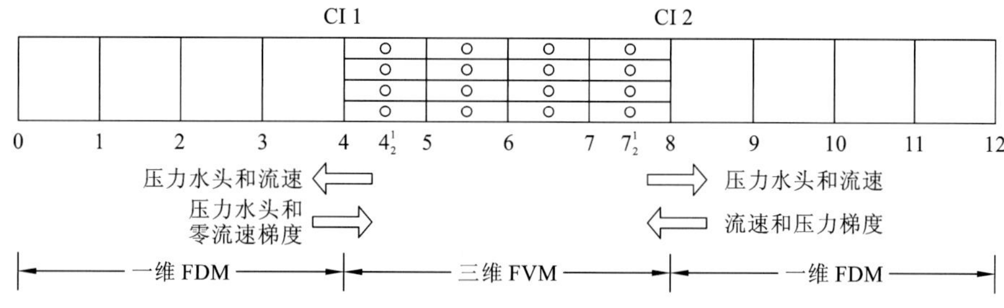

图 12.15　FDM-FVM-FDM 耦合图

第一个耦合边界(CI 1)位于断面 4 处，在计算时刻需要依据两边区域，确定该断面的压力水头和流速。从 FDM 区域可以获得 4 断面的前扫描结果式(12.6)，而从 FVM 区域可以获得 Riemann 不变量方程，式(12.75)用以确定新的计算时刻耦合界面与 FVM 中 $4\frac{1}{2}$断面的压力水头和流速的关系式。

$$H_4^{n+1}-\frac{a}{g}V_4^{n+1}=H_{4\frac{1}{2}}^{n}-\frac{a}{g}V_{4\frac{1}{2}}^{n} \tag{12.75}$$

FVM 中的值是通过体积平均计算得到的，求解式(12.3)和式(12.75)得到耦合交界面上的压力水头和流速。对于三维断面 8 处的第二个耦合交界面(CI2)，采用相似的过程可以得到耦合交界面上在每个新的计算时刻的压力水头和流速，只是用断面 8 的前扫描方程代替断面 4 的前扫描方程，式(12.76)用式(12.75)代替：

$$H_8^{n+1}+\frac{a}{g}V_8^{n+1}=H_{7\frac{1}{2}}^{n}+\frac{a}{g}V_{7\frac{1}{2}}^{n} \tag{12.76}$$

在 FVM 计算区域的进口，即耦合边界面 CI 1 上，将静压设置为 FVM 的边界条件，而在 FVM 计算区域的出口 CI 2 耦合界面上，将流速与断面 8 和 9 之间的压力梯度设置为 FVM 的边界条件，在耦合交界面上设置压力梯度可以减小交界面的数值扰动。

1. 变截面管道

图 12.16 所示的变截面管道被用于验证 FDM 与 FVM 的耦合是不受网格几何特征影

响的。长度为 1 000 m，前 500 m 为方形管道，其面积为 1 m^2，后 500 m 管道为变截面管道，管道的面积由 1 m^2 线性减小为 0.25 m^2。水体中波速为 1 000 m/s。管道进口为无限大水库，水位为 100 m。管道内的初始流量为 0，瞬变过程由阀门处的流量由 0 在 5 s 内线性增加到 1 m^3/s所引发，不计管壁的摩擦阻力。计算的时间步长为 0.005 s，沿着管道长度方向，对于 FDM 和 FVM，网格的大小均为 5 m。

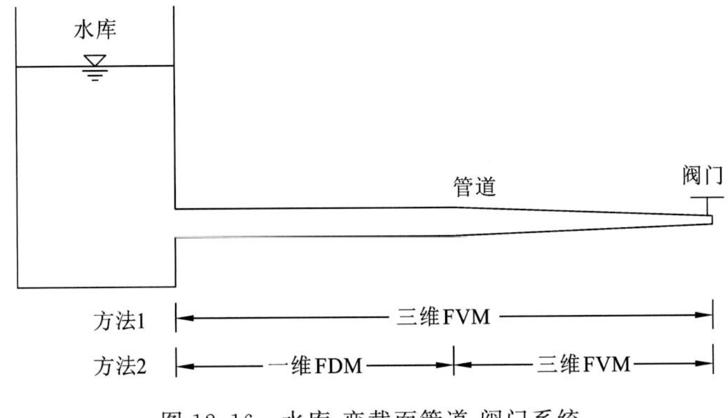

图 12.16 水库-变截面管道-阀门系统

采用两种方法计算由阀门末端水流的变化引起的瞬变过程，方法 1 采用三维 FVM 模拟整个管道，方法 2 采用一维 FDM 与三维 FVM 耦合的方法计算，耦合交界面位于等截面管道末端。图 12.17 为阀门处的压力和耦合交界面的流速由阀门关闭引起的变化。两种方法计算得到的结果很接近，说明耦合方法不受耦合界面处管道几何参数变化的影响，即使耦合界面位于几何参数变化处，也能够模拟水流压力的传播。

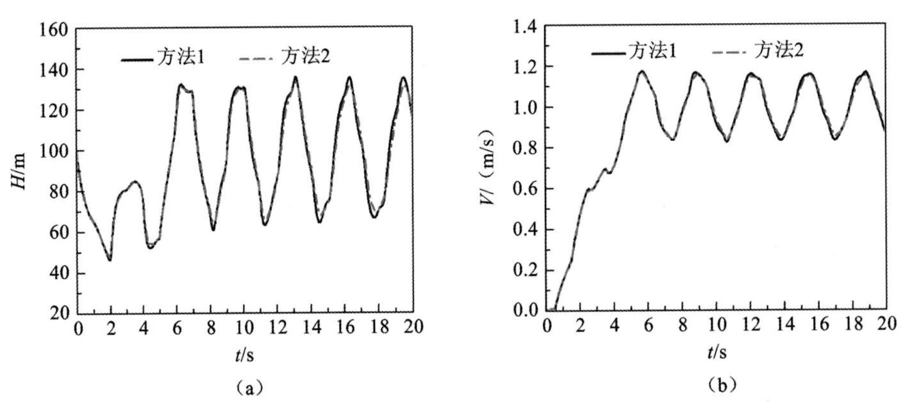

图 12.17 变截面对耦合的影响

2. 弯管

用于测试的算例是两根 500 m 长的直管道通过 180°的弯头连接，如图 12.18 所示，弯管的内半径为 2 m，其他边界条件的设置与前变截面管道一致。采用两种方法模拟瞬变过程，方法 1 采用三维 FVM 的方法，方法 2 中采用三维 FVM 模拟与水库连接的直管、弯管以及部分与阀门连接的直管，其余与阀门连接的直管采用一维 FDM 的方法模拟，耦合交界面距离弯管出口的距离为 ΔL。FDM 模拟部分网格的大小为 5 m。FVM 中垂直水流的两个方向网格数量均为20,沿着管道方向,直管中网格的大小是渐变的,比例因子为0.05,网格数目与长度相等。图12.19为阀门处计算得到测压管水头随时间的变化过程。两种方法结果相近。但是当$\Delta L=5$ m时,压力的峰值表现发散,当$\Delta L=0$ m,压力表现出非物理波动,因此耦合的交接面不应太靠近三维流动区域。

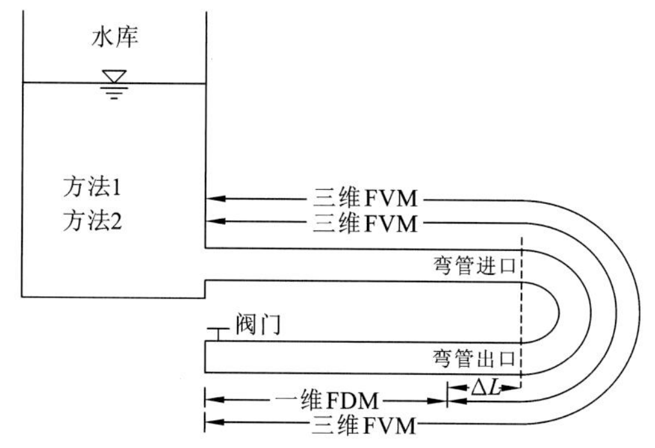

图12.18 水库-弯管-阀门系统

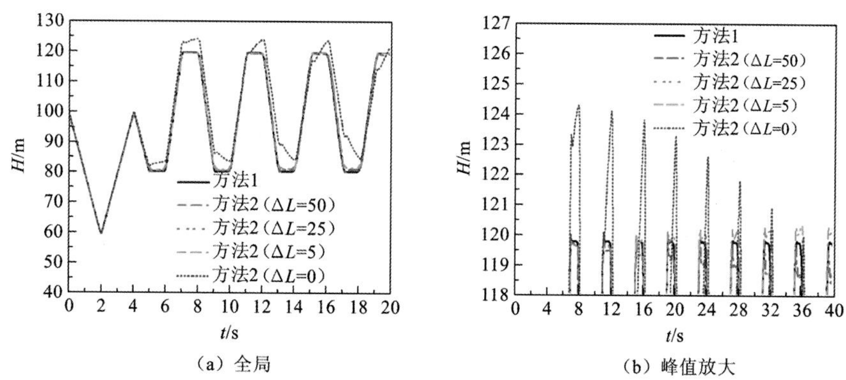

图12.19 阀门处测压管水头

12.4.3 一维FDM与三维FVM耦合模型的工程应用

除坝后式水电站、河床式水电站外,常常采用岔管将多台机组与压力主管或者尾水洞相连。一方面,在相同的时刻,不同机组可能处于不同的运行状态,如有的机组正常运行,而其他机组正处于甩负荷过程,导致岔管内呈现出复杂的流态;另一方面,由于岔管多为变截面的管道,而且岔点使得压力的传播表现出复杂的反射、叠加等现象,进而影响系统中其他参数的变化。

本节采用如上提出的耦合方法计算含有岔管的水电站由于机组甩负荷引起的水力瞬变过程,如图12.20所示,系统中除岔管采用三维模型计算外,其他管道、调压室、机组均采用一维模型模拟。

某水电站基本参数如下:额定出力55 MW;额定水头240 m;额定转速428.6 r/min;额定流量25 m^3/s;上游水位1 171.5 m;下游水位926 m;导叶高度0.8 m;转轮直径2.5 m;安装高程905 m;转动惯量1 000 t·m^2;导叶关闭规律为17 s折线关闭到0开度;调压室面积137.341 m^2。

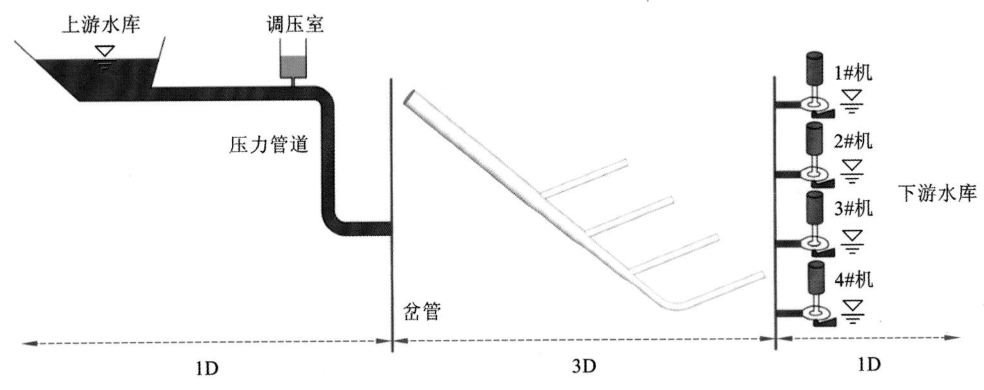

图 12.20　耦合模型示意图

计算工况如下：一台机组甩负荷，其他三台机组正常运行，即 4＃机组在 2 s 时甩负荷，1＃～3＃机组保持开度不变正常运行，由于甩负荷机组导叶关闭，引起管道内压力波动，从而引起正常运行机组参数（水头、流量和出力等）波动。

图 12.21 和图 12.22 为恒定流动时岔管内的总压和静压分布图（相对于下游水库水面的测压管压力）。从图中可以看出，沿着水流方向，从主管到支管，由于存在水头损失，总压逐渐减小，4＃支管的压力减小得最少，即水头损失最小，而 1＃～3＃支管中，即使是同一垂直于管道轴线的断面总压也呈现出右侧高左侧低的现象，是由于流速在同一断面分布不均匀，即管道右侧的流速大于左侧的流速。如图 12.22 所示，垂直于轴线的同一横截面，静压分布较均匀，因此流速的分布不均引起总压在横截面上的分布不均。

图 12.23 为甩负荷机组蜗壳压力最大时刻岔管内静压分布图。从图中可以明显地看出压力传播的方向和过程，升压波从 4＃机组向上游传播，距离 4＃机组越近，升压波到达所需要的时间越短，压力也越大，因此 3＃岔管的压力大于 2＃岔管，而 2＃岔管大于 1＃岔管，主管内逆着水流方向压力是逐渐变小的。

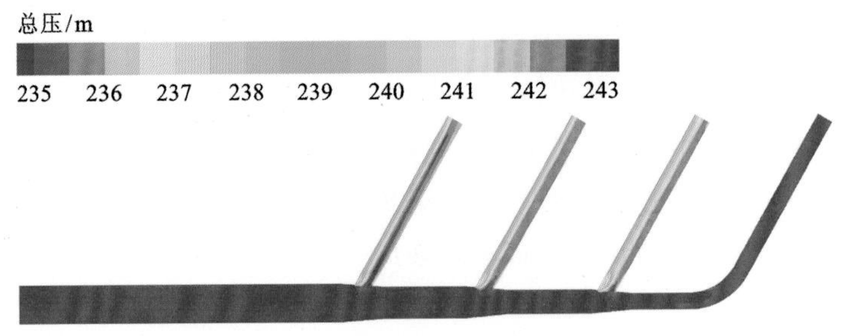

图 12.21　恒定状态下的总压分布

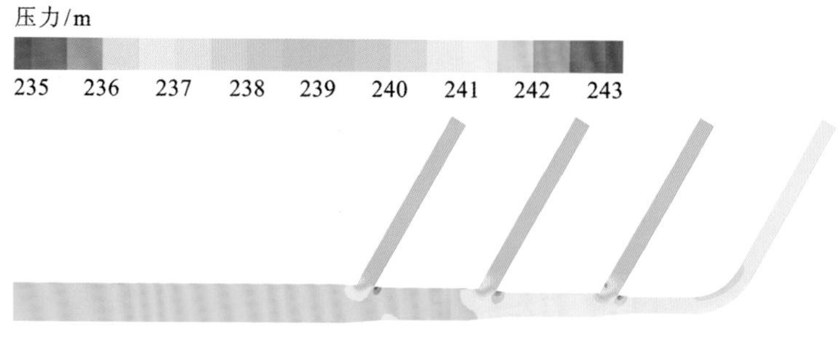

图 12.22　恒定状态下的静压分布

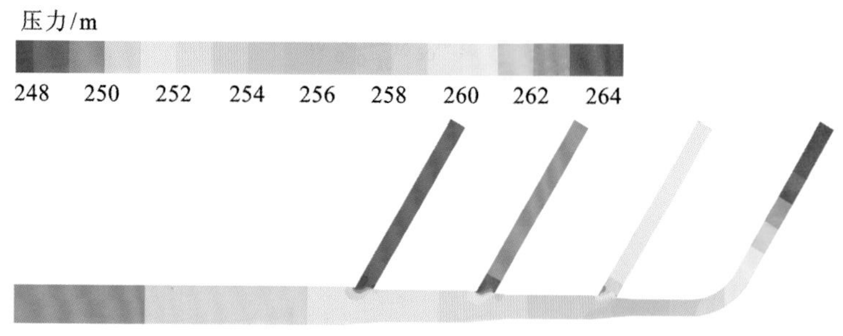

图 12.23　$t=4.1$ s 时(压力最大)的静态压力

图 12.24 为 4＃机导叶关闭到 0 后，$t=30$ s 时岔管内的静态压力分布图。由于 4＃支管内的流速水头为 0，因此其静压要大于其他支管。

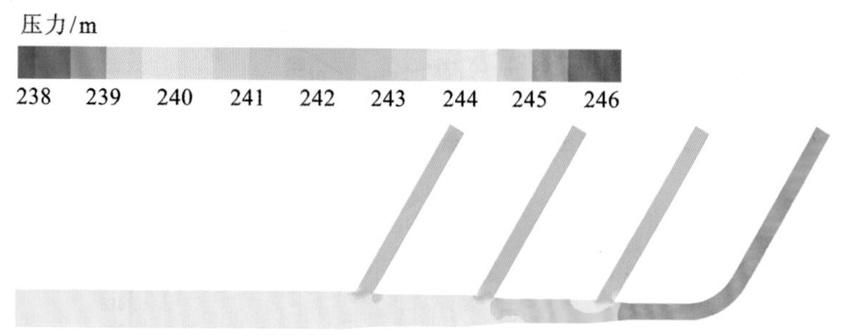

图 12.24　$t=30$ s 时(甩负荷结束)的静态压力

图 12.25 和图 12.26 为采用一维(方法 1)和一维与三维耦合(方法 2)的方法，计算得到的 1＃机组和 4＃机组蜗壳进口绝对压力随时间的变化曲线。其中，一维计算方法中的岔管水头损失系数来自三维计算，并换算为沿程水头损失系数计算。从图中可以看出，耦合方法计算得到的蜗壳进口压力要稍大于一维计算，但二者所得的压力波动过程总体一致，说明一维与三维耦合方法模拟岔管非恒定流动中压力的传播是可靠的。

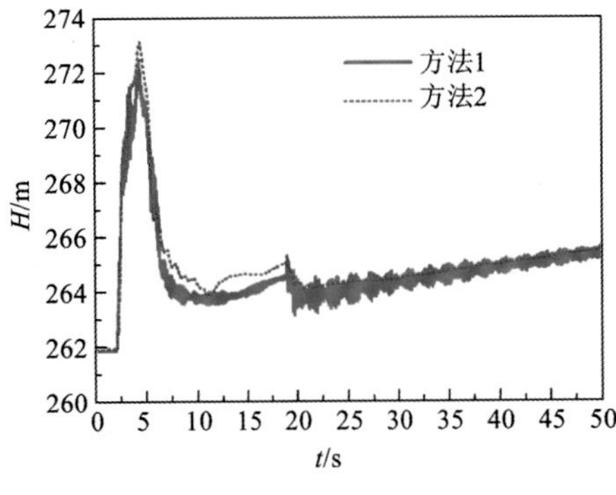

图 12.25 1#机组蜗壳压力

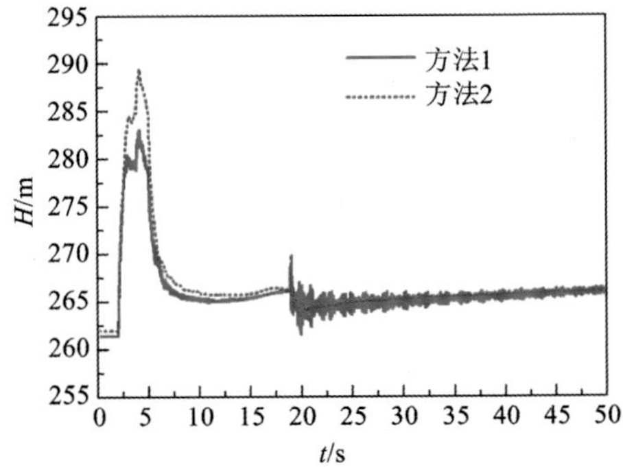

图 12.26 4#机组蜗壳压力

参考文献

[1] FERNÁNDEZ-NIETO E D, MARIN J, MONNIER J. Coupling superposed 1D and 2D shallow-water models: Source terms in finite volume schemes[J]. Computers & Fluids, 2010, 39(6): 1070-1082.

[2] BLADÉ E, GÓMEZ-VALENTÍN M, DOLZ J, et al. Integration of 1D and 2D finite volume schemes for computations of water flow in natural channels[J]. Advances in Water Resources, 2012, 42: 17-29.

[3] MARIN J, MONNIER J. Superposition of local zoom models and simultaneous calibration for 1D-2D shallow water flows[J]. Mathematics and Computers in Simulation, 2009, 80(3): 547-560.

[4] CHEN Y, WANG Z, LIU Z, et al. 1D-2D coupled numerical model for shallow-water flows[J]. Journal of Hydraulic Engineering, 2011, 138(2): 122-132.

[5] ZHANG M, XU Y, HAO Z, et al. Integrating 1D and 2D hydrodynamic, sediment transport model for dam-break flow using finite volume method[J]. Science China Physics, Mechanics and Astronomy, 2014, 57(4): 774-783.

[6] TWIGT D J, DE GOEDE E D, ZIJL F, et al. Coupled 1D-3D hydrodynamic modelling, with application to the Pearl River Delta[J]. Ocean Dynamics, 2009, 59(6): 1077-1093.

[7] MIGLIO E, PEROTTO S, SALERI F. Model coupling techniques for free-surface flow problems: Part I[J]. Nonlinear Analysis: Theory, Methods & Applications, 2005, 63(5): 1885-1896.

[8] MONTENEGRO G, ONORATI A, PISCAGLIA F, et al. Integrated 1d-multid fluid dynamic models for the simulation of ice intake and exhaust systems[R]. SAE Technical Paper, 2007.

[9] MONTENEGRO G, ONORATI A. Modeling of silencers for IC engine intake and exhaust systems by means of an integrated 1D-multiD Approach[J]. SAE International Journal of Engines, 2009, 1(1): 466-479.

[10] RUPRECHT A, HELMRICH T. Simulation of the Water Hammer in a Hydro Power Plant Caused by Draft Tube Surge[C]//ASME/JSME 2003 4th Joint Fluids Summer Engineering Conference, 2003: 2811-2816.

[11] XI Z X, GUANG C Y. Simulation of hydraulic transients in hydropower systems using the 1-D-3-D coupling approach[J]. Journal of Hydrodynamics, Ser. B, 2012, 24(4): 595-604.

[12] WU D, YANG S, WU P, et al. MOC-CFD coupled approach for the analysis of the fluid dynamic

interaction between water hammer and pump[J]. Journal of Hydraulic Engineering, 2015, 141 (6):06015003.

[13] FORMAGGIA L, GERBEAU J F, NOBILE F, et al. On the coupling of 3D and 1D Navier-Stokes equations for flow problems in compliant vessels[J]. Computer Methods in Applied Mechanics and Engineering, 2001, 191(6):561-582.

[14] FORMAGGIA L, NOBILE F, QUARTERONI A, et al. Multiscale modelling of the circulatory system: A preliminary analysis[J]. Computing and Visualization in Science, 1999, 2(2/3):75-83.

[15] QUARTERONI A, VENEZIANI A. Analysis of a geometrical multiscale model based on the coupling of ODE and PDE for blood flow simulations[J]. Multiscale Modeling & Simulation, 2003, 1 (2):173-195.

[16] BLANCO P J, FEIJÓO R A, URQUIZA S A. A unified variational approach for coupling 3D-1D models and its blood flow applications [J]. Computer Methods in Applied Mechanics and Engineering, 2007, 196(41):4391-4410.

[17] BLANCO P J, PIVELLO M R, URQUIZA S A, et al. On the potentialities of 3D-1D coupled models in hemodynamics simulations[J]. Journal of Biomechanics, 2009, 42(7):919-930.

[18] URQUIZA S A, BLANCO P J, VÉNERE M J, et al. Multidimensional modelling for the carotid artery blood flow[J]. Computer Methods in Applied Mechanics and Engineering, 2006, 195(33): 4002-4017.

[19] LEIVA J S, BLANCO P J, BUSCAGLIA G C. Iterative strong coupling of dimensionally heterogeneous models[J]. International Journal for Numerical Methods in Engineering, 2010, 81 (12):1558-1580.

[20] ZHAO M, GHIDAOUI M S. Godunov-type solutions for water hammer flows[J]. Journal of Hydraulic Engineering, 2004, 130(4):341-348.

[21] TORO E F. Shock-Capturing Methods for Free-surface Shallow Flows[M]. New Jersey: Wiley-Blackwell Press, 2001.

[22] 王福军. 计算流体动力学分析:CFD 软件原理与应用[M]. 北京:清华大学出版社, 2011.